Mertens

Photovoltaik

Bleiben Sie auf dem Laufenden!

Hanser Newsletter informieren Sie regelmäßig
über neue Bücher und Termine aus den verschiedenen Bereichen der Technik. Profitieren
Sie auch von Gewinnspielen und exklusiven
Leseproben. Gleich anmelden unter

www.hanser-fachbuch.de/newsletter

Konrad Mertens

Photovoltaik

Lehrbuch zu Grundlagen, Technologie und Praxis

5., aktualisierte Auflage

Autor:

Prof. Dr.-Ing. Konrad Mertens
Fachhochschule Münster

Bibliografische Information der Deutschen Nationalbibliothek:
Die Deutsche Nationalbibliothek verzeichnet diese Publikation in der Deutschen Nationalbibliografie; detaillierte bibliografische Daten sind im Internet über http://dnb.d-nb.de abrufbar.

© 2020 Carl Hanser Verlag München
Internet: www.hanser-fachbuch.de

Lektorat: Dipl.-Ing. Natalia Silakova-Herzberg
Herstellung: Anne Kurth
Satz: le-tex publishing services, Leipzig
Titelbild: © Solar-Fabrik AG
Covergestaltung: Max Kostopoulos
Coverkonzept: Marc Müller-Bremer, www.rebranding.de, München
Foto des Autors: © Wilfried Gerharz
Druck und Bindung: CPI books GmbH, Leck
Printed in

Print-ISBN   978-3-446-46404-9
E-Book-ISBN   978-3-446-46506-0

Vorwort

Dieses Buch entstand in Folge meiner Vorlesungen zum Thema Photovoltaik an der Fachhochschule Münster. Immer wieder fragten die Studenten nach einem geeigneten Lehrbuch, das ich ihnen zur Begleitung der Vorlesung empfehlen könne. Leider war die Suche auf dem Buchmarkt schwierig, obwohl es eine ganze Reihe von Büchern zum Thema Photovoltaik gibt. Viele Lehrbücher konzentrieren sich fast ausschließlich auf die Zellentechnologien und betrachten diese von einer sehr theoretischen, formellastigen Seite. Hinzu kommt, dass der Inhalt oftmals veraltet ist. Auf der anderen Seite existieren Bücher zur Planung und Auslegung von Photovoltaikanlagen. Diese können einem Solarinstallateur durchaus Hilfestellung geben, vereinfachen aber die technischen Sachverhalte so stark, dass sie keine Basis zu einem echten Verständnis der Photovoltaik sind.

Aus diesem Grund wurde im vorliegenden Buch Wert auf eine anschauliche und gleichzeitig korrekte Darstellung der physikalischen und elektrotechnischen Grundlagen gelegt. Neben den Zellentechnologien stehen auch die Systemtechnik (Wechselrichter, Anlagentypen etc.) sowie Planung und Betrieb (Standortwahl, Monitoring von Anlagen etc.) im Mittelpunkt. Eine Besonderheit ist außerdem die Präsentation aktueller Methoden zur Vermessung und Qualitätsuntersuchung von Solarmodulen, wie sie im Photovoltaik-Testlabor der Fachhochschule Münster angewendet werden.

Ein ausdrücklicher Dank gilt meinen Studenten, die mit großem Interesse und Engagement die Vorlesung Photovoltaik Jahr für Jahr bereichern. Ihre klugen Fragen haben Eingang in dieses Buch gefunden, so dass die jeweiligen Antworten auch dem Leser dienen können. Außerdem bedanke ich mich bei Herrn Dipl.-Ing. Josef Lindenbaum für fruchtbare fachliche Diskussionen und seine Unterstützung bei einer Vielzahl von Messungen.

„Papa, seit du an diesem Buch schreibst, hast du gar keine Zeit mehr für uns", diesen Vorwurf hörte ich gelegentlich während der Entstehungszeit dieses Buches. Daher gilt mein besonderer Dank meiner Frau Annette sowie meinen Kindern Martin, Barbara und Viktoria, die mich während dieser Zeit immer unterstützt haben.

Steinfurt, im August 2011   Konrad Mertens

Vorwort zur fünften Auflage

Die große Nachfrage macht es möglich, dass die inzwischen fünfte Auflage dieses Lehrbuches erscheinen kann. Ausdrücklich bedanke ich mich bei den Lesern für die durchweg positiven Kommentare zur vierten Auflage.

Die Entwicklung der Photovoltaik ist rasant, sowohl bei der Technik wie bei den Kosten. Die Photovoltaik ist inzwischen die günstigste aller erneuerbaren Energien – eine Entwicklung, die sich in den nächsten Jahren noch fortsetzen wird. Die aktuelle Ausgabe umfasst daher vielfältige Aktualisierungen und bleibt in dieser dynamischen Branche für jeden Interessierten up-to-date.

Besonders hinweisen möchte ich auf die Website

www.lehrbuch-photovoltaik.de

Auf dieser finden sich unter anderem die Abbildungen des Buches, unterstützende Software, die Lösungen der Übungsaufgaben und Korrekturen zum Buch.

Ich wünsche allen Lesern viel Freude und Erfolg beim Einarbeiten in die Photovoltaik.

Steinfurt, im Februar 2020   Konrad Mertens

Inhalt

1 Einführung **19**

1.1 Einleitung 19

    1.1.1 Wozu Photovoltaik? 19

    1.1.2 Für wen ist dieses Buch gedacht? 20

    1.1.3 Aufbau des Buches 20

1.2 Was ist Energie? 21

    1.2.1 Definition der Energie 21

    1.2.2 Einheiten der Energie 23

    1.2.3 Primär-, Sekundär- und Endenergie 23

    1.2.4 Energieinhalte verschiedener Stoffe 24

1.3 Probleme der heutigen Energieversorgung 25

    1.3.1 Wachsender Energiebedarf 25

    1.3.2 Verknappung der Ressourcen 26

    1.3.3 Klimawandel 27

    1.3.4 Gefährdung und Entsorgung 29

1.4 Erneuerbare Energien 30

    1.4.1 Die Familie der erneuerbaren Energien 30

    1.4.2 Vor- und Nachteile von erneuerbaren Energien 31

    1.4.3 Bisherige Entwicklung der erneuerbaren Energien 32

1.5 Photovoltaik – das Wichtigste in Kürze 32

    1.5.1 Was bedeutet „Photovoltaik"? 32

    1.5.2 Was sind Solarzellen und Solarmodule? 33

    1.5.3 Wie ist eine typische Photovoltaikanlage aufgebaut? 33

    1.5.4 Was „bringt" eine Photovoltaikanlage? 34

1.6 Geschichte der Photovoltaik 35

    1.6.1 Wie alles begann 35

    1.6.2 Die ersten echten Solarzellen 36

    1.6.3 From Space to Earth 38

    1.6.4 Vom Spielzeug zur Energiequelle 38

2   Strahlungsangebot der Sonne **41**

2.1   Eigenschaften der Solarstrahlung 41

    2.1.1   Solarkonstante 41

    2.1.2   Spektrum der Sonne 42

    2.1.3   Air Mass 43

2.2   Globalstrahlung 44

    2.2.1   Entstehung der Globalstrahlung 44

    2.2.2   Beiträge von Diffus- und Direktstrahlung 45

    2.2.3   Globalstrahlungskarten 47

2.3   Berechnung des Sonnenstandes 48

    2.3.1   Sonnendeklination 48

    2.3.2   Berechnung der Bahn der Sonne 51

2.4   Strahlung auf geneigte Flächen 53

    2.4.1   Strahlungsberechnung mit dem Dreikomponentenmodell 53

        2.4.1.1   Direktstrahlung 54

        2.4.1.2   Diffusstrahlung 55

        2.4.1.3   Reflektierte Strahlung 56

    2.4.2   Strahlungsabschätzung mit Diagrammen und Tabellen 57

    2.4.3   Ertragsgewinn durch Nachführung 59

2.5   Strahlungsangebot und Weltenergieverbrauch 60

    2.5.1   Der Solarstrahlungs-Energiewürfel 60

    2.5.2   Das Sahara-Wunder 61

3   Grundlagen der Halbleiterphysik **64**

3.1   Aufbau von Halbleitern 64

    3.1.1   Bohrsches Atommodell 64

    3.1.2   Periodensystem der Elemente 66

    3.1.3   Aufbau des Siliziumkristalls 67

    3.1.4   Verbindungshalbleiter 67

3.2   Bändermodell des Halbleiters 68

    3.2.1   Entstehung von Energiebändern 68

    3.2.2   Unterscheidung in Isolatoren, Halbleiter und Leiter 69

    3.2.3   Eigenleitungsdichte 70

3.3   Ladungstransport in Halbleitern 71

    3.3.1   Feldströme 71

    3.3.2   Diffusionsströme 73

3.4   Dotierung von Halbleitern 74

    3.4.1   n-Dotierung 74

3.4.2 p-Dotierung 75

3.5 Der pn-Übergang 75

3.5.1 Prinzipielle Wirkungsweise 76

3.5.2 Bänderdiagramm des pn-Übergangs 77

3.5.3 Verhalten bei angelegter Spannung 79

3.5.4 Dioden-Kennlinie 80

3.6 Wechselwirkung von Licht mit Halbleitern 81

3.6.1 Phänomen der Lichtabsorption 81

3.6.1.1 Absorptionskoeffizient 82

3.6.1.2 Direkte und indirekte Halbleiter 83

3.6.2 Lichtreflexion an Oberflächen 85

3.6.2.1 Reflexionsfaktor 85

3.6.2.2 Antireflexbeschichtung 86

4 Aufbau und Wirkungsweise der Solarzelle **90**

4.1 Betrachtung der Photodiode 90

4.1.1 Aufbau und Kennlinie 90

4.1.2 Ersatzschaltbild 91

4.2 Funktionsweise der Solarzelle 92

4.2.1 Prinzipieller Aufbau 92

4.2.2 Rekombination und Diffusionslänge 93

4.2.3 Was passiert in den einzelnen Zellbereichen? 94

4.2.4 Back-Surface-Field 96

4.3 Photostrom 96

4.3.1 Absorptionswirkungsgrad 97

4.3.2 Quantenwirkungsgrad 98

4.3.3 Spektrale Empfindlichkeit 98

4.4 Kennlinie und Kenngrößen 99

4.4.1 Kurzschlussstrom I_K 101

4.4.2 Leerlaufspannung U_L 101

4.4.3 Maximum Power Point (MPP) 101

4.4.4 Füllfaktor FF 102

4.4.5 Wirkungsgrad η 102

4.4.6 Temperaturabhängigkeit der Solarzelle 103

4.5 Elektrische Beschreibung realer Solarzellen 105

4.5.1 Vereinfachtes Modell 105

4.5.2 Standard-Modell (Ein-Dioden-Modell) 105

4.5.3 Zwei-Dioden-Modell 106

4.5.4   Bestimmung der Parameter des Ersatzschaltbildes 107

4.6   Betrachtungen zum Wirkungsgrad 110

4.6.1   Spektraler Wirkungsgrad 110

4.6.2   Theoretischer Wirkungsgrad 114

4.6.3   Verluste in der realen Solarzelle 115

4.6.3.1   Optische Verluste 115

4.6.3.2   Elektrische Verluste 118

4.7   Hocheffizienzzellen 119

4.7.1   Buried-Contact-Zelle 119

4.7.2   Punktkontakt-Zelle (IBC-Zelle) 120

4.7.3   PERL- und PERC-Zelle 121

5   Zellentechnologien **123**

5.1   Herstellung kristalliner Silizium-Zellen 123

5.1.1   Vom Sand zum Silizium 123

5.1.1.1   Herstellung von Polysilizium 123

5.1.1.2   Herstellung von monokristallinem Silizium 125

5.1.1.3   Herstellung von multikristallinem Silizium 126

5.1.1.4   Herstellung von quasimonokristallinem Silizum 127

5.1.2   Vom Silizium zum Wafer 127

5.1.2.1   Waferherstellung 127

5.1.2.2   Wafer aus Foliensilizium 128

5.1.3   Herstellung von Standard-Solarzellen 129

5.1.4   Herstellung von Solarmodulen 131

5.2   Zellen aus amorphem Silizium 133

5.2.1   Eigenschaften von amorphem Silizium 133

5.2.2   Herstellungsverfahren 134

5.2.3   Aufbau der pin-Zelle 135

5.2.4   Staebler-Wronski-Effekt 136

5.2.5   Stapelzellen 138

5.2.6   Kombizellen aus mikromorphem Material 139

5.2.7   Integrierte Serienverschaltung 140

5.3   Weitere Dünnschichtzellen 142

5.3.1   CIS-Zellen 142

5.3.2   Zellen aus Cadmium-Tellurid 145

5.4   Hybride Waferzellen 147

5.4.1   Kombination von c-Si und a-Si (HIT-Zelle) 148

5.4.2   Stapelzellen aus III/V-Halbleitern 149

5.5   Sonstige Zellenkonzepte 149

    5.5.1   Farbstoffsolarzelle 150

    5.5.2   Organische Solarzelle 150

    5.5.3   Perowskit-Solarzelle 151

5.6   Konzentratorsysteme 151

    5.6.1   Prinzip der Strahlungsbündelung 151

    5.6.2   Was bringt die Konzentration? 152

    5.6.3   Beispiele von Konzentratorsystemen 153

    5.6.4   Vor- und Nachteile von Konzentratorsystemen 154

5.7   Ökologische Fragestellungen zur Zellen- und Modulherstellung 154

    5.7.1   Umweltauswirkungen bei Herstellung und Betrieb 154

        5.7.1.1   Beispiel Cadmium-Tellurid 155

        5.7.1.2   Beispiel Silizium 155

    5.7.2   Verfügbarkeit der Materialien 156

        5.7.2.1   Silizium 156

        5.7.2.2   Cadmium-Tellurid 156

        5.7.2.3   CIS 157

        5.7.2.4   III/V-Halbleiter 158

    5.7.3   Energierücklaufzeit und Erntefaktor 158

5.8   Zusammenfassung 161

6   Solarmodule und Solargeneratoren 164

6.1   Eigenschaften von Solarmodulen 164

    6.1.1   Solarzellenkennlinie in allen vier Quadranten 164

    6.1.2   Parallelschaltung von Zellen 165

    6.1.3   Reihenschaltung von Zellen 166

    6.1.4   Einsatz von Bypassdioden 167

        6.1.4.1   Reduzierung von Verschattungsverlusten 167

        6.1.4.2   Vermeidung von Hotspots 169

    6.1.5   Typische Kennlinien von Solarmodulen 172

        6.1.5.1   Variation der Bestrahlungsstärke 172

        6.1.5.2   Temperaturverhalten 173

    6.1.6   Sonderfall Dünnschichtmodule 174

    6.1.7   Beispiele von Datenblattangaben 176

6.2   Verschaltung von Solarmodulen 177

    6.2.1   Parallelschaltung von Strings 177

    6.2.2   Was passiert bei Verkabelungsfehlern? 177

    6.2.3   Verluste durch Mismatching 178

6.2.4   Schlaue Verschaltung bei Verschattung..................................... 179

6.3   Gleichstrom-Komponenten 181

6.3.1   Prinzipieller Anlagenaufbau.. 181

6.3.2   Gleichstromverkabelung.. 182

6.4   Anlagentypen... 184

6.4.1   Freilandanlagen 185

6.4.2   Flachdachanlagen 187

6.4.3   Schrägdachanlagen.. 188

6.4.4   Fassadenanlagen... 190

6.4.5   Schwimmende Anlagen 191

7   Systemtechnik netzgekoppelter Anlagen 193

7.1   Solargenerator und Last 193

7.1.1   Widerstandslast 193

7.1.2   DC/DC-Wandler 194

7.1.2.1   Idee... 194

7.1.2.2   Tiefsetzsteller 195

7.1.2.3   Hochsetzsteller 197

7.1.3   MPP-Tracker 199

7.2   Aufbau netzgekoppelter Anlagen... 200

7.2.1   Einspeisevarianten 200

7.2.2   Anlagenkonzepte 201

7.3   Aufbau von Wechselrichtern 203

7.3.1   Aufgaben des Wechselrichters 203

7.3.2   Netzgeführte und selbstgeführte Wechselrichter........................ 204

7.3.3   Trafoloser Wechselrichter.. 204

7.3.4   Wechselrichter mit Netztrafo.. 206

7.3.5   Wechselrichter mit HF-Trafo 207

7.3.6   Dreiphasige Einspeisung.. 208

7.3.7   Weitere schlaue Konzepte 209

7.4   Wirkungsgrad von Wechselrichtern 210

7.4.1   Umwandlungswirkungsgrad 211

7.4.2   Europäischer Wirkungsgrad 212

7.4.3   Gesamtwirkungsgrad... 214

7.4.4   Schlaues MPP-Tracking 214

7.5   Dimensionierung von Wechselrichtern 215

7.5.1   Leistungsdimensionierung.. 215

7.5.2   Spannungsdimensionierung 216

7.5.3 Stromdimensionierung 217

7.6 Anforderungen der Netzbetreiber 217

7.6.1 Vermeidung von Inselbetrieb 218

7.6.2 Maximale Einspeiseleistung... 219

7.6.3 Blindleistungsbereitstellung... 220

7.7 Sicherheitsaspekte... 223

7.7.1 Erdung des Generators und Blitzschutz 223

7.7.2 Brandschutz 224

8 Speicherung von Solarstrom **225**

8.1 Prinzip der Solarstromspeicherung 225

8.2 Akkumulatoren... 226

8.2.1 Blei-Säure-Batterie 227

8.2.1.1 Prinzip und Aufbau 227

8.2.1.2 Typen von Bleiakkus 229

8.2.1.3 Akkukapazität.. 231

8.2.1.4 Spannungsverlauf 232

8.2.1.5 Fazit 232

8.2.2 Laderegler... 232

8.2.2.1 Serienregler 233

8.2.2.2 Shuntregler... 233

8.2.2.3 MPP-Laderegler 234

8.2.2.4 Produktbeispiele 234

8.2.3 Lithium-Ionen-Batterie 235

8.2.3.1 Prinzip und Aufbau 236

8.2.3.2 Reaktionen beim Lade- und Entladevorgang 237

8.2.3.3 Materialkombinationen und Zellspannung 238

8.2.3.4 Sicherheitsaspekte 239

8.2.3.5 Ladeverfahren 239

8.2.3.6 Bauformen 240

8.2.3.7 Lebensdauer 241

8.2.3.8 Einsatzbereiche... 242

8.2.3.9 Fazit 242

8.2.4 Natrium-Schwefel-Batterie 242

8.2.4.1 Prinzip und Aufbau 242

8.2.4.2 Besonderheiten der Hochtemperatur-Batterie 243

8.2.4.3 Natrium-Schwefel-Batterien in der Praxis 244

8.2.4.4 Fazit 245

8.2.5 Redox-Flow-Batterie 245

8.2.5.1 Prinzip und Aufbau 245

8.2.5.2 Verhalten im praktischen Einsatz 248

8.2.5.3 Konkrete Anwendungen.. 249

8.2.5.4 Fazit 249

8.2.6 Vergleich der verschiedenen Batterietypen 250

8.3 Speichereinsatz zur Erhöhung des Eigenverbrauchs 251

8.3.1 Eigenverbrauch in Privathaushalten 251

8.3.1.1 Lösung ohne Speicher 251

8.3.1.2 Lösung mit Speicher 252

8.3.1.3 Beispiele von Speichersystemen 253

8.3.1.4 Was kostet die Speicherung einer Kilowattstunde?.................. 255

8.3.1.5 Das Smart Home 256

8.3.2 Eigenverbrauch in Gewerbebetrieben 257

8.3.2.1 Beispiel Produktionsbetrieb 257

8.3.2.2 Beispiel Krankenhaus.. 258

8.4 Speichereinsatz aus Sicht des Netzes 258

8.4.1 Peak-Shaving durch Speicher 259

8.4.2 Marktanreizprogramm für Solarspeicher.................................... 259

8.5 Inselsysteme 262

8.5.1 Prinzipieller Aufbau 262

8.5.2 Beispiele von Inselsystemen 263

8.5.2.1 Solar Home Systems 263

8.5.2.2 Hybridsysteme... 264

8.5.3 Dimensionierung von Inselanlagen 266

8.5.3.1 Erfassung des Stromverbrauchs..................................... 266

8.5.3.2 Dimensionierung des PV-Generators 267

8.5.3.3 Auswahl des Akkus 269

9   Photovoltaische Messtechnik **271**

9.1 Messung solarer Strahlung 271

9.1.1 Globalstrahlungssensoren 271

9.1.1.1 Pyranometer 271

9.1.1.2 Strahlungssensoren aus Solarzellen 273

9.1.2 Messung von Direkt- und Diffusstrahlung 274

9.2 Leistungsmessung von Solarmodulen 275

9.2.1 Aufbau eines Solarmodul-Leistungsprüfstands 275

9.2.2 Güteklassen von Modulflashern 276

9.2.3 Bestimmung der Modulparameter 277

9.3 Peakleistungsmessung vor Ort 278

9.3.1 Prinzip der Peakleistungsmessung 278

9.3.2 Möglichkeiten und Grenzen des Messprinzips 279

9.4 Thermographie-Messtechnik 280

9.4.1 Prinzip der Infrarot-Temperaturmessung 280

9.4.2 Hell-Thermographie von Solarmodulen 281

9.4.3 Dunkel-Thermographie 283

9.5 Elektrolumineszenz-Messtechnik 284

9.5.1 Messprinzip 284

9.5.2 Beispiele von Aufnahmen 285

9.5.3 LowCost-Outdoor-Elektrolumineszenz-Untersuchungen 288

9.6 Untersuchungen zur spannungsinduzierten Degradation (PID) 290

9.6.1 Erklärung des PID-Effektes 291

9.6.2 Prüfung von Modulen auf PID 292

9.6.3 EL-Untersuchungen zu PID 294

9.7 String-Dunkelkennlinien-Technik 295

9.7.1 Motivation 295

9.7.2 Messmethode 296

9.7.3 Detektion von PID 296

9.7.4 Detektion von defekten Bypassdioden und Zellverbindern 297

9.7.5 Fazit 300

10 Planung und Betrieb netzgekoppelter Anlagen 301

10.1 Planung und Dimensionierung 301

10.1.1 Standortwahl 301

10.1.2 Verschattungen 302

10.1.2.1 Verschattungsanalyse 302

10.1.2.2 Nahverschattungen 303

10.1.2.3 Eigenverschattungen 305

10.1.2.4 Optimierte Stringverschaltung 306

10.1.3 Anlagendimensionierung mit Simulationsprogrammen 306

10.1.3.1 Wechselrichter-Auslegungstools 306

10.1.3.2 Simulationsprogramme für Photovoltaikanlagen 306

10.2 Wirtschaftlichkeit von Photovoltaikanlagen 309

10.2.1 Das Erneuerbare-Energien-Gesetz 309

10.2.2 Renditeberechnung 309

10.2.2.1 Eingangsgrößen 310

10.2.2.2 Amortisationszeit 310

10.2.2.3 Objektrendite 311

10.2.2.4 Renditeerhöhung durch Eigenverbrauch des Solarstroms 313

10.2.2.5 Weitere Einflussgrößen 313

10.3 Überwachung, Monitoring und Visualisierung 314

10.3.1 Methoden zur Anlagenüberwachung 314

10.3.2 Monitoring von PV-Anlagen 314

10.3.2.1 Spezifische Erträge 314

10.3.2.2 Verluste 316

10.3.2.3 Performance Ratio 316

10.3.2.4 Konkrete Maßnahmen zum Monitoring 317

10.3.3 Visualisierung 317

10.4 Betriebsergebnisse von konkreten Anlagen 318

10.4.1 Schrägdachanlage aus dem Jahre 1996 318

10.4.2 Schrägdachanlage aus dem Jahre 2002 320

10.4.3 Flachdachanlage aus dem Jahre 2008 321

11 Zukünftige Entwicklung **323**

11.1 Potential der Photovoltaik 323

11.1.1 Theoretisches Potential 323

11.1.2 Technisch nutzbare Strahlungsenergie 323

11.1.3 Technisches Stromerzeugungspotential 325

11.1.4 Photovoltaik versus Biomasse 326

11.2 Effiziente Förderinstrumente 327

11.3 Preis- und Vergütungsentwicklung 328

11.3.1 Preisentwicklung von Solarmodulen 328

11.3.2 Entwicklung der Einspeisevergütung 330

11.4 Erneuerbare Energien im heutigen Stromversorgungssystem 331

11.4.1 Struktur der Stromerzeugung 332

11.4.2 Kraftwerksarten und Regelenergie 333

11.4.3 Zusammenspiel aus Sonne und Wind 334

11.4.4 Exemplarische Stromproduktionsverläufe 335

11.5 Überlegungen zur zukünftigen Energieversorgung 337

11.5.1 Betrachtung unterschiedlicher Zukunftsszenarien 338

11.5.2 Optionen zur Speicherung von elektrischer Energie 341

11.5.2.1 Pumpspeicherwerke 342

11.5.2.2 Druckluftspeicher 342

11.5.2.3 Batteriespeicherung 342

11.5.2.4 Elektromobilität 343

11.5.2.5 Wasserstoff als Speicher 343

11.5.2.6 Power-to-Gas: Methanisierung 343

11.5.3 Alternativen zur Speicherung 345

11.5.3.1 Aktives Lastmanagement durch Smart Grids 345

11.5.3.2 Ausbau des Stromnetzes 345

11.5.3.3 Begrenzung der Einspeiseleistung 345

11.5.3.4 Einsatz flexibler Kraftwerke 346

11.6 Fazit 346

12 Übungsaufgaben **347**

13 Anhang **358**

13.1 Einfluss von Ausrichtung und Neigung auf die Jahresstrahlungssumme an verschiedenen Standorten 358

13.1.1 Standort Hamburg 359

13.1.2 Standort München 360

13.1.3 Standort Bern 361

13.1.4 Standort Wien 362

13.1.5 Standort Marseille 363

13.1.6 Standort Kairo 364

13.2 Checkliste zu Planung, Installation und Betrieb einer Photovoltaikanlage 365

13.3 Im Buch verwendete Abkürzungen 367

13.4 Physikalische Konstanten/Materialparameter 368

Literatur **369**

Index **379**

1

Einführung

Die Versorgung unserer Industriegesellschaft mit elektrischer Energie ist einerseits unverzichtbar, bringt aber andererseits verschiedene Umwelt- und Sicherheitsprobleme mit sich. In diesem ersten Kapitel sehen wir uns daher die bisherige Energieversorgung an und lernen die erneuerbaren Energien als eine zukunftsfähige Alternative kennen. Gleichzeitig wird die Photovoltaik im Schnelldurchgang vorgestellt und ihre kurze aber erfolgreiche Geschichte betrachtet.

■ 1.1 Einleitung

In der Einleitung soll geklärt werden, warum wir uns mit Photovoltaik beschäftigen und für wen dieses Buch geeignet ist.

1.1.1 Wozu Photovoltaik?

In den vergangenen Jahren ist immer deutlicher geworden, dass die bisherige Art der Energieerzeugung nicht zukunftsfähig ist. So wird die Endlichkeit der Ressourcen an steigenden Preisen für Öl und Gas bereits heute spürbar. Gleichzeitig erkennen wir die ersten Auswirkungen der Verbrennung von fossilen Energieträgern: Das Abschmelzen von Gletschern, ein Anstieg des Meeresspiegels und eine Zunahme von Wetterextremen. Schließlich zeigt die Atomkatastrophe in Fukushima, dass auch die Atomenergie keinen zukunftsfähigen Weg weist: Neben der ungelösten Endlagerfrage sind immer weniger Menschen bereit, das Risiko der Verstrahlung großer Landesteile in Kauf zu nehmen.

Glücklicherweise gibt es eine Lösung, mit der eine nachhaltige Energieversorgung sichergestellt werden kann: Die erneuerbaren Energien. Diese nutzen unerschöpfliche Quellen als Grundlage der Energieversorgung und können bei geeigneter Kombination verschiedener Technologien wie Biomasse, Photovoltaik, Windkraft etc. eine Vollversorgung sicherstellen. Eine besondere Rolle im Reigen der erneuerbaren Energien spielt die Photovoltaik. Sie erlaubt die direkte, emissionsfreie Umwandlung von Sonnenlicht in elektrische Energie und wird aufgrund ihres großen Potentials eine wesentliche Säule des zukünftigen Energiesystems sein.

Allerdings ist die Umstellung unserer Energieversorgung eine gewaltige Aufgabe, die nur mit der Phantasie und dem Sachverstand von Ingenieuren und Technikern zu meistern sein wird. Das vorliegende Buch soll dazu dienen, diesen Sachverstand für den Bereich der Photovoltaik zu vergrößern. Es geht dazu auf die Grundlagen, die Technologien, den praktischen Einsatz und die wirtschaftlichen Rahmenbedingungen der Photovoltaik ein.

1.1.2 Für wen ist dieses Buch gedacht?

Dieses Buch wendet sich in erster Linie an Studierende der Ingenieurwissenschaften, die sich in das Thema Photovoltaik einarbeiten wollen. Es ist allerdings so verständlich geschrieben, dass es sich auch für Techniker, Elektroniker und technisch interessierte Laien eignet. Außerdem kann es Ingenieuren im Beruf helfen, sich in die Grundlagen und den aktuellen technischen und wirtschaftlichen Stand der Photovoltaik einzuarbeiten.

1.1.3 Aufbau des Buches

In dieser Einführung wollen wir uns zunächst mit dem Thema Energie auseinandersetzen: Was ist Energie und in welche Kategorien können wir sie einteilen? Auf dieser Grundlage betrachten wir dann die heutige Energieversorgung und die damit einher gehenden Probleme. Eine Lösung dieser Probleme stellen die erneuerbaren Energien dar, die als Nächstes in einem kurzen Überblick vorgestellt werden. Da uns in diesem Buch insbesondere die Photovoltaik interessiert, lernen wir zum Abschluss die relativ junge aber stürmische Geschichte der Photovoltaik kennen.

Das zweite Kapitel behandelt das solare Strahlungsangebot. Wir lernen die Eigenheiten des Sonnenlichts kennen und untersuchen, wie die Solarstrahlung möglichst effizient genutzt werden kann. Schließlich überlegen wir im Sahara-Wunder, welche Fläche notwendig wäre, um den gesamten Weltenergiebedarf aus Photovoltaik zu decken.

Im dritten Kapitel betrachten wir die Grundlagen der Halbleiterphysik. Hier geht es insbesondere um den Aufbau von Halbleitern und das Verständnis des pn-Übergangs. Außerdem wird das Phänomen der Lichtabsorption erklärt, ohne das keine Solarzelle funktionieren könnte. Wer mit der Halbleiterphysik schon vertraut ist, kann dieses Kapitel ohne weiteres überspringen.

In Kapitel 4 geht es ans Eingemachte: Wir lernen Aufbau, Wirkungsweise und Kenngrößen von Silizium-Solarzellen kennen. Außerdem wird detailliert betrachtet, von welchen Parametern der Wirkungsgrad einer Solarzelle abhängt. Anhand von Weltrekordzellen sehen wir uns dann an, wie diese Erkenntnisse erfolgreich umgesetzt werden konnten.

Kapitel 5 behandelt die Zellentechnologien: Wie ist der Weg vom Sand über die Silizium-Solarzelle bis zum Solarmodul? Welche anderen Materialien gibt es und wie sieht der Zellaufbau in diesem Fall aus? Neben diesen Fragen betrachten wir außerdem die ökologischen Auswirkungen der Produktion von Solarzellen.

Der Aufbau und die Eigenschaften von Solargeneratoren sind die Themen von Kapitel 6. Hier geht es z. B. um das optimale Verschalten von Solarmodulen, um die Auswirkungen von Verschattungen zu minimieren. Außerdem stellen wir verschiedene Anlagentypen wie Schrägdach- oder Freilandanlagen vor.

Kapitel 7 betrachtet die Systemtechnik und den Aufbau von netzgekoppelten Anlagen. Zu Beginn steht die Frage, wie man effizient Gleichstrom in Wechselstrom umwandelt. Anschließend lernen wir die verschiedenen Wechselrichtertypen und deren Vor- und Nachteile kennen.

Die Speicherung von Solarstrom ist das sehr aktuelle Thema von Kapitel 8. Wir lernen verschiedene Batterietypen mitsamt ihren Betriebsweisen kennen. Außerdem geht es um Systeme, mit denen der Eigenverbrauch von Solarstrom im Privathaushalt oder in Gewerbebetrieben erhöht werden kann. In einem eigenen Unterkapitel werden Inselanlagen für den Einsatz in Entwicklungsländern betrachtet.

In Kapitel 9 behandeln wir die photovoltaische Messtechnik. Neben der Erfassung solarer Strahlung geht es hier insbesondere um die Bestimmung der realen Leistung von Solarmodulen. Außerdem lernen wir moderne Methoden der Qualitätsanalyse wie Thermographie- und Elektrolumineszenz-Messtechnik kennen.

Planung und Betrieb netzgekoppelter Anlagen werden in Kapitel 10 behandelt. Neben der optimalen Planung und Dimensionierung von Anlagen geht es hier um Verfahren zur Wirtschaftlichkeitsberechnung. Außerdem werden Methoden zur Überwachung von Anlagen vorgestellt und die Betriebsergebnisse konkreter Anlagen präsentiert.

Das elfte Kapitel stellt einen Ausblick auf die Zukunft der Photovoltaik dar. Zunächst schätzen wir ihr Stromerzeugungspotential in Deutschland ab. Daran schließt sich eine Betrachtung der Preisentwicklung der Photovoltaik und des Zusammenwirkens der verschiedenen Energien im heutigen Stromsystem an. Schließlich überlegen wir, wie das Energiesystem der Zukunft aussehen kann und welche Rolle dabei die Photovoltaik spielen wird.

Zu jedem Kapitel gibt es Übungsaufgaben, die helfen, den Stoff zu wiederholen und zu vertiefen. Außerdem bieten sie eine Kontrolle des eigenen Kenntnisstandes. Die Lösungen zu den Übungsaufgaben finden sich im Internet unter *www.lehrbuch-photovoltaik.de*

■ 1.2   Was ist Energie?

Die Nutzung von Energie ist für uns im Alltag selbstverständlich, ob beim Bedienen der Kaffeemaschine am Morgen, der Benutzung des Autos am Tag oder der Heimkehr in die warme Wohnung am Abend. Ebenso basiert die Funktionsfähigkeit der gesamten modernen Industriegesellschaft auf der Verfügbarkeit von Energie: Produktion und Transport von Waren, Computer gestützte Verwaltung und weltweite Kommunikation sind ohne ausreichende Versorgung mit Energie nicht denkbar.

Gleichzeitig wächst die Erkenntnis, dass die bisherige Art der Energieversorgung teilweise unsicher, umweltschädlich und nur begrenzt verfügbar ist.

1.2.1   Definition der Energie

Was verstehen wir nun genau unter Energie? Vielleicht hilft eine Definition der Energie aus berufenem Munde weiter. Max Planck (Begründer der Quantenphysik, 1858–1947) beantwortete die Frage folgendermaßen:

> Energie ist Fähigkeit eines Systems, äußere Wirkungen (z. B. Wärme, Licht) hervorzubringen.

Im Bereich der Mechanik kennen wir zum Beispiel die potentielle Energie (oder Lageenergie) einer Masse m, die sich in einer Höhe h befindet (Bild 1.1a):

$$W_{\text{Pot}} = m \cdot g \cdot h \tag{1.1}$$

mit g: Erdbeschleunigung, $g = 9{,}81\,\text{m}/\text{s}^2$

Fällt etwa einem Kegelbruder die über 3 kg schwere Kugel herunter, so kann das System „Ein-Meter-hohe-Kugel" deutliche Wirkungen an seinem Fuß hervorbringen. Schleudert er stattdessen die Kugel wie geplant nach vorn, verrichtet er Arbeit an der Kugel. Mit dieser Arbeit wird dem System Kugel Energie zugeführt. Somit können wir ganz allgemein sagen:

Durch Zufuhr oder Abgabe von Arbeit kann die Energie eines Systems verändert werden. Anders ausgedrückt: Energie ist gespeicherte Arbeit.

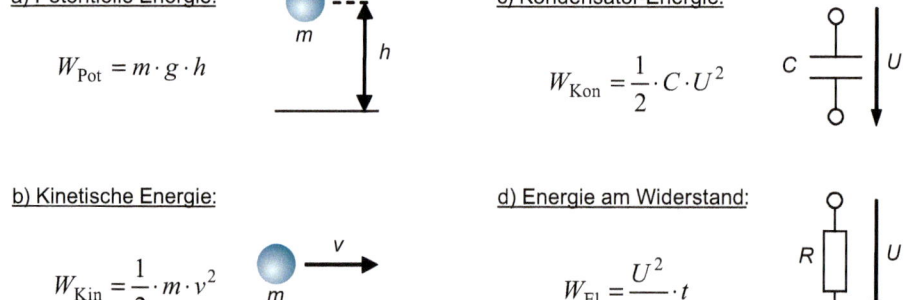

a) Potentielle Energie:

$$W_{\text{Pot}} = m \cdot g \cdot h$$

b) Kinetische Energie:

$$W_{\text{Kin}} = \frac{1}{2} \cdot m \cdot v^2$$

c) Kondensator-Energie:

$$W_{\text{Kon}} = \frac{1}{2} \cdot C \cdot U^2$$

d) Energie am Widerstand:

$$W_{\text{El}} = \frac{U^2}{R} \cdot t$$

Bild 1.1 Darstellung verschiedener Energieformen

Im Fall des Kegelbruders erhält die Kugel beim Vorwärtsschleudern kinetische Energie W_{Kin} (oder Bewegungsenergie, siehe Bild 1.1b):

$$W_{\text{Kin}} = \frac{1}{2} \cdot m \cdot v^2 \tag{1.2}$$

mit v: Geschwindigkeit der Kugel

Eine ähnliche Formel beschreibt in der Elektrotechnik die in einem Kondensator gespeicherte Energie W_{Kon}:

$$W_{\text{Kon}} = \frac{1}{2} \cdot C \cdot U^2 \tag{1.3}$$

mit C: Kapazität des Kondensators

U: Spannung am Kondensator

Liegt wiederum eine Spannung U an einem ohmschen Widerstand R an, so wird in ihm in der Zeit t eine elektrische Arbeit W_{El} umgesetzt (Bild 1.1d):

$$W_{\text{El}} = P \cdot t = \frac{U^2}{R} \cdot t \tag{1.4}$$

Die Leistung P gibt an, welche Arbeit in der Zeit t geleistet wird:

$$P = \frac{\text{Arbeit}}{\text{Zeit}} = \frac{W}{t} \tag{1.5}$$

1.2.2 Einheiten der Energie

Leider werden viele verschiedene Einheiten zur Beschreibung von Energie benutzt. Die wichtigste Beziehung lautet:

$$1\,\text{J (Joule)} = 1\,\text{Ws} = 1\,\text{Nm} = 1\,\text{kg} \cdot (\text{m/s})^2 \tag{1.6}$$

Beispiel 1.1 Anheben eines Sacks Kartoffeln

Hebt man einen Zentner Kartoffeln um einen Meter hoch, so erhält er dadurch eine Lageenergie von

$$W_{\text{Pot}} = m \cdot g \cdot h = 50\,\text{kg} \cdot 9{,}81\,\text{m/s}^2 \cdot 1\,\text{m} = 490{,}5\,\text{Nm} = 490{,}5\,\text{Ws}$$

In der Elektrotechnik ist die Einheit Kilowattstunde (kWh) sehr gebräuchlich, diese ergibt sich zu:

$$1\,\text{kWh} = 1000\,\text{Wh} = 1000\,\text{W} \cdot 3600\,\text{s} = 3{,}6 \cdot 10^6\,\text{Ws} = 3{,}6\,\text{MWs} = 3{,}6\,\text{MJ} \tag{1.7}$$

Da in der Energiewirtschaft oft sehr große Energiemengen behandelt werden, ist hier die Auflistung der Einheitenvorsätze zur Abkürzung von Zehnerpotenzen sinnvoll, siehe Tabelle 1.1.

Tabelle 1.1 Vorsätze und Vorsatzzeichen

Vorsatz	Vorsatzzeichen	Faktor	Zahl
Kilo	k	10^3	Tausend
Mega	M	10^6	Million
Giga	G	10^9	Milliarde
Tera	T	10^{12}	Billion
Peta	P	10^{15}	Billiarde
Exa	E	10^{18}	Trillion

1.2.3 Primär-, Sekundär- und Endenergie

Energie liegt typischerweise in Form von Energieträgern (Kohle, Gas, Holz etc.) vor. Diese Art der Energie bezeichnen wir als Primärenergie. Um sie für praktische Anwendungen nutzen zu können, muss sie umgewandelt werden. Möchte man etwa elektrische Energie erzeugen, so wird z. B. in einem Kohlekraftwerk Steinkohle verbrannt, um damit heißen Wasserdampf zu erzeugen. Der Druck des Wasserdampfes wird wiederum genutzt, um einen Generator anzutreiben, welcher elektrische Energie am Kraftwerksausgang zur Verfügung stellt (Bild 1.2). Diese Energie bezeichnen wir als Sekundärenergie. Durch die beschriebene Prozesskette entstehen relativ hohe Umwandlungsverluste. Wird die Energie dann weiter zu den Haushalten transportiert, fallen zusätzliche Verluste in den Kabeln und Trafostationen an. Diese fassen wir unter den Verteilungsverlusten zusammen. Beim Endkunden kommt schließlich die Endenergie an.

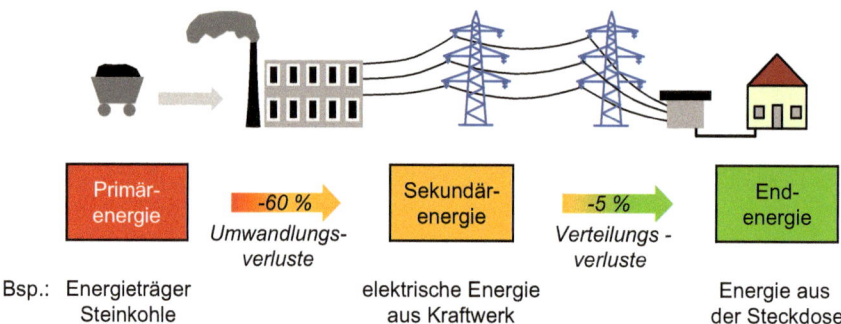

Bild 1.2 Darstellung der Energiearten am Beispiel der Steinkohleverstromung: Nur etwa ein Drittel der eingesetzten Primärenergie kommt beim Endkunden an der Steckdose an

Bei einem mit Benzin betriebenen Auto ist das Erdöl der Primärenergieträger. Durch Raffination wird es zu Benzin umgewandelt (Sekundärenergieträger) und anschließend zur Tankstelle gebracht. Sobald das Benzin im Tank ist, liegt es dort als Endenergie vor. Diese muss wiederum von der Nutzenergie unterschieden werden; im Fall des Autos ist das die mechanische Bewegung des Fahrzeugs. Da ein Automotor einen Wirkungsgrad von unter 30 % hat, kommt somit nur ein geringer Teil der eingesetzten Primärenergie auf der Straße an. Im Fall der elektrischen Energie wäre die Nutzenergie z. B. Licht (Lampe) oder Wärme (Kochplatten).

Um elektrische Endenergie an der Steckdose zur Verfügung zu stellen, muss die in Bild 1.2 gezeigte Umwandlungs- und Verteilungskette durchlaufen werden. Da der Wirkungsgrad von konventionellen Kraftwerken mit ca. 40 % relativ klein ist, ergibt sich als Gesamtwirkungsgrad η_{Gesamt} bis zur Steckdose beim Endverbraucher:

$$\eta_{\text{Gesamt}} = \eta_{\text{Kraftwerk}} \cdot \eta_{\text{Verteilung}} \approx 0{,}4 \cdot 0{,}95 \approx 0{,}38 \tag{1.8}$$

Somit können wir festhalten:

> Im Fall der konventionellen elektrischen Energieversorgung kommt nur etwa ein Drittel der eingesetzten Primärenergie an der Steckdose an.

Dennoch wird elektrische Energie in vielen Bereichen eingesetzt, da sie einfach zu transportieren ist und Anwendungen erlaubt, die kaum mit anderen Energieformen realisiert werden können (z. B. Computer, Motoren etc.). Gleichzeitig gibt es allerdings Nutzungen, für die der wertvolle Strom nicht verwendet werden sollte. So wird im Fall einer elektrischen Raumheizung nur ein Drittel der eingesetzten Primärenergie genutzt, während es bei einer modernen Gastherme über 90 % sind.

1.2.4 Energieinhalte verschiedener Stoffe

Um den Energiegehalt verschiedener Energieträger einschätzen zu können, sind in Tabelle 1.2 die Umrechnungsfaktoren dargestellt:

Tabelle 1.2 Umrechnungsfaktoren verschiedener Energieträger [Kal14, Wik18]

Energieträger	Energiegehalt	Bemerkungen
1 kg Steinkohle	8,14 kWh	–
1 kg Rohöl	11,63 kWh	Benzin: 8,7 kWh/Liter, Diesel: 9,8 kWh/Liter
1 m³ Erdgas	8,82 kWh	–
1 kg Holz	4,3 kWh	(bei 15 % Feuchte)

In der Energiewirtschaft wird oft die Einheit t RÖE verwendet. Dies bedeutet Tonnen Rohöleinheiten und bezieht sich auf den Umrechnungsfaktor für 1 kg Rohöl in obiger Tabelle. 1 t RÖE sind somit $1000\,kg \cdot 11{,}63\,kWh/kg = 11.630\,kWh$. Entsprechend erfolgt die Umrechnung von Tonnen Steinkohleeinheiten (t SKE) mit dem Faktor für Steinkohle aus Tabelle 1.2.

Ganz grob können wir uns als Faustregel merken:

$$1\,m^3\,\text{Erdgas} \approx 1\,l\,\text{Öl} \approx 1\,l\,\text{Benzin} \approx 1\,kg\,\text{Kohle} \approx 2\,kg\,\text{Holz} \approx 10\,kWh$$

■ 1.3 Probleme der heutigen Energieversorgung

Die heutige weltweite Energieversorgung bringt eine Reihe von Problemen mit sich, deren wichtigste Aspekte wir im Folgenden vorstellen.

1.3.1 Wachsender Energiebedarf

Bild 1.3 zeigt die Entwicklung des weltweiten Primärenergieverbrauchs seit 1970. Dieser hat sich im betrachteten Zeitraum fast verdreifacht; das durchschnittliche jährliche Wachstum lag

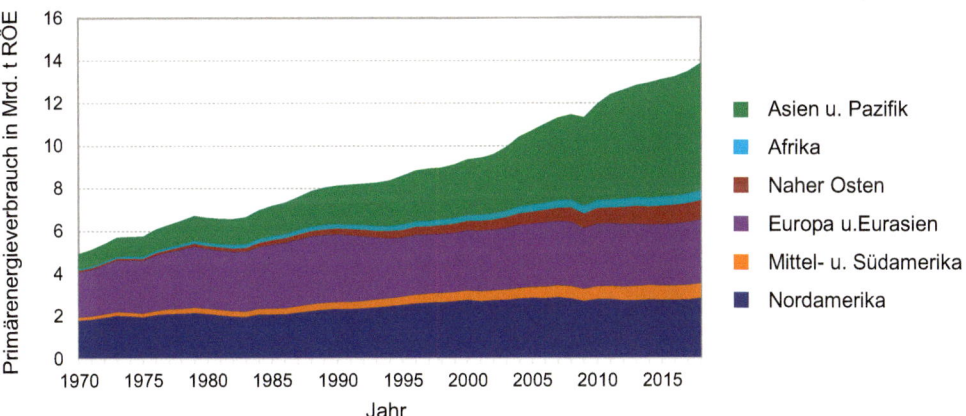

Bild 1.3 Entwicklung des weltweiten Primärenergiebedarfs seit 1970 [*www.bp.com/*]

bei 2,2 %. Nachdem zunächst hauptsächlich die westlichen Industrieländer den Hauptteil ausmachten, holen die Schwellenländer, insbesondere China, in den letzten Jahren deutlich auf.

Als Grund für den Anstieg des Energiebedarfs ist zum einen die wachsende Weltbevölkerung zu nennen. Diese hat sich in den letzten 40 Jahren von 3,7 Mrd. auf heute 7,6 Mrd. Menschen verdoppelt. Bis zum Jahr 2050 erwartet die UNO einen weiteren Anstieg auf ca. 10 Mrd. Menschen.

Die zweite Ursache für die beschriebene Entwicklung ist der steigende Lebensstandard. So liegt der Primärenergiebedarf in Deutschland bei ca. 45.000 kWh/Kopf; in einem nur schwach industrialisierten Land wie Bangladesch dagegen bei nur 1500 kWh/Kopf. Bei wachsendem Wohlstand in den Entwicklungsländern wird sich der dortige Pro-Kopf-Verbrauch deutlich erhöhen. In China als sehr dynamischem Schwellenland liegt er inzwischen bei über 27.000 kWh/Kopf. Die internationale Energieagentur (IEA) geht davon aus, dass China seinen Energiebedarf in den nächsten 25 Jahren um 75 % erhöhen wird, Indien sogar um 100 %.

Der wachsende Energiebedarf wäre grundsätzlich nicht gravierend, wenn nicht eine Reihe von Problemen damit einher ginge:

1. Verknappung der Ressourcen
2. Klimawandel
3. Gefährdung/Entsorgung

Diese werden nun etwas genauer betrachtet.

1.3.2   Verknappung der Ressourcen

Der weltweite Energiebedarf wird heute hauptsächlich durch die fossilen Energieträger Erdöl, Erdgas und Kohle gedeckt. In Bild 1.4 ist zu sehen, dass sie einen Anteil von rund 81 % einnehmen, während Biomasse, Wasserkraft und neue erneuerbare Energien (Wind, Photovoltaik, Solarthermie etc.) bislang lediglich ca. 14 % erreichen.

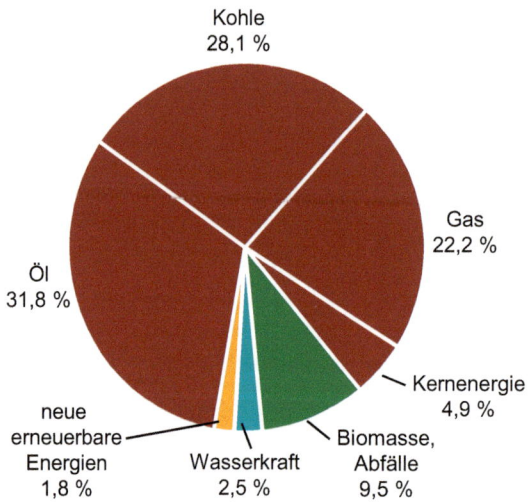

Kohle
28,1 %

Gas
22,2 %

Öl
31,8 %

Kernenergie
4,9 %

neue
erneuerbare
Energien
1,8 %

Wasserkraft
2,5 %

Biomasse,
Abfälle
9,5 %

Bild 1.4 Aufteilung der weltweiten Primärenergienutzung im Jahr 2017 nach den Energieträgern [*www.iea.org*]

Tabelle 1.3 Förderung und Reichweite von fossilen Energieträgern [BGR17]

	Erdöl		Erdgas		Kohle	
	2001	**2016**	**2001**	**2016**	**2001**	**2016**
Förderung EJ/a	147	184	80	126	91	157
Reserven EJ	6351	7155	5105	7202	19.620	21.374
Reichweite	43 a	39 a	64 a	57 a	215 a	136 a
Reichweite bei jährlichem Wachstum von 2,2 %		28 a		37 a		64 a

Die starke Nutzung der fossilen Quellen führt inzwischen zu einer Verknappung. In Tabelle 1.3 sind die einzelnen Fördermengen der Jahre 2001 und 2016 aufgelistet. Bereits im Jahr 2001 betrug die geschätzte Reichweite von Erdöl nur noch 43 Jahre; die von Erdgas 64 Jahre. Lediglich die Kohle wurde mit einer relativ großen Reichweite von 215 Jahren abgeschätzt. Bis zum Jahr 2016 konnten dann zwar zusätzliche Lagerstätten entdeckt werden, allerdings hatte sich bis dahin der Jahresverbrauch deutlich erhöht. Somit reduzierten sich die Reichweiten auf 39 bis 136 Jahre. Geht man davon aus, dass der Weltenergiebedarf weiterhin wie bisher wachsen wird, so verringern sich die Reichweiten drastisch auf 28 bis 64 Jahre (siehe auch Übungsaufgabe 1.3). Die Verknappung der Brennstoffe wird zu stark steigenden Preisen und Verteilungskriegen führen.

In den letzten Jahren wurde begonnen, zusätzlich zur Ölförderung auch Ölsande und Ölschiefer abzubauen, um daraus Öl zu gewinnen. Insbesondere in Kanada und den USA gibt es beträchtliche Vorkommen davon. Allerdings ist für die Erzeugung des synthetischen Erdöls ein großer Energieeinsatz notwendig. Die Förderung im Tagebau führt darüber hinaus zur Zerstörung von zuvor intakten Ökosystemen. Im Fall von dem auch in Deutschland diskutierten Fracking wird ein Gemisch aus Wasser, Sand und chemischen Zusätzen in den Boden gepresst, um damit das Gestein aufzubrechen und so das darin gebundene Gas zu erhalten. Hier besteht die Gefahr einer Vergiftung des Grundwassers.

Somit ist die Nutzung dieser zusätzlichen fossilen Quellen ebenfalls keine echte Zukunftsoption.

1.3.3 Klimawandel

Bei der Verrottung von Biomasse (Holz, Pflanzen etc.) entweicht Kohlendioxid (CO_2) in die Atmosphäre. Gleichzeitig wachsen Pflanzen durch Photosynthese neu und nehmen dabei CO_2 aus der Luft auf. Im Lauf der Erdgeschichte hat sich daraus ein Gleichgewicht eingestellt, das zu einer relativ konstanten CO_2-Konzentration in der Atmosphäre geführt hat.

Werden Holz, Kohle, Erdgas oder Erdöl verbrannt, so entsteht ebenfalls CO_2, das in die Umgebungsluft abgegeben wird. Im Fall von Holz ist das nicht tragisch, so lange abgeholzte Wälder wieder aufgeforstet werden. Das neu wachsende Holz bindet CO_2 aus der Luft und nutzt es zum Aufbau der entstehenden Biomasse.

Im Fall der fossilen Energieträger sieht dies allerdings anders aus. Diese bildeten sich vor Jahrmillionen aus Biomasse und werden nun innerhalb von ein bis zwei Jahrhunderten im buchstäblichen Sinne verheizt. Bild 1.5 zeigt den Verlauf der CO_2-Konzentration in der Atmosphäre

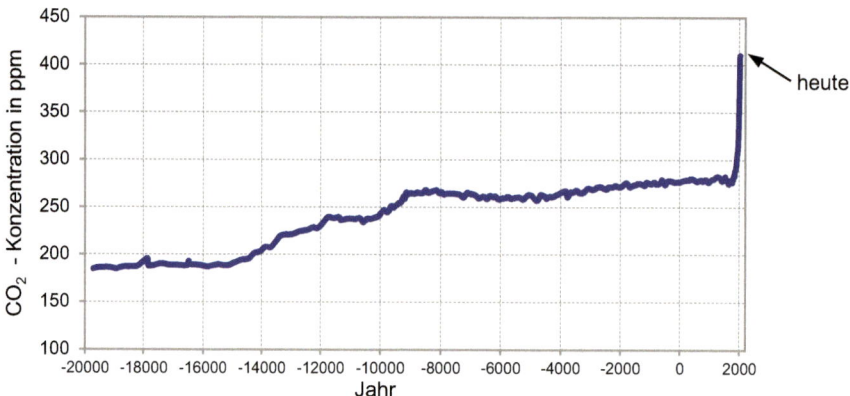

Bild 1.5 Entwicklung des CO_2-Gehalts in der Atmosphäre in den letzten 22.000 Jahren: Auffällig ist der steile Anstieg seit Beginn der Industrialisierung [Nef94, Mon04, *www.esrl.noaa.gov/gmd/ccgg/trends*]

in den letzten 20.000 Jahren. Offensichtlich gab es auch schon früher Schwankungen dieser Konzentration, wirklich beunruhigend ist allerdings der steile Anstieg seit Beginn der Industrialisierung. Im Jahr 2020 lag die Konzentration bei ca. 410 ppm (parts per million), einem Wert, der seit Millionen von Jahren nicht mehr erreicht wurde.

Warum ist die CO_2-Konzentration in der Atmosphäre nun so bedeutend für uns? Der Grund liegt darin, dass CO_2 neben anderen Spurengasen (z. B. Methan, CH_4) über den Treibhauseffekt die Temperatur auf der Erde beeinflusst. Wir betrachten zur Erklärung Bild 1.6. Das Licht der Sonne (sichtbare und infrarote Strahlung ①) gelangt relativ ungehindert durch die Atmosphäre und wird vom Erdboden absorbiert ②. Hierdurch erwärmt sich die Erdoberfläche ③ und strahlt als sogenannter schwarzer Strahler (siehe Kapitel 2) Wärmestrahlung ④ ab. Diese Strahlung wird wiederum von den Spurengasen absorbiert ⑤ und als Wärme an die Umgebung abgegeben ⑥. Die Wärmeenergie bleibt somit zum größten Teil in der Atmosphäre und wird nur zu einem geringen Teil in den Weltraum zurückgeworfen.

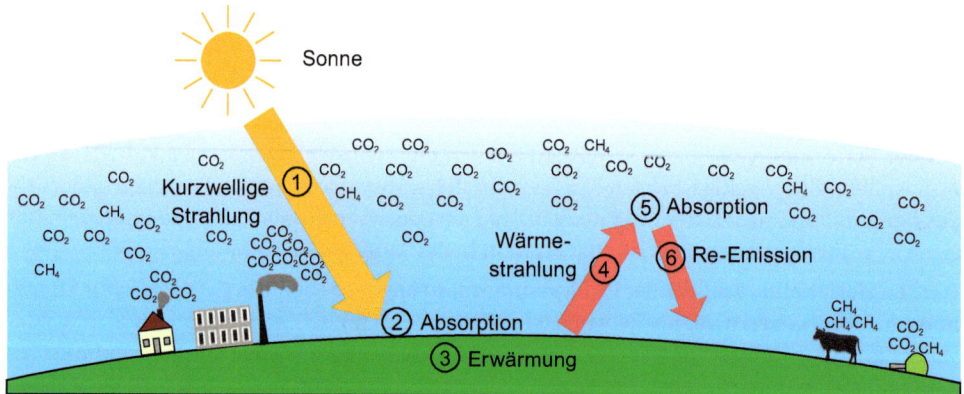

Bild 1.6 Prinzipdarstellung des Treibhauseffekts: Die von der Erde abgestrahlte Wärmestrahlung wird von den Treibhausgasen zurückgehalten

Der Vergleich mit einem Treibhaus ist also durchaus passend: Die Atmosphäre mitsamt der Spurengase wirkt wie die Scheibe eines Treibhauses, die die Sonnenstrahlung in das Treibhaus hineinlässt, die innen entstandene Wärmestrahlung aber zurückhält. Die Folge ist eine Aufheizung des Treibhauses.

Nun können wir zunächst einmal froh sein, dass es den Treibhauseffekt überhaupt gibt. Ohne ihn läge die mittlere Temperatur auf der Erde bei $-18\,°C$. Durch den natürlichen Treibhauseffekt beträgt die tatsächliche mittlere Temperatur ca. $15\,°C$. Die durch den Menschen verursachte zusätzliche Emission von CO_2, Methan etc. führt allerdings als anthropogener Treibhauseffekt zu einer weiteren Erwärmung. Seit Beginn der Industrialisierung lag dieser Temperaturanstieg bei etwa $0,8\,°C$. Der Weltklimarat erwartet, dass sich dieser bis zum Ende des 21. Jahrhunderts auf mindestens $2\,°C$ erhöhen wird, falls die Emissionen an Treibhausgasen nicht gebremst werden [*www.ipcc.ch*].

Als Folgen der Temperaturerhöhung ist bereits heute die Verkleinerung von Gletschern und des Schmelzen des Eises am Nordpolarmeer zu beobachten. Außerdem werden extreme Wetterphänomene (Hurrikans, Dürreperioden in manchen Regionen) mit dem Temperaturanstieg in Verbindung gebracht. Langfristig rechnet man bei weiter steigenden Temperaturen mit einem deutlichen Meeresspiegelanstieg und der Verschiebung von Klimazonen.

Um den Klimawandel abzubremsen, wurde 1997 auf dem Weltklimagipfel im japanischen Kyoto das Kyoto-Protokoll verabschiedet. In diesem verpflichteten sich die Industrieländer, ihre Treibhausgasemissionen bis zum Jahr 2012 um $5,2\,\%$ unter das Niveau von 1990 zu senken. Erklärtes Ziel war die Begrenzung des durch den Menschen verursachten Temperaturanstiegs auf $2\,°C$.

Deutschland verpflichtete sich freiwillig, die Emissionen um $21\,\%$ zu senken. Nachdem Deutschland die angestrebten Ziele erreicht hatte, beschloss die Bundesregierung im Jahr 2010, eine Reduktion von $40\,\%$ bis zum Jahr 2020 und von $55\,\%$ bis zum Jahr 2030 (gegenüber 1990) anzustreben. Wesentliche Elemente zur Erreichung dieses Ziels sind neben der Steigerung der Energieeffizienz der Ausbau der erneuerbaren Energien. Nach der Reaktorkatastrophe von Fukushima wurde darüber hinaus beschlossen, die Stromversorgung bis zum Jahr 2050 vollständig auf erneuerbare Energien umzustellen.

Dies steht im Einklang mit den UN-Klimakonferenzen in Paris (2015) und Bonn (2017). Diese legten fest, dass die weltweiten Nettotreibhausgasemissionen zwischen 2045 und 2060 auf null reduziert werden müssen, um die weltweite Erwärmung auf 2 Grad Celsius zu begrenzen.

1.3.4 Gefährdung und Entsorgung

Eine annähernd CO_2-freie Elektrizitätserzeugung stellt die Kernenergie dar. Allerdings bringt sie eine Reihe von anderen Problemen mit sich. So zeigte die Reaktorkatastrophe von Fukushima im Jahr 2011, dass das Risiko für einen Super-Gau (größter anzunehmender Unfall) nie völlig ausschließbar ist. Auch wenn in Deutschland kein Tsunami zu erwarten ist, besteht dennoch eine hohe Gefährdung, da die hiesigen Atomkraftwerke nur ungenügend gegen Terrorangriffe geschützt sind.

Hinzu kommt die ungeklärte Endlagerung der strahlenden Abfälle. Bislang gibt es weltweit kein Endlager für hoch radioaktiven Abfall. Dieser muss für Tausende von Jahren sicher gelagert werden. Dabei stellt sich die Frage, ob es ethisch vertretbar ist, zukünftigen Generationen eine solche Erblast zu hinterlassen.

Schließlich soll auch hier die Verfügbarkeit betrachtet werden. Die bekannten Reserven an Uran inklusive der geschätzten zusätzlichen Vorräte liegen bei ca. 4.6 Mio. Tonnen. Dabei sind bereits die Vorkommen mit relativ geringen Urankonzentrationen eingerechnet, die sich nur mit hohem Aufwand gewinnen lassen. Nimmt man den aktuellen Jahresenergiebedarf von 68.000 t/a als Grundlage, so kommt man auf eine Reichweite von 67 Jahren [Lüb06]. Unter der Annahme der Steigerung des Energiebedarfs aus Tabelle 1.3 liegt die Reichweite bei ungefähr 40 Jahren. Wollte man die heutige weltweite Energieversorgung komplett auf Kernenergie umstellen, so würde das Uran lediglich für 4 Jahre reichen.

■ 1.4   Erneuerbare Energien

1.4.1   Die Familie der erneuerbaren Energien

Bevor wir uns genauer der Photovoltaik zuwenden, wollen wir sie einordnen in die Familie der erneuerbaren Energien. Der Ausdruck erneuerbar (oder regenerativ) bedeutet, dass sich das Energieangebot nicht verbraucht. Der Wind weht jedes Jahr wieder neu, die Sonne geht jeden Tag auf und Pflanzen wachsen nach der Ernte wieder neu nach. Im Fall der Geothermie kühlt sich die Erde zwar ab, dies macht sich allerdings erst in Tausenden von Jahren bemerkbar.

Wie Bild 1.7 zeigt, sind die eigentlichen Primärenergien der erneuerbaren Energien die Planetenbewegung, die Erdwärme und die Solarstrahlung. Während die Planetenbewegung le-

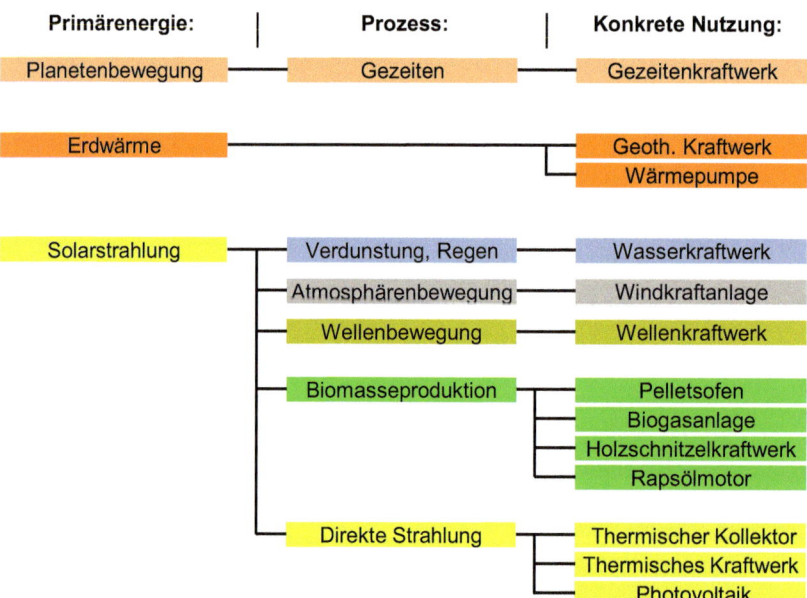

Bild 1.7 Verschiedene Möglichkeiten zur Nutzung erneuerbarer Energien

diglich im etwas exotischen Gezeitenkraftwerk genutzt wird, kann die Erdwärme sowohl zur Heizung von Gebäuden mithilfe einer Wärmepumpe als auch zur Erzeugung von elektrischer Energie in einem geothermischen Kraftwerk dienen.

Die Solarstrahlung ist wiederum die Grundlage für erstaunlich viele Energiearten. So wird die Wasserkraftnutzung erst möglich über die Verdunstung des Wassers und das anschließende Abregnen auf Land. Die Atmosphärenbewegung entsteht hauptsächlich durch Solarstrahlung, die somit ebenfalls die Basis der Windkraftnutzung darstellt. Im Fall der Biomasseproduktion ist es wiederum das Sonnenlicht, das zum Ablaufen der Photosynthese und damit dem Wachsen von Biomasse zwingend vorhanden sein muss.

Solarstrahlung kann außerdem unmittelbar zur Wärmeerzeugung genutzt werden, zum Beispiel im thermischen Kollektor zur Brauchwassererwärmung oder Wohnungsheizung. Thermische Solarkraftwerke erzeugen dagegen Prozesswärme aus konzentriertem Sonnenlicht, um damit Generatoren zur elektrischen Energiegewinnung anzutreiben. Last but not least wandelt die Photovoltaik Solarstrahlung unmittelbar in elektrische Energie um.

Somit können wir die Photovoltaik als junge Tochter der großen Familie von erneuerbaren Energien ansehen. Diese übt allerdings einen ganz besonderen Reiz aus: sie ist als einzige in der Lage, Sonnenlicht auf direktem Wege in elektrische Energie umzuwandeln, ohne aufwändige Zwischenprozesse oder verschleißanfällige mechanische Konverter zu benötigen.

1.4.2 Vor- und Nachteile von erneuerbaren Energien

Die erneuerbaren Energien haben bestimmte gemeinsame Eigenschaften. Ihr wichtigster Vorteil liegt darin, dass sie im Gegensatz zu allen anderen Energieträgern praktisch unerschöpflich sind. Hinzu kommt, dass ihr Einsatz fast ohne Emissionen erfolgt und mit nur geringen Umweltauswirkungen und Gefährdungen verbunden ist.

Ein weiterer wichtiger Vorteil besteht in der Tatsache, dass praktisch keine Brennstoffkosten anfallen. Die Sonne scheint kostenlos, der Wind weht ohnehin und die Erdwärme ist ein fast unerschöpfliches Reservoir. Andererseits sind die Energiedichten, in denen die erneuerbaren Energien zur Verfügung stehen, sehr gering. Man benötigt große Flächen (Solarmodulfläche bei Photovoltaik, Rotorfläche bei Windkraftanlagen etc.), um ausreichend Energie „sammeln" zu können. Dies bedeutet, dass typischerweise hohe Investitionskosten anfallen, da die großen Flächen einen hohen Materialeinsatz erfordern.

Ein weiterer schwer wiegender Nachteil ist das schwankende Energieangebot. Besonders Photovoltaik und Windkraft sind davon betroffen. Als Folge müssen weitere Kraftwerke (Backup-Kraftwerke) bereitgehalten werden, um eine konstante Versorgungssicherheit zu gewährleisten. Die Geothermie ist von diesem Problem nicht betroffen, sie kann praktisch unabhängig von Tages- und Jahreszeit Energie liefern. Einen Sonderfall nimmt die Biomasse ein, die als einzige erneuerbare Energie leicht gespeichert werden kann (Holzstapel im Wald, Biogas im Tank etc.).

In vielen Ländern der Dritten Welt steht kein Stromnetz zur Verfügung. Dort kommt ein weiterer Vorteil der erneuerbaren Energien zum Tragen: die dezentrale Verfügbarkeit und Nutzbarkeit. So können autarke Dorfstromversorgungen weitab von großen Städten realisiert werden, ohne dass ein Überlandnetz notwendig ist.

1.4.3 Bisherige Entwicklung der erneuerbaren Energien

Bild 1.8 zeigt den Beitrag der erneuerbaren Energien zur Stromversorgung in Deutschland im Verlauf der Jahre. Zusätzlich zur klassischen Wasserkraft haben sich die Windkraft und Biomasse stürmisch entwickelt. In den letzten Jahren machte außerdem die Photovoltaik mit zwischenzeitlichen Wachstumsraten von über 50 % deutlich Boden gut. Im Jahr 2018 erzeugten die erneuerbaren Energien etwa 230 TWh an elektrischer Energie, dies entspricht einem Anteil von 27 % des deutschen Strombedarfs. Die Photovoltaik erbrachte einen Anteil von rund 8 %, die Windkraft 19 %.

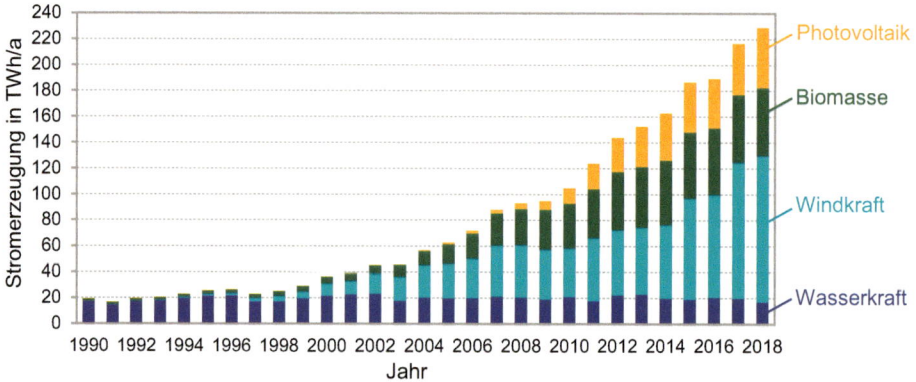

Bild 1.8 Entwicklung der erneuerbaren Energien in Deutschland seit 1990: Im Jahr 2018 lag der Beitrag zur Bruttostromerzeugung bereits bei rund 230 TWh; dies entspricht etwa 40 % des gesamten Nettostromverbrauchs von 550 TWh/a (zum Unterschied zwischen Brutto- und Nettostromerzeugung siehe Abschnitt 11.4.1) [*www.volker-quaschning.de*]

■ 1.5 Photovoltaik – das Wichtigste in Kürze

In den folgenden Kapiteln werden wir uns durch einige Grundlagenthemen arbeiten, bei denen der Eine oder die Andere sich vielleicht fragt, wozu man das denn alles braucht. Daher wollen wir zunächst zur Motivationssteigerung und zum besseren Verständnis kurz die wichtigsten Aspekte der Photovoltaik betrachten.

1.5.1 Was bedeutet „Photovoltaik"?

Der Begriff Photovoltaik ist eine Zusammensetzung aus dem griechischen Wort phós, phōtós (Licht, des Lichtes) und dem Namen des italienischen Physikers Alessandro Volta (1745–1825). Dieser erfand die erste funktionsfähige elektrochemische Batterie; ihm zu Ehren wurde die Einheit der elektrischen Spannung als Volt benannt. Eine Übersetzung des Wortes Photovoltaik könnte daher heißen Lichtbatterie oder auch Lichtenergiequelle. Allgemeiner definieren wir, dass der Ausdruck Photovoltaik die direkte Umwandlung von Sonnenlicht in elektrische Energie beschreibt.

1.5.2 Was sind Solarzellen und Solarmodule?

Grundbaustein jeder Photovoltaikanlage ist die Solarzelle (siehe Bild 1.9). Diese besteht in den allermeisten Fällen aus Silizium, einem Halbleiter, der auch für Dioden, Transistoren und Computerchips verwendet wird. Durch Einbau von Fremdatomen (Dotierung) wird in der Zelle ein pn-Übergang erzeugt, der ein elektrisches Feld in den Kristall „einbaut". Fällt Licht auf die Solarzelle, so werden Ladungsträger aus den Kristallbindungen gelöst und durch das elektrische Feld zu den äußeren Kontakten befördert. Als Folge entsteht an den Kontakten der Solarzelle eine Spannung von etwa 0,5 Volt. Der abgegebene Strom variiert je nach Einstrahlung und Zellenfläche und liegt zwischen 0 und 10 Ampere.

Um auf gut nutzbare Spannungen im Bereich von 20 bis 50 Volt zu kommen, schaltet man viele Zellen in einem Solarmodul in Reihe (Bild 1.9). Außerdem werden die Solarzellen in dem Modul mechanisch geschützt und gegen Umwelteinflüsse (z. B. das Eindringen von Feuchtigkeit) versiegelt.

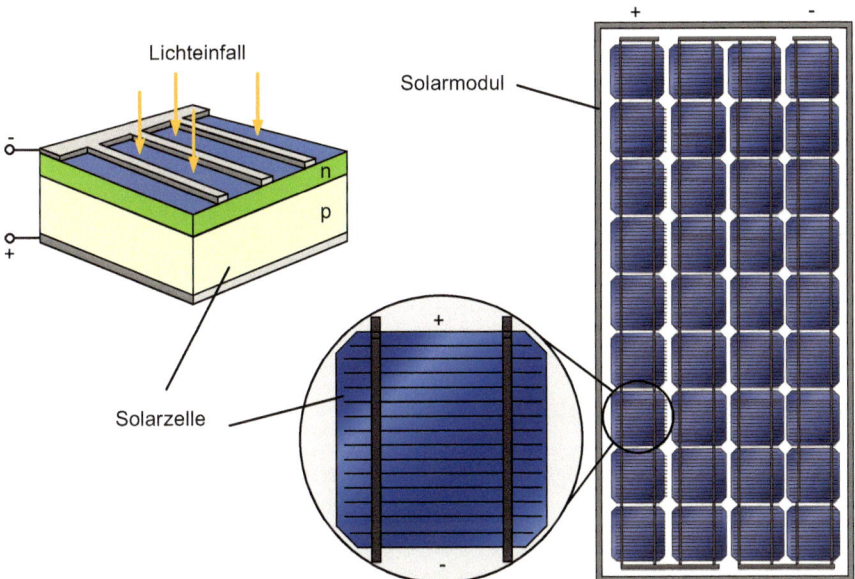

Bild 1.9 Solarzelle und Solarmodule als Grundbausteine der Photovoltaik

1.5.3 Wie ist eine typische Photovoltaikanlage aufgebaut?

Bild 1.10 zeigt den Aufbau einer klassischen in Deutschland üblichen netzgekoppelten Anlage. Mehrere Solarmodule werden zu einem Strang (String) in Reihe geschaltet und an einen Wechselrichter angeschlossen. Der Wechselrichter wandelt den von den Modulen gelieferten Gleichstrom in Wechselstrom um und speist ihn in das öffentliche Netz ein. Zur korrekten Vergütung des erzeugten Stroms misst ein Einspeisezähler die erzeugte Energiemenge. Getrennt davon ermittelt der Verbrauchszähler den Stromverbrauch im Haushalt.

Finanziert wird die Anlage auf der Grundlage des Erneuerbare-Energien-Gesetzes (EEG). Dieses garantiert, dass der eingespeiste Strom über 20 Jahre zu einem festgesetzten Preis vom

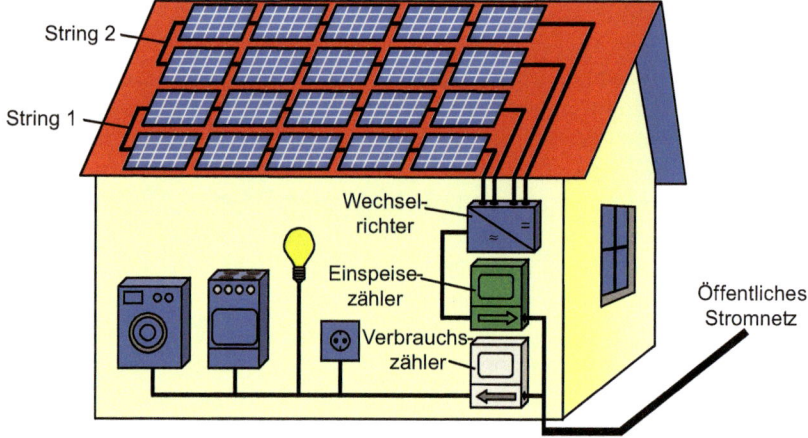

Bild 1.10 Aufbau einer klassischen netzgekoppelten Photovoltaikanlage: Ein Wechselrichter wandelt den von den Solarmodulen gelieferten Gleichstrom in Wechselstrom und speist ihn in das öffentliche Netz ein

Energieversorgungsunternehmen vergütet wird. Der Anlagenbesitzer wird damit gewissermaßen zum Kraftwerksbetreiber.

Heute gebaute Solarstromanlagen sehen mittlerweile anders aus, da typischerweise ein Teil des erzeugten Stroms im Haus selbst verbraucht wird (sogenannter „Eigenverbrauch"). In diesem Fall wird nur der überschüssige Solarstrom ins Netz eingespeist. Diesen Fall werden wir in Kapitel 7 und 8 genauer betrachten.

1.5.4   Was „bringt" eine Photovoltaikanlage?

Für den Besitzer einer Solarstromanlage ist insbesondere interessant, welche Leistung seine Anlage erbringt und welche Energiemenge im Laufe eines Jahres eingespeist werden kann.

Die Leistung eines Solarmoduls wird unter Standardtestbedingungen (Standard-Test-Conditions, STC) gemessen, die durch drei Randbedingungen festgelegt sind:

1. Volle Sonneneinstrahlung (Bestrahlungsstärke $E = E_{STC} = 1000\,\mathrm{W/m^2}$)
2. Temperatur des Solarmoduls: $\vartheta_{Modul} = 25\,°C$
3. Standard-Lichtspektrum AM 1,5 (Näheres dazu in Kapitel 2)

Die Leistung, die ein Solarmodul unter diesen Bedingungen erbringt, ist die Nennleistung des Moduls. Sie wird in Watt-Peak (Wp) angegeben, da sie faktisch die Spitzenleistung (Peak) des Moduls unter optimalen Bedingungen beschreibt.

Der Wirkungsgrad η_{Modul} eines Solarmoduls gibt das Verhältnis aus gelieferter elektrischer Nennleistung P_{STC} bezogen auf die einfallende optische Leistung P_{Opt} an:

$$\eta_{Modul} = \frac{P_{STC}}{P_{Opt}} = \frac{P_{STC}}{E_{STC} \cdot A} \tag{1.9}$$

mit A: Modulfläche

Die Wirkungsgrade von Silizium-Solarmodulen liegen im Bereich von 15 bis 22 %. Neben Silizium gibt es noch weitere Materialien wie Cadmiumtellurid oder Kupferindiumselenid, die unter dem Namen Dünnschichttechnologien zusammengefasst werden. Diese erreichen Modulwirkungsgrade von 7 bis 16 % (siehe Kapitel 5).

Beispiel 1.2 Leistung und Ertrag einer Aufdachanlage

Angenommen, dem Hausbesitzer steht eine Dachfläche von 40 m^2 zur Verfügung. Er kauft Module mit einem Wirkungsgrad von 15 %. Die Nennleistung der Anlage ergibt sich zu:

$$P_{\text{STC}} = P_{\text{Opt}} \cdot \eta_{\text{Modul}} = E_{\text{STC}} \cdot A \cdot \eta_{\text{Modul}} = 1000 \, \frac{\text{W}}{\text{m}^2} \cdot 40 \, \text{m}^2 \cdot 0{,}15 = 6 \, \text{kWp}$$

In Deutschland erbringt eine nach Süden ausgerichtete Dachanlage typischerweise einen spezifischen Ertrag w_{Jahr} von ca. 900 kWh/kWp (Kilowattstunden pro Kilowatt-Peak) pro Jahr. Damit ergibt sich für unseren Hausbesitzer folgender Jahresertrag W_{Jahr}:

$$W_{\text{Jahr}} = P_{\text{STC}} \cdot w_{\text{Jahr}} = 6 \, \text{kWp} \cdot 900 \, \frac{\text{kWh}}{\text{kWp} \cdot \text{a}} = 5400 \, \text{kWh/a}$$

Im Vergleich zum typischen Strombedarf eines Haushalts von 3000 bis 4000 kWh pro Jahr ist die erzeugte Energiemenge somit nicht zu verachten.

Nach diesem Schnellkurs zum Thema Photovoltaik betrachten wir nun die noch recht junge Geschichte der Solarstromerzeugung.

■ 1.6 Geschichte der Photovoltaik

1.6.1 Wie alles begann

Im Jahr 1839 entdeckte der französische Wissenschaftler Alexandre Edmond Becquerel (er war übrigens der Vater von Antoine Henri Becquerel, nach dem die Einheit der Aktivität von radioaktiven Stoffen benannt ist) bei elektrochemischen Experimenten den photoelektrischen Effekt. Er steckte zwei beschichtete Platinelektroden in einen Behälter mit einem Elektrolyten und bestimmte den zwischen den Elektroden fließenden Strom (siehe Bild 1.11a). Becquerel stellte fest, dass sich die Stromstärke bei Bestrahlung des Behälters mit Licht veränderte [Bec39]. In diesem Fall handelte es sich um den äußeren Photoeffekt, bei dem Elektronen unter Lichteinfall aus einem Festkörper austreten.

1873 entdeckten dann der britische Ingenieur Willoughby Smith und sein Assistent Joseph May, dass der Halbleiter Selen seinen Widerstand ändert, wenn er mit Licht bestrahlt wird. Sie beobachteten damit zum ersten Mal den für die Photovoltaik relevanten inneren Photoeffekt, bei dem Elektronen im Halbleiter durch Licht aus ihren Bindungen gerissen werden und damit als freie Ladungsträger im Festkörper zur Verfügung stehen.

Drei Jahre später fanden die Engländer William Adams und Richard Day heraus, dass ein mit Platinelektroden versehener Selenstab elektrische Energie produzieren kann, wenn man ihn

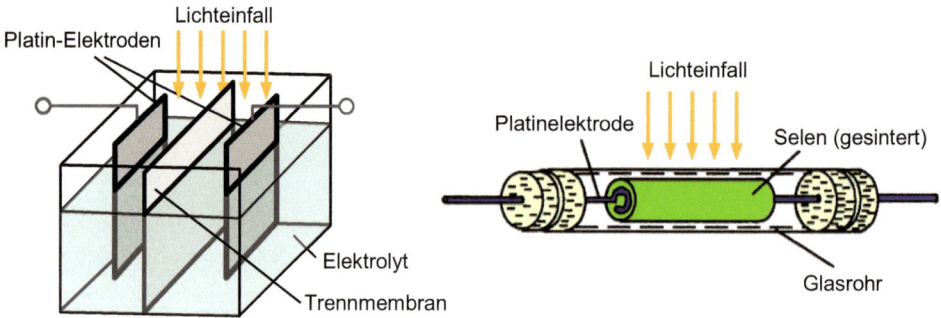

a) Versuchsaufbau von Becquerel   b) „Solarzelle" von Adams und Day

Bild 1.11 Die Anfänge der Photovoltaik: Elektrochemischer Versuchsaufbau von A. E. Becquerel und die erste Solarzelle von Adams und Day (nach [Gre02, Ada77])

dem Licht aussetzt (siehe Bild 1.11b). Damit wurde zum ersten Mal der Beweis erbracht, dass ein Festkörper Lichtenergie direkt in elektrische Energie umwandeln kann. 1883 baute der New Yorker Erfinder Charles Fritts ein kleines „Modul" aus Selenzellen mit einer Fläche von ca. 30 cm^2, das immerhin einen Wirkungsgrad von knapp 1 % aufwies. Hierzu beschichtete er die Selenzellen mit einer hauchdünnen Elektrode aus Gold. Er sandte ein Modul an Werner von Siemens (deutscher Erfinder und Unternehmer, 1816–1892) zur Begutachtung. Dieser erkannte die Bedeutung der Entdeckung und erklärte vor der Königlichen Akademie von Preußen, dass damit „zum ersten Mal die direkte Wandlung von Licht in elektrische Energie gezeigt" wurde [Wag15]. In der Folge entwickelte Siemens einen Belichtungsmesser auf der Basis von Selen.

In den folgenden Jahren konnten die physikalischen Hintergründe des Photoeffekts immer besser erklärt werden. Einen besonderen Anteil daran hatte Albert Einstein (1879–1955), der seine Lichtquantentheorie im Jahre 1905 vorstellte, für die er 16 Jahre später den Nobelpreis erhielt. Gleichzeitig gab es technologische Fortschritte: Der polnische Chemiker Jan Czochralski erfand 1916 bei der Firma AEG das nach ihm benannte Kristallziehverfahren. Mit dem Czochralski-Verfahren wurde es möglich, Halbleiterkristalle als Einkristalle von hoher Qualität herzustellen.

1.6.2 Die ersten echten Solarzellen

Der Miterfinder des Transistors, der amerikanische Nobelpreisträger William B. Shockley (1910–1989), präsentierte 1950 eine Erklärung für die Funktionsweise des pn-Übergangs und legte damit die theoretische Grundlage für die heute eingesetzten Solarzellen. Auf dieser Basis entwickelten Daryl Chapin, Calvin Fuller und Gerald Pearson in den Bell Labs die erste Silizium-Solarzelle mit einer Fläche von 2 cm^2 und einem Wirkungsgrad von bis zu 6 % und präsentierten sie am 25. April 1954 der Öffentlichkeit (Bild 1.12) [Cha54]. Die New York Times brachte das Ereignis am nächsten Tag auf der Titelseite und versprach den Lesern „die Erfüllung eines der größten Wünsche der Menschheit – der Nutzung der fast unbegrenzten Energie der Sonne".

Bild 1.12 Die Erfinder der ersten „echten" Solarzelle: Chapin, Fuller und Pearson. Das rechte Bild zeigt das erste „Solarmodul" der Welt, ein Minimodul aus 8 Solarzellen (Mit freundlicher Genehmigung des AT&T Archives and History Center)

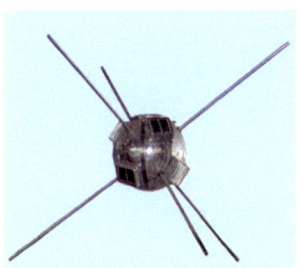

Bild 1.13 Ansicht des Satelliten Vanguard I: Wegen seines Durchmessers von 16 cm wurde er auch als „Pampelmuse" bezeichnet (Foto: NASA)

In der Bell-Zelle wurde zum ersten Mal das Konzept des pn-Übergangs mit dem inneren Photoeffekt kombiniert. Der pn-Übergang dient dabei als Förderband, das die gelösten Elektronen abtransportiert. Somit kann dieser Effekt genauer als Sperrschicht-Photoeffekt oder auch als photovoltaischer Effekt bezeichnet werden.

In den Folgejahren konnte der Wirkungsgrad bis auf 10 % gesteigert werden. Aufgrund des hohen Preises der Solarmodule (der Preis pro Watt lag bei etwa dem 1000-Fachen des heutigen Preises) kamen zunächst nur Sonderanwendungen in Frage. Am 17. März 1958 startete erstmals ein Satellit mit Solarzellen an Bord: Der amerikanische Satellit Vanguard I, der mit zwei Sendern ausgestattet war (Bild 1.13). Sender Nr. 1 wurde mit einer Quecksilberbatterie betrieben und stellte bereits nach 20 Tagen seinen Betrieb ein. Sender Nr. 2 bezog seine Energie aus sechs auf der Außenhaut des Satelliten angebrachten Solarzellen und arbeitete bis 1964.

Der Erfolg dieses Projektes führte dazu, dass sich die Photovoltaik als Energiequelle für Satelliten durchsetzte. Die Entwicklungen in den 1960er Jahren wurden daher von der Raumfahrt vorangetrieben. Neben den Siliziumzellen wurden erste Solarzellen aus Galliumarsenid (GaAs) und weiteren alternativen Materialien vorgestellt.

Als Vergleich zu Vanguard I ist in Bild 1.14 eines der zwei Solararrays der 2007 gestarteten Raumsonde Dawn zu sehen.

Bild 1.14 Modernes So-
lararray der Raumsonde
Dawn mit einer Leistung
von 5 kW (Foto: NASA)

Die Sonde hat den Auftrag, den rund 400 Mio. Kilometer von der Sonne entfernten Zwerg-
planeten Ceres zu untersuchen. Seit 2015 hat sie ihn erreicht und sendet Fotos des Himmel-
körpers. Der Name „Dawn" (Dämmerung) ist gut gewählt: Aufgrund des großen Abstands zur
Sonne erreicht die Sonde nur rund ein Zehntel der Sonnenstrahlung auf der Erde. Daher wurde
besonders viel Aufwand bei der solaren Stromversorgung getrieben.

Das Array von 5 kW Leistung ist aus Hochleistungs-Dreifach-Stapelzellen aus InGaP/In-
GaAs/Ge (siehe Kapitel 5) aufgebaut, die im Weltraum einen Wirkungsgrad von 27,5 % erreichen [Fat05].

1.6.3   From Space to Earth

Die terrestrische Nutzung von Photovoltaik beschränkte sich zunächst nur auf Anwendungen,
bei denen das nächste Energieverbundnetz sehr weit entfernt war: Sendeanlagen, Signalsyste-
me, netzferne Berghütten etc. (Bild 1.15). Ein Umdenken setzte allerdings mit der Ölkrise im
Jahr 1973 ein. Plötzlich standen alternative Energiequellen im Mittelpunkt des Interesses. 1977
wurde an den Sandia Laboratories in New Mexico ein Solarmodul mit dem Ziel entwickelt, ein
Standardprodukt zur kostengünstigen Massenproduktion zu fertigen.

Der Störfall im Atomkraftwerk Harrisburg (1979) und insbesondere die Reaktorkatastrophe in
Tschernobyl (1986) verstärkten schließlich den Druck auf die Regierungen, neue Lösungen in
der Energieversorgung anzustreben.

1.6.4   Vom Spielzeug zur Energiequelle

Ab Ende der 1980er Jahre intensivierten insbesondere die USA, Japan und Deutschland ihre Anstrengungen im Bereich der Photovoltaik-Forschungsförderung. Außerdem wurden Förderprogramme aufgelegt, die den Bau von netzgekoppelten Photovoltaikanlagen auf Einfami-
lienhäusern anregen sollten. In Deutschland war dies zunächst von 1990 bis 1995 das 1000-
Dächer-Programm, das wertvolle Erkenntnisse zur Zuverlässigkeit von Modulen und Wechselrichtern sowie zu Fragen der Netzeinspeisung lieferte [Gro97].

Bild 1.15 Beispiele für photovoltaische Inselanlagen: Telefonverstärker von 1955 mit der legendären Bell Solar Battery und moderner solarbetriebener Leuchtturm in Australien (Fotos: AT&T Archives and History Center, Erika Johnson)

Das im Jahr 1991 eingeführte Stromeinspeisegesetz verpflichtete die Energieversorger, Strom aus kleinen erneuerbaren Kraftwerken (Wind, Photovoltaik etc.) aufzunehmen. Während sich die Windbranche daraufhin stürmisch entwickelte, reichte die festgesetzte Vergütung von 17 Pfennig pro kWh bei weitem nicht für einen rentablen Betrieb von Photovoltaikanlagen aus. Aus diesem Grund forderten Umweltschützer eine höhere Vergütung von Solarstrom. Eine Schlüsselrolle kam dabei dem Solarenergie-Förderverein Deutschland e. V. zu. Dieser erreichte, dass in Aachen im Jahr 1995 die kostendeckende Vergütung in Höhe von 2 DM pro kWh für Strom aus Photovoltaikanlagen eingeführt wurde, welche bundesweit unter der Bezeichnung Aachener Modell bekannt wurde. Auf der Basis dieses Modells wurde im Jahr 2000 das Erneuerbare-Energien-Gesetz (EEG) eingeführt. Dieses Nachfolgegesetz des Stromeinspeisegesetzes legte für die verschiedenen erneuerbaren Energiequellen kostendeckende Vergütungssätze fest und führte für die Photovoltaik zu einem ungeahnten Boom (siehe Bild 1.16). So stieg die in Deutschland kumulierte installierte Photovoltaikleistung von gut 100 MWp im Jahr 2000 auf fast 50 GWp im Jahr 2019 (siehe Bild 1.16, dunkelrote Balken). Dies entspricht einem durchschnittlichen jährlichen Wachstum von knapp 40 %! Die jährlichen Installationen erreichten in den Boomjahren 2010 bis 2012 rund 7,5 GWp pro Jahr und sanken dann aufgrund von drastisch verschlechterten Förderbedingungen auf unter 2 GWp/a ab (siehe Bild 1.16, blaue Balken). Erst in den letzten Jahren ist eine leichte Markterholung zu verzeichnen.

Bild 1.17 zeigt den weltweiten Ausbau der Photovoltaik. Nachdem lange Jahre Deutschland der treibende Faktor war, holen jetzt andere Länder mehr und mehr auf. Das stärkste Wachstum verzeichnet China, so wurden dort allein im Jahr 2017 über 50 GWp zugebaut.

Japan hat nach der Reaktorkatastrophe von Fukushima stark auf Photovoltaik gesetzt, was sich in deutlichen Zubauten und einer kumulierten installierten Leistung von immerhin 56 GWp zeigt.

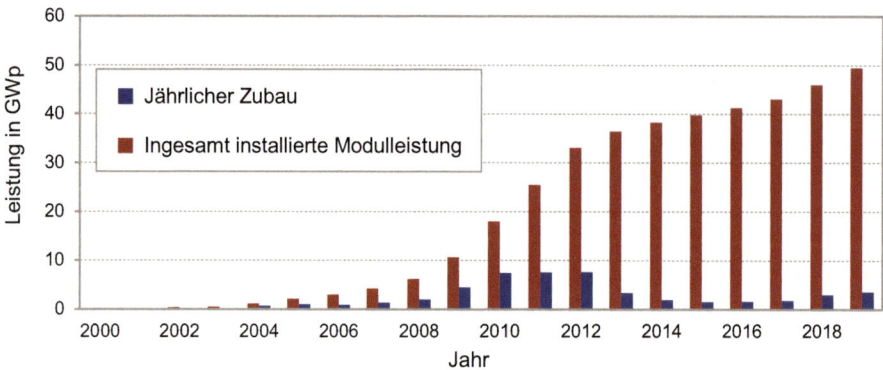

Bild 1.16 Entwicklung des Photovoltaikmarktes in Deutschland: Die insgesamt installierte Leistung liegt mittlerweile bei knapp 50 GWp [*www.volker-quaschning.de*]

Nach Boomjahren in Italien und Spanien entwickelt sich der Markt dort aktuell nur sehr verhalten. Die USA sind inzwischen aus ihrem Photovoltaikschlaf erwacht mit einem Zubau von rund 10 GWp pro Jahr in den letzten Jahren. Auch Indien entwickelt sich sehr dynamisch mit ähnlichen Zubauten. Die „großen Drei" China, USA und Japan dominieren inzwischen mit einer kumulierten Leistung von rund 300 GWp den Photovoltaikmarkt. Alle nicht einzeln aufgeführten Länder („Rest") erreichten im Jahr 2018 in Summe einen Zubau von 13 GWp, was dort zu kumulierten Leistungen von rund 75 GWp führte.

Unabhängig von der Betrachtung der einzelnen Länder zeigt Bild 1.17 das rasante weltweite Wachstum der Photovoltaik in den letzten Jahren. Die kumulierten installierten PV-Leistungen haben sich von 700 MWp im Jahr 2000 auf rund 500 GWp im Jahr 2018 (dem 700-Fachen des Anfangswerts!) erhöht. Es ist anzunehmen, dass sich diese Entwicklung fortsetzen wird. So will alleine Indien bis zum Jahr 2022 eine installierte Leistung von 100 GWp erreichen.

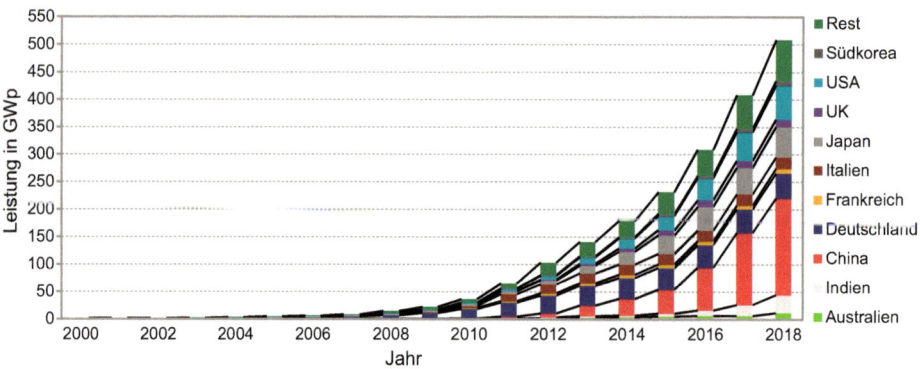

Bild 1.17 Entwicklung der weltweit kumulierten installierten Photovoltaikleistung: Die dynamischsten Märkte weisen mittlerweile China, Indien und die USA auf [*www.iea-pvps.org*]

Strahlungsangebot der Sonne

Grundlage allen Lebens auf der Erde ist die Strahlung der Sonne. Ebenso basiert die Nutzung der Photovoltaik auf dem Vorhandensein des Sonnenlichts. Wir wollen uns daher in diesem Kapitel die Eigenschaften und Möglichkeiten der Solarstrahlung ansehen.

■ 2.1 Eigenschaften der Solarstrahlung

2.1.1 Solarkonstante

Die Sonne stellt einen gigantischen Fusionsreaktor dar, in dessen Innerem je vier Wasserstoffkerne zu einem Heliumkern verschmelzen. Bei dieser Kernfusion entstehen Temperaturen von rund 15 Millionen Grad Celsius. Die frei werdende Energie wird in Form von Strahlung in den Weltraum abgegeben.

Bild 2.1 zeigt maßstäblich das Sonne-Erde-System. Der Abstand zwischen beiden Himmelskörpern beträgt rund 150 Mio. km, die weiteren Größen können Tabelle 2.1 entnommen werden.

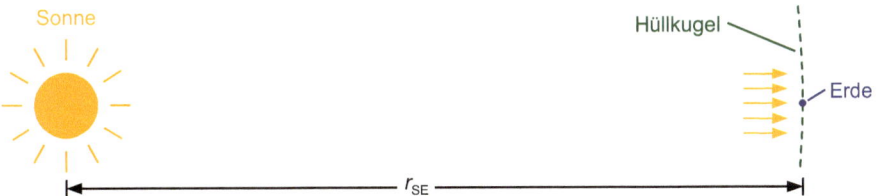

Bild 2.1 Ermittlung der Solarkonstanten

Tabelle 2.1 Eigenschaften von Sonne und Erde

Eigenschaft	Sonne	Erde
Durchmesser	$d_{\mathrm{Sonne}} = 1.392.520\,\mathrm{km}$	$d_{\mathrm{Erde}} = 12.756\,\mathrm{km}$
Oberflächentemperatur	$T_{\mathrm{Sonne}} = 5778\,\mathrm{K}$	$T_{\mathrm{Erde}} = 288\,\mathrm{K}$
Mittelpunktstemperatur	$15.000.000\,\mathrm{K}$	$6700\,\mathrm{K}$
Abgestrahlte Leistung	$P_{\mathrm{Sonne}} = 3{,}845 \cdot 10^{26}\,\mathrm{W}$	–
Abstand Sonne–Erde	$r_{\mathrm{SE}} = 149{,}6\,\mathrm{Mio.\,km}$	

Die Sonne strahlt kontinuierlich eine Strahlungsleistung von $P_{\mathrm{Sonne}} = 3{,}845 \cdot 10^{26}\,\mathrm{W}$ in alle Richtungen ab, von der die Erde nur einen minimalen Bruchteil empfängt. Um diesen Wert zu berechnen, stellen wir uns eine Hüllkugel um die Sonne herum vor, die einen Radius von $r = r_{SE}$ aufweist. Die von der Sonne abgestrahlte Leistung hat sich in diesem Abstand bereits auf die gesamte Kugeloberfläche verteilt. Am Ort der Erde erhalten wir somit folgende Leistungsdichte bzw. Bestrahlungsstärke:

$$E_S = \frac{\text{Strahlungsleistung}}{\text{Kugeloberfläche}} = \frac{P_{\text{Sonne}}}{4 \cdot \pi \cdot r_{SE}^2} = \frac{3{,}845 \cdot 10^{26}\,\text{W}}{4 \cdot \pi \cdot (1{,}496 \cdot 10^{11}\,\text{m})^2} = 1367\,\text{W/m}^2 \qquad (2.1)$$

Das Ergebnis von $1367\,\text{W/m}^2$ wird als Solarkonstante bezeichnet.

> Die Solarkonstante beträgt $E_S = 1367\,\text{W/m}^2$. Sie gibt die Bestrahlungsstärke außerhalb der Erdatmosphäre an.

2.1.2 Spektrum der Sonne

Jeder heiße Körper gibt Strahlung an seine Umgebung ab. Nach dem planckschen Strahlungsgesetz bestimmt dabei die Oberflächentemperatur das Spektrum der Strahlung. Im Fall der Sonne liegt die Oberflächentemperatur bei 5778 K, was zu dem in Bild 2.2 gezeigten idealisierten Schwarzkörperspektrum führt (gestrichelte Linie). Das tatsächlich außerhalb der Erdatmosphäre gemessene Spektrum (AM 0) folgt dieser idealisierten Linie annähernd. Der Ausdruck AM 0 steht für Air Mass 0; dies bedeutet, dass dieses Licht nicht durch die Atmosphäre gelaufen ist. Summiert man die Einzelbeiträge dieses Spektrums in Bild 2.2, so ergibt sich eine Bestrahlungsstärke von $1367\,\text{W/m}^2$; also die schon bekannte Solarkonstante.

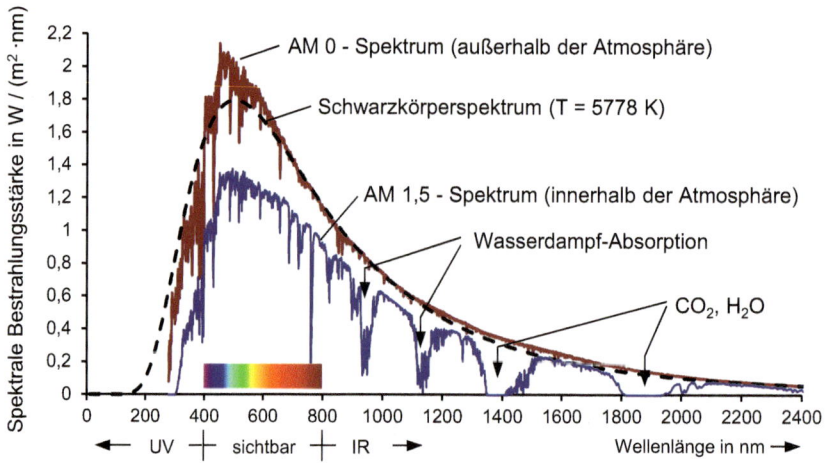

Bild 2.2 Spektren außerhalb und innerhalb der Atmosphäre

Bei Durchtritt des Sonnenlichts durch die Atmosphäre ändert sich das Spektrum allerdings. Dafür gibt es verschiedene Gründe:

1. Reflexion von Licht:
   An der Atmosphäre kommt es zu einer Reflexion von Licht, die die auf die Erde auftreffende Strahlung reduziert.

2. Absorption von Licht:
   Bei bestimmten Wellenlängen werden Moleküle (O_2, O_3, H_2O, CO_2 ...) angeregt und absorbieren einen Teil der Strahlung, daher entstehen insbesondere im Infrarotbereich „Lücken" im Spektrum (siehe z. B. Bild 2.2 bei $\lambda = 1400\,nm$).

3. Rayleigh-Streuung:
   Fällt Licht auf Teilchen, die kleiner als die Wellenlänge sind, so kommt es zur Rayleigh-Streuung. Diese ist stark wellenlängenabhängig ($\sim 1/\lambda^4$), so dass kürzere Wellenlängen (blau) besonders stark gestreut werden.

4. Streuung an Aerosolen und Staubteilchen:
   Hierbei handelt es sich um Teilchen, die groß gegenüber der Wellenlänge des Lichts sind. In diesem Fall spricht man von Mie-Streuung. Die Stärke der Mie-Streuung ist stark vom Standort abhängig; in dicht besiedelten Gebieten mit Industrie ist sie am größten.

2.1.3 Air Mass

Wie wir gesehen haben, ändert sich das Spektrum bei Durchtritt durch die Atmosphäre. Dieser Effekt ist umso größer, je länger der Lichtweg ist. Daher benennt man die verschiedenen Spektren nach der Weglänge der Strahlen durch die Atmosphäre. Bild 2.3 zeigt dazu das Prinzip: Der Ausdruck AM 1,5 bedeutet beispielsweise, dass das Licht den 1,5-fachen Weg im Vergleich zum senkrechten Durchtritt durch die Atmosphäre zurückgelegt hat.

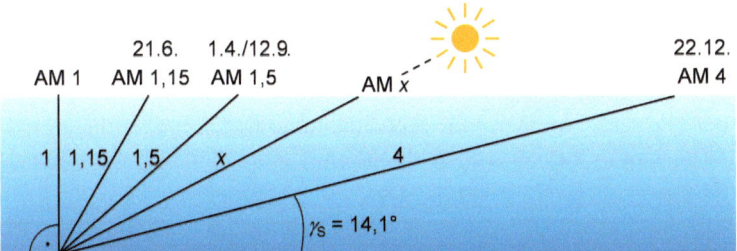

Bild 2.3 Erklärung des Begriffes Air Mass: Die Zahl x gibt jeweils die Wegverlängerung gegenüber dem senkrechten Durchtritt durch die Atmosphäre an (hier für den Standort Berlin, nach [Qua15])

Bei bekanntem Sonnenhöhenwinkel γ_S der Sonne ergibt sich der AM-Wert x zu:

$$x = \frac{1}{\sin \gamma_S} \tag{2.2}$$

Je nach Tages- und Jahreszeit steht die Sonne unterschiedlich hoch. In Bild 2.3 ist für den Standort Berlin angegeben, an welchen Tagen die jeweiligen AM-Werte erreicht werden (jeweils mittäglicher Sonnenhöchststand).

Als Standardspektrum zur Vermessung von Solarmodulen hat sich das AM 1,5-Spektrum etabliert, da es im Frühjahr und Herbst auftritt und gewissermaßen als durchschnittliches Jahresspektrum angesehen werden kann.

■ 2.2 Globalstrahlung

2.2.1 Entstehung der Globalstrahlung

Die verschiedenen Effekte wie Streuung und Absorption bewirken eine Abschwächung des aus dem Weltraum kommenden AM 0-Spektrums. Bei der Summation des in Bild 2.2 gezeigten AM 1,5-Spektrums erhält man lediglich 835 W/m². Am Erdboden kommen also von den ursprünglich vorhandenen 1367 W/m² nur noch 61 % als sogenannte Direktstrahlung an. Allerdings entsteht durch die Streuung von Licht in der Atmosphäre ein weiterer Strahlungsanteil: die Diffusstrahlung (siehe Bild 2.4).

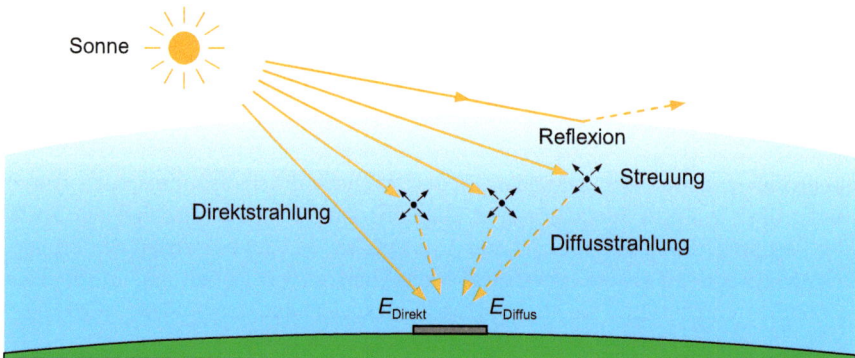

Bild 2.4 Entstehung der Globalstrahlung: Sie ergibt sich aus der Summe von Direkt- und Diffusstrahlung

Aus allen Richtungen des Himmels kommen schwache Strahlungsanteile und addieren sich zur Diffusstrahlung auf. Die Summe aus beiden Strahlungsarten nennt man Globalstrahlung:

$$E_G = E_{Direkt} + E_{Diffus} \tag{2.3}$$

An einem schönen, klaren Sommertag kann man auf einer Fläche senkrecht zur Sonneinstrahlung Globalstrahlungswerte von $E_G = E_{STC} = 1000\,\text{W/m}^2$ messen. Dies ist der Grund, warum man bei der Festlegung der Standardtestbedingungen für Solarmodule (siehe Abschnitt 1.5) ein um den Faktor 1000/835 = 1,198 aufgewertetes AM 1,5-Spektrum verwendet. Dieses hat dann eine Gesamtleistungsdichte von exakt $E_{STC} = 1000\,\text{W/m}^2$ und ist somit geeignet, die Spitzenleistung eines Solarmoduls zu ermitteln.

 Kommen in der Realität eigentlich niemals höhere Bestrahlungsstärken als 1000 W/m² vor?

 In Einzelfällen kann es durchaus zu höheren Globalstrahlungsstärken kommen. Dies ist zum einen der Fall in Bergregionen wie den Alpen. Neben der verringerten Atmosphärendicke kann es dort zur Reflexion von Sonnenlicht an Schnee und Eis kommen. Zum anderen misst man auch im Flachland manchmal Strahlungswerte von bis zu 1300 W/m². Dies passiert bei sonnigem Wetter und hellen leichten Wolken rund um die Sonne, welche den Diffusstrahlungsanteil anheben. Diesen Effekt bezeichnet man als Cloud Enhancements.

2.2.2 Beiträge von Diffus- und Direktstrahlung

Der Beitrag der Diffusstrahlung zur Globalstrahlung wird oft unterschätzt. In Deutschland liefert die Diffusstrahlung über das ganze Jahr gesehen einen größeren Beitrag als die Direktstrahlung. Als Beweis betrachten wir Tabelle 2.2. Dort sind für verschiedene Standorte die Monatsmittel der Strahlungssummen H auf eine horizontale Fläche aufgeführt.

Tabelle 2.2 Strahlungssummen pro Quadratmeter und Tag über das Jahr auf eine horizontale Ebene für verschiedene Standorte in kWh/(m² · d) [Häb10]

Ort		Jan	Feb	Mrz	Apr	Mai	Jun	Jul	Aug	Sep	Okt	Nov	Dez	Σ
	H_{Direkt}	0,13	0,37	0,74	1,49	2,18	2,32	2,01	1,82	1,10	0,52	0,18	0,10	1,08
Hamburg	H_{Diffus}	0,40	0,78	1,35	2,04	2,55	2,79	2,67	2,26	1,63	0,99	0,51	0,31	1,52
	H	0,53	1,15	2,09	3,53	4,73	5,11	4,68	4,08	2,73	1,51	0,69	0,41	2,60
	H_{Direkt}	0,15	0,38	0,86	1,51	2,28	2,45	2,35	2,04	1,26	0,58	0,18	0,09	1,18
Berlin	H_{Diffus}	0,45	0,82	1,42	2,06	2,57	2,80	2,69	2,28	1,69	1,05	0,54	0,34	1,56
	H	0,60	1,20	2,28	3,57	4,85	5,25	5,04	4,32	2,95	1,63	0,72	0,43	2,74
	H_{Direkt}	0,36	0,75	1,28	1,83	2,43	2,62	2,69	2,26	1,71	0,89	0,38	0,24	1,45
München	H_{Diffus}	0,67	1,05	1,60	2,18	2,61	2,81	2,71	2,35	1,82	1,24	0,75	0,55	1,70
	H	1,03	1,80	2,88	4,01	5,04	5,43	5,40	4,61	3,53	2,13	1,13	0,79	3,15
	H_{Direkt}	1,01	1,34	2,40	3,24	4,03	4,78	5,03	4,24	3,05	1,76	1,05	0,79	2,72
Marseille	H_{Diffus}	0,79	1,11	1,49	1,90	2,16	2,18	2,02	1,85	1,58	1,24	0,87	0,70	1,49
	H	1,80	2,45	3,89	5,14	6,19	6,96	7,05	6,09	4,63	3,00	1,92	1,49	4,21
	H_{Direkt}	2,16	2,94	3,80	4,60	5,41	5,95	5,82	5,34	4,50	3,56	2,48	1,92	4,04
Kairo	H_{Diffus}	1,26	1,47	1,76	1,99	2,05	2,01	1,99	1,89	1,73	1,50	1,30	1,18	1,68
	H	3,42	4,41	5,56	6,59	7,46	7,96	7,81	7,23	6,23	5,06	3,78	3,10	5,72

In Hamburg liegt die mittlere Diffusstrahlungssumme H_{Diffus} bei 1,52 kWh/(m² · d) gegenüber einem H_{Direkt} von 1,08 kWh/(m² · d). Somit trägt die Diffusstrahlung knapp 60 % zur Jahresglobalstrahlung bei. In München ist die Lage etwas verändert: die Diffusstrahlung erbringt hier nur einen Beitrag von 54 %.

Wir fassen daher zusammen:

In Deutschland liefert die Diffusstrahlung einen leicht höheren Beitrag zur Globalstrahlung als die Direktstrahlung.

Anders ist die Lage in südlichen Ländern: In Marseille und Kairo erbringt die Direktstrahlung mit 65 % bzw. 71 % den Hauptanteil an der Globalstrahlung.

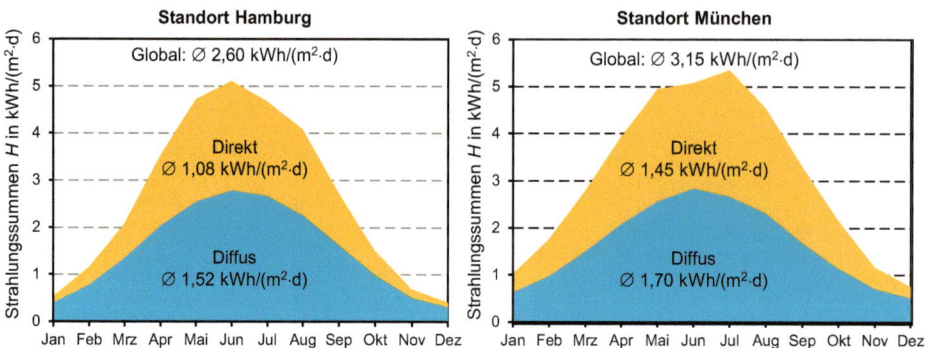

Bild 2.5 Strahlungssummen über das Jahr auf eine horizontale Ebene für die Standorte Hamburg und München

In Bild 2.5 sind die Daten von Hamburg und München noch einmal graphisch dargestellt. Was können wir daraus entnehmen? Zunächst einmal wird sichtbar, dass sich der Betrieb einer Photovoltaikanlage in München mehr lohnt als in Hamburg. Die mittlere Globalstrahlungssumme von $H = 3{,}15\,\mathrm{kWh}/(\mathrm{m}^2 \cdot \mathrm{d})$ ergibt über das ganze Jahr gesehen (365 Tage) eine Jahressumme von

$$H = 3{,}15\,\mathrm{kWh}/(\mathrm{m}^2 \cdot \mathrm{d}) \cdot 365\,\mathrm{d/a} = 1150\,\mathrm{kWh}/(\mathrm{m}^2 \cdot \mathrm{a})\,.$$

Die entsprechende Jahressumme in Hamburg beträgt lediglich 949 Kilowattstunden pro Quadratmeter und Jahr.

Weiter wird sichtbar, dass die Diffusstrahlung in München nur wenig über der in Hamburg liegt. Die höhere Globalstrahlung in München wird hauptsächlich durch die größere Direktstrahlung erreicht. Der Grund dafür ist leicht zu erraten: Die in München höher stehende Sonne. Die Sonnenhöhe hat aber offensichtlich kaum einen Einfluss auf die Diffusstrahlung.

Wie unterschiedlich die Tagesgänge von Direkt- und Diffusstrahlung sein können, zeigt Bild 2.6. Hier werden die Stundensummen der Strahlung für einen sonnigen und einen be-

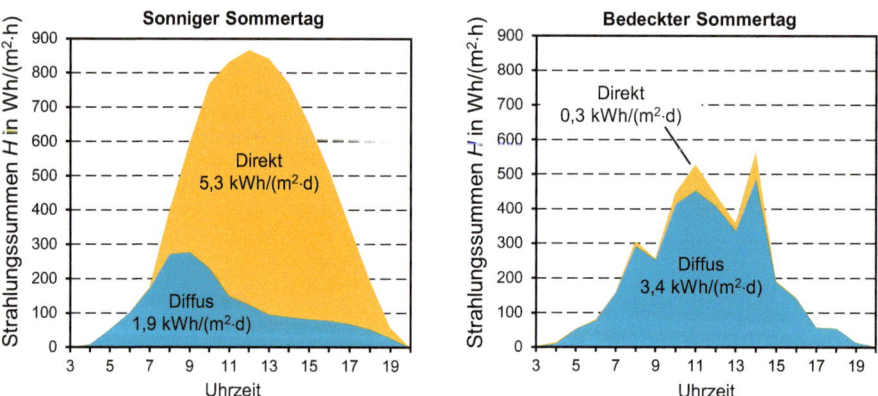

Bild 2.6 Stunden-Strahlungssummen an zwei Sommertagen in Braunschweig: Der bedeckte Tag erbringt immerhin gut die Hälfte der Strahlungsenergie des sonnigen Tages [Pal98]

deckten Sommertag dargestellt. Am sonnigen Tag dominiert deutlich die Direktstrahlung, während sie am bedeckten Tag gegenüber der Diffusstrahlung praktisch keine Rolle spielt. Dennoch erbringt der bedeckte Tag mit 3,7 kWh/m^2 noch mehr als die Hälfte der Strahlung des sonnigen Tages. Dies zeigt, wie ergiebig auch die bedeckten Tage für die Photovoltaik-nutzung sein können.

2.2.3 Globalstrahlungskarten

Um den Ertrag einer Photovoltaikanlage bereits im Planungsstadium abschätzen zu können, benötigt man Daten zur Globalstrahlung am geplanten Standort. Die wichtigste Kenngröße ist dabei die Jahressumme H der Globalstrahlung auf eine horizontale Ebene. Inzwischen gibt es Globalstrahlungskarten, die diese Kenngröße hochaufgelöst darstellen. Als Grundlage dienen langjährige Messungen an einem dichten Netz von Messstationen, Satellitenbilder und Simulationstools. Bild 2.7 zeigt eine derartige Karte des Deutschen Wetterdienstes.

Deutlich sichtbar nimmt die Jahres-Strahlungsenergie von Norden nach Süden hin zu. Die Werte reichen von 900 bis 1150 kWh/(m$^2 \cdot$ a). Im Mittel kann man in Deutschland etwa von 1000 kWh/(m$^2 \cdot$ a) ausgehen. Die dabei verwendete ungewohnte Einheit kann man durch ein sehr anschauliches Modell umgehen, das Modell der Sonnen-Volllaststunden.

Wir stellen uns dazu vor, dass die Sonne nur zwei Zustände einnehmen kann:

1. Sie strahlt mit „Volllast": $E = E_{STC} = 1000$ W/m^2.

2. Sie ist ganz „ausgeschaltet": $E = 0$.

Wie lange muss die Sonne nun mit Volllast laufen, damit sie z. B. eine Strahlungssumme von $H = 1000$ kWh/(m$^2 \cdot$ a) auf den Erdboden abgibt?

$$\frac{H}{E_{STC}} = \frac{1000 \ \dfrac{kWh}{m^2 \cdot a}}{1000 \ \dfrac{W}{m^2}} = 1000 \ \frac{h}{a} \tag{2.4}$$

Die Sonne würde also 1000 Volllaststunden benötigen, um die gleiche optische Energie abzugeben, wie sie sie tatsächlich über ein Jahr (8760 h) liefert.

Die Sonne erbringt in Deutschland etwa 1000 Volllaststunden.

In anderen Ländern sieht die Einstrahlungssituation teilweise deutlich besser aus. Dies zeigt Bild 2.8 anhand einer Globalstrahlungskarte von Europa. Die Strahlungswerte liegen größtenteils im Bereich von 1000 bis 1500 kWh/(m$^2 \cdot$ a). Extreme Werte finden sich z. B. in Schottland mit nur 700 und in Südspanien mit rund 1800 kWh/(m$^2 \cdot$ a).

Zur Gesamtübersicht zeigt Bild 2.9 eine Weltkarte der Globalstrahlungssummen. Die höchsten Einstrahlungen liegen oberhalb und unterhalb des Äquators mit Spitzenwerten von rund 2500 Volllaststunden.

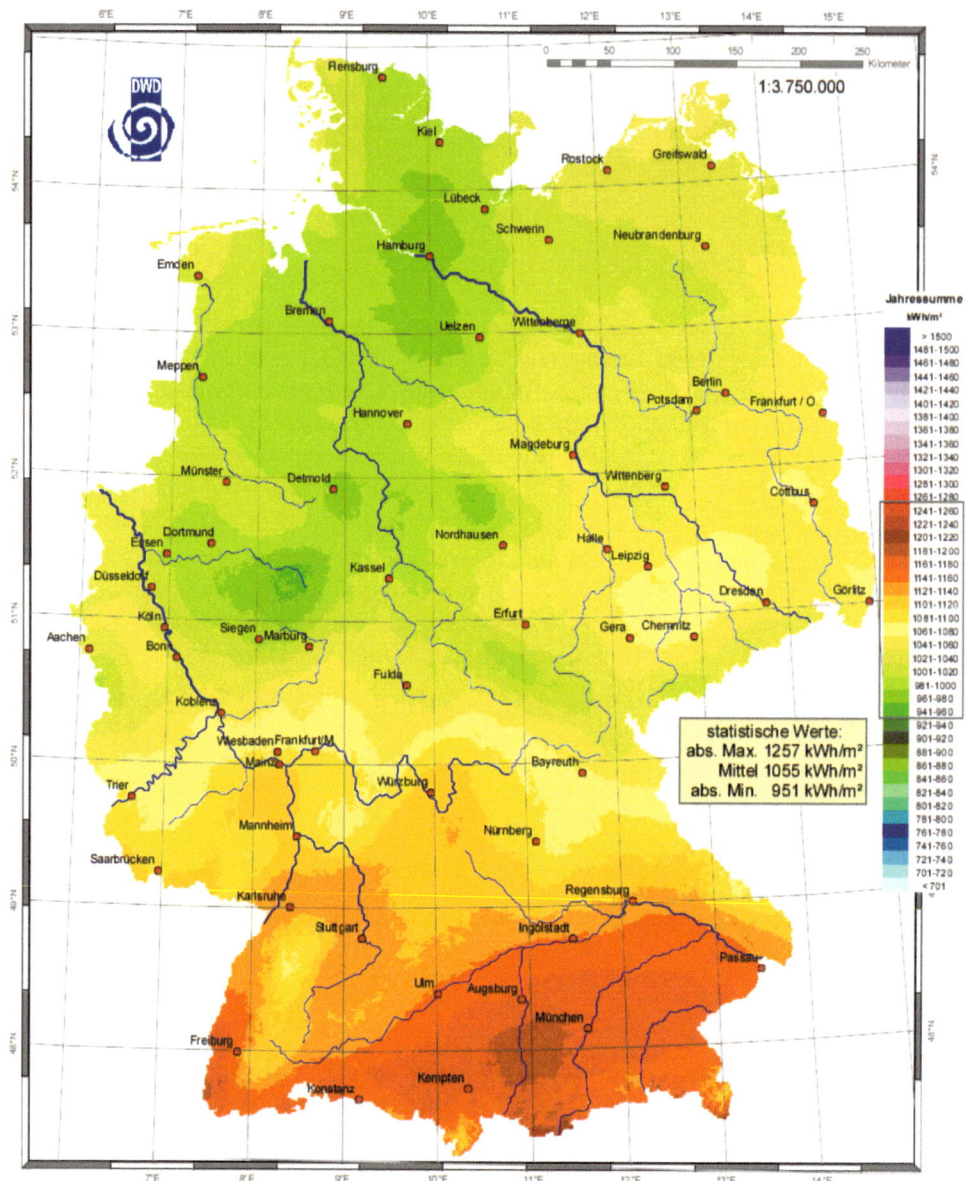

Bild 2.7 Globalstrahlungssummen in Deutschland [DWD]

■ 2.3   Berechnung des Sonnenstandes

2.3.1   Sonnendeklination

Die Erde läuft innerhalb eines Jahres auf einer fast perfekten Kreisbahn um die Sonne. Da die Erdachse geneigt ist, ändert sich die Sonnenhöhe im Laufe des Jahres. Bild 2.10 zeigt diesen Zusammenhang für die Sommer- und Wintersonnenwende.

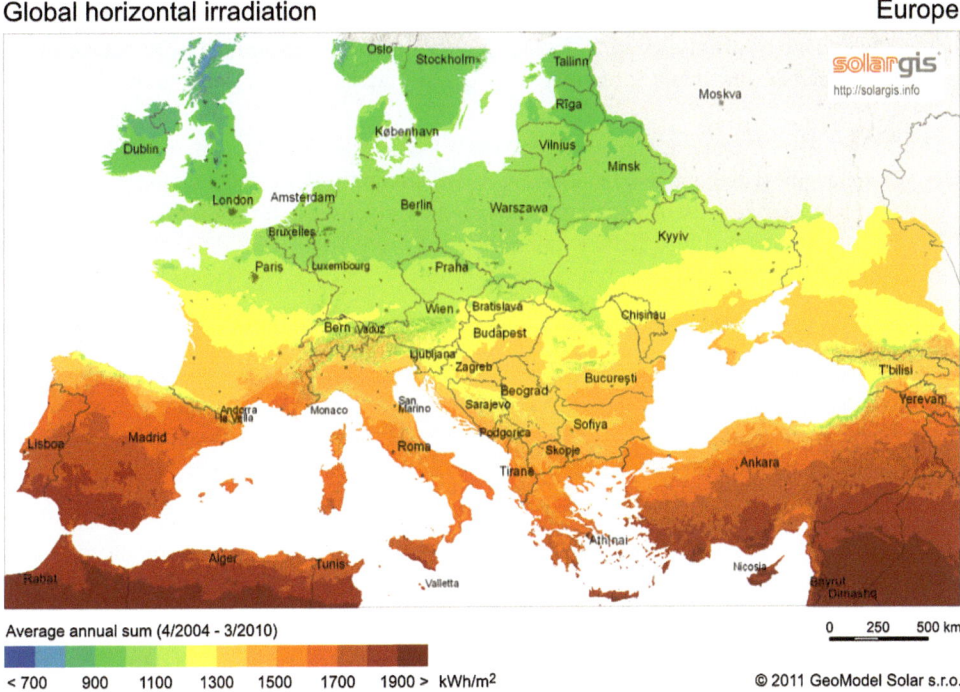

Bild 2.8 Globalstrahlungskarte von Europa: Die Strahlungssummen liegen zwischen 700 kWh/($m^2 \cdot$ a) in Schottland und rund 1800 kWh/($m^2 \cdot$ a) in Südspanien [*solargis.info*]

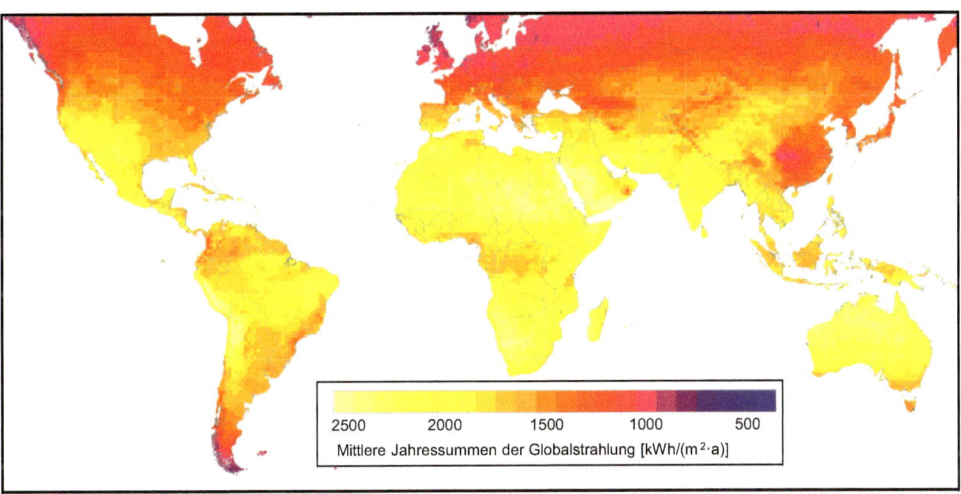

Bild 2.9 Weltkarte der Globalstrahlungssummen [erstellt mit Meteonorm, *www.meteonorm.com*]

Im Sommer ist der Nordpol der Erdachse der Sonne zugeneigt, so dass sich große Sonnenhöhenwinkel (oft auch kurz als Sonnenhöhe bezeichnet) ergeben. Durch einfache Winkelbetrachtungen lässt sich die maximale Sonnenhöhe γ_{S_Max} (mittags um 12 Uhr) bestimmen durch

$$\gamma_{S\_Max} = 113,4° - \varphi. \tag{2.5}$$

Der Winkel φ gibt dabei die geografische Breite (Breitengrad) des betrachteten Standorts an. Zur Wintersonnenwende ist es genau umgekehrt, die Erdachse ist der Sonne abgewandt, folglich ergibt sich nun eine mittägliche Sonnenhöhe von

$$\gamma_{S\_Min} = 66,6° - \varphi. \tag{2.6}$$

Beispiel 2.1 Sonnenhöhe am Standort Münster

Sie wollen eine PV-Anlage am Standort Münster (Breitengrad $\varphi = 52°$) errichten. Mitte Juni ergibt sich mittags eine Sonnenhöhe von $113,4° - 52° = 61,4°$. Mitte Dezember liegt dieser Wert dagegen bei $66,6° - 52° = 14,6°$.

Für die Planung von Photovoltaikanlagen ist insbesondere die Sonnenhöhe zur Wintersonnenwende wichtig.

Eine Photovoltaikanlage sollte möglichst so aufgebaut werden, dass auch am kürzesten Tag des Jahres (21.12.) zur Mittagszeit keine Verschattung auftritt.

Bild 2.10 zeigt nur die beiden Extremfälle der Sonnendeklination δ. Darunter verstehen wir den jeweiligen Neigungswinkel der Erdachse in Richtung der Sonne. Über das Jahr ändert er

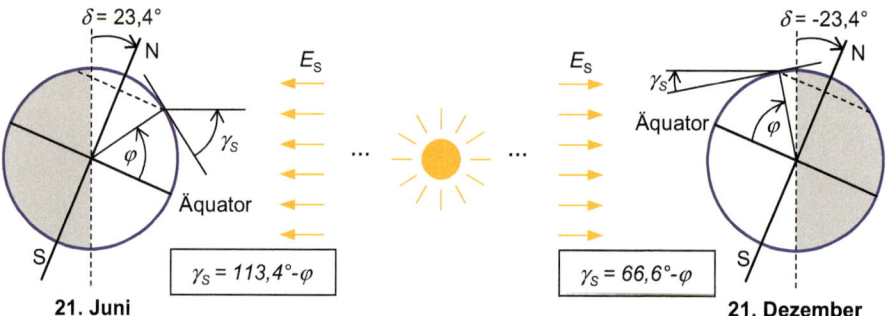

Bild 2.10 Einfluss der Erdachsenverkippung auf die mittägliche Sonnenhöhe γ_{S_Max} zur Sommer- und Wintersonnenwende: Je nach Breitengrad φ ergibt sich ein anderer Wert

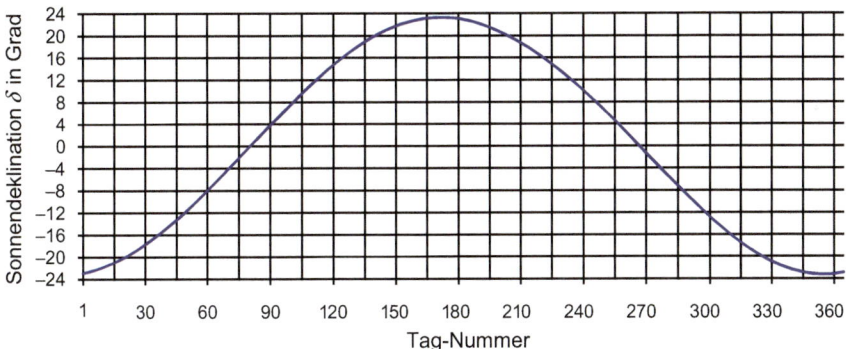

Bild 2.11 Sonnendeklination über das Jahr (365 Tage)

sich kontinuierlich, wie Bild 2.11 zeigt. Mithilfe dieser Abbildung kann man für jeden Tag des Jahres die Sonnendeklination bestimmen.

2.3.2 Berechnung der Bahn der Sonne

Im Fall von möglichen Verschattungen ist es für die Anlagen-Detailplanung hilfreich, die Bahn der Sonne an bestimmten Tagen zu kennen. Um die Berechnung einfach zu gestalten, führt man dazu die sogenannte wahre Ortszeit (*WOZ*, manchmal auch als wahre Sonnenzeit bezeichnet) ein. Dies ist die Zeit, bei der die Sonne um 12 Uhr gerade genau im Süden steht und somit ihren täglichen Höchststand erreicht hat. Im Prinzip ist es also die Zeit, die eine Sonnenuhr am jeweiligen Ort anzeigen würde.

Die mitteleuropäische Zeit (*MEZ*) ist dagegen so festgelegt worden, dass nur an den Orten auf dem 15. Längengrad Ost die wahre Ortszeit und die mitteleuropäische Zeit übereinstimmen. Dies ist z. B. in der Stadt Görlitz an der deutsch-polnischen Grenze der Fall.

Den Versatz zwischen beiden Zeiten kann man grob aus der jeweiligen geographischen Länge Λ bestimmen, da sich die Erde in 24 h einmal dreht (360°) und somit 1 h gerade 15° entsprechen:

$$WOZ = MEZ - 1\,\mathrm{h} \cdot \left(1 - \frac{\Lambda}{15^\circ}\right) \tag{2.7}$$

Dabei wurde vernachlässigt, dass die wahre Ortszeit nicht nur von der Erddrehung, sondern auch noch von der Sonnendeklination und der elliptischen Bahn der Erde um die Sonne abhängt.

Beispiel 2.2 Wahre Ortszeit am Standort Münster

Sie befinden sich in Münster und möchten die aktuelle wahre Ortszeit herausfinden. Ihre Armbanduhr zeigt 12 Uhr. Münster hat den Längengrad $\Lambda = 7{,}5^\circ$.

$$WOZ = 12\,\mathrm{h} - 1\,\mathrm{h} \cdot \left(1 - \frac{7{,}5^\circ}{15^\circ}\right) = 12\,\mathrm{h} - 0{,}5\,\mathrm{h} = 11{,}5\,\mathrm{h}$$

Somit ist Ihre wahre Ortszeit 11:30 Uhr; Sie müssen also noch ein halbe Stunde warten, bis die Sonne ihren Höchststand erreicht.

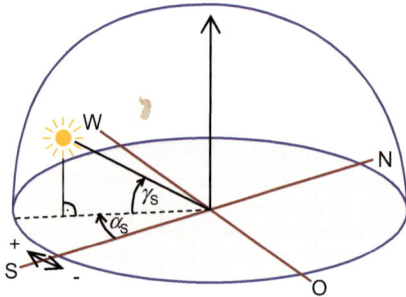

Bild 2.12 Beschreibung des Sonnenstandes mit den Größen Sonnenhöhe γ_S und Sonnenazimuth α_S

Wir wollen nun die Sonnenbahn für bestimmte Tage berechnen. Dazu zeigt Bild 2.12 die Größen zur Beschreibung der Sonnenposition. Neben der Sonnenhöhe γ_S ist dort der Sonnenazimuth α_S eingetragen. Dieser gibt die Abweichung der Sonne von der Südrichtung an. Positive Werte bedeuten Westabweichungen, negative stehen für Ostabweichungen. Bemerkung: Diese Definition des Sonnenazimuthwinkels ist im Bereich der Photovoltaik die gebräuchlichste. Manche Simulationsprogramme gehen allerdings von der Definition nach DIN aus. Dort wird Norden mit 0° festgelegt und dann im Uhrzeigersinn hochgezählt (Osten: +90°, Süden: +180° etc.)

Als Abkürzung führen wir noch den Stundenwinkel ω ein: Dieser rechnet die wahre Ortszeit in die jeweilige Drehposition der Erde um:

$$\omega = (WOZ - 12) \cdot 15° \tag{2.8}$$

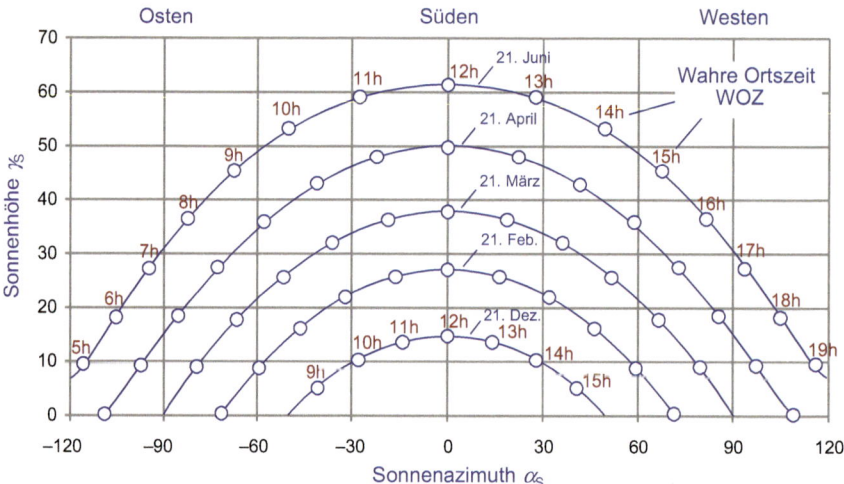

Bild 2.13 Sonnenbahndiagramm für den Standort Münster (geografische Breite $\varphi = 52°$); als Uhrzeit ist jeweils die wahre Ortszeit (*WOZ*) angegeben

Nun lässt sich die Sonnenposition aus dem Breitengrad φ und der Sonnendeklination δ bestimmen:

$$\sin\gamma_S = \sin\varphi \cdot \sin\delta + \cos\varphi \cdot \cos\delta \cdot \cos\omega \qquad (2.9)$$

$$\sin\alpha_S = \frac{\cos\delta \cdot \sin\omega}{\cos\gamma_S} \qquad (2.10)$$

In Bild 2.13 ist ein anhand dieser Formeln berechnetes Sonnenbahndiagramm dargestellt. Es zeigt die Sonnenbahnen für den Standort Münster an verschiedenen Tagen des Jahres. Am 21. Juni und am 21. Dezember werden die beiden bereits in Beispiel 2.1 ermittelten maximalen und minimalen Sonnenhöhen erreicht. Als Uhrzeit ist die wahre Ortszeit (*WOZ*) eingetragen, so dass die Sonne jeweils um 12 Uhr ihren Höchststand erreicht. Derartige Diagramme helfen, mögliche Verschattungen durch Bäume, Häuser, o. ä. zu erkennen und ihre Auswirkungen auf den Anlagenertrag abzuschätzen (siehe Kapitel 10).

Unter *www.lehrbuch-photovoltaik.de* ist eine Excel-Datei zu finden, mit der sich Sonnenbahndiagramme für beliebige Breitengrade ermitteln und ausdrucken lassen.

■ 2.4 Strahlung auf geneigte Flächen

Photovoltaikanlagen werden meist auf Schrägdächern installiert, so dass die Module unter einem Anstellwinkel β gegenüber der Horizontalen stehen. Auch im Fall von Flachdächern oder Freilandanlagen neigt man die Module, um einen höheren Jahresertrag zu erhalten.

2.4.1 Strahlungsberechnung mit dem Dreikomponentenmodell

Bild 2.14 zeigt die Strahlungsverhältnisse im Fall einer geneigten Solarmodulfläche (oder allgemeiner: eines Solargenerators). Neben der Direkt- und der Diffusstrahlung kommt nun noch eine weitere Strahlungskomponente hinzu: Die vom Boden reflektierte Strahlung. Diese addieren sich zu einer Gesamtstrahlung E_{Gen} auf den geneigten Generator:

$$E_{Gen} = E_{Direkt\_Gen} + E_{Diffus\_Gen} + E_{Refl\_Gen} \qquad (2.11)$$

Die Berechnung der einzelnen Komponenten sehen wir uns nun genauer an.

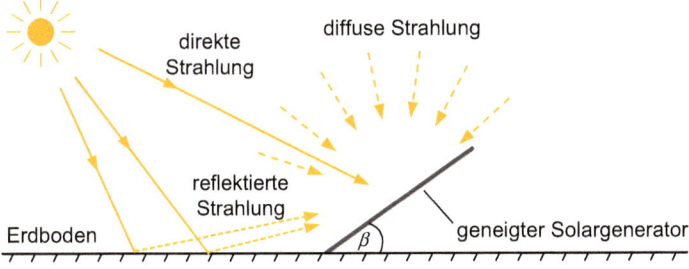

Bild 2.14 Strahlungssituation bei geneigten Flächen: Die Strahlung setzt sich aus direkter, diffuser und reflektierter Strahlung zusammen

2.4.1.1 Direktstrahlung

Zunächst betrachten wir den Fall, dass direktes Sonnenlicht auf ein geneigtes Solarmodul strahlt. Dazu zeigt Bild 2.15 in der linken Skizze, wie Solarstrahlung auf eine horizontale Fläche A_H fällt. Die auf dieser Fläche auftreffende optische Leistung P_{Opt} ist:

$$P_{Opt} = E_{Direkt\_H} \cdot A_H \tag{2.12}$$

Würde man einen Solargenerator genau senkrecht zu den Sonnenstrahlen ausrichten, so könnte man auf kleinerer Fläche $A_{Senkrecht}$ die gleiche optische Leistung aufnehmen:

$$P_{Opt} = E_{Direkt\_H} \cdot A_H = E_{Direkt\_Senkrecht} \cdot A_{Senkrecht} \tag{2.13}$$

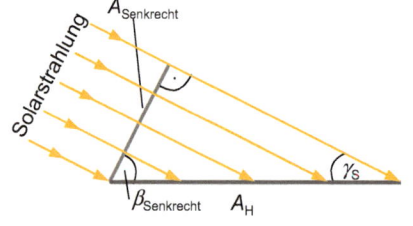

A_H:	Horizontale Fläche	γ_S:	Sonnenhöhenwinkel
$A_{Senkrecht}$:	Fläche senkrecht zur Einfallsrichtung	β:	Elevationswinkel des Solargenerators
A_{Gen}:	Fläche in Generatorebene	χ:	Hilfswinkel

Bild 2.15 Einfluss der Solargeneratorneigung auf die direkte Strahlung

Die Bestrahlungsstärke $E_{Direkt\_Senkrecht}$ ist also gegenüber der in der Horizontalen gemessenen Bestrahlungsstärke um den Faktor $A_H / A_{Senkrecht}$ erhöht. Anschaulich sichtbar wird diese Erhöhung in Bild 2.15 dadurch, dass die Lichtstrahlen auf der senkrechten Fläche dichter beieinander liegen im Vergleich zum Fall der horizontalen Fläche.

Die rechte Skizze in Bild 2.15 zeigt den allgemeinen Fall: Einen um den Winkel β geneigten Solargenerator. Zur Bestimmung der Bestrahlungsstärke in Generatorebene wenden wir ein paar trigonometrische Betrachtungen an:

$$A_{Senkrecht} = A_H \cdot \sin \gamma_S \tag{2.14}$$
$$A_{Senkrecht} = A_{Gen} \cdot \sin \chi \tag{2.15}$$

Der Hilfswinkel χ lässt sich über die Winkelsumme im Dreieck und als Ergänzungswinkel berechnen zu:

$$\chi = \gamma_S + \beta \tag{2.16}$$

Unter Anwendung der Formeln (2.13) bis (2.16) ergibt sich schließlich:

$$E_{Direkt\_Gen} = E_{Direkt\_H} \cdot \frac{\sin(\gamma_S + \beta)}{\sin \gamma_S} \tag{2.17}$$

Es muss betont werden, dass die ermittelte Formel nur für Direktstrahlung gilt.

Beispiel 2.3 Bestrahlungsstärke auf ein geneigtes Solarmodul

Angenommen, an einem klaren Sommertag steht die Sonne unter einem Sonnenhöhen-winkel von 40° am Himmel. Auf ebenem Boden messen Sie eine Bestrahlungsstärke von $E_{\text{Direkt\_H}} = 700\,\text{W/m}^2$. Welcher Anstellwinkel ist für ein Solarmodul ideal und welchen Leis-tungsgewinn können Sie erwarten, wenn wir die Diffusstrahlung sowie Reflexionen am Erdboden vernachlässigen?

Bild 2.16 zeigt für diesen Fall Formel (2.17) als Diagramm. Bei steigender Neigung des So-larmoduls erhöht sich die Bestrahlungsstärke kontinuierlich bis zum Winkel von $\beta = 50°$ (also dem Winkel $90° - \gamma_S$). Hier erreicht die Bestrahlungsstärke den Maximalwert von $E_{\text{Direkt\_Gen}} = 1089\,\text{W/m}^2$. Die Solarmodulleistung kann somit um mehr als 50 % gesteigert werden.

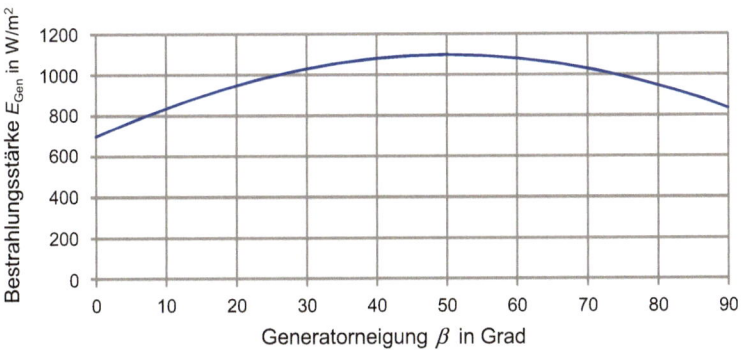

Bild 2.16 Beispiel zur Abhängigkeit der Bestrahlungsstärke (Direktstrahlung) auf ein geneigtes Solarmodul für eine Sonnenhöhe von $\gamma_S = 40°$

2.4.1.2 Diffusstrahlung

Die Berechnung der Diffusstrahlung auf geneigte Ebenen kann deutlich einfacher ausfallen. Wir wählen dazu einen simplen Ansatz, indem wir annehmen, dass die Diffusstrahlung aus dem gesamten Himmelshalbraum ungefähr gleich stark ist (isotroper Ansatz, Bild 2.17 links). Damit lässt sich Bestrahlungsstärke auf einen unter dem Winkel β aufgestellten Solargenerator

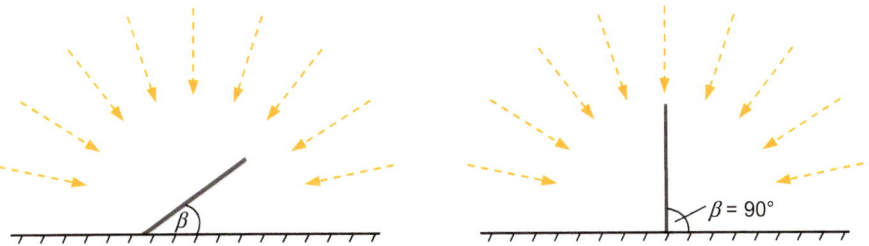

Bild 2.17 Isotroper Ansatz zur Diffusstrahlung auf eine geneigte Ebene: Im Fall eines senkrecht ste-henden Solargenerators ist nur noch die Hälfte der Strahlung nutzbar

berechnen zu:

$$E_{\text{Diffus\_Gen}} = E_{\text{Diffus\_H}} \cdot \frac{1}{2} \cdot (1 + \cos\beta) \tag{2.18}$$

Ausgehend vom horizontal liegenden Generator ($\beta = 0°$) verringert sich die Strahlung. Bei $\beta = 90°$ ergibt sich:

$$E_{\text{Diffus\_Gen}} = \frac{E_{\text{Diffus\_H}}}{2} \tag{2.19}$$

In diesem Fall steht der Solargenerator senkrecht, so dass nur noch der linke Halbraum des Himmels genutzt werden kann (Bild 2.17 rechts).

Der isotrope Ansatz ist sicherlich nur als grobe Näherung zu verstehen. So ist der Himmel z. B. rund um die Sonne meistens heller als im Bereich des Horizonts. In modernen Simulationsprogrammen werden verfeinerte Modelle genutzt, um höhere Genauigkeiten zu erreichen.

2.4.1.3 Reflektierte Strahlung

Wie Bild 2.14 zeigt, wird ein Teil der Globalstrahlung am Boden reflektiert und kann so einen zusätzlichen Strahlungsbeitrag auf dem Solargenerator bewirken.

Bei der Berechnung dieses Anteils besteht das Hauptproblem darin, dass jedes Bodenmaterial unterschiedlich stark reflektierend (oder genauer: streuend) wirkt. Der sogenannte Albedowert (*ALB*) beschreibt den resultierenden Reflexionsfaktor. Tabelle 2.3 listet die Albedo-Werte einiger Untergrundarten auf.

Tabelle 2.3 Albedowerte unterschiedlicher Untergrundarten [DGS13]

Material	Albedo *ALB*	Material	Albedo *ALB*
Gras (Juli, August)	0,25	Asphalt	0,15
Rasen	0,18…0,23	Beton, sauber	0,30
unbestellte Felder	0,26	Beton, verwittert	0,20
Wälder	0,05…0,18	Schneedecke, neu	0,80…0,90
Heidefläche	0,10…0,25	Schneedecke, alt	0,45…0,70

Die große Spannbreite der angegebenen Werte zeigt, dass die Simulation der reflektierten Strahlung von großen Unsicherheiten begleitet wird. Wenn der Untergrund nicht bekannt ist, wird in Simulationsprogrammen oft der Standardwert $ALB = 0,20$ verwendet.

Für die Berechnung der reflektierten Strahlung auf den geneigten Generator wählen wir wieder einen isotropen Ansatz:

$$E_{\text{Refl\_Gen}} = E_{\text{G}} \cdot \frac{1}{2} \cdot (1 - \cos\beta) \cdot ALB \tag{2.20}$$

Bild 2.18 zeigt das Ergebnis für die Untergründe Rasen und frische Schneedecke. Im Fall des flach liegenden Solarmoduls ($\beta = 0$) ist der Anteil der vom Boden reflektierten Strahlung null und steigt dann kontinuierlich an. Bei $\beta = 90°$ erreicht die Hälfte der gesamten vorhandenen Reflexionsstrahlung den Solargenerator. Dies ist der Fall bei Fassadenanlagen, wo Solarmodule an der senkrechten Hauswand angebracht werden. Geht man über 90° hinaus, so steigt der Anteil der Reflexionsstrahlung weiter an, allerdings zeigt das Solarmodul nun bereits mit seiner Oberseite nach unten, was aus naheliegenden Gründen nicht das Optimum für die Gesamtstrahlung darstellt.

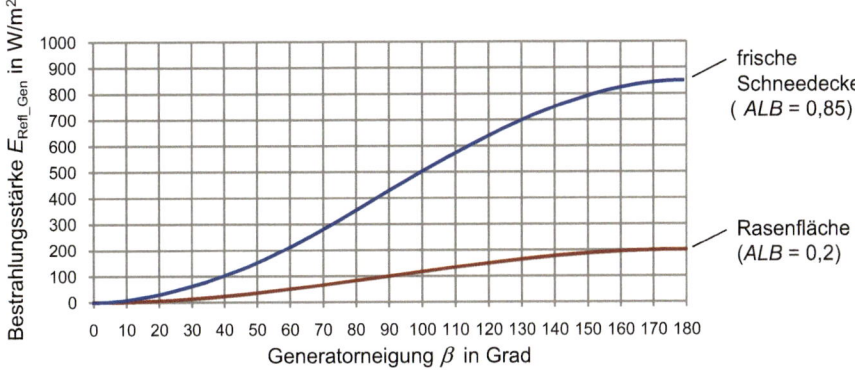

Bild 2.18 Reflektierte Strahlung am Beispiel von Rasen und frisch gefallenem Schnee bei verschiedenen Neigungen des Solarmoduls (E_G = 1000 W/m²)

2.4.2 Strahlungsabschätzung mit Diagrammen und Tabellen

Die beschriebenen Formeln und Kennwerte sollen helfen, ein Verständnis für die Besonderheiten und Grenzen der Solarstrahlungsnutzung zu erlangen. Zur Detailplanung von Photovoltaikanlagen werden heutzutage allerdings durchgängig Simulationsprogramme verwendet, die mit verfeinerten Modellen und detaillierten Wetterdaten sehr genaue Ertragsprognosen erstellen können (siehe Kapitel 10).

Für eine grobe Abschätzung der Strahlung auf ein geneigtes Dach sind darüber hinaus Strahlungsdiagramme und Tabellen hilfreich. Bild 2.19 zeigt ein solches Diagramm für den Standort Berlin.

Deutlich sichtbar gibt es ein relativ breites Maximum der Strahlungssumme bei einer Südausrichtung des Daches (Azimuth α = 0°) und einer Dachneigung β von etwa 35°. Im Fall einer geringen Dachneigung (z. B. β = 15°) spielt die Ausrichtung keine große Rolle. Ist ein Dach

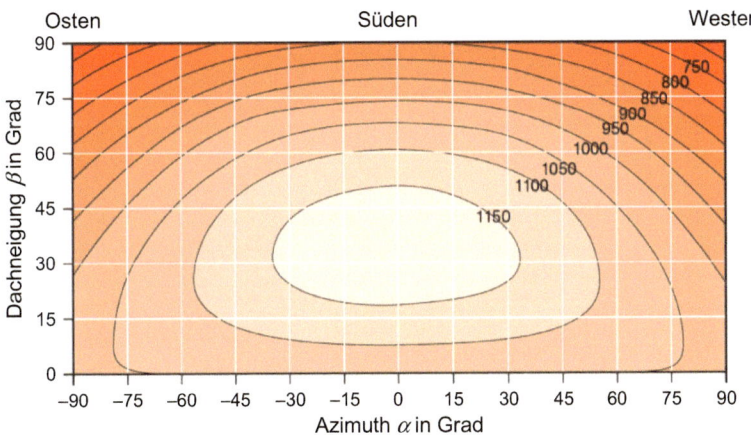

Bild 2.19 Strahlungsdiagramm zur Abschätzung der Eignung eines Daches für den Standort Berlin: Angegeben ist die Strahlungssumme H in kWh/(m²·a) (nach [RWE14])

Tabelle 2.4 Einfluss von Ausrichtung und Neigung eines Daches auf die auftreffende Jahresglobalstrahlungssumme für den Standort Berlin [Simulation mit PV-SOL]

Neigungswinkel β

Richtung	α	0°	5°	10°	15°	20°	25°	30°	35°	40°	45°	50°	55°	60°	65°	70°	75°	80°	85°	90°
Nord	-180°	86.4	82.6	78.3	73.8	69.5	65.2	61.0	56.8	52.8	49.0	45.4	42.0	39.3	37.3	35.7	34.3	33.0	31.6	30.4
	-175°	86.4	82.6	78.3	73.8	69.5	65.2	61.0	56.8	52.8	48.9	45.3	42.0	39.3	37.4	35.8	34.4	33.1	31.7	30.5
	-170°	86.4	82.6	78.4	73.9	69.5	65.3	61.1	57.0	52.9	49.2	45.6	42.4	39.7	37.8	36.2	34.8	33.4	32.1	30.8
Nordost	-165°	86.4	82.6	78.4	74.1	69.8	65.5	61.4	57.3	53.4	49.6	46.1	42.9	40.4	38.6	37.0	35.5	34.1	32.7	31.5
	-160°	86.4	82.7	78.6	74.3	70.1	65.9	61.8	57.8	53.9	50.2	46.8	43.8	41.5	39.7	38.0	36.5	35.1	33.6	32.2
	-155°	86.4	82.8	78.9	74.7	70.6	66.4	62.4	58.5	54.7	51.1	47.8	45.1	43.0	41.0	39.3	37.8	36.2	34.6	33.2
	-150°	86.4	83.0	79.1	75.2	71.1	67.0	63.1	59.3	55.6	52.2	49.2	46.6	44.5	42.6	40.9	39.2	37.5	35.9	34.4
	-145°	86.4	83.1	79.4	75.7	71.7	67.8	64.0	60.3	56.8	53.6	50.8	48.4	46.3	44.4	42.4	40.7	39.0	37.2	35.6
	-140°	86.4	83.3	79.9	76.2	72.5	68.7	65.0	61.5	58.2	55.3	52.7	50.3	48.2	46.1	44.2	42.4	40.5	38.8	37.0
	-135°	86.4	83.5	80.3	76.8	73.3	69.7	66.3	63.0	59.9	57.1	54.6	52.3	50.2	48.2	46.1	44.2	42.2	40.4	38.4
	-130°	86.4	83.7	80.7	77.5	74.2	70.9	67.6	64.6	61.7	59.1	56.6	54.4	52.2	50.1	48.1	46.1	44.0	42.0	40.0
	-125°	86.4	84.0	81.2	78.3	75.2	72.1	69.1	66.3	63.6	61.2	58.7	56.5	54.4	52.2	50.2	48.0	45.9	43.8	41.7
	-120°	86.4	84.2	81.7	79.0	76.3	73.5	70.7	68.1	65.6	63.3	61.0	58.7	56.5	54.4	52.3	50.1	47.9	45.7	43.5
	-115°	86.4	84.5	82.3	79.9	77.3	74.8	72.4	70.0	67.8	65.4	63.3	61.0	58.9	56.6	54.4	52.3	49.9	47.7	45.3
	-110°	86.4	84.8	82.9	80.7	78.5	76.3	74.1	71.9	69.7	67.6	65.4	63.3	61.2	59.0	56.7	54.4	52.0	49.6	47.2
	-105°	86.4	85.1	83.5	81.6	79.7	77.7	75.8	73.7	71.8	69.8	67.7	65.6	63.5	61.3	59.0	56.6	54.2	51.6	49.2
Ost	-100°	86.4	85.4	84.1	82.6	80.9	79.2	77.4	75.7	73.8	72.0	70.0	68.0	65.8	63.6	61.2	58.8	56.4	53.7	50.9
	-95°	86.4	85.7	84.7	83.5	82.1	80.7	79.1	77.6	75.8	74.1	72.2	70.2	68.1	65.9	63.5	61.0	58.5	55.8	52.9
	-90°	86.4	86.0	85.3	84.4	83.3	82.1	80.8	79.4	77.9	76.3	74.4	72.5	70.4	68.0	65.8	63.2	60.4	57.7	54.9
	-85°	86.4	86.3	86.0	85.3	84.5	83.6	82.5	81.3	79.9	78.4	76.6	74.7	72.6	70.2	67.9	65.3	62.4	59.6	56.6
	-80°	86.4	86.7	86.6	86.2	85.7	85.0	84.1	83.1	81.8	80.4	78.7	76.8	74.7	72.4	69.9	67.4	64.5	61.4	58.3
	-75°	86.4	87.0	87.2	87.2	86.8	86.4	85.7	84.8	83.7	82.3	80.7	78.9	76.8	74.5	71.9	69.2	66.4	63.3	60.0
	-70°	86.4	87.2	87.8	88.0	88.0	87.8	87.2	86.5	85.5	84.2	82.7	80.9	78.8	76.5	73.9	71.0	68.0	64.9	61.6
	-65°	86.4	87.6	88.3	88.8	89.1	89.1	88.8	88.2	87.2	86.1	84.6	82.8	80.6	78.4	75.8	72.9	69.7	66.5	63.1
Südost	-60°	86.4	87.8	88.9	89.7	90.1	90.4	90.2	89.7	88.9	87.8	86.3	84.6	82.6	80.0	77.5	74.6	71.4	68.0	64.4
	-55°	86.4	88.1	89.5	90.5	91.1	91.5	91.5	91.2	90.5	89.4	88.0	86.3	84.3	81.8	79.0	76.2	72.9	69.4	65.7
	-50°	86.4	88.4	90.0	91.2	92.1	92.6	92.8	92.5	91.9	91.0	89.6	87.8	85.9	83.5	80.6	77.5	74.2	70.7	66.9
	-45°	86.4	88.6	90.4	91.9	93.0	93.6	94.0	93.9	93.3	92.4	91.2	89.3	87.2	84.9	82.1	78.9	75.5	71.8	67.9
	-40°	86.4	88.8	90.9	92.5	93.8	94.6	95.1	95.1	94.5	93.8	92.5	90.9	88.6	86.2	83.4	80.2	76.6	72.8	68.9
	-35°	86.4	89.0	91.3	93.1	94.5	95.5	96.0	96.1	95.7	94.9	93.7	92.1	89.9	87.3	84.5	81.2	77.7	73.7	69.6
	-30°	86.4	89.3	91.6	93.6	95.2	96.2	96.9	97.1	96.8	96.0	94.7	93.1	91.0	88.5	85.5	82.1	78.5	74.5	70.2
	-25°	86.4	89.3	91.9	94.0	95.7	96.9	97.7	97.9	97.7	97.0	95.7	94.0	91.9	89.3	86.4	83.0	79.2	75.2	70.8
	-20°	86.4	89.5	92.2	94.5	96.2	97.5	98.2	98.6	98.4	97.7	96.6	94.9	92.6	90.0	87.1	83.6	79.8	75.7	71.2
	-15°	86.4	89.6	92.4	94.7	96.6	98.0	98.8	99.2	99.0	98.3	97.1	95.6	93.4	90.7	87.6	84.1	80.3	76.0	71.5
	-10°	86.4	89.7	92.6	95.0	96.9	98.3	99.2	99.6	99.4	98.7	97.6	95.9	93.8	91.2	88.1	84.5	80.6	76.3	71.8
Süd	-5°	86.4	89.8	92.7	95.1	97.1	98.5	99.5	99.9	99.7	99.1	97.9	96.2	94.0	91.4	88.4	84.9	80.9	76.5	72.0
	0°	86.4	89.8	92.7	95.2	97.1	98.7	99.6	100.0	99.9	99.3	98.2	96.5	94.3	91.6	88.5	85.0	81.0	76.8	72.1
	5°	86.4	89.8	92.7	95.1	97.1	98.5	99.5	99.9	99.7	99.1	97.9	96.2	94.0	91.4	88.4	84.9	80.9	76.5	72.0
	10°	86.4	89.7	92.6	95.0	96.9	98.3	99.2	99.6	99.4	98.7	97.6	95.9	93.8	91.2	88.1	84.5	80.6	76.3	71.8
	15°	86.4	89.6	92.4	94.7	96.6	98.0	98.8	99.2	99.0	98.3	97.1	95.6	93.4	90.7	87.6	84.1	80.3	76.0	71.5
	20°	86.4	89.5	92.2	94.5	96.2	97.5	98.2	98.6	98.4	97.7	96.6	94.9	92.6	90.0	87.1	83.6	79.8	75.7	71.2
	25°	86.4	89.3	91.9	94.0	95.7	96.9	97.7	97.9	97.7	97.0	95.7	94.0	91.9	89.3	86.4	83.0	79.2	75.2	70.8
	30°	86.4	89.3	91.6	93.6	95.2	96.2	96.9	97.1	96.8	96.0	94.7	93.1	91.0	88.5	85.5	82.1	78.5	74.5	70.2
Südwest	35°	86.4	89.0	91.3	93.1	94.5	95.5	96.0	96.1	95.7	94.9	93.7	92.1	89.9	87.3	84.5	81.2	77.7	73.7	69.6
	40°	86.4	88.8	90.9	92.5	93.8	94.6	95.1	95.1	94.5	93.8	92.5	90.9	88.6	86.2	83.4	80.2	76.6	72.8	68.9
	45°	86.4	88.6	90.4	91.9	93.0	93.6	94.0	93.9	93.3	92.4	91.2	89.3	87.2	84.9	82.1	78.9	75.5	71.8	67.9
	50°	86.4	88.4	90.0	91.2	92.1	92.6	92.8	92.5	91.9	91.0	89.6	87.8	85.9	83.5	80.6	77.5	74.2	70.7	66.9
	55°	86.4	88.1	89.5	90.5	91.1	91.5	91.5	91.2	90.5	89.4	88.0	86.3	84.3	81.8	79.0	76.2	72.9	69.4	65.7
	60°	86.4	87.8	88.9	89.7	90.1	90.4	90.2	89.7	88.9	87.8	86.3	84.6	82.6	80.0	77.5	74.6	71.4	68.0	64.4
West	65°	86.4	87.6	88.3	88.8	89.1	89.1	88.8	88.2	87.2	86.1	84.6	82.8	80.6	78.4	75.8	72.9	69.7	66.5	63.1
	70°	86.4	87.2	87.8	88.0	88.0	87.8	87.2	86.5	85.5	84.2	82.7	80.9	78.8	76.5	73.9	71.0	68.0	64.9	61.6
	75°	86.4	87.0	87.2	87.2	86.8	86.4	85.7	84.8	83.7	82.3	80.7	78.9	76.8	74.5	71.9	69.2	66.4	63.3	60.0
	80°	86.4	86.7	86.6	86.2	85.7	85.0	84.1	83.1	81.8	80.4	78.7	76.8	74.7	72.4	69.9	67.4	64.5	61.4	58.3
	85°	86.4	86.3	86.0	85.3	84.5	83.6	82.5	81.3	79.9	78.4	76.6	74.7	72.6	70.2	67.9	65.3	62.4	59.6	56.6
	90°	86.4	86.0	85.3	84.4	83.3	82.1	80.8	79.4	77.9	76.3	74.4	72.5	70.4	68.0	65.8	63.2	60.4	57.7	54.9
	95°	86.4	85.7	84.7	83.5	82.1	80.7	79.1	77.6	75.8	74.1	72.2	70.2	68.1	65.9	63.5	61.0	58.5	55.8	52.9
Nordwest	100°	86.4	85.4	84.1	82.6	80.9	79.2	77.4	75.7	73.8	72.0	70.0	68.0	65.8	63.6	61.2	58.8	56.4	53.7	50.9
	105°	86.4	85.1	83.5	81.6	79.7	77.7	75.8	73.7	71.8	69.8	67.7	65.6	63.5	61.3	59.0	56.6	54.2	51.6	49.2
	110°	86.4	84.8	82.9	80.7	78.5	76.3	74.1	71.9	69.7	67.6	65.4	63.3	61.2	59.0	56.7	54.4	52.0	49.6	47.2
	115°	86.4	84.5	82.3	79.9	77.3	74.8	72.4	70.0	67.8	65.4	63.3	61.0	58.9	56.6	54.4	52.3	49.9	47.7	45.3
	120°	86.4	84.2	81.7	79.0	76.3	73.5	70.7	68.1	65.6	63.3	61.0	58.7	56.5	54.4	52.3	50.1	47.9	45.7	43.5
	125°	86.4	84.0	81.2	78.3	75.2	72.1	69.1	66.3	63.6	61.2	58.7	56.5	54.4	52.2	50.2	48.0	45.9	43.8	41.7
	130°	86.4	83.7	80.7	77.5	74.2	70.9	67.6	64.6	61.7	59.1	56.6	54.4	52.2	50.1	48.1	46.1	44.0	42.0	40.0
	135°	86.4	83.5	80.3	76.8	73.3	69.7	66.3	63.0	59.9	57.1	54.6	52.3	50.2	48.2	46.1	44.2	42.2	40.4	38.4
	140°	86.4	83.3	79.9	76.2	72.5	68.7	65.0	61.5	58.2	55.3	52.7	50.3	48.2	46.1	44.2	42.4	40.5	38.8	37.0
	145°	86.4	83.1	79.4	75.7	71.7	67.8	64.0	60.3	56.8	53.6	50.8	48.4	46.3	44.4	42.4	40.7	39.0	37.2	35.6
	150°	86.4	83.0	79.1	75.2	71.1	67.0	63.1	59.3	55.6	52.2	49.2	46.6	44.5	42.6	40.9	39.2	37.5	35.9	34.4
	155°	86.4	82.8	78.9	74.7	70.6	66.4	62.4	58.5	54.7	51.1	47.8	45.1	43.0	41.0	39.3	37.8	36.2	34.6	33.2
	160°	86.4	82.7	78.6	74.3	70.1	65.9	61.8	57.8	53.9	50.2	46.8	43.8	41.5	39.7	38.0	36.5	35.1	33.6	32.2
	165°	86.4	82.6	78.4	74.1	69.8	65.5	61.4	57.3	53.4	49.6	46.1	42.9	40.4	38.6	37.0	35.5	34.1	32.7	31.5
Nord	170°	86.4	82.6	78.4	73.9	69.5	65.3	61.1	57.0	52.9	49.2	45.6	42.4	39.7	37.8	36.2	34.8	33.4	32.1	30.8
	175°	86.4	82.6	78.3	73.8	69.5	65.2	61.0	56.8	52.8	48.9	45.3	42.0	39.3	37.4	35.8	34.4	33.1	31.7	30.5
	180°	86.4	82.6	78.3	73.8	69.5	65.2	61.0	56.8	52.8	49.0	45.4	42.0	39.3	37.3	35.7	34.3	33.0	31.6	30.4

Azimuth α

dagegen relativ steil (z. B. $\beta = 60°$), so führt eine Ausrichtung nach Südwest bereits zu einem Abfall der Strahlungssumme auf unter $1050\,\text{kWh}/(\text{m}^2 \cdot \text{a})$.

Eine etwas genauere Abschätzung der Abweichung der Dachneigung und -ausrichtung vom Optimum liefert Tabelle 2.4 am Beispiel des Standortes Berlin. Die Strahlungssumme wurde hier jeweils auf den Maximalwert bei $\alpha = 0°$ und $\beta = 35°$ normiert, so dass die Abweichungen direkt in Prozent abgelesen werden können. Zum Beispiel erbringt eine Fassadenanlage ($\beta = 90°$), die genau nach Süden ausgerichtet ist, nur noch 72 % des Optimums. Eine horizontale Fläche erhält dagegen immerhin noch 86 % des Optimums.

Selbst ein Norddach ist durch den hohen Anteil der Diffusstrahlung für die Solarenergienutzung nutzbar. Ein genau nach Norden ausgerichtetes Dach mit einer Neigung von z. B. 35 Grad erhält immerhin rund 57 % der Jahresglobalstrahlung des optimal ausgerichteten Daches.

Bild 2.19 und Tabelle 2.4 zeigen lediglich die unterschiedlichen Einstrahlungen in Abhängigkeit von Ausrichtung und Dachneigung. In der Realität spielt allerdings auch die Verschmutzung eine gewisse Rolle. So nimmt die Verschmutzung eines Solarmoduls mit steigendem Anstellwinkel β ab. Hinzu kommt, dass ein großer Anstellwinkel dafür sorgt, dass der Schnee im Winter leichter abrutschen kann und so mehr Solarenergie geerntet werden kann. Im Fall von Fassadenanlagen spielt außerdem die Verschattung durch Bäume und Häuser eine große Rolle.

Im Anhang 13.1 sind ähnlich wie in Tabelle 2.4 die Strahlungswerte von weiteren Standorten (Hamburg, München, Bern, Wien, Marseille und Kairo) in Abhängigkeit von Ausrichtung und Neigung aufgelistet.

2.4.3 Ertragsgewinn durch Nachführung

Grundsätzlich kann man den Ertrag einer Photovoltaikanlage dadurch erhöhen, dass man den Solargenerator aktiv der Sonne nachführt (siehe Kapitel 6). Die Nachführung erhöht allerdings nur den Direktstrahlungsanteil, während die Diffusstrahlung nahezu unverändert bleibt. Als Beispiel zeigt Bild 2.20 die Tageserträge einer nachgeführten und einer fest aufgestellten Photovoltaikanlage an zwei verschiedenen Tagen. An dem sonnigen Tag erbringt die Nachführung einen Energiegewinn von fast 60 %. Im Fall des bedeckten Tages liegt der Ertrag der nachge-

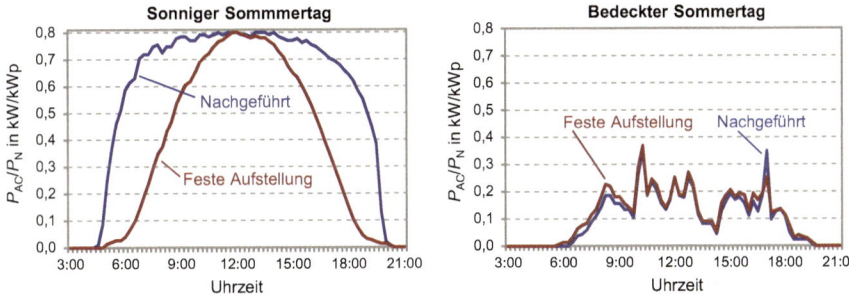

Bild 2.20 Erträge von starrer und nachgeführter Photovoltaikanlage an zwei verschiedenen Tagen (Quelle: IBC Solar AG)

führten Anlage allerdings ca. 10 % unter dem der festen Anlage. Der Grund liegt darin, dass die nachgeführten Module morgens und nachmittags relativ steil stehen und so weniger Diffusstrahlung empfangen können.

Wie wir gesehen haben, liegt der Anteil der Diffusstrahlung an der Jahresglobalstrahlung in Deutschland bei mehr als der Hälfte. Aus diesem Grund ist der Ertragsgewinn einer Nachführung in unseren Breiten auf ca. 30 % begrenzt. Daher sollte der Einsatz einer Nachführung aufgrund des erheblichen mechanischen und elektrischen Aufwandes immer gut überlegt werden. Einen Mittelweg kann eine einachsig nachgeführte Anlage darstellen, die durchaus Gewinne von 20 % erreichen kann (siehe Kapitel 6). In südlichen Ländern mit hohem Direktstrahlungsanteil sieht die Situation deutlich besser aus; hier lassen sich mit zweiachsig nachgeführten Anlagen Ertragssteigerungen von mehr als 50 % realisieren.

■ 2.5 Strahlungsangebot und Weltenergieverbrauch

Zum Abschluss dieses Kapitels soll noch betrachtet werden, welches Potential die Solarstrahlung mit sich bringt.

2.5.1 Der Solarstrahlungs-Energiewürfel

Wie wir in Abschnitt 2.1 gesehen haben, strahlt die Sonne kontinuierlich mit einer Leistungsdichte von 1367 W/m^2 auf die Erde. Innerhalb der Atmosphäre kommen davon etwa 1000 W/m^2 an. Die gesamte auf der Erde ankommende Energie W_{Erde} können wir somit einfach überschlagen. Wir errechnen dazu die Querschnittsfläche A_{Erde} der Erdkugel, wie sie in Bild 2.21 zu sehen ist.

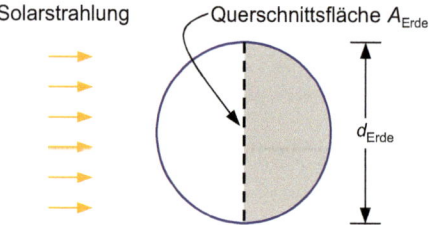

Solarstrahlung Querschnittsfläche A_{Erde}

d_{Erde}

Bild 2.21 Querschnittsfläche der Erde zur Ermittlung der gesamten auftreffenden Strahlungsenergie

Die gesamte von der Sonne auf die Erde gestrahlte optische Leistung P_{Erde} ergibt sich dann zu:

$$P_{\text{Erde}} = E_{\text{STC}} \cdot A_{\text{Erde}} = E_{\text{STC}} \cdot \frac{\pi \cdot d_{\text{Erde}}^2}{4} = 1{,}278 \cdot 10^{17}\,\text{W} \tag{2.21}$$

Über das gesamte Jahr empfängt die Erde eine Strahlungsenergie von:

$$W_{\text{Erde}} = P_{\text{Erde}} \cdot t = 1{,}278 \cdot 10^{17}\,\text{W} \cdot 8760\,\text{h} = 1{,}119 \cdot 10^{18}\,\text{kWh} \tag{2.22}$$

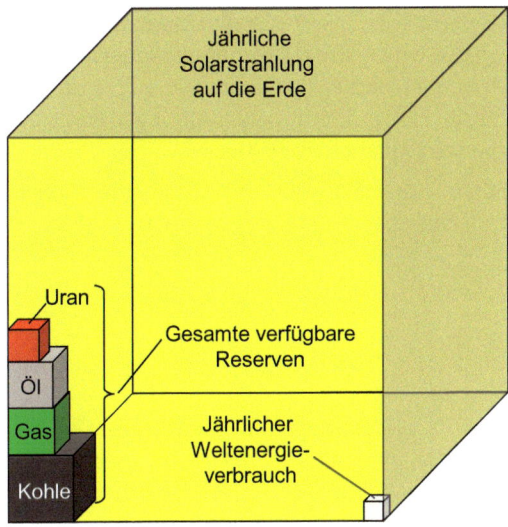

Bild 2.22 Abschätzung des Potentials der Solarenergie: Die jährliche Solareinstrahlung übertrifft den weltweiten Energiebedarf um etwa das 7000-Fache (nach [Qua13])

Diese Zahl sagt uns erst dann etwas, wenn wir sie z. B. ins Verhältnis zum aktuellen Jahres-Weltenergiebedarf setzen. Aus Bild 1.3 in Kapitel 1 ist zu entnehmen, dass dieser ungefähr 14 Mrd. Tonnen Rohöleinheiten beträgt. Nach Umrechnung in kWh (Tabelle 1.2) erhalten wir schließlich:

$$\frac{W_{\text{Erde}}}{W_{\text{Welt}}} = \frac{1{,}119 \cdot 10^{18}\,\text{kWh}}{1{,}628 \cdot 10^{14}\,\text{kWh}} = 6873 \tag{2.23}$$

Die Sonne schickt uns also pro Jahr fast das 7000-Fache an Energie als wir jährlich verbrauchen!

Dieses Verhältnis ist recht anschaulich im Energiewürfel zu sehen, wie er in Bild 2.22 links dargestellt ist. Die jährliche Solareinstrahlung ist durch das Volumen des großen Würfels repräsentiert; dagegen sieht das kleine Klötzchen des Weltenergieverbrauchs rechts unten ziemlich winzig aus. Interessant ist außerdem der im gleichen Bild dargestellte Vergleich der jährlichen Solarstrahlung mit den Reserven an fossilen und nuklearen Energieträgern. Hier muss betont werden, dass es sich bei den Würfeln auf der linken Seite um die insgesamt noch vorhanden Reserven handelt, während der große Solarstrahlungswürfel in jedem Jahr neu zur Verfügung steht.

2.5.2 Das Sahara-Wunder

Nun wird man nicht die gesamte auf die Erde einstrahlende Energie technisch nutzen können. Daher betrachten wir die Sache einmal von der anderen Seite und fragen uns:

Welche Fläche würde man benötigen, um den gesamten Primärenergiebedarf der Welt mit Photovoltaik zu decken?

Zur Lösung nehmen wir einmal an, dass die Solarmodule in der Sahara aufgestellt würden. Die besten auf dem Markt erhältlichen Solarmodule haben einen Wirkungsgrad von gut 20 %. Wir setzen vorsichtshalber dennoch nur einen Systemwirkungsgrad von $\eta_{\mathrm{Ges}} = 10\,\%$ an. Damit werden die Verluste in Kabeln, Wechselrichtern und Fernübertragungsleitungen sowie der Abstand zwischen den Modulreihen mehr als ausreichend berücksichtigt.

Nach Bild 2.9 liefert die Sonne in der Sahara jährlich etwa 2500 kWh/m^2 an Strahlungsenergie. Bei einem Wirkungsgrad von 10 % lässt sich somit eine elektrische Energie von ca. 250 kWh/m^2 gewinnen.

Zur Deckung des weltweiten Primärenergiebedarfs W_{Welt} benötigen wir also die Fläche

$$A = \frac{W_{\mathrm{Welt}}}{250\,\mathrm{kWh/m^2}} = \frac{1{,}628 \cdot 10^{14}\mathrm{kWh}}{250\,\mathrm{kWh/m^2}} = 6{,}512 \cdot 10^{11}\mathrm{m^2} = 6{,}512 \cdot 10^{5}\mathrm{km^2} \tag{2.24}$$

Es ergibt sich somit z. B. ein Quadrat mit einer Kantenlänge von ca. 800 km. Zur Größenabschätzung ist in Bild 2.23 ein Quadrat der Größe 800 km mal 800 km eingezeichnet; es belegt etwa 7 % der Saharafläche. Diese Fläche reicht also aus, um den gesamten Welt-Primärenergiebedarf mit Photovoltaik zu decken. Insofern kann tatsächlich von einem „Sahara-Wunder" gesprochen werden.

In der Praxis macht es natürlich keinen Sinn, die Photovoltaik-Kraftwerke nur an einem Ort der Welt zu installieren. Ansonsten hätte die Menschheit jeweils nur bei Tageslicht in der Sahara Energie zur Verfügung. Um kontinuierlich Sonnenschein zu haben, wäre auch die Aufreihung der PV-Anlagen entlang des Äquators denkbar. Eine überschlägige Rechnung zeigt, dass dieser Streifen lediglich knapp 15 km breit sein müsste.

Deutlich praxisnäher ist das Szenario in Bild 2.24. Hier wurden die Photovoltaikanlagen über viele Länder verteilt, um kürzere Leitungslängen und eine dezentralere Struktur zu erhalten.

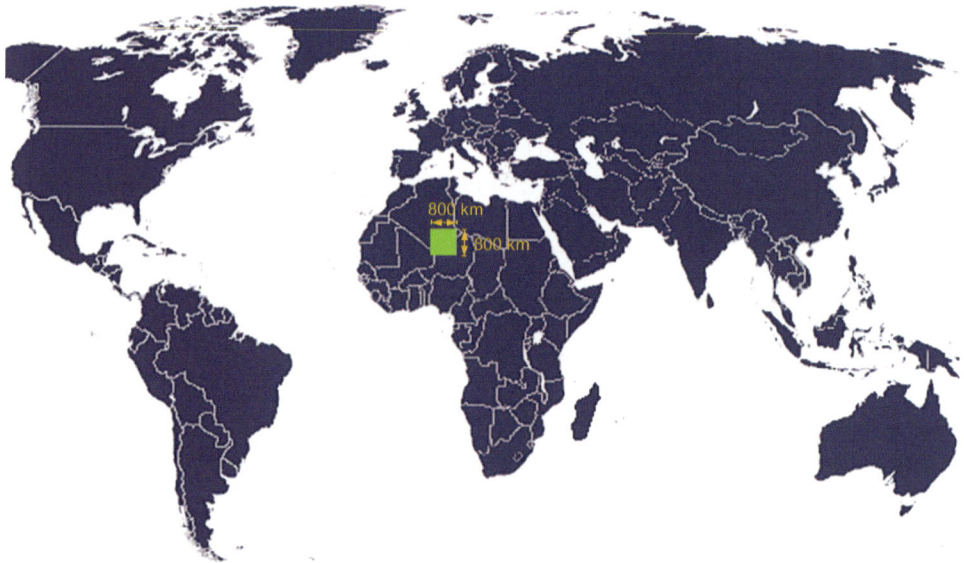

Bild 2.23 Das Sahara-Wunder: Die notwendige Fläche zur Deckung des Weltenergiebedarfs beträgt lediglich 800 km × 800 km

Bild 2.24 Verteilung der notwendigen Fläche über viele Länder: Man benötigt z. B. 200 Quadrate mit einer Kantenlänge von je 85 km

Als mittlere Jahresstrahlungssumme kann ein Wert von $1000 \, \text{kWh}/(\text{m}^2 \cdot \text{a})$ angenommen werden. Es ergeben sich z. B. 200 Quadrate mit einer Kantenlänge von 85 km.

Mit einer genaueren Betrachtung der zukünftigen Rolle der Photovoltaik werden wir uns in Kapitel 11 beschäftigen.

Grundlagen
der Halbleiterphysik

Solarzellen bestehen typischerweise aus Halbleitern. Um zu verstehen, wie Solarzellen funktionieren, beschäftigen wir uns daher zunächst mit dem Aufbau und den Eigenschaften von Halbleitern. Daran schließt sich eine Betrachtung des pn-Übergangs und der optischen Eigenschaften von Halbleitern an.

■ 3.1 Aufbau von Halbleitern

3.1.1 Bohrsches Atommodell

Wir betrachten zu Beginn ein einzelnes Atom. Nach dem Bohrschen Atommodell besteht ein Atom aus einem Kern und einer Hülle. Der Kern enthält Protonen und Neutronen, während die Hülle Elektronen aufweist, welche wiederum um den Kern kreisen. Die Protonen sind elektrisch positiv geladen mit der Elementarladung $+q$, dagegen weisen die Elektronen eine negative Ladung $-q$ auf. Die Größe der Elementarladung beträgt $1,6 \cdot 10^{-19}$ As. Da die Anzahl der Protonen im Kern gleich der Anzahl der Elektronen in der Hülle ist (sogenannte Kernladungszahl), ist ein Atom nach außen hin elektrisch neutral.

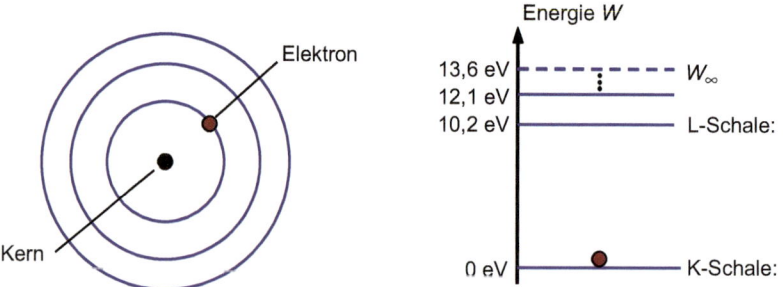

Bild 3.1 Aufbau und Energiemodell des Wasserstoffatoms

Als einfachstes Atom kennen wir das Wasserstoffatom (Bild 3.1). Es besitzt die Kernladungszahl 1 und hat somit lediglich ein Proton im Kern und ein Elektron in der Hülle.

Nils Bohr erkannte, dass sich die Elektronen nur auf ganz bestimmten Bahnen (sogenannte „Schalen") um den Kern bewegen dürfen und legte dies im 1. Bohrschen Postulat fest:

1. Bohrsches Postulat:

Es gibt nur bestimmte diskrete Schalen, die für ein Elektron erlaubt sind.

Jede dieser Schalen steht für einen bestimmen Bahnradius, der den jeweiligen Energiezustand des Elektrons angibt. Die Schalen werden mit den Buchstaben von K, L, M usw. benannt. In Bild 3.1 sind die möglichen Energiezustände für das Wasserstoffatom dargestellt. Im Grundzustand befindet sich das Elektron auf der K-Schale. Wird das Elektron auf die Schale L gebracht, so ist dafür eine Energie von 10,2 eV (Elektronenvolt) notwendig. Um das Elektron ganz vom Atom zu trennen (also „ins Unendliche" zu transportieren), muss die sogenannte Ionisierungsenergie W_∞ von 13,6 eV aufgewendet werden.

Was passiert nun beim Übergang von einer Schale auf eine andere? Dies beschreibt das folgende Postulat:

2. Bohrsches Postulat:

Der Übergang eines Elektrons von einer Schale zur anderen erfolgt unter Emission oder Absorption von elektromagnetischer Strahlung.

Die Frequenz f dieser Strahlung wird dabei durch folgende Formel bestimmt:

$$\Delta W = |W_2 - W_1| = h \cdot f \tag{3.1}$$

mit W_1: Energie vor dem Übergang
W_2: Energie nach dem Übergang
h: Plancksches Wirkungsquantum; $h = 6,6 \cdot 10^{-34}\,\text{Ws}^2$

Um aus der Frequenz f die Wellenlänge λ zu ermitteln, verwenden wir die Formel:

$$\lambda = \frac{c_0}{f} \tag{3.2}$$

mit c_0: Lichtgeschwindigkeit im Vakuum, $c_0 = 299.792\,\text{km/s} \approx 3 \cdot 10^8\,\text{m/s}$

Zum besseren Verständnis des 2. Bohrschen Postulats betrachten wir Bild 3.2: Im linken Teil ist dargestellt, wie ein Elektron von der L-Schale auf die K-Schale fällt. Die dabei freiwerdende Energie wird in Form von Licht als Photon abgestrahlt. Wir nennen den Vorgang Emission von Licht. Als Photon bezeichnen wir ein Lichtpaket einer bestimmten Wellenlänge („Lichtteilchen").

Bild 3.2 Schematische Darstellung der Emission (links) und Absorption (rechts) von Licht

Den umgekehrten Fall zeigt der rechte Teil von Bild 3.2: Ein Lichtteilchen trifft auf das Elektron und wird „verschluckt". Die freiwerdende Energie hebt das Elektron von der K- auf die L-Schale an. Diesen Vorgang nennen wir Absorption von Licht.

Beispiel 3.1 Lichtemission

Ein Elektron eines Wasserstoffatoms fällt von der M- auf die L-Schale. Welche Wellenlänge wird das abgestrahlte Licht aufweisen?

Rechnung:

$$\Delta W = W_1 - W_2 = 12{,}1\,\text{eV} - 10{,}2\,\text{eV} = 1{,}9\,\text{eV} = h \cdot f$$

$$\Rightarrow f = \frac{1{,}9\,\text{eV}}{h} = \frac{1{,}9\,\text{V} \cdot q}{h} = \frac{1{,}9\,\text{V} \cdot 1{,}6 \cdot 10^{-19}\,\text{As}}{6{,}6 \cdot 10^{-34}\,\text{Ws}^2} = 0{,}461 \cdot 10^{15}/\text{s} = 461 \cdot 10^{12}\,\text{Hz}$$

Die Wellenlänge berechnet sich wiederum durch:

$$\lambda = \frac{c_0}{f} = \frac{3 \cdot 10^8\,\text{m/s}}{461 \cdot 10^{12}\,\text{Hz}} = 6{,}508 \cdot 10^{-7}\,\text{m} = 650{,}8 \cdot 10^{-9}\,\text{m} \approx 651\,\text{nm}$$

Das Licht strahlt bei 651 nm und damit im roten Bereich.

3.1.2 Periodensystem der Elemente

Tabelle 3.1 zeigt einen Ausschnitt aus dem Periodensystem der Elemente. Die Zeilen der Tabelle geben die höchste Schale an, die noch von Elektronen besetzt ist. Aus der jeweiligen Spalte eines Elements ergibt sich wiederum die Wertigkeit. Darunter versteht man die Anzahl der Elektronen in der äußersten Schale. Oftmals wird auch der Ausdruck Valenz verwendet. Wir erkennen beispielsweise, dass das Edelgas Helium (He) zwei Elektronen aufweist und damit die K-Schale vollständig besetzt. Beim folgenden Lithium (Li) ist ebenfalls die K-Schale besetzt; das dritte Elektron befindet sich bereits auf der L-Schale. Die Elektronen der äußersten Schale nennt man auch Valenzelektronen; sie sind entscheidend für die Bindung mehrerer Atome miteinander.

Tabelle 3.1 Ausschnitt aus dem Periodensystem der Elemente. Die Zahl unter dem Elementnamen gibt die Kernladungszahl an

Hauptgruppe/Wertigkeit								Schale
I	II	III	IV	V	VI	VII	VIII	
H Wasserstoff 1							He Helium 2	K
Li Lithium 3	Be Beryllium 4	B Bor 5	C Kohlenstoff 6	N Stickstoff 7	O Sauerstoff 8	F Fluor 9	Ne Neon 10	L
Na Natrium 11	Mg Magnesium 12	Al Aluminium 13	Si Silizium 14	P Phosphor 15	S Schwefel 16	Cl Chlor 17	Ar Argon 18	M
K Kalium 19	Ca Kalcium 20	Ga Gallium 31	Ge Germanium 32	As Arsen 33	Se Selen 34	Br Brom 35	Kr Krypton 36	N
Rb Rubidium 37	Sr Strontium 38	In Indium 49	Sn Zinn 50	Sb Antimon 51	Te Tellur 52	J Jod 53	Xe Xenon 54	O

Beispiel 3.2 Valenzelektronen des Siliziums

Das für die Photovoltaik äußerst wichtige Element Silizium (Si) besitzt die Kernladungszahl 14 und findet sich in der vierten Hauptgruppe. K- und L-Schale sind voll besetzt, in der obersten Schale befinden sich vier Elektronen. Das Si-Atom besitzt somit vier Valenzelektronen.

3.1.3 Aufbau des Siliziumkristalls

Wenn die Elektronen benachbarter Atome feste Bindungen eingehen, so kann eine regelmäßige Gitterstruktur entstehen. Einen derartigen Aufbau nennen wir Kristall. Bei Silizium geht jedes Valenzelektron eine Bindung mit einem Elektron des Nachbaratoms ein. Das sich daraus ergebende Gitter zeigt Bild 3.3 als Kugelmodell sowie in einer zweidimensionalen Darstellung.

Dabei wird der Atomkern zusammen mit allen inneren Schalen als ein Kreis gezeichnet (Atomrumpf). Die korrekte Bezeichnung ist Si^{4+}, da die 14 Protonen im Kern zusammen mit den 10 Elektronen auf den inneren Schalen eine vierfach positive Ladung ergeben. Die Kombination des Si^{4+}-Ions mit den vier umgebenden Elektronen bildet das eigentliche Siliziumatom. Gleichzeitig erkennt man, dass sich jeder Si-Atomrumpf von insgesamt acht Valenzelektronen umgeben sieht. Dies nennen wir Edelgaskonfiguration, da sie vergleichbar ist mit dem Edelgas Argon, das ebenfalls acht Elektronen in der äußersten Schale aufweist (vgl. Tabelle 3.1).

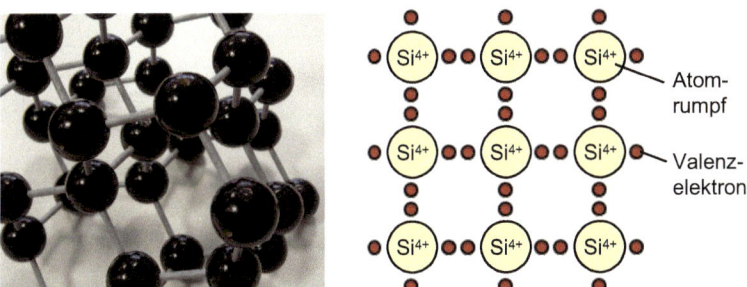

Bild 3.3 Aufbau eines Siliziumkristalls: Links ist das Kugelmodell zu sehen, rechts die zweidimensionale Darstellung

3.1.4 Verbindungshalbleiter

Das bisher betrachtete Gitter ist ausschließlich aus Silizium aufgebaut, einem Element der vierten Hauptgruppe. Es ist allerdings auch möglich, Elemente verschiedener Hauptgruppen zu kombinieren. Ein bekannter Vertreter ist die Materialkombination Gallium-Arsenid (GaAs), die in Solarzellen für hohe Wirkungsgrade sorgen kann. Sie besteht aus dreiwertigen Gallium- und fünfwertigen Arsenatomen und wird daher als III/V-Halbleiter bezeichnet. Bild 3.4 zeigt den Aufbau: Der Kristall enthält zu gleichen Teilen Gallium- und Arsenatome, die jeweils ihre Valenzelektronen in die Bindungen einbringen, so dass sich wiederum die besonders stabile Edelgaskonfiguration ergibt. Neben den III/V-Halbleitern sind auch II/VI-Halbleiter technisch interessant; Bild 3.4 zeigt dies am Beispiel von Cadmium-Tellurid (CdTe).

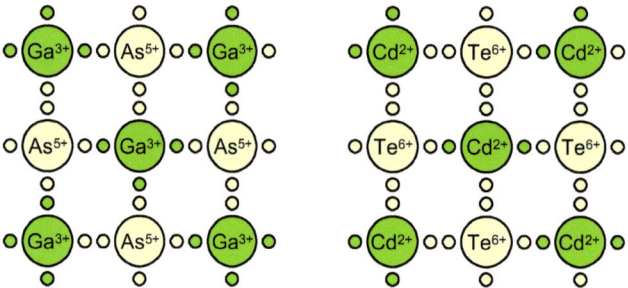

Bild 3.4 Gitteraufbau von Verbindungshalbleitern am Beispiel von GaAs und CdTe

■ 3.2   Bändermodell des Halbleiters

3.2.1   Entstehung von Energiebändern

Inzwischen wissen wir, dass es für die Elektronen eines einzelnen Atoms definierte, diskrete Energieniveaus gibt. Was passiert nun, wenn wir in einem Gedankenexperiment zwei Atome nahe zusammenbringen? Es kommt zu einer wechselseitigen Kopplung der Atome untereinander. Dies führt dazu, dass sich die Energiezustände ändern, konkret spreizt sich jeder Zustand in zwei Einzelzustände auf (siehe Bild 3.5). Eine Analogie zu diesem Phänomen kennen wir aus der klassischen Mechanik: Koppelt man zwei harmonische Oszillatoren (z. B. zwei Gitarrensaiten), so ergeben sich zwei neue Resonanzfrequenzen. Im Fall von drei gekoppelten Atomen ergeben sich jeweils drei neue Niveaus usw. Betrachtet man einen Halbleiterkristall, so koppeln dort praktisch unendlich viele Atome miteinander. Einzelne Niveaus sind somit kaum noch zu erkennen; in diesem Fall sprechen wir von Energiebändern. Die Energiebänder geben alle Energiezustände an, die für ein Elektron erlaubt sind.

Für das elektrische Verhalten eines Festkörpers ist nun das höchste noch von Elektronen besetzte Band bestimmend. Da es von den Valenzelektronen besetzt ist, wird es als Valenzband bezeichnet (siehe Bild 3.5). Das erste unbesetzte Band nennen wir Leitungsband. Um in das Leitungsband zu kommen, muss ein Elektron zunächst die verbotene Zone überwinden. Die Breite der verbotenen Zone gibt an, welche Energie notwendig ist, um aus dem Valenzband ins Leitungsband zu gelangen. Man nennt sie auch Bandlücke oder Bandabstand ΔW_G. Sie ergibt sich aus der Differenz der Unterkante des Leitungsbands W_L und der Oberkante des Valenzbands W_V. Im Fall von Silizium liegt die Bandlücke bei $\Delta W_G = 1{,}12\,\text{eV}$ (bei $T = 300\,\text{K}$). Der Index „G“ folgt übrigens aus dem englischen Begriff Bandgap.

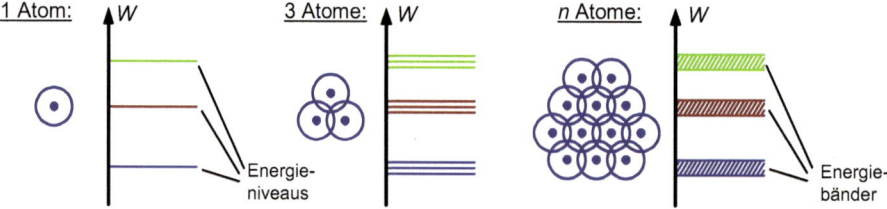

Bild 3.5 Entstehung der Energiebänder in einem Halbleiterkristall: Die Kopplung der Atome führt zu einer Aufspreizung der Energieniveaus. Für $n \to \infty$ ergeben sich daraus kontinuierliche Energiebänder

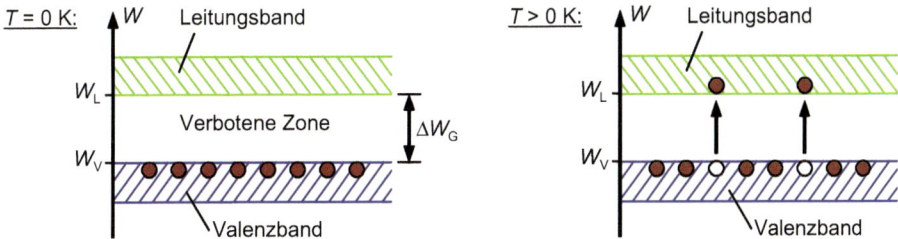

Bild 3.6 Valenz- und Leitungsband beim Silizium. Bei steigender Temperatur gelangen einzelne Elektronen ins Leitungsband

Was bedeutet dies nun für das elektrische Verhalten des Kristalls? Im Fall des absoluten Temperaturnullpunkts ($T = 0$ K) befinden sich alle Valenzelektronen fest in ihren Bindungen. Der Kristall ist in diesem Fall nicht in der Lage, elektrischen Strom zu leiten, da keine freien Ladungsträger zur Verfügung stehen. Hinweis: Der absolute Temperaturnullpunkt von $T = 0$ K (Kelvin) entspricht einer Temperatur von $\vartheta = -273{,}15\,°C$.

Erhöhen wir nun die Temperatur, so beginnen sich die Elektronen durch Wärmeschwingungen zu bewegen. Erhöht man die Temperatur weiter, können sich einzelne Elektronen aus ihren Bindungen lösen und stehen im Kristall als freie Elektronen zur Verfügung. Im Bändermodell entspricht dies dem Fall, dass diese Elektronen aus dem Valenzband angehoben werden, die verbotene Zone überwinden und bis ins Leitungsband gelangen. Sie werden somit zu Leitungselektronen und erhöhen die Leitfähigkeit des Kristalls.

3.2.2 Unterscheidung in Isolatoren, Halbleiter und Leiter

Nachdem wir das Bändermodell des Halbleiters kennengelernt haben, wollen wir es auf andere Materialien erweitern. Dazu zeigt Bild 3.7 die Gegenüberstellung der Bandschemata von Isolatoren, Halbleitern und Metallen. Im Fall der Isolatoren ist die verbotene Zone sehr groß. Als Isolatoren werden typischerweise Materialien bezeichnet, deren Bandabstand größer als 3 eV ist (als grobe „Hausnummer"). Dies führt dazu, dass selbst bei hohen Temperaturen praktisch keine freien Elektronen zur Verfügung stehen. Halbleiter wirken bei niedrigen Temperaturen ebenfalls als Isolatoren. Bei mittleren Temperaturen erhöht sich allerdings die Leitfähigkeit, bis sie bei sehr hohen Temperaturen (z. B. über 200 °C) bereits zu guten Leitern werden

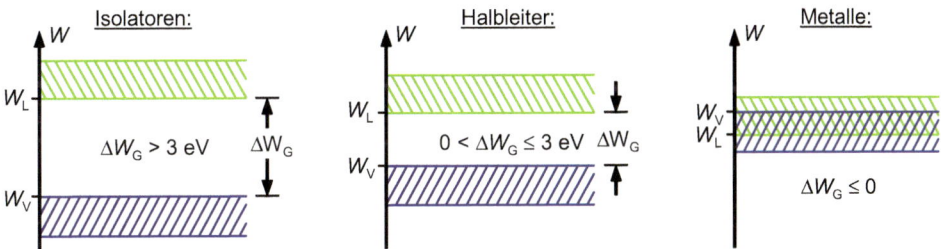

Bild 3.7 Darstellung der Energiebänder von Isolatoren, Halbleitern und Metallen

(daher der Begriff Halbleiter). Eine Besonderheit sind die Metalle. Bei diesen können wir vereinfacht sagen, dass sich hier Valenz- und Leitungsband überlappen, so dass bereits bei tiefen Temperaturen eine hohe Leitfähigkeit gegeben ist.

In Tabelle 3.2 sind die Bandlücken verschiedener Materialien zusammengefasst.

Tabelle 3.2 Vergleich der Bandlücken verschiedener Materialien

Material	Material-Art	Bandlücke ΔW_G
Diamant	Isolator	7,3 eV
Galliumarsenid	Halbleiter	1,42 eV
Silizium	Halbleiter	1,12 eV
Germanium	Halbleiter	0,7 eV

3.2.3   Eigenleitungsdichte

Wir betrachten nun die Vorgänge im Halbleiterkristall genauer. Bild 3.8 zeigt links die Erzeugung eines freien Elektrons sowohl im Kristall- als auch im Bändermodell. Sobald ein Elektron aus seiner Bindung gelöst wird, entsteht eine Lücke im Kristall, die wir als Loch bezeichnen. Den gesamten Vorgang nennen wir Generation eines Elektron-Loch-Paars. Der umgekehrte Vorgang ist rechts in Bild 3.8 zu sehen: Das freie Elektron fällt in ein Loch zurück; hier sprechen wir von der Rekombination eines Elektron-Loch-Paars.

Generation eines Elektron-Loch-Paars:

Rekombination eines Elektron-Loch-Paars:

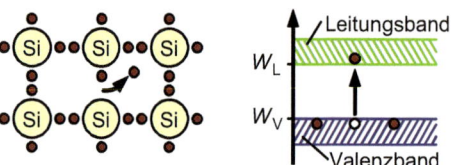 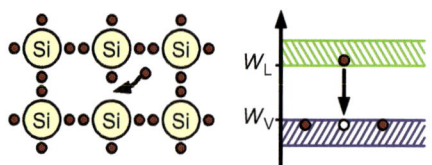

Bild 3.8 Thermische Generation und Rekombination von Elektron-Loch-Paaren: Im zeitlichen Mittel stellt sich eine mittlere Anzahl an freien Elektronen sowie Löchern ein, die Eigenleitungsdichte

Die Generation und Rekombination von Elektron-Loch-Paaren findet im Kristall ständig statt. Je nach Halbleitermaterial und aktueller Temperatur stellt sich eine mittlere Anzahl an freien Elektronen sowie Löchern ein, die wir als Eigenleitungsdichte n_i bezeichnen. Der Index i steht für den englischen Ausdruck intrinsic – innewohnend. Er gibt an, dass es sich bei dieser Betrachtung um einen undotierten Halbleiter handelt (siehe Abschnitt 3.4).

Die Eigenleitungsdichte ist über folgende Formel bestimmbar:

$$n_i = N_0 \cdot e^{-\dfrac{\Delta W_G}{2 \cdot k \cdot T}} \tag{3.3}$$

mit N_0: effektive Zustandsdichte; bei Silizium: $N_0 \approx 3 \cdot 10^{19}/cm^3$

k: Boltzmannkonstante; $k = 1{,}38 \cdot 10^{-23}\,Ws/K = 8{,}62 \cdot 10^{-5}\,eV/K$

Die effektive Zustandsdichte N_0 gibt gewissermaßen an, wie viele freie Elektronen im Extremfall (bei extrem hoher Temperatur) generiert werden könnten. Dabei haben wir vereinfachend angenommen, dass die effektive Zustandsdichte der Elektronen gleich der der Löcher ist. Jedes erzeugte freie Elektron hinterlässt im Kristallgitter ein Loch. Daher gibt n_i sowohl die Anzahl der freien Elektronen als auch die Anzahl der Löcher an.

Beispiel 3.3 Eigenleitungsdichte

Wir berechnen die Eigenleitungsdichte von Silizium bei Raumtemperatur ($\vartheta = 25\,°C$). Zunächst ermitteln wir die absolute Temperatur T in Kelvin:

$$T = 273{,}15\,\text{K} + 25\,\text{K} = 298{,}15\,\text{K}.$$

Nun setzen wir alle Werte in Gleichung (3.3) ein:

$$n_i = N_0 \cdot e^{-\dfrac{1{,}12\,\text{eV}}{2 \cdot 8{,}62 \cdot 10^{-5}\,\text{eV/K} \cdot 298{,}15\,\text{K}}} = 1{,}06 \cdot 10^{10}\,/\text{cm}^3 \approx 10^{10}\,/\text{cm}^3$$

■ 3.3 Ladungstransport in Halbleitern

3.3.1 Feldströme

In Bild 3.9 ist ein Kristall aus Silizium dargestellt, an den eine elektrische Spannung U angelegt wird. Wie in einem Plattenkondensator führt diese Spannung zu einem elektrischen Feld E_{El} im Kristall:

$$E_{El} = \frac{U}{l} \tag{3.4}$$

Durch dieses Feld werden die negativ geladenen Elektronen in Richtung des Pluspols der Spannungsquelle beschleunigt. Es ergibt sich somit ein Stromfluss durch den Halbleiter, den wir Feldstrom nennen; gelegentlich wird auch der Begriff Driftstrom verwendet. Allerdings stoßen die Elektronen im Kristall wiederholt an die Atomrümpfe, werden folglich abgebremst und durch das Feld wiederum neu beschleunigt. Im zeitlichen Mittel erreichen sie eine gewisse mittlere Driftgeschwindigkeit v_D.

Den Quotienten aus der erreichten Driftgeschwindigkeit v_D bei einem angelegten elektrischen Feld F nennen wir die Beweglichkeit μ_N der Elektronen:

$$\mu_N = \frac{v_D}{E_{El}} \tag{3.5}$$

In Bild 3.9 laufen die Elektronen von links nach rechts durch den Kristall. Dann fließen sie durch den äußeren Stromkreis von rechts nach links zurück. Der Pfeil des Stromes I zeigt aber in die entgegengesetzte Richtung. Liegt da nicht ein Fehler vor?

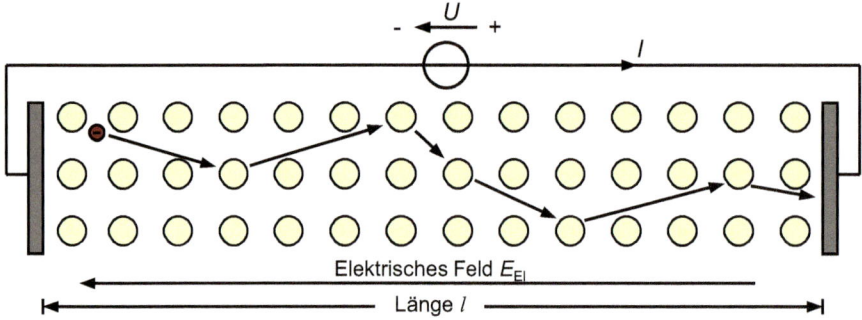

Bild 3.9 Stromtransport durch einen Silizium-Kristall: Die Elektronen werden durch Kollisionen mit den Atomrümpfen wiederholt abgebremst und neu beschleunigt

 Die Abbildung ist korrekt. Der elektrische Strom ist per Konvention definiert als ein Fluss von positiven Ladungen. Somit hat er die entgegengesetzte Richtung zur Flussrichtung der negativ geladenen Elektronen.

Es ist leicht einzusehen, wie sich eine Erhöhung der Temperatur des Kristalls auswirkt: Je größer die Temperatur wird, desto stärker schwingt das Kristallgitter. Damit steigt die Wahrscheinlichkeit, dass die beschleunigten Elektronen mit den Atomrümpfen zusammenstoßen. Die mittlere Driftgeschwindigkeit und damit auch die Beweglichkeit der Elektronen werden somit abnehmen.

Im Volumen des Kristalls aus Bild 3.9 befindet sich die Elektronenanzahl N:

$$N = n \cdot \text{Volumen} = n \cdot A \cdot l \tag{3.6}$$

mit n: Elektronendichte
         A: Querschnittsfläche des Kristalls
         l: Länge des Kristalls

Diese Elektronen werden in der Zeit $\Delta t = l / v_D$ vom elektrischen Feld durch den Kristall geschoben. Somit ergibt sich mit Gleichung (3.5) für den Feldstrom I_F:

$$I_F = \frac{\text{Ladung}}{\text{Zeit}} = \frac{q \cdot N}{\Delta t} = q \cdot n \cdot A \cdot \frac{l}{\Delta t} = q \cdot n \cdot A \cdot v_D = q \cdot A \cdot n \cdot \mu_N \cdot E_{El} \tag{3.7}$$

mit n: Ladungsträgerdichte

Teilt man den Strom noch durch die Querschnittsfläche, ergibt sich die Stromdichte j_F:

$$j_F = \frac{I_F}{A} = q \cdot n \cdot \mu_N \cdot E_{El} \tag{3.8}$$

Neben dem Stromtransport durch Elektronen gibt es im Halbleiter allerdings auch einen Stromtransport durch Löcher. Zum besseren Verständnis betrachten wir Bild 3.10: Durch das anliegende elektrische Feld springt jeweils ein Elektron in einen benachbarten freien Platz. Damit wird das Loch praktisch in entgegengesetzter Richtung bewegt. Ein anschaulicher Vergleich ist z. B. die Situation im Fußballstadion: Befindet sich am Ende der Sitzreihe ein freier Platz und rückt jeder Zuschauer einer nach dem anderen auf den freien Platz neben ihm, so „bewegt" sich der freie Platz in die entgegengesetzte Richtung.

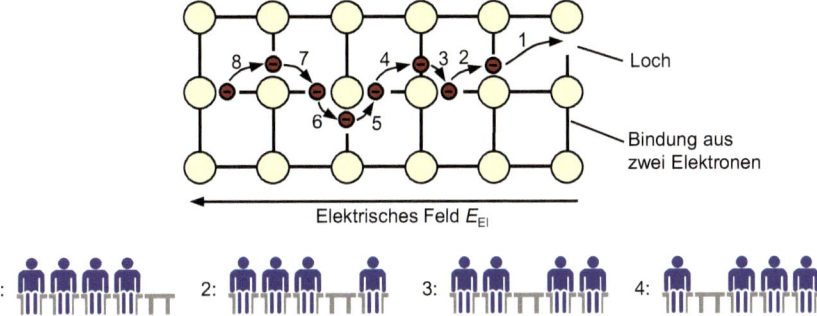

Bild 3.10 Stromtransport durch Löcher: Jedes Elektron wandert stückweise nach rechts. Hierdurch findet eine „Lochbewegung" in umgekehrter Richtung statt. Die Situation ist vergleichbar mit dem Durchrücken der Personen in einer Sitzreihe

Es liegt nahe, dass die Löcherbeweglichkeit niedriger ist als die der Elektronen. Für die Bewegung des Lochs müssen nacheinander Elektronen auf freie Plätze springen, was deutlich langsamer vonstattengeht als die Bewegung eines freien Elektrons im Kristall. Beim Silizium liegt die Löcherbeweglichkeit μ_P mit ca. $450\,\mathrm{cm^2/Vs}$ demzufolge bei nur einem Drittel der Elektronenbeweglichkeit μ_N von $1400\,\mathrm{cm^2/Vs}$.

3.3.2 Diffusionsströme

Neben dem Feldstrom gibt es eine zweite Stromart in Halbleitern: den Diffusionsstrom. Dieser wird durch Konzentrationsunterschiede hervorgerufen, wobei die notwendige Energie die thermische Gitterbewegung liefert. Sobald an einer Stelle im Kristall eine erhöhte Konzentration von Ladungsträgern entsteht (z. B. erzeugt durch Licht, siehe Abschnitt 3.6) so fließt so lange ein Diffusionsstrom, bis die erhöhte Ladungsträgerkonzentration wieder abgebaut ist. Die Höhe des Diffusionsstroms ist proportional zum Gradienten (also der Ableitung) der Teilchenkonzentration $n(x)$:

$$j_D = -q \cdot D \cdot \frac{\mathrm{d}n(x)}{\mathrm{d}x} \tag{3.9}$$

    mit j_D: Diffusionsstromdichte
              q: Elementarladung
              D: Diffusionskonstante

Zum besseren Verständnis betrachten wir als Analogie einen Sandhaufen (Bild 3.11). Dieser soll auf einem Brett liegen, das durch eine Rüttelplatte bewegt wird. Der Sand wird durch die Rüttelbewegung auseinanderfließen. An den steilen Seiten wird der größte Sandstrom fließen, während die Sandteilchen in der Mitte praktisch nur nach unten absacken. Somit gibt hier die Steigung der Sandhaufenhöhe $n(x)$ die Größe des „Sandteilchenstroms" an. Nach 5 Sekunden ist der Sandhaufen schon breiter und flacher geworden, dementsprechend haben sich auch die Teilchenströme verringert. Dieser Vorgang schreitet so lange fort, bis die „Sandkonzentrationsunterschiede" völlig abgebaut sind, der Sand also völlig eben verteilt ist.

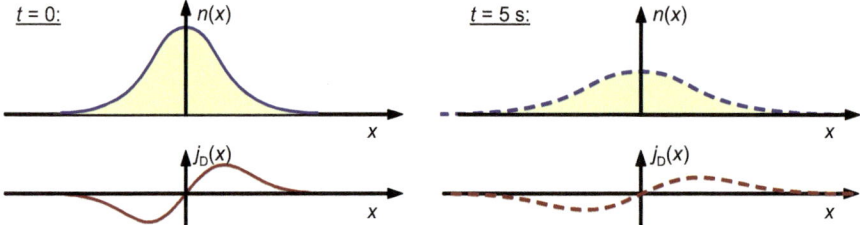

Bild 3.11 Erklärung des Diffusionsstroms am Sandhaufen. Wird zum Zeitpunkt $t = 0$ die Rüttelplatte eingeschaltet, so fließt der Sandhaufen auseinander. Die höchsten „Sandteilchenströme" ergeben sich an den steilsten Stellen des Haufens

■ 3.4   Dotierung von Halbleitern

Wie wir gesehen haben, sind Halbleiter zunächst einmal schlechte elektrische Leiter. Ihre besondere Bedeutung haben sie erst dadurch gewonnen, dass man ihre Leitfähigkeit gezielt beeinflussen kann. Hierzu bringt man Fremdatome in den Halbleiterkristall ein (Dotierung).

3.4.1   n-Dotierung

Von n-Dotierung spricht man, wenn anstelle des Originalatoms ein Atom der fünften Hauptgruppe eingebaut wird (siehe Periodensystem in Tabelle 3.1). Als Beispiel betrachten wir das Element Phosphor. Dieses Atom hat ein Valenzelektron mehr als das Silizium und gleichzeitig ein zusätzliches Proton im Kern. Baut man dieses – wie in Bild 3.12 gezeigt – in ein Si-Gitter ein, so ist das Ergebnis wie die „Reise nach Jerusalem": Vier Valenzelektronen des Phosphoratoms gehen eine Bindung mit den Nachbaratomen ein; das fünfte findet keine offene Bindung mehr. Stattdessen ist es so schwach an den Atomrumpf gebunden, dass es bei Raumtemperatur als freies Elektron zur Verfügung steht. Dies wird besonders gut deutlich bei der Betrachtung des Bänderdiagramms: Das Dotieratom erzeugt ein zusätzliches Energieniveau knapp unterhalb der Leitungsbandkante. Es ist nur eine sehr geringe Energie (z. B. 1/50 eV) notwendig, um das betreffende Elektron ins Leitungsband anzuheben. Das eingebaute Fremdatom bezeichnen wir auch als Donatoratom; von lat. *donare*: geben, schenken. Das Donatoratom „schenkt" dem

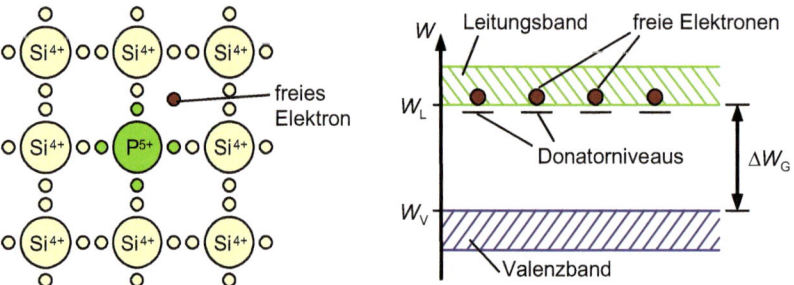

Bild 3.12 n-Dotierung von Halbleitern: Eines der fünf Valenzelektronen des Phosphor-Atoms wird für die Bindung nicht benötigt und steht so als freies Elektron zur Verfügung. Im Bänderdiagramm entstehen durch die Dotierung neue Energieniveaus knapp unterhalb der Leitungsbandkante

Kristallgitter gewissermaßen ein freies Elektron. Da das Donatoratom anschließend nur noch an vier Elektronen gebunden ist und gleichzeitig fünf Protonen im Kern aufweist, kann man es insgesamt als ortsfeste positive Ladung auffassen.

Durch die n-Dotierung steigt die Dichte n der freien Elektronen drastisch an. Gleichzeitig besetzen viele dieser Elektronen offene Bindungen, so dass kaum noch Löcher vorhanden sind. Die Elektronen werden im Fall des n-Halbleiters daher als Majoritätsträger bezeichnet, die Löcher als Minoritätsträger. Die Dichte der freien Elektronen im n-dotierten Halbleiter wird praktisch nur durch die Dichte N_D der Donatoratome bestimmt: $n \approx N_\mathrm{D}$. Diese erhöhen die Leitfähigkeit des Kristalls und machen den Halbleiter quasi zum Leiter.

3.4.2   p-Dotierung

Als zweite Möglichkeit zur Veränderung der Leitfähigkeit eines Halbleiters bietet sich die p-Dotierung an: Hier werden z. B. dreiwertige Bor-Atome eingebaut (Bild 3.13). In diesem Fall stehen nur drei Valenzelektronen zur Verfügung, so dass eine Bindung unvollständig bleibt. In diese offene Bindung wechselt ein benachbartes Elektron, so dass für das Bor-Atom wieder Edelgaskonfiguration vorliegt. An dem benachbarten Platz fehlt nun ein Elektron; hier ist damit ein Loch entstanden. Somit wird Löcherleitung möglich. Das dreiwertige Dotieratom wird auch als Akzeptoratom bezeichnet, nach lat. *acceptare*: annehmen, aufnehmen. Dieses Atom nimmt gewissermaßen ein Elektron des Kristalls auf. Anschließend stellt das Akzeptoratom eine ortsfeste negative Ladung dar, da es nur drei Protonen im Kern besitzt.

In der Praxis sind die Dotierdichten (Donatordichte N_D bzw. Akzeptordichte N_A) äußerst gering: So wird z. B. nur jedes 100.000-ste Silizium-Atom durch ein Dotieratom ersetzt. Dennoch kann die Leitfähigkeit des Materials so um viele Zehnerpotenzen erhöht werden.

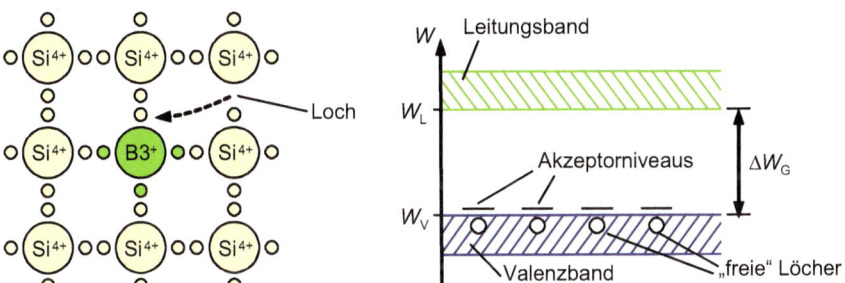

Bild 3.13 Beispiel der p-Dotierung eines Si-Kristalls mit einem Bor-Atom: Eine der vier Bindungen bleibt offen, da das Bor-Atom nur drei Valenzelektronen zu bieten hat. In diese Bindung wechselt ein benachbartes Elektron und erzeugt so ein „Loch"

■ 3.5   Der pn-Übergang

 Warum beschäftigen wir uns so eingehend mit Halbleitern? Sie leiten zunächst einmal schlecht den elektrischen Strom und müssen dotiert werden, um so gut zu leiten wie einfache Metalle!

Tatsächlich liegt der Hauptgrund für den Siegeszug der Halbleiterelektronik darin, dass man durch die Kombination von n- und p-Dotierung Bauelemente mit ganz besonderen Eigenschaften herstellen kann. Wesentliches Grundelement fast all dieser Bauelemente ist der pn-Übergang, der in seiner technischen Realisierung eine Diode darstellt.

3.5.1   Prinzipielle Wirkungsweise

Bild 3.14 zeigt die prinzipiellen Vorgänge in einem pn-Übergang. Der linke Kristall ist n-dotiert, der rechte p-dotiert. Beide Bereiche sind elektrisch neutral. So ist auf der linken Seite die Anzahl der freien Elektronen gleich der Anzahl der ortsfesten positiv geladenen Donatoratome. Entsprechend verhält es sich rechts, wo die positiv geladenen Löcher die negativen Ladungen der Akzeptoratome kompensieren.

Stellen wir uns einmal vor, die beiden Bereiche wären gerade erst zusammengefügt worden. Auf der n-Seite gibt es ein Überangebot an freien Elektronen. Diese diffundieren aufgrund des Konzentrationsgefälles als Diffusionsstrom nach rechts in den p-dotierten Bereich und rekombinieren dort mit den Löchern. Umgekehrt diffundieren Löcher von rechts nach links ins n-Gebiet, wo sie mit den Elektronen rekombinieren. In der Nähe des Übergangs liegen somit fast keine freien Elektronen und Löcher mehr vor, welche die ortsfesten Ladungen kompensieren könnten. Durch die steigende Anzahl an überschüssigen ortsfesten Ladungen im Übergangsbereich entsteht allmählich ein elektrisches Feld. Dieses Feld führt wiederum dazu, dass Elektronen nach links und Löcher nach rechts getrieben werden. Schließlich bildet sich ein neues Gleichgewicht, bei dem sich Diffusions- und Feldstrom gegenseitig aufheben und eine Raumladungszone am pn-Übergang entstanden ist.

Die entstandenen Raumladungen bewirken einen Potentialunterschied zwischen rechtem und linkem Rand der Raumladungszone, der als Diffusionsspannung U_D bezeichnet wird.

In Bild 3.14 verwenden wir eine neue Zeichenkonvention: freie Ladungsträger werden mit einer Umrandung dargestellt, ortsfeste Ladungen dagegen ohne Umrandung.

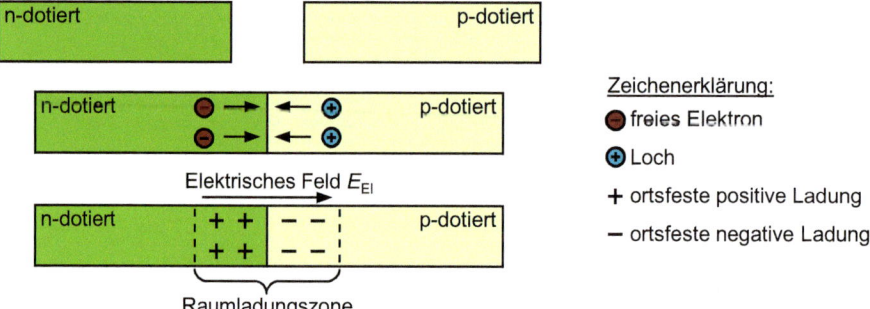

Bild 3.14 Der pn-Übergang: Elektronen strömen von der n-Seite zur p-Seite und besetzen dort die Löcher. Auf der n-Seite bleiben ortsfeste positive Ladungen zurück, auf der p-Seite entstehen ortsfeste negative Ladungen

Wir hatten doch schon ein schönes Modell für den Diffusionsstrom kennengelernt: den Sandhaufen. Wenn wir da lange genug rütteln, verteilt sich der Sand völlig flach. Das müsste doch eigentlich beim pn-Übergang genauso sein: Wenn wir nach dem Zusammenbringen der beiden Bereiche lange genug warten, müssten sich die Elektronen doch über den gesamten Kristall gleichmäßig verteilen, oder?

 Hier ist zu bedenken, dass es einen entscheidenden Unterschied zwischen den Sandteilchen und den Elektronen gibt: Sandteilchen sind ungeladen! Die Elektronen dagegen geraten in den Einfluss des Feldes der Raumladungszone und werden „zurückgezogen". So wird das Auseinanderströmen verlangsamt und kommt schließlich ganz zum Erliegen.

Im gezeigten Beispiel ist der linke und rechte Bereich der Raumladungszone gleich groß. Dies liegt daran, dass jedes von links nach rechts gewanderte Elektron auf der linken Seite eine positive ortsfeste Ladung zurücklässt und auf der rechten Seite eine negative ortsfeste Ladung erzeugt (Neutralitätsbedingung). In technischen Dioden wird allerdings oftmals unsymmetrisch dotiert. Bild 3.15 zeigt dies am Beispiel $N_D = 2 \cdot N_A$: Der negative Bereich erstreckt sich doppelt so weit in das p-Gebiet, da dort die einzelnen Dotieratome weiter auseinander liegen. Die Bezeichnung n^+ steht hier für eine starke n-Dotierung.

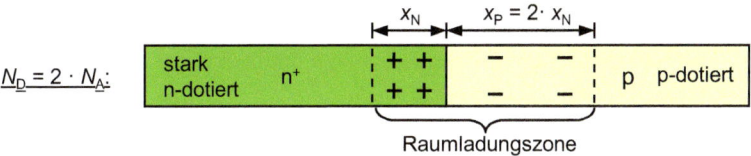

Bild 3.15 Unsymmetrische Dotierung des pn-Übergangs: Die Raumladungszone erstreckt sich hauptsächlich in den niedrig dotierten Bereich

3.5.2 Bänderdiagramm des pn-Übergangs

Nun ermitteln wir die Größe der Diffusionsspannung. Eine Möglichkeit dazu führt über die Fermienergie, benannt nach dem italienischen Physiker und Nobelpreisträger Enrico Fermi (1901–1954).

Die Fermienergie W_F ist im Allgemeinen so definiert, dass die Wahrscheinlichkeit für die Besetzung dieses Energieniveaus genau 50 % ist.

Etwas anschaulicher (wenn auch physikalisch nicht ganz korrekt) könnten wir die Fermienergie auch so beschreiben, dass sie angibt, welche Energie die Elektronen eines Kristalls im Mittel haben. So liegt z. B. die Fermienergie eines undotierten Halbleiters in der Mitte der verbotenen Zone, da jedes Elektron im Leitungsband ein Loch im Valenzband erzeugt und die Anzahl der möglichen Energiezustände im Leitungs- und Valenzband gleich groß ist. Sobald man allerdings den Halbleiter n-dotiert, steigt die Anzahl der Elektronen im Leitungsband und damit

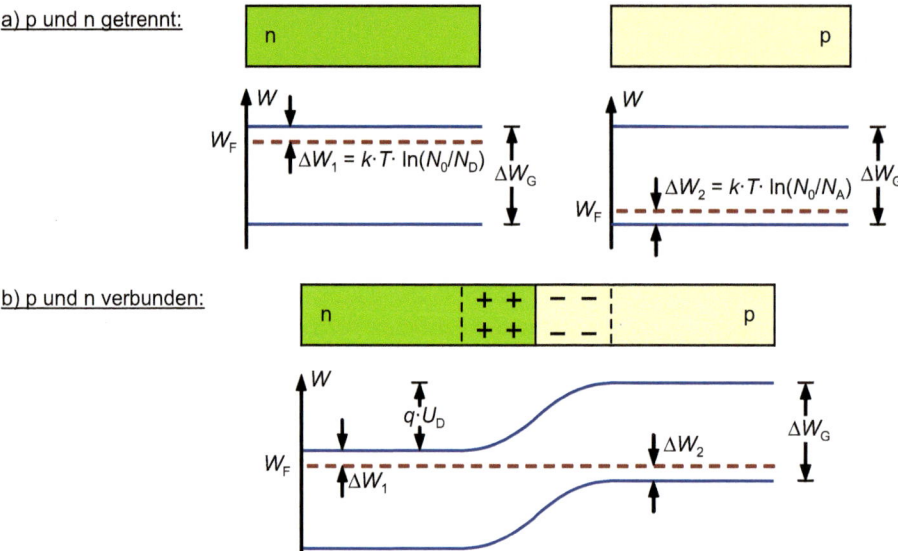

Bild 3.16 Ermittlung der Diffusionsspannung U_D eines pn-Übergangs durch die Betrachtung der Fermienergien von n- und p-dotierter Seite, nach [Goe98]

steigt auch die Fermienergie W_F (siehe Bild 3.16a). Der umgekehrte Fall liegt bei p-Dotierung vor: es gibt kaum noch freie Elektronen; die meisten Elektronen befinden sich im Valenzband, so dass W_F knapp oberhalb der Valenzbandkante liegt.

Bringt man nun p- und n-Bereich zusammen, so muss die Fermienergie im thermischen Gleichgewicht in beiden Bereichen das gleiche Niveau haben. Wie Bild 3.16b zeigt, bildet sich eine Potentialstufe $q \cdot U_D$, die dem Bandabstand entspricht, allerdings vermindert um die beiden Fermidifferenzen ΔW_1 und ΔW_2 ist:

$$q \cdot U_D = \Delta W_G - \Delta W_1 - \Delta W_2 \tag{3.10}$$

Die Fermidifferenzen errechnen sich über:

$$\Delta W_1 = k \cdot T \cdot \ln\left(\frac{N_0}{N_D}\right) \tag{3.11}$$

$$\Delta W_2 = k \cdot T \cdot \ln\left(\frac{N_0}{N_A}\right) \tag{3.12}$$

Die Größe N_0 ist dabei die effektive Zustandsdichte der Elektronen und Löcher, wie sie bereits in Gleichung (3.3) verwendet wurde.

Somit ergibt sich:

$$q \cdot U_D = \Delta W_G - k \cdot T \cdot \ln\left(\frac{N_0}{N_D}\right) - k \cdot T \cdot \ln\left(\frac{N_0}{N_A}\right) = \Delta W_G - k \cdot T \cdot \ln\left(\frac{N_0^2}{N_D \cdot N_A}\right) \tag{3.13}$$

$$\Rightarrow$$

$$q \cdot U_D = \Delta W_G - k \cdot T \cdot \ln\left(\frac{N_0^2}{N_D \cdot N_A}\right) \tag{3.14}$$

Beispiel 3.4 Diffusionsspannung eines pn-Übergangs

Wir betrachten einen unsymmetrischen pn-Übergang mit $N_D = 10^{17}/\text{cm}^3$ und $N_A = 10^{15}/\text{cm}^3$. Für die Diffusionsspannung ergibt sich:

$$q \cdot U_D = 1,12\,\text{eV} - 8,63 \cdot 10^{-5}\,\text{eV/K} \cdot 298,15\,\text{K} \cdot \ln\left(\frac{\left(3 \cdot 10^{19}/\text{cm}^3\right)^2}{10^{17}/\text{cm}^3 \cdot 10^{15}/\text{cm}^3}\right)$$

$$= 1,12\,\text{eV} - 0,41\,\text{eV} = 0,71\,\text{eV}$$

Wir erhalten also eine Diffusionsspannung von etwa 0,7 Volt.

3.5.3 Verhalten bei angelegter Spannung

Legen wir eine kleine Spannung U in Vorwärtsrichtung an, so werden Elektronen von der Spannungsquelle ins n-Gebiet getrieben (Bild 3.17a). Im Bereich des Übergangs hindert sie allerdings das Feld der Raumladungszone daran, ins p-Gebiet zu gelangen. Sie lagern sich am linken Rand der Raumladungszone an und verkleinern diese durch Neutralisation der positiven ortsfesten Ladungen. Entsprechendes passiert auf der rechten Seite beim Zusammenspiel von Löchern und ortsfesten negativen Ladungen. Die Verkleinerung der Raumladungszone führt auch zu einer kleineren Diffusionsspannung. Einzelne thermisch generierte Ladungsträger können nun die Barriere überwinden; hierdurch stellt sich ein kleiner Strom über den pn-Übergang ein.

Erhöhen wir U, so wird die Raumladungszone weiter verkleinert mit infolgedessen weiter steigendem Strom. Schließlich ist die Raumladungszone vollständig abgebaut. Nun kann ein großer Flussstrom fließen; die „Diode" wird ein relativ guter Leiter. Die dazu notwendige

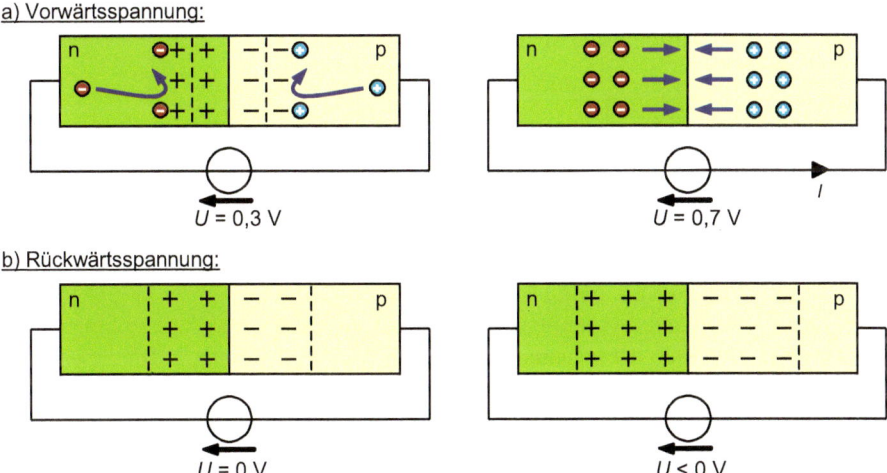

Bild 3.17 Verhalten des pn-Übergangs bei anliegender Spannung: Steigt U, so verkleinert sich die Raumladungszone und ein steigender Strom kann fließen. Im Fall der Rückwärtsspannung sperrt die Diode und die Raumladungszone vergrößert sich.

Spannung entspricht der Diffusionsspannung U_D. Da die Diode leitfähig wird bei angelegter positiver Spannung, sprechen wir von „Vorwärtsspannung" oder „Vorwärtspolung".

Den Fall einer negativen angelegten Spannung „Rückwärtspolung" zeigt Bild 3.17b. Durch die von außen anliegende Spannung vergrößert sich die Raumladungszone etwas, da an den Rändern freie Ladungsträger abgezogen werden. Es fließt lediglich ein minimaler Sperrstrom im nA-Bereich.

3.5.4 Dioden-Kennlinie

Zur Ableitung der Kennliniengleichung sehen wir uns den pn-Übergang ohne außen anliegende Spannung an. In diesem Fall muss der Gesamtstrom sich zu Null ergeben. Somit muss auch die Summe aus der Diffusionsstromdichte j_D und der Feldstromdichte j_F Null sein. Das heißt wiederum, dass im zeitlichen Mittel die gleiche Anzahl an Ladungsträgern von links nach rechts wie von rechts nach links strömt.

Mit den Gleichungen (3.8) und (3.9) ergibt sich:

$$j_F = j_D \quad \Rightarrow \quad q \cdot n(x) \cdot \mu \cdot F(x) = -q \cdot D \cdot \frac{dn(x)}{dx} \tag{3.15}$$

Diese Gleichung wird sowohl für die Elektronen als auch die Löcher aufgestellt. Über eine längere Zwischenrechnung und vereinfachende Annahmen (siehe z. B. [Mül95]) kann dann eine Lösung dieses Differentialgleichungssystems gefunden werden. Sie resultiert in der sogenannten Diodengleichung oder auch Shockley-Gleichung:

$$I = I_S \cdot (e^{\frac{U}{U_T}} - 1) \tag{3.16}$$

$$\text{mit} \quad I_S: \quad \text{Sättigungsstrom der Diode}$$
$$U_T: \quad \text{Temperaturspannung}$$

Der Sättigungsstrom I_S bestimmt sich über:

$$I_S = A \cdot \left(\frac{q \cdot D_N \cdot n_i^2}{L_N \cdot N_A} + \frac{q \cdot D_P \cdot n_i^2}{L_P \cdot N_D} \right) \tag{3.17}$$

$$\text{mit} \quad L_N, L_P: \quad \text{Diffusionslängen der Elektronen bzw. Löcher}$$
$$D_N, D_P: \quad \text{Diffusionskonstanten der Elektronen bzw. Löcher}$$

Er hängt also vom konkreten Aufbau (Dotierung, Fläche des Übergangs etc.) des pn-Übergangs ab und liegt typischerweise im nA- bis µA-Bereich. Die Diffusionslänge L_N bzw. L_P gibt an, welche Strecke ein freies Teilchen im Fremdgebiet im Mittel zurücklegt, bis es rekombiniert. Auf diese Größe wird in Abschnitt 4.2 genauer eingegangen. Die in Gleichung (3.16) verwendete Größe Temperaturspannung U_T kann bestimmt werden über folgende Formel:

$$U_T = \frac{k \cdot T}{q} \tag{3.18}$$

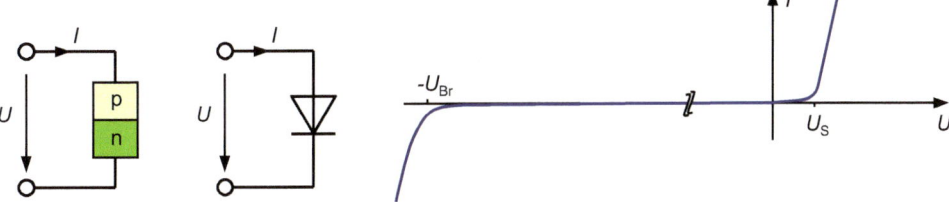

Bild 3.18 Aufbau, Symbol und I/U-Kennlinie einer pn-Diode: In Vorwärtsrichtung ergibt sich laut Shockley-Gleichung ein exponentieller Anstieg. Daher sieht man oberhalb der Schleusenspannung U_S ein steiles Ansteigen des Stroms. In Rückwärtsrichtung kommt es bei Überschreiten der Durchbruchsspannung U_{Br} zu hohen Sperrströmen.

Beispiel 3.5 Temperaturspannung bei Raumtemperatur

Bei Raumtemperatur ($T \approx 300\,\mathrm{K}$) ergibt sich für die Temperaturspannung:

$$U_\mathrm{T} = \frac{k \cdot T}{q} = \frac{8{,}62 \cdot 10^{-5}\,\mathrm{eV/K} \cdot 300\,\mathrm{K}}{q} = 25{,}89\,\mathrm{mV} \approx 26\,\mathrm{mV}$$

Bei Raumtemperatur ($T \approx 300\,\mathrm{K}$) beträgt die Temperaturspannung circa 26 mV.

Aus der Shockley-Gleichung folgt die typische Kennlinie einer pn-Diode, die in Bild 3.18 dargestellt ist. Die Exponentialfunktion ergibt einen scheinbaren Knick der Kennlinie, ab dem der Strom drastisch ansteigt. Dies geschieht bei der sogenannten Schleusenspannung U_S, die vom Betrag her etwa der Diffusionsspannung U_D entspricht.

Legt man eine stark negative Spannung an die Halbleiterdiode an, so erhöht sich das elektrische Feld in der Raumladungszone. Die dort vorhandenen freien Elektronen werden hierdurch beschleunigt. Vergrößert man die negative Spannung weiter, so erreichen die Elektronen irgendwann eine so große Geschwindigkeit, dass sie weitere Elektronen aus den Kristallbindungen schlagen. Diese werden wiederum beschleunigt und verstärken den Effekt weiter. Man spricht daher vom Lawineneffekt oder Lawinendurchbruch. Auf unsere Erkenntnisse zum pn-Übergang werden wir bei der späteren Betrachtung von Solarzellen zurückkommen.

■ 3.6 Wechselwirkung von Licht mit Halbleitern

3.6.1 Phänomen der Lichtabsorption

Bereits bei der Betrachtung des Bohrschen Atommodells haben wir den Effekt der Lichtabsorption am einzelnen Atom kennengelernt (siehe Abschnitt 3.1.1). Ähnlich verhält es sich auch im Halbleiter. Anstelle der einzelnen Energieniveaus bestimmt hier allerdings der Bandabstand ΔW_G das Absorptionsverhalten.

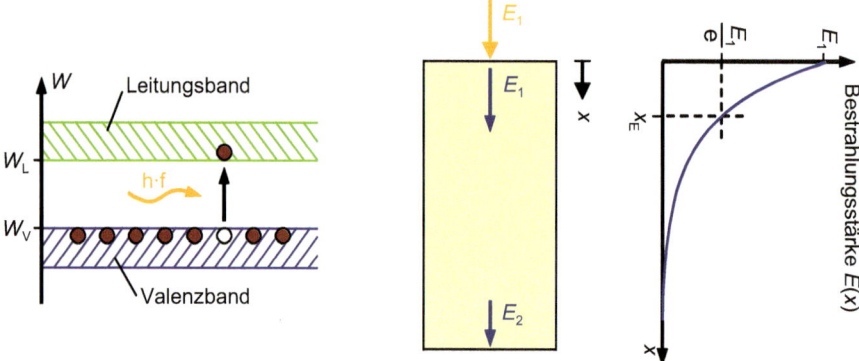

Bild 3.19 Prinzip der Lichtabsorption im Halbleiter: Links: Erst bei ausreichender Lichtenergie wird das Photon absorbiert und ein Elektron ins Leitungsband angehoben, rechts: Einfall eines Lichtstrahls in einen Halbleiterkristall: Durch Absorption im Material sinkt die Lichtintensität mit zunehmender Eindringtiefe ab

3.6.1.1   Absorptionskoeffizient

In Bild 3.19 ist der Effekt der Lichtabsorption im Halbleiterkristall dargestellt. Einfallende Lichtphotonen heben einzelne Elektronen vom Valenz- ins Leitungsband an. Um diesen Effekt auszulösen, muss die Energie W_{Ph} der Photonen größer als die Bandlücke sein:

$$W_{\mathrm{Ph}} = h \cdot f \geq \Delta W_{\mathrm{G}} \tag{3.19}$$

Wie wirkt sich die Lichtabsorption konkret im Festkörper aus? Bild 3.19 zeigt dazu den Einfall eines Lichtstrahls in einen Halbleiterkristall. Beim Durchlaufen des Kristalls sinkt die Bestrahlungsstärke E durch Absorption fortwährend ab. Der Verlauf der Bestrahlungsstärke im absorbierenden Material lässt sich über eine abfallende Exponentialfunktion beschreiben:

$$E(x) = E_1 \cdot e^{-\alpha \cdot x} \tag{3.20}$$

$$\begin{aligned} \text{mit} \quad & E_1: \quad \text{Bestrahlungsstärke bei } x = 0 \\ & \alpha: \quad \text{Absorptionskoeffizient} \end{aligned}$$

Der Absorptionskoeffizient α gibt das Absorptionsvermögen des jeweiligen Materials an. Gelegentlich wird stattdessen die Eindringtiefe x_E verwendet. Diese beschreibt, nach welchem Lichtweg die Intensität auf das $1/e$-Fache (also ca. 37 %) abgefallen ist. Der Zusammenhang zwischen beiden Größen ist gegeben durch folgende Formel (siehe Übungsaufgabe 3.3):

$$x_{\mathrm{E}} = \frac{1}{\alpha} \tag{3.21}$$

Beispiel 3.6 Eindringtiefe von Silizium

Kristallines Silizium (c-Si) hat im sichtbaren Bereich ($\lambda = 600$ nm) einen Absorptionskoeffizienten von ca. 4000/cm. Daraus ergibt sich mit Gleichung (3.21) eine Eindringtiefe von 2,5 µm.

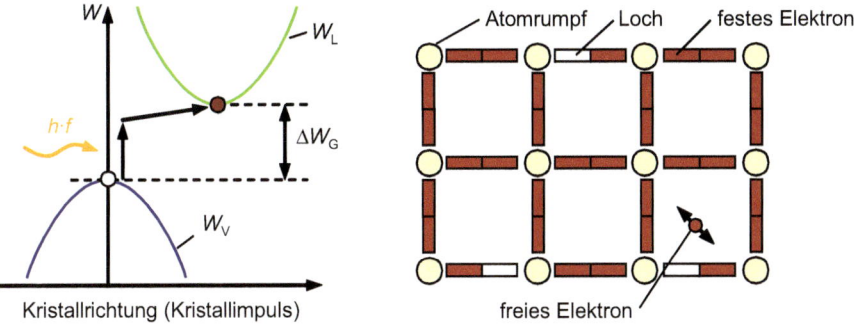

Bild 3.20 Einfaches Modell zum Verständnis eines indirekten Halbleiters: Damit es zur Absorption des Photons kommt, muss das Elektron sowohl seine Energie als auch seine Schwingungsrichtung ändern

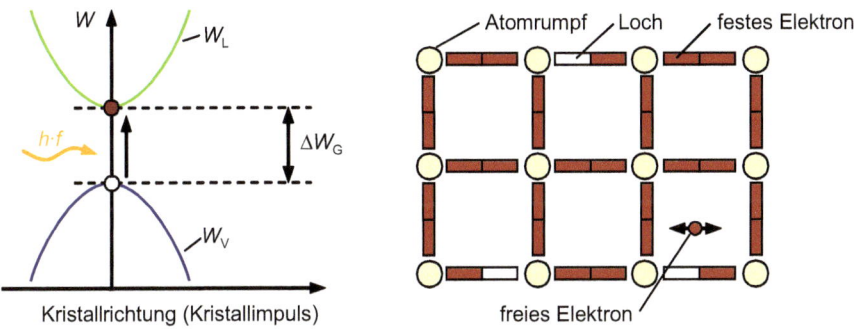

Bild 3.21 Verhältnisse im direkten Halbleiter: Ein freies Elektron kann durch Absorption erzeugt werden, indem es nur seine Energie, nicht aber seine Schwingungsrichtung ändert

3.6.1.2 Direkte und indirekte Halbleiter

Um zu verstehen, warum unterschiedliche Materialien stark unterschiedliche Absorptionskoeffizienten aufweisen, müssen wir die Wechselwirkung zwischen Licht und dem Halbleiterkristall genauer betrachten. Ein Halbleiterkristall ist ein System aus gekoppelten schwingungsfähigen Gitterteilchen, daher kann die Energie der Gitterschwingungen nicht jeden beliebigen Zustand annehmen. Ähnlich wie dem Photon kann auch diesen Gitterschwingungen ein Teilchencharakter zugeschrieben werden. Ein solches Teilchen wird als Phonon bezeichnet. Mit diesem Modell können wir die optische Erzeugung eines Elektron-Loch-Paares als Stoßvorgang beschreiben, für den sowohl Energie- als auch Impulserhaltungssatz gelten müssen. Ein einfallendes Photon hat eine relativ hohe Energie, aber nur einen geringen Impuls. Dagegen weist ein Phonon eine geringe Energie bei gleichzeitig hohem Impuls auf.

Die Halbleitermaterialien teilen wir in zwei Gruppen ein: die indirekten und die direkten Halbleiter. Bei einem indirekten Halbleiter (z. B. Si) liegt das Minimum der Leitungsbandkante bei einem anderen Kristallimpuls als das Maximum der Valenzbandkante (Bild 3.20). Dies bedeutet, dass nur unter Beteiligung eines Phonons ein Elektron-Loch-Paar gebildet werden kann. Bei einem direkten Halbleiter ist dagegen kein Phonon notwendig, da hier Minimum des Leitungsbandes und Maximum des Valenzbandes beim gleichen Kristallimpuls liegen (Bild 3.21).

Um diese Vorgänge wirklich zu verstehen, müssten wir uns umfassend mit der Festkörperphysik befassen (siehe z. B. [Kit13]). Wir wählen stattdessen ein einfaches mechanisches Modell zur Beschreibung. Betrachten wir dazu noch einmal Bild 3.20: Die x-Achse soll nun die Schwingungsrichtung eines Elektrons angeben. Wir sehen, dass das Minimum der Leitungsbandkante bei einer anderen Schwingungsrichtung als das Maximum der Valenzbandkante liegt. Wenn ein Photon der Energie $W_{Ph} \geq \Delta W_G$ ein Elektron in das Leitungsband anheben soll, so muss das Elektron nicht nur seine Energie, sondern gleichzeitig auch seine Schwingungsrichtung ändern.

Im Kristallmodell versuchen wir dies zum einen dadurch darzustellen, dass die Löcher hier nicht als Kreise, sondern schlitzförmig gezeichnet sind. Zum anderen stellen wir ein freies Elektron wie eine hin und her schwingende Kugel dar, die nur existieren kann, wenn sie eine diagonale Schwingungsrichtung erreicht. Dies passiert nur dann, wenn das Elektron mit einem Atomrumpf kollidiert (sozusagen einen zusätzlichen Impuls aus dem Gitter aufnimmt). Da dieses Zusammentreffen relativ unwahrscheinlich ist, läuft ein Photon vergleichsweise weit in einen indirekten Halbleiterkristall hinein, bis es absorbiert wird. Daher weisen indirekte Halbleiter wie Silizium oder Germanium nur einen geringen Absorptionskoeffizienten auf.

Anders stellt sich die Situation in einem direkten Halbleiter dar (Bild 3.21). Die Absorption eines Photons kann stattfinden, indem das Elektron lediglich aus der Bindung gerissen wird, ohne dass die Schwingungsrichtung geändert wird. Dies führt dazu, dass eine Absorption relativ wahrscheinlich ist und sich somit ein hoher Absorptionskoeffizient ergibt. Tabelle 3.3 listet die Absorptionseigenschaften verschiedener direkter und indirekter Halbleiter auf. Die dort verwendeten Abkürzungen werden in Abschnitt 13.3 erläutert. Für kristallines Silizium liegen die Eindringtiefen je nach Wellenlänge im Bereich weniger Mikrometer bis hin zu mehreren hundert Mikrometern.

Das stark unterschiedliche Absorptionsverhalten einzelner Halbleitermaterialien zeigt sich noch deutlicher in Bild 3.22. Im Fall der direkten Halbleiter steigt der Absorptionskoeffizient oberhalb der Bandlückenenergie steil an. Beim kristallinen Silizium ist der Anstieg dagegen deutlich moderater, was in einem insgesamt relativ geringen Absorptionskoeffizienten resultiert.

Tabelle 3.3 Vergleich der Absorptionskoeffizienten verschiedener Materialien für Licht der Wellenlänge von 600 nm [Lew95, Can03, Rox83]

Material	Art	Bandlücke ΔW_G	Wellenlänge λ	Absorptionskoeffizient α	Eindringtiefe x_E
			600 nm	4000/cm	2,5 µm
c-Si	Indirekt	1,12 eV	1000 nm	64/cm	150 µm
			1100 nm	3,5/cm	290 µm
a-Si	Direkt	1,7 eV	600 nm	40.000/cm	0,25 µm
CdTe	Direkt	1,45 eV	600 nm	37.000/cm	0,3 µm
GaAs	Direkt	1,42 eV	600 nm	47.000/cm	0,2 µm

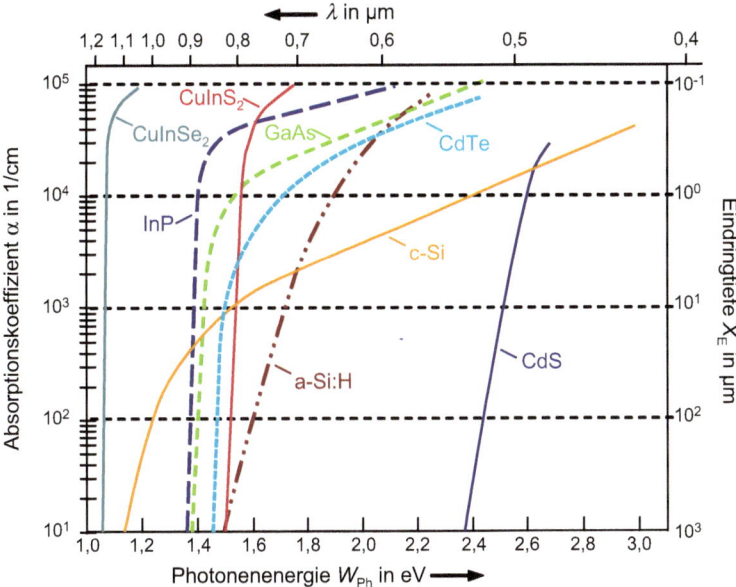

Bild 3.22 Absorptionskoeffizient verschiedener Halbleitermaterialien in Abhängigkeit der Photonen-energie: Die direkten Halbleiter zeigen einen steilen Anstieg der Absorption oberhalb der Bandlücken-energie [Lew95, Can03, Rox83]

3.6.2   Lichtreflexion an Oberflächen

3.6.2.1   Reflexionsfaktor

Wir betrachten zwei Materialien mit unterschiedlichem Brechungsindex n_1 bzw. n_2 (siehe Bild 3.23 links). Der Brechungsindex n eines Materials gibt an, um welchen Faktor die Licht-geschwindigkeit gegenüber dem Vakuum herabgesetzt wird: $n = c_0/c$. Fällt ein Lichtstrahl auf die Grenzschicht zwischen den zwei Materialien, so erfolgt eine Reflexion. Die Stärke der Reflexion wird durch den Reflexionsfaktor R angegeben [Hec18]:

$$R = \frac{E_R}{E_0} \tag{3.22}$$

mit E_0:   Einfallende Bestrahlungsstärke
       E_R: Reflektierte Bestrahlungsstärke

Für senkrechten Einfall errechnet sich der Reflexionsfaktor durch folgende Gleichung:

$$R = \left(\frac{n_1 - n_2}{n_1 + n_2}\right)^2 \tag{3.23}$$

Beispiel 3.7 Reflexion an Siliziumoberfläche

Im Fall von Silizium liegt der Brechungsindex im sichtbaren Teil des Spektrums ungefähr bei $n = 3{,}9$ [PVE18]. Trifft ein Strahl aus Luft ($n = 1$) senkrecht auf eine Siliziumoberfläche,

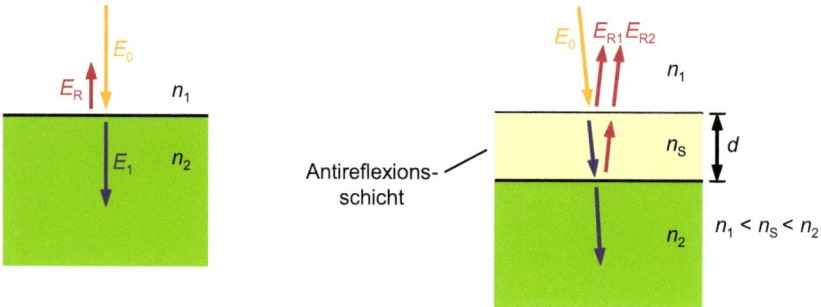

Bild 3.23 Reflexion von Licht an der Grenzschicht zwischen zwei Medien: Durch Einsatz einer Antireflexschicht (rechtes Bild) lässt sich diese Reflexion vermindern

so ergibt sich ein Reflexionsfaktor von:

$$R = \left(\frac{1-3,9}{1+3,9}\right)^2 = \left(\frac{-2,9}{4,9}\right)^2 = 0,35 = 35\,\%$$

Etwa ein Drittel des einfallenden Lichts wird also reflektiert.

Wählt man statt eines senkrechten einen flacheren Lichteinfall, so steigt der Reflexionsfaktor noch weiter an. Diesen Effekt kann man gut an einer Glasscheibe beobachten: Je flacher man auf diese Glasscheibe blickt, desto stärker wirkt diese als Spiegel.

3.6.2.2 Antireflexbeschichtung

Um in einer Solarzelle einen hohen Wirkungsgrad zu erreichen, muss die auftretende Reflexion verringert werden. Eine Standardmaßnahme dazu ist die sogenannte Antireflexbeschichtung. Bild 3.23 zeigt im rechten Bild das Prinzip: Zwischen die beiden Medien wird ein weiteres Material der Dicke d gebracht. An der ersten Grenzschicht ergibt sich ein reflektierter Strahl E_{R1}. Am Übergang von n_S nach n_2 entsteht ebenfalls eine Reflexion, die mit der Stärke E_{R2} an der Oberfläche erscheint. Der Trick besteht nun darin, die Schicht d so dick zu machen, dass Strahl 2 gerade um 180°-Phasen verschoben wird gegenüber Strahl 1, so dass sich die beiden reflektierten Strahlen durch Interferenz gegenseitig auslöschen.

 Dass sich die beiden reflektierten Strahlen gegenseitig auslöschen, kann ich mir ja noch vorstellen. Allerdings bringt uns das doch gar nichts, da dadurch doch nicht mehr Licht in den Halbleiter dringt, oder?

 Hier muss man zugeben, dass die rechte Skizze in Bild 3.23 die Wirklichkeit nicht genau genug wiedergibt. Das Ganze wird sicherlich klarer bei Betrachtung von Bild 3.24, in dem die Überlagerung der einzelnen Lichtwellen dargestellt ist.

Zunächst wird deutlich, dass sich tatsächlich sämtliche reflektierten Strahlen gegenseitig auslöschen. Dies liegt zum einen daran, dass wir die Dicke d der AR-Schicht

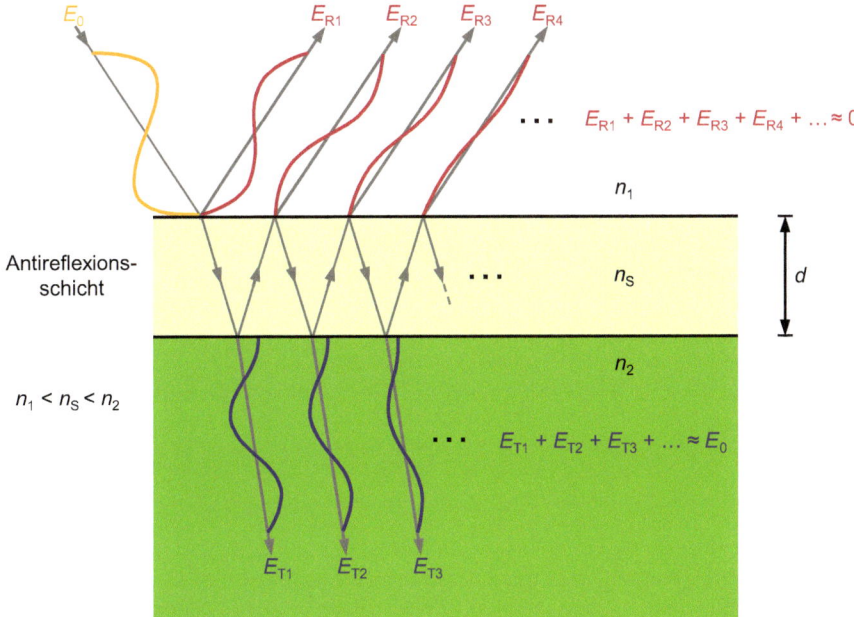

Bild 3.24 Wirkungsweise der Antireflexschicht: Die reflektierten Lichtwellen löschen sich gegenseitig aus, da die erste Reflexion um 180 °C phasenverschoben zu den restlichen Reflexionen ist. Dagegen überlagern sich die transmittierten Strahlen phasengleich, so dass im optimalen Fall die ursprüngliche Bestrahlungsstärke E_0 vollständig im Halbleiter ankommt.
Hinweis 1: Die Antireflexbeschichtung wird stets für den anzustrebenden senkrechten Lichteinfall ausgelegt. Zum besseren Verständnis und zum Verfolgen der einzelnen Strahlen ist hier vereinfacht ein schräger Lichteinfall dargestellt.
Hinweis 2: Zur besseren Übersicht wurde der Wellencharakter des Lichts in der AR-Schicht nicht dargestellt

gerade so wählen, dass das Licht beim Hin- und Rückweg eine Phasenverschiebung von 180 °C erfährt. Außerdem muss berücksichtigt werden, dass Licht bei einer Reflexion an einem Übergang von einem Material mit niedrigem Brechungsindex auf ein Material mit hohem Brechungsindex ebenfalls einen Phasensprung von 180 °C erfährt; im umgekehrten Fall erfolgt kein Phasensprung (Details dazu siehe z. B. [Hec18]).

Wie sieht es nun mit den transmittierten Strahlen aus? Der erste Strahl durchläuft lediglich einmalig die AR-Schicht. Ein Teil von diesem wird am n_S/n_2-Übergang (mit einem Phasensprung von 180 °C) reflektiert, durchläuft die AR-Schicht zweimal und kommt somit gleichphasig mit dem ersten Strahl im Halbleiter an. Das Gleiche gilt für alle weiteren, immer schwächer werdenden Reflexionen. Diese „konstruktive Überlagerung" führt im besten Fall dazu, dass tatsächlich das gesamte von außen einfallende Licht ohne Verlust in den Halbleiter eindringen kann.

Die Bedingung für die optimale Schichtdicke kann folgendermaßen definiert werden:

$$d = \frac{\lambda}{4 \cdot n_\text{s}} \cdot (2 \cdot m + 1) \tag{3.24}$$
$$\text{mit} \quad m = 0, 1, 2, 3, \ldots$$

Im Material ist die Lichtgeschwindigkeit c und damit auch die Wellenlänge gegenüber der im Vakuum reduziert: $\lambda_\text{Mat} = \lambda / n_\text{S}$. Die Schichtdicke muss also einem ungeradzahligen Vielfachen einer Viertelwellenlänge entsprechen:

$$d = \frac{\lambda_\text{Mat}}{4} \cdot (2 \cdot m + 1) \tag{3.25}$$

Der verbleibende Reflexionsfaktor kann nun nach den Fresnelschen Formeln errechnet werden [Hec18]:

$$R = \left(\frac{n_\text{S}^2 - n_1 \cdot n_2}{n_\text{S}^2 + n_1 \cdot n_2} \right)^2 \tag{3.26}$$

Aus Gleichung (3.26) ist ersichtlich, dass der Reflexionsfaktor gegen Null geht, wenn der Brechungsindex n_S der Schicht gerade dem geometrischen Mittel der beiden anderen Indices entspricht:

$$n_\text{S} = \sqrt{n_1 \cdot n_2} \tag{3.27}$$

In der Realität ist eine vollständige Vermeidung der Reflexion allerdings nicht erreichbar. So ist Gleichung (3.27) nicht optimal zu erfüllen, da nur wenige geeignete Materialien für die Antireflexbeschichtung zur Verfügung stehen.

Beispiel 3.8 Antireflexbeschichtung mit SiO$_2$

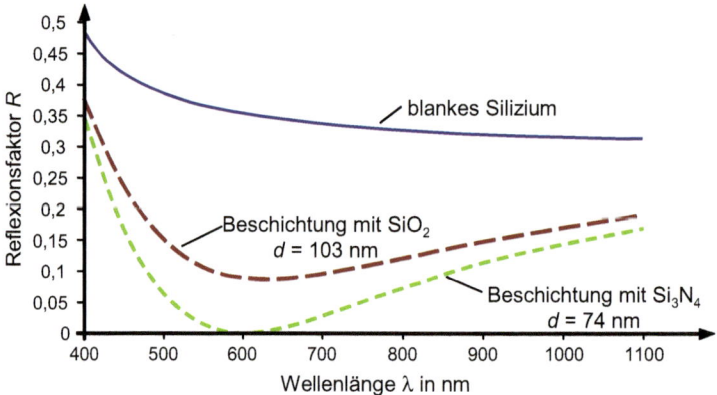

Bild 3.25 Spektraler Verlauf der Reflexion bei unbeschichtetem und bei mit Siliziumoxid oder Siliziumnitrid beschichtetem Silizium: Bei beiden Materialien kann der Reflexionsfaktor deutlich gegenüber dem blanken Silizium verringert werden

Im Fall von Silizium wäre ein Brechungsindex von $n_S = \sqrt{3,9} = 1,97$ optimal. Das einfach einzusetzende Material Siliziumdioxid (SiO_2) hat einen Brechungsindex von 1,46. Mit Gleichung (3.26) ergibt sich daraus ein Reflexionsfaktor von

$$R = \left(\frac{1,46^2 - 1 \cdot 3,9}{1,46^2 + 1 \cdot 3,9}\right)^2 = 8,6\,\%$$

Deutlich besser ist das Siliziumnitrid (Si_3N_4), das sich heute als Standardmaterial für Antireflexbeschichtungen von Solarzellen durchgesetzt hat. Es weist einen Brechungsindex von 2,0 auf, welcher wiederum zu einem verbleibenden Reflexionsfaktor von unter 1 % führt.

Allerdings ist zu bedenken, dass eine gewählte Schichtdicke immer nur optimal für eine einzige Wellenlänge funktionieren kann. In Solarzellen möchten wir aber einen möglichst großen Bereich des Sonnenspektrums verwerten. Meist wird die Schichtdicke auf minimale Reflexion bei $\lambda = 600$ nm abgestimmt. Bild 3.25 zeigt das Resultat: Durch Einsatz einer Si_3N_4-Schicht verschwindet die Reflexion bei 600 nm praktisch völlig und steigt an den Rändern des betrachteten Spektralbereichs auf bis zu 34 % an.

Als dritte Einschränkung müssen wir festhalten, dass die hier gemachten Betrachtungen nur für senkrechten Einfall gelten. Bei flacherem Einfall ändert sich der Wegunterschied zwischen beiden reflektierten Strahlen, so dass auch hier eine erhöhte Reflexion die Folge ist. In Kapitel 4 werden wir auf weitere Möglichkeiten zur Reduzierung der Reflexion eingehen.

4 Aufbau und Wirkungsweise der Solarzelle

Basis der photovoltaischen Stromerzeugung ist die Solarzelle. Daher wird sie in diesem Kapitel in ihrem Aufbau und ihrer Funktion detailliert betrachtet. Eine besondere Aufmerksamkeit legen wir in die Frage, wie ein hoher Wirkungsgrad erreicht wird und stellen die bislang realisierten Rekord-Solarzellen vor.

■ 4.1 Betrachtung der Photodiode

Eine gute Grundlage zum Verständnis der Solarzelle ist die Betrachtung der Photodiode.

4.1.1 Aufbau und Kennlinie

Eine Photodiode können wir uns im einfachsten Fall als einen pn-Übergang vorstellen, der von der Seite bestrahlt wird (Bild 4.1).

Eindringende Photonen werden absorbiert und erzeugen freie Elektron-Loch-Paare. Diese wiederum werden vom in der Raumladungszone herrschenden elektrischen Feld getrennt und „nach Hause gebracht": Die Elektronen zur n-Seite und die Löcher zur p-Seite. Dort sind sie jeweils Majoritätsträger, was die Wahrscheinlichkeit für unerwünschte Rekombinationen verringert. An den Kontakten kann nun der erzeugte Strom abgenommen werden. Da er von den Photonen hervorgerufen wird, nennen wir ihn Photostrom I_{Ph}.

Wir gehen zunächst einmal davon aus, dass jedes absorbierte Photon auch zu einem Elektron-Loch-Paar führt und daher einen Beitrag zum Photostrom liefert. Somit ist der Photostrom I_{Ph} proportional zur Bestrahlungsstärke E:

$$I_{Ph} = \text{const} \cdot E. \tag{4.1}$$

Die sich ergebenden Kennlinien zeigt Bild 4.2.

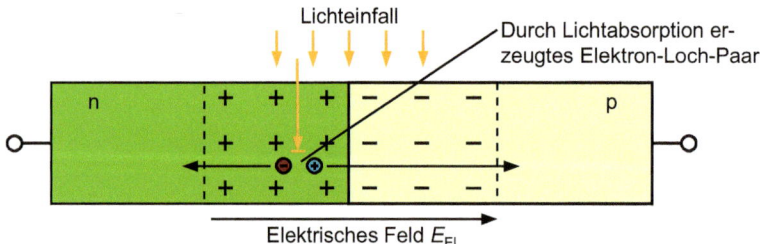

Bild 4.1 Beleuchteter pn-Übergang: Die durch Lichtabsorption erzeugten freien Elektronen und Löcher werden vom Feld der Raumladungszone getrennt und „nach Hause gebracht"

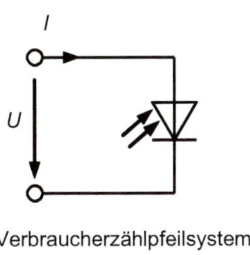

Verbraucherzählpfeilsystem

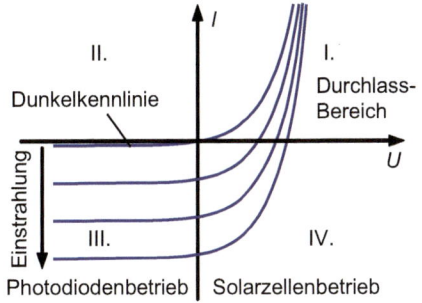

Bild 4.2 Symbol und Kennlinien einer Photodiode

Solange kein Licht auf die Photodiode fällt, verhält sie sich wie ein normaler pn-Übergang: Es fließt bei Sperrpolung lediglich ein geringer Sperrstrom, den wir Dunkelstrom nennen. Sobald Licht auf die Photodiode fällt, addiert sich ein von der Spannung U unabhängiger Photostrom zu der normalen Diodenkennlinie. Da er in Sperrrichtung fließt, verschiebt er die dargestellte I/U-Kennlinie nach unten. Den Einsatz der Photodiode im III. Quadranten nennen wir Photodiodenbetrieb, da Photodioden typischerweise mit angelegter Sperrspannung betrieben werden, um z. B. als Detektoren für optische Datenempfänger zu dienen. Im IV. Quadranten wird die Photodiode wie eine Solarzelle betrieben: Bei positiver angelegter Spannung ergibt sich ein negativer Strom. In dem dargestellten Verbraucherzählpfeilsystem heißt dies, es wird hier nicht Energie vom Bauelement verbraucht, sondern Energie erzeugt.

Beim Verbraucherzählpfeilsystem legt man eine Spannung U an das Bauteil und zählt den von der Spannungsquelle zum Bauteil fließenden Strom I positiv.

 Im Prinzip könnte man doch auf den pn-Übergang bei der Photodiode verzichten. Auch in einem Silizium-Kristall ohne pn-Übergang würde die Absorption von Licht zur Erzeugung von Elektron-Loch-Paaren führen. Die könnte man dann außen ebenfalls elektrisch nutzen.

 Natürlich werden auch in einem bestrahlten Halbleiter ohne pn-Übergang Elektron-Loch-Paare erzeugt. Hierdurch steigen die Eigenleitungsdichte und damit auch die Leitfähigkeit des Kristalls an. Wir haben somit einen LDR (Light Dependent Resistor), also einen lichtabhängigen Widerstand. Dieser kann zwar zur Messung von Licht (z. B. in einem Dämmerungsschalter) genutzt werden, nicht aber zur Erzeugung von elektrischer Energie. Der Grund liegt darin, dass durch das Fehlen des pn-Übergangs keine Spannung aufgebaut wird, die die Ladungsträger trennt.

4.1.2 Ersatzschaltbild

Das elektrische Verhalten der Photodiode lässt sich durch die Shockley-Gleichung (3.16) in Kombination mit dem Photostrom ausdrücken:

$$I = I_\text{D} - I_\text{Ph} = I_\text{S} \cdot \left(e^{\frac{U}{U_\text{T}}} - 1 \right) - I_\text{Ph} \tag{4.2}$$

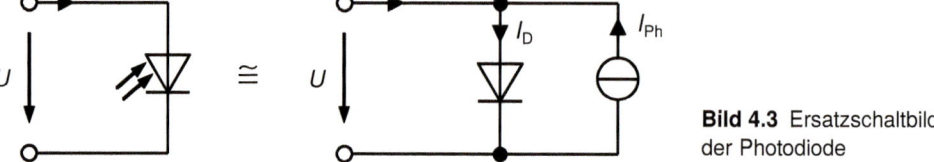

Bild 4.3 Ersatzschaltbild der Photodiode

Dabei gibt die Größe I_S den bereits aus dem vorigen Kapitel bekannten Sättigungsstrom an:

$$I_S = A \cdot q \cdot n_i^2 \cdot \left(\frac{D_N}{L_N \cdot N_A} + \frac{D_P}{L_P \cdot N_D} \right) \tag{4.3}$$

Anschaulich lässt sich Gleichung (4.2) durch ein elektrisches Ersatzschaltbild darstellen (Bild 4.3). Dabei kombiniert man eine Stromquelle der Stärke I_{Ph} mit einer passiven Diode. Auf dieses Ersatzschaltbild werden wir bei der Betrachtung der Solarzelle zurückkommen.

■ 4.2 Funktionsweise der Solarzelle

4.2.1 Prinzipieller Aufbau

Wie ist nun eine Solarzelle aufgebaut? Bild 4.4 gibt darüber Auskunft. Grundsätzlich besteht sie wie die Photodiode aus einem pn-Übergang. Dieser ist unsymmetrisch dotiert; unten liegt die p-Basis, oben der hoch dotierte n^+-Emitter. Die Bezeichnungen Basis und Emitter stammen aus den Anfangszeiten des Bipolartransistors und sind für die Solarzellen übernommen worden. Dringt Licht in die Zelle, so erzeugt jedes absorbierte Photon ein Elektron-Loch-Paar. Die Teilchen werden vom Feld der Raumladungszone getrennt und zu den Kontakten befördert: die Löcher durch die Basis zum unten liegenden Rückkontakt, die Elektronen durch den

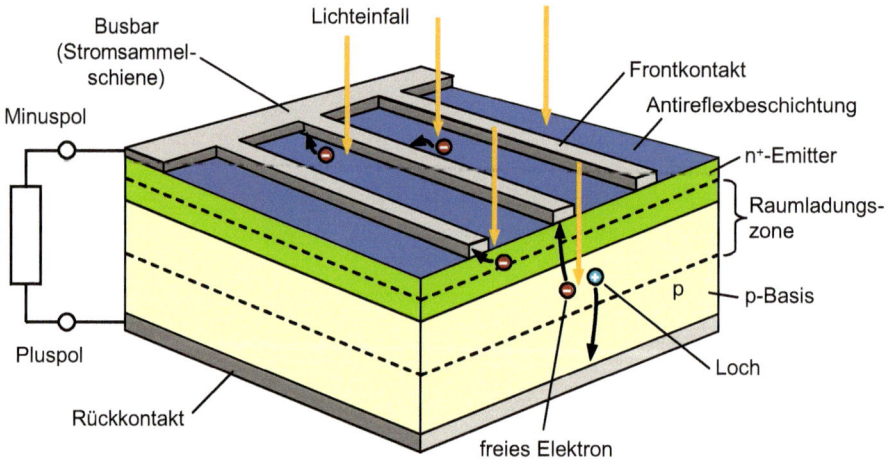

Bild 4.4 Typische Silizium-Solarzelle

Emitter zu den Frontkontakten. Dies sind schmale Metallstreifen, die die erzeugten Elektronen zur Stromsammelschiene (Busbar) abtransportieren. Schließt man einen Verbraucher an die beiden Pole der Solarzelle, so kann dieser die erzeugte elektrische Energie aufnehmen.

4.2.2   Rekombination und Diffusionslänge

Bevor wir uns die Funktionsweise der Zelle genauer ansehen, müssen wir uns mit dem Verhalten von Minoritätsladungsträgern beschäftigen. Bei Lichteinstrahlung werden durch die Absorption von Photonen Elektron-Loch-Paare erzeugt, die dann als „überschüssige" Ladungsträger vorhanden sind. Wenn die Lichtquelle abgeschaltet wird, so rekombinieren diese Teilchen nach kurzer Zeit, um den Ausgangszustand wieder herzustellen.

Der für uns wichtigste Mechanismus ist die Störstellen-Rekombination. Sie tritt immer dann auf, wenn der theoretisch ideale Kristall durch Fremdatome, Kristallbaufehler o. ä. gestört wird. In diesem Fall ist die verbotene Zone nicht mehr leer, sondern mit zusätzlichen Niveaus versehen (Bild 4.5). So führt ein Eisenatom in einem Si-Kristall z. B. zu einem Niveau in der Mitte der verbotenen Zone, ein Schwefelatom liegt dagegen mit seinem Niveau nur ca. 0,18 eV unter dem Leitungsband. Für das Elektron stellen zusätzliche Niveaus so etwas wie Treppenstufen dar, über die ein Hinabsteigen in das Valenzband einfacher und damit wahrscheinlicher wird. Das Niveau des Schwefelatoms ist für das Elektron vom Leitungsband aus leicht zu erreichen, anschließend muss es aber dennoch fast die gesamte Bandlücke von $1,12\,\text{eV} - 0,18\,\text{eV} = 0,94\,\text{eV}$ überwinden. Bei einem Eisenatom reduziert sich dagegen die Stufenhöhe auf jeweils ca. 0,56 eV, so dass hier die Rekombinationswahrscheinlichkeit extrem groß ist. Die durch die Fremdatome entstehenden Rekombinationszentren werden auch als Traps (Fallen) bezeichnet. Neben den Fremdatomen führen auch Kristallfehler wie leere Gitterplätze oder Kristallversetzungen zu verstärkter Rekombination.

Eine Kristalloberfläche ist ebenfalls eine Störung des idealen, unendlich ausgedehnten Kristalls. Die Elektronen der äußeren Atome finden keinen Bindungspartner und bleiben als offene Bindungen übrig. Diese führen dann zu unerwünschter Oberflächen-Rekombination.

Aus diesen Betrachtungen wird klar, dass ein für Solarzellen eingesetzter Kristall möglichst einkristallin aufgebaut und von hoher Reinheit sein sollte. Um verschiedene Materialien vergleichen zu können, misst man die Trägerlebensdauer einer konkreten Materialprobe. Die Trägerlebensdauer τ_N gibt an, wie lange ein erzeugtes Elektron im Mittel existiert, bis es wieder rekombiniert. Sie liegt je nach Qualität des Siliziums und der Dotierkonzentration im Bereich von ms bis herunter zu µs.

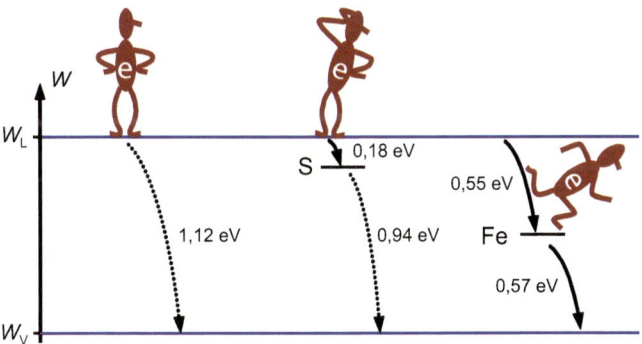

Bild 4.5 Rekombination von Elektron-Loch-Paaren im Fall von Störstellen: Die Energieniveaus der Fremdatome bilden „Treppenstufen", mit denen der Übergang eines Elektrons vom Leitungs- ins Valenzband wahrscheinlicher wird

Noch gebräuchlicher ist die Verwendung der Diffusionslänge L_N. Diese beschreibt, welche Strecke ein erzeugtes Elektron im Halbleiter zurücklegt, bis es wieder rekombiniert. Sie lässt sich aus der Trägerlebensdauer errechnen:

$$L_N = \sqrt{D_N \cdot \tau_N} \qquad\qquad (4.4)$$

mit D_N: Diffusionskonstante der Elektronen; $D_N = 35\,\mathrm{cm}^2/\mathrm{s}$ für c-Si

Typische Zahlenwerte für Silizium liegen z. B. zwischen 50 und 500 µm.

4.2.3 Was passiert in den einzelnen Zellbereichen?

Die Situation im Inneren der Solarzelle wird in Bild 4.6 etwas genauer betrachtet. Wie wir bereits in Abschnitt 3.6.1 gesehen haben, wird Licht je nach Wellenlänge unterschiedlich stark absorbiert. Blaues Licht weist den höchsten Absorptionskoeffizienten auf, mit Eindringtiefen von unter einem µm; Infrarotlicht erreicht dagegen Eindringtiefen von über 100 µm. Daher sehen wir uns die Situation der Photostromgenerierung in den verschiedenen Tiefen der Zelle detaillierter an:

Absorption im Emitter

Betrachten wir zunächst Photon ①. Es wird innerhalb des hoch dotierten Emitters absorbiert. Aufgrund der hohen Dotierung ist die Diffusionslänge extrem klein, so dass das erzeugte Loch wahrscheinlich vor Erreichen der Raumladungszone rekombiniert. Der besonders hoch dotierte obere Rand des Emitters wird gelegentlich auch als Dead Layer bezeichnet, um auszudrücken, dass hier die höchste Rekombinationswahrscheinlichkeit vorliegt.

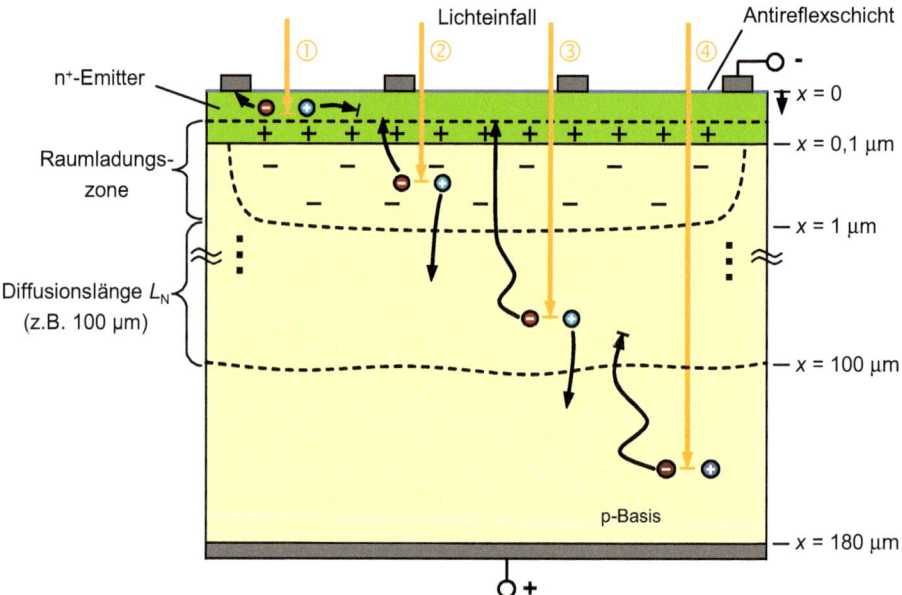

Bild 4.6 Schnittbild einer Solarzelle: Die einzelnen erzeugten Elektron-Loch-Paare haben unterschiedlich gute Chancen, einen Beitrag zum Photostrom zu liefern

Absorption in der Raumladungszone

Wie ergeht es Photon ②? Die Absorption findet hier innerhalb der Raumladungszone statt. Das in der Raumladungszone herrschende Feld trennt das erzeugte Elektron-Loch-Paar und treibt die beiden Ladungsträger in unterschiedliche Richtungen. Das Elektron wird zum n-Gebiet befördert und von dort weiter zum Minuskontakt der Solarzelle. Das Loch wird in entgegengesetzter Richtung bewegt. Es legt einen relativ weiten Weg durch die Basis bis zum Pluskontakt zurück. Da es sich auf diesem Weg im p-Gebiet befindet, ist die Wahrscheinlichkeit einer unerwünschten Rekombination gering. Somit können praktisch alle erzeugten Elektron-Loch-Paare für den Photostrom genutzt werden.

Absorption innerhalb der Diffusionslänge der Elektronen

Photon ③ wird erst tief in der Solarzelle absorbiert. Das erzeugte Elektron befindet sich nicht in einem elektrischen Feld, sondern diffundiert als Minoritätsladungsträger etwas motivationslos durch den Kristall. Gerät es zufällig an den Rand der Raumladungszone, so wird es von dem dort herrschenden Feld zur n-Seite gezogen, wo es als Majoritätsträger zum Kontakt fließen kann. Da das Elektron noch innerhalb der Diffusionslänge erzeugt wurde, ist die Wahrscheinlichkeit, dass es sich bis zur Raumladungszone retten kann, relativ groß.

Absorption außerhalb der Diffusionslänge der Elektronen

Ein echter Verlierer ist Photon ④, welches erst im unteren Bereich der Solarzelle absorbiert wird. Zwar diffundiert auch hier das Elektron durch die p-Basis, rekombiniert aber mit einem Loch, bevor es zur Raumladungszone gelangen konnte. Somit wurde durch Lichtabsorption zwar ein Elektron-Loch-Paar gebildet, allerdings anschließend wieder ein Elektron und ein Loch „vernichtet". Für den Photostrom hat dieser Vorgang nichts erbracht. Da in diesem Fall keine elektrische Energie erzeugt wurde, ist der Kristall im Sinne des Energieerhaltungssatzes nur etwas wärmer geworden. Mit diesen Betrachtungen wird deutlich, wie wichtig eine gute Kristallqualität für einen hohen Wirkungsgrad der Solarzelle ist. Nur dann wird eine hohe Diffusionslänge erreicht, so dass auch die tief in der Zelle absorbierten infraroten Lichtstrahlen noch genutzt werden können.

 In Bild 4.6 sieht man, wie die generierten Elektronen über den oberen Kontakt nach außen fließen und die Löcher nach unten. Sind die in der Zelle vorhandenen Elektronen und Löcher nicht irgendwann aufgebraucht?

 Hier liegt ein Missverständnis bezüglich des Gedankenmodells der Löcher vor. Tatsächlich sind die Löcher lediglich Orte, an denen Elektronen fehlen, vgl. Abschnitt 3.3.1 Bei der Solarzelle heißt das, dass die am oberen Kontakt abfließenden Elektronen durch den äußeren Stromkreis fließen und dann am unteren Kontakt wieder in die Zelle gelangen. Die ihnen dort entgegenkommenden Löcher bedeuten ja letzten Endes das „Durchrutschen" von Elektronen in entgegengesetzter Richtung. Ein von unten in die Zelle fließendes Elektron füllt ein Loch auf, so dass dieses Elektron-Loch-Paar anschließend wieder durch Lichtabsorption „neu erzeugt" werden kann. Ein „Verbrauchen" von Elektronen und Löchern findet also nicht statt.

4.2.4 Back-Surface-Field

Eine besondere Gefahr für die im unteren Bereich der Solarzelle erzeugten Elektronen stellt der Metall-Halbleiterübergang dar, da es hier zu massiven Oberflächenrekombinationen kommen kann. Ein üblicher Trick zur Eindämmung dieser Gefahr besteht in der Anbringung einer hoch dotierten p^+-Schicht zwischen Metall und Halbleiter. Diese wird z. B. durch Dotierung mit Bor- oder Aluminiumatomen erzeugt.

Wie funktioniert der Trick? Aus der hoch dotierten p^+-Schicht strömen aufgrund des Konzentrationsgefälles Löcher in das p-Gebiet und lassen ortsfeste negativ geladene Akzeptoratome zurück. Das entstehende elektrische Feld wird Back-Surface-Field (BSF) oder Rückseitenfeld genannt. Es wirkt wie ein elektrischer Spiegel, der die durch Lichtabsorption entstandenen Elektronen zurück in die Zelle in Richtung Raumladungszone wirft. Die Wahrscheinlichkeit einer unerwünschten Rekombination an der Zellrückseite wird somit deutlich reduziert.

Als alternative Betrachtungsweise zum Verständnis des Effekts betrachten wir das Bänderdiagramm (Bild 4.7). Analog zu Bild 3.16 überlegt man sich zunächst, welche Fermienergie die einzelnen Bereiche der Zelle haben. Nach dem Zusammenfügen ergibt sich dann der dargestellte Bandverlauf. Am Übergang von der p^+- auf die p-Schicht ist die sich ergebende kleine Potentialstufe zu sehen, die die Elektronen daran hindert, bis zum Rückkontakt weiter zu wandern. Neben der Funktion als elektrischer Spiegel führt die BSF-Struktur noch zu einem weiteren Vorteil. Der gesamte Spannungsabfall an der Zelle teilt sich nun auf die Potentialstufe am eigentlichen pn-Übergang und die zusätzliche Stufe am pp^+-Übergang auf. Die somit verringerte Spannung am pn-Übergang führt zu einem verringerten Dunkelstrom und damit schließlich zu einer Erhöhung der Leerlaufspannung U_L [Roo78].

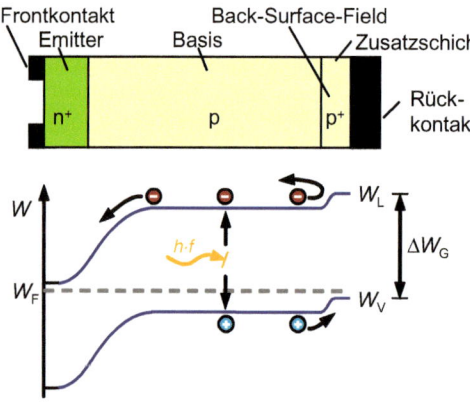

Bild 4.7 Effekt des Back-Surface-Fields: Die erzeugten Elektronen werden von der sich bildenden Potentialstufe am pp^+-Übergang gestoppt und zurück in das p-Gebiet getrieben (nach [Wag10])

■ 4.3 Photostrom

Die Höhe des erreichbaren Photostroms hängt zum einen davon ab, wie viele der einfallenden Photonen in der Solarzelle absorbiert werden. Zum anderen müssen die durch Lichtabsorption erzeugten Elektron-Loch-Paare getrennt und sicher nach Hause gebracht werden. Die Bedingungen dazu betrachten wir genauer.

4.3.1 Absorptionswirkungsgrad

Bild 4.8 zeigt ähnlich zu Bild 3.19 die Lichtabsorption in einer Solarzelle. Ein Teil E_R der Gesamtbestrahlungsstärke E_0 wird an der Oberfläche reflektiert (siehe Abschnitt 3.6.2). In die Zelle dringt somit der Anteil $E_1 = (1 - R) \cdot E_0$ ein. Die Lichtintensität wird nun beim Durchlaufen der Zelle entsprechend Gleichung (3.20) durch Absorption abgeschwächt. Am unteren Ende ist noch $E_2 = E(x = d) = E_1 \cdot e^{-\alpha \cdot d}$ übrig. Die Differenz $E_{\text{Abs}} = E_1 - E_2$ gibt den in der Zelle absorbierten Lichtanteil an.

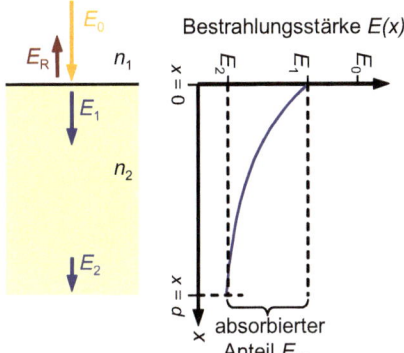

Bild 4.8 Lichtabsorption in der Solarzelle

Wir definieren den Absorptionswirkungsgrad η_{Abs} als das Verhältnis der Zahl der absorbierten Photonen zur Zahl der außen auftreffenden Photonen:

$$\eta_{\text{Abs}} = \frac{\text{Anzahl absorbierter Photonen}}{\text{Anzahl auftreffender Photonen}} = \frac{N_{\text{Ph\_Abs}}}{N_{\text{Ph}}} = \frac{E_{\text{Abs}}}{E_0} = \frac{E_1 - E_2}{E_0} \tag{4.5}$$

Nach Einsetzen obiger Gleichungen ergibt sich:

$$\eta_{\text{Abs}} = (1 - R) \cdot \left(1 - e^{-\alpha \cdot d}\right) \tag{4.6}$$

mit R: Reflexionsfaktor
$\qquad\quad\alpha$:   Absorptionskoeffizient

η_{Abs} kann Werte nahe 100 % erreichen. Dazu muss zum einen die Reflexion an der Oberfläche reduziert werden (z. B. durch eine Antireflexschicht, siehe Abschnitt 3.6.2). Zum anderen sollte die Zelle so dick gemacht werden, dass bei $x = d$ praktisch keine Photonen mehr übrig sind. Hier ergibt sich die Problematik, dass der Absorptionskoeffizient sehr stark von der Wellenlänge abhängig ist. Licht im nahen Infrarotbereich wird relativ schwach absorbiert.

Beispiel 4.1 Absorption von Infrarotlicht

Infrarotlicht der Wellenlänge $\lambda = 1000\,\text{nm}$ hat einen Absorptionskoeffizienten von ca. 50/cm; dies entspricht laut Gleichung (3.21) einer Eindringtiefe von 200 µm. Bei einer Zellendicke von 200 µm geht somit ein Anteil von $1/e \approx 37\,\%$ ungenutzt verloren (Annahme: $R = 0$). Will man die Zelle so dick machen, dass maximal 1 % des Lichtes verloren geht, so errechnet sich die minimale Dicke nach Gleichung (4.6) zu:

$$0{,}99 = 1 - e^{-\alpha \cdot d} \quad \Rightarrow \quad e^{-\alpha \cdot d} = 1 - 0{,}99 \quad \Rightarrow \quad d = \frac{\ln(1 - 0{,}99)}{-\alpha} = 921\,\mu\text{m}$$

Die Zelle im Beispiel müsste also etwa 900 µm dick sein. Neben den hohen Kosten bei der Herstellung einer solchen Zelle ergäbe sich die Problematik, dass die tief in der Zelle erzeugten Elektronen auf dem Weg zur Raumladungszone bereits rekombinieren würden. Eine bessere Lösung besteht z. B. darin, die Zelle auf der Rückseite mit einem optischen Reflektor zu versehen. Hierdurch kann bei gleicher Zellendicke die optische Weglänge verdoppelt werden.

4.3.2 Quantenwirkungsgrad

Selbst wenn es gelingt, den Absorptionswirkungsgrad auf 100 % zu treiben, werden nicht alle erzeugten Elektron-Loch-Paare zum Photostrom beitragen. Daher definiert man den externen Quantenwirkungsgrad η_{Ext} als das Verhältnis der für den Photostrom nutzbaren Elektron-Loch-Paare zu den insgesamt auftreffenden Photonen:

$$\eta_{Ext} = \frac{\text{Anzahl nutzbarer Elektron} - \text{Loch} - \text{Paare}}{\text{Anzahl auftreffender Photonen}} = \frac{N_{ELP}}{N_{Ph}} \tag{4.7}$$

Neben dem externen definiert man auch den internen Quantenwirkungsgrad η_{Int}, bei dem die durch Reflexion verursachten Verluste herausgerechnet werden:

$$\eta_{Int} = \frac{\eta_{Ext}}{1 - R} \tag{4.8}$$

Sein Wert liegt naturgemäß immer über dem des externen Quantenwirkungsgrads.

Bild 4.9a zeigt den gemessenen externen Quantenwirkungsgrad einer einfachen c-Si-Standard-Solarzelle sowie einer Hocheffizienzzelle (siehe Abschnitt 4.7). Es fällt auf, dass der Quantenwirkungsgrad der Standardzelle im Bereich des ultravioletten und blauen Lichts (300 bis 500 nm) relativ schlecht ist. Dies liegt daran, dass blaues Licht hauptsächlich im n^+-Emitter absorbiert wird und ein großer Teil der dort erzeugten Löcher aufgrund der geringen Diffusionsweite rekombiniert, ohne zum Photostrom beizutragen („Dead Layer", vgl. Abschnitt 4.2.3). Im infraroten Spektralbereich verringert sich η_{Ext} wiederum, da die Absorption erst im unteren Bereich der Solarzelle erfolgt. Hier schaffen es im Fall der Standardzelle nicht alle erzeugten Elektronen bis zum pn-Übergang. Die Hocheffizienzzelle weist dagegen eine höhere Diffusionsweite auf, außerdem kommt es hier aufgrund einer besseren Oberflächenpassivierung zu weniger Rekombinationen. Oberhalb von 1100 nm wird die Energie der Lichtphotonen allmählich bereits zu gering, um die Bandlücke des Siliziums zu überwinden, daher bricht sich $\eta_{Ext}(\lambda)$ relativ plötzlich zusammen.

4.3.3 Spektrale Empfindlichkeit

Die Spektrale Empfindlichkeit $S(\lambda)$ gibt an, welcher Photostrom bei Auftreffen einer bestimmten optischen Leistung erzeugt wird:

$$S(\lambda) = \frac{I_{Ph}}{P_{Opt}} \tag{4.9}$$

Der Zusammenhang zwischen beiden Größen lässt sich leicht finden, wenn der Strom als Ladung Q pro Zeit und die optische Leistung als optische Energie W_{Opt} pro Zeit aufgefasst wird:

$$S(\lambda) = \frac{I_{Ph}}{P_{Opt}} = \frac{\frac{Q}{\Delta t}}{\frac{W_{Opt}}{\Delta t}} = \frac{N_{ELP} \cdot q}{N_{Ph} \cdot (h \cdot f)} = \frac{N_{ELP}}{N_{Ph}} \cdot \frac{q}{\frac{h \cdot c}{\lambda}} = \frac{q}{h \cdot c} \cdot \lambda \cdot \eta_{Ext}(\lambda) \tag{4.10}$$

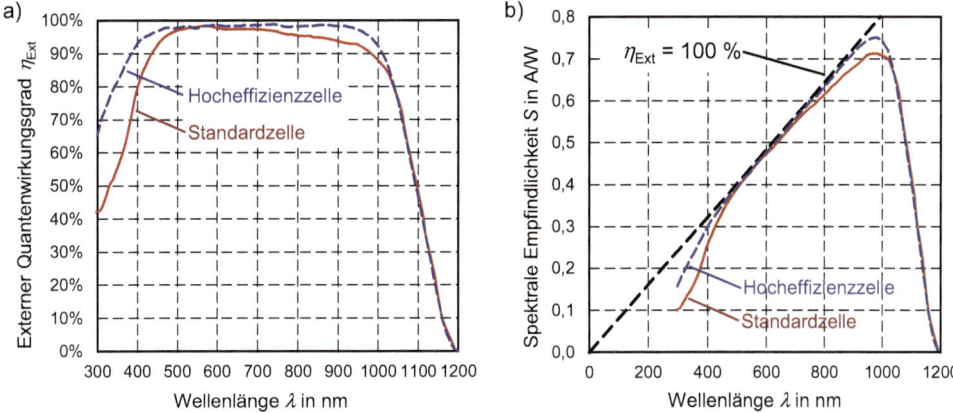

Bild 4.9 Spektrales Verhalten von zwei Solarzellen: a) Der Quantenwirkungsgrad der Standardzelle liegt insbesondere im blauen und infraroten Spektralbereich deutlich unter dem der Hocheffizienzzelle. b) Auch in der Darstellung der spektralen Empfindlichkeit werden die Differenzen zwischen beiden Zellen sichtbar.

Hier haben wir berücksichtigt, dass der externe Quantenwirkungsgrad von der Wellenlänge abhängig ist. Dies folgt zum einen aus der Wellenlängenabhängigkeit des Absorptionskoeffizienten und zum anderen daraus, dass der Brechungsindex des Halbleiters ebenfalls wellenlängenabhängig ist. Der Vorfaktor $q/(h \cdot c)$ besteht nur aus Naturkonstanten und lässt sich zusammenfassen zu:

$$\frac{q}{h \cdot c} = \frac{1,6 \cdot 10^{-19} \mathrm{As}}{6,6 \cdot 10^{-34} \mathrm{Ws^2} \cdot 3 \cdot 10^8 \mathrm{m/s}} = 0,808 \, \frac{\mathrm{A}}{\mathrm{W} \cdot \mu\mathrm{m}} = \frac{1}{1,24 \mu\mathrm{m}} \cdot \frac{\mathrm{A}}{\mathrm{W}} \tag{4.11}$$

Somit ergibt sich schließlich für die spektrale Empfindlichkeit:

$$S(\lambda) = \frac{\lambda}{1,24 \mu\mathrm{m}} \cdot \frac{\mathrm{A}}{\mathrm{W}} \cdot \eta_{\mathrm{Ext}}(\lambda) \tag{4.12}$$

Bild 4.9b zeigt den gemessenen Verlauf der spektralen Empfindlichkeit S der beiden bereits bekannten Zellen. Gleichzeitig ist der ideale Verlauf für den Fall $\eta_{\mathrm{Ext}} = 100\,\%$ dargestellt. Je näher die reale spektrale Empfindlichkeit an den des idealen Verlaufs herankommt, desto besser ist die Zelle.

■ 4.4 Kennlinie und Kenngrößen

Die Kennlinie einer Solarzelle entspricht im Prinzip der einer Photodiode. Allerdings wird bei der Solarzelle meist das Erzeugerzählpfeilsystem gewählt (siehe Bild 4.10).

Beim Erzeugerzählpfeilsystem misst man die Spannung U an der Energiequelle und zählt den von der Energiequelle zum Verbraucher fließenden Strom I positiv.

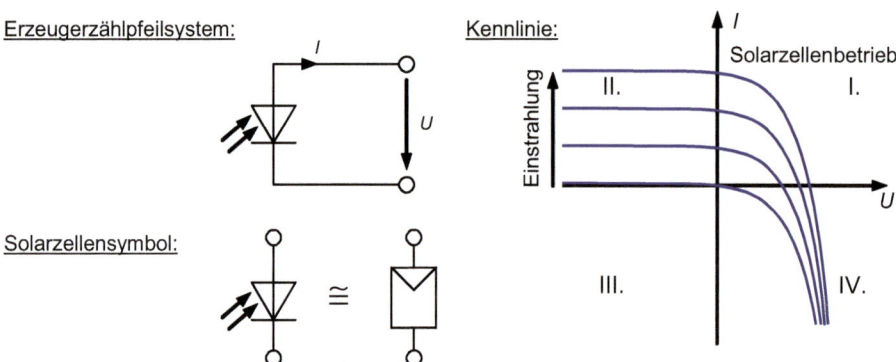

Bild 4.10 Kennlinien einer Solarzelle im Erzeugerzählpfeilsystem

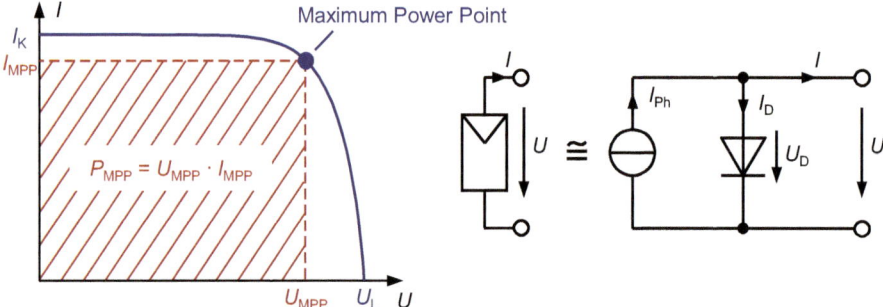

Bild 4.11 Kennlinie einer Solarzelle und dazu gehöriges vereinfachtes Ersatzschaltbild

Gegenüber Bild 4.2 bleibt die Spannung erhalten, es kehrt sich lediglich das Vorzeichen des Stromes um. Die Energieerzeugung findet nun im I. Quadranten statt; aus diesem Grund wird meist nur der I. Quadrant der Solarzellenkennlinie gezeichnet. Anstelle des Symbols der Photodiode hat sich das spezielle Solarzellensymbol eingebürgert (siehe Bild 4.10); wir wollen es im Folgenden ebenfalls verwenden.

Eine typische Solarzellenkennlinie zeigt Bild 4.11 mitsamt dem Ersatzschaltbild, das wir bereits von der Photodiode kennen. Wir wollen es hier vereinfachtes Ersatzschaltbild nennen, da es das Verhalten realer Solarzellen nur eingeschränkt beschreibt (siehe Abschnitt 4.5).

Die Kennliniengleichung lautet analog zu Gleichung (4.2):

$$I = I_{Ph} - I_D = I_{Ph} - I_S \cdot \left(e^{\frac{U}{m \cdot U_T}} - 1 \right) \tag{4.13}$$

Allerdings haben wir hier im Exponenten noch einen Idealitätsfaktor m eingeführt, der es uns erlaubt, reale Solarzellenkurven besser nachzubilden. Der Idealitätsfaktor liegt typisch im Bereich zwischen 1 und 2.

Die einzelnen Punkte der Kennlinie in Bild 4.11 betrachten wir genauer, um daraus verschiedene Kenngrößen von Solarzellen abzuleiten.

4.4.1 Kurzschlussstrom I_K

Den Kurzschlussstrom I_K liefert die Solarzelle, wenn man sie an ihren Anschlüssen kurzschließt; die Spannung U also 0 Volt beträgt. Statt der Abkürzung I_K wird oftmals auch der Ausdruck I_{SC} (Short Circuit Current) verwendet.

Mit Gleichung (4.13) ergibt sich:

$$I_K = I(U = 0) = I_{Ph} - I_S \cdot \left(e^0 - 1\right) = I_{Ph} \tag{4.14}$$

Wir können somit festhalten:

Der Kurzschlussstrom I_K ist gleich dem Photostrom I_{Ph}.

Aus dem Ersatzschaltbild ist dies ebenfalls unmittelbar einsichtig: Ein äußerer Kurzschluss schließt auch die interne Diode kurz, so dass gilt: $I_D = 0$. Somit kann der gesamte Photostrom I_{Ph} außen abgenommen werden. Aus Gleichung (4.1) wissen wir bereits, dass der Photostrom proportional zur Bestrahlungsstärke E ist. Daher können wir auch unmittelbar folgern:

Der Kurzschlussstrom I_K einer Solarzelle ist proportional zur Bestrahlungsstärke E.

4.4.2 Leerlaufspannung U_L

Der zweite Extremfall liegt vor, wenn der Strom null wird. In diesem Fall ergibt sich die Leerlaufspannung U_L. Statt der Abkürzung U_L wird oftmals auch der Ausdruck U_{OC} (Open Circuit Voltage) verwendet.

Um die Leerlaufspannung zu bestimmen, lösen wir Gleichung (4.13) nach U auf und setzen $I = 0$. Es ergibt sich mit $I_{Ph} = I_K$:

$$U_L = U(I = 0) = m \cdot U_T \cdot \ln\left(\frac{I_K}{I_S} + 1\right) \tag{4.15}$$

Bereits bei sehr kleinen Strömen kann man den Wert 1 gegen I_K / I_S vernachlässigen, so dass sich vereinfacht ergibt:

$$U_L = m \cdot U_T \cdot \ln\left(\frac{I_K}{I_S}\right) \tag{4.16}$$

Die Abhängigkeit der Leerlaufspannung von der Einstrahlung ist somit deutlich geringer als die des Kurzschlussstroms:

Die Leerlaufspannung U_L einer Solarzelle ändert sich lediglich mit dem natürlichen Logarithmus der Bestrahlungsstärke E.

4.4.3 Maximum Power Point (MPP)

Je nach aktuellem Arbeitspunkt, in dem eine Solarzelle betrieben wird, gibt sie unterschiedlich viel Leistung ab. Den Betriebspunkt, an dem die maximale Leistung abgegeben wird, nennt man

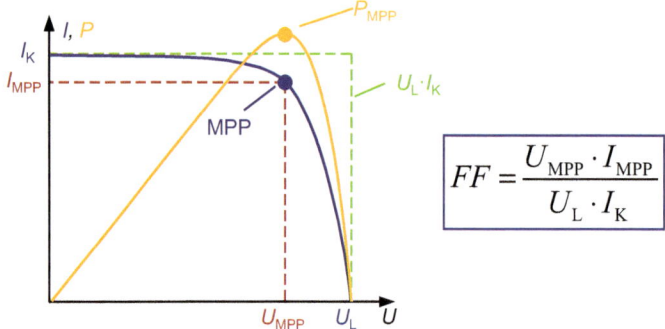

$$FF = \frac{U_{\text{MPP}} \cdot I_{\text{MPP}}}{U_{\text{L}} \cdot I_{\text{K}}}$$

Bild 4.12 Der Füllfaktor gibt das Verhältnis der rot umrandeten zur grün umrandeten Fläche an.

Maximum Power Point (MPP). Da die Leistung eines Arbeitspunktes jeweils der Fläche $U \cdot I$ entspricht, muss diese Fläche im Fall des MPP maximal werden. Dieser Fall ist in Bild 4.11 dargestellt. Die zum MPP gehörenden Strom- und Spannungswerte werden mit den Kürzeln I_{MPP} und U_{MPP} benannt. In Bild 4.12 ist zusätzlich die Leistungskurve $P = f(U)$ zu sehen. Sie erreicht ihr Maximum beim MPP.

4.4.4 Füllfaktor *FF*

Der Füllfaktor *FF* beschreibt das Verhältnis aus MPP-Leistung und dem Produkt aus Leerlauf-spannung und Kurzschlussstrom (siehe Bild 4.12). Anschaulich ausgedrückt gibt *FF* an, wie groß die Fläche unter dem MPP-Arbeitspunkt gegenüber der Fläche $U_{\text{L}} \cdot I_{\text{K}}$ ist:

$$FF = \frac{U_{\text{MPP}} \cdot I_{\text{MPP}}}{U_{\text{L}} \cdot I_{\text{K}}} = \frac{P_{\text{MPP}}}{U_{\text{L}} \cdot I_{\text{K}}} \tag{4.17}$$

Der Füllfaktor ist ein Maß für die Qualität einer Zelle; typische Werte liegen bei Siliziumzellen zwischen 0,75 und 0,85; im Bereich der Dünnschichtmaterialien bei 0,6 bis 0,75.

Für den Füllfaktor lässt sich eine Näherungsformel in Abhängigkeit der Leerlaufspannung angeben („idealisierter Füllfaktor") [Gre95]:

$$FF \approx 1 - \frac{1 + \ln\left(\frac{U_{\text{L}}}{U_{\text{T}}} + 0{,}72\right)}{\frac{U_{\text{L}}}{U_{\text{T}}} + 1} \tag{4.18}$$

4.4.5 Wirkungsgrad η

Der Wirkungsgrad einer Solarzelle gibt an, welcher Anteil der auf die Zelle eingestrahlten opti-schen Leistung P_{Opt} als elektrische Leistung P_{MPP} wieder abgegeben wird:

$$\eta = \frac{P_{\text{MPP}}}{P_{\text{Opt}}} = \frac{P_{\text{MPP}}}{E \cdot A} = \frac{FF \cdot U_{\text{L}} \cdot I_{\text{K}}}{E \cdot A} \tag{4.19}$$

mit A: Zellenfläche

Typische Wirkungsgrade von kristallinen Siliziumzellen liegen zwischen 15 und 22 %. Auf die Berechnung des Wirkungsgrads werden wir in Abschnitt 4.6 genauer eingehen.

4.4.6   Temperaturabhängigkeit der Solarzelle

Steigt die Temperatur in einem Halbleiter, so kommt es zur verstärkten thermischen Bewegung der im Kristallgitter eingebauten Elektronen. Aus Abschnitt 3.2 wissen wir, dass in diesem Fall mehr und mehr Elektronen aus den Bindungen gerissen werden und ins Leitungsband gelangen und somit die Eigenleitungsdichte n_i steigt. Mit höherer Eigenleitungsdichte ergibt sich wiederum eine Erhöhung des Sättigungsstroms I_S.

Wie wirkt sich dies auf die Solarzelle aus? Der erhöhte Sättigungsstrom führt nach Gleichung (4.16) zu einer Verringerung der Leerlaufspannung. Zur Berechnung setzen wir in (4.16) die Gleichungen (3.3) und (4.3) ein und erhalten:

$$U_L = m \cdot U_T \cdot \ln\left(\frac{I_K}{I_S}\right) = m \cdot U_T \cdot \ln\left(\frac{I_K}{B}\right) + m \cdot \frac{\Delta W_G}{q} \tag{4.20}$$

Die Konstante B fasst dabei den folgenden Ausdruck zusammen:

$$B = A \cdot q \cdot N_0^2 \cdot \left(\frac{D_N}{L_N \cdot N_A} + \frac{D_P}{L_P \cdot N_D}\right) \tag{4.21}$$

Differenziert man Gleichung (4.20) nach T, so ergibt sich mit nochmaligem Anwenden von Gleichung (4.20):

$$\frac{dU_L}{dT} = \frac{m \cdot k}{q} \cdot \ln\left(\frac{I_K}{B}\right) = \frac{U_L - m \cdot \Delta W_G / q}{T} \tag{4.22}$$

Für eine typische Silizium-Solarzelle erhalten wir ($m = 1$):

$$\frac{\Delta U_L}{\Delta \vartheta} \approx \frac{0,6\,\text{V}-1,12\,\text{V}}{300\,\text{K}} = -1,7\,\text{mV/K} \tag{4.23}$$

Bei dieser Ableitung wurde noch nicht berücksichtigt, dass die Bandlücke und die effektive Zustandsdichte des Halbleiters ebenfalls temperaturabhängig ist. Die genauere Betrachtung führt auf [Gre82]:

$$\frac{\Delta U_L}{\Delta \vartheta} = \frac{U_L - \Delta W_{G0}/q - \gamma \cdot U_T}{T} \tag{4.24}$$

$$\begin{aligned}\text{mit} \quad &\Delta W_{G0}: \quad \text{Bandlücke bei } T = 0; \text{ für Silizium: } \Delta W_{G0} = 1{,}17\,\text{eV}\\&\gamma: \quad\quad \text{Temperaturparameter, typisch: } \gamma = 1\ldots4\end{aligned}$$

Damit erhalten wir für die Si-Zelle ($\gamma = 3$):

$$\frac{\Delta U_L}{\Delta \vartheta} \approx -2,3\,\text{mV/K} \tag{4.25}$$

Für eine typische Leerlaufspannung von 600 mV ergibt sich somit ein Temperaturkoeffizient $TK(U_L)$ von ca. $-0,4\,\%/\text{K}$.

Die Leerlaufspannung U_L einer Si-Solarzelle verringert sich um 2,3 mV pro Kelvin, dies entspricht einem Temperaturkoeffizienten von ca. $-0,4\,\%$ pro Kelvin.

Im Fall des Kurzschlussstroms I_K sieht die Sache anders aus. Die Verkleinerung der Bandlücke bewirkt, dass auch energieärmere Photonen noch ausreichend Energie besitzen, um absorbiert zu werden und ein Elektron-Loch-Paar zu erzeugen. Daher erhöht sich der Kurzschlussstrom I_K leicht mit steigender Temperatur, z. B. um $0,06\,\%/\text{K}$.

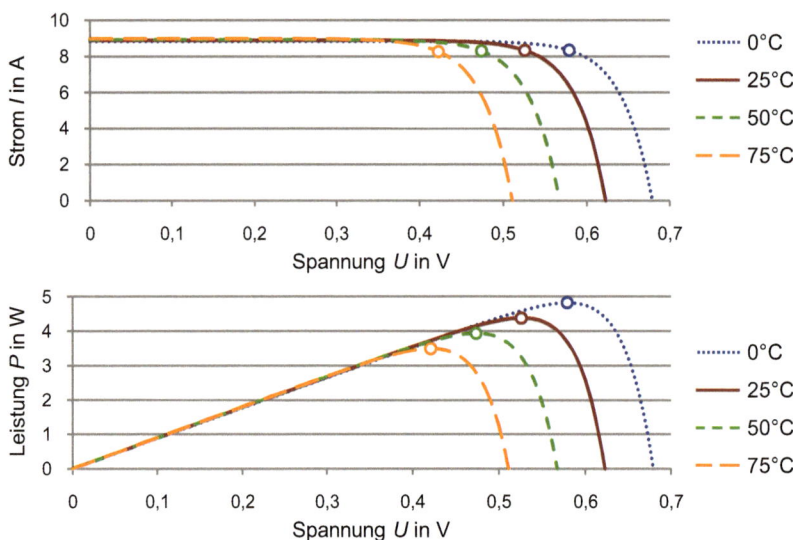

Bild 4.13 Temperaturabhängigkeit einer Si-Solarzelle am Beispiel der Bosch Solar Cell M-3BB: Die Kreise geben jeweils die Position des MPPs an [Boc10]

Bild 4.13 zeigt die Temperaturabhängigkeit einer monokristallinen Zelle am Beispiel der Bosch Solar Cell M-3BB. Deutlich sichtbar verschieben sich die Leerlaufspannung und damit auch der MPP mit steigender Temperatur nach links.

 Wie kann ich mir anschaulich vorstellen, warum sich die Bandlücke des Halbleiters mit steigender Temperatur verkleinert?

 Steigt die Temperatur, so dehnt sich der Kristall aus. Damit vergrößert sich auch der mittlere Abstand zwischen den Atomen (Gitterkonstante). Als Folge nimmt die Anziehungskraft der positiv geladenen Atomrümpfe auf die negativen Elektronen ab, was praktisch einer Verkleinerung der Bandlücke entspricht. Diese Erklärung trifft die tatsächlichen physikalischen Ursachen zwar nicht ganz, ist aber immerhin sehr anschaulich.

Für die Nutzer von Solarzellen und Solarmodulen ist insbesondere die Frage interessant, wie sich die Leistung mit der Temperatur verändert. Da der Abfall der Leerlaufspannung deutlich stärker wirkt als der leichte Anstieg von I_K, sinkt auch die Leistung P_{MPP} ab. Hinzu kommt noch die Tatsache, dass der Füllfaktor nach Gleichung (4.18) von U_L/U_T abhängt: Eine steigende Temperatur erhöht U_T und verringert so den Füllfaktor. Alle drei Effekte resultieren schließlich in einem Temperaturkoeffizienten TK_P der Leistung von:

$$TK(P_{MPP}) = \frac{\Delta P_{MPP}}{\Delta \vartheta \cdot P_{MPP}} = -0{,}4 \ldots 0{,}5\,\%/\mathrm{K} \qquad (4.26)$$

Die Leistung einer Si-Solarzelle sinkt um 0,4 bis 0,5 % pro Kelvin.

Grob kann man also sagen, dass sich die Leistung einer Solarzelle bei einer Temperaturerhöhung von 10 K um etwa 5 % reduziert. Da Solarmodule bei voller Sonneneinstrahlung durchaus Temperaturen von 60 °C erreichen können, bedeutet dies einen deutlichen Leistungsverlust gegenüber den im Datenblatt angenommenen 25 °C.

■ 4.5 Elektrische Beschreibung realer Solarzellen

4.5.1 Vereinfachtes Modell

Dieses Modell (siehe Bild 4.14a) kennen wir bereits aus Bild 4.11 und Gleichung (4.13):

$$I = I_{\text{Ph}} - I_{\text{D}} = I_{\text{Ph}} - I_{\text{S}} \cdot \left(e^{\frac{U}{m \cdot U_{\text{T}}}} - 1 \right) \tag{4.27}$$

4.5.2 Standard-Modell (Ein-Dioden-Modell)

Das Standard-Modell oder auch Ein-Dioden-Modell geht genauer auf elektrische Verluste in der Solarzelle ein (Bild 4.14b). Der Serienwiderstand R_{S} beschreibt insbesondere die ohmschen Verluste in den Frontkontakten der Solarzelle und am Metall-Halbleiter-Übergang. Dagegen werden Leckströme an den Kanten der Solarzelle sowie etwaige punktuelle Kurzschlüsse des pn-Übergangs durch den Parallelwiderstand R_{P} modelliert.

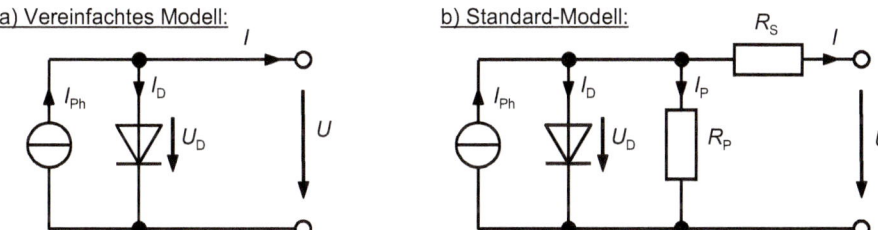

Bild 4.14 Vereinfachtes und Standard-Ersatzschaltbild zur elektrischen Beschreibung von Solarzellen und Solarmodulen

Zur Herleitung der Kennliniengleichung des Standard-Modells beschreiben wir den Strom I als $I = I_{\text{Ph}} - I_{\text{D}} - I_{\text{P}}$ und ermitteln I_{P} zu:

$$I_{\text{P}} = \frac{U_{\text{D}}}{R_{\text{P}}} = \frac{U + I \cdot R_{\text{S}}}{R_{\text{P}}} \tag{4.28}$$

Daraus ergibt sich die Kennliniengleichung des Standardmodells:

$$I = I_{\text{Ph}} - I_{\text{S}} \cdot \left(e^{\frac{U + I \cdot R_{\text{S}}}{m \cdot U_{\text{T}}}} - 1 \right) - \frac{U + I \cdot R_{\text{S}}}{R_{\text{P}}} \tag{4.29}$$

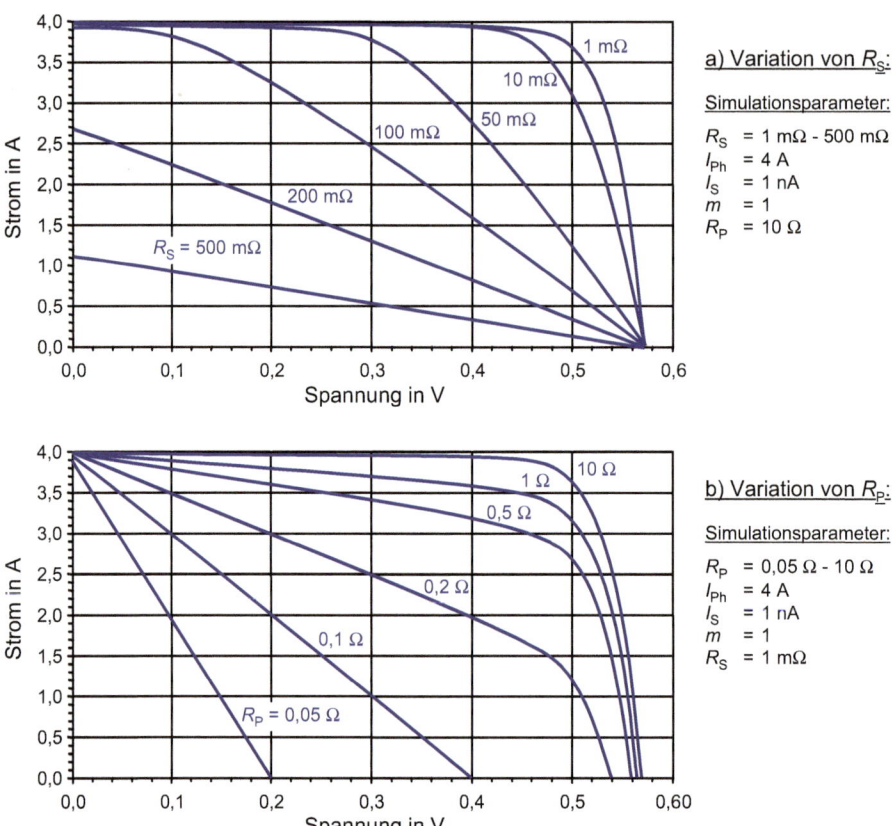

Bild 4.15 Einfluss von Serienwiderstand R_S und Parallelwiderstand R_P auf die Solarzellenkennlinie: Bei steigendem R_S und sinkendem R_P verringert sich der Füllfaktor deutlich

Diese Gleichung lässt sich nur numerisch lösen, da der Strom I sowohl auf der linken wie auch der rechten Seite des Gleichheitszeichens auftritt.

Den Einfluss des Serienwiderstands auf die I/U-Kennlinie zeigt Bild 4.15 im oberen Diagramm. Bei steigendem Wert von R_S flacht sich die Kurve ab; der Füllfaktor sinkt deutlich. Ähnlich ist die Situation im Fall eines fallenden Wertes des Parallelwiderstands R_P (Bild 4.15 unten). Hier wird sogar auch die Leerlaufspannung beeinflusst, da der steigende Parallelstrom I_P die Diodenspannung U_D absinken lässt.

4.5.3 Zwei-Dioden-Modell

Bei der Ableitung der Shockley-Gleichung (3.16) wurde vereinfachend angenommen, dass es in der Raumladungszone nicht zu Rekombinationen kommt. Insbesondere bei Halbleitern mit größerem Bandabstand führt dies zu Abweichungen zwischen tatsächlicher und simulierter

Kennlinie. In diesen Fällen wendet man das Zwei-Dioden-Modell an, in dem der Diffusionsstrom durch eine Diode mit einem Idealitätsfaktor von 1 und der Rekombinationsstrom durch eine zusätzliche Diode mit einem Idealitätsfaktor von 2 modelliert wird (Bild 4.16).

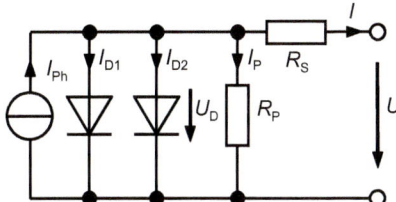

Bild 4.16 Zwei-Dioden-Modell zur möglichst exakten Nachbildung der Solarzellenkennlinie

Die Kennliniengleichung lässt sich in ähnlicher Weise wie Gleichung (4.29) bestimmen:

$$I = I_{Ph} - I_{S1} \cdot \left(e^{\frac{U+I \cdot R_S}{U_T}} - 1\right) - I_{S2} \cdot \left(e^{\frac{U+I \cdot R_S}{2 \cdot U_T}} - 1\right) - \frac{U + I \cdot R_S}{R_P} \tag{4.30}$$

Neben den drei vorgestellten Ersatzschaltbildern wird gelegentlich auch das Modell der effektiven Kennlinie verwendet. Dieses entspricht dem Standard-Modell, allerdings ohne Einsatz des Parallelwiderstands R_P. Für die Variable des Serienwiderstands werden in diesem Modell auch negative Werte zugelassen, um eine gute Approximationsqualität an gemessene Kurven zu erreichen. Details dazu finden sich in [Wag15].

4.5.4 Bestimmung der Parameter des Ersatzschaltbildes

Liegt die gemessene I/U-Kennlinie einer Solarzelle vor, so können daraus die Parameter des vereinfachten Ersatzschaltbildes ermittelt werden. Wie in Abschnitt 4.4.1 schon beschrieben, darf der Photostrom I_{Ph} gleich dem Kurzschlussstrom I_K gesetzt werden. Außerdem nimmt man den Dioden-Idealitätsfaktor m zunächst zu 1 an. Der Sättigungsstrom I_S kann dann aus Gleichung (4.16) bestimmt werden:

$$I_S = I_K \cdot e^{-U_L/U_T} \tag{4.31}$$

Die Übereinstimmung der aus diesen Parametern berechneten Kurve mit der Original-Messkurve ist allerdings meist schlecht. Der Grund liegt darin, dass der Idealitätsfaktor von realen Solarzellen größer als 1 ist. Hier hilft nur eine Simulation des Kurvenverlaufs (z. B. mit Excel, Mathematika, etc.) mit Variation der beiden Parameter m und I_S, bis eine möglichst gute Übereinstimmung zwischen Simulations- und Messkurve erreicht wird. In Bild 4.17 ist als Beispiel die Messkurve eines Solarmoduls zu sehen. Im linken Bild wird zusätzlich eine simulierte Kurve auf Basis des vereinfachten Ersatzschaltbildes dargestellt. Hier ist auch nach Optimierung der Parameter noch eine deutliche Abweichung zwischen Messung und Simulation zu erkennen.

Wesentlich besser ist die Approximationsqualität bei Verwendung des Standard-Ersatzschaltbildes. Im Beispiel von Bild 4.17 (rechtes Diagramm) ist praktisch keine Abweichung zwischen Messung und Simulation mehr zu sehen.

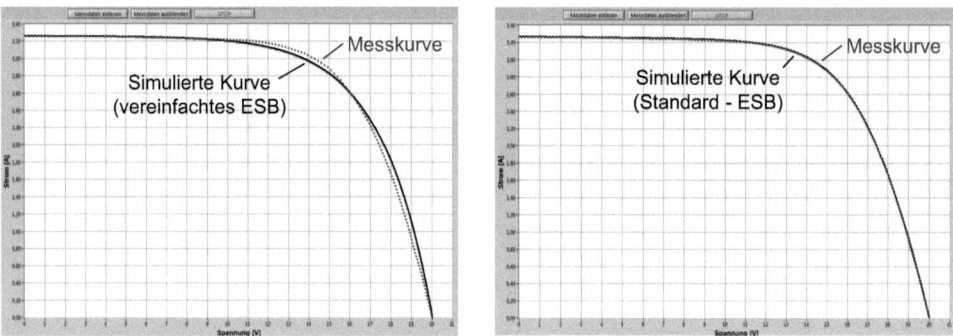

Bild 4.17 Simulation der Kurve eines Solarmoduls mit *PV-Teach*: Das vereinfachte Ersatzschaltbild erreicht nur eine ungenügende Übereinstimmung mit der Messkurve, während das Standard-Ersatzschaltbild eine fast perfekte Anpassung zeigt

Recht gute Startwerte für die beiden Widerstände R_S und R_P erhält man aus den Kurvensteigungen im Kurzschluss- und Leerlaufpunkt. Betrachten wir dazu zunächst den Kurzschlusspunkt: Hier fließt der größte Teil von I_{Ph} nach außen ab, so dass die Spannung U_D in Bild 4.14b klein wird. Den Strom I_D über die Diode können wir daher vernachlässigen. Die gegenüber Formel (4.29) verbleibende Kennliniengleichung lautet:

$$I = I_{Ph} - \frac{U + I \cdot R_S}{R_P} \qquad (4.32)$$

Die Kurvensteigung erhalten wir aus der Ableitung:

$$\frac{\mathrm{d}I}{\mathrm{d}U} = 0 - \frac{1}{R_P} - \frac{R_S}{R_P} \cdot \frac{\mathrm{d}I}{\mathrm{d}U} \qquad (4.33)$$

Auflösen der Gleichung nach dI/dU ergibt:

$$\frac{\mathrm{d}I}{\mathrm{d}U} = -\frac{1}{R_S + R_P} \qquad (4.34)$$

Im Allgemeinen gilt: $R_S \ll R_P$, so dass wir schließlich schreiben:

$$R_P = -\frac{\mathrm{d}U}{\mathrm{d}I}\bigg|_{U=0} \qquad (4.35)$$

Der Parallelwiderstand R_P kann also direkt aus der Tangentensteigung im Kurzschlusspunkt ermittelt werden (Bild 4.18).

Eine ähnliche Betrachtung machen wir für den Leerlauffall: Hier ist die Spannung U_D recht groß, die Diode wird sehr niederohmig, so dass wir in Bild 4.14b den Strom I_P gegenüber I_D vernachlässigen können. Die verbleibende Gleichung aus Formel (4.29) ist nun:

$$I = I_{Ph} - I_S \cdot \left(e^{\frac{U + I \cdot R_S}{m \cdot U_T}} - 1 \right) \qquad (4.36)$$

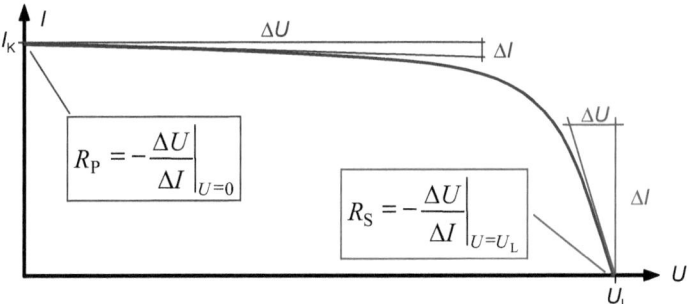

Bild 4.18 Ermittlung von R_S und R_P aus der Solarzellenkennlinie: Die beiden Widerstände können aus der Steigung im Kurzschluss- bzw. Leerlaufpunkt bestimmt werden

Diese differenzieren wir nach dem Strom und stellen sie nach $\mathrm{d}U/\mathrm{d}I$ um. Dabei berücksichtigen wir, dass U vom Strom I abhängt:

$$\frac{\mathrm{d}(I)}{\mathrm{d}I} = 1 = 0 - I_S \cdot e^{\frac{U+I\cdot R_S}{m\cdot U_T}} \cdot \frac{1}{m\cdot U_T} \cdot \left(\frac{\mathrm{d}U}{\mathrm{d}I} + R_S\right) \tag{4.37}$$

$$\frac{\mathrm{d}U}{\mathrm{d}I} = -R_S - \frac{m\cdot U_T}{I_S} \cdot e^{-\frac{U+I\cdot R_S}{m\cdot U_T}} \tag{4.38}$$

Im Leerlaufpunkt gilt $U = U_L$ und $I = 0$, die Gleichung vereinfacht sich daher zu:

$$-\frac{\mathrm{d}U}{\mathrm{d}I}\bigg|_{U=U_L} = R_S + \frac{m\cdot U_T}{I_S} \cdot e^{-\frac{U_L}{m\cdot U_T}} \approx R_S \tag{4.39}$$

Den zweiten Summanden haben wir dabei vernachlässigt. Dieser stellt den Durchlasswiderstand der Diode dar, der im Leerlaufpunkt typischerweise deutlich niedriger als R_S ist. Den Serienwiderstand kann man somit ermitteln, indem die Steigung im Leerlaufpunkt vermessen wird (siehe Bild 4.18). In Abschnitt 9.2 werden wir noch eine etwas genauere Methode zur Bestimmung von R_S kennenlernen.

Im Fall des Zwei-Dioden-Ersatzschaltbildes kommt anstelle des Idealitätsfaktors ein zweiter Sättigungsstrom als weitere Unbekannte hinzu. Ein praktikabler Vorschlag zur Ermittlung der Größen dieses Ersatzschaltbildes wird in [Hov94] gemacht.

Eine Hilfe zum Verstehen und Vergleichen der einzelnen Ersatzschaltbilder stellt das Programm *PV-Teach* dar (siehe Bild 4.19). Es bietet die Möglichkeit, gemessene Strom-/Spannungskurven einzulesen und diese mit den verschiedenen Modellen anzunähern. Außerdem können Module über Datenblattwerte definiert und mit den simulierten Kurven verglichen werden. Neben der manuellen Eingabe der einzelnen Ersatzschaltbildparameter gibt es die Option der automatischen Anpassung der Parameter, um eine möglichst gute Annäherung zwischen Messkurve und simulierter Kurve zu erhalten.

PV-Teach kann unter *www.lehrbuch-photovoltaik.de* kostenlos heruntergeladen werden.

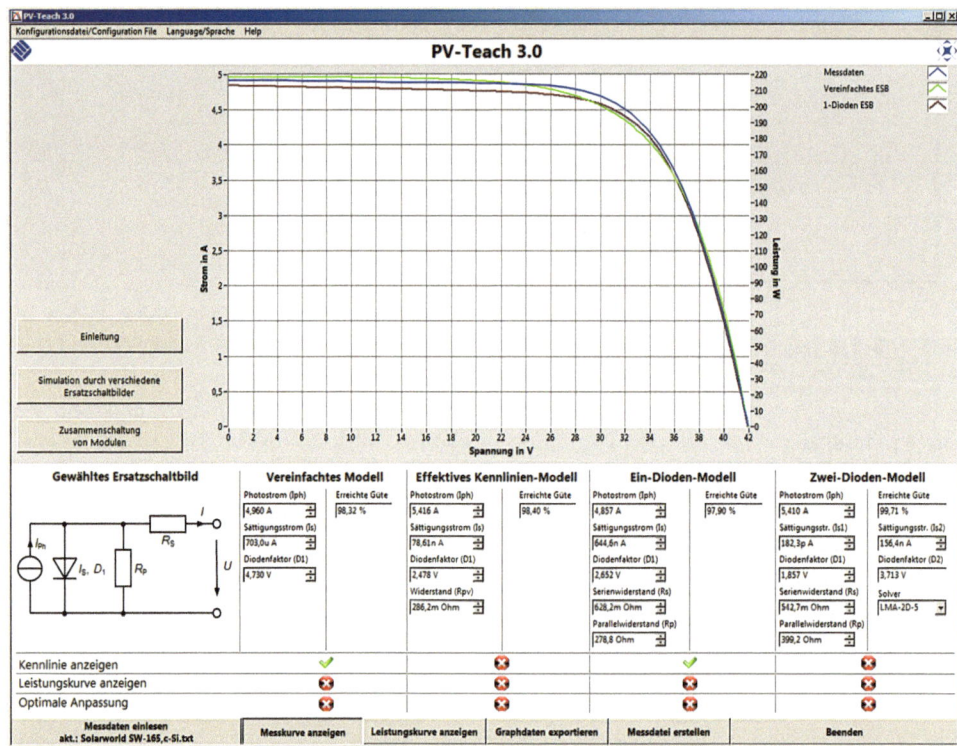

Bild 4.19 Screenshot von *PV-Teach*: Gemessene Solarmodulkurven können durch verschiedene Ersatzschaltbilder simuliert werden

■ 4.6   Betrachtungen zum Wirkungsgrad

Der Wirkungsgrad von Solarzellen ist ein entscheidender Parameter, um Solarenergie effizient und kostengünstig zu nutzen. Wir betrachten daher nun einerseits, welche Obergrenzen die Physik für den Wirkungsgrad vorgibt und lernen andererseits Technologien kennen, wie man sich diesen Obergrenzen möglichst eng nähert.

4.6.1   Spektraler Wirkungsgrad

Eine grundsätzliche Beschränkung des Wirkungsgrads einer Solarzelle ergibt sich daraus, dass jedes Halbleitermaterial einen Bandabstand ΔW_G aufweist. Die Wellenlänge, bei der Licht gerade noch absorbiert wird, nennen wir die Bandlückenwellenlänge λ_G mit

$$\lambda_G = \frac{h \cdot c}{\Delta W_G} \tag{4.40}$$

Der Anteil des Sonnenspektrum, der oberhalb von λ_G liegt, kann somit nicht für die Stromgewinnung genutzt werden. Wir nennen diesen Anteil Durchstrahlungs- oder Transmissionsverluste (siehe Bild 4.20).

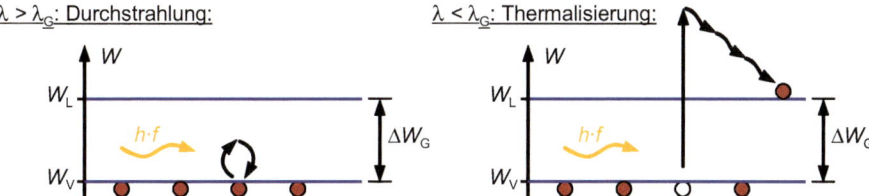

Bild 4.20 Verlustmechanismen durch unpassende Energie der Photonen: Im Fall einer zu kleinen Photonenenergie kann das Elektron nicht bis in das Leitungsband angehoben werden; ist die Energie zu groß, so wird ein Teil davon an das Gitter als Wärmeenergie abgegeben

Andererseits weist die Strahlung unterhalb von λ_G Photonenenergien auf, die größer als der zur Absorption notwendige Bandabstand sind. Diese überschüssige Energie wird durch Stöße an das Kristallgitter abgegeben; wir sprechen hier von Thermalisierungsverlusten.

Interessant ist es nun herauszufinden, welche elektrische Energie man theoretisch mit einem Halbleiter der Bandlücke ΔW_G aus dem Sonnenspektrum gewinnen könnte. Zunächst betrachten wir dazu die maximal mögliche Stromdichte j_{Max}, die eine ideale Solarzelle bei Bestrahlung mit einem AM 1,5-Spektrum erzeugen kann:

N_{Ph} sei die Anzahl von Photonen, die innerhalb eines Zeitintervalls Δt auf eine Fläche A auftreffen. Sie lässt sich aus der spektralen Bestrahlungsstärke $E_\lambda(\lambda)$ ermitteln, indem wir die optische Energie W_λ der Strahlung bei einer gegebenen Wellenlänge durch die Energie eines einzelnen Photons W_{Ph} dieser Wellenlänge teilen. Anschließend muss dann noch über alle Wellenlängen integriert werden.

$$N_{\text{Ph}} = \int\limits_0^\infty \frac{W_\lambda(\lambda)}{W_{\text{Ph}}(\lambda)} \cdot d\lambda = \int\limits_0^\infty \frac{A \cdot E_\lambda(\lambda) \cdot \Delta t}{\frac{h \cdot c}{\lambda}} \cdot d\lambda = \frac{A \cdot \Delta t}{h \cdot c} \int\limits_0^\infty E_\lambda(\lambda) \cdot \lambda \cdot d\lambda \tag{4.41}$$

Wir nehmen idealisierend an, dass jedes Photon in der Zelle absorbiert wird und ein Elektron-Loch-Paar erzeugt, das zur Stromdichte beiträgt. Dies gilt allerdings nicht für Photonen, deren Energie kleiner als die Bandlücke ist, so dass wir nur bis zur Bandlückenwellenlänge λ_G integrieren:

$$j_{\text{Max}} = \frac{\text{Ladung}}{\Delta t \cdot A} = \frac{q \cdot N_{\text{Ph}}}{\Delta t \cdot A} = \frac{q}{h \cdot c} \int\limits_0^{\lambda_G} E_\lambda(\lambda) \cdot \lambda \cdot d\lambda \tag{4.42}$$

Als Standardspektrum AM 1,5 verwenden wir ein gegenüber der in Bild 2.2 gezeigten Kurve um den Faktor $1000/835 = 1,1976$ aufgewertetes Spektrum (siehe Bild 4.21). Damit enthält es eine Gesamtleistungsdichte von $1000\,\text{W/m}^2$, wie sie unter STC-Bedingungen vorausgesetzt wird.

In Bild 4.22 ist ein mit Gleichung (4.42) erstelltes Diagramm dargestellt[1]. Es zeigt die maximal mögliche Stromdichte in Abhängigkeit vom Bandabstand ΔW_G für die beiden Spektren AM 0 und AM 1,5. Naturgemäß steigt j_{Max} für Halbleiter mit kleinen Bandabständen an, da diese auch Licht im tiefen Infrarotbereich nutzen können.

---

[1] Die Berechnungen zu diesem und den folgenden Diagrammen wurden mit den fein aufgelösten Solarspektren der amerikanischen Norm ASTM-G173-03 durchgeführt [ASTM]. Diese entsprechen der neuen internationalen Norm IEC 60904-3, Edition 2 von 2008.

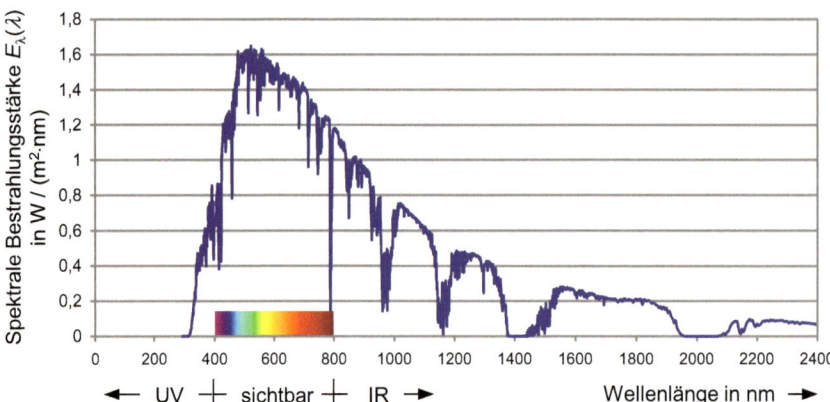

Bild 4.21 Normspektrum AM 1,5 mit einer auf STC angepassten Bestrahlungsstärke von 1000 W/m² [ASTM]

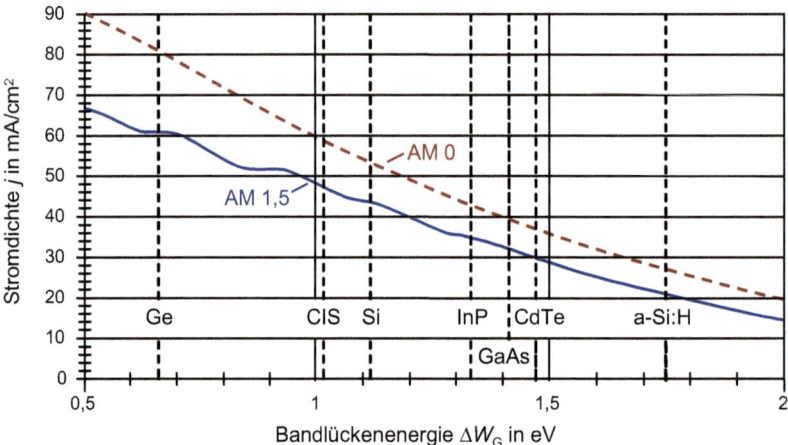

Bild 4.22 Maximale mögliche Stromdichte j_{Max} in Abhängigkeit vom Bandabstand

Es fällt auf, dass die AM 1,5-Kurve an manchen Stellen Knicke und flache Kurvenstücke aufweist. Dies liegt an dem unregelmäßig verlaufenden AM 1,5-Spektrum, bei dem durch Absorption in der Atmosphäre ganze Wellenlängenbereiche herausgefiltert werden. Für Silizium ergibt sich eine maximale Stromdichte von $j_{Max} = 44{,}1\,\text{mA}/\text{cm}^2$ für ein AM 1,5-Spektrum.

Nachdem wir den maximalen Strom kennen, müssen wir herausfinden, wie groß die maximal mögliche Spannung in Abhängigkeit des Bandabstandes ist. Wir nehmen an, dass unsere ideale Solarzelle es schafft, die volle Energie jedes Photons an den äußeren Stromkreis abzugeben. Als maximal mögliche Spannung ergibt sich dann:

$$U_{Max} = \Delta W_G / q.$$ (4.43)

Die maximale elektrische Leistung P_{El} der Zelle wäre somit

$$P_{El} = U_{Max} \cdot I_{Max} = U_{Max} \cdot j_{Max} \cdot A$$ (4.44)

Damit sind wir in der Lage, den sogenannten spektralen Wirkungsgrad η_S der idealen Solarzelle auszurechnen [Häb10]:

$$\eta_S = \frac{P_{El}}{P_{Opt}} = \frac{U_{Max} \cdot j_{Max}}{E} \tag{4.45}$$

Mit Gleichung (4.42) ergibt sich daraus:

$$\eta_S = \frac{\Delta W_G}{E} \cdot \frac{1}{h \cdot c} \cdot \int\limits_0^{\lambda_G} E_\lambda(\lambda) \cdot \lambda \cdot d\lambda \tag{4.46}$$

Bild 4.23 zeigt den mit dieser Formel errechneten spektralen Wirkungsgrad für AM 0 und AM 1,5. Bei fallenden Werten von ΔW_G zeigt sich zunächst wieder ein Anstieg, hervorgerufen durch die steigende Stromdichte aus Bild 4.22. Unterhalb von 1 eV wird dieser Anstieg allerdings überkompensiert durch die fallende Spannung $\Delta W_G/q$. Es ergibt sich somit ein Optimum, das beim AM 1,5-Spektrum einen Wert von knapp $\eta_S = 49\%$ erreicht. Silizium liegt mit seiner Bandlücke von 1,12 eV fast exakt bei diesem Optimum.

Zum besseren Verständnis zeigt Bild 4.24 anschaulich die Verluste durch Transmission und Thermalisierung in einer idealen c-Si-Solarzelle. Photonen oberhalb von 1120 nm haben eine zu geringe Energie, um absorbiert zu werden. Da das AM 1,5-Spektrum oberhalb dieser Wellenlänge eine Bestrahlungstärke von 193 W/m² aufweist, ergeben sich Transmissionsverluste von 19,3 %. Anders sieht es im kurzwelligen Bereich aus; hier kann von den energiereichen Photonen nur jeweils maximal eine Energie in Höhe der Bandlücke genutzt werden. Die Berechnung ergibt Verluste durch Thermalisierung von 31,7 %. Die Summe aus beiden Verlustarten beträgt 51 %; somit können maximal 49 % der Solarstrahlung genutzt werden. Dies entspricht exakt dem oben errechneten spektralen Wirkungsgrad.

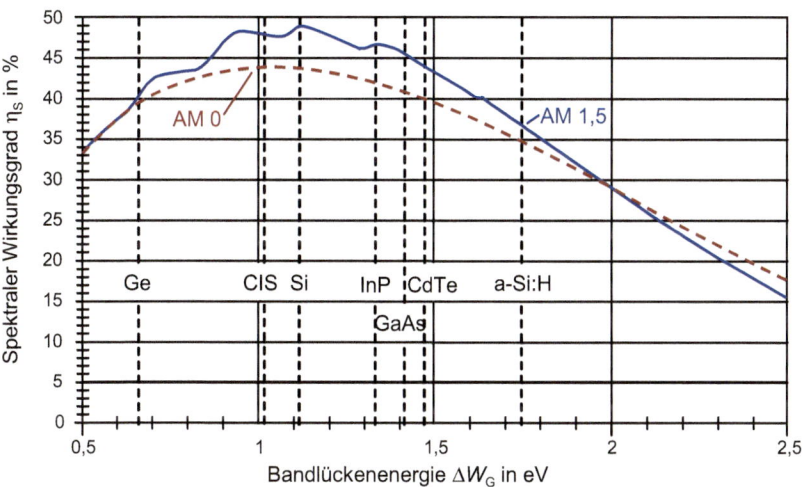

Bild 4.23 Spektraler Wirkungsgrad der idealen Solarzelle

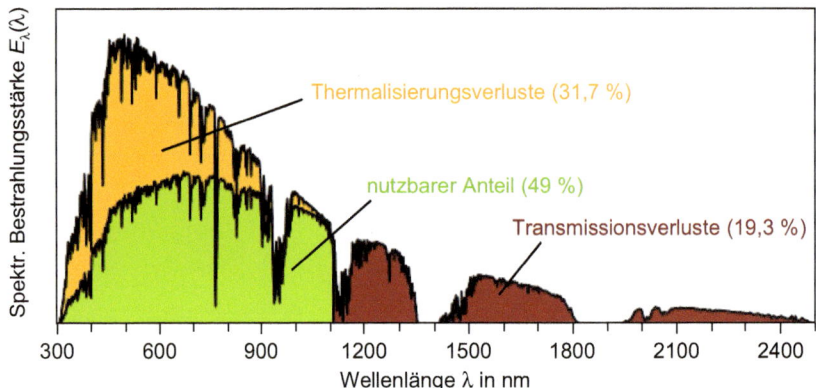

Bild 4.24 Spektrale Verluste in einer c-Si-Solarzelle

4.6.2 Theoretischer Wirkungsgrad

Bei unseren Betrachtungen zum Wirkungsgrad haben wir zwei Dinge noch nicht beachtet:

1. In einer realen Solarzelle gelingt es nicht, die volle Spannung $U_{Max} = \Delta W_G / q$ zu nutzen.

2. Aufgrund eines Füllfaktors < 100 % ist der Strom I_{MPP} kleiner als I_K und die Spannung U_{MPP} ist kleiner als U_L (vgl. Bild 4.12).

Beide Einschränkungen beruhen darauf, dass wir in der realen Solarzelle einen pn-Übergang vorliegen haben. Alle anderen Eigenschaften der Zelle sollen weiterhin als ideal gelten (insbesondere: jedes eintreffende Photon mit $W_{Ph} > \Delta W_G$ wird absorbiert und führt zu einem Beitrag zum Photostrom). Unter diesen Voraussetzungen definieren wir den theoretischen Wirkungsgrad η_T [Häb10]:

$$\eta_T = \frac{P_{MPP}}{E \cdot A} \tag{4.47}$$

Mit Gleichung (4.17) ergibt sich:

$$\eta_T = \frac{FF \cdot U_L \cdot I_K}{E \cdot A} = FF \cdot \frac{U_L}{U_{Max}} \cdot \frac{U_{Max}}{E} \cdot \frac{I_K}{A} = FF \cdot \frac{U_L}{U_{Max}} \cdot \frac{U_{Max}}{E} \cdot j_{Max} \tag{4.48}$$

Unter Nutzung von Gleichung (4.45) können wir direkt einen Zusammenhang mit dem bereits berechneten spektralen Wirkungsgrad η_S ermitteln:

$$\eta_T = FF \cdot \frac{U_L}{U_{Max}} \cdot \eta_S \tag{4.49}$$

Wir benötigen also eine hohe Leerlaufspannung und einen großen Füllfaktor. Die Leerlaufspannung hängt über Gleichung (4.16) vom Sättigungsstrom I_S ab; je kleiner dieser ist, desto höher ist die erreichbare Leerlaufspannung. Der Sättigungsstrom hängt wiederum von der Bandlücke ab. Dies lässt sich leicht nachvollziehen, wenn wir Gleichung (4.3) betrachten: Die bestimmende Größe ist die Eigenleitungsdichte n_i, die laut Gleichung (3.3) exponentiell von der Bandlücke bestimmt wird. Als Ergebnis ergibt sich die Abhängigkeit:

$$j_S = K_S \cdot e^{-\frac{\Delta W_G}{k \cdot T}} \tag{4.50}$$

mit j_S: Sättigungsstromdichte

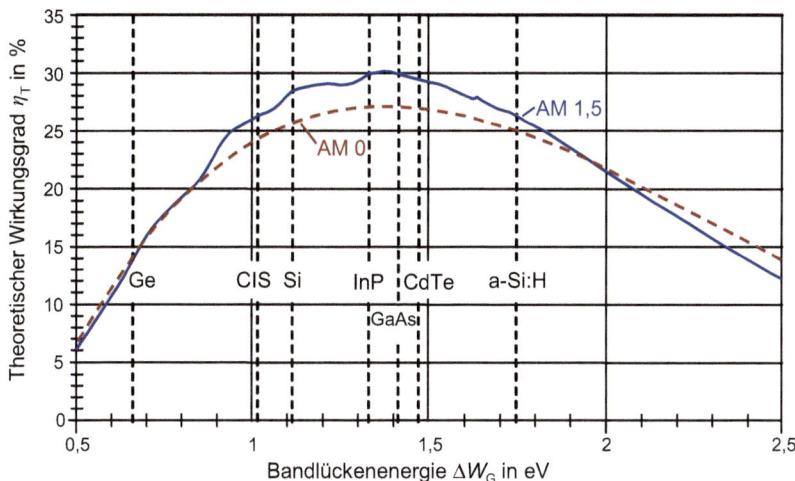

Bild 4.25 Theoretischer Wirkungsgrad in Abhängigkeit des Bandabstands

In der Literatur wird als Untergrenze für die Konstante K_S ein Wert von 40.000 A/cm^2 angegeben [Swa05, Häb10].

Bild 4.25 zeigt den unter Nutzung der Gleichungen (4.18), (4.49) und (4.50) errechneten theoretischen Wirkungsgrad in Abhängigkeit von der Bandlückenenergie. Im Vergleich zu Bild 4.23 ist eine deutliche Verschlechterung der Effizienz zu erkennen. Ein maximaler Wert von $\eta_T = 30{,}02\,\%$ ergibt sich für eine Energie von 1,38 eV; somit liegen InP und GaAs sehr nahe beim Optimum. Für Silizium zeigt sich ein immer noch achtbarer Wert von 28,6 %.

> Der theoretische Wirkungsgrad von 28,6 % stellt die Obergrenze des erreichbaren Wirkungs-
> grads einer Zelle aus kristallinem Silizium dar (Annahme: nur ein pn-Übergang).

4.6.3 Verluste in der realen Solarzelle

Nachdem wir im vorangegangen Abschnitt die theoretischen Grenzen des maximal erreichbaren Wirkungsgrads ermittelt haben, wollen wir nun herausfinden, wie wir uns diesen Grenzen möglichst eng annähern können. Dazu sollen zunächst die in einer Solarzelle auftretenden optischen und elektrischen Verluste betrachtet werden. Eine Übersicht dazu zeigt Bild 4.26.

4.6.3.1 Optische Verluste

Reflexion an der Oberfläche

Wie wir bereits in Kapitel 3 gesehen haben, verursacht der Brechungsindexsprung von Luft auf Silizium eine Reflexion von etwa 35 %. Abhilfe schafft eine Antireflexbeschichtung, die die mittlere Reflexion eines AM 1,5-Spektrums auf ca. 10 % absenkt. Eine weitere Maßnahme ist die Texturierung der Zellenoberfläche. Dabei wird die Oberfläche mit einer Säure angeätzt, um sie aufzurauen. Im Fall von monokristallinem Silizium können durch anisotrop wirkende

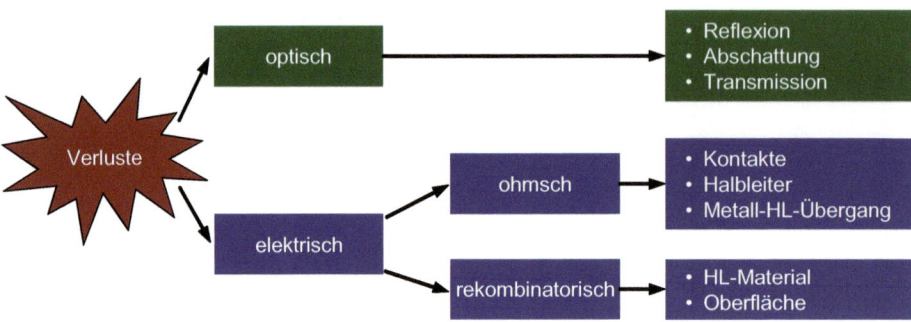

Bild 4.26 Verlustarten in einer Solarzelle

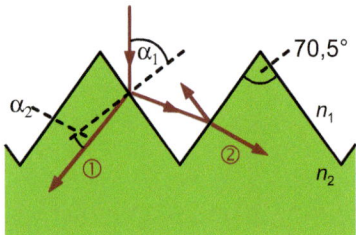

Bild 4.27 Verringerung der Gesamtreflexion durch Texturierung: Dem Licht wird „eine zweite Chance gegeben"

Ätzverfahren (z. B. mit Kaliumhydroxid, KOH) gezielt Pyramidenstrukturen erzeugt werden. Es ergeben sich Pyramiden mit einem Winkel in der Spitze von 70,5° (Bild 4.27).

Was bringt nun die Texturierung? Bild 4.27 zeigt, wie der einfallende Strahl zum Teil in die Zelle eindringt und zum Teil reflektiert wird. Nach den Fresnelschen Formeln lässt sich die Stärke des Reflexionsfaktors R abhängig vom Einfallswinkel α_1 bestimmen [Hec18]:

$$R(\alpha) = \left(\frac{\sin(\alpha_1 - \alpha_2)}{\sin(\alpha_1 + \alpha_2)} \right)^2 \tag{4.51}$$

Dabei kann der Ausfallswinkel α_2 mit dem Brechungsgesetz ermittelt werden:

$$n_1 \cdot \sin \alpha_1 = n_2 \cdot \sin \alpha_2 \tag{4.52}$$

Der reflektierte Strahl ist allerdings nicht verloren; er trifft nochmals auf die Zelloberfläche, wo wiederum ein Teil des Lichts reflektiert wird. Dem Licht wird also gewissermaßen „eine zweite Chance gegeben". In Summe dringt mehr Licht in die Zelle ein, im dargestellten Fall liegt die Verbesserung bei über 20 % gegenüber einem einfachen senkrechten Einfall. Als Folge erhöhen sich Kurzschlussstrom und damit auch der Wirkungsgrad der Zelle. In Tabelle 4.1 ist der verbleibende Reflexionsfaktor bei der Kombination von Antireflexschicht und Texturierung dargestellt.

Abschattung durch Kontaktfinger

Der von der Solarzelle erzeugte Strom muss über die Kontaktfinger zu den Anschlussdrähten hin abgeführt werden. Damit sie einen niedrigen ohmschen Widerstand aufweisen, darf der Querschnitt nicht zu gering sein. Gleichzeitig vergrößern sich mit hoher Fingerbreite die

Tabelle 4.1 Verbleibende Reflexionsverluste bei Antireflexschicht und Texturierung [Goe98, Gre82]

Antireflexbeschichtung	Texturierung	Mittlerer Reflexionsfaktor
nein	nein	30 %
ja	nein	10 %
nein	ja	10 %
ja	ja	3 %

Abschattungsverluste; übliche Breiten liegen bei 100 bis 200 µm. Zur Stromsammlung dienen breitere Streifen, sogenannte Busbars. Diese werden an den Enden verjüngt, da dort die Stromdichte am geringsten ist (siehe Bild 4.28). In Summe ergeben sich Abschattungsverluste im Bereich von 6 bis 10 % [Kre01, Hyu10].

Eine weitere Möglichkeit zur Optimierung besteht darin, die Kontaktfinger nicht breit und flach, sondern schmal und hoch auszuführen. Um bei schrägem Einfall keine zusätzlichen Verschattungen hervorzurufen, „vergräbt" man die Kontakte im Halbleitermaterial. Für diese Buried Contacts werden zunächst mittels Laser schmale Rillen in die Zelloberfläche gefräst und diese anschließend mit einer Ni/Cu-Verbindung gefüllt (Bild 4.29). Die Verschattungsverluste lassen sich so um ca. 30 % reduzieren [Gre95].

Bild 4.28 Frontkontakte einer Solarzelle mit Kontaktfingern und Stromsammelschienen (Busbars) (Quelle: Q-Cells)

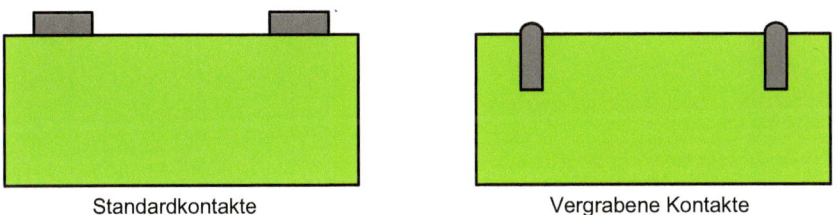

Bild 4.29 Vergleich von Standardkontakten mit der Buried-Contact-Technologie: Die Verschattungsverluste können deutlich verringert werden

Verluste durch Transmission

Langwelliges Licht erfährt nur eine geringe Absorption. So liegt beispielsweise die Eindringtiefe von Licht der Wellenlänge 1000 nm bereits in der Größenordnung der heute üblichen Zellendicken von 150–200 μm. Ohne weitere Maßnahmen kommt es daher zu Durchstrahlungsverlusten. Eine erste Verbesserung lässt sich durch die in Bild 4.27 beschriebene Texturierung erreichen. Wie Bild 4.30 zeigt, werden die senkrecht einfallenden Lichtstrahlen schräg nach unten hin gebrochen und durchlaufen so einen längeren Weg durch die Zelle. Eine weitere Verbesserung ergibt sich durch ein reflektierendes Material an der Zellunterseite; dazu ist sogar die normale Aluminium-Rückkontaktschicht gut geeignet, welche einen Reflexionsfaktor von über 80 % erzeugt [Ris01].

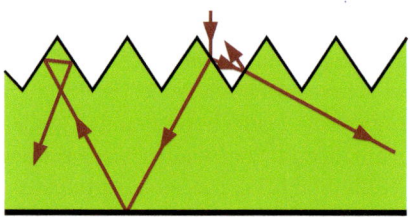

Bild 4.30 Darstellung des Light Trapping: Die schräg gebrochenen Strahlen werden an der Zellrückseite reflektiert und durchlaufen so einen längeren Weg durch den Halbleiter

4.6.3.2   Elektrische Verluste

Ohmsche Verluste

In den Kontaktfingern entstehen auf der Zelloberseite elektrische Verluste. Schmale und hohe Kontakte (im Optimalfall als Buried Contact) bringen hier Abhilfe. Weiterhin kann es im Halbleitermaterial zu ohmschen Verlusten kommen, da die Leitfähigkeit des dotierten Materials begrenzt ist. Insbesondere im dünnen Emitter müssen hohe Ströme zu den Frontkontakten geführt werden. Eine Erhöhung der n-Dotierung bringt hier zwar eine Verbesserung, führt aber gleichzeitig zu stärkerer Rekombination im dotierten Gebiet. Schließlich treten Verluste am Metall-Halbleiter-Übergang auf. Dies liegt daran, dass beim Zusammenbringen von Metall und Halbleiter eine Potentialstufe entsteht (sogenannter Schottky-Kontakt). Diese wirkt wie ein pn-Übergang und reduziert damit die erzielbare Zellenspannung. Hier hilft eine extrem hohe Dotierung des Halbleiters (z. B. $N_D = 10^{20}/\text{cm}^3$), die eine so schmale Raumladungszone entstehen lässt, dass sie von den Elektronen durchtunnelt werden kann [Gre82, Goe98]. Bild 4.31 zeigt eine solche Struktur. Die n^{++}-Dotierung wurde nur in unmittelbarer Umgebung um den Metallkontakt eingebracht, um Rekombinationsverluste zu vermeiden.

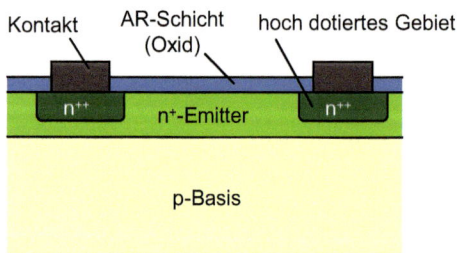

Bild 4.31 Struktur zur Vermeidung eines Schottky-Kontakts: Die hohe Dotierung erlaubt ein Tunneln der Elektronen vom Halbleiter zum Metallkontakt

Rekombinatorische Verluste

Die verschiedenen Gründe für Rekombination von erzeugten Ladungsträgern im Halbleiter-volumen haben wir bereits in Abschnitt 4.2.2 kennengelernt. Hinzu kommen in einer realen Zelle noch Rekombinationen an den Oberflächen, die durch die offenen Bindungen am Rand des Kristallgitters hervorgerufen werden. Eine Maßnahme, die Rekombination an der Unterseite zu reduzieren, ist das in Abschnitt 4.2.4 behandelte Back-Surface-Field. An der Oberseite versucht man, möglichst große Bereiche mit einem Oxid zu bedecken, das die offenen Bindungen absättigt und so passiviert. Wie Bild 4.31 zeigt, wird dazu die Antireflexschicht (z. B. aus Si_3N_4) verwendet. Gleichzeitig führt die n^{++}-n^+-Schichtung am Frontkontakt zu einem „Front Surface Field", das die Löcher von den Kontakten fern hält.

■ 4.7 Hocheffizienzzellen

Im Folgenden sehen wir uns einige Beispiele von aktuellen Hocheffizienzzellen an.

4.7.1 Buried-Contact-Zelle

Die bekannteste Hocheffizienzzelle ist die Buried-Contact-Zelle, die Mitte der 1980er Jahre von Prof. Martin Green an der University of New South Wales (UNSW) in Australien entwickelt wurde. Martin Green ist eine echte Koryphäe auf dem Gebiet der Zellentwicklung und hat wiederholt Wirkungsgrad-Weltrekorde aufgestellt. Bild 4.32 zeigt den Aufbau der Buried-Contact-Zelle. Deutlich sichtbar sind die mittels Laser eingefrästen Gräben, in die die Frontkontakte eingefügt wurden. Um die Kontakte herum erkennt man die n^{++}-Zonen zur Vermeidung des Schottky-Kontakts. An der Unterseite dient die p^+-Schicht zur Bildung des Back-Surface-Fields. Eine Besonderheit besteht darin, dass die Zelle auch auf der Unterseite texturiert wurde. Die dort ankommenden Lichtstrahlen werden hierdurch schräg zurückreflektiert und durchlaufen so besonders lange Wege durch die Zelle (Light-Trapping).

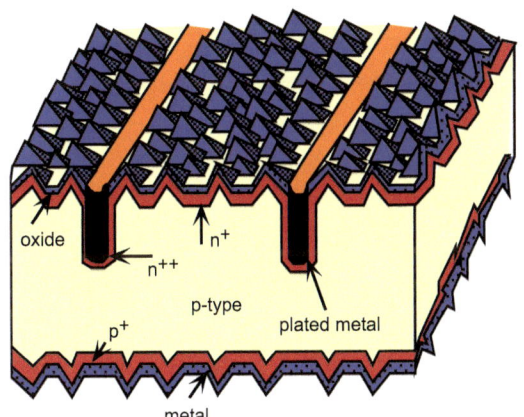

Bild 4.32 Buried-Contact-Zelle (genauer: Laser Grooved Buried Contact: LGBC-Zelle), Bildnutzung mit freundlicher Genehmigung von Martin Green

Das Zellkonzept wurde von der Firma BP Solar in Lizenz erworben und anschließend unter dem Namen Saturn-Zelle in die Massenproduktion überführt. Diese weist auf einer Fläche von $150\,cm^2$ einen Wirkungsgrad von 17,5 % auf [Ran04].

4.7.2   Punktkontakt-Zelle (IBC-Zelle)

Bild 4.33 zeigt die an der Stanford University entwickelte Punktkontaktzelle (Point Contact Cell).

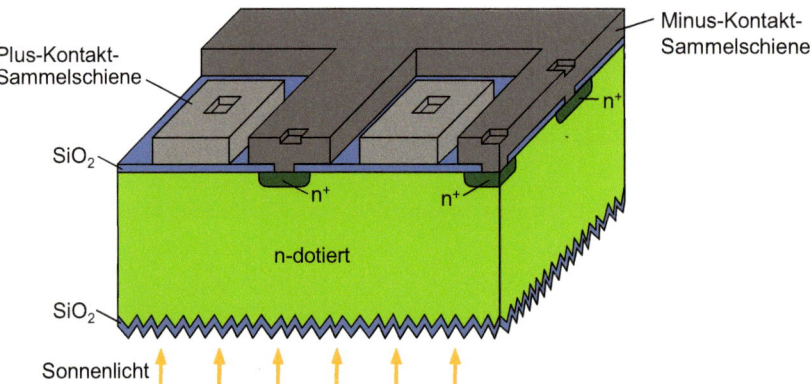

Bild 4.33 Ansicht der Punktkontaktzelle: Alle Kontakte liegen auf der Rückseite der Zelle und können daher beliebig dick ausgeführt werden (nach [Sin85])

Auffallendste Eigenschaft ist, dass sowohl die negativen wie auch die positiven Kontakte auf der Rückseite der Zelle liegen und somit keinerlei Verschattungsverluste auftreten. Dies ist möglich, da hier Silizium sehr guter Qualität verwendet wird. Damit ist die Diffusionslänge der Elektronen so groß, dass fast alle Ladungsträger den Weg bis zur Rückseite schaffen, ohne zu rekombinieren. Die gesamte Vorderseite der Zelle ist passiviert, so kommt es auch dort kaum zu Rekombination.

Auf der Rückseite wird ein besonderer Trick angewendet: Zwischen den Minus-Kontakten und dem Silizium befindet sich ebenfalls eine Oxidschicht. Diese wird nur an bestimmten Punkten per Laser durchbohrt und anschließend ein lokaler Emitter eindiffundiert. Die Oberflächenrekombinationen können damit auf ein Minimum reduziert werden.

Ähnlich ist es bei den Plus-Kontakten. Hier wird durch die Bohrung eine p^+-Insel eindiffundiert (in Bild 4.33 nicht zu sehen). Zwischen den jeweiligen n^+- und p^+-Gebieten bildet sich dann die Raumladungszone, die für die Ladungstrennung der erzeugten Elektron-Loch-Paare sorgt.

Die Technologie wird seit Jahren von der Firma SunPower vermarktet, zunächst unter dem Namen A-300 und heutzutage in einer verbesserten Variante als Maxeon-Zelle. Die Zellen der Größe 13 cm × 13 cm erreichen Wirkungsgrade von 24 %.

Neben der Bezeichnung „Punktkontaktzelle" hat sich für Rückseitenkontaktzellen allgemein auch der Ausdruck „IBC-Zelle" (Interdigitated Back Contact) eingebürgert, da die Plus- und Minus-Kontakte jeweils wechselseitig ineinander greifen.

4.7.3 PERL- und PERC-Zelle

Ein langjähriger Wirkungsgrad-Spitzenreiter kam wiederum von der UNSW aus Australien. Wie Bild 4.34 zeigt, nutzt die PERL-Zelle (Passivated Emitter Rear Locally diffused) ebenfalls das Prinzip der Rückseiten-Punktkontakte. An der Oberseite ist eine sehr regelmäßige Texturierung in Form von invertierten Pyramiden aufgebracht – eine sehr wirkungsvolle Maßnahme zum effizienten Light-Trapping. Die obere Passivierungsschicht ist aus zwei Lagen aus Siliziumoxid und Siliziumnitrid aufgebaut und wirkt als Antireflex-Doppelschicht. So erreicht die Zelle einen Kurzschlussstrom von $42\,\mathrm{mA/cm^2}$ und eine Leerlaufspannung von $714\,\mathrm{mV}$. Mit dem Füllfaktor von $83\,\%$ ergibt sich daraus ein Wirkungsgrad von 25 % [Gre14]. Allerdings handelt es sich hier um eine Laborzelle mit einer Fläche von nur $2\,\mathrm{cm^2}$.

Zur Herstellung der Rekordzelle waren ca. 100 Prozessschritte notwendig; ein für die industrielle Herstellung inakzeptabler Aufwand. Die Firma Suntech produzierte daraufhin Zellen unter dem Namen Pluto auf der Grundlage des PERL-Konzeptes. Die Oberseite wird ähnlich der Zelle in Bild 4.34 strukturiert. Hierdurch erhält die Zelle einen bemerkenswert niedrigen Reflexionsfaktor von nur 1 %, obwohl nur eine Einfach-Antireflexschicht verwendet wird. Die Zellen wurden in den ersten Jahren zunächst mit „normaler" Rückseite (ganzflächig Aluminium mit Back-Surface-Field) hergestellt. Hiermit wurden Wirkungsgrade von immerhin 19 % erreicht. Die Weiterentwicklung in Richtung PERL-Konzept (Rückseitenpassivierung mit

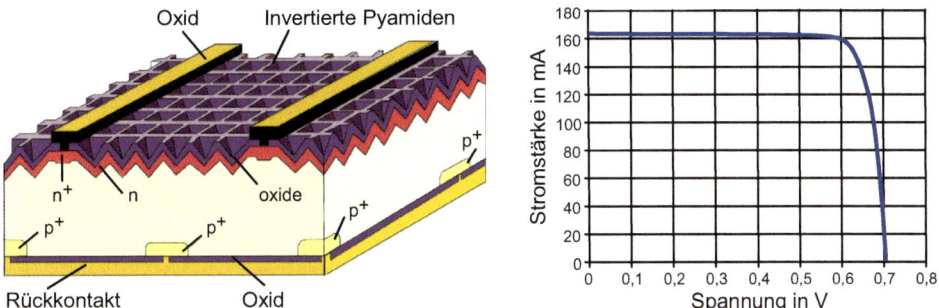

Bild 4.34 PERL-Zelle mitsamt der I/U-Kennlinie, Bildnutzung mit freundlicher Genehmigung von Martin Green, Kurve nach [Gre95]

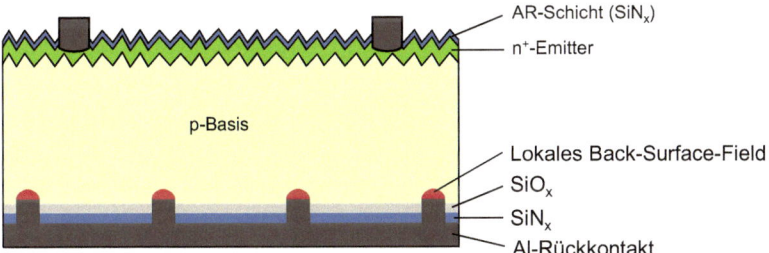

Bild 4.35 Aufbau der PERC-Zelle: Da der Rückseitenkontakt nur an wenigen Stellen bis an die Basis reicht, ergeben sich geringe Oberflächenrekombinationen und somit ein hoher Wirkungsgrad, nach [Dul14]

lokalen Durchkontaktierungen) bei Zellen einer Größe von $155\,cm^2$ hat auf Wirkungsgrade von über 20 % geführt.

Inzwischen verwenden Suntech und viele weitere Unternehmen ein ähnliches Konzept mit dem Namen PERC-Zelle (Passivated Emitter and Rear Cell). In diesem Fall werden statt der lokalen punktförmigen Kontakte streifenförmige Kontakte aufgebracht (siehe Bild 4.35). Nach der Herstellung von Gräben in den Rückseiten-Passivierungsschichten mittels Laser kann die Aluminiumpaste ganzflächig per Siebdruck aufgebracht werden und füllt so auch die Gräben aus. Beim anschließenden „Feuern" der Zelle bildet sich dann ein lokales Back-Surface-Field aus (siehe Abschnitt 5.1.3). Die SiO_x/SiN_x-Schichten bieten außer der Passivierung noch eine relativ gute Reflexion des unten ankommenden IR-Lichts, so dass es eine zweite Chance auf Absorption erhält.

Inzwischen wurden PERC-Zellen mit einem Wirkungsgrad von 24 % präsentiert. Man kann davon ausgehen, dass in wenigen Jahren ein weiterer Prozentpunkt hinzukommt.

Nun wollen wir noch die spektrale Empfindlichkeit einer Hocheffizienzzelle (ähnlich der PERL-Zelle) betrachten (gestrichelte Kurve in Bild 4.9). Sie erreicht in einem weiten Wellenlängenbereich fast den Idealwert, der einem externen Quantenwirkungsgrad von 100 % entspricht. Im kurzwelligen Bereich ist sie deutlich besser als die Standardzelle, da durch die Oberflächenpassivierung und die sehr kleinen n^{++}-Gebiete kein Dead Layer entsteht. Oberhalb von 800 nm arbeitet sie besonders effektiv, da das Infrarotlicht durch Light Trapping mehrmals durch die Zelle läuft und so schließlich doch absorbiert wird.

5 Zellentechnologien

Nachdem wir inzwischen Experten in der Funktionsweise von Solarzellen sind, sehen wir uns nun konkret an, wie Solarzellen aus kristallinem Silizium gefertigt werden. Danach werden wir weitere Zellen aus alternativen Materialien wie amorphem Silizium oder Galliumarsenid kennenlernen. Schließlich werden noch die ökologischen Aspekte der einzelnen Technologien betrachtet.

■ 5.1 Herstellung kristalliner Silizium-Zellen

Das Arbeitspferd der Photovoltaik ist die Silizium-Solarzelle. Daher behandeln wir ausführlich ihre Herstellung, ausgehend vom Sand über das Silizium, den Wafer, die Zellenprozessierung bis hin zum fertigen Solarmodul.

5.1.1 Vom Sand zum Silizium

Erster Schritt ist die Umwandlung von Quarzsand in für die Waferherstellung nutzbares, hochreines Silizium.

5.1.1.1 Herstellung von Polysilizium

Ausgangspunkt der Solarzelle ist das Silizium (von lateinisch silicia: Kieselerde). Es ist nach dem Sauerstoff das zweithäufigste Element auf der Erde. Allerdings kommt es in der Natur praktisch nicht in Reinform vor, sondern hauptsächlich in Form von Siliziumdioxid (Quarzsand). Somit gibt es Silizium im wahrsten Sinne des Wortes wie Sand am Meer ...

Zunächst wird das Siliziumoxid in einem Lichtbogenofen unter Zugabe von Kohle und elektrischer Energie bei ca. 1800 °C reduziert (Bild 5.1):

$$SiO_2 + 2C \rightarrow Si + 2CO$$

Damit erhält man metallurgisches Silizium (Metallurgical Grade: MG-Si) mit einer Reinheit von ca. 98 %. Die Bezeichnung rührt daher, dass derartiges Silizium auch in der Stahlherstellung Einsatz findet. Für den Einsatz in Solarzellen muss das MG-Si noch aufwändig gereinigt werden. Im sogenannten Silan-Prozess wird dazu das klein gemahlene Silizium in einem Wirbelschichtreaktor mit Salzsäure (Chlorwasserstoff, HCl) vermischt. In einer exothermen Reaktion entstehen so flüssiges Trichlorsilan ($SiHCl_3$) und Wasserstoff:

$$Si + 3HCl \rightarrow SiHCl_3 + H_2$$

Nun kann das Trichlorsilan durch wiederholte Destillation immer weiter gereinigt werden, glücklicherweise liegt der Siedepunkt der Flüssigkeit bei nur 31,8 °C. Die Rückgewinnung des Siliziums geschieht in einem Reaktor (Siemens-Reaktor), in dem das gasförmige Trichlorsilan zusammen mit Wasserstoff an einem 1350 °C heißen dünnen Siliziumstab vorbeigeführt wird. Das Silizium scheidet sich dabei als hochreines Polysilizium an dem Stab ab. Man erhält so z. B. Stäbe der Länge 2 m mit einem Durchmesser von etwa 30 cm (Bild 5.1).

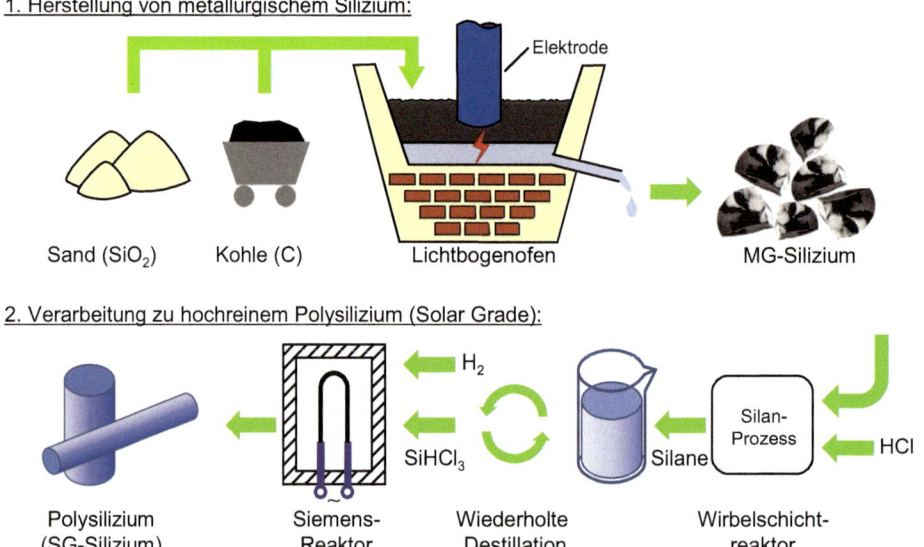

Bild 5.1 Herstellung von Polysilizium aus Quarzsand

Das Polysilizium sollte eine Reinheit von mindestens 99,999 % (5 Neunen, Bezeichnung 5N) aufweisen, um Solar-Grade-Silizium (SG-Si) genannt werden zu können. Für die normale Halbleitertechnik zur Produktion von Computerchips, etc. würde diese Reinheit allerdings nicht ausreichen; hier sind Reinheiten von 99,9999999 % (9N, Electronic Grade: EG-Si) üblich. Da der Siemens-Prozess relativ energieaufwändig ist, sucht man seit Jahren nach Alternativen zur Reinigung des Siliziums. Eine Möglichkeit ist die Verwendung von Flussbettreaktoren, bei denen das Reinstsilizium kontinuierlich abgeschieden wird. Man erreicht dies, indem anstelle von Saatstäben kleine staubförmige Silizium-Saatkristalle in den Reaktor eingeblasen werden. Diese wachsen dann mit Hilfe des Trichlorsilans und des Wasserstoffs zu wenige Millimeter großen Siliziumkügelchen heran. Der Flussbettreaktor (Fluidized Bed Reactor – FBR) hat höhere Produktionsraten und einen um 70 % geringeren Energieverbrauch als der Siemensreaktor [Als06]. Allerdings ist die Prozessführung schwierig und benötigt viel Erfahrung.

Recht viel versprechend ist die Herstellung von direkt gereinigtem Silizium (Upgraded Metallurgical Grade: UMG-Si), für die es inzwischen verschiedene Ansätze gibt. Das Verfahren der Firma 6N-Silicon besteht beispielsweise darin, MG-Silizium in flüssigem Aluminium zu schmelzen. Dieses gelingt praktischerweise bereits bei 800 °C im Gegensatz zum deutlich höheren „normalen" Schmelzpunkt von Silizium bei 1414 °C. Anschließend lässt man die Schmelze abkühlen, so dass sich Siliziumkristalle bilden. Die Fremdatome wie Bor oder Phosphor werden dabei vom Aluminium aufgenommen. Nach der Abkühlung ist das Silizium jedoch noch mit Aluminium verunreinigt, welches in weiteren Schritten entzogen werden muss. Die Herstellung von UMG-Silizium benötigt nur ca. den halben Energieaufwand des Siemens-Verfahrens. Allerdings kommen die erzielbaren Reinheiten bisher nicht an die des Siemens-Prozesses heran [Sol09b].

Das polykristalline Silizium hat eine zu schlechte Kristallstruktur, um direkt in Solarzellen eingesetzt werden zu können. Wir betrachten daher im Folgenden die zwei wichtigsten Verfahren zur Verbesserung der Kristalleigenschaften.

5.1.1.2 Herstellung von monokristallinem Silizium

Zur Herstellung von monokristallinem Silizium hat sich das Czochralski-Verfahren (CZ-Verfahren) durchgesetzt (siehe auch Abschnitt 1.6.1). Hierzu werden Brocken aus Polysilizium in einem Tiegel bei 1450 °C geschmolzen und ein an einem Metallstab angebrachter Impfkristall von oben in die Schmelze eingetaucht. Anschließend zieht man ihn unter leichter Drehung langsam wieder nach oben, wobei sich flüssiges Silizium anlagert und kristallisiert (Bild 5.2). So entsteht allmählich ein einkristalliner Siliziumstab (Ingot), dessen Dicke durch die Variation von Temperatur und Ziehgeschwindigkeit eingestellt werden kann. Mit diesem Verfahren lassen sich Stäbe mit einem Durchmesser von bis zu 30 cm und einer Länge von bis zu 2 m herstellen. Für die Photovoltaik liegen die Durchmesser typischerweise bei 5 bis 6 Zoll (12,5 bis 15 cm).

Soll die Kristallqualität noch besser sein, setzt man statt des CZ-Verfahrens das Float-Zone-Verfahren (FZ-Verfahren oder Zonenschmelz-Verfahren) ein. Hier wird an den senkrecht hängenden Polysiliziumstab unten ein Impfkristall angesetzt (Bild 5.3). Anschließend schiebt man langsam eine Induktionsspule von unten nach oben über den Stab. Dabei wird das Silizium jeweils nur in der Induktionszone geschmolzen, so dass sich der Einkristall von unten nach oben bildet. Da bei der Kristallisation noch vorhandene Unreinheiten mit der Schmelze nach oben getrieben werden, erreicht das Zonenschmelz-Verfahren eine besonders hohe Kristallqualität. FZ-Si ist allerdings deutlich teurer als CZ-Si, daher wird es in der Photovoltaik nur in Ausnahmefällen genutzt. Die PERL-Weltrekordzelle aus Abschnitt 4.7 wurde zum Beispiel aus zonengezogenen Silizium hergestellt.

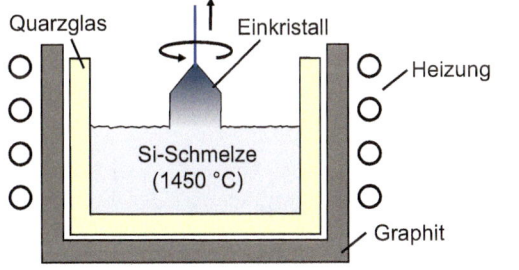

Bild 5.2 Herstellung von monokristallinen Siliziumstäben mittels Czochralski-Verfahren (Foto: PVA Crystal Growing Systems GmbH)

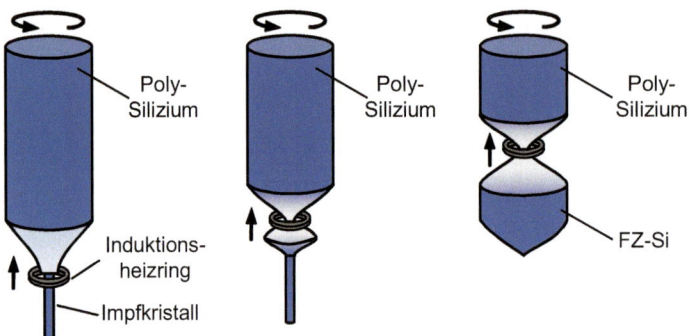

Bild 5.3 Prinzip des Float-Zone-Verfahrens: Der nach oben bewegte Heizring schmilzt das Polysilizium jeweils nur lokal auf, so dass die Verunreinigungen beim Kristallisieren nach oben getrieben werden

5.1.1.3   Herstellung von multikristallinem Silizium

Deutlich einfacher ist die Herstellung von multikristallinem Silizium. Bild 5.4 zeigt das Prinzip: In einen Tiegel aus Graphit werden Brocken aus Polysilizium geschüttet und z. B. durch Induktionsheizung zur Schmelze gebracht. Anschließend lässt man den Tiegel von unten her erkalten, zum Beispiel indem man die Heizringe langsam nach oben zieht. Auf dem Boden des Tiegels bilden sich an verschiedenen Stellen kleine Einkristalle, die so lange seitlich weiter wachsen, bis sie aneinander stoßen. Durch den vertikalen Abkühlprozess wachsen die Kristalle anschließend säulenartig weiter nach oben (kolumnares Wachstum). An den Grenzschichten bilden sich Kristallversetzungen, die später in der Zelle zu Rekombinationszentren werden. Aus diesem Grund versucht man, die Einkristalle möglichst groß werden zu lassen. Die Säulenstruktur hat außerdem den Vorteil, dass durch Licht erzeugte Minoritätsträger in vertikaler Richtung keine Kristallgrenze durchqueren müssen.

> Aufgrund der schlechteren Materialqualität von multikristallinem Silizium liegt der Wirkungsgrad von Solarzellen aus diesem Material typischerweise um 2–3 % unter dem von monokristallinen Solarzellen.

Nach Kristallisation der gesamten Schmelze wird der Siliziumblock (Ingot) in Blöcke (Bricks) von 5 oder sogar 6 Zoll Kantenlänge zerteilt.

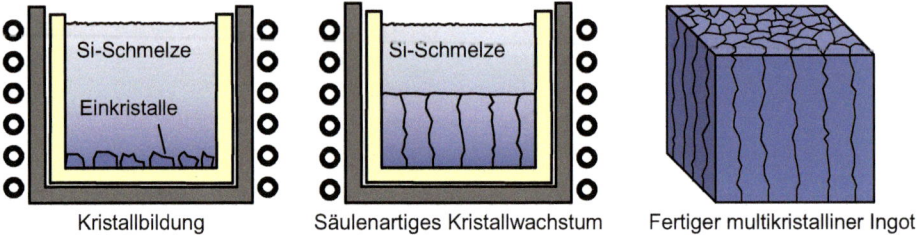

Kristallbildung   Säulenartiges Kristallwachstum   Fertiger multikristalliner Ingot

Bild 5.4 Herstellung von multikristallinen Ingots

Was ist genau der Unterschied zwischen multikristallinem und polykristallinem Silizium?

 Polykristallines Silizium ist von schlechterer Kristallqualität als multikristallines Material; die Durchmesser der enthaltenen Einkristalle liegen im Mikro- bis Millimeterbereich. Von multikristallinem Material spricht man bei Einkristallen der Größenordnung Millimeter bis 10 cm [Bas94]. Sind die Einkristalle größer als 10 cm liegt monokristallines Silizium vor. Allerdings wird diese klare Unterscheidung nicht in allen Büchern konsequent durchgehalten.

5.1.1.4   Herstellung von quasimonokristallinem Silizum

Neben dem mono- und multikristallinen Silizium gibt es inzwischen einen Zwitter: Das quasi-monokristalline Silizium. Mehr oder weniger durchgesetzt hat sich dafür die Abkürzung QSC-Silizium (quasi-single crystalline). Hier wendet man zwar wieder das Blockgussverfahren an, allerdings wird auf den Tiegelboden ein monokristalliner Impfkristall gelegt. Genauer gesagt, schneidet man aus dem Czochralski-Ziehstab ca. 2 cm dicke quadratische Scheiben mit z. B. 6 Zoll Kantenlänge. Mit diesen legt man den z. B. 80 cm × 80 cm großen Tiegelboden aus. Auf diesen „gekachelten Impfkristall" werden dann die Polysiliziumstäbe gelegt und aufgeschmolzen. Wichtig ist, dass von oben her so aufgeschmolzen wird und der Impfkristall nicht ganz schmilzt, da sonst die kristalline Struktur verloren geht.

Durch den Impfkristall geht die Kristallisation im Vergleich zum normalen Blockgussverfahren deutlich geordneter vor sich, so dass man eine relativ hohe Kristallqualität erhält. Die Bricks in der Mitte des Ingots haben dann praktisch eine monokristalline Struktur, die äußeren weisen eine eher multikristalline Struktur auf. Unter dem Strich erhält man so bei fast gleichem Aufwand deutlich bessere Kristallqualitäten. Der Impfkristall kann übrigens wiederverwendet werden. Er wird vom Boden des Ingots abgesägt und durch Abätzung von Kristallfehlern befreit.

5.1.2   Vom Silizium zum Wafer

5.1.2.1   Waferherstellung

Nach der Herstellung müssen die Bricks in einzelne Scheiben (Wafer) zersägt werden. Dazu werden meist Drahtsägen verwendet, die an einen Eierschneider erinnern (Bild 5.5). Ein Draht der Dicke 100 bis 140 μm läuft mit hoher Geschwindigkeit durch eine Paste (Slurry) aus Glykol und extrem harten Siliziumcarbid-Körnern und reißt diese mit sich in den Sägespalt des Siliziums. Es handelt sich hier also eher um einen Schleif- oder Läpp-Prozess anstelle eines Sägevorgangs. Der entstehende Sägespalt beträgt mindestens 120 μm.

Leider lassen sich die abgetragenen Siliziumspäne nicht mit ausreichender Reinheit aus der Slurry zurückgewinnen. Bei aktuellen Waferdicken von 180 μm entstehen somit Sägeverluste, die fast genauso groß sind wie der genutzte Anteil. Immer mehr Hersteller setzen inzwischen Diamantdraht ein, der mit einer Dicke von rund 60 μm deutlich geringere Sägeverluste erzeugt [Ber17].

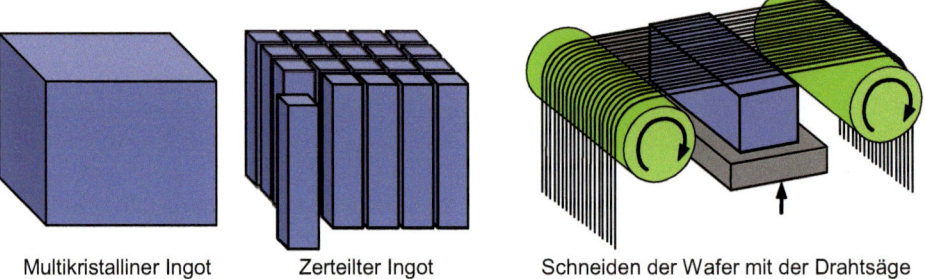

Multikristalliner Ingot   Zerteilter Ingot   Schneiden der Wafer mit der Drahtsäge

Bild 5.5 Herstellung von multikristallinen Wafern: Nach der Zerteilung der Ingots in einzelne Bricks werden sie mit der Drahtsäge in Wafer geschnitten

5.1.2.2   Wafer aus Foliensilizium

Wenn es gelingt, den Wafer direkt aus der Schmelze zu ziehen, kann man die Sägeverluste vollständig vermeiden. Dies ist die Idee des Folien-Siliziums. Im sogenannten Edge-Defined-Film-Fed-Growth-Verfahren (EFG-Verfahren) der Firma Schott Solar wird ein Formgeber aus Graphit in die Silziumschmelze getaucht (Bild 5.6). Durch Kapillarkräfte steigt das flüssige Silizium in den Spalt und kann nun an einen länglichen Impfkristall „angedockt" und als dünne Scheibe nach oben gezogen werden. Im realen Prozess verwendet man einen oktagonförmigen Spalt und zieht so achteckige Röhren von 6 Metern Länge mit einem Durchmesser von 30 cm mit nur hauchdünnen Wandstärken von 300 μm. Die Herstellung einer Röhre benötigt etwa 5 Stunden. Mittels Laser werden diese Röhren dann anschließend in einzelne Wafer der Größe 5 Zoll zerschnitten.

Obwohl das EFG-Verfahren durch den Wegfall der Sägeverluste deutliche Vorteile verspricht, hat sich Schott Solar im Jahr 2009 entschieden, die Produktion von EFG-Wafern einzustellen. Offensichtlich konnte das Unternehmen dem Trend der Branche zu größeren und dünneren

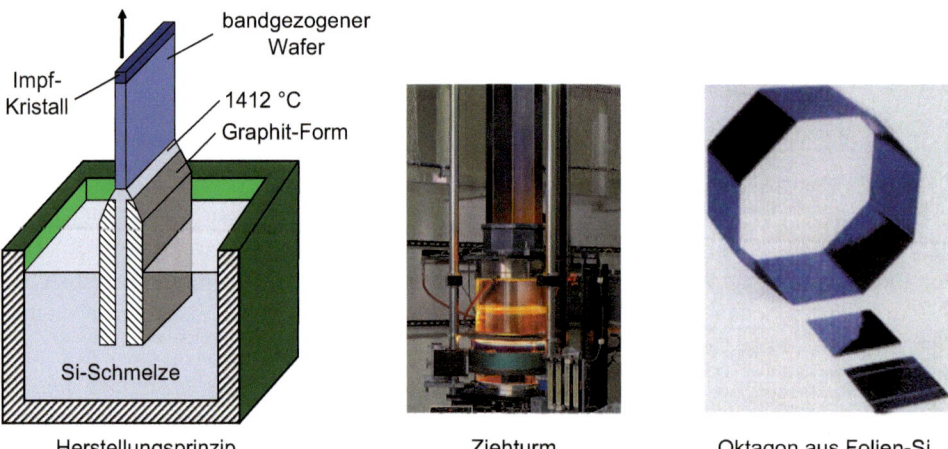

Herstellungsprinzip   Ziehturm   Oktagon aus Folien-Si

Bild 5.6 Herstellung von Wafern nach dem EFG-Verfahren: Die Wafer werden ohne Sägen direkt aus der Schmelze gezogen (Fotos: Schott Solar AG)

Wafern nicht folgen. Hinzu kommt eine relativ langsame Ziehgeschwindigkeit, um eine ausreichende Kristallqualität zu erreichen.

Ein zweites Verfahren zur Herstellung von Foliensilizium hat die Firma Evergreen Solar unter dem Namen String-Ribbon entwickelt, das an das Prinzip der Seifenblase erinnert. Zwei parallele erhitzte Drähte werden durch die Si-Schmelze nach oben gezogen. Dabei bildet sich zwischen beiden eine „Seifenhaut" aus Silizium, welche an der Luft zu multikristallinem Silizium erstarrt. Evergreen gibt an, dass ihr Verfahren den geringsten Energieaufwand aller Waferherstellungsprozesse benötigt.

5.1.3 Herstellung von Standard-Solarzellen

Wir betrachten im Folgenden die typischen Schritte zur Herstellung einer modernen Si-Standardzelle (siehe Bild 5.7). Zunächst werden die bereits p-dotierten Wafer in ein Ätzbad getaucht, um Verunreinigungen oder Kristallschäden an der Oberfläche zu beseitigen (Damage-Etching). Anschließend erfolgt die Texturierung der Oberfläche (z. B. durch Anätzen mit Kali-Lauge). Die Bildung des eigentlichen pn-Übergangs wird dann durch Bildung des n^+-Emitters mittels Phosphordiffusion erreicht. Dies ist ein relativ energieintensiver Prozess, da Temperaturen von 800–900 °C benötigt werden. Im nächsten Schritt folgt die Abscheidung der Antireflexbeschichtung aus Siliziumnitrid (Si_3N_4), welche gleichzeitig eine Passivierung der Oberfläche bewirkt.

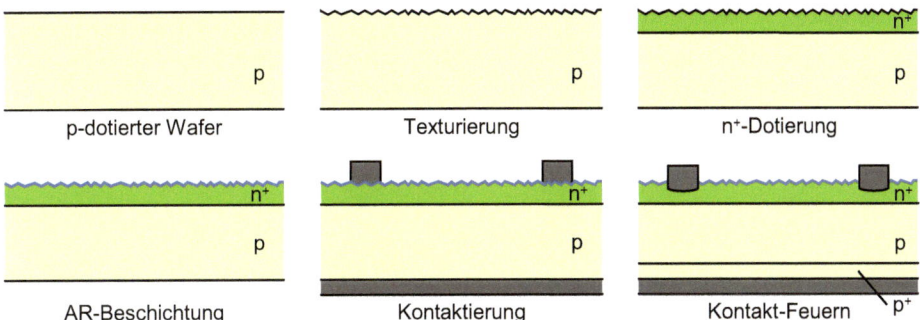

Bild 5.7 Prozessschritte zur Herstellung einer Standardzelle

Die Aufbringung der Kontakte geschieht im Siebdruckverfahren. Dazu legt man eine mit Schlitzen versehene Maske auf die Zelle und streicht Metallpaste darüber. So wird diese nur an definierten Stellen auf den Wafer aufgebracht. Die Bildung des Rückseitenkontakts geschieht in zwei Schritten. Zunächst werden Lötkontaktflächen aus Silberpaste aufgebracht, um an diesen Stellen später die Anschlussdrähte anlöten zu können. Anschließend wird der Rest der Rückseite vollflächig mit Aluminium bedeckt. Die Vorderseitenkontaktierung erfolgt im nächsten Schritt. Hier setzt man ebenfalls silberhaltige Paste ein, um einen geringen Serienwiderstand zu erreichen.

 Der Einsatz von Silber für die Solarzellenkontakte ist doch bestimmt recht teuer. Gibt es dazu keine Alternativen?

Tatsächlich sind die Kosten des Silbers eine echte Hürde bei der weiteren Senkung der Produktionskosten. Inzwischen gibt es allerdings schon vielversprechende Ansätze, den Einsatz von Silber zu vermeiden. Ein von mehreren Herstellern verfolgter Ansatz besteht darin, Kupfer zu verwenden. Allerdings diffundiert Kupfer schon bei Raumtemperaturen in die Zelle und erzeugt dort Traps (vgl. Abschnitt 4.2.2). Daher bringt man zunächst Nickel auf, welches als Barriere zwischen Kupfer und Si-Emitter wirkt [Ben12].

Auch auf der Rückseite wird bislang Silber eingesetzt. Normalerweise beschichtet man diese für das Back-Surface-Field ganzflächig mit Aluminium. Die mit Zinn beschichteten Zellverbinderbändchen lassen sich aber leider nicht direkt mit dem Aluminium verlöten, daher wird bislang Silber als Kontaktbrücke eingesetzt. Ein neues Verfahren verwendet Kontaktstreifen aus Zinn, die direkt mit dem Aluminium verbunden werden. Damit entfällt neben der Silberpaste auch gleich noch ein Siebdruckschritt im Produktionsverlauf [Chu12].

Das anschließende Kontaktfeuern der Zellen (ca. 800 °C) sorgt für die Aushärtung der Pasten und ein „Durchbrennen" der Antireflexschicht zwischen Frontkontakt und Emitter. Außerdem bewirkt das Feuern eine Diffusion von Al-Atomen aus dem Rückkontakt in die Basis, um die für das Back-Surface-Field notwendige p^+-Schicht zu erzeugen (siehe Abschnitt 4.2.4). Durch die Phosphordiffusion werden auch die Randbereiche der Zelle n-dotiert, wodurch der pn-Übergang faktisch kurzgeschlossen wird. Daher erfolgt als letzter Schritt noch eine Kantenisolation (Ätz- oder Laserschneidprozess) der Zelle. Abgeschlossen wird der Herstellungsprozess der Solarzelle mit der Vermessung der I/U-Kennlinie unter Standardtestbedingungen, um die Zelle in eine Güteklasse einzuteilen. Bild 5.8 zeigt die Ansicht einer monokristallinen Zelle nach den jeweiligen Herstellungsstufen.

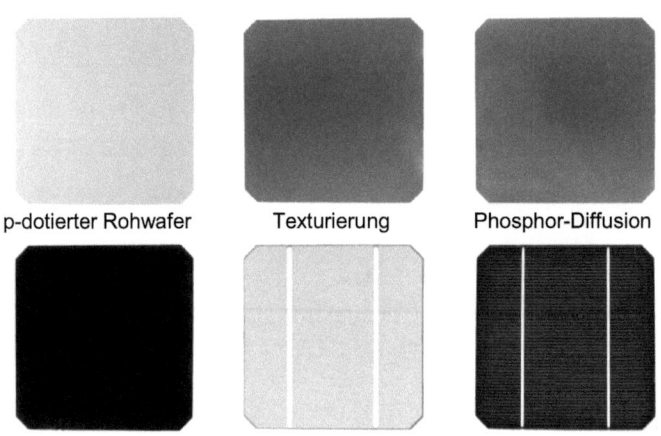

Bild 5.8 Ansicht einer monokristallinen Zelle nach den jeweiligen Herstellungsstufen

Die Solarzelle in den obigen Bildern hat immer eine p-dotierte Basis und einen n-dotierten Emitter. Könnte man das nicht genauso gut anders herum machen?

 Heutzutage ist der Normalfall, dass Zellenproduzenten vollständig mit Bor dotierte Wafer einkaufen und diese dann in einem bewährten Prozess mit Phosphor für den Emitter dotieren. Allerdings haben diese p-Typ-Zellen einen wichtigen Nachteil: Bor bildet mit Verunreinigungen (z. B. Chrom oder Eisen) Komplexe, die zusätzliche Rekombinationszentren bilden. Hinzu kommt das Problem des bei der Herstellung des Wafers in die Schmelze gelangten Sauerstoffs. Die sich daraus bildenden metastabilen Bor-Sauerstoff-Komplexe führen erst nach Lichteinfall zu zusätzlichen Rekombinationszentren. Damit verringert sich der Wirkungsgrad z. B. innerhalb eines Monats Betriebszeit je nach Qualität des Materials um bis zu 7 % (Degradation) [Rut08].

Inzwischen steigen immer mehr Zellhersteller auf n-Typ-Zellen um, da hier diese Probleme nicht auftreten. Die Basis wird dann üblicherweise mit Phosphor dotiert. Als Dotierstoff für den Emitter kann man z. B. Aluminium oder Bor verwenden. Allerdings müssen spezielle Maßnahmen ergriffen werden, um die Oberflächen zu passivieren [Glu10]. Zellenarten, die n-Typ-Wafer verwenden, sind z. B. die Punktkontakt-Zelle (siehe Abschnitt 4.7.2) und die HIT-Zelle (siehe Abschnitt 5.4.1)

Der nächste Produktionsschritt ist der Einbau der Solarzellen in Solarmodule; diesen werden wir im Folgenden betrachten.

5.1.4 Herstellung von Solarmodulen

Um Solarzellen zur Stromversorgung handhabbar zu machen, werden sie in Solarmodule integriert. Bild 5.9 zeigt den prinzipiellen Aufbau eines Glas-Folien-Solarmoduls. Die einzelnen Zellen werden durch verzinnte Kupferstreifen zu einem Zellstring elektrisch in Serie geschaltet (statt String ist auch die deutsche Bezeichnung Strang üblich). Diesen String bettet man ein in zwei Folien aus Ethyl-Vinyl-Acetat (EVA), einem transparenten Kunststoff. Den Abschluss bildet auf der Oberseite eine ca. 4 mm starke Glasscheibe und auf der Unterseite eine Rückseitenfolie. Dieses Sandwich wird dann in einem Laminator unter Vakuum bis auf 150 °C erhitzt. Das EVA-Material weicht hierdurch auf, umfließt die Zellen und härtet schließlich aus.

Die Rückseitenfolie dient dem Schutz vor eindringender Feuchtigkeit und stellt außerdem einen elektrischen Isolator dar. Sie ist als Verbundfolie aus Polyvinylfluorid und Polyester aufgebaut und wird meist als Tedlar-Folie bezeichnet, dem Handelsnamen der Firma Dupont. Bevor der Modulrahmen aus Aluminium aufgebracht wird, muss der Modulrand (z. B. durch spezielles Klebeband) versiegelt werden.

Eine Alternative zum Glas-Folien-Modul ist das Glas-Glas-Modul (Bild 5.9). Dieses wird aus architektonischen Gründen gern für Fassaden oder zur Dachintegration verwendet. Die zweite Glasscheibe dient zur Erhöhung der mechanischen Stabilität, da kein Metallrahmen vorhanden ist. In den letzten Jahren gibt es einen neuen Trend hin zu Glas-Glas-Modulen. Dies liegt daran, dass inzwischen sehr stabile Glasscheiben mit nur 2 mm Dicke verfügbar sind. Somit wird das Glas-Glas-Modul nicht schwerer als ein herkömmliches Modul mit 4 mm dicker Frontseite. Gleichzeitig weisen die Module eine Reihe von Vorteilen auf. So sorgt die rückseitige

Glas-Folien-Modul:

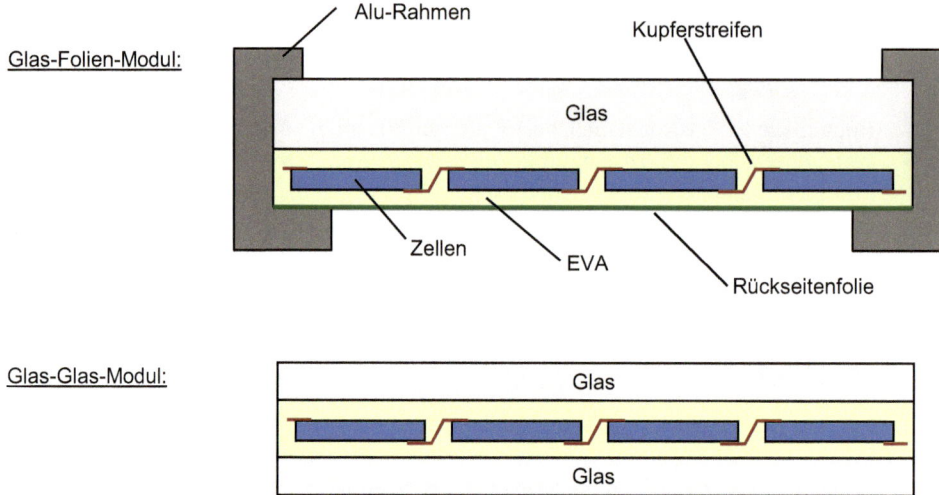

Bild 5.9 Aufbau eines Glas-Folien-Moduls sowie eines Glas-Glas-Moduls

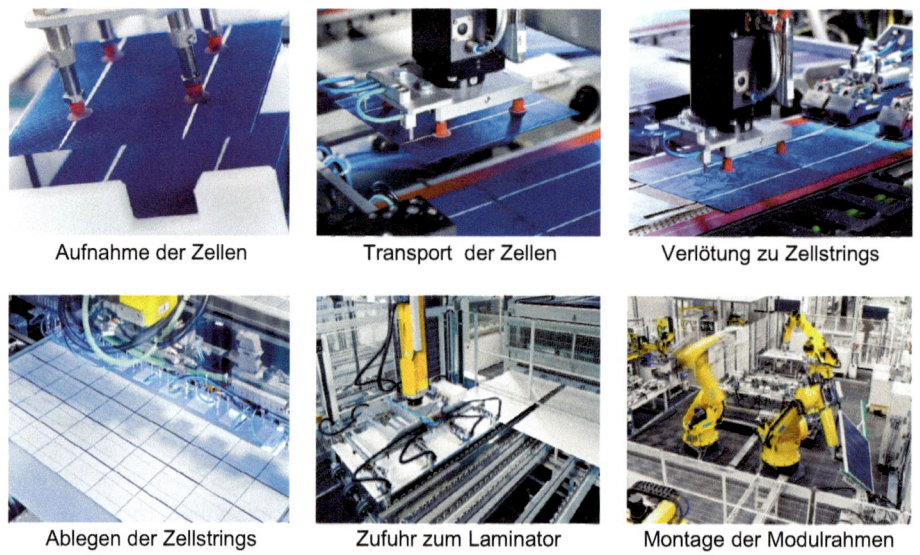

Bild 5.10 Fertigungsschritte zur Herstellung eines Solarmoduls (Fotos: Solar-Fabrik AG)

Glasscheibe für eine dampfdichte und unempfindliche Versiegelung des Moduls. Da die Zellen außerdem symmetrisch zwischen den Glasscheiben samt EVA-Folien eingepackt sind, führen Durchbiegungen seltener zu Zellbrüchen. Manche Hersteller sind so überzeugt von den Vorteilen der Glas-Glas-Module, dass sie ihre Leistungsgarantie auf diese „Qualitätsmodule" von 25 auf 30 Jahre verlängert haben.

In Bild 5.10 sind die einzelnen Schritte zur Herstellung eines Solarmoduls dargestellt. Die Fertigung erfolgt inzwischen durchgehend automatisiert. Bild 5.11 zeigt zum Abschluss zwei kommerzielle Module. Das multikristalline Modul ist als Glas-Folien-Modul ausgeführt und weist

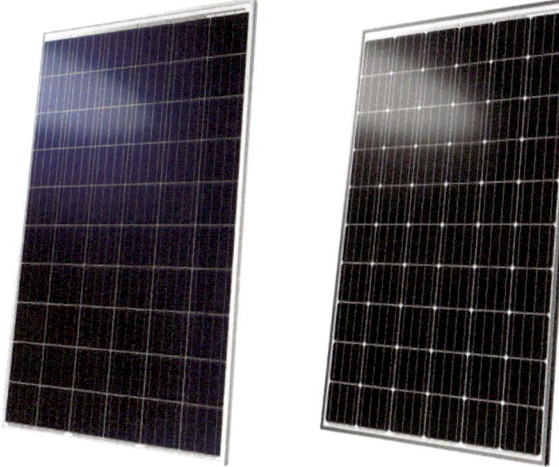

Bild 5.11 Ansicht von zwei kommerziellen Solarmodulen: Multikristallines Glas-Folien-Modul „Blue 60P" (links) und monokristallines Glas-Glas-Modul „Vision 60M High Power" (Quelle: SOLARWATT GmbH)

eine Nennleistung von 275 Wp auf. Dagegen erreicht das Glas-Glas-Modul durch die Verwendung von hocheffizienten PERC-Zellen bei gleicher Größe eine Leistung von 305 Wp.

In Kapitel 6 werden die Eigenschaften von Solarmodulen und Fragen zur optimalen Zellverschaltung genauer betrachtet. Im Folgenden sehen wir uns alternative Zellentechnologien an.

■ 5.2 Zellen aus amorphem Silizium

Wie wir bereits in Kapitel 3 gelernt haben, weisen direkte Halbleiter einen extrem hohen Absorptionskoeffizienten auf. Damit ist es möglich, das Sonnenlicht in einer „Dünnschichtzelle" innerhalb von einem Mikrometer zu absorbieren. Das bekannteste Dünnschichtmaterial ist amorphes Silizium, mit dem wir uns im Folgenden beschäftigen.

5.2.1 Eigenschaften von amorphem Silizium

Scheidet man Silizium aus der Gasphase auf einem Trägermaterial ab, so bildet sich eine extrem unregelmäßige Struktur aus Siliziumatomen (amorph – griechisch: ohne Struktur). Es entsteht eine Vielzahl von offenen Bindungen, die man Dangling Bonds („Baumelnde Bindungen") nennt. Sie bilden Rekombinationszentren für die Elektron-Loch-Paare und machen das Material für Solarzellen ungeeignet. Der Trick besteht nun darin, bei der Abscheidung Wasserstoff als Passivierung zuzugeben, um die Dangling Bonds abzusättigen. Den Aufbau dieses oft als a-Si:H bezeichneten Materials zeigt Bild 5.12 in der linken Skizze. Leider können nicht alle Bindungen gesättigt werden, da man dazu den Wasserstoffanteil soweit erhöhen müsste, dass die optischen Eigenschaften des Materials verschlechtert würden [Rep03]. Die Kristallstruktur

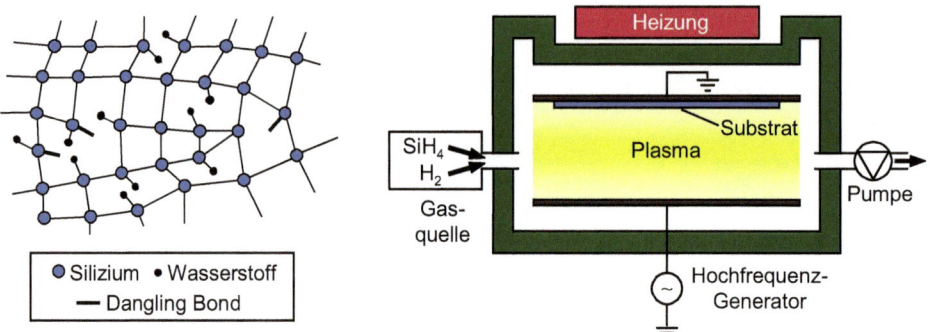

Bild 5.12 Aufbau des a-Si-Gitters und Darstellung der Plasma unterstützten Gasphasenabscheidung (PECVD) zur Herstellung von a-Si-Dünnschichtzellen (nach [Zem06])

von a-Si:H weist je nach Wasserstoffanteil eine direkte Bandlücke im Bereich von $\Delta W_G = 1{,}7$ bis $1{,}8\,eV$ auf [Gao02]. Wie Bild 3.22 zeigt, liegt der Absorptionskoeffizient um ein bis zwei Größenordnungen über dem von c-Si. Bei einer Wellenlänge von 600 nm beträgt die Eindringtiefe nur $0{,}25\,\mu m$. Somit reichen Zellendicken von $0{,}5\,\mu m$, um das Sonnenlicht größtenteils zu absorbieren!

5.2.2 Herstellungsverfahren

Zur Herstellung von a-Si-Dünnschichtzellen verwendet man hauptsächlich die Plasma unterstützte chemische Gasphasenabscheidung (Plasma Enhanced Chemical Vapour Deposition – PECVD, siehe Bild 5.12). Die Ausgangsgase Silan (SiH_4) und Wasserstoff (H_2) strömen in die ca. $200\,°C$ heiße Prozesskammer ein und geraten dort in ein starkes Hochfrequenzfeld. Dieses beschleunigt einzelne Elektronen, die wiederum die Moleküle der Ausgangsgase durch Stoßionisation in ihre Bestandteile zerlegen (SiH_3^+ etc.). Die geladenen Teilchen bilden ein Plasma, das hoch reaktive Ionen enthält, welche mit der Substratoberfläche reagieren und sich dort anlagern. Bei weiterer Zufuhr der beiden Prozessgase wächst die entstandene Schicht aus a-Si:H immer weiter. Das Verfahren würde auch ohne die Plasmaunterstützung funktionieren (normale Gasphasenabscheidung – CVD), allerdings benötigt man dann für das Aufbrechen der Ausgangsgase Temperaturen von mehr als $450\,°C$, was die Wahl der Substratmaterialien stark einschränken würde.

Typische Abscheideraten liegen im Bereich von $0{,}2\,nm/s$. Die Herstellung einer $0{,}5\,\mu m$ dicken a-Si:H-Schicht benötigt z. B. eine Zeit von etwa 40 Minuten. Diese Zeit ist für eine Massenfertigung eigentlich zu groß; wünschenswert wäre eine Reduzierung um den Faktor 10. Dazu gibt es bereits viel versprechende neue Verfahren (z. B. Very-High-Frequency-PECVD sowie Hot-Wire-CVD) mit hohen Abscheideraten, die allerdings oftmals die Zahl der Defekte im a-Si:H erhöhen [Rep03].

5.2.3 Aufbau der pin-Zelle

Den typischen Aufbau einer mit dem PECVD-Verfahren gefertigten a-Si-Dünnschichtzelle zeigt Bild 5.13.

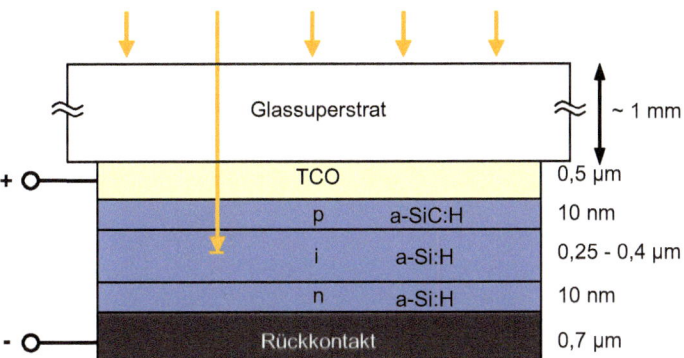

Bild 5.13 Aufbau der a-Si-Dünnschichtzelle: Die Gesamtdicke der aufgebrachten Materialien liegt unter 2 μm

Auf eine Glasplatte wird zunächst ganzflächig eine transparente Elektrode aus leitendem Oxid (Transparent Conducting Oxide – TCO) aufgebracht; eine Technik, wie sie zur Herstellung von Flachbildschirmen angewandt wird. Typische Materialien sind Indium-Zinn-Oxid (ITO) oder Zink-Oxid (ZnO). Daran schließt sich ein Sandwich aus p-dotiertem, intrinsischem (undotiertem) und n-dotiertem amorphem Silizium an. Den Abschluss bildet ein dünner Rückkontakt aus Aluminium oder Silber. Erstaunlich ist der geringe Materialaufwand für die Zelle: Die auf das Glas aufgebrachten Schichten haben eine Gesamtdicke von unter 2 μm! Die in Bild 5.13 dargestellte Struktur nennt man auch Superstrat-Zelle, da die Glasscheibe, auf der die Schichten abgeschieden wurden, bei Sonnenbestrahlung über dem Rest der Zelle liegt (*super:* lateinisch für *über*).

Die Lichtabsorption soll möglichst in der intrinschen Schicht stattfinden, da die erzeugten Elektron-Loch-Paare in dotiertem Material schon nach wenigen Nanometern rekombinieren. Aus diesem Grund gibt man im p-Gebiet noch Kohlenstoff zu; hierdurch wird die Bandlücke auf etwa 2 eV vergrößert, so dass die a-SiC:H-Schicht annähernd transparent wird.

Auch im undotierten a-Si ist die Rekombinationswahrscheinlichkeit sehr groß. Die erzeugten Minoritätsträger müssen möglichst schnell „nach Hause gebracht werden" (siehe Abschnitt 4.2). Dies gelingt durch den Aufbau als pin-Zelle, die ein hohes elektrisches Feld erzeugt, welches die Teilchen sofort nach der Erzeugung trennt und in die Heimatgebiete transportiert.

Zum besseren Verständnis der Wirkungsweise der pin-Zelle ist in Bild 5.14 die Raumladungszone dargestellt (vergleiche dazu Bild 3.14). Analog zum normalen pn-Übergang diffundieren die Elektronen aus dem n-Gebiet in das intrinsische Gebiet und hinterlassen positive Dona-

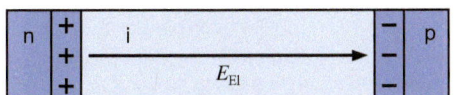

Bild 5.14 Folge des Aufbaus als pin-Zelle: Die Raumladungszone erstreckt sich praktisch über den gesamten intrinsischen Bereich

toratome. Da sie dort keine Löcher zur Rekombination finden, „kullern" sie weiter, bis sie im p-Gebiet in die Löcher fallen und dort eine negative Raumladung bilden. Als Ergebnis bildet sich ein konstantes elektrisches Feld über dem gesamten i-Gebiet aus.

Die Dünnschichtzelle wird auch als Driftzelle oder Feldzelle bezeichnet, da hier die optisch erzeugten Minoritätsträger als reiner Feldstrom fließen. Die c-Si-Zelle hatten wir dagegen Diffusionszelle genannt; dort diffundieren die Teilchen zunächst zur Raumladungszone, von wo sie dann als Feldstrom ins Heimatgebiet strömen.

 Könnte man die Schichtenreihenfolge bei einer a-Si-Zelle auch genauso gut tauschen? Also nip statt pin?

 Das geht grundsätzlich schon. Allerdings ist in a-Si:H die Löcherbeweglichkeit und damit die Driftgeschwindigkeit um eine Größenordnung geringer als die der Elektronen [Lia06]. Sie brauchen nach der Erzeugung daher länger, um ins p-Gebiet zu kommen und sind besonders gefährdet, zu rekombinieren. Aus diesem Grund ist die pin-Reihenfolge vorteilhaft. Da die Lichtabsorption hauptsächlich in der oberen Hälfte der i-Schicht erfolgt (siehe Bild 4.8), haben es die erzeugten Löcher so nicht weit bis zur p-Schicht.

5.2.4 Staebler-Wronski-Effekt

Die große Bandlücke von 1,75 eV führt dazu, dass Licht oberhalb von etwa 700 nm nicht mehr absorbiert werden kann. Als Folge dieser Transmissionsverluste liegt der theoretisch mögliche Wirkungsgrad bei 26 % (siehe Bild 4.25). Tatsächlich erreicht der Rekordwirkungsgrad realer Zellen nur etwa 10 %, Standardzellen kommen auf etwa 7–8 %. Neben der hohen Defektdichte des a-Si und dem Serienwiderstand der TCO-Schicht liegt ein wesentlicher Grund darin, dass neu produzierte Zellen unter Lichteinfluss degradieren. Bild 5.15 zeigt dies am Beispiel zweier pin-Zellen, die nach der Herstellung für über 10.000 h voller Sonneneinstrahlung bei AM 1,5

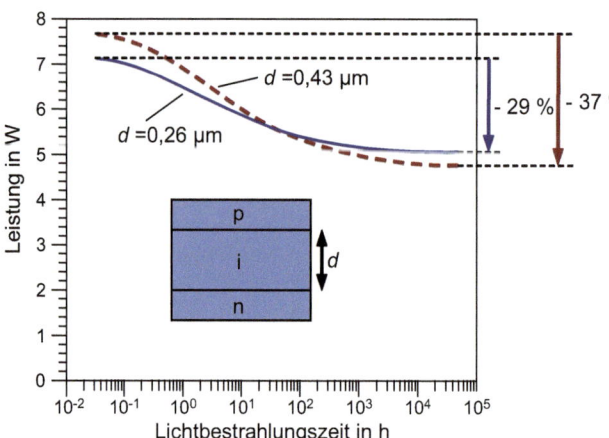

Bild 5.15 Lichtdegradationsmessung von zwei a-Si-pin-Zellen unterschiedlicher Dicke: Innerhalb von 3000 h mit voller Lichtbestrahlung reduziert sich die Leistung um bis zu 37 % (nach [Str00])

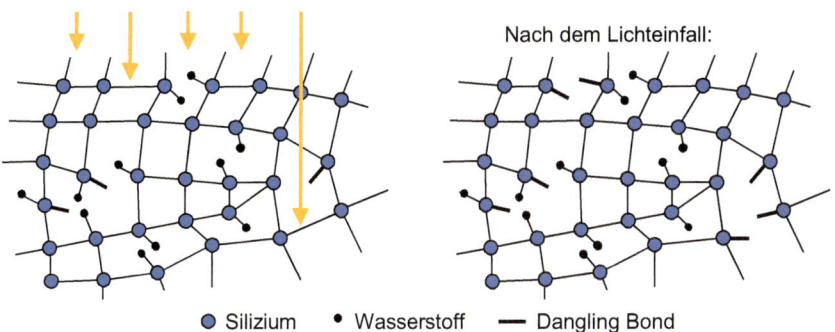

Bild 5.16 Darstellung des Staebler-Wronski-Effekts: Bei Lichteinfall kommt es zum Aufknacken der schwachen Bindungen im Kristall (nach [Rep03])

ausgesetzt wurden (Light Soaking). Nach ca. 3000 h lag die Leistungsreduzierung bei 29 bzw. 37 % und stabilisierte sich dann.

Ursache für die Degradation ist der Staebler-Wronski-Effekt, der nach den beiden Wissenschaftlern benannt ist, die ihn zum ersten Mal detailliert beschrieben [Sta77]. Der Grund liegt in verspannten Si-Si-Kristallbindungen, die durch den unregelmäßigen Kristallaufbau bedingt sind. Diese schwachen Bindungen werden bei der Rekombination von durch Licht erzeugten Elektron-Lochpaaren „aufgeknackt" und bilden so als neue Dangling Bonds weitere Rekombinationszentren für die Minoritätsträger (siehe Bild 5.16). Die geknackten Bindungen stellen außerdem zusätzliche Raumladungen dar, die das in der pin-Zelle eingebaute Feld schwächen können.

Nach einer gewissen Lichtbestrahlungszeit sind alle schwachen Bindungen aufgeknackt, so dass sich der Wirkungsgrad der Zelle stabilisiert.

Die genaue Wirkungsweise des Effektes ist nach wie vor noch nicht völlig verstanden. Immerhin hat man herausgefunden, wie er verringert werden kann. So können durch Tempern (ab 150 °C) die zusätzlichen Kristalldefekte ausgeheilt und der Stabler-Wronski-Effekt rückgängig gemacht werden [Car98]. Außerdem zeigt Bild 5.15, dass dünnere i-Schichten eine geringere Degradation zeigen als dicke Schichten. Der Grund liegt in dem größeren elektrischen Feld, das auch bei Vorhandensein von störenden Raumladungen die Elektron-Loch-Paare noch sicher nach Hause bringt [Zem06].

 Wenn man die Schichten immer dünner macht, wird doch bestimmt nicht mehr genug Sonnenlicht absorbiert, oder?

 Natürlich steigen die Transmissionsverluste mit dünner werdender i-Schicht. Abhilfe bringt allerdings ein Trick, den wir schon aus Kapitel 4 kennen: das Light Trapping durch Texturierung. Dazu werden sowohl die TCO-Schicht als auch die Rückseitenelektrode aufgeraut, so dass sich der Lichtweg deutlich verlängert und Schichtdicken von 250 nm möglich werden.

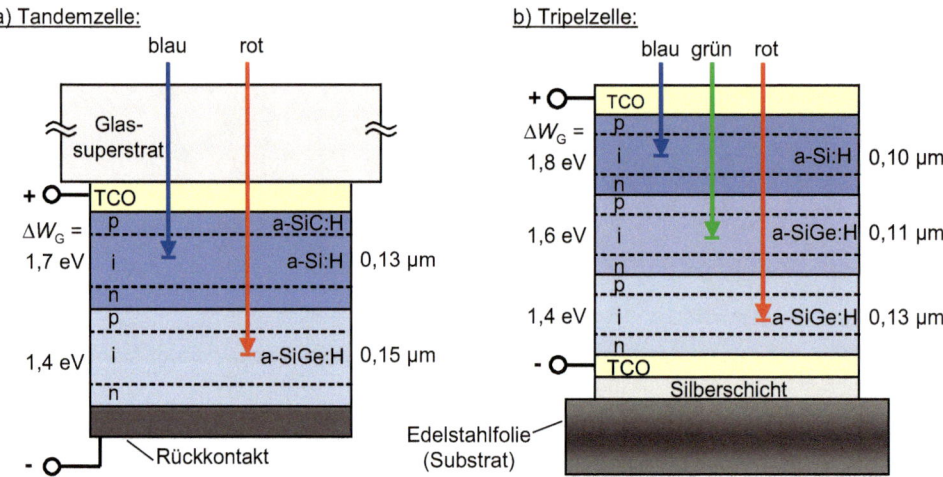

Bild 5.17 Beispiele für Superstrat-Tandem- und Substrat-Tripelzelle (nach [Zem06, Yan97])

5.2.5 Stapelzellen

Um den Wirkungsgrad deutlich zu erhöhen, muss das Sonnenspektrum besser genutzt werden. Dazu stapelt man in einer Tandemzelle zwei pin-Zellen aus Materialien unterschiedlicher Bandlücke, die jeweils auf einen bestimmten Spektralbereich optimiert sind. Bild 5.17 zeigt dies an zwei Beispielen.

Im Fall der Tandemzelle wird auf die a-Si-Absorberschicht noch eine a-SiGe-Schicht aufgebracht. Diese Legierung kann in Abhängigkeit des Anteils der Germaniumatome eine Bandlücke zwischen 1,4 und 1,7 eV aufweisen. Einstrahlendes Licht wird so je nach Wellenlänge in unterschiedlichen Tiefen der Zelle absorbiert: Kurzwelliges Licht („blau") oberhalb von 1,7 eV schafft es nur bis zur ersten pin-Zelle. Für das langwellige Licht („rot") ist die obere pin-Zelle transparent; es wird daher erst in der unteren Zelle absorbiert. Da beide Zellen in Reihe geschaltet werden, bestimmt die schwächere Zelle den Gesamtstrom. Aus diesem Grund muss die Dicke der einzelnen Absorberschichten so gewählt werden, dass beide Zellen annähernd den gleichen Strom erbringen (Current Matching).

Noch besser ist die Lichtaufspaltung im Fall der Tripelzelle: hier wird zusätzlich eine weitere a-SiGe-Schicht mit einer Bandlücke von 1,6 eV eingesetzt (Bild 5.17b). Eine Besonderheit dieser von der Firma United Solar hergestellten Zelle besteht darin, dass sie auf einer flexiblen Edelstahlfolie aufgebracht wird. Sie stellt somit eine Substrat-Zelle dar (*sub:* lateinisch für *unter*). Die Silberschicht zwischen Folie und TCO dient zur Reflexion des Lichtes nach oben. Bild 5.18 zeigt den externen Quantenwirkungsgrad (siehe Abschnitt 4.3) der Gesamtzelle mit den Beiträgen der jeweiligen Einzelzellen. Die angegebenen Kurzschlussströme machen deutlich, dass das Current Matching relativ gut gelungen ist. Die Zelle weist einen Anfangswirkungsgrad von 14.6 % und einen stabilisierten Wirkungsgrad von 13 % auf. Da die einzelnen pin-Zellen in Reihe geschaltet sind, ergibt sich eine relativ hohe Leerlaufspannung von 2,3 V [Yan97].

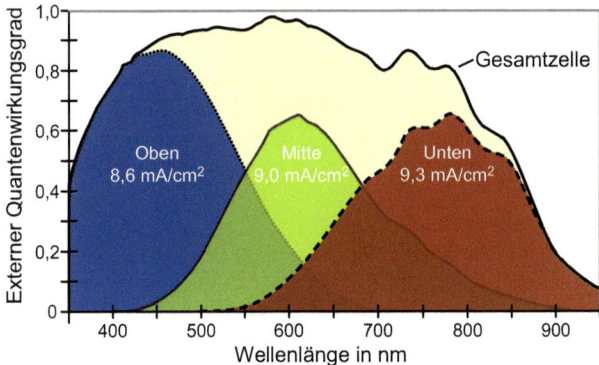

Bild 5.18 Externe Quanteneffizienz der Triplezelle aus Bild 5.17: Die einzelnen pin-Zellen sind jeweils für unterschiedliche Wellenbereiche zuständig (nach [Yan97])

 Der stabilisierte Wirkungsgrad der Rekord-Tripelzelle liegt nur um etwa 10 % unter dem Anfangswirkungsgrad. Warum ist dort die Degradation so gering?

 An diesem Beispiel zeigt sich ein weiterer Vorteil der Stapelzellen. Die einzelnen pin-Zellen sind für die jeweiligen Spektralbereiche optimiert und können daher dünner ausgeführt werden. Eine dünne Zelle führt aber zu einem hohen elektrischen Feld. Wie wir in Bild 5.15 gesehen haben, verringert sich damit auch die Degradation.

An dieser Stelle soll betont werden, dass die Obergrenze des in Abschnitt 4.6 besprochenen theoretischen Wirkungsgrads η_T nur für Einfachzellen gilt. Stapelzellen aus unterschiedlichen Materialien können diese Grenze ohne weiteres übertreffen (siehe auch Abschnitt 5.4).

5.2.6   Kombizellen aus mikromorphem Material

Da reale a-Si-Zellen doch einen sehr beschränkten Wirkungsgrad aufweisen, liegt es nahe, diesen durch ein zusätzliches Absorbermaterial zu erhöhen. Konkret verwendet man sogenanntes mikrokristallines Silizium (μc-Si). Der Ausdruck mikrokristallin bezeichnet ein Material, das kristalline Siliziumpartikel (Nanokristalle) in der Größe deutlich unterhalb von 1 μm enthält. Diese Nanokristalle entstehen mittels PECVD-Abscheidung bei bestimmten Silankonzentrationen. Als Resultat erhält man ein Konglomerat aus Nanokristallen, die in eine a-Si:H-Umgebung eingebettet sind (Bild 5.19a).

Das Material verhält sich ähnlich wie kristallines Silizium mit einer Bandlücke von 1,12 eV. Damit eignet es sich sehr gut in Kombination mit a-Si, um einen großen Teil des Solarspektrums abzudecken. Außerdem zeigt das Material praktisch keine Degradation. Allerdings weist es wie auch c-Si einen geringen Absorptionskoeffizienten auf. Um es dennoch im Dünnschichtbereich einsetzen zu können, benötigt man relativ große Schichtdicken und muss außerdem den Lichtweg durch effektives Light Trapping deutlich verlängern. Bild 5.19b zeigt das Beispiel einer mikromorphen Tandemzelle (mikromorph: Kunstwort aus mikrokristallin und amorph).

Mikromorphe Laborzellen erreichen bislang stabile Wirkungsgrade von 12 %; großflächige Module gibt es mit maximal 10 % Wirkungsgrad. Reine a-Si Module sind aufgrund geringer Wirkungsgrade praktisch vollständig vom Markt verschwunden. Einige Firmen stiegen dann

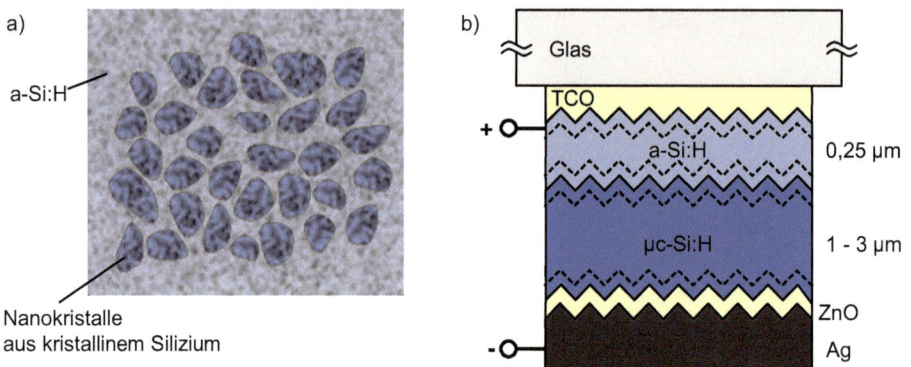

Bild 5.19 Struktur von mikrokristallinem Silizium und Aufbau der a-Si:H/μ-Si:H-Tandemzelle (nach [Roo78, Rep03])

auf die mikromorphe Technologie um. Allerdings hat sich der Marktanteil auch dieser Variante wieder deutlich verringert, da CdTe und CIS deutlich höhere Wirkungsgrade bieten (siehe Abschnitt 5.3).

5.2.7 Integrierte Serienverschaltung

Ein großer Vorteil der Dünnschichttechnologie besteht darin, dass man die Zellen während des Herstellvorgangs zu einem ganzen Modul verschalten kann. Bild 5.20 zeigt dazu die einzelnen Verfahrensschritte. Nach Aufbringen des TCO wird dieser per Laser in einzelne Teilbereiche geteilt, auf die anschließend die pin-Zellen abgeschieden werden. Diese Zellen müssen dann wiederum getrennt und mit einem Rückkontakt versehen werden. Nachdem auch dieser strukturiert wurde, ist die elektrische Verschaltung fertig. Wichtig für einen geringen Serienwiderstand ist eine ausreichende Breite des Grabens bei der Halbleiterstrukturierung, da die Zellen durch diesen nach Füllung mit dem Rückkontakt in Reihe geschaltet werden.

Die letzte Abbildung in Bild 5.20 zeigt den Anteil der durch die Serienverschaltung nicht nutzbaren Fläche. Die Darstellung ist nicht maßstäblich, der ungenutzte Anteil beträgt je nach Technologie nur ca. 5–10 % der aktiven Zellfläche. Die Verkapselung der Module erfolgt ähnlich wie bei den normalen c-Si-Glas-Glas-Modulen durch EVA und eine Rückscheibe (vgl. Abschnitt 5.1.4). Die integrierte Serienverschaltung führt zu einem sehr homogen aussehenden Streifenmuster, so dass derartige Module gern für architektonisch anspruchsvolle Lösungen wie Fassaden oder semitransparente Verglasung eingesetzt werden (siehe Bild 5.21a).

Es gibt aber auch einen großen Nachteil dieses Verfahrens: die Abscheidung der Siliziumschichten muss über die gesamte Modulfläche (z. B. 2 m^2) völlig homogen sein. Ist das nicht der Fall, so senkt jede minderwertige Zelle den Strom durch alle anderen. Aus diesem Grund liegen die Wirkungsgrade von Dünnschichtmodulen oft um mehr als 10 % unter denen der einzelnen Zellen. Im Fall der kristallinen Wafertechnologie ist dies nicht der Fall, da man die produzierten Zellen zunächst in Qualitätsklassen einteilt und erst dann Zellen gleicher Klasse in einem Modul kombiniert.

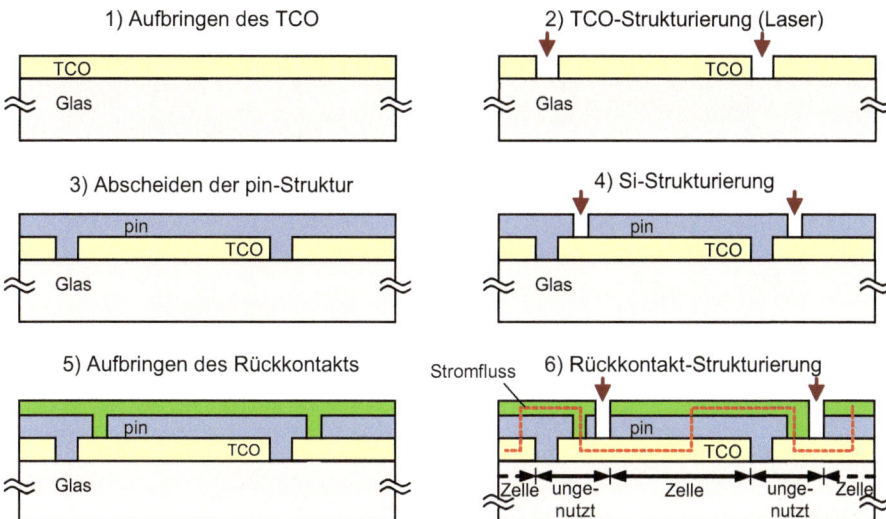

Bild 5.20 Herstellungsschritte zur integrierten Serienverschaltung der einzelnen pin-Zellen

Bild 5.21 Ansicht von a-Si-Modulen: Semitransparentes Modul (Taiyo Kogyo Corporation) und flexibles Laminat für Dachbahnen (United Solar)

Die Firma United Solar ging bei ihrer a-Si-Modulherstellung daher einen Mittelweg. Sie erzeugte integriert verschaltete Solarzellen der Größe eines DIN-A4-Blatts auf einer schmalen langen Rolle (siehe Bild 5.21b). Um daraus ein Modul zu machen, wurden zwei Streifen mit je 10 Zellen nebeneinander gelegt und anschließend elektrisch verbunden und in einem Modulrahmen verkapselt. Leider ist es dem Unternehmen nicht gelungen, im weltweiten Wettbewerb mitzuhalten, so dass diese Zelle nicht mehr produziert wird.

Zellen aus amorphem Silizium haben übrigens einen wichtigen Vorteil gegenüber den c-Si-Vertretern: die Temperaturabhängigkeit des Wirkungsgrads ist deutlich geringer. Während die Leistung einer c-Si-Zelle typischerweise um 0,5 % pro Kelvin abfällt (siehe Abschnitt 4.4), liegt der Temperaturkoeffizient von a-Si bei weniger als der Hälfte.

■ 5.3   Weitere Dünnschichtzellen

Nachdem wir am Beispiel des amorphen Siliziums bereits einen detaillierten Einblick in die Dünnschichttechnologie bekommen haben, sehen wir uns die weiteren Materialien an. Dabei geht es vor allem darum, die wesentlichen Unterschiede zu a-Si-Zellen kennen zu lernen.

5.3.1   CIS-Zellen

Als zweite Dünnschichttechnologie betrachten wir die Materialien aus der Gruppe der Chalkopyrite, die im Allgemeinen unter dem Kürzel CIS oder auch CIGS zusammengefasst werden. Ihnen ist gemeinsam, dass sie die Gitterstruktur von Chalkopyrit (Kupferkies – $CuFeS_2$) aufweisen. Wie Tabelle 5.1 zeigt, handelt es sich um verschiedene ternäre (also aus drei Elementen bestehende) Verbindungshalbleiter.

Tabelle 5.1 Materialkombinationen der CIS-Familie

Materialkombination	Name	Bandabstand	Kürzel
$CuInSe_2$	Kupfer-Indium-Diselenid	1 eV	CISe
$CuInS_2$	Kupfer-Indium-Disulfid	1,5 eV	CIS
$CuGaSe_2$	Kupfer-Gallium-Diselenid	1,7 eV	CIGSe
$CuGaS_2$	Kupfer-Gallium-Disulfid	1,55 eV	CIGS

An CIS-Zellen wurde bereits seit den 1970er Jahren geforscht, im Jahr 1987 gelang ARCO Solar die Herstellung einer CIS-Zelle mit 14,1 % [Mit88]. Doch schon bald machte sich Ernüchterung breit: Beim Übergang zu größeren Flächen reduzierten sich die Wirkungsgrade drastisch. Erst in den 1990er Jahren wurde durch genauere Kenntnis der Materialeigenschaften die Herstellung von Solarmodulen mit Wirkungsgraden über 10 % möglich.

Das heute meist verwendete Material ist $CuIn_xGa_{(1-x)}Se_2$, ein quaternärer (also aus vier Elementen bestehender) Verbindungshalbleiter. Dabei gibt x den Anteil des Indiums in der Materialkombination an. Mit $x = 1$ erhält man $CuInSe_2$ mit einem Bandabstand von 1 eV, mit $x = 0$ ergibt sich entsprechend $CuGaSe_2$ mit 1,7 eV. Durch Variation des Indiumanteils kann also der Bandabstand beliebig zwischen den beiden Extremwerten variiert und damit der Wirkungsgrad optimiert werden.

Einen klassischen Zellenaufbau zeigt Bild 5.22. Es handelt sich um eine Substratkonfiguration. Das untenliegende Glas dient lediglich als Trägermaterial; als Rückelektrode fungiert Molybdän. Darauf wird eine CIGS-Absorberschicht aufgebracht. Der pn-Übergang wird durch die p-dotierte CIGS-Schicht und eine dünne n-dotierte Cadmiumsulfid-Schicht gebildet. Die beiden Materialien bilden einen sogenannten Heteroübergang, da die Bandlücken von n- und p-Bereich unterschiedlich sind (*hetero*: griechisch für *anders*). Komplettiert wird die Zelle oben durch eine TCO-Schicht aus n-dotiertem Zinkoxid.

Bei der Entwicklung der Zellen zeigte sich, dass auch das verwendete Glas einen Einfluss auf den Wirkungsgrad der Zellen hat. Besonders Kalk-Natron-Glas führt zu hohen Wirkungsgraden. Ursache ist eine Diffusion von Natrium aus dem Glas in die Absorberschicht während des Herstellungsprozesses. Hierdurch verbessern sich die Kristallstruktur und die elektronischen Eigenschaften des polykristallinen CIGS.

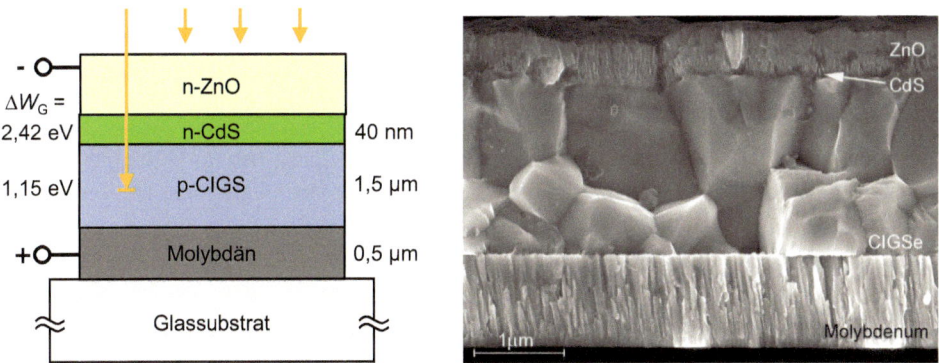

Bild 5.22 Prinzipieller Aufbau und Foto einer klassischen CIGS-Zelle: Deutlich erkennbar ist die polykristalline Struktur des Absorbermaterials (Foto: Hahn-Meitner-Institut; Nutzung mit freundlicher Genehmigung durch John Wiley & Sons Ltd. [Poo06])

Die klassischen Zellen (siehe Bild 5.22) erreichten Zellwirkungsrade um 15 %. Erst in den letzten Jahren wurde dann eine Reihe von Verbesserungen eingeführt, die die Effizienz deutlich weiter nach oben trieben. Diese Maßnahmen wollen wir kurz betrachten:

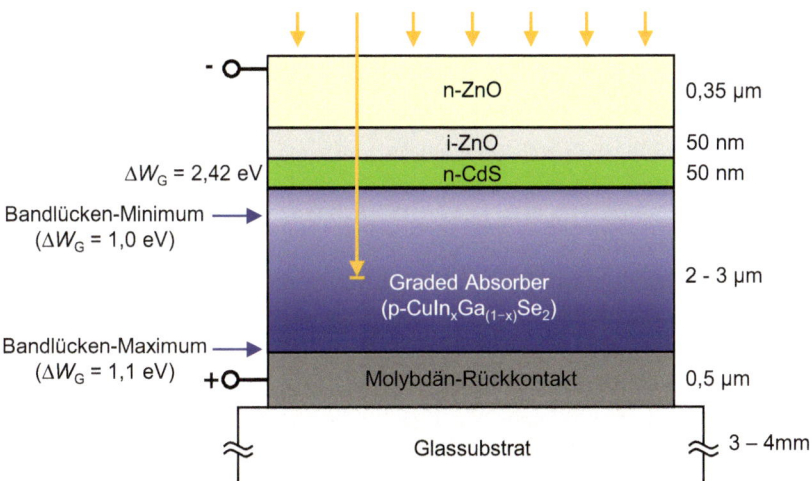

Bild 5.23 Aufbau einer modernen CIGS-Zelle: Wesentliche Effizienzgewinne gegenüber der Zelle aus Bild 5.22 ergeben sich aus dem „Graded Absorber" und der zusätzlichen i-ZnO-Zwischenschicht, nach [Pow17]

Graded Absorber

Bild 5.23 zeigt den Aufbau einer modernen CIGS-Zelle. Auffällig ist die Farbvariation in der Absorberschicht. Diese soll die kontinuierliche Änderung („Grading") der Bandlücke des Absorbermaterials in Abhängigkeit von der Position im Absorber darstellen. Nach unten hin wird der Galliumanteil erhöht, so dass sich eine steigende Bandlücke von bis zu 1,1 eV ergibt. Dies führt zur Ausbildung eines Back-Surface-Fields (BSF), was wie bei den c-Si-Zellen die Rekombination an der Zellrückseite verringert und so wiederum für eine höhere Leerlaufspannung der Zelle sorgt. Nach oben hin reduziert sich die Bandlücke des Absorbermaterials bis hinunter zu 1 eV. Somit können dort auch Photonen im nahen Infrarot (vgl. Gleichung (4.40)) absorbiert werden, was den Photostrom der Zelle erhöht.

In Bild 5.23 fällt auf, dass die Bandlücke im oberen Absorberbereich wieder größer wird. Der Hauptgrund liegt darin, dass sich so aufgrund der besseren Bandstruktur eine höhere Leerlaufspannung der Zelle erreichen lässt. Hinzu kommt die bessere Qualität des pn-Übergangs, wenn ein gewisser Galliumanteil auf der Absorberseite vorhanden ist.

Ersetzen der Cadmiumsulfid-Schicht

Die CdS-Zwischenschicht ist ein mehr oder weniger ungeliebtes Kind der CIGS-Technologie. Zum einen enthält sie das Schwermetall Cadmium, was immer wieder zu Diskussionen über dessen Giftigkeit führt. Zum anderen führt die Bandlücke des CdS in Höhe von 2,42 eV dazu, dass ein Teil des blauen Lichts in der (immerhin schon sehr dünnen) Schicht ungenutzt absorbiert wird. Durch die hohe Dotierung der Schicht haben die Ladungsträger eine extrem geringe Lebensdauer und rekombinieren fast vollständig (ähnlich dem Dead Layer bei c-Si-Zellen, siehe Abschnitt 4.2.3).

Als Alternativen werden inzwischen z. B. auch Zn(O,S)-Schichten verwendet, da diese durch die höhere Bandlücke kaum Absorption zeigen [Fri17]. Solar Frontier, die Firma mit dem aktuellen Rekordwirkungsgrad für CIGS-Zellen, verwendet wiederum eine Zn(S,O,OH)-Schicht in ihrer Modulproduktion [Feu17].

Post-Deposition Treatment (PDT)

Anstelle sich von dem Natriumgehalt des Trägerglases abhängig zu machen, wird heutzutage meist ein Post-Deposition Treatment (PDT) angewandt. Diese „Nach-Abscheidungs-Behandlung" beschreibt das gezielte Einbringen von Alkalimetallen (Natrium, Kalium etc.) in den zuvor abgeschiedenen Absorber. Während Natrium hauptsächlich die Kristallstruktur des Absorbers verbessert, führt Kalium zusätzlich zu einer Optimierung des pn-Übergangs [Feu17]. Auch schwerere Alkalimetalle wie Rubidium oder Cäsium können hier Vorteile bringen [Jac16].

Zusätzliche Zwischenschicht (Buffer-Layer)

Moderne Zellen verwenden zwischen TCO und CdS-Schicht einen weiteren sogenannten Buffer-Layer aus undotiertem Zinkoxid (i-ZnO). Dieser soll Leckströme durch die CdS-Schicht verringern und sie gleichzeitig beim anschließenden Aufbringen der TCO-Schicht schützen. Die TCO-Schicht ist wiederum nach wie vor meist aus Zinkoxid, das für eine hohe Leitfähigkeit mit Aluminium dotiert wurde.

 Wäre es nicht eigentlich sinnvoll, CIGS-Zellen als Tandem- oder Tripelzellen aufzubauen, wie wir es bei den a-Si-Zellen kennengelernt haben? Durch die bei CIGS mögliche Variation der Bandlücke von 1,0 bis 1,7 eV wäre das doch ideal.

 Das ist grundsätzlich eine gute Idee! Verschiedene Versuche haben allerdings ergeben, dass Zellen mit Bandlücken im Bereich 1,6 bis 1,7 eV schlechte elektrische Eigenschaften haben und unerwünschte Absorption zeigen. Statt Mehrfachzellen aus

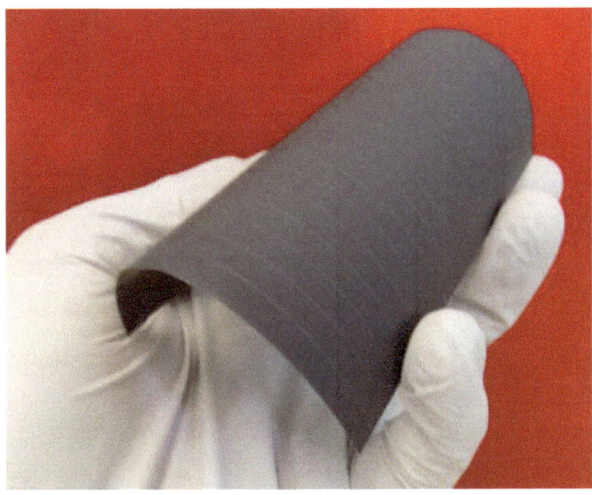

Bild 5.24 Flexibles CIGS-Minimodul: Die Abscheidung erfolgte hier auf einer Edelstahlfolie (Foto: ZSW)

CIGS aufzubauen, versucht man eher, CIGS-Zellen mit Farbstoff- oder Perowskit-Zellen zu kombinieren, vergleiche Abschnitt 5.5.3 [Feu17].

Durch die verschiedenen beschriebenen Verbesserungsmaßnahmen haben sich die CIGS-Wirkungsgrade in den letzten Jahren drastisch erhöht. Der aktuelle Rekordwirkungsgrad für Laborzellen liegt bei 23,4 %. Solar Frontier verwendet dazu übrigens das Material $Cu(In, Ga)(Se, S)_2$. Damit kann neben der Variation des Anteils von Indium und Gallium also auch das Selen teilweise durch Schwefel ersetzt werden. Auf dem Markt sind inzwischen Module mit einem Wirkungsgrad von 15 % zu finden, weitere Steigerungen sind zu erwarten.

Ähnlich wie bei a-Si-Zellen bietet auch die CIGS-Technologie die Möglichkeit, extrem leichte und mechanisch flexible Solarzellen herzustellen. Bild 5.24 zeigt beispielhaft eine solche Zelle. Eine Anwendung könnte z. B. das vollflächige Belegen der Karosserie eines Elektroautos sein.

5.3.2 Zellen aus Cadmium-Tellurid

Als dritte Dünnschichttechnologie betrachten wir nun noch das Material Cadmium-Tellurid (CdTe). Es handelt sich um einen Verbindungshalbleiter der II. und VI. Hauptgruppe (siehe Bild 3.4), konkret um einen direkten Halbleiter mit einer Bandlücke von $\Delta W_G = 1{,}45\,eV$. Diese Bandlücke führt laut Bild 4.25 auf einen theoretischen Wirkungsgrad von 29,7 % und liegt damit sehr nah am theoretischen Optimum für eine Einfachzelle. Ein großer Vorteil des Materials besteht darin, dass es sich auf verschiedene Arten mit guter Qualität als Dünnschicht abscheiden lässt. Die üblichste Methode ist die thermische Verdampfung über kurze Distanz (CSS – Close-Spaced-Sublimation). Dabei werden die Halbleiterquellen auf etwa 500 °C gebracht. Die Halbleiter verdampfen bei dieser Temperatur und schlagen sich auf dem etwas niedriger temperierten Substrat ab.

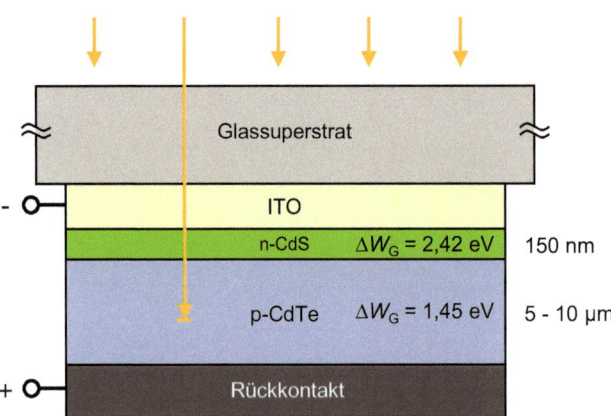

Bild 5.25 Aufbau der klassischen CdTe-Superstratzelle: Die Cadmiumsulfid-Schicht dient gleichzeitig als n-Gebiet und als Fensterschicht (nach [Bur06])

Bild 5.25 zeigt den klassischen Zellaufbau. Da sich CdTe schlecht n-dotieren lässt, wurde lange Zeit ähnlich wie beim CIGS eine Fensterschicht aus n-dotiertem Cadmium-Sulfid (CdS) verwendet.

Die Eigenschaften von Absorber und Übergang sind zunächst relativ schlecht, können aber mit einer Cadmium-Chlorid-Behandlung deutlich verbessert werden. Dazu wird $CdCl_2$ aufgebracht und durch Tempern in die Absorberschicht diffundiert. Früher sprach man hier von „angewandter Allchemie", inzwischen konnten die Zusammenhänge aber im Detail geklärt werden. Insbesondere werden Gitterfehler im Kristall ausgeheilt, die vorher als Rekombinationszentren wirkten. Eine einfache Zelle ohne die Cd-Cl-Behandlung kam z. B. in einem Vergleich auf 2 % Wirkungsgrad, die mit Behandlung auf 12 % [Mun16].

Wie auch bei den CIGS-Zellen kam man lange Zeit nicht über einen Wirkungsgrad von 15 % hinaus. Erst ein genaueres Verständnis der Zusammenhänge erlaubte in den letzten Jahren einen deutlichen Wirkungsgradanstieg. Auch hier betrachten wir die einzelnen Maßnahmen (siehe Bild 5.26):

Verwendung eines Graded Absorbers

Auch beim CdTe ist es möglich, die Bandlücke des Absorbers zu variieren. Dazu verwendet man den ternären Verbindungshalbleiter $Cd_xSe_{(1-x)}Te$. Im oberen Bereich des Absorbers ist die Bandlücke durch die Selen-Zugabe auf rund 1,35 eV reduziert und erhöht sich dann auf die 1,45 eV des CdTe [Sit17]. Dies führt wie bei CIGS zu einer Verbesserung der Absorption im nahen Infrarot. Außerdem erhöht sich die Kristallqualität und führt zu einer Vergrößerung der Lebensdauer der Ladungsträger. Diese sorgt wiederum zu einer Erhöhung der Leerlaufspannung der Zelle [Fir15].

Ersetzen der Cadmiumsulfid-Schicht

Inzwischen verwendet man auch hier ein Alternativmaterial, z. B. Magnesium-Zinkoxid (MZO), das durch die Bandlücke von 3,4 eV eine verringerte Absorption aufweist. Im Gegensatz zum CdS wird die MZO-Schicht auch kaum negativ durch die Cadmium-Chlorid-Behandlung beeinflusst. Hinzu kommt die Tatsache, dass man durch die richtige Mischung des $Mg_xZn_{(1-x)}O$

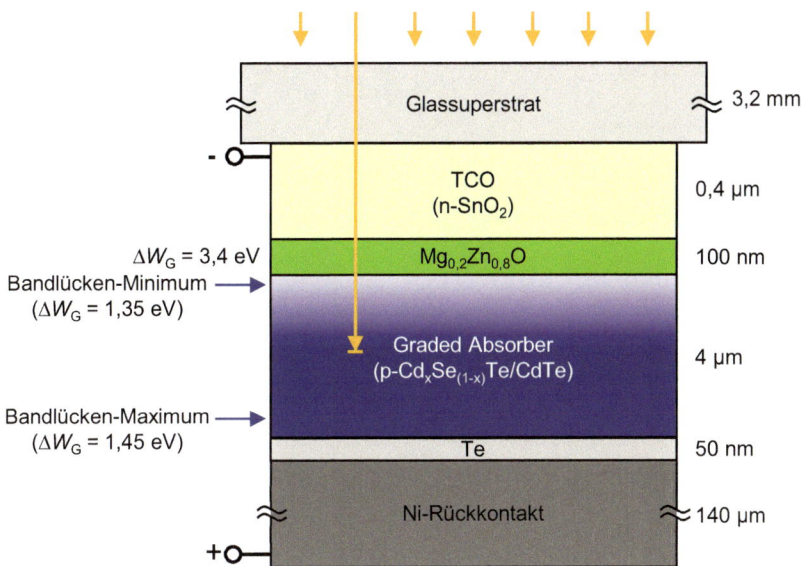

Bild 5.26 Aufbau einer aktuellen CdTe-Superstratzelle: Der Graded Absorber sowie MZO- und Tellur-Schicht führen zu einer deutlichen Steigerung des Wirkungsgrads gegenüber der Zelle aus Bild 5.25 (nach [Sit17]).

den Leitungsbandunterschied zwischen CdTe und dem MZO verringern kann, was wiederum eine hohe Leerlaufspannung der Zelle ermöglicht [Sit17, Kep16].

Einbringen einer Tellurschicht

Die nur 40 nm dicke Tellurschicht verbessert den Übergang zwischen Absorber und der Nickel-Rückelektrode. Hierdurch konnte der Wirkungsgrad um rund 2 % (absolut) erhöht werden [Sit17].

Der Rekordwirkungsgrad von CdTe-Zellen liegt bei 22 %; die Firma First Solar bietet mittlerweile Großmodule (2,5 m^2) mit einem Wirkungsgrad von 18 % an. Das Unternehmen ist seit vielen Jahren der Platzhirsch auf dem Gebiet der CdTe-Zellen und hat inzwischen mehr als 18 GWp an CdTe-Modulen hergestellt.

Die Frage der Umweltaspekte von CdTe werden wir in Abschnitt 5.7 behandeln.

■ 5.4 Hybride Waferzellen

Nachdem wir die Dünnschichtzellen betrachtet haben, wenden wir uns nun noch zwei Technologien zu, die auf der Grundlage von Waferzellen verschiedene Materialien kombinieren, um zu hohen Wirkungsgraden zu kommen.

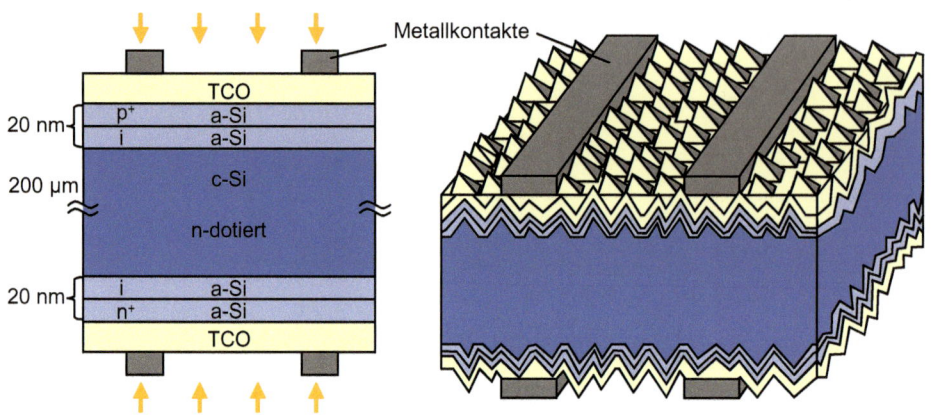

Bild 5.27 Aufbau und Ansicht der HIT-Zelle von Panasonic: Die a-Si-Schichten dienen vor allem einer sehr effizienten Oberflächenpassivierung (nach [Mis10, Gre01])

5.4.1 Kombination von c-Si und a-Si (HIT-Zelle)

Eine interessante Zwitterform aus c-Si- und a-Si-Material hat die inzwischen zu Panasonic gehörende Firma Sanyo entwickelt. Bild 5.27 zeigt den Aufbau dieser sogenannten HIT-Zelle (HIT: Heterojunction with Intrinsic Thin-Layer).

Auf den beidseitig n-dotierten Wafer bringt man zunächst eine intrinsische und dann eine dotierte Schicht aus a-Si-Material auf. Auf diesem wird eine transparente Elektrode abgeschieden (TCO). Da der TCO relativ hochohmig ist, müssen zusätzlich normale Metall-Kontaktstreifen verwendet werden.

Was ist nun der Vorteil dieses Zellenkonzepts? Die a-Si-Schichten wirken als sehr effektive Passivierungsschicht für die c-Si-Waferzelle, wodurch sich eine Leerlaufspannung von über 700 mV ergibt. Gleichzeitig führt die hohe Leerlaufspannung zu einer verbesserten Temperaturabhängigkeit von $TK(P) = -0{,}23\,\%/K$ gegenüber $-0{,}5\,\%/K$ bei einer normalen c-Si-Zelle. Bei der Herstellung der Zelle ergibt sich zudem der Vorteil, dass man auf den energieintensiven Diffusionsschritt zur Emitterherstellung verzichten kann. Da die a-Si-Schichten im PECD-Verfahren aufgebracht werden, kommt man mit Temperaturen unter 200 °C aus. Die in Bild 5.27 dargestellte Struktur lässt auch Licht von unten in die Zelle. Derartige bifaciale Zellen können im konkreten Einsatz durchaus einen um 10 % erhöhten Ertrag mit sich bringen [Mis10].

Panasonic konnte vor einigen Jahren eine Rekord-Zelle mit einem Wirkungsgrad von 25,6 % präsentieren. Damit übertraf sie den bisherigen Spitzenreiter, die PERL-Zelle aus Kapitel 4. Nachdem mittlerweile wichtige Patente der HIT-Zelle ausgelaufen sind, ist das Zellkonzept von einer Reihe von Firmen übernommen worden. Aktuell hat wiederum die Firma Kaneka die Nase vorn: Sie kombiniert eine Heterojunction-Struktur mit dem Aufbau der IBC-Rückkontaktzelle (siehe Abschnitt 4.7.2). Die Zelle erreicht damit den höchsten Wirkungsgrad für eine Zelle aus Silizium von 26,7 %!

 Soeben wurde behauptet, dass eine effektive Oberflächenpassivierung zu einer hohen Leerlaufspannung führt. Wie kommt man darauf?

Dies kann man sich sehr gut am vereinfachten Ersatzschaltbild klarmachen (Bild 4.11). Eine schlechte Oberflächenpassivierung führt zu Rekombinationen an dieser Oberfläche. Die rekombinierten Elektronen müssen dann über den pn-Übergang nachgeliefert werden. Es erhöht sich also der Sättigungsstrom I_S. Der wiederum hat laut Gleichung (4.16) einen unmittelbaren Einfluss auf die Leerlaufspannung: Mit steigendem I_S verkleinert sich die Leerlaufspannung. Anders ausgedrückt: Je weniger Rekombinationen (sowohl im Halbleiter als auch an der Oberfläche) entstehen, desto höher ist U_L. Die Leerlaufspannung ist damit ein Maß für die Güte einer Solarzelle. Extrem gute Laborzellen kommen auf bis zu 740 mV, gute Zellen in kommerziellen Modulen auf 710 mV.

5.4.2 Stapelzellen aus III/V-Halbleitern

Für bestimmte Anwendungen, z. B. Weltraumeinsatz oder Konzentratorzellen (siehe Abschnitt 5.6) kommt es auf maximalen Wirkungsgrad an, die Kosten spielen dabei eine eher untergeordnete Rolle. So kann man z. B. relativ teure Wafer aus GaAs einsetzen; dieses Material liegt mit seiner Bandlücke von 1,42 eV sehr nah beim theoretischen Optimum (siehe Bild 4.25). Die besten Laborzellen aus GaAs erreichen folgerichtig Wirkungsgrade von 29 % [Gre19].

Noch besser ist es, ähnlich wie bei den schon betrachteten Tripel-Zellen mehrere Materialien in einer Zelle zu kombinieren. Auf diese Technologie hat sich z. B. die Firma Spectrolab spezialisiert. Den Aufbau einer solchen monolithischen Stapelzelle aus III/V-Halbleitern zeigt die linke Skizze in Bild 5.28. Monolithisch bedeutet, dass die Mittel- und Topzelle auf der Bottomzelle aufgewachsen werden. Dazu müssen diese Materialien annähernd die gleiche Gitterkonstante wie der Germaniumwafer aufweisen, um eine ausreichende Kristallqualität zu erreichen. Zwischen den Zellen werden Fensterschichten zur Verringerung der Rekombination sowie hoch dotierte, dünne Tunnelschichten eingebracht, um den Ladungsträgertransport zwischen den einzelnen Zellen zu verbessern. So ergibt sich insgesamt eine sehr aufwändige Herstellung. Derartige Zellen erreichen Wirkungsgrade von über 38 %.

Ein zweiter Weg besteht darin, unterschiedliche Zellen mechanisch übereinander zu stapeln (sogenannte Mechanically Stacked Multijunction Cells). Dies hat zum einen den Vorteil, dass die einzelnen Materialien unterschiedliche Gitterkonstanten haben dürfen. Hinzu kommt, dass man die Zellen nicht zwangsläufig elektrisch in Reihe schalten muss, da die Anschlussdrähte nach außen geführt werden können. So entfallen die Verluste durch das Current Matching (siehe Abschnitt 5.2.5) und es können höhere Gesamtwirkungsgrade erreicht werden. Bild 5.28 zeigt rechts ein Konzept der belgischen Forschungseinrichtung IMEC. Die Topzelle, welche wiederum aus einer monolithischen Tandemzelle besteht, wird mit der Bottomzelle durch einen transparenten Kleber verbunden. Um die jeweiligen Zellen von außen anschließen zu können, sind die Rückkontakte mittels einer Durchkontaktierung zur Oberfläche hin verbunden.

■ 5.5 Sonstige Zellenkonzepte

Neben den hier besprochenen Zellentechnologien gibt es noch eine Reihe von weiteren Materialien und Zellenkonzepten, die in Zukunft Bedeutung erlangen können.

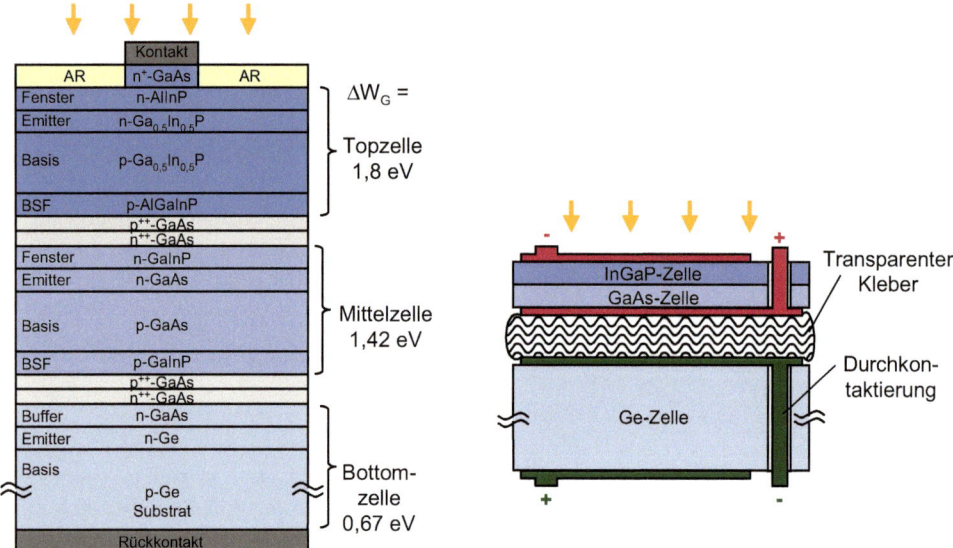

Bild 5.28 Aufbau einer monolithischen GaInP/GaAs/Ge-Stapelzelle der Firma Spectrolab (links) und Prinzipbild einer mechanisch gestapelten Dreifachzelle (nach [Kar01, Fla06])

5.5.1 Farbstoffsolarzelle

In der Rolle des „ewigen Talents" war lange Zeit die Farbstoffsolarzelle (Dye Sensitized Cell – DSC), die Anfang der 1990er Jahre von Professor Michael Grätzel an der Ecole Polytechnique in Lausanne erfunden wurde und deshalb auch Grätzel-Zelle genannt wird. Das Besondere an ihrem Design ist ein relativ einfacher Herstellungsprozess und der Einsatz von kostengünstigen Materialien. Inzwischen wurden Laborzellen mit Wirkungsgraden von 12 % hergestellt; Minimodule liegen bei 9 % [Gre19]. Ein Hemmnis für die Kommerzialisierung ist bislang die mangelnde Stabilität der Zellen. Da die Zelle einen flüssigen Elektrolyten enthält, führen hohe Temperaturen leicht zu Gasbildung und Undichtigkeiten. Eine genauere Beschreibung zu Aufbau und Wirkungsweise der Farbstoffzellen findet sich z. B. in [San17, Gra06].

5.5.2 Organische Solarzelle

Ein weiterer Kandidat ist die organische Solarzelle, die anstelle von Halbleitermaterialien Polymere verwendet. Wie bei der Farbstoffzelle besteht auch hier die Hoffnung, in Zukunft deutlich kostengünstiger Solarstrom als mit den herkömmlichen Technologien produzieren zu können. Den Rekordwirkungsgrad für Mini-Laborzellen hält die Firma Toshiba mit gut 11 %, das beste Minimodul (Fläche; 26 cm^2) erreicht knapp 10 % (nicht stabilisiert) [Gre19]. Da weltweit eine Vielzahl von Unternehmen im Bereich der Polymerelektronik forscht, ist in den kommenden Jahren mit weiteren Wirkungsgradsteigerungen zu rechnen.

Detailliertere Informationen zu organischen Solarzellen finden sich z. B. in [San17, Moz06].

5.5.3 Perowskit-Solarzelle

Eine ganz stürmische Entwicklung hat eine neue Materialklasse von Solarzellen genommen: Die Perowskite. Der Name Perowskit bezeichnete ursprünglich ein im Ural abgebautes Mineral, welches normalerweise unter dem Namen Kalziumtitanat ($CaTiO_3$) bekannt ist. Die Perowskit-Solarzellen haben die Kristallstruktur dieses Minerals, bestehen allerdings aus anderen Bestandteilen: zum einen aus einem organischen Anteil mit Kohlenstoff, Wasserstoff und Stickstoff sowie zum anderen aus einem anorganischen Anteil mit Blei, Jod und Chlor. Diese organisch-anorganische Hybridzelle wurde von dem Team um Tsutomu Miyasaka von der Toin-Universität in Japan erfunden. Im Jahr 2009 stellten sie eine Zelle mit einem Wirkungsgrad von 3,8 % vor. Viele weitere Forschergruppen stiegen weltweit in das Thema ein, so dass innerhalb weniger Jahre Wirkungsgrade von über 25 % (nicht stabilisiert) erreicht wurden.

Vorteilhaft ist der hohe Absorptionskoeffizient des Materials bei gleichzeitig hohen Diffusionslängen der erzeugten Ladungsträger. Außerdem werden keine hohen Temperaturen für die Herstellung der Zellen benötigt. Ein großes Problem ist bislang noch die mangelnde Stabilität der Zellen, viele Zellen funktionieren nur wenige Stunden oder Tage. Außerdem sucht man nach einem Ersatz des Schwermetalls Blei. Leider haben alternative Materialien meist einen hohen Bandabstand und führen so bislang immer zu deutlich reduzierten Wirkungsgraden [Gre17].

Besonders reizvoll ist die Idee einer Tandemzelle aus Perowskit und c-Si. Beide Materialien ergänzen sich gut bezüglich ihrer Bandlücken: Während c-Si den langwelligen Teil des Spektrums abdeckt (rot und infrarot), könnte die oben aufgebrachte Perowskit-Zelle den kurzwelligen Teil (blau und grün) effizient in Solarstrom wandeln.

Die Firma Oxford PV möchte genau solch eine Tandemzelle kommerzialisieren. Das Unternehmen ist ein Spin-off der Universität Oxford. Inzwischen wurde eine Pilotfertigung in Brandenburg an der Havel aufgebaut. Wichtigste Aufgabe der Firma wird es sein, die im Labor erzielten Wirkungsgrade auch im konkreten realen Einsatz stabil zu erreichen.

Eine Einführung in das Thema Perowskit-Solarzellen ist z. B. in [Gre14], [San17] zu finden.

Abschließend soll darauf hingewiesen werden, dass bislang keines der hier in Abschnitt 5.5 vorgestellten Zellkonzepte einen nennenswerten kommerziellen Umsatz erzielt hat.

■ 5.6 Konzentratorsysteme

Die Idee von Konzentratorsystemen besteht darin, Sonnenlicht über Spiegel oder Linsen zu konzentrieren und dann auf eine Solarzelle zu lenken. Wir sehen uns im Folgenden diese Technologie genauer an.

5.6.1 Prinzip der Strahlungsbündelung

Die beiden wichtigsten Prinzipien zur Konzentration der Lichtstrahlung zeigt Bild 5.29. Im Fall des Linsensystems verwendet man Fresnel-Linsen, die vom französischen Physiker Augustin

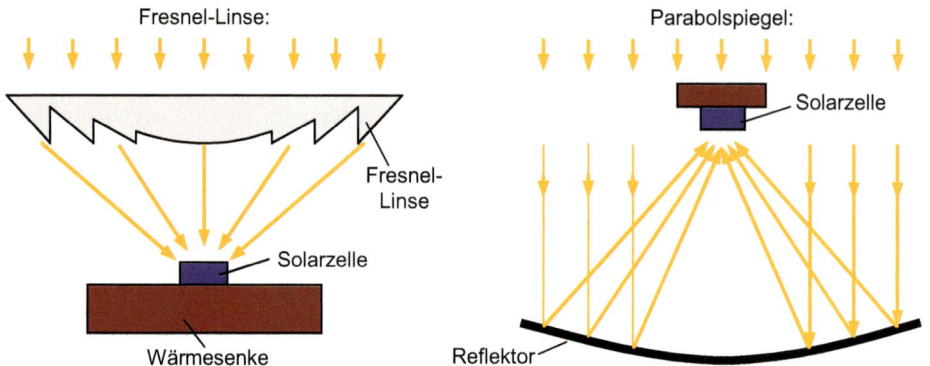

Bild 5.29 Prinzip der Lichtkonzentration mittels Fresnel-Linsensystem (links) und Parabolspiegel (rechts)

Jean Fresnel (1788–1827) erfunden wurden. Mit diesen ursprünglich für Leuchttürme entwickelten Linsen kann man eine relativ kleine Brennweite erreichen, ohne dass die Linse allzu dick wird. Dies geschieht durch ringförmige Stufen auf der Linsenoberfläche. Für Kameras wären die entstehenden Bildfehler katastrophal, im Fall der Photovoltaik kommt es allerdings nur darauf an, dass die Sonnenstrahlen möglichst gut auf die Solarzelle konzentriert werden.

Ein anderes Prinzip nutzen Spiegelsysteme. Hier wird das Licht von einer gebogenen Spiegelfläche reflektiert und auf die Solarzelle konzentriert. Im optimalen Fall verwendet man Parabolspiegel, da diese parallel einfallende Strahlen auf einen Brennpunkt konzentrieren.

5.6.2   Was bringt die Konzentration?

Das Ziel der Lichtkonzentration auf Solarzellen ist eine Reduzierung der Herstellungskosten. Falls die Linsen bzw. Spiegel günstig herstellbar sind, kann durch die drastische Verkleinerung der notwendigen Solarzellenfläche tatsächlich ein Kostenvorteil erreicht werden. Es kommt allerdings noch ein weiterer Vorteil hinzu: Der Wirkungsgrad von Solarzellen steigt mit der Bestrahlungsstärke. Wie ist dies zu erklären? Dazu betrachten wir Bild 5.30. Erhöht sich die Einstrahlung, so schiebt sich die Zellenkurve nach oben. Da sich der Kurzschlussstrom pro-

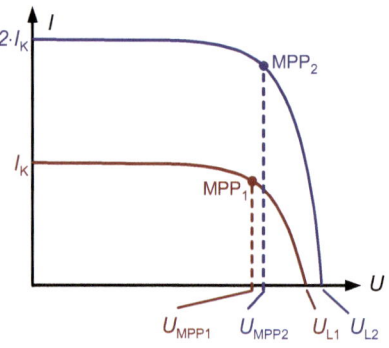

Bild 5.30 Verschiebung der Solarzellenkennlinie bei doppelter Einstrahlung: Neben der Erhöhung des Kurzschlussstroms vergrößert sich auch die Leerlaufspannung und damit die MPP-Spannung

portional zur Bestrahlungsstärke verhält, erbringt z. B. eine Erhöhung um den Faktor $X = 2$ eine Verdoppelung des Kurzschlussstroms. Dies resultiert allerdings noch nicht in einer Änderung des Wirkungsgrads, da ja auch die doppelte optische Leistung einfällt. Allerdings vergrößert sich gleichzeitig die Leerlaufspannung mit der Einstrahlung; bekannter Maßen mit dem Logarithmus der Bestrahlungsstärke. Dies führt über die gleichfalls erfolgende Erhöhung der MPP-Spannung zu einem überproportionalen Leistungsanstieg und damit zu einer Wirkungsgraderhöhung.

Um die Auswirkung genauer zu berechnen, ziehen wir Formel (4.16) für die Leerlaufspannung heran. Die Vergrößerung der Einstrahlung um den Faktor X führt zu einer geänderten Spannung U'_L:

$$U'_L = m \cdot U_T \cdot \ln\left(\frac{I_K \cdot X}{I_S}\right) = m \cdot U_T \cdot \ln\left(\frac{I_K}{I_S}\right) + m \cdot U_T \cdot \ln(X) \tag{5.1}$$

$$U'_L = U_L + m \cdot U_T \cdot \ln(X) \tag{5.2}$$

So bringt z. B. eine Konzentration des Sonnenlichts um den Faktor $X = 100$ eine Erhöhung der Leerlaufspannung um 120 mV (Annahme: $m = 1$). Bezogen auf eine typische c-Si-Zellenspannung von 600 mV bedeutet dies eine Erhöhung um 20 %.

Der Wirkungsgradanstieg lässt sich an konkreten Zellentypen belegen. So weist die in Abschnitt 5.4.2 vorgestellte Stapelzelle der Firma Spectrolab unter Standardtestbedingungen einen Wirkungsgrad von 29,1 % auf; unter 66-fach konzentriertem Sonnenlicht steigt dieser auf 35,2 % [Kin03]. Den weltweit höchsten Wirkungsgrad zeigt eine Zelle der Firma Soitec: Unter einer Lichtkonzentration von $X = 297$ ergibt sich ein Rekordwirkungsgrad von 46 %! Hierbei handelt es sich um eine Vierfachstapelzelle aus GaInP/GaAs/GaInAs/InP.

Allerdings steigt der Wirkungsgrad von Konzentratorzellen nicht beliebig hoch: Zum einen erwärmt sich die Zelle bei der hohen Bestrahlungsstärke; selbst eine aktive Kühlung kann dies nicht völlig verhindern. Zum anderen steigen die elektrischen Verluste des Serienwiderstands quadratisch mit dem Betriebsstrom an.

5.6.3 Beispiele von Konzentratorsystemen

Bild 5.31 zeigt in den beiden linken Abbildungen die Anwendung des Linsenprinzips durch die Firma Soitec. Diese verbaut eine Vielzahl von extrem kleinen Zellen (3 mm^2) in ein kastenförmiges Modul (Produktname Flatcon). Die in die obere Glasscheibe eingeprägten Fresnellinsen konzentrieren das Licht bis zu 500-fach auf diese Zellen. Der Wirkungsgrad der angebotenen Module liegt bei 32 %. Bei Verwendung der oben beschriebenen Vierfachstapelzelle weist das beste Labormodul einen Rekordwirkungsgrad von 36,7 % auf.

Ein Beispiel für Parabolspiegel-Kollektoren ist in Bild 5.31 rechts zu sehen. Der Reflektor wird aus 112 einzelnen, gewölbten Spiegeln gebildet, welche das Sonnenlicht mit 500-facher Konzentration auf den Receiver leiten. Dieser besteht wiederum aus einem Array von III/V-Stapelzellen, die mit einer aktiven Kühlung auf maximal 60 °C gehalten werden. Die Größe des Reflektors ist mit einem Durchmesser von 12 m gigantisch. Damit erreicht das System eine elektrische Leistung von 35 kWp.

Neben den hocheffizienten Zellen aus III/V-Halbleitern kommen grundsätzlich auch Zellen aus kristallinem Silizium in Frage. So bietet sich z. B. die Punktkontakt-Zelle Maxeon der Fir-

 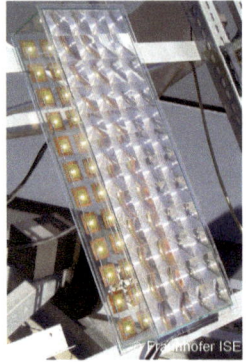 

Bild 5.31 Beispiele für Konzentratorsysteme: Strahlengang und Foto eines Flatcon-Konzentratormoduls (links) und Parabolspiegelsystem (rechts)

ma SunPower (siehe Bild 4.33) an. Da die Kontakte nur auf der Rückseite liegen, können sie beliebig dick ausgeführt werden und so auch extrem hohe Ströme ohne nennenswerte Verluste führen.

5.6.4   Vor- und Nachteile von Konzentratorsystemen

Ob Konzentratorsysteme wirtschaftlicher als konventionelle Solarmodule sind, hängt stark von den Kosten der konzentrierenden Elemente ab. Nur wenn diese trotz der hohen Anforderungen (mechanische und optische Stabilität über mehr als 20 Jahre) auf die genutzte Fläche bezogen deutlich günstiger sind als Standardmodule, können sie diesen Konkurrenz machen. Hinzu kommt der wesentliche Nachteil, dass Konzentratorsysteme nur den Direktanteil der Globalstrahlung nutzen. Da Diffusstrahlung aus beliebigen Richtungen auf den Spiegel bzw. Reflektor trifft, kann sie nicht auf die Solarzelle gebündelt werden. Dies führt dazu, dass Konzentratorsysteme praktisch immer eine Sonnenstandsnachführung benötigen, wodurch weitere Kosten entstehen. Es muss daher immer abgewogen werden, ob der Einsatz von Konzentratortechnologie wirklich lohnend ist.

■ 5.7   Ökologische Fragestellungen zur Zellen- und Modulherstellung

5.7.1   Umweltauswirkungen bei Herstellung und Betrieb

Bei der Herstellung von Solarzellen und -modulen werden verschiedenste Stoffe eingesetzt, deren Umweltverträglichkeit betrachtet wird.

5.7.1.1 Beispiel Cadmium-Tellurid

Bei den in Abschnitt 5.3.1 vorgestellten CdTe-Zellen bringt der Ausgangsstoff Cadmium besondere Umweltgefährdungen mit sich. Cadmium ist ein giftiges Schwermetall, das als krebserregend eingestuft wird. Somit sollte es möglichst nicht in die Umwelt gelangen. Cadmium geht allerdings mit Tellur eine sehr stabile, wasserunlösliche Verbindung ein, die erst oberhalb von 1000 °C schmilzt. Beim normalen Betrieb einer Photovoltaikanlage ergibt sich somit praktisch keine Gefährdung für die Umwelt. Die eingesetzten Mengen sind aufgrund der geringen Dicke der aktiven Schicht in der Zelle erstaunlich gering. Pro Quadratmeter werden rund 7 g benötigt; dies entspricht in etwa dem Cadmiumgehalt von zwei NiCd-Akkus des Typs Mignon.

Eine Gefährdung könnte allerdings im Fall eines Brandes entstehen. Die dabei auftretenden Temperaturen könnten so hoch werden, dass gasförmiges Cadmium in die Umgebung gelangen würde. Andererseits entstehen im Fall eines Hausbrands viele weitere giftige Stoffe (Dioxine etc.), so dass das Cadmium nur ein Problem unter vielen wäre. Gleichzeitig sei als Vergleich angemerkt, dass die deutschen Kohlekraftwerke jährlich mehr als 1,4 t Cadmium in die Luft emittieren, neben gleichzeitig entstehenden ca. 100 t an Cadmium in Schlackeform [UBA10].

Eine besondere Aufmerksamkeit verdient jedoch das Recycling von Solarmodulen. Dieses ist unabdingbar, um den Einsatz von CdTe-Modulen verantworten zu können. Die Firma First Solar hat inzwischen für sämtliche verkauften Module ein Rücknahmesystem eingeführt. Der vom Unternehmen entwickelte Recyclingprozess erreicht nach eigenen Angaben eine Rückgewinnung von 95 % des Cadmiums.

5.7.1.2 Beispiel Silizium

Silizium steht in Bezug auf Umweltgefährdung deutlich besser da. Es ist ungiftig und in Form von Quarzsand in beliebigen Mengen verfügbar. Allerdings werden bei der Herstellung eine Reihe von ätzenden Chemikalien eingesetzt, so etwa das für den Silan-Prozess benötigte Trichlorsilan (siehe Abschnitt 5.1). Bei der Reinigung der mono- und polykristallinen Wafer

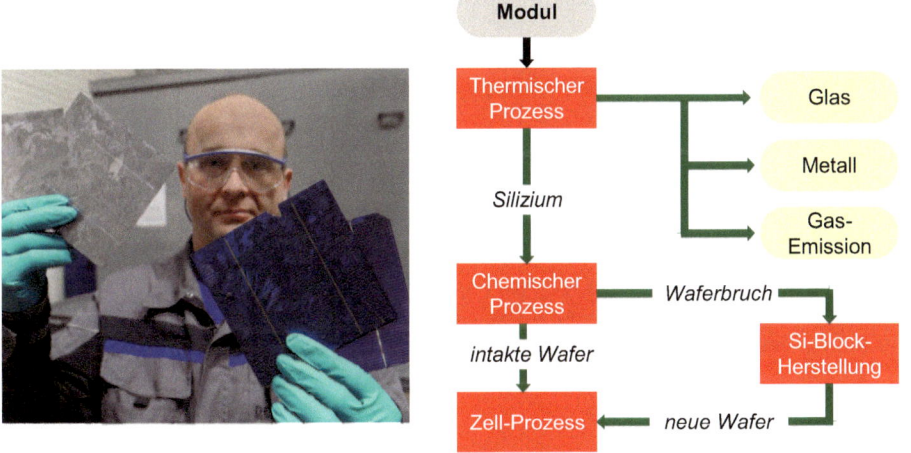

Bild 5.32 Recycling von Solarmodulen: Neben der Rückgewinnung von Glas und Metall werden die Solarzellen chemisch gereinigt und wieder zu „neuen" Wafern gemacht (Foto: Deutsche Solar GmbH, Skizze: nach [Bin10])

fallen z. B. Kalilauge und Flusssäure an. Zur Dotierung der Wafer verwendet man wiederum Phosphor- und Borsäure. Immer mehr Chemiefirmen bieten inzwischen Aufbereitungsanlagen für diese Materialien an, um die Recyclingquoten zu erhöhen [Sch10]. Integrierte Mischkonzerne können die entstehenden Nebenstoffe im Idealfall im eigenen Unternehmen weiterverwenden. So wird z. B. bei Wacker das entstandene Tetrachlorsilan in Siliziumdioxid umgewandelt und dann für Wandfarbe oder sogar Zahnpasta verwendet [Kre08].

Ein Recycling von c-Si-Modulen ist ebenfalls möglich und wurde z. B. bei der SolarWorld Tochter Deutsche Solar GmbH in Freiberg durchgeführt (siehe Bild 5.32). Dazu erhitzt man die Module zunächst auf 500 °C, so dass sich der EVA-Verbund auflöst. Die Zellen werden dann händisch vereinzelt und durch Ätzung von Dotierstoffen gereinigt. Ursprünglich war geplant, hauptsächlich ganze Wafer wieder zu verwenden. Allerdings haben die Zellen alter Module oft heute unübliche Abmessungen und Dicken. Außerdem zerbrechen die heutigen dünnen Wafer leicht beim Vereinzelungsprozess. Daher wird hauptsächlich Waferbruch im Ingot eingeschmolzen und im Blockgussverfahren zu neuen Wafern gemacht. Die anfallenden Stoffe wie Glas sowie Aluminium, Kupfer und Silber können ebenfalls wiederverwertet werden. Insgesamt wurde eine Recyclingquote von über 90 % erreicht [Mue09]. Nachdem die Preise für Solarsilizium stark absanken, stellte die Deutsche Solar GmbH das Recycling von Solarmodulen allerdings wieder ein.

Mittlerweile wurde eine Europäische Richtlinie über Elektro- und Elektronik-Altgeräte erlassen, die auch Solarmodule umfasst. Diese legt fest, dass jeder Hersteller seine produzierten Solarmodule registrieren und sicherstellen muss, dass diese nach Ablauf der Lebensdauer recycelt werden.

5.7.2 Verfügbarkeit der Materialien

Neben der Umweltrelevanz der eingesetzten Stoffe spielt auch deren Verfügbarkeit eine große Rolle. Soll die Photovoltaik eine tragende Säule der weltweiten Energieversorgung werden, so müssen die zur Herstellung von Solarmodulen notwendigen Materialien in ausreichender Menge vorhanden sein.

5.7.2.1 Silizium

Bei Solarzellen aus Silizium ist die Situation sehr entspannt. Silizium ist das zweithäufigste Element in der Erdkruste und kann aus Quarzsand relativ leicht gewonnen werden (siehe Abschnitt 5.1). In den letzten Jahren war zwar häufig von einer „Verknappung des Siliziums" die Rede. Dies bezog sich allerdings immer auf das bereits aufbereitete und hoch reine Polysilizium. Die Hersteller hatten den weltweiten Bedarf unterschätzt, so dass der Preis auf über 200 Euro/kg anstieg. Seitdem massiv Kapazitäten ausgebaut wurden, steht ausreichend Polysilizium zur Verfügung, was sich in Preisen von unter 20 Euro/kg niederschlägt.

5.7.2.2 Cadmium-Tellurid

Bezüglich der Verfügbarkeit beim CdTe ist das Tellur das kritische Material, da es auf der Erde fast so selten wie Gold ist. Die Schätzungen zur gesamten verfügbaren Menge liegen bei 21.000 t weltweit. Jährlich werden etwa 130 t gefördert, hauptsächlich als Nebenprodukt bei

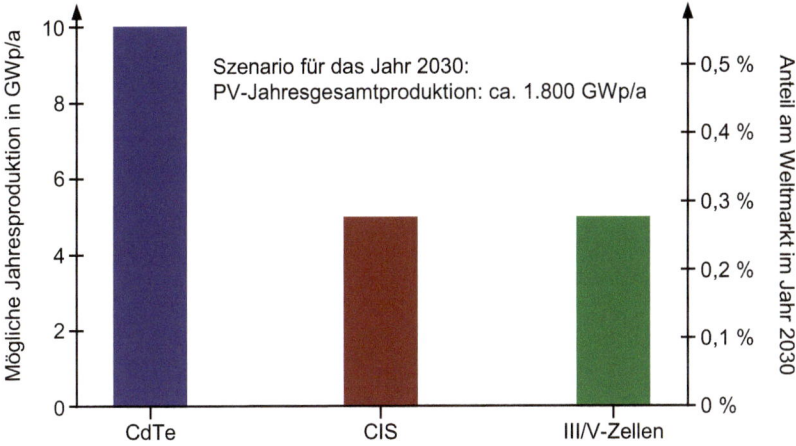

Bild 5.33 Maximal mögliche Jahresproduktion verschiedener PV-Technologien: Zum angenommenen Weltmarkt im Jahr 2030 werden sie nur minimale Anteile beisteuern können

der Kupfer- und Nickelgewinnung, welche man vor allem in der Stahlproduktion einsetzt. Manche Studien gehen davon aus, dass die Förderung von Tellur auf bis zu 600 t/a erhöht werden könnte [Gel06]. Nehmen wir einmal an, dass für die Photovoltaik also im besten Fall 500 t/a zur Verfügung stehen würden. Wie viel Photovoltaikleistung ließe sich damit erzeugen?

Für einen Quadratmeter Modulfläche benötigt man ca. 7 g Tellur. Sollte in Zukunft ein Modulwirkungsgrad von 15 % erreicht werden, so ergibt sich etwa ein Bedarf von 50 g Tellur pro kWp. Mit der angenommenen Tellurförderung von 500 t/a kämen wir somit auf einen mögliche PV-Produktionsmenge von

$$(500\,\text{t/a})\,/\,(50\,\text{g/kWp}) = 10\,\text{GWp/a}$$

Ist das viel oder wenig? Die Menge entspricht beispielsweise einem Zehntel der Solarmodulproduktion des Jahres 2017. Wie sähe die Situation allerdings z. B. im Jahr 2030 aus? Nimmt man ein jährliches Wachstum des PV-Marktes von 25 % an, wird sich die Jahresproduktion bis dahin auf ca. 1800 GWp erhöht haben. CdTe-Module könnten zu diesem Weltmarkt dann lediglich maximal gut 0,5 % beitragen (siehe Bild 5.33).

Beim Cadmium ist die Situation bezüglich der Verfügbarkeit unproblematisch. Die Jahresproduktion liegt bei 20.000 t/a; hinzu kommt, dass die Nutzung von Cadmium allgemein zurückgefahren wird [Ike10].

5.7.2.3 CIS

Bei den CIS-Modulen ist insbesondere das Indium begrenzt verfügbar, da es fast so selten wie Silber vorkommt [Ike10]. Man schätzt die Gesamtvorkommen auf 6000 bis 11.000 t, aktuell werden ca. 950 t/a gefördert, von denen 800 t/a für andere Branchen benötigt werden. Insbesondere der Markt für Flachbildschirme nimmt dabei den Großteil ab, da Indium dort in Indium-Zinn-Oxid als transparente Elektrode verwendet wird. Seit dem Siegeszug der Flachbildschirme hat sich der Indium-Preis auf 1000 Euro/kg verzehnfacht. Verwendet man die übrig bleibenden 150 t/a für CIS-Module, so kommt man bei einem Bedarf von ca. 30 g/kWp auf eine installierbare Leistung von nur 5 GWp/a [Gel06].

Das ebenfalls benötigte Selen fällt wie das Tellur als Nebenprodukt bei der Kupfer- und Nickelproduktion an. Die aktuelle Jahresproduktion von 1500 t/a lässt sich ohne Probleme noch deutlich erhöhen, so dass sich hier kein Engpass für die PV-Produktion ergibt.

5.7.2.4 III/V-Halbleiter

Bei den in Abschnitt 5.4.2 besprochenen Stapelzellen bringt am ehesten das Germanium ein Verfügbarkeitsproblem mit sich. Es kommt in Erzen jeweils nur in relativ geringen Konzentrationen vor und ist somit nur aufwändig zu gewinnen. Die Fördermenge liegt bei ca. 90 t/a. Die Preise ziehen in den letzten Jahren an, da Germanium in modernen optischen Bauelementen eingesetzt wird. Nehmen wir einmal an, dass trotzdem die Hälfte der Jahresförderung für die Photovoltaik eingesetzt werden könnte. Bei Einsatz der Zellen in Konzentratorsystemen können für die Zukunft Wirkungsgrade von 45 % angenommen werden. Mit einem Konzentrationsfaktor von 500 liegt der Bedarf an Germanium bei 9 g/kWp [Gel06]. Als mögliche Jahresproduktion ergibt sich daraus

$$(45\,\mathrm{t/a})/(9\,\mathrm{g/kWp}) = 5\,\mathrm{GWp/a}$$

Zusammenfassend ist zu sagen, dass bis zum Jahr 2020 noch keine Verfügbarkeitsprobleme zu erwarten sind. Danach ist allerdings mit Rohstoffengpässen für Solarmodule aus CdTe, CIS und III/V-Halbleitern zu rechnen.

5.7.3 Energierücklaufzeit und Erntefaktor

Es hält sich hartnäckig das Gerücht, dass zur Herstellung von Photovoltaikanlagen mehr Energie benötigt wird, als die Anlage im Lauf ihrer Lebensdauer an Energie erzeugt. Wäre dies tatsächlich der Fall, so könnte man die Photovoltaik wohl kaum als eine Option zur Lösung der Energieprobleme bezeichnen. Sie wäre dann allenfalls geeignet, um in netzfernen Gebieten (Weltraum, ländliche Regionen in der Dritten Welt) eine Energiebereitstellung zu gewährleisten.

Um herauszufinden, wie groß der Energieaufwand zur Herstellung einer Photovoltaikanlage ist, betrachten wir eine Aufdachanlage in Deutschland. Diese besteht aus multikristallinen Solarmodulen, Unterkonstruktion, Kabeln und Wechselrichtern. In einer Studie von Erik Alsema aus dem Jahr 2006 wurde ermittelt, dass der Primärenergieaufwand w_{Prod} zur Herstellung der Anlage bei 7830 kWh/kWp liegt. Die betrachteten Zellen wiesen einen Wirkungsgrad von 13,2 % und eine Waferdicke von 285 μm auf, was dem Fertigungsstand von 2004 entspricht. Bild 5.34 zeigt, dass etwa $3/4$ der Energie für die Zellenherstellung benötigt wurde. Davon entfiel wiederum der größte Anteil auf die Polysilizium-Herstellung.

Anschaulicher als die Angabe des Primärenergieaufwandes ist die Energierücklaufzeit:

Die Energierücklaufzeit T_{R} gibt die Zeitdauer an, die eine Solarstromanlage arbeiten muss, bis sie so viel Energie erzeugt hat, wie für ihre Herstellung benötigt wurde.

Falls eine Photovoltaikanlage ins öffentliche Stromnetz einspeist, verdrängt sie dadurch Strom aus konventionellen Kraftwerken. Somit wird jede eingespeiste Kilowattstunde umgerechnet in die Anzahl der Kilowattstunden, die sie an Primärenergie ersetzt. Der Primärenergiefaktor

F_{PE} beschreibt dieses Verhältnis. Für das typische mitteleuropäische Stromnetz gehen wir von einem Wert von $F_{PE} \approx 3$ aus (siehe auch Kapitel 1).

Somit können wir die Energierücklaufzeit folgendermaßen berechnen:

$$T_R = \frac{w_{Prod}}{w_{Jahr} \cdot F_{PE}} \tag{5.3}$$

mit $\quad w_{Prod}$: spezifischer Herstellungsaufwand (Primärenergie)

$\quad\quad\quad w_{Jahr}$: spezifischer Jahresertrag der PV-Anlage

In Deutschland liegt der spezifische Jahresertrag einer Anlage etwa bei $w_{Jahr} = 900\,\mathrm{kWh/}$ $(\mathrm{kWp \cdot a})$. Für das Beispiel der Aufdachanlage mit multikristallinen Zellen ergibt sich somit:

$$T_R = \frac{w_{Prod}}{w_{Jahr} \cdot F_{PE}} = \frac{7830\,\mathrm{kWh/kW_P}}{900\,\mathrm{kWh/(kW_P \cdot a) \cdot 3}} = 2{,}9\,\mathrm{a} \tag{5.4}$$

Die Anlage muss in Deutschland also knapp 3 Jahre lang laufen, um so viel Energie zu erzeugen, wie für ihre Herstellung benötigt wurde. Angesichts der typischen Lebensdauer einer Anlage von 25 Jahren ist dies ein recht gutes Ergebnis.

Diese Betrachtung führt unmittelbar zur Definition des Erntefaktors *EF*:

Der Erntefaktor *EF* gibt an, wie viel Energie eine Solarstromanlage im Lauf ihrer Lebensdauer T_L erzeugt im Vergleich zur benötigten Herstellungsenergie (jeweils auf Primärenergie bezogen).

$$EF = \frac{\text{insgesamt erzeugte Energie}}{w_{Prod}} = \frac{T_L \cdot w_{Jahr} \cdot F_{PE}}{T_R \cdot w_{Jahr} \cdot F_{PE}} = \frac{T_L}{T_R} \tag{5.5}$$

In unserem Beispiel ergibt sich somit:

$$EF = \frac{T_L}{T_R} = \frac{25\,\mathrm{a}}{2{,}9\,\mathrm{a}} = 8{,}6 \tag{5.6}$$

Die Anlage erzeugt also im Lauf ihrer Betriebszeit mehr als das Achtfache der für die Herstellung benötigten Energie.

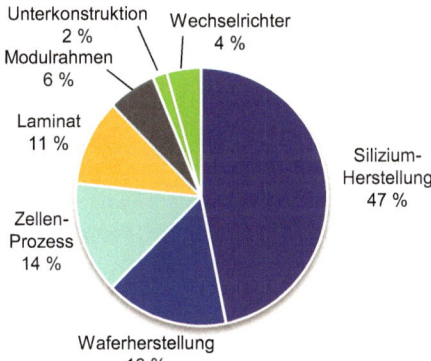

Bild 5.34 Anteile am Primärenergieaufwand zur Herstellung einer Anlage mit multikristallinen Modulen aus dem Jahr 2004 [Als06]

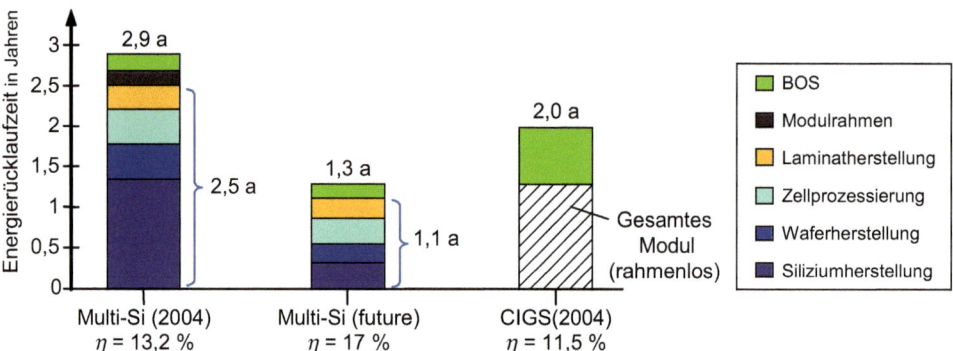

Bild 5.35 Energierücklaufzeit verschiedener Anlagentypen: Moderne Herstellungstechniken reduzieren den Energieaufwand für die Anlagenproduktion deutlich [Als06]
Hinweis: Der Ausdruck BOS (Balance of System) fasst die Komponenten der Systemtechnik (Unterkonstruktion, Kabel, Wechselrichter etc.) zusammen

Die Entwicklung bleibt allerdings nicht stehen. In Bild 5.35 sind die Energierücklaufzeiten von drei verschiedenen Technologien dargestellt. Der linke Balken zeigt die Situation bei der betrachteten Multi-Si-Anlage von 2004. Daneben ist eine Analyse für eine moderne Anlage gemacht. Gegenüber der alten Anlage wurden dünnere Wafer (150 µm) und ein höherer Wirkungsgrad (17 %) vorausgesetzt. Außerdem wurde für die Siliziumherstellung von solar-grade-Silizium und einem Flussbettreaktor anstelle des älteren Siemensreaktors ausgegangen. Diese Rahmenbedingungen sind in modernen Anlagen heute bereits größtenteils realisiert.

Es ergibt sich als Folge eine Reduzierung der Energierücklaufzeit von 2,9 auf 1,3 Jahre, was in einem Erntefaktor von 19 resultiert!

Als dritte Anlage zeigt Bild 5.35 die Ergebnisse für eine Anlage mit CIGS-Dünnschichtmodulen aus dem Jahr 2004. Hier wurde bereits eine Rücklaufzeit von 2 Jahren erreicht. Aufgrund des relativ geringen Wirkungsgrades schlagen allerdings die flächenabhängigen Materialanteile (Glas des Moduls, Unterkonstruktion etc.) deutlich zu Buche. Im Bereich der Dünnschichttechnik sind die zukünftigen Verbesserungen der Energierücklaufzeit hauptsächlich durch höhere Wirkungsgrade zu erreichen.

Gegebenenfalls sind die Ergebnisse aus Bild 5.35 auch zu optimistisch. Eine Studie aus dem Jahr 2013 geht davon aus, dass Energierücklaufzeiten von 1,3 Jahren erst im Jahr 2020 erreicht werden [Man13]. Dabei nehmen die Autoren u. a. an, dass sich die Zellenwirkungsgrade durch Anwendung der aus Kapitel 4 und 5 bekannten Optimierungsmaßnahmen (HIT-Konzept, IBC-Struktur etc.) auf 23 % erhöht haben werden. Die Waferdicken werden zu 120 µm angenommen. Als Ergebnis erhalten sie eine Energierücklaufzeit in Deutschland von knapp einem Jahr für das reine Modul. Für eine vollständige Anlage wird unterschieden zwischen einer kleinen Aufdachanlage von 2,5 kWp und einer 4,6 MWp Freilandanlage; es ergeben sich Energierücklaufzeiten von 1,4 bzw. 1,3 Jahren.

Eine Studie aus dem Jahr 2017 kommt allerdings zu deutlich pessimisticheren Aussagen. Hier wird für Deutschland eine Energierücklaufzeit von rund 2,5 Jahren angegeben. Dies ist erstaunlich, da die Kosten der Solarmodule weiterhin drastisch sinken. Dies ist eigentlich nur möglich, wenn auch der Energieaufwand bei der Herstellung sinkt. Leider geben die Photovoltaikproduzenten aber kaum noch Daten über ihre Prozesse heraus, sodass die genaue Höhe der Energierücklaufzeit aktuell unklar bleibt. Unabhängig davon wäre aber auch ein Wert von 2,5 Jahren kein Problem. Nach dieser Zeit hat die PV-Anlage ihre „Energieschulden" abgetragen und kann dann mehr als 25 Jahre emissionsfrei Strom erzeugen.

Bislang sind wir bei den Betrachtungen immer von Deutschland als Standort der Photovoltaikanlage ausgegangen. Ein Betrieb der gleichen Anlage in Südeuropa (z. B. Spanien) würde die Energierücklaufzeit nochmals um den Faktor 1,7 verringern.

Müsste sich die Energierücklaufzeit nicht weiter verringern, wenn man recycelte Materialien für die Produktion einsetzt?

Bislang geht in die Berechnung der Energierücklaufzeit kein Modulrecycling ein. Tatsächlich wird dieses aber in Zukunft eine weitere Verbesserung der Umweltbilanz von Photovoltaikanlagen mit sich bringen. Besonders effizient können die Materialien Silizium, Glas und Aluminium wiederverwendet werden. Insbesondere beim Aluminium ist eine Energieeinsparung von über 95 % möglich.

Wie ist eigentlich die Energierücklaufzeit von anderen Energieerzeugungsanlagen, z. B. von Windkraftanlagen oder Kohlekraftwerken?

Windkraftanlagen liegen mit ihren Energierücklaufzeiten je nach Standort bei nur 3 bis 6 Monaten mit einer typischen Lebensdauer von 15 Jahren [Bun02]. Konventionelle Kraftwerke erzeugen nie mehr Energie, als für ihre Herstellung und ihren Betrieb aufgewendet wird, da immer weiter Primärenergie in Form von Kohle, Gas oder Uran zugeführt werden muss. Ihre Energierücklaufzeit ist daher gewissermaßen unendlich.

■ 5.8 Zusammenfassung

Nachdem wir die einzelnen Zellentechnologien sehr detailliert betrachtet haben, ist es Zeit für einen Gesamtüberblick. Tabelle 5.2 zeigt die Wirkungsgrade der Zellarten mitsamt ihrer wichtigsten Vor- und Nachteile. In der zweiten Spalte sind die jeweiligen Spitzenwirkungsgrade von Laborzellen aufgeführt, die dritte Spalte zeigt zusätzlich die höchsten Wirkungsgrade der am Markt lieferbaren Module.

Bild 5.36 zeigt die Entwicklung des weltweiten Photovoltaikmarktes bezogen auf die jeweiligen Zelltechnologien. Mit einem Marktanteil zwischen 80 und 95 % dominieren die beiden kristallinen Technologien seit Jahren die Photovoltaikproduktion. Zwischenzeitlich konnte die Dünnschichttechnik Boden gutmachen, insbesondere getrieben durch die CdTe-Produktion von First Solar. Im Jahr 2017 lag der Anteil der c-Si-Zellen allerdings wieder bei über 95 %.

Es ist davon auszugehen, dass sich im Dünnschichtbereich langfristig lediglich die CdTe- und CIS-Technologie halten können. Gleichzeitig wird der Trend zu hohen Wirkungsgraden den Anteil des monokristallinen Siliziums steigen lassen.

Tabelle 5.2 Vergleich der verschiedenen Zellentechnologien

Zelltechnologie	η_{Zelle_Labor}	η_{Modul}	Wichtigste Vor- und Nachteile	
mono-c-Si	26,1 %	22,8 %	+ sehr hohe Wirkungsgrade + unbegrenzte Verfügbarkeit – bislang hohe Energierücklaufzeit	
multi-c-Si	22,8 %	19 %	+ hohe Wirkungsgrade + unbegrenzte Verfügbarkeit + akzeptable Energierücklaufzeit	
mono-c-Si/a-Si (HIT-Zelle)	26,7 %	21 %	+ sehr hohe Wirkungsgrade + hohes Steigerungspotential	
a-Si (Single) a-Si (Tandem) a-Si (Triple)	10,1 % 14 %	7 % 8 % 8,2 %	+ geringer Temperaturkoeffizient – zu geringe Wirkungsgrade	
a-Si/μc-Si	12 %	10 %	– geringe Wirkungsgrade	
CdTe	22,1 %	18 %	+ akzeptable Wirkungsgrade + Steigerungspotential + geringe Energierücklaufzeit	– Imageproblem – Verfügbarkeitsproblem
CIS	23,4 %	17 %	+ akzeptable Wirkungsgrade + geringe Energierücklaufzeit	+ Steigerungspotential – Verfügbarkeitsproblem
III/V-Halbleiter	39,2 %	n. a.	+ extrem hohe Wirkungsgrade (mit Konzentration über 46 %) – ggf. Verfügbarkeitsproblem – nur in Konzentratorsystemen sinnvoll	
Perowskit (nicht stabilisiert)	25 %	n. a.	+ hohe Anfangswirkungsgrade – bislang nicht stabil	
Organische Zellen	17,4 %	n. a.	– bislang nicht stabil	

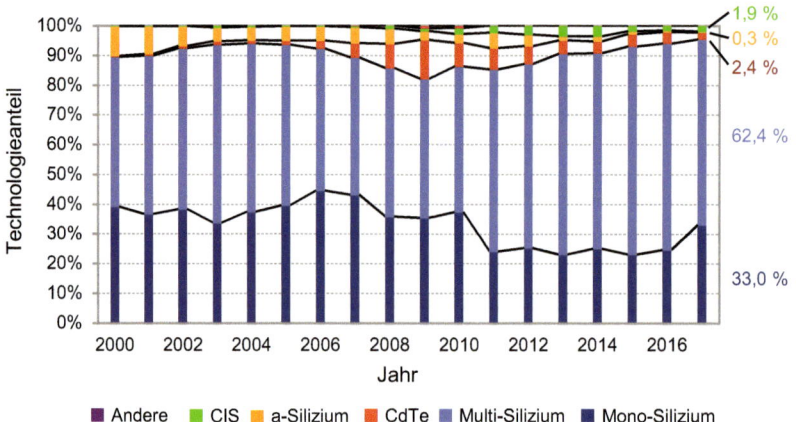

Bild 5.36 Anteile der verschiedenen Zellentechnologien in Prozent über die Jahre: Kristallines Silizium dominiert nach wie vor den Weltmarkt mit einen Anteil von über 95 % [ISE19]

Zum Abschluss werfen wir noch einen Blick auf Bild 5.37. Dieses stellt die Entwicklung der besten Zell-Wirkungsgrade über die letzten 45 Jahre dar. Es zeigt die gewaltigen Fortschritte, die seitdem gemacht worden sind.

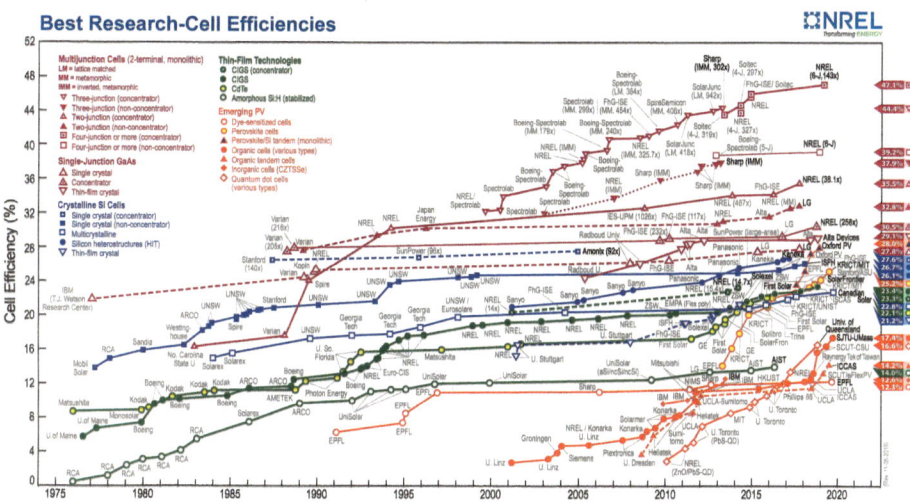

Bild 5.37 Entwicklung der Rekord-Zellwirkungsgrade über die letzten 45 Jahre: Praktisch alle Technologien weisen weiterhin steigende Wirkungsgrade auf (Quelle: NREL)

Im oberen Bereich finden sich naturgemäß die Stapelzellen aus III/V-Halbleitern unter konzentriertem Sonnenlicht. Spitzenreiter ist hier eine Stapelzelle mit einer 143-fachen Konzentration des Sonnenlichts. Sie erreicht unter diesen Bedingungen einen Wirkungsgrad von 47,1 %.

Bei den reinen c-Si-Zellen liegt eine Forschungszelle (Fläche: 4 cm^2) des ISFH-Instituts vorn mit einem Wirkungsgrad von 26,1 %. Noch besser ist allerdings die aus Abschnitt 5.4.1 bereits bekannte Heterojunction-Zelle von Kaneka. Sie hat eine Fläche von 79 cm^2 und erreicht 26,7 %. Da sie das a-Si-Material nicht als Absorber, sondern lediglich als Passivierungsschicht verwendet, kann man auch hier noch von einer c-Si-Zelle sprechen.

Auffallend ist ansonsten natürlich der deutliche Wirkungsgradanstieg bei den CdTe- und CIS-Technologien mit maximalen Wirkungsgraden von 22 bis 23 %.

Die organischen Zellen haben seit der ersten Zelle aus dem Jahr 2001 ihre Wirkungsgrade von 3 % auf heute 17,4 % fast versechsfacht.

Dies wird nur noch durch die Perowskit-Zellen übertroffen, die in kürzerer Zeit schon über 25 % erreicht haben.

Nachdem wir uns nun bestens mit Prinzip und Herstellung von Solarzellen auskennen, behandeln wir im nächsten Kapitel deren Einsatz in Solargeneratoren.

6

Solarmodule und Solargeneratoren

In diesem Kapitel lernen wir den Aufbau von Solargeneratoren kennen. Darunter versteht man die Zusammenschaltung von Solarmodulen in Reihen- und Parallelschaltung zu einer Gleichstromquelle. Zunächst werden die Eigenschaften von Solarmodulen behandelt und die Probleme, die bei der Verschaltung von Modulen entstehen können, gezeigt. Dann betrachten wir die speziellen Komponenten der Gleichstromtechnik und sehen uns schließlich verschiedene Aufbauvarianten von Photovoltaikanlagen an.

■ 6.1 Eigenschaften von Solarmodulen

Die Eigenschaften von Solarmodulen (Temperaturkoeffizienten, Wirkungsgrad etc.) werden im Wesentlichen durch die in den Modulen eingesetzten Solarzellen bestimmt. Hinzu kommt die Art der Zellverschaltung im Modul: Hier zeigen Parallel- und Reihenschaltung unterschiedliche Auswirkungen, insbesondere im Fall von Teilverschattungen.

6.1.1 Solarzellenkennlinie in allen vier Quadranten

Werden mehrere Zellen miteinander verschaltet, kann es leicht zu Sperrspannungen oder Rückströmen durch einzelne Zellen kommen. Dies führt dazu, dass diese Zellen nicht nur im ersten sondern auch im zweiten oder vierten Quadranten betrieben werden. Bild 6.1 zeigt daher zur Erinnerung die Kennlinien einer Solarzelle in allen Quadranten. Gewählt wurde hier wieder das Erzeugerzählpfeilsystem.

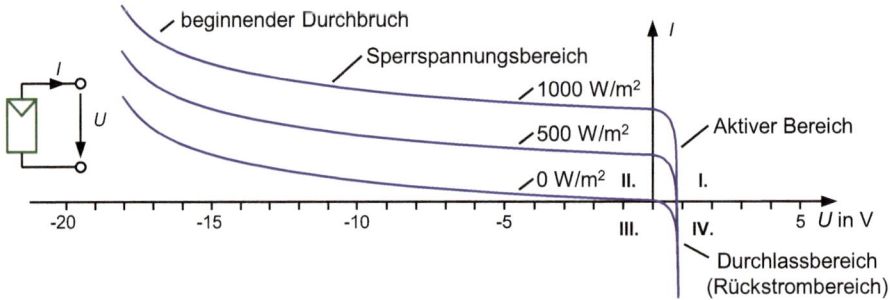

Bild 6.1 Solarzellenkennlinie in allen Quadranten im Erzeugerzählpfeilsystem

Den ersten Quadranten nennen wir aktiven Bereich, da hier der Normalbetrieb stattfindet, in dem Energie erzeugt wird. Im zweiten Quadranten liegt der Dioden-Sperrbereich vor: Bei steigenden Sperrspannungen ist deutlich der beginnende Lawinendurchbruch des pn-Übergangs zu erkennen (vgl. Abschnitt 3.5.4). Der Dioden-Durchlassbereich liegt im vierten Quadranten. Er wird manchmal Rückstrombereich genannt, da der Strom entgegengesetzt zum normalerweise fließenden Photostrom gerichtet ist.

6.1.2 Parallelschaltung von Zellen

Zunächst betrachten wir die Parallelschaltung von Zellen in einem Solarmodul. Bild 6.2 zeigt dazu ein Minimodul, das aus drei parallel geschalteten Solarzellen bestehen soll. Die Parallelschaltung erzwingt, dass an allen Zellen die gleiche Spannung anliegt. Gleichzeitig addieren sich die Einzelströme:

$$U = U_1 = U_2 = U_3 \tag{6.1}$$
$$I = I_1 + I_2 + I_3 \tag{6.2}$$

Für die graphische Konstruktion der Gesamtkennlinie (Modulkennlinie) gibt man am einfachsten Spannungswerte vor und addiert jeweils die einzelnen Ströme.

Was passiert nun, wenn eine der Zellen teilverschattet wird? Diese Zelle wollen wir im Folgenden Schattie nennen (siehe Bild 6.3). Wir nehmen einmal an, dass Schattie zu $^3/_4$ verschattet wird. Aus Kapitel 4 ist uns bekannt, dass sich die Leerlaufspannung von Schattie nur geringfügig ändert, der Kurzschlussstrom dagegen etwa um $^3/_4$ absinken wird.

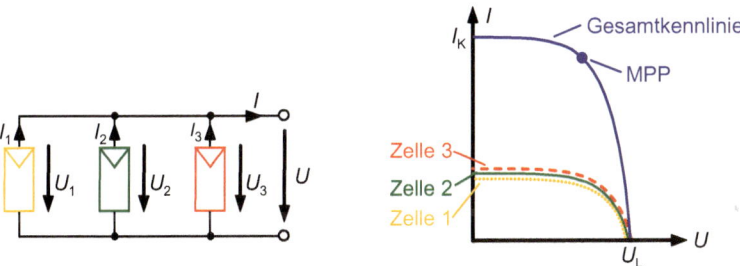

Bild 6.2 Parallelschaltung von Solarzellen: Die Spannung ist in allen Zellen gleich, während sich die Ströme addieren

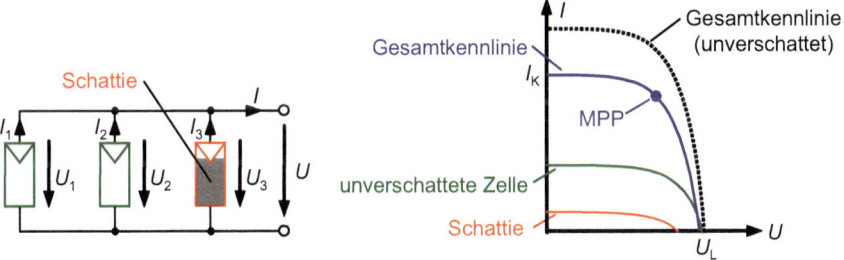

Bild 6.3 Verschattung einer von drei Zellen: Der Strom der Gesamtkennlinie sackt um den gleichen Betrag ab wie der Strom von Schattie

Bild 6.3 zeigt den Effekt auf die Gesamtkennlinie des Solarmoduls: Sie sackt ebenfalls etwa um den Stromverlust von Schattie ab, während sich die Leerlaufspannung kaum ändert. Der Leistungsverlust des Solarmoduls beträgt somit rund $^1/_4$, dies entspricht dem Anteil an Fläche des Moduls, der verschattet wurde. Die Parallelschaltung reagiert also relativ gutmütig auf die Teilverschattung. Bei der Betrachtung der Reihenschaltung werden wir sehen, dass sich diese deutlich schlechter verhält.

 Warum schaltet man dann nicht alle Zellen eines Moduls parallel?

 Würden alle Zellen parallel geschaltet, hätte das Modul eine Leerlaufspannung von nur 0,6 V und einen Kurzschlussstrom von z. B. 100 A. Zum Abtransport dieser Ströme müsste man extrem dicke Kabel einsetzen. Außerdem benötigen typische photovoltaische Systeme (insbesondere netzgekoppelte Solaranlagen) deutlich höhere Spannungen, die erst mit großem Aufwand aus den 0,5 V erzeugt werden müssten.

6.1.3   Reihenschaltung von Zellen

Wie beschrieben schaltet man in einem Modul meist viele Zellen in Reihe, um auf „handhabbare" Spannungen zu kommen. Bild 6.4 zeigt den Effekt der Reihenschaltung am Beispiel eines Minimoduls aus drei Zellen: der Strom ist in allen Zellen gleich groß und die Gesamtspannung setzt sich aus der Summe der Einzelspannungen zusammen.

$$I = I_1 = I_2 = I_3 \tag{6.3}$$
$$U = U_1 + U_2 + U_3 \tag{6.4}$$

Die Gesamtkennlinie einer Reihenschaltung kann graphisch bestimmt werden, indem man jeweils für feste Stromwerte die Einzelspannungen addiert.

Was passiert nun, wenn eine der Zellen teilverschattet wird? Wir nehmen dazu an, dass wir drei gleiche Zellen in Reihe schalten, von denen wiederum eine zu $^3/_4$ verschattet wird (siehe

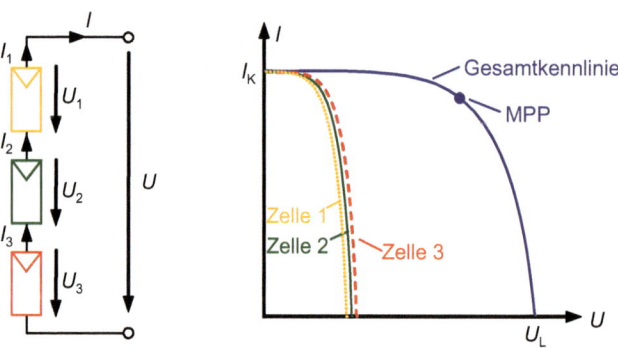

Bild 6.4 Reihenschaltung von Solarzellen: Die Spannungen der Einzelzellen addieren sich

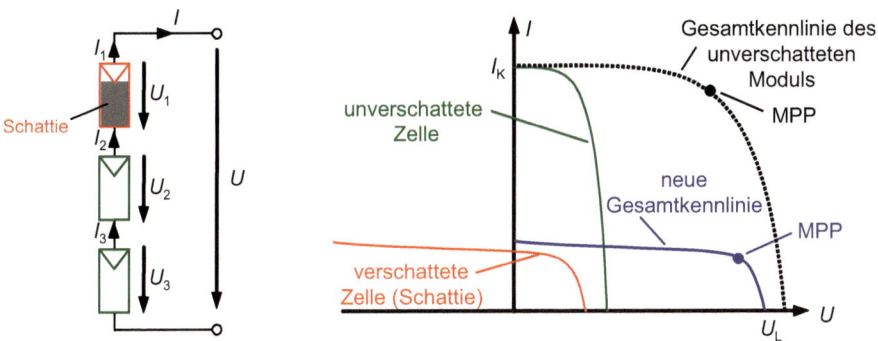

Bild 6.5 Teilverschattung einer Zelle bei Reihenschaltung: Da Schattie als Nadelöhr wirkt, sinkt der Gesamtstrom massiv ab

Bild 6.5). Die zwei voll bestrahlten Zellen versuchen, ihren Strom durch Schattie zu pressen. Hierdurch entsteht eine negative Spannung an der verschatteten Zelle; sie wird daher teilweise im II. Quadranten betrieben.

Addieren wir wieder alle Zellenspannungen bei vorgegebenen Strömen, so ergibt sich die in Bild 6.5 gezeigte Gesamtkennlinie. Der Strom wird praktisch vollständig durch Schattie bestimmt. Die MPP-Leistung des gesamten Moduls hat sich um etwa $^{3}/_{4}$ gegenüber dem unverschatteten Fall verringert, obwohl lediglich eine einzige Zelle zu $^{3}/_{4}$ verschattet wurde!

6.1.4   Einsatz von Bypassdioden

6.1.4.1   Reduzierung von Verschattungsverlusten

In modernen Modulen werden meist alle Zellen in Reihe geschaltet; üblich sind dabei Zellenzahlen von 36, 48, 60 oder 72, die zu MPP-Spannungen zwischen 18 und 36 V führen. Bild 6.6 zeigt ein typisches Solarmodul mit 36 Zellen und die sich ergebende Gesamtkennlinie. Wird auch hier eine Zelle verschattet, so führt dies zu einer drastischen Leistungsreduktion von MPP$_1$ zu MPP$_2$. Ein solcher Verlust ist nicht zu akzeptieren, daher setzt man sogenannte Bypassdioden als zusätzliche Bauteile ein.

Dies zeigt Bild 6.7 am Beispiel des Moduls aus Bild 6.6: Antiparallel zu jeder Solarzelle wurde eine Bypassdiode geschaltet. Solange keine Verschattung auftritt, liegt an allen Zellen eine positive Spannung an. Für die Dioden wirkt diese Spannung als Sperrspannung, sie leiten daher keinen Strom und stören somit auch nicht. Wird nun Schattie wieder zu drei Viertel verschattet, so entsteht an dieser Zelle eine negative Spannung. Diese führt dazu, dass die Bypassdiode leitet und Schattie überbrückt wird. Die restlichen 35 Zellen können daher ihren vollen Strom leiten. Allerdings fällt an der Bypassdiode die Schleusenspannung U_S in Höhe von ca. 0,7 V ab, also ungefähr die Leerlaufspannung einer Solarzelle. Erst wenn der außen am Modul abgenommene Strom so klein wird wie der von Schattie gerade noch lieferbare Strom, wird die Spannung an Schattie wieder positiv. Als Folge sperrt die Bypassdiode und Schattie kann noch einen Anteil zur Spannung liefern (siehe Kennlinie rechts unten in Bild 6.7).

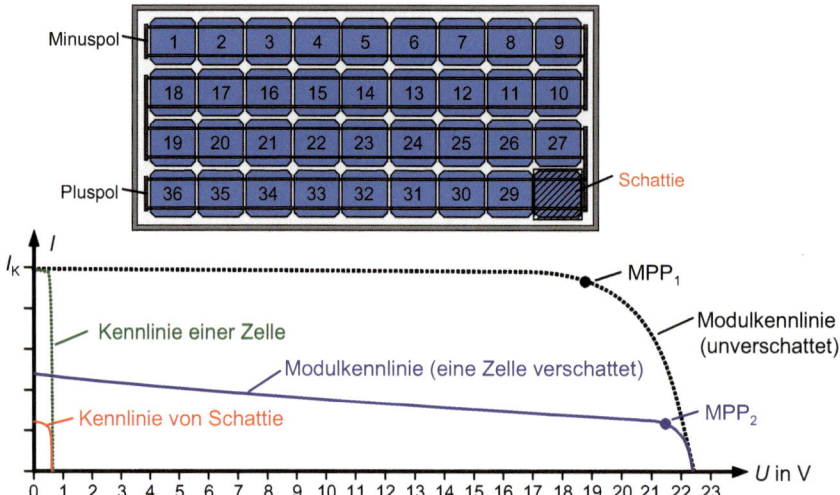

Bild 6.6 Solarmodul mit 36 Zellen: Im Fall der Verschattung einer einzigen Zelle sinkt die Modulleistung drastisch ab

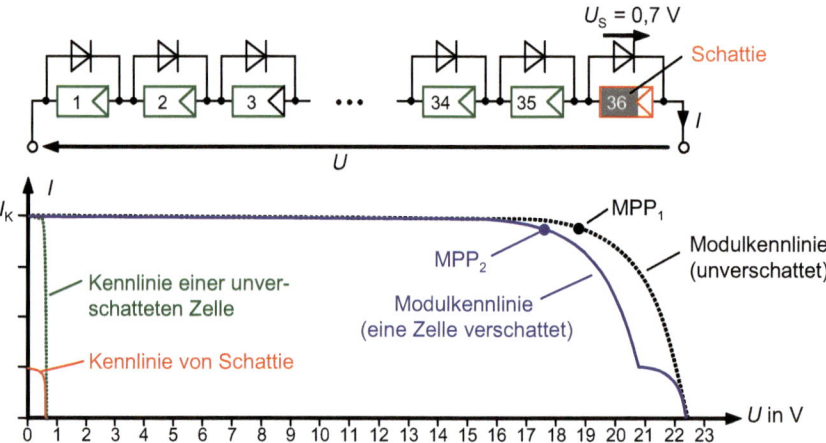

Bild 6.7 Solarmodul mit 36 Zellen und Bypassdiode über jeder Zelle: Im Fall der Verschattung einer Zelle ist der Leistungsverlust nur minimal

Der sich im Verschattungsfall einstellende MPP_2 liegt um etwa zwei Zellenspannungen niedriger als MPP_1. Als Leistungverlust durch Verschattung ergibt sich:

$$\frac{P_{MPP2} - P_{MPP1}}{P_{MPP1}} \approx \frac{I_{MPP} \cdot 34 \cdot U_{Zelle} - I_{MPP} \cdot 36 \cdot U_{Zelle}}{I_{MPP} \cdot 36 \cdot U_{Zelle}} = \frac{-2}{36} = \frac{-1}{18} = -5,6\,\% \tag{6.5}$$

Die Verluste sind durch die Bypassdioden also drastisch reduziert worden.

In realen Solarmodulen werden allerdings nur wenige Bypassdioden eingesetzt. Wollte man alle Zellen mit eigenen Bypassdioden ausstatten, müssten diese in der sehr dünnen EVA-Verkapselung untergebracht werden. Die im Fall von Verschattungen entstehende Wärme an den Dioden kann dort aber kaum abgeführt werden. Hinzu kommt, dass sie im Fall eines

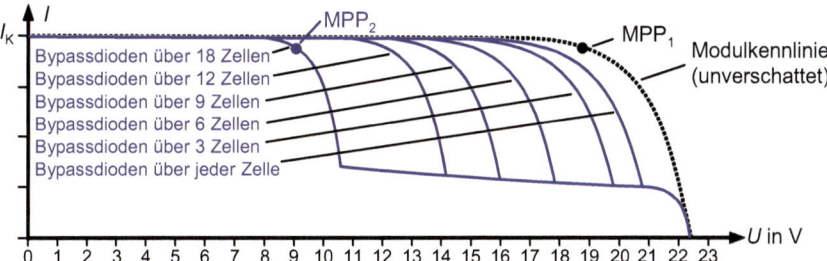

Bild 6.8 Kennlinie des Solarmoduls aus Bild 6.7 mit unterschiedlich vielen Bypassdioden: Die Verschattungsverluste wirken sich bei wenigen Bypassdioden besonders stark aus

Defekts nicht austauschbar wären. Aus diesem Grund bringt man die Bypassdioden in der Modulanschlussdose unter. Typischerweise legt man jeweils nur eine Bypassdiode über 12, 18 oder 24 Zellen.

Der Nachteil dieser Lösung ist, dass sich die Verschattung einer Zelle deutlich stärker auswirkt als im Fall von Bild 6.7. Dies ist in Bild 6.8 dargestellt. Je nach Anzahl der Bypassdioden fällt ein mehr oder weniger großer Zellen-Teilstring bei Verschattung aus. Im Fall von nur zwei Dioden pro Modul sinkt die Modulleistung durch die Verschattung von nur einer Zelle beispielsweise etwa auf die Hälfte.

6.1.4.2 Vermeidung von Hotspots

Neben der Verringerung von Verschattungsverlusten werden die Bypassdioden noch aus einem weiteren Grund eingesetzt: Sie sollen die Entstehung von Hotspots vermeiden. Darunter versteht man das massive Aufheizen einer verschatteten Zelle durch die anderen in Reihe geschalteten Zellen. Zur Erklärung betrachten wir Bild 6.9. Es zeigt wieder das Solarmodul mit 36 Zellen, von denen eine verschattet wird.

Wir nehmen einmal an, dass das Modul im Kurzschluss betrieben wird. In diesem Fall versuchen die 35 Zellen, ihren Strom durch Schattie zu pressen. Der Strom durch Schattie ist immer noch positiv, die Spannung aber negativ. Um den Arbeitspunkt zu finden, spiegeln wir die Originalkennlinie von Schattie an der Strom-Achse. Es ergibt sich ein Arbeitspunkt mit einer umgesetzten Leistung, die ein Vielfaches der normalen MPP-Leistung einer Zelle ist. Die Folge ist eine massive Aufheizung von Schattie. Die dabei entstehenden Temperaturen können Schäden an der EVA-Verkapselung verursachen oder sogar die Zelle zerstören.

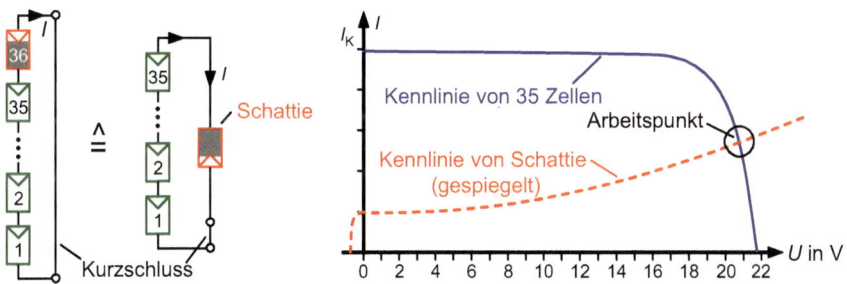

Bild 6.9 Solarmodul mit 36 Zellen ohne Bypassdioden: Schattie wirkt als Verbraucher, der von den restlichen 35 Zellen massiv aufgeheizt wird

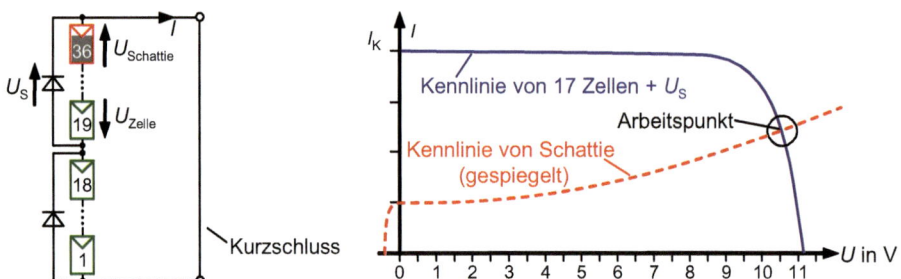

Bild 6.10 Solarmodul mit 36 Zellen und zwei Bypassdioden: Die Spannung an Schattie sinkt gegenüber Bild 6.9 deutlich ab, so dass die Erwärmung reduziert wird

Verwendet man maximal 24 Zellen pro Bypassdiode, so lehrt die Erfahrung, dass in diesem Fall die entstehende Wärmeleistung noch nicht zu Schäden am Modul führt. Bild 6.10 zeigt noch einmal das Modul aus Bild 6.9, welches nun allerdings mit zwei Bypassdioden über jeweils 18 Zellen ausgestattet wurde. Der Strom der unteren 18 Zellen wird aufgrund des hohen Innenwiderstands von Schattie durch die obere Bypassdiode gedrückt. Ein Umlauf in der oberen Masche ergibt die an Schattie entstehende Spannung U_{Schattie}:

$$U_{\text{Schattie}} = (z - 1) \cdot U_{\text{Zelle}} + U_S \tag{6.6}$$

mit z: Anzahl der Zellen unter einer Bypassdiode

An Schattie entsteht also die Spannung von 17 Zellen und zusätzlich die Schleusenspannung U_S der Bypassdiode.

Der neue Arbeitspunkt liegt etwa bei der halben Spannung gegenüber Bild 6.9; damit reduziert sich auch die umgesetzte Wärmeleistung auf die Hälfte.

> **[?]** In den letzten beiden Bildern wird immer vom Kurzschlussfall ausgegangen. Ein Kurzschluss liegt doch eigentlich nur im Fehlerfall vor. Ist die behauptete Erwärmung ohne den Kurzschluss überhaupt noch vorhanden?

> **[!]** Normalerweise werden die Module in Reihe mit weiteren Modulen geschaltet und an einen Wechselrichter angeschlossen. Dieser betreibt die Module im MPP. Der MPP-Strom eines Moduls liegt aber nur knapp unter dem des Kurzschlussstroms. Somit ist die tatsächliche Erwärmung von Schattie tatsächlich fast so groß wie im Kurzschlussfall.

> **[?]** In welchem Fall erwärmt sich Schattie eigentlich am stärksten: Bei starker Verschattung oder bei geringer Verschattung?

> **[!]** Das ist allgemein schwer zu sagen. Man muss dazu überprüfen, welcher Arbeitspunkt sich bei den jeweiligen Verschattungen ergibt. Bild 6.11 zeigt die Kennlinien von Schattie für verschiedene Verschattungsgrade. Deutlich erkennbar tritt die

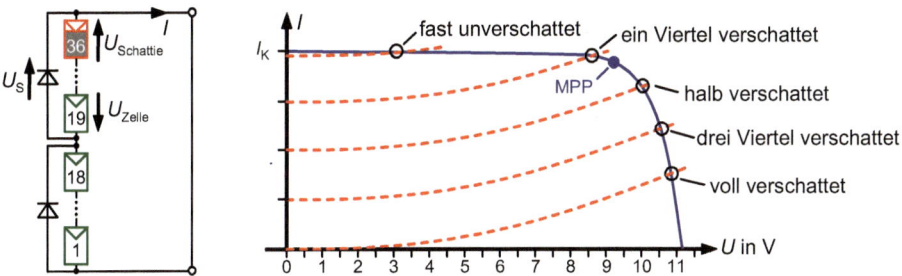

Bild 6.11 Betrachtung verschiedener Verschattungsgrade von Schattie: Die umgesetzte Wärmeleistung wird maximal bei einem Verschattungsgrad zwischen 1/4 und 1/2

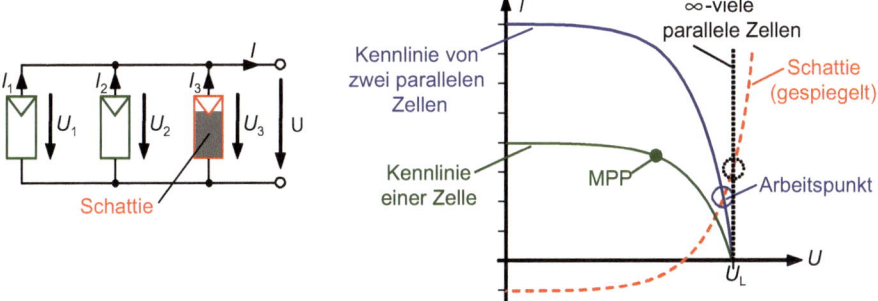

Bild 6.12 Kennlinien von Schattie und den beiden parallel geschalteten unverschatteten Zellen: Im Leerlauffall des Moduls ergibt sich der eingezeichnete Arbeitspunkt mit geringer Erwärmung von Schattie

maximale Leistung bei Verschattungsgraden zwischen 1/4 und 1/2 auf. Allerdings haben verschiedene Zelltypen stark unterschiedliche Sperrkennlinien, die auch noch von der Temperatur abhängen. Insofern kann man allgemein nur festhalten, dass die maximale Erwärmung bei mittleren Verschattungen auftritt.

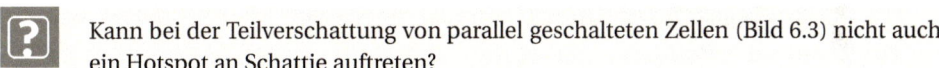

Kann bei der Teilverschattung von parallel geschalteten Zellen (Bild 6.3) nicht auch ein Hotspot an Schattie auftreten?

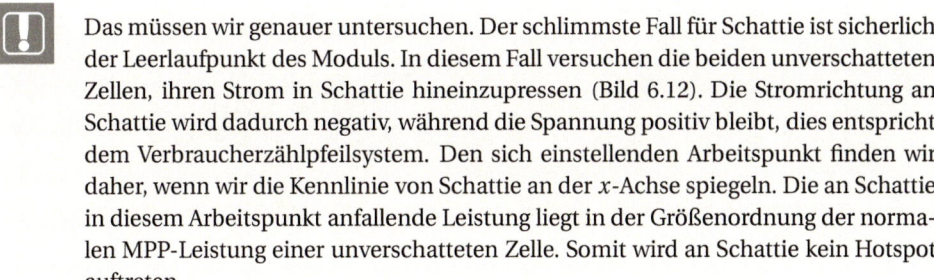

Das müssen wir genauer untersuchen. Der schlimmste Fall für Schattie ist sicherlich der Leerlaufpunkt des Moduls. In diesem Fall versuchen die beiden unverschatteten Zellen, ihren Strom in Schattie hineinzupressen (Bild 6.12). Die Stromrichtung an Schattie wird dadurch negativ, während die Spannung positiv bleibt, dies entspricht dem Verbraucherzählpfeilsystem. Den sich einstellenden Arbeitspunkt finden wir daher, wenn wir die Kennlinie von Schattie an der x-Achse spiegeln. Die an Schattie in diesem Arbeitspunkt anfallende Leistung liegt in der Größenordnung der normalen MPP-Leistung einer unverschatteten Zelle. Somit wird an Schattie kein Hotspot auftreten.

Das mag bei zwei parallelen Zellen ja noch unkritisch sein. Was passiert aber, wenn sehr viele Zellen parallel zu Schattie geschaltet werden?

 Auch diesen Fall können wir anhand von Bild 6.12 einschätzen. Weitere parallele Zellen führen dazu, dass wir der dargestellten Kennlinie der zwei parallelen Zellen viele Zellkennlinien aufaddieren. Sie wird dadurch am rechten Rand immer steiler und der Arbeitspunkt wandert nach oben. Im Extremfall von unendlich vielen parallelen Zellen ergibt sich ein Schnittpunkt von Schattie mit einer senkrechten Linie durch U_L. Selbst dieser Arbeitspunkt ist von seiner Leistung her aber noch unkritisch.

6.1.5   Typische Kennlinien von Solarmodulen

6.1.5.1   Variation der Bestrahlungsstärke

Bild 6.13 zeigt die typischen Kennlinien des Solarmoduls Solarworld SW-165 bei einer Zelltemperatur von $\vartheta = 25\,°\text{C}$ und verschiedenen Einstrahlungen. Wie bereits bei den Zellkennlinien in Kapitel 4 beschrieben nimmt der Kurzschlussstrom linear mit der Einstrahlung zu, während sich die Leerlaufspannung nur wenig ändert.

Für den Käufer von Solarmodulen ist nicht nur die Nennleistung des Moduls bei STC interessant. Aufgrund des hohen Beitrags der Diffusstrahlung zum Jahresertrag sollte auch immer das Schwachlichtverhalten des Solarmoduls betrachtet werden. Im Beispiel des SW-165 beträgt die MPP-Leistung bei einer Einstrahlung von $200\,\text{W/m}^2$ nur noch knapp 31 W. Der Wirkungsgrad hat sich also relativ verkleinert um:

$$\frac{\eta_{200} - \eta_{1000}}{\eta_{1000}} = \frac{31\,\text{W}/(200\,\text{W/m}^2) - 165\,\text{W}/(1000\,\text{W/m}^2)}{165\,\text{W}/(1000\,\text{W/m}^2)} = -6\,\% . \tag{6.7}$$

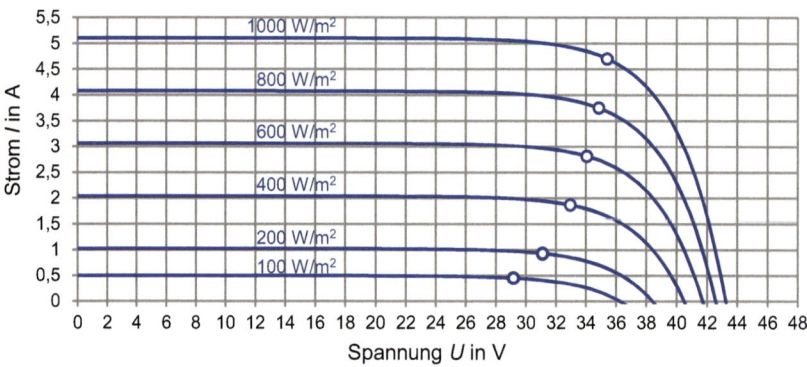

Bild 6.13 Kennlinie des Moduls SW-165 bei verschiedenen Einstrahlungen und konstanter Modultemperatur von 25 °C (Spektrum: AM 1,5)

Diese relative Wirkungsgradverringerung wird inzwischen in vielen Moduldatenblättern angegeben. Die Ursache für diese Verringerung liegt zum einen an der in den Abschnitten 4.4.2 und 5.6.2 beschriebenen Abhängigkeit der Leerlaufspannung von der Einstrahlung. Bei sehr kleinen Bestrahlungsstärken macht sich allerdings außerdem der Parallelwiderstand R_P des Standard-Ersatzschaltbildes bemerkbar (Abschnitt 4.5). Bei einem kleinen Photostrom ergibt sich nur eine kleine Spannung U_D an der Diode des Ersatzschaltbilds, so dass sie kaum noch leitet. Stattdessen wird der Photostrom zu einem Teil im Parallelwiderstand R_P in Wärme umgewandelt.

6.1.5.2   Temperaturverhalten

Neben der Einstrahlung interessiert auch das Temperaturverhalten von Solarmodulen. Bild 6.14 zeigt als Beispiel die Kennlinien des SW-165 bei konstanter Einstrahlung und unterschiedlichen Temperaturen. Als Temperaturkoeffizienten wurden hier die Kennwerte laut Datenblatt verwendet: $TK(U_L) = -0{,}39\,\%/\mathrm{K}$ und $TK(I_K) = 0{,}04\,\%/\mathrm{K}$. Ausgehend von 25 °C sinkt die Leerlaufspannung von 43,2 V auf nur 35,6 V bei 75 °C. Gleichzeitig reduziert sich die MPP-Leistung von 175 W auf 131 W.

> In den Datenblättern von Solarmodulen werden die Temperaturkoeffizienten $TK(U_L)$, $TK(I_K)$ und $TK(P_{MPP})$ oft mit $\boldsymbol{\alpha}$, $\boldsymbol{\beta}$ und $\boldsymbol{\gamma}$ bezeichnet.

In Bild 6.13 wurde die Einstrahlung variiert und gleichzeitig die Temperatur konstant gehalten. Derartige Kennlinien kann man messtechnisch im Labor mit einem Modulflasher erhalten, der das Modul nur für wenige Millisekunden mit einem AM 1,5-Spektrum bestrahlt und gleichzeitig die Kennlinie vermisst (siehe Kapitel 9). In dieser kurzen Zeitspanne kann sich das Modul kaum aufheizen. Beim Betrieb eines Solarmoduls in einer PV-Anlage sieht dies allerdings ganz anders aus. Das Solarmodul erwärmt sich bei verschiedenen Einstrahlungen unterschiedlich, hinzu kommen noch Einflüsse wie Bau- und Montageart des Moduls, Umgebungstemperatur, Windgeschwindigkeit etc.

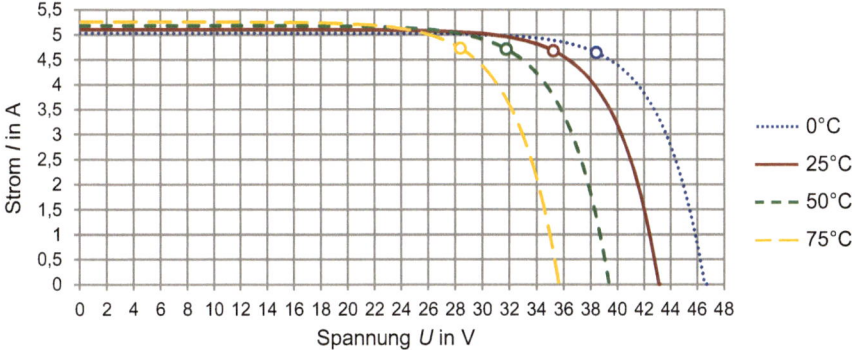

Bild 6.14 Kennlinie des Moduls Solarworld SW-165 bei verschiedenen Modultemperaturen (Einstrahlung: 1000 W/m², Spektrum: AM 1,5)

Um die Eigenerwärmung eines bestimmten Moduls abschätzen zu können, wird im Datenblatt die nominelle Zellenbetriebstemperatur NOCT angegeben. NOCT steht für die Abkürzung Nominal Operating Cell Temperature. Sie ist festgelegt als die Temperatur, die sich bei folgenden Bedingungen einstellt:

- Einstrahlung $E = E_{\text{NOCT}} = 800\,\text{W/m}^2$
- Umgebungstemperatur $\vartheta_U = 20\,°\text{C}$
- Windgeschwindigkeit $v = 1\,\text{m/s}$

Die typische NOCT-Temperatur von c-Si-Modulen liegt im Bereich von 45 bis 50 °C.

Ist die NOCT-Temperatur bekannt, kann man näherungsweise die zu erwartende Zellentemperatur ϑ_Z bei beliebiger Einstrahlung und Umgebungstemperatur ϑ_U errechnen:

$$\vartheta_Z = \vartheta_U + (\text{NOCT} - 20\,°\text{C}) \cdot \frac{E}{E_{\text{NOCT}}} \tag{6.8}$$

Dabei nimmt man vereinfachend an, dass die Temperaturerhöhung gegenüber der Umgebungstemperatur proportional zur Einstrahlung ist.

Beispiel 6.1 Tatsächliche Modulleistung an einem Sommertag

Das 200-Watt-Solarmodul *Bosch c-Si M48-200* hat eine NOCT-Temperatur von 48,6 °C. Welche Modulleistung ist an einem schönen Sommertag zu erwarten ($E = 1000\,\text{W/m}^2$, $\vartheta_U = 30\,°\text{C}$)?

Die tatsächliche Zelltemperatur ergibt sich zu:

$$\vartheta_Z = 30\,°\text{C} + (48,6\,°\text{C} - 20\,°\text{C}) \cdot \frac{1000\,\text{W/m}^2}{800\,\text{W/m}^2} = 30\,°\text{C} + 35,75\,\text{K} = 65,75\,°\text{C}$$

Mit dem oben angegebenen Temperaturkoeffizienten $TK(P_{\text{MPP}})$ erhalten wir als tatsächliche Leistung:

$$P = P_{\text{STC}} \cdot [1 + TK(P_{\text{MPP}}) \cdot (\vartheta_Z - 25\,°\text{C})] = 200\,\text{W} \cdot (1 - 0,47\,\%/\text{K} \cdot 40,75\,\text{K}) = 161,7\,\text{W}$$

Das 200 Watt Modul erzeugt also lediglich eine Leistung von 161,7 W.

6.1.6 Sonderfall Dünnschichtmodule

Wie in Kapitel 5 bereits ausführlich beschrieben, weisen Module aus Dünnschichtmaterialien zum Teil deutlich von c-Si-Modulen abweichende Eigenschaften auf. Insbesondere interessieren uns dazu die Kennlinien und die Verschattungstoleranz. Bild 6.15 zeigt als Beispiel die Kennlinien des CdTe-Moduls FS-275 von First Solar. Gegenüber c-Si-Modulen fällt der geringe Füllfaktor von 68 % auf. Dieser resultiert hauptsächlich aus den relativ hohen Serienwiderständen, die die integrierte Serienverschaltung der Zellen mit sich bringt. Die Leistungsabnahme bei 50 °C beträgt nur 7,25 % aufgrund des geringen Leistungstemperaturkoeffizienten von $-0{,}29\,\%/\text{K}$.

Auch bezüglich der Verschattungstoleranz unterscheiden sich Dünnschichtmodule deutlich von den c-Si-Modulen. Da die einzelnen Zellen schmal und lang sind, werden sie oft nur teil-

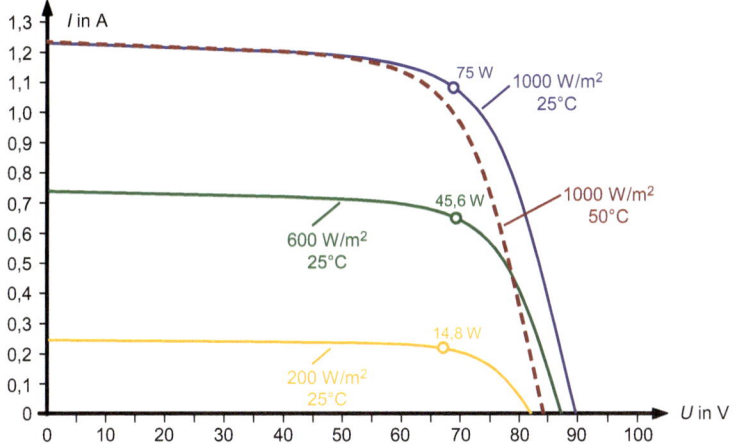

Bild 6.15 Kennlinien des CdTe-Moduls FS-275 von First Solar: Nachteilig ist der geringe Füllfaktor von 68 %; dafür ist der Leistungsabfall bei hohen Temperaturen aber relativ klein

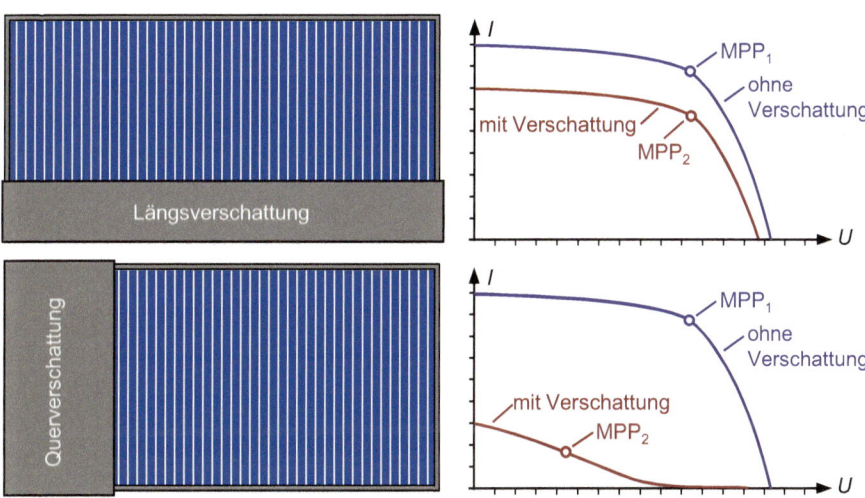

Bild 6.16 Vergleich von Längs- und Querverschattung: Im Fall der Querverschattung sinkt die Modulleistung drastisch ab, da vollständige Zellen ausfallen [eigene Messungen]

verschattet. In Bild 6.16 wird zunächst der Fall betrachtet, dass ein Modul in Längsrichtung (quer zu den Zellstreifen) zu 25 % verschattet wird. Der Strom durch alle Zellen wird sich etwa um 25 % reduzieren, so dass auch etwa nur 25 Prozent der Modulleistung verloren geht. Deutlich anders sieht es bei Querverschattung (parallel zu den Zellstreifen) aus. Die linken Zellen sind vollständig verschattet, so dass ihr Strom zusammenbricht. Da keine Bypassdioden verschaltet sind, können auch die restlichen Zellen kaum noch wirken. Die Modulleistung sackt im Beispiel daher um ca. 90 % ab.

Werden denn in Dünnschichtmodulen keine Bypassdioden eingesetzt? Immerhin könnten neben den Verschattungsverlusten auch Hotspots auftreten.

 In den meisten Dünnschichtmodulen wird nur eine einzige Bypassdiode eingesetzt. Diese soll verhindern, dass die Verschattung eines Moduls den Strom des gesamten Strings reduziert. Hotspots sollten dort dennoch nicht auftreten, da die Dünnschichtzellen meist eine relativ niedrige Durchbruchspannung im Bereich von 3 bis 12 V haben. Tritt durch Verschattung eine negative Spannung an einer Zelle auf, so erhöht sich ihr Sperrstrom so weit, bis die Durchbruchspannung erreicht ist (siehe auch die gebogene Kurve in Bild 6.16 unten). Damit stellen sich auch ohne Bypassdioden keine höheren Spannungen als 12 V ein.

Das vorab beschriebene unproblematische Verhalten von Dünnschichtmodulen bei Verschattung lässt sich nach neuesten Untersuchungen leider nicht pauschal aufrechterhalten. So wurde gezeigt, dass in bestimmten Modultypen bei Teilverschattung lokale Kurzschlüsse („Shunts") in den verschatteten Zellen auftreten. Diese können wiederum zu einer dauerhaften Schädigung des Moduls führen. Der Grund liegt darin, dass die Halbleiterschichten bei der Herstellung oftmals inhomogen abgeschieden werden. So kommt es dazu, dass sich der elektrische Durchbruch nicht auf der gesamten verschatteten Fläche ausbildet, sondern nur dort, wo die pin-Zellen besonders dünn sind. Auf diesen kleinen Flächen kommt es dann zu hohen Stromdichten, die lokale Shunts erzeugen (siehe auch Bild 9.17). Im Experiment reichte z. B. eine durch einen Menschen verursachte Verschattung, um massenhaft Shunts im Modul und dauerhaft eine deutliche Leistungsreduzierung zu erzeugen! [Sil17].

6.1.7   Beispiele von Datenblattangaben

Zum Abschluss werden in folgender Tabelle die wichtigsten technischen Daten einiger Solarmodule aufgelistet.

Tabelle 6.1 Technische Daten einiger Solarmodule [*www.enfsolar.com/pv/panel*]

Bezeichnung	SW-280 mono	Q.Pro-G3 270	SPR-X21 345-COM	HIT N245	US-64	U-EA120	FS-102A	MS-175 GG-04
Hersteller	Solarworld	Hanwa Q Cells	SunPower	Panasonic	United Solar	Kaneka	First Solar	Miasolé
Zelltyp	mono-Si	multi-Si	mono-Si	HIT	a-Si	μc-Si/a-Si	CdTe	CIGS
Nennleistung P_{STC}	280 Wp	270 Wp	345 Wp	245 Wp	64 Wp	120 Wp	102,5 Wp	75 Wp
Nennstrom I_N	9,07 A	8,82 A	6,02 A	5,54 A	3,88 A	2,18 A	1,47 A	8,33 A
Nennspannung U_N	31,2 V	30,8 V	57,3 V	44,3 V	16,5 V	55 V	70 V	21 V
Kurzschlussstrom I_K	9,71 A	9,47 A	6,39 A	5,86 A	4,8 A	2,6 A	1,57 A	9,15 A
Leerlaufspannung U_L	39,5 V	38,9 V	68,2 V	53,0 V	23,8 V	71 V	88 V	27,8 V
Temp.-koeff. $TK(I_K)$	0,04 %/K	0,04 %/K	0,033 %/K	0,03 %/K	0,1 %/K	0,056 %/K	0,04 %/K	−0,03 %/K

Tabelle 6.1 *Fortsetzung*

Temp.-koeff. $TK(U_L)$	−0,3 %/K	−0,33 %/K	−0,25 %/K	−0,25 %/K	−0,31 %/K	−0,39 %/K	−0,28 %/K	−0,35 %/K
Temp.-koeff. $TK(P_{MPP})$	−0,45 %/K	−0,42 %/K	−0,3 %/K	−0,29 %/K	−0,21 %/K	−0,35 %/K	−0,29 %/K	−0,4 %/K
NOCT	46 °C	45 °C	41,5 °C	44 °C	46 °C	45 °C	45 °C	45 °C
Modulwirkungs-grad η_M	16,7 %	16,2 %	21,2 %	19,4 %	7,5 %	9,8 %	14,2 %	16,3 %
Anzahl Zellen	60	60	96	72	11	106	216	88
Anzahl Bypass-dioden	3	3	3	3	11	1	0	44
Länge L in mm	1675	1670	1559	1580	1366	1210	1200	1611
Breite B in mm	1001	1000	1046	798	741	1008	600	665

■ 6.2 Verschaltung von Solarmodulen

6.2.1 Parallelschaltung von Strings

Zum Aufbau eines Solargenerators wird zunächst eine Reihe von Modulen zu einem String in Reihe geschaltet. Dieser String kann dann wiederum mit weiteren Strings parallel geschaltet werden. Bild 6.17 zeigt dazu den typischen Aufbau.

Die dargestellten Stringdioden sollen verhindern, dass bei Auftreten eines Kurz- oder Erd-schlusses in einem String sämtliche anderen parallel geschalteten Strings einen Rückstrom durch den defekten String leiten. Ein Nachteil der Stringdioden ist allerdings der an ihnen ent-stehende Spannungsabfall; dieser bewirkt einen kontinuierlichen Leistungsverlust auch im Normalbetrieb der Anlage. Aus diesem Grund verzichtet man heute meist auf Stringdioden und setzt stattdessen Stringsicherungen ein.

Stringsicherungen sind spezielle mit Sand gefüllte DC-Sicherungen, die den beim Durchbren-nen der Sicherung entstehenden Lichtbogen sicher löschen. Sie werden typischerweise mit dem doppelten String-Nennstrom dimensioniert, da Solarmodule durchaus Rückströme in der Größe des zwei- bis dreifachen Nennstroms aufnehmen können. Dies bedeutet anderer-seits, dass Generatoren mit bis zu drei parallelen Strings ggf. gar keine Stringsicherungen be-nötigen, da in diesem Fall maximal zwei Strings ihren Strom durch den defekten String lei-ten würden. Im Zweifel sollte allerdings immer das Moduldatenblatt herangezogen werden, in dem die Rückstrombelastbarkeit angegeben wird. Zusätzlich muss sichergestellt sein, dass die verwendeten Kabel für die erhöhte Stromstärke ausgelegt sind.

6.2.2 Was passiert bei Verkabelungsfehlern?

Angenommen, beim Verkabeln eines Solargenerators werden aus Versehen unterschiedlich viele Module pro String angeschlossen. Als Beispiel betrachten wir dazu den Generator in Bild 6.18: Er enthält zwei Strings mit je vier Modulen und einen String mit nur zwei Modulen.

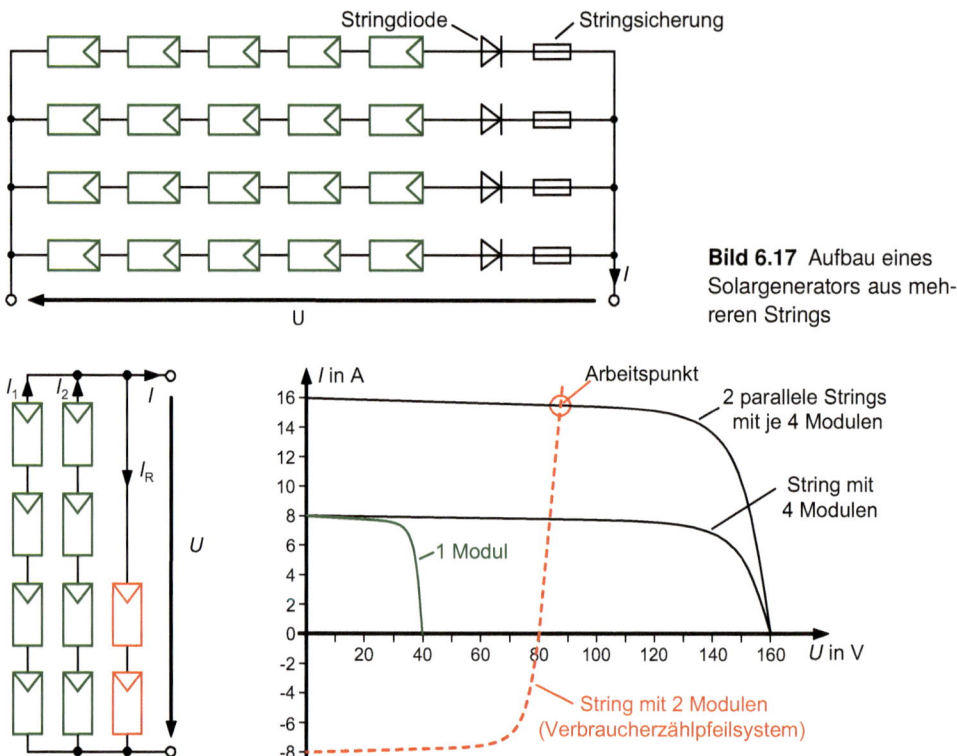

Bild 6.17 Aufbau eines Solargenerators aus mehreren Strings

Bild 6.18 Aufbau eines Solargenerators mit Verkabelungsfehler: Der rechte String hat zwei Module zu wenig, so dass sich ein Rückstrom von knapp dem doppelten Modulkurzschlussstrom einstellt

Welcher Strom stellt sich nun in dem rechten String ein? Der schlimmste Fall ist sicherlich der Leerlauffall, bei dem die beiden linken Strings ihren gesamten Strom durch den rechten String pressen. Somit könnten wir auch ähnlich zu Bild 6.12 den rechten String im Verbraucherzählpfeilsystem darstellen. Es entsteht ein Arbeitspunkt, bei dem sich ein Rückstrom im rechten String von knapp dem doppelten Modulkurzschlussstrom einstellt. Dieser Betriebsfall ist für die beiden Module unkritisch. An den Generatoranschlüssen würde man im gezeigten Beispiel im Leerlauffall eine Spannung von etwa 90 V messen statt der eigentlich erwarteten 160 V. Ein derartiger Verschaltungsfehler wäre also schon durch eine einfache Messung mit dem Multimeter zu entdecken.

6.2.3 Verluste durch Mismatching

Kauft man mehrere Solarmodule des gleichen Typs, so sind diese aufgrund von Exemplarstreuungen in ihren Spannungen und Strömen nicht völlig gleich. Aus diesem Grund kann es beim Verschalten der Module zu einem Solargenerator passieren, dass die Gesamtleistung der Module nicht gleich der Summe der Einzelleistungen ist. Die dabei entstehenden Verluste werden als Mismatch-Verluste (Fehlanpassungs-Verluste) bezeichnet.

Zur Erklärung dieses Phänomens wollen wir als Beispiel einen String aus vier 100 W-Modulen aufbauen (Bild 6.19). Eines der Module soll aufgrund von Exemplarstreuungen nur 90 W Nenn-

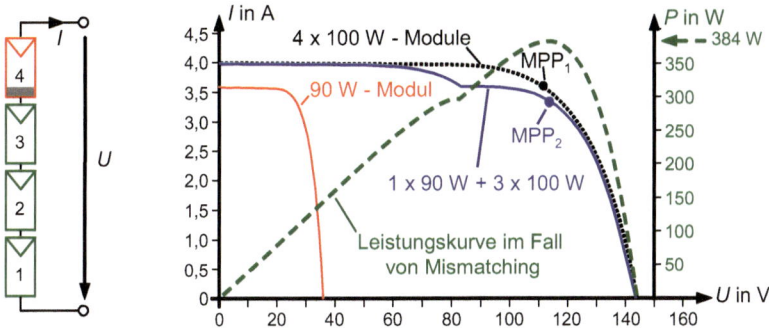

Bild 6.19 Auswirkung von Mismatching-Verlusten: Die Serienschaltung von drei guten und einem schlechten Modul führt zu einer Gesamtleistung von nur 384 W anstelle der erwarteten 390 W

leistung aufweisen. Wir können es im Prinzip auch so betrachten, als wäre es ein normales 100 W-Modul, das nur mit 900 W/m^2 bestrahlt wird. Die I/U-Kennlinie weist einen neuen MPP$_2$ auf, der bei 384 W liegt. Dies liegt um 6 W unter der Summe der Moduleinzelleistungen von 390 W. Der Verlust kommt dadurch zustande, dass die drei guten Module nicht mehr mit ihrem vollen Strom zum MPP$_2$ beitragen können.

Für den Aufbau einer Photovoltaikanlage kann man somit folgern:

Weisen die eingekauften Module eine deutliche Exemplarstreuung auf, so sollten diese so sortiert werden, dass jeweils Module mit gleichem Kurzschlussstrom zu einem String kombiniert werden.

6.2.4 Schlaue Verschaltung bei Verschattung

In Abschnitt 6.1 haben wir uns bereits detailliert mit den Verschattungsverlusten in Solarmodulen beschäftigt. Beim Verschalten von vielen Solarmodulen muss ebenfalls überlegt werden, wie sich die Verluste bei Verschattung möglichst gering auswirken.

Nehmen wir einmal an, dass wir einen Solargenerator aus 8 Modulen mit je 100 W aufbauen wollen. Die erste Möglichkeit ist die Reihenschaltung aller Module zu einem einzigen String (Bild 6.20). Der unverschattete Generator wird im MPP ca. 800 W abgeben (MPP$_1$ in Bild 6.20). Wird Modul 8 zu $^3/_4$ verschattet, so sackt sein Strom ebenfalls um $^3/_4$ ab. Da das Modul mit Bypassdioden ausgestattet ist, leiten die restlichen Module ihren Nennstrom an Modul 8 vorbei. Der MPP rutscht daher um etwa eine Modulnennspannung nach links, so dass sich als neue MPP-Leistung ergibt:

$$P_{\mathrm{MPP2}} = 196\,\mathrm{V} \cdot 3{,}57\,\mathrm{A} = 700\,\mathrm{W}$$

Dies bedeutet, dass das verschattete Modul praktisch keinen Beitrag zur Gesamtleistung mehr liefert.

Was passiert nun, wenn wir den Solargenerator aus zwei Strings mit je 4 Modulen aufbauen (Bild 6.21)? Im unverschatteten Zustand ergibt sich wieder die Maximalleistung von 800 W.

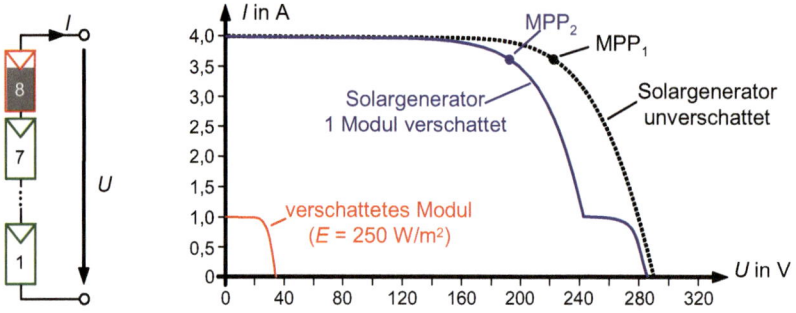

Bild 6.20 Reihenschaltung aller 8 Module zu einem String: Die Verschattung eines Moduls wirkt sich nur geringfügig auf die Gesamtleistung aus

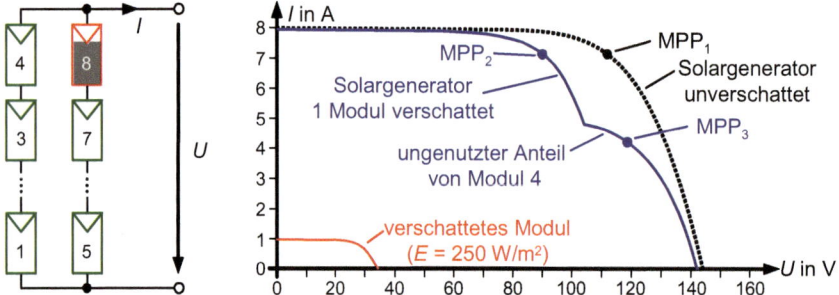

Bild 6.21 Verschaltung der 8 Module zu zwei Strings mit je 4 Modulen: Die Verluste bei Verschattung eines Moduls verdoppeln sich gegenüber Bild 6.20

Wird das Modul 8 wie vorhin verschattet, sackt auch hier der MPP um fast eine Modulnennspannung nach links. Der neue MPP_2 ergibt sich aus Bild 6.21 zu:

$$P_{MPP2} = 89\,V \cdot 7,1\,A = 632\,W$$

Gegenüber dem ersten Fall sind uns also fast 70 W verlorengegangen.

 Wieso geht uns denn nun mehr Leistung verloren? Nach wie vor ist doch nur eines von acht Modulen verschattet!

 Durch die Aufteilung des Solargenerators auf zwei Strings wirkt sich die Verschattung von Modul 8 auch auf den linken String aus. Modul 4 kann fast keinen Beitrag zur MPP_2-Leistung liefern, ein großer Teil seiner Leistung wird nicht genutzt (siehe Bild 6.21). Die Verschattung von Modul 8 wirkt somit fast so, als wäre neben Modul 8 auch das Modul 4 verschattet.

Ganz allgemein kann man aus diesem Beispiel eine Faustregel ableiten:

Besteht bei einer Solarstromanlage die Gefahr von Verschattungen, fasst man möglichst alle betroffenen Module zu einem String zusammen. Dieser String sollte dann einen eigenen MPP-Regler erhalten (siehe Kapitel 7).

Die Auswirkungen von Mismatching oder von Teilverschattungen können mit Hilfe des Programms *PV-Teach* sichtbar gemacht werden (siehe Bild 6.22). Es bietet die Möglichkeit, verschiedene Modultypen in Reihe zu schalten und den entstandenen String wiederum parallel zu weiteren Strings zu schalten. Außerdem kann der Einfluss von Bypassdioden und Stringdioden untersucht werden. In Bild 6.22 wird beispielhaft die Verschaltung aus Bild 6.21 simuliert. *PV-Teach* steht unter *www.lehrbuch-photovoltaik.de* kostenlos als Download zur Verfügung.

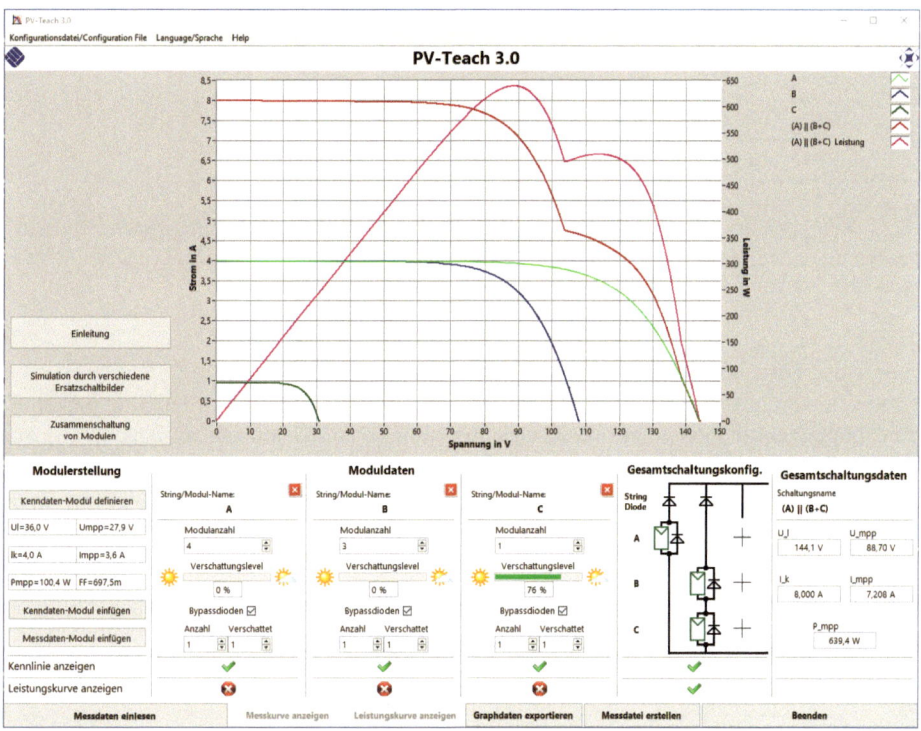

Bild 6.22 Screenshot von *PV-Teach*: Neben der Simulation von Mismatching und Teilverschattungen kann auch der Einfluss von Bypassdioden und Stringdioden untersucht werden

■ 6.3 Gleichstrom-Komponenten

6.3.1 Prinzipieller Anlagenaufbau

Den typischen Gesamtaufbau einer netzgekoppelten Photovoltaikanlage zeigt Bild 6.23. Der Strom der in Reihe geschalteten Solarmodule wird über Stringleitungen zum Generatoranschlusskasten (GAK) geführt. Dieser enthält neben den bereits besprochenen Stringdioden ggf. noch DC-Trenner, mit denen jeder einzelne String abgekoppelt werden kann. Die zwei Varistoren sorgen für einen Schutz gegen gewitterbedingte Überspannungen.

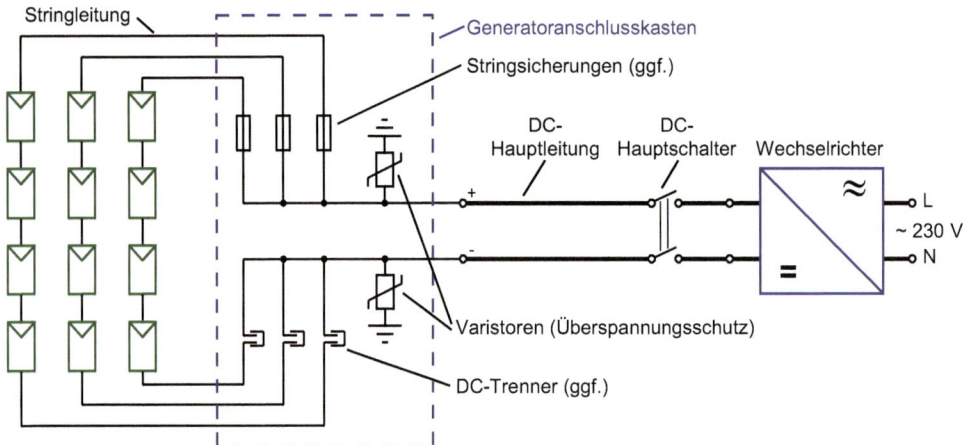

Bild 6.23 Aufbau einer typischen netzgekoppelten Photovoltaikanlage: Im Generatoranschlusskasten werden die einzelnen Strings zusammen geführt und weiter über die DC-Hauptleitung mit dem Wechselrichter verbunden

Vom Generatoranschlusskasten führt die DC-Hauptleitung zum Wechselrichter. Die speziell für Photovoltaikanlagen entwickelte Norm DIN VDE 0100-712 fordert einen Hauptschalter, um den Solargenerator sicher vom Wechselrichter trennen zu können. Da bei Gleichstrom ein beim Trennen entstehender Lichtbogen nicht von selbst gelöscht wird, muss dieser Hauptschalter speziell für Gleichstrom ausgelegt sein.

Bild 6.24 zeigt die Innenansicht eines Generatoranschlusskastens. Neben Stringdioden, Sicherungen und Überspannungsschutz wurde hier direkt der DC-Hauptschalter mit eingebaut. Zusätzlich enthält das Modell eine Messelektronik, die die Strangströme und Strangsicherungen überwacht und per Netzwerkanschluss eine Fernüberwachung ermöglicht. Bei kleineren Anlagen sind die Komponenten des Generatoranschlusskastens oftmals vollständig im Wechselrichter integriert.

Will man einen einzelnen String abkoppeln, um zum Beispiel Messungen daran durchzuführen, dürfen auf keinen Fall die DC-Trennklemmen unter Last gezogen werden! Das Trennen führt unweigerlich zu einem Lichtbogen. Stattdessen muss die Anlage durch das Ausschalten des DC-Hauptschalters zuerst stromlos gemacht werden.

6.3.2 Gleichstromverkabelung

Auch für die Gleichstrom führenden Kabel gelten besondere Anforderungen. Zum Schutz gegen Kurzschlüsse sollen sie doppelt isoliert sein; meistens führt man die Plus- und Minusleitung in getrennten Kabeln. Da die Stringverkabelung der Witterung, Sonnenstrahlung und hohen Temperaturen ausgesetzt ist, müssen die Kabel UV-beständig, schwer entflammbar und für hohe Betriebstemperaturen ausgelegt sein. Zum Verbinden der Module untereinander haben sich Solarstecker etabliert, die ein einfaches und gefahrloses Verbinden ermöglichen. Sie sind so ausgeführt, dass kein unbeabsichtigtes Berühren des Leiters erfolgen kann. Bild 6.25 zeigt als Beispiel die Stecker der Firma Multicontact, die sich zu einem Quasistandard entwi-

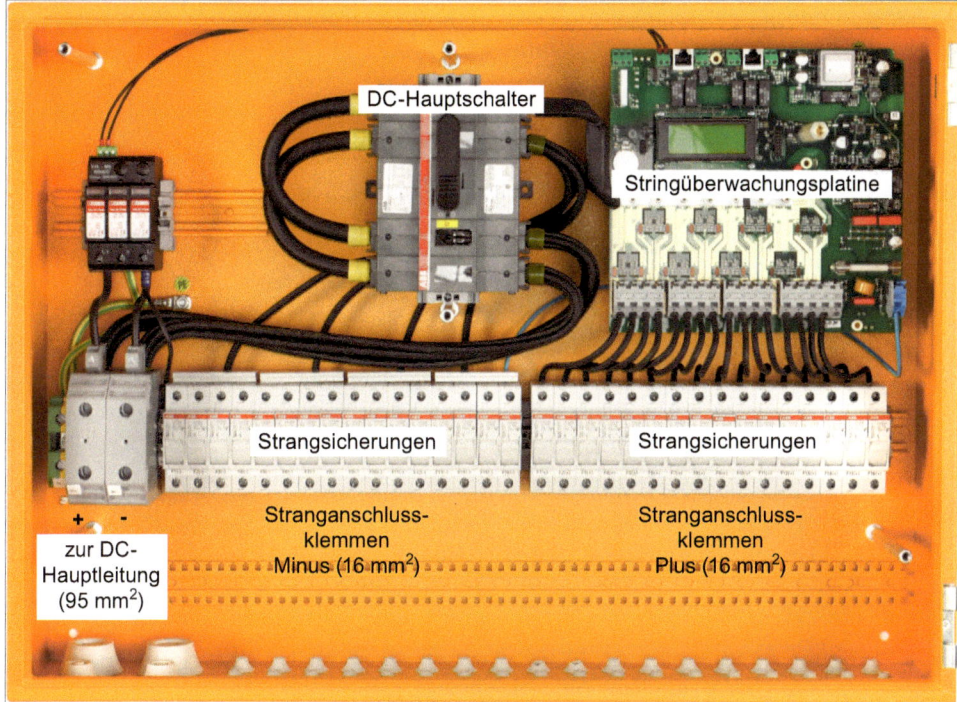

Bild 6.24 Innenleben eines modernen Generatoranschlusskastens: Neben den typischen Komponenten DC-Hauptschalter, Strangsicherungen und Überspannungsschutz enthält er auch eine Messelektronik zur String-Fernüberwachung (Foto: Sputnik Engineering AG)

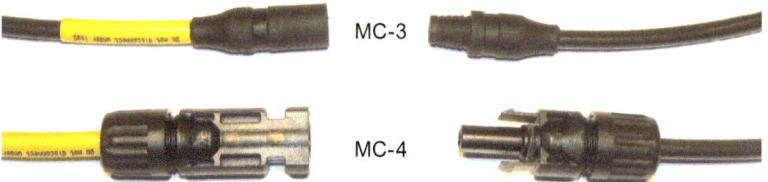

Bild 6.25 Solarsteckersortiment der Firma Multicontact: Der MC-4 weist eine mechanische Verriegelung auf, um ein unbeabsichtigtes Trennen zu verhindern

ckelt haben. Der Typ MC-3 wurde inzwischen weitgehend vom neueren Typ MC-4 abgelöst, da dieser eine Verriegelung gegen unbeabsichtigtes Trennen besitzt.

Damit die kostbare elektrische Energie nicht gleich wieder in Wärme umgesetzt wird, ist auf einen ausreichenden Querschnitt der Kabel zu achten. Zur Ermittlung der Verluste berechnet man zunächst den Widerstand R des Kabels:

$$R = \frac{\rho \cdot l}{A} \tag{6.9}$$

mit l: Länge des Kabels
A: Querschnitt des Kabels
ρ: spezifischer Widerstand, bei Kupfer: $\rho_{\mathrm{Cu}} = 0{,}0175\,\Omega \cdot \mathrm{mm}^2/\mathrm{m}$

Als Länge l muss die Gesamtlänge von Plus- und Minusleitung eingesetzt werden. Die Kabelverluste können dann ermittelt werden mit:

$$P_V = I^2 \cdot R \tag{6.10}$$

Für die maximalen Kabelverluste gibt es eine einfache Dimensionierungsregel:

Die elektrischen Kabelverluste auf der Gleichstromseite sollten maximal 1 % der Anlagennennleistung betragen.

Beispiel 6.2 Kabelverluste auf der DC-Seite

Eine PV-Anlage ist aus zwei Strings mit je 10 Solarworld SW-280 Modulen (siehe Tabelle 6.1) aufgebaut. Jeder String hat eine Kabellänge von 2 × 10 m, die Länge der DC-Hauptleitung beträgt 15 m. Die Modulanschlusskabel weisen einen Querschnitt von 2,5 mm^2 auf; die Hauptleitung einen von 4 mm^2. Sind die auftretenden Verluste tolerierbar?

Wir errechnen zunächst die Widerstände der Leitungen:

$$R_{\text{String}} = \frac{0{,}0175\,\Omega \cdot \frac{\text{mm}^2}{\text{m}} \cdot 20\,\text{m}}{2{,}5\,\text{mm}^2} = 0{,}14\,\Omega$$

$$R_{\text{Haupt}} = \frac{0{,}0175\,\Omega \cdot \frac{\text{mm}^2}{\text{m}} \cdot 30\,\text{m}}{4\,\text{mm}^2} = 0{,}13\,\Omega$$

Die Verluste ergeben sich zu:

$$P_V = 2 \cdot I_{\text{String}}^2 \cdot R_{\text{String}} + I_{\text{Haupt}}^2 \cdot R_{\text{Haupt}} = 2 \cdot (9{,}07\,\text{A})^2 \cdot 0{,}14\,\Omega + (18{,}14\,\text{A})^2 \cdot 0{,}13\,\Omega$$

$$= 23{,}0\,\text{W} + 42{,}8\,\text{W} = 65{,}8\,\text{W}$$

Verglichen mit der Anlagennennleistung von 5,6 kWp beträgt der Verlust also rund 1,2 % und ist damit leicht zu hoch. Vorsichtshalber wäre hier eine DC-Hauptleitung mit 6 mm^2 Querschnitt zu empfehlen.

Der im Beispiel errechnete Verlust von 1,2 % bedeutet allerdings nicht, dass dem Anlagenbetreiber jedes Jahr 1,2 % der erzeugten Energie verloren geht. Über das Jahr gesehen läuft die Anlage meist im Teillastbetrieb. Da die Verluste quadratisch mit dem Strom ansteigen, betragen sie z. B. bei halber Anlagenleistung nur ein Viertel des errechneten Wertes von 1,2 %. Bei Betrachtung von typischen Häufigkeiten der verschiedenen Leistungsstufen ergibt sich ein Energieverlustkoeffizient k_{EV} von etwa 0,5 [Häb10]. Bei errechneten Leistungsverlusten von 1,2 % würde sich somit ein Energieverlust von ca. 1,2 % · 0,5 = 0,6 % ergeben.

■ 6.4 Anlagentypen

Aufgrund der Modularität der Photovoltaiktechnologie können Solarstromanlagen in völlig unterschiedlichen Größen und baulichen Umgebungen errichtet werden. Die wichtigsten Varianten sehen wir uns im Folgenden an.

6.4.1 Freilandanlagen

Freilandanlagen werden meist als groß angelegte Solarparks im Megawattbereich realisiert. Bild 6.26 zeigt als Beispiel den Bürgersolarpark Hofbieber-Traisbach in Bayern, der eine Gesamtleistung von 1,3 MWp aus 5586 polykristallinen Modulen erreicht. Als zweites Beispiel ist ein 3,5 MWp-Solarpark bei Mehring an der Mosel zu sehen, der aus 46.560 CdTe-Modulen der Firma First Solar aufgebaut ist.

Bild 6.26 Ansicht von zwei Solarparks: Links: Bürgersolarpark Hofbieber-Traisbach mit 1,3 MWp aus polykristallinen Modulen (Foto: IBC SOLAR AG); rechts: 3,5 MWp-Solarpark bei Mehring an der Mosel mit CdTe-Modulen (Foto: juwi Solar GmbH)

Die Montagearten von Freilandanlagen erstrecken sich über ein weites Spektrum von Möglichkeiten. Die Gründung des Gesamtgestells erfolgt oft als Rammfundament, bei dem ein langer Stahlstab oder Profilblech in den Boden getrieben wird. Als Material der Modulunterkonstruktion wird meist Aluminium oder auch verzinkter Stahl verwendet (Bild 6.27). An diesen Schienen befestigt man die Module wiederum über Modulklemmen.

Bild 6.27 Typische Konstruktion einer Freilandanlage: Verzinkte Stahlpfosten werden in den Boden gerammt und dienen als Basis für das Modoluntergestell (Fotos: Schletter GmbH)

Eine Variante zum Rammfundament ist das Schraubfundament, bei dem ein schraubenförmiges Rohr in den Erdboden gedreht wird und so einen sicheren Halt gewährleistet (Bild 6.28). Ist der Boden felsig oder soll der Aufbau besonders schnell vor sich gehen, verwendet man Betonfundamente, die allein durch ihr Eigengewicht die Gesamtkonstruktion sicher halten.

Bild 6.28 Alternative Bodenbefestigungen: Schraubfundament sowie Beton-Schwerlastfundament (Fotos: Krinner Schraubfundamente GmbH, Schletter GmbH)

Ein Teil der Freilandanlagen wird auch mit Nachführsystemen realisiert. Hier unterscheidet man zwei- und einachsig nachgeführte Anlagen. Die zweiachsigen Anlagen leisten einen deutlichen Mehrertrag, der in Deutschland etwa 30 % beträgt (siehe Kapitel 2). Allerdings verursacht die mechanisch aufwändige Konstruktion beträchtliche Mehrkosten. Außerdem müssen die einzelnen Systeme in relativ großen Abständen aufgestellt werden, um gegenseitige Verschattungen bei tief stehender Sonne zu vermeiden. Die meisten Anlagen verwenden eine astronomische Nachführung, bei der die Module immer in Richtung der Sonne schauen, auch wenn sie gar nicht zu sehen ist. Die Helligkeitsnachführung basiert dagegen auf einem Lichtsensor, um bei bewölkten Tagen ggf. eine Stelle am Himmel anzupeilen, in der es heller ist als in der direkten Sonnenrichtung. Welches System tatsächlich besser geeignet ist, wird wohl bis auf weiteres eine Glaubensfrage bleiben. Bild 6.29 zeigt links „Solon-Mover" mit jeweils einer Leistung von 8 kWp. Der Solarpark Gut Erlasee in Unterfranken wurde mit 1500 derarti-

Bild 6.29 Nachgeführte Freilandanlagen: Zweiachsiger Solon-Mover sowie einachsiges System mit Horizontalachse (Fotos: © SOLON Energy GmbH, Urnato / © Solon)

gen Trackingsystemen der Firma Solon ausgestattet, welche die Module zweiachsig der Sonne nachführen.

Aufgrund der in den letzten Jahren stark gefallenen Modulpreise werden die relativ teuren zweiachsigen Tracker kaum noch verwendet. Eine Alternative bieten einachsig nachgeführte Anlagen. Bild 6.29 stellt rechts ein System mit Horizontalachse dar, bei dem die nach Süden ausgerichteten Module immer nur der Sonnenhöhe (Elevation) nachgeführt werden. Hier bewegt eine hydraulisch betätigte Schubstange bis zu 12 Modulreihen gleichzeitig. Diese Systeme sind relativ günstig zu fertigen und verursachen auch kaum gegenseitig Verschattungen. Der Mehrertrag liegt nach Angaben des Herstellers in Deutschland zwischen 12 und 18 %; in Südeuropa werden zwischen 21 und 27 % erreicht.

6.4.2 Flachdachanlagen

Im Fall von Flachdächern dominierten ursprünglich Aluminium-Unterkonstruktionen den Markt. Bild 6.30 zeigt als Beispiel die bereits im Jahre 1994 errichtete Photovoltaik-Lehranlage auf dem Dach der Fachhochschule Münster in Steinfurt. Mittels Gehwegplatten wurde eine Schwerlastfundation erreicht, so dass keine Dachdurchdringung notwendig war.

Heutzutage setzen sich mehr und mehr Systeme mit Kunststoffwannen durch. In Bild 6.31 ist dazu eine 25 kWp Photovoltaikanlage zu sehen, die 2008 auf der FH Münster von der gemeinnützigen Genossenschaft fair-Pla.net errichtet wurde. Die Wannen aus Polyethylen sind mit Pflastersteinen zur Beschwerung gefüllt. Waagerecht verlaufende Metallrohre dienen zur Aufnahme der Stringkabel, die so vor UV-Strahlung und Bewegung geschützt werden.

Im Fall von Dächern, die nur geringe Flächenlasten tragen können, ist die klassische Schwerlastfundation nur nach genauer Untersuchung durch den Statiker zu empfehlen. Als Alternative gibt es immer mehr Systeme, die mit sehr wenig Gewicht auskommen. Ein Beispiel zeigt Bild 6.32 mit dem Modell LORENZaero10: Die niedrige, geschlossene Bauform bietet dem Wind kaum Windangriffsfläche. Stattdessen werden die Elemente bei Wind von vorn (Südwind) auf den Boden gepresst. Strömt der Wind dagegen von hinten an das Sys-

Bild 6.30 Photovoltaik-Anlage an der Fachhochschule Münster aus dem Jahre 1994: Die Unterkonstruktion aus Aluminium wird durch aufgelegte Gehwegplatten gehalten (Foto: W. Göbel)

Bild 6.31 Flachdachanlage auf dem Dach der Fachhochschule Münster aus dem Jahr 2008: Die Module werden von Kunststoffwannen gehalten, die wiederum durch Pflastersteine beschwert sind

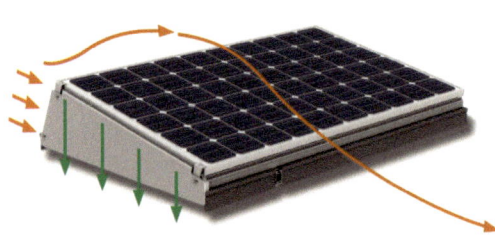

Bild 6.32 Lösung für Dächer mit geringer Tragfähigkeit: Durch die niedrige, geschlossene Form bietet das System kaum Windangriffsfläche; statt dessen werden die Elemente durch anströmenden Wind auf den Boden gepresst (Quelle: LORENZ-Montagesysteme GmbH)

tem, entsteht durch Öffnungen an der Oberseite ein Sog, der es am Boden hält. Da alle Elemente untereinander verbunden werden, bildet sich für das Gesamtsystem eine hohe Stabilität.

6.4.3   Schrägdachanlagen

Photovoltaikanlagen auf Schrägdächern sind der am häufigsten anzutreffende Anlagentyp und prägen mittlerweile genauso Wohngebiete wie auch ländliche Gegenden. Sie sind relativ kostengünstig aufzubauen, da das Dach als Basis bereits vorhanden ist und fügen sich harmonisch in die Umgebung ein. Ein Beispiel einer Aufdachanlage zeigt Bild 6.33: Die Module befinden sich oberhalb und neben der Dachgaube, es wurde auf ausreichenden Abstand zur Minimierung von Verschattungen geachtet. Seitlich wird etwa eine Pfannenreihe Abstand zur Dachkante eingehalten, um die Windangriffsmöglichkeiten zu begrenzen. Das Modul rechts unten liefert die Energie für eine solar betriebene Bachlaufpumpe.

Bild 6.33 Aufdachanlage auf einem Privathaus: Seitlich sollte mindestens eine Pfannenreihe Abstand gehalten werden, um dem Wind wenig Angriffsfläche zu bieten

Die Befestigung des Moduluntergestells erfolgt über Edelstahl-Dachhaken, die mit den Sparren des Daches verschraubt werden (Bild 6.34). Wichtig ist ein ausreichender Abstand des Hakens von der Pfanne. Bei Schneelast kann sich der Haken durchbiegen und ggf. die darunter liegende Pfanne beschädigen. Die horizontal verlaufenden Schienen bestehen aus speziellen Aluminumprofilen, die meist auch zur Aufnahme der Modulverbindungskabel geeignet sind.

Bild 6.34 Befestigung von Aufdachsystemen: Die Dachhaken werden fest mit den Holzsparren verschraubt und bilden so die Basis für die Aufnahme des Moduluntergestells. Wichtig ist ein ausreichender Abstand zwischen Dachhaken und Dachpfanne, um eine Beschädigung der Pfanne bei Schneelast zu vermeiden (Fotos: Ch. Niemann, A. Schroer)

InDax-System (Quelle: Schott Solar AG)   Indach-System von Schüco (Foto: Mertens)

Bild 6.35 Beispiele von Indachanlagen: Die Solarmodule ersetzen die eigentliche Dachhaut und fügen sich harmonisch in die Gesamtarchitektur ein

Eine Alternative zur Montage der Photovoltaikanlage oberhalb des Daches ist die Integration in das Dach. In derartigen Indachanlagen (oder dachintegrierten Anlagen) bilden die Solarmodule die eigentliche Dachhaut (Bild 6.35). Beim InDax-System von Schott Solar werden die einzelnen Solarmodule mit einem speziellen Rahmen versehen und dann wie Dachschindeln übereinander gesetzt. Das Modell von Schüco arbeitet dagegen mit Rahmenleisten, die zur Abdichtung zwischen die einzelnen Module gesetzt werden. Eine Besonderheit des Systems ist die Kombinierbarkeit mit Dachfenstern und solarthermischen Kollektoren (links und rechts des Dachfensters zu sehen). So ergibt sich eine sehr harmonische Gesamtansicht.

Beim Einsatz von Indachsystemen muss besonders auf eine ausreichende Hinterlüftung der Anlage geachtet werden. Ansonsten steigt die Modultemperatur und der Jahresertrag ist geringer als der einer ähnlich ausgerichteten Aufdachanlage. Ein weiteres Problem ist die Beteiligung verschiedener Gewerke am Bau der Anlage. Dies erfordert eine gute Abstimmung und die Klärung der Frage, wer im Fall eines undichten Daches für die Gewährleistung aufkommt.

6.4.4 Fassadenanlagen

Fassadenanlagen werden hauptsächlich an Gewerbebauten oder Bürohochhäusern angebracht. Bild 6.36 zeigt links eine im Rahmen einer Wohnhausrenovierung im Jahr 2000 errichtete Solarfassade in Freiburg. Die Anlage liefert mit knapp 200 multikristallinen Modulen eine Leistung von 50 kWp und ist als hinterlüftete Vorhangfassade konstruiert. Eine Alternative aus Dünnschichtmodulen ist in Bild 6.36 rechts zu sehen: Die Kaltfassade *ProSol TF+* von Schüco besteht aus je etwa 6 qm großen rahmenlosen Modulen aus amorphem Silizium.

Wie in Tabelle 2.4 zu erkennen ist, erbringt eine nach Süden ausgerichtete Fassade nur etwa 70 % des Ertrages einer optimal ausgerichteten Solaranlage. Für den Jahresertrag kommen meist aber noch weitere begrenzende Effekte hinzu: Verschattung durch Bäume, Feuerleitern, andere Gebäude etc.

Bild 6.36 Ansicht zweier Fassadenanlagen: Links: 50 kWp-Anlage aus multikristallinen Modulen in Freiburg (Quelle: Solarfabrik AG); rechts: Kaltfassade *ProSol TF+* aus a-Si-Modulen (Quelle: Schüco International KG)

6.4.5 Schwimmende Anlagen

Auch auf Wasserflächen können Photovoltaikanlagen installiert werden. Als Beispiel zeigt Bild 6.37 die mit 40 MWp und rund 150.000 Modulen wohl weltweit größte schwimmende Solaranlage. Sie befindet sich auf einem See in Huainan, einer Stadt in der ostchinesischen Provinz Anhui. Der Standort des Solarparks besitzt einen gewissen Symbolwert, da es sich um einen ehemaligen Kohletagebau handelt. Dieser ist durch starke Regenfälle vollgelaufen und bildet nun einen riesigen See. Das Wasser ist allerdings belastet und kann kaum für andere Zwecke genutzt werden.

Bild 6.37 Weltweit größter schwimmender Solarpark in Ostchina mit einer Gesamtleistung von 40 MWp: Auch die Wechselrichter sind schwimmend installiert (Foto: Sungrow)

Bild 6.38 Photovoltaikanlage auf einem Wasserreservoir: Neben dem erzielten Solarertrag reduziert die PV-Anlage das Algenwachstum und die Verdunstungsverluste des Wassers (Foto: Texel4Trading)

Die einzelnen Schwimmpontons sind miteinander verbunden und tragen die Solarmodule. Ebenfalls schwimmend sind Container installiert, in denen sich jeweils ein 2,5 MW Wechselrichter inklusive Trafo und Schalteinrichtungen befindet. Laut Betreiber kühlt die Wasseroberfläche die Module und führt so zu besonders hohen Erträgen. Der erzeugte Strom wird für Häuser in der Umgebung verwendet.

Deutlich kleinere Dimensionen hat eine schwimmende Solaranlage auf der niederländischen Insel Texel (Bild 6.38). In diesem Fall wurde ein Minisee anlegt, um im Winter Wasser zu speichern, das dann im Sommer zur Bewässerung des umliegenden Golfplatzes genutzt werden kann. Die Anlage besteht aus 2400 Modulen und weist eine Gesamtleistung von 780 kWp auf.

Die Installation der Solaranlage hat nach Auskunft des Betreibers neben dem Stromertrag noch weitere Vorteile. Da die Solarmodule das Wasser verschatten, bleibt es deutlich kühler als im Fall der ungebremsten Sonneneinstrahlung. Daher verdunstet über das Jahr gesehen rund 30 % weniger von dem kostbaren Nass. Außerdem sorgt die niedrigere Wassertemperatur für eine merkbare Abschwächung des Pflanzen- und Algenwachstums im Wasser und damit für weniger Schwierigkeiten beim Betrieb der Wasserpumpen.

7 Systemtechnik netzgekoppelter Anlagen

Inzwischen kennen wir uns mit der Energieerzeugungskette der Photovoltaik

Solarstrahlung → Zelle → Modul → String → PV-Generator

bestens aus. Nun geht es darum, wie die vom Generator zur Verfügung gestellte elektrische Energie möglichst vollständig für die Netzeinspeisung oder andere Verbraucher genutzt werden kann. Dazu betrachten wir zunächst die Möglichkeiten der Anpassung des PV-Generators an die vorhandene elektrische Last. Anschließend gehen wir auf verschiedene Anlagenkonzepte und den Aufbau samt Funktionsprinzip von Wechselrichtern ein. Abgerundet wird das Kapitel mit Betrachtungen zu den Anforderungen der Netzbetreiber und zu Sicherheitsaspekten.

■ 7.1 Solargenerator und Last

Die vom Solargenerator erzeugte Energie kann von verschiedenen elektrischen Verbrauchern genutzt werden. Typische Beispiele sind etwa ein aufzuladender Akkumulator, eine solar betriebene Wasserpumpe oder ein öffentliches Energieversorgungsnetz. Diese unterschiedlichen Verbrauchertypen stellen jeweils eigene Anforderungen an die zur Verfügung gestellten Spannungen und Ströme. In den meisten Fällen muss daher eine Komponente zwischengeschaltet werden, die die notwendige Anpassung ermöglicht.

7.1.1 Widerstandslast

Der am einfachsten zu betrachtende Verbraucher ist ein ohmscher Widerstand. In der I/U-Kennlinie wird er durch eine Geradengleichung beschrieben:

$$I = \frac{1}{R} \cdot U \tag{7.1}$$

Bild 7.1 zeigt den Fall des Direktanschlusses eines ohmschen Verbrauchers (z. B. einer Glühlampe) an ein Solarmodul. Wird der Solargenerator bei $1000\,\mathrm{W/m^2}$ betrieben, so ergibt sich in diesem Beispiel ein Arbeitspunkt 1 nahe beim $\mathrm{MPP_1}$ des Moduls. Fällt die Einstrahlung auf die Hälfte, stellt sich ein neuer Arbeitspunkt 2 ein, der allerdings weit entfernt vom eigentlich optimalen $\mathrm{MPP_2}$ liegt. In diesem Fall kann das Solarmodul nur einen Teil der aktuell verfügbaren

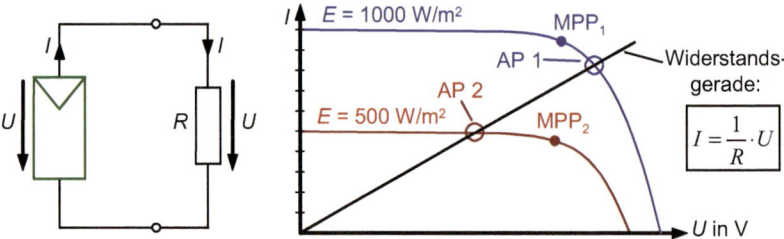

Bild 7.1 Betrieb eines ohmschen Widerstands an einem Solarmodul: Im Fall der halben Sonnenein-strahlung ($E = 500\,\text{W/m}^2$) liegt der Arbeitspunkt (AP 2) weit entfernt vom MPP_2

Leistung an den Verbraucher abgeben. Wünschenswert wäre daher die Möglichkeit, die Spannung am Solargenerator zu entkoppeln von der Spannung am Verbraucher. Wir verwenden dazu eine elektronische Anpassschaltung, den DC/DC-Wandler.

7.1.2 DC/DC-Wandler

7.1.2.1 Idee

Ein DC/DC-Wandler (Gleichspannungswandler) transformiert eine Eingangsspannung U_1 in eine Ausgangsspannung U_2. Damit ergibt sich die Möglichkeit, die Spannung am Solarmodul nahezu unabhängig von der Spannung am Verbraucher zu wählen. In Bild 7.2 wird so bei-spielsweise die Spannung U_1 am Solarmodul konstant gehalten. Der sich in beiden Betriebs-fällen einstellende Arbeitspunkt liegt sehr nah am jeweiligen MPP.

Ein Gleichspannungswandler wird nie verlustlos arbeiten, allerdings erreichen gute Wand-ler Wirkungsgrade von über 95 %, der Rest wird in Wärme umgewandelt. Im Fall eines idea-len Wandlers mit einem Wirkungsgrad von 100 % sind Eingangs- und Ausgangsleistung gleich groß:

$$P_1 = U_1 \cdot I_1 = U_2 \cdot I_2 = P_2 \tag{7.2}$$

Wenn wir U_1 und U_2 unterschiedlich wählen, müssen sich somit auch die Ströme I_1 und I_2 unterscheiden. Der Spannungswandler wirkt also gleichzeitig auch als Impedanzwandler.

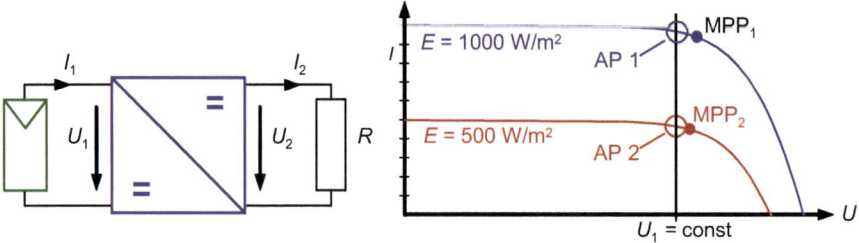

Bild 7.2 Einsatz eines DC/DC-Wandlers: Die Spannung am Solargenerator kann unabhängig von der am Verbraucher gewählt werden; z. B. lässt man sie konstant

7.1.2.2 Tiefsetzsteller

Oftmals schaltet man viele Module in Reihe, um eine hohe Spannung zu erhalten. Will man diese Spannung reduzieren, so wird ein Tiefsetzsteller (Buck Converter) eingesetzt. Das Prinzip des Tiefsetzstellers besteht darin, die Eingangsspannung U_1 nur für eine bestimmte Zeitdauer T_E auf den Ausgang durchzuschalten (sogenannte Pulsweitenmodulation – PWM, siehe Bild 7.3).

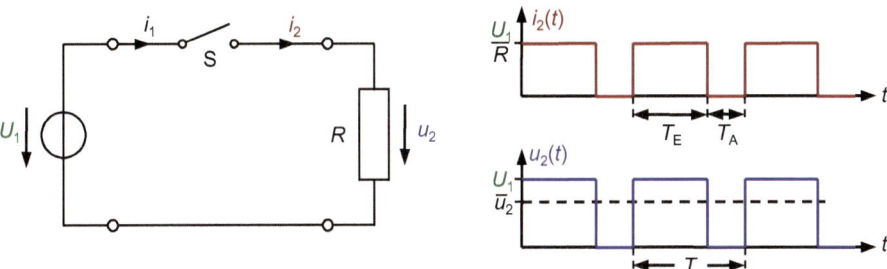

Bild 7.3 Einfachstes Modell eines Tiefsetzstellers: Am Ausgang ergibt sich durch die Pulsweitenmodulation im zeitlichen Mittel eine gegenüber U_1 reduzierte Spannung

Die Folge ist eine gepulste Spannung $u_2(t)$ am Ausgang, die einen Mittelwert aufweist von:

$$\bar{u}_2 = \frac{T_E}{T} \cdot U_1 = a \cdot U_1 \tag{7.3}$$

mit $\quad T_E$: Einschaltdauer
$\qquad T$: Periodendauer

Die Größe a gibt dabei den Tastgrad oder das Tastverhältnis an:

$$a = \frac{T_E}{T} \tag{7.4}$$

Eine gepulste Ausgangsspannung ist im praktischen Einsatz nicht zu akzeptieren. Daher müssen noch Glättungselemente für Strom und Spannung hinzugefügt werden. Bild 7.4 zeigt die vollständige Schaltung. Die Drosselspule L wird zur Verstetigung des Stromes i_L eingesetzt, während der Kondensator C_2 zur Glättung der Ausgangsspannung dient. Diese Kapazität soll so groß sein, dass wir von einer Gleichspannung U_2 am Ausgang ausgehen können.

Die Funktion des Schalters aus Bild 7.3 wird in der Praxis durch einen Halbleiterschalter realisiert, z. B. einen Leistungs-MOSFET (Metal Oxide Semiconductor Field Effect Transistor). Über ein positives Potential an seinem Gate-Anschluss kann er wie ein normaler Schalter durchgeschaltet werden. Der Kondensator C_1 soll vermeiden, dass die Spannungsquelle am Eingang durch pulsförmige Ströme belastet wird.

Wie funktioniert das Ganze nun im Detail? Zunächst betrachten wir den Fall des eingeschalteten Mosfets. Für die Spannung u_D an der Diode gilt dann:

$$u_D = U_1 \tag{7.5}$$

Als Spannung an der Drossel folgt damit:

$$u_L = u_D - U_2 = U_1 - U_2 \tag{7.6}$$

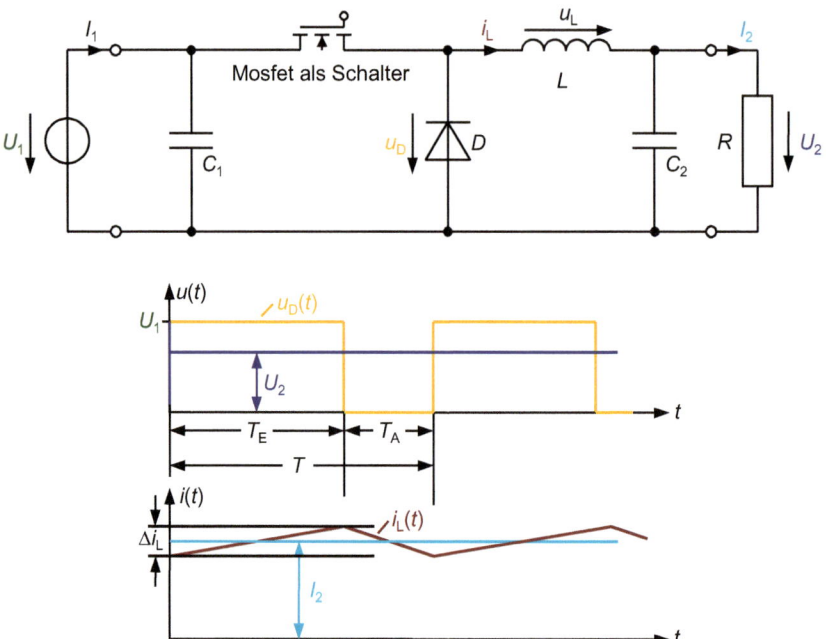

Bild 7.4 Schaltung sowie Spannungs- und Stromverlauf beim Tiefsetzsteller (nach [Hag09])

Es liegt also eine konstante Spannung an der Spule an, so dass wir nach dem Induktionsgesetz:

$$u_L(t) = L \cdot \frac{\mathrm{d}i_L}{\mathrm{d}t} \tag{7.7}$$

schließen können, dass sich der Strom während der Zeitdauer T_E linear mit der Zeit verändern wird. Der Strom steigt mit der konstanten Anstiegsgeschwindigkeit (siehe Bild 7.4):

$$\frac{\mathrm{d}i_L}{\mathrm{d}t} = \frac{u_L}{L} = \frac{U_1 - U_2}{L} \tag{7.8}$$

Wird der Transistor zum Zeitpunkt $t = T_E$ gesperrt, so versucht die Spule, den Strom i_L aufrecht zu erhalten. Sie treibt den Strom über die Freilaufdiode D weiter. Nehmen wir diese als ideale Diode an ($u_D = 0$), so können wir analog zu vorhin die Stromsteilheit angeben:

$$\frac{\mathrm{d}i_L}{\mathrm{d}t} = \frac{u_L}{L} = -\frac{U_2}{L} \tag{7.9}$$

Der Strom nimmt also linear mit der Zeit ab. Den Wert der Ausgangsspannung erhalten wir aus der Überlegung, dass an einer idealen Spule keine Gleichspannung abfallen kann. Die konstante Spannung U_2 ergibt sich somit aus dem zeitlichen Mittelwert der Spannung u_D:

$$U_2 = a \cdot U_1 \tag{7.10}$$

mit a: Tastgrad

Fazit: Durch Variation des Tastgrades kann man die Ausgangsspannung des Tiefsetzstellers fast beliebig zwischen annähernd 0 und U_1 einstellen.

Die beschriebenen Ergebnisse gelten nicht mehr, wenn der Strom i_L während der Zeitdauer T_A bis auf null absinkt. In diesem Lückbetrieb würde die Ausgangsspannung nicht mehr nur vom Tastgrad sondern auch vom Laststrom I_2 abhängen. Um das unerwünschte Lücken der Drossel zu vermeiden, wählt man die Schaltfrequenz des Transistors möglichst groß (z. B. 20 kHz). So kann auch bei kleinen Werten für L, C_1 und C_2 eine gute Qualität der Ausgangsspannung erreicht werden. Eine Obergrenze für die Schaltfrequenz ist allerdings durch die Grenzfrequenz des Transistors vorgegeben. Außerdem steigen die Schaltverluste mit steigender Schaltfrequenz an. Weitere Details dazu sind z. B. in [Hag09] zu finden.

7.1.2.3 Hochsetzsteller

Oftmals ergibt sich die Notwendigkeit, eine kleine Solargeneratorspannung in eine höhere Spannung zu konvertieren, um z. B. in das öffentliche Netz einzuspeisen. In diesem Fall kommt ein Hochsetzsteller (Boost Converter) zum Einsatz. Die Schaltung zeigt Bild 7.5. Zunächst soll wieder der Transistor eingeschaltet sein. Mit $u_S = 0$ ergibt sich $u_L = U_1$, so dass sich die Stromsteilheit unmittelbar angeben lässt zu:

$$\frac{\mathrm{d}i_L}{\mathrm{d}t} = \frac{u_L}{L} = \frac{U_1}{L} \tag{7.11}$$

Nach der Zeitdauer T_E wird der Transistor gesperrt. Die Drossel versucht, ihren Strom aufrecht zu erhalten. Wir nehmen einmal an, dass U_2 größer als U_1 ist. In diesem Fall treibt die Dros-

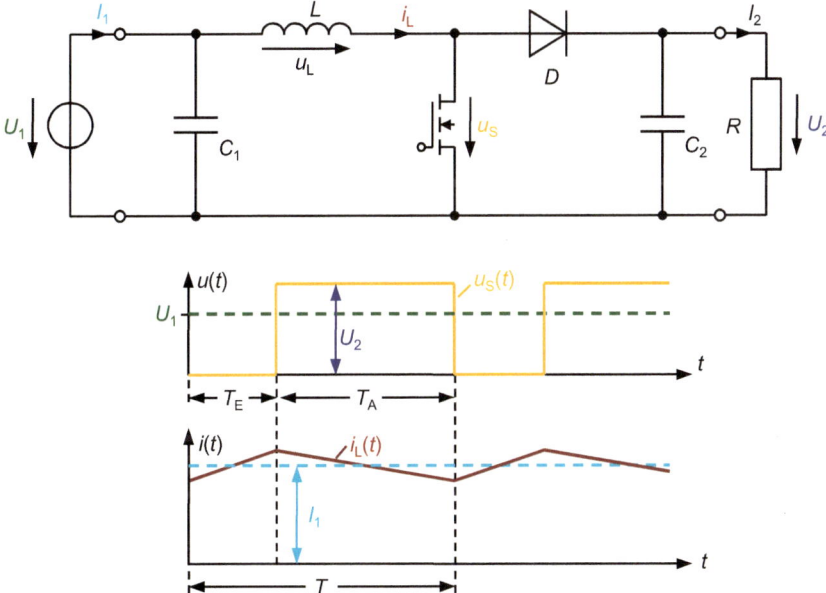

Bild 7.5 Schaltung eines Hochsetzstellers mitsamt der Strom- und Spannungsverläufe (nach [Hag09])

sel den Strom langsam absinkend über die Diode D auf den Ausgang. Die Spannung an der Drossel ergibt sich zu:

$$u_L = U_1 - U_2 \tag{7.12}$$

und die Stromsteilheit beträgt nun:

$$\frac{d i_L}{dt} = \frac{u_L}{L} = \frac{U_1 - U_2}{L} \tag{7.13}$$

Da i_L absinkt, wird die Spannung u_L nach dem Induktionsgesetz (7.7) negativ sein. Stellt man (7.12) nach U_2 um, wird klar, dass die Ausgangsspannung größer als die Eingangsspannung sein muss, womit unsere obigen Annahme bestätigt wurde:

$$U_2 = U_1 - u_L. \tag{7.14}$$

Auch hier gilt wieder, dass die Drossel keine Gleichspannung aufnehmen kann, so dass der zeitliche Mittelwert von $u_S(t)$ gleich U_1 sein muss. Damit erhalten wir aus dem Spannungsverlauf in Bild 7.5:

$$U_2 \cdot T_A = U_1 \cdot T \tag{7.15}$$

Für die Ausgangsspannung ergibt sich somit:

$$U_2 = \frac{T}{T_A} \cdot U_1 = \frac{T}{T - T_E} \cdot U_1 = \frac{1}{1 - T_E/T} \cdot U_1 = \frac{1}{1 - a} \cdot U_1 \tag{7.16}$$

Beispiel 7.1 Verschiedene Tastgrade beim Hochsetzsteller

Sie legen eine Eingangsspannung von 10 V an einen Hochsetzsteller an und stellen nacheinander die Tastgrade 0,1; 0,5 und 0,9 ein. Als Ausgangsspannungen ergeben sich 11,1 V, 20 V und 90 V.

◼

Fazit: Durch Variation des Tastgrades kann man die Ausgangsspannung des Hochsetzstellers auf ein Vielfaches von U_1 einstellen.

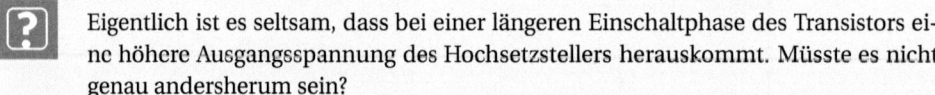 Eigentlich ist es seltsam, dass bei einer längeren Einschaltphase des Transistors eine höhere Ausgangsspannung des Hochsetzstellers herauskommt. Müsste es nicht genau andersherum sein?

Während der Einschaltphase des Transistors steigt der Strom durch die Drossel an. Je länger die Einschaltphase dauert, desto mehr Energie wird in der Drossel gespeichert, die sie dann in der Ausschaltphase auf den Ausgang weiterleiten kann. Die Spule nimmt gewissermaßen mehr Anlauf.

Wozu ist eigentlich die Diode D in Bild 7.5 da? Im Gegensatz zum Tiefsetzsteller brauchen wir hier doch gar keine Freilaufdiode.

 Ohne die Diode wäre der Ausgang direkt parallel zum Transistor geschaltet. Sobald der Transistor eingeschaltet wird, würde der Kondensator schlagartig entladen und die Ausgangsspannung zu null werden.

7.1.3 MPP-Tracker

Nachdem wir DC/DC-Wandler kennengelernt haben, können wir sie zum MPP-Tracking (MPP-Regelung) einsetzen. Bild 7.6 zeigt das Grundprinzip: Am Ausgang (oder Eingang) des DC/DC-Wandlers wird die aktuelle Leistung durch Messung von Strom und Spannung bestimmt. Über die Variation des Tastgrades a kann dann die Anpassung variiert werden.

Zum Auffinden des MPPs gibt es verschiedene Methoden, z. B. das Suchschwingverfahren (Perturb and Observe) oder die Incremental Conductance Methode [Fem05]. Beispielhaft zeigt Bild 7.7 das Ablaufdiagramm des Suchschwingverfahrens. Die meisten MPP-Tracker starten im Leerlaufpunkt der I/U-Kurve. Zunächst wird die aktuelle Leistung bestimmt und anschließend der Tastgrad (und damit die Spannung) erhöht. Liegt die neue Leistung über dem alten Wert, war die Tracking-Richtung korrekt und der Tastgrad wird weiter erhöht. Hat man den MPP überschritten, sinkt die gemessene Leistung ab und der Tastgrad wird wieder reduziert. Somit variiert der tatsächliche Arbeitspunkt immer leicht um den MPP. Konkrete Programmiervorschläge zur Implementierung verschiedener MPP-Tracking Verfahren finden sich z. B. in [Kha16].

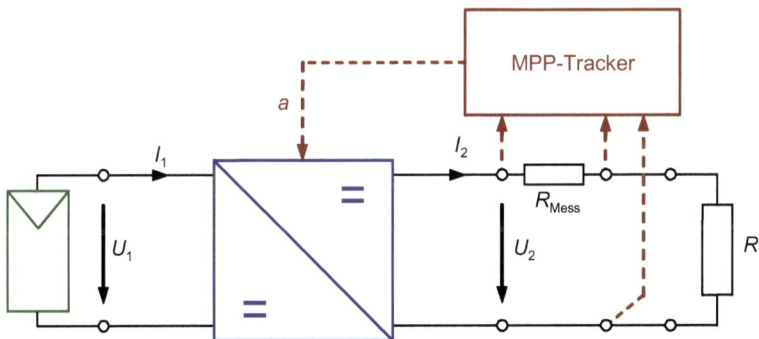

Bild 7.6 Prinzip des MPP-Trackings: Durch Messung von Strom und Spannung bei gleichzeitiger Variation des Tastgrades a wird die abgegebene Leistung maximiert

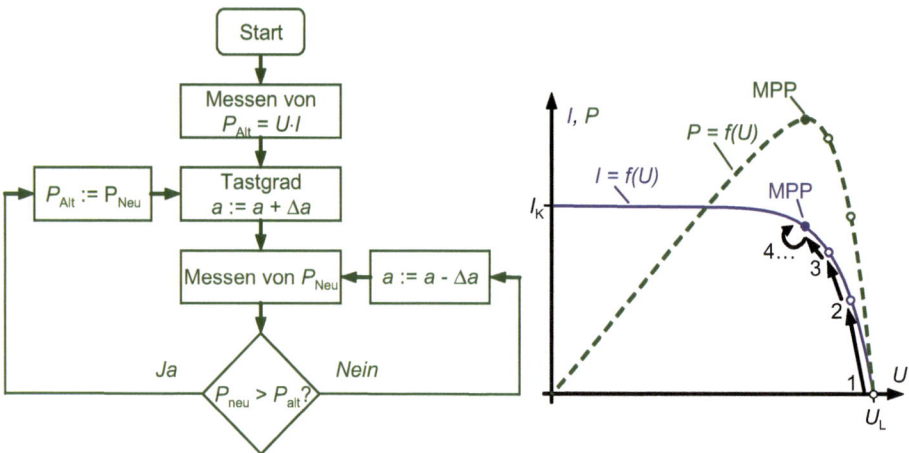

Bild 7.7 Algorithmus des Suchschwingverfahrens: Ausgehend vom Leerlaufpunkt wird der Tastgrad verändert, die neue Leistung ermittelt und der Tastgrad abhängig vom Ergebnis weiter optimiert, bis schließlich der MPP erreicht wird

■ 7.2   Aufbau netzgekoppelter Anlagen

Nachdem in den Anfangszeiten der Photovoltaik netzferne Anwendungen das Haupteinsatzgebiet von Solarmodulen waren (siehe Kapitel 1), dominieren heute deutlich die netzgekoppelten Systeme. Dabei wird das elektrische Energieversorgungsnetz gewissermaßen als Speicher verwendet, der den eingespeisten Strom aufnimmt.

7.2.1   Einspeisevarianten

Den klassischen Aufbau einer netzgekoppelten Anlage zeigt Bild 7.8. Da die meisten Anlagen durch die Einspeisevergütung refinanziert werden, speist der Wechselrichter die erzeugte Energie vollständig über einen Einspeisezähler ins Netz ein. Getrennt davon bezieht der Betreiber der Anlage seinen normalen Haushaltsstrombedarf über einen Verbrauchszähler.

Inzwischen liegen die EEG-Vergütungssätze in Deutschland allerdings unter den Strombezugspreisen für normale Stromtarifkunden. Damit ist es lohnend, möglichst viel von dem erzeugten Solarstrom selbst zu verbrauchen (sogenannter Eigenverbrauch). Daher wird heutzutage normalerweise ein Zweirichtungszähler eingebaut, der den eingespeisten und den aus dem Netz bezogenen Strom getrennt erfasst (Bild 7.9).

Will man außerdem wissen, wie viel Solarstrom insgesamt erzeugt wurde, wird noch ein separater Solarstromzähler zwischen PV-Anlage und dem Zweirichtungszähler installiert, wie in Bild 7.9 dargestellt. Dies ist z. B. bei größeren Anlagen ab 10 kW notwendig, da für diese inzwischen nur noch 90 % des erzeugten Stroms vergütet werden. Das macht es möglich, am Ende eines Jahres den jeweiligen Eigenverbrauchsanteil (auch Eigenverbrauchsquote genannt) zu bestimmen. Dieser Eigenverbrauchsanteil a_{Eigen} ist das Verhältnis aus selbst verbrauchtem

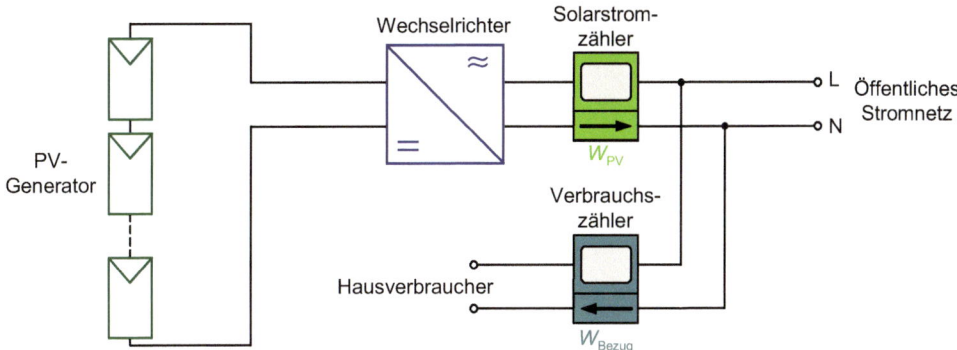

Bild 7.8 Klassischer Anschluss einer Photovoltaikanlage an das öffentliche Netz: Der gesamte Solarstrom wird über einen Einspeisezähler ins Netz eingespeist, während der Hausverbrauch getrennt davon mit einem Verbrauchszähler erfasst wird („Volleinspeisung")

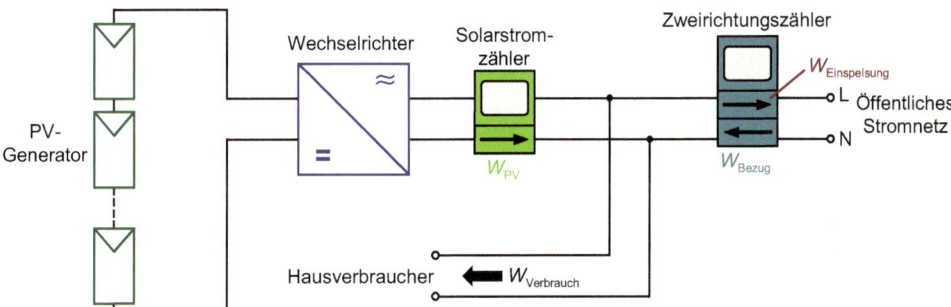

Bild 7.9 Einsatz eines Zweirichtungszählers zur getrennten Erfassung von eingespeistem und bezogenem Strom. Der Solarstromzähler wird zusätzlich installiert, falls außerdem der insgesamt erzeugte Solarstrom gemessen werden soll („Einspeisung mit Eigenverbrauch" oder auch „Überschusseinspeisung")

Solarstrom $W_{\text{Verbrauch\_PV}}$ zum insgesamt erzeugten Solarstrom W_{PV} (siehe Bild 7.9):

$$a_{\text{Eigen}} = \frac{W_{\text{Verbrauch\_PV}}}{W_{\text{PV}}} = \frac{W_{\text{PV}} - W_{\text{Einspeisung}}}{W_{\text{PV}}} \tag{7.17}$$

Oftmals ist außerdem der Autarkiegrad a_{Autarkie} interessant. Dieser gibt an, wieviel der in einem Haushalt verbrauchten Energie selbst erzeugt wird (siehe Bild 7.9):

$$a_{\text{Autarkie}} = \frac{W_{\text{Verbrauch\_PV}}}{W_{\text{Verbrauch}}} = \frac{W_{\text{Verbrauch\_PV}}}{W_{\text{Verbrauch\_PV}} + W_{\text{Bezug}}} \tag{7.18}$$

In Kapitel 8 werden wir genauer darauf eingehen, wie die Eigenverbrauchsquote und der Autarkiegrad möglichst groß gemacht werden können.

7.2.2 Anlagenkonzepte

Die verschiedenen Varianten zum Aufbau einer netzgekoppelten Solarstromanlage zeigt Bild 7.10. Der erste Anlagentyp mit Zentral-Wechselrichter ist uns schon aus Kapitel 6 be-

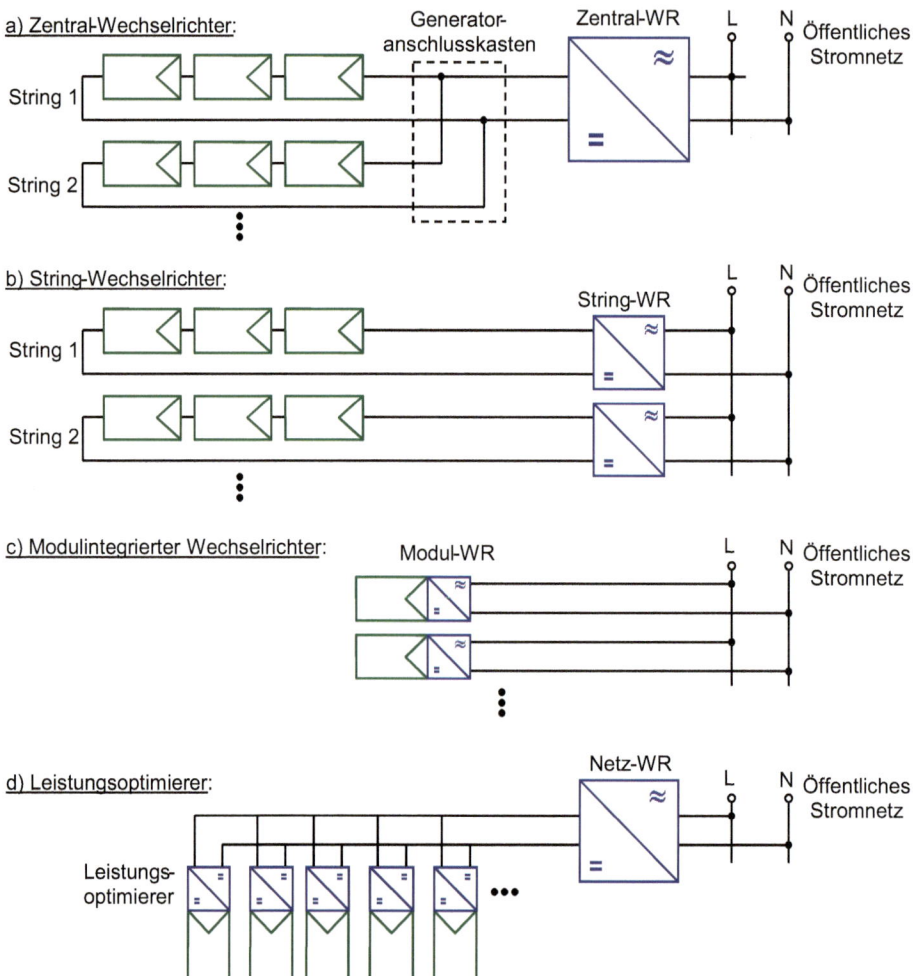

Bild 7.10 Varianten des Aufbaus von netzgekoppelten Photovoltaikanlagen

kannt: Die einzelnen Strings werden im Generatoranschlusskasten parallel geschaltet und die erzeugt Energie über einen zentralen Wechselrichter ins Netz eingespeist. Der Vorteil dieses Konzeptes liegt darin, dass nur ein einziger Wechselrichter benötigt wird. Allerdings kennen wir auch schon Nachteile: Werden die einzelnen Strings unterschiedlich verschattet, so führt dies durch die Parallelschaltung zu Mismatching-Verlusten. Hinzu kommt ein hoher Aufwand (und ggf. Verluste) in der Gleichstromverkabelung.

Deutlich eleganter ist das zweite Konzept, welches auf String-Wechselrichtern basiert (Bild 7.10b). Bei der konsequenten Anwendung dieses Konzeptes wird pro Wechselrichter nur ein String angeschlossen. Ein Generatoranschlusskasten ist nicht notwendig, jeder String wird einzeln MPP-geregelt und ist außerdem leicht zu überwachen. Der Verkabelungsaufwand auf der Gleichstromseite ist gegenüber der Zentral-WR-Variante deutlich reduziert. In der Praxis werden oftmals zwei parallele Strings an einen String-Wechselrichter angeschlossen, wenn sichergestellt ist, dass beide Strings gleich aufgebaut sind und nicht verschattet werden.

Ganz auf Gleichstromverkabelung verzichten kann man beim Konzept des Modul-Wechselrichters (Bild 7.10c). Hier erhält jedes Modul einen eigenen Wechselrichter, der direkt an der Modulrückseite angebracht wird. Somit wird erreicht, dass jedes Modul individuell überwacht und im MPP gehalten werden kann. Allerdings bringt das Konzept auch deutliche Nachteile mit sich. Ein wesentliches Problem besteht darin, dass die Wechselrichter mit den Modulen auf das Dach montiert werden. Damit sind sie Wind, Wetter und hohen Temperaturschwankungen ausgesetzt, was die Lebensdauer der elektronischen Bauteile nicht gerade erhöht. Hinzu kommt, dass ein ausgefallener Modulwechselrichter nur mit hohem Aufwand ausgetauscht werden kann. Diese Gründe führen dazu, dass Modulwechselrichter bislang fast nur in Demoprojekten eingesetzt wurden.

Im Gegensatz zum Modulwechselrichter finden sogenannte Leistungsoptimierer mehr und mehr Verbreitung. Typischerweise enthält der Leistungsoptimierer einen DC/DC-Wandler (vgl. Abschnitt 7.1.2), der dafür sorgt, dass das angeschlossene Solarmodul auch im Verschattungsfall im jeweils bestmöglichen Arbeitspunkt betrieben wird. Weltweit größter Anbieter ist die Firma Solaredge. In deren Konzept werden alle Leistungsoptimierer eines Strings in Reihe geschaltet und an einen speziellen Wechselrichter angeschlossen. Dieser führt dann die DC/AC-Umwandlung sowie die üblichen Sicherheitsüberprüfungen durch (vgl. Abschnitt 7.3.1). Im Gegensatz zu modulintegrierten Wechselrichtern wird hier also nur ein Wechselrichter benötigt. Eine Besonderheit ist die modulgenaue Überwachung: Leistung und Temperatur jedes Moduls wird kontinuierlich über die Stringleitung per Powerline-Protokoll zum Wechselrichter übertragen und kann dann im Monitoringsystem ausgewertet werden.

■ 7.3   Aufbau von Wechselrichtern

Wie bereits gesehen stellt der Wechselrichter neben den Solarmodulen das Herzstück einer netzgekoppelten Photovoltaikanlage dar. Aus diesem Grund soll er im Folgenden detailliert betrachtet werden.

7.3.1   Aufgaben des Wechselrichters

Wir wollen zunächst die wichtigsten Aufgaben des Wechselrichters einer netzgekoppelten PV-Anlage auflisten. Die einzelnen Themen werden dann später genauer behandelt.

- Umwandeln des Gleichstroms in einen möglichst sinusförmigen Wechselstrom
- Erreichen eines hohen Wirkungsgrades (> 95 %) sowohl im Teillast- wie im Spitzenlastbereich
- Einspeisen des Stromes synchron mit der Netzfrequenz
- MPP-Regelung
- Überwachung des Netzes auf Spannung, Frequenz und Netzimpedanz, um einen unbeabsichtigten Inselbetrieb zu vermeiden

- Maßnahmen zum Personenschutz:
  - Wechselrichter mit Trafo: Isolationsüberwachung des Solargenerators
  - Wechselrichter ohne Trafo: Fehlerstromüberwachung des Solargenerators
- Bereitstellung von aktuellen Zustandsdaten der Anlage (Leistung, Strom, Spannung, Fehlercodes) über eine externe Datenschnittstelle

7.3.2   Netzgeführte und selbstgeführte Wechselrichter

Die klassischen Wechselrichter verwendeten Thyristoren als Schaltelemente. Diese haben den Nachteil, dass sie über die Steuerelektrode nicht abschaltbar sind. Um sie zu sperren, muss jeweils auf den nächsten Nulldurchgang der Netzwechselspannung gewartet werden. Aus diesem Grund wird diese Art von Wechselrichtern netzgeführte Wechselrichter genannt. Die Thyristoren können pro Periode nur einmal ein- und ausgeschaltet werden, was zu einem rechteckförmigen Stromverlauf führt. Um die Vorgaben zur elektromagnetischen Verträglichkeit (EMV) zu erfüllen, muss der Strom mit zusätzlichen Filtern geglättet werden.

Deutlich geringere Oberschwingungen erreicht man mit selbstgeführten Wechselrichtern. Dieses Schaltungsprinzip ist heutzutage bei Geräten bis 100 kW die Regel, da inzwischen eine Reihe von geeigneten abschaltbaren Bauelementen verfügbar ist: GTOs (Gate Turn Off Thyristor), IGBTs (Insulated Gate Bipolar Transistor) und Leistungs-Mosfets. Diese erlauben ein schnelles Ein- und Ausschalten (z. B. 20 kHz) und damit eine stückchenweise Nachbildung eines sinusförmigen Stromverlaufs (Bild 7.12). Wir werden daher nur die selbstgeführten Wechselrichter betrachten.

7.3.3   Trafoloser Wechselrichter

Am Beispiel eines trafolosen Wechselrichters soll der Gesamtaufbau eines modernen String-Wechselrichters betrachtet werden. Bild 7.11 zeigt die Prinzipschaltung, wie sie heute in einer Vielzahl von Wechselrichtern zum Einsatz kommt. Der Hochsetzsteller hebt die Eingangsspannung entsprechend der Vorgabe des MPP-Trackers auf ein höheres Gleichspannungsniveau. Diese Gleichspannung wird dann von der PWM-Brücke inklusive der beiden Drosselspulen in eine 50 Hz Sinusspannung gewandelt und in das Netz eingespeist.

Da bei einem trafolosen Wechselrichter keine galvanische Trennung zwischen dem Wechselstromnetz und der PV-Anlage besteht, ist aus Gründen der Personensicherheit eine allstromsensitive (reagierend auf Fehler der DC- und AC-Seite) Fehlerstromüberwachung vorgeschrieben. Diese muss speziell so ausgelegt sein, dass sie auf plötzliche Stromänderungen ab 30 mA reagiert. Ein normaler Fehlerstromschutz reicht hier nicht aus, da im Fall großer PV-Generatoren ggf. bereits im Normalbetrieb hohe kapazitive Ableitströme gegen Erde entstehen, die 30 mA überschreiten können [DGS13, Häb10].

Schließlich soll die Netzüberwachung sicherstellen, dass Spannung und Frequenz im erlaubten Bereich sind, um nur einzuspeisen, wenn ein ordnungsgemäßes Wechselstromnetz vorhanden ist (siehe Abschnitt 7.6.1).

Das Prinzip der Pulsweitenmodulation soll an Bild 7.12 genauer erklärt werden. Die Gleichspannung U_{DC} wird von der Mosfet-Brücke in Impulse unterschiedlicher Breite zerhackt

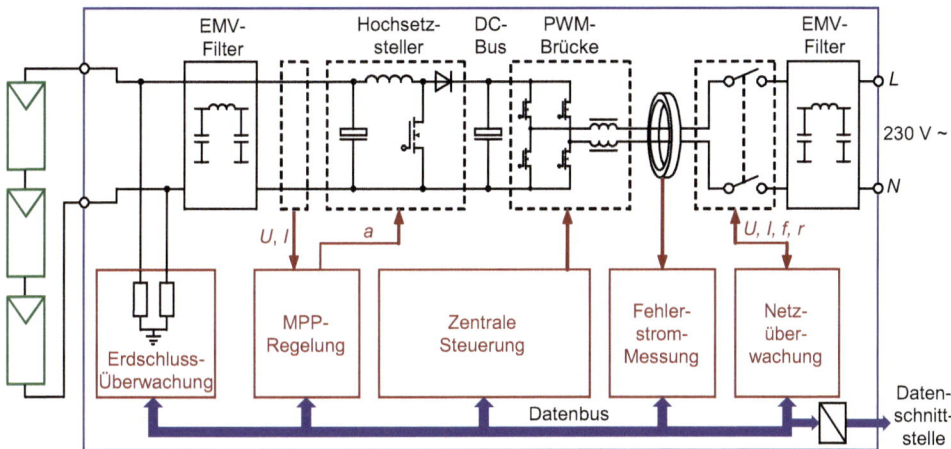

Bild 7.11 Gesamtaufbau eines trafolosen String-Wechselrichters: Neben der eigentlichen Netzeinspeisung sind eine Reihe von weiteren Funktionen zu erfüllen wie MPP-Tracking, Fehlerstrommessung und Netzüberwachung

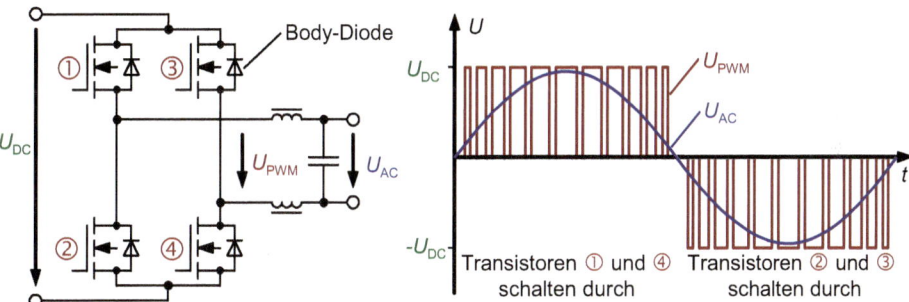

Bild 7.12 Prinzip des selbstgeführten Wechselrichters: Die Gleichspannung wird in Impulse unterschiedlicher Breite zerhackt und dann mittels Tiefpass gefiltert, so dass sich eine 50 Hz-Schwingung ergibt

(chopping). In der ersten Halbperiode der Netzwechselspannung schalten jeweils nur die Transistoren ① und ④ durch, in der zweiten dann die Transistoren ② und ③. Das nachfolgende Tiefpassfilter sorgt dafür, dass nur der gleitende Mittelwert dieser Spannung am Ausgang ankommt; dies ist das gewünschte 50 Hz Signal. Dieses hat fast eine ideale Sinusform, allerdings werden durch die schmalen Impulse hochfrequente Signalanteile erzeugt, die ggf. andere an das Netz angeschlossene Geräte (z. B. Radios) stören könnten. Daher wird vor der Einspeisung ins Netz ein EMV-Filter nachgeschaltet.

Die Transistoren in Bild 7.12 enthalten alle eine sogenannte Bodydiode. Diese sorgt dafür, dass nach dem Abschalten eines Transistors der Strom durch die Längst-Induktivität nicht plötzlich Null wird (induzierte Spannungsspitze!). Stattdessen übernimmt z. B. die Diode von Transistor ② den Strom nach Abschalten von Transistor ① und sorgt so für einen kontinuierlichen Stromfluss.

Seit einigen Jahren ist im Zusammenhang mit trafolosen Wechselrichtern das Problem der potentialbedingten Degradation (Potential Induced Degradation – PID) von Dünnschichtmodulen bekannt geworden. Hintergrund ist die Tatsache, dass der Solargenerator durch das Fehlen einer galvanischen Trennung ein hohes Potential von z. B. −500 V gegen Erde aufweisen kann. Bei manchen Dünnschichtmodulen führt dies zu einer Diffusion von positiv geladenen Natriumionen aus dem Deckglas in die TCO-Schicht. Wenn gleichzeitig Wasserdampf in die Zelle eindringt, kommt es zu einer elektrochemischen Reaktion, durch die die TCO-Schicht korrodiert. Die Folge ist eine dauerhafte Schädigung des Moduls mit deutlichen Leistungseinbußen.

Das Problem tritt nur im Fall von Superstrat-Zellen auf (z. B. CdTe und a-Si, siehe Kapitel 5), bei denen die TCO-Schicht unmittelbar auf das Deckglas aufgebracht wird [Las08]. Inzwischen gibt es auch bei trafolosen Wechselrichtern Schaltungskonzepte, die eine einseitige Erdung des Solargenerators erlauben [Sah10]. In diesem Fall werden die Natriumionen von der Zelle wegbewegt, so dass die Elektrokorrosion nicht auftritt. Bei Einsatz von Dünnschichtmodulen sollte der Planer einer Anlage immer zunächst prüfen, ob der gewählte Wechselrichter vom Modulhersteller für den jeweiligen Modultyp freigegeben wurde.

Auch c-Si-Module können von einem Degradationseffekt aufgrund von hohen anliegenden Spannungen gegenüber dem Erdpotential betroffen sein. Hier kommt es in feuchter Umgebung aufgrund des hohen anliegenden Potentials ggf. zu Leckströmen von den Zellen zum Rahmen. Die Folge sind vermehrte Rekombinationen der durch Licht erzeugten Ladungsträger. Die PID ist nicht zwangsläufig mit einer Schädigung des Moduls verbunden wie im Fall der Dünnschichtmodule, sorgt aber bei manchen Modultypen für eine Leistungsreduzierung von z. B. 20 Prozent (siehe Kapitel 9). Im Folgenden sehen wir uns genauer die Alternativen zum trafolosen Wechselrichter an und diskutieren die Vor- und Nachteile.

7.3.4   Wechselrichter mit Netztrafo

Die ersten String-Wechselrichter wurden ausnahmslos mit Netztransformator ausgestattet. Dies lag hauptsächlich daran, dass Solargeneratoren nur für Schutzkleinspannung (< 120 V) ausgelegt wurden und man die niedrige Generatorspannung mittels Trafo leicht auf das gewünschte Niveau transformieren konnte. Außerdem war aus Personenschutzgründen ausdrücklich die galvanische Trennung zwischen dem Solargenerator und dem Wechselstromnetz gewünscht. Neben diesen Vorteilen haben 50 Hz-Trafos ansonsten leider nur Nachteile: Sie sind groß, schwer, teuer und verursachen relativ hohe elektrische Verluste. Daher versucht man heute weitgehend, ohne sie auszukommen. Inzwischen weisen praktisch alle Solarmodule Schutzklasse II auf und sind damit auf Isolationsspannungen von 1000 V geprüft. Somit sind Stringspannungen von z. B. 400 V ohne weiteres möglich.

Bei kleineren Anlagen mit Spannungen von unter 200 V werden aber nach wie vor Trafowechselrichter benötigt. Außerdem ist durch die galvanische Trennung sichergestellt, dass die DC-Verkabelung keine Spannungsschwankungen gegen Erde aufweist. Somit können hier prinzipbedingt keine elektromagnetischen Abstrahlungen verursacht werden, wie sie bei trafolosen Wechselrichtern ggf. vorkommen.

Bild 7.13 zeigt den grundsätzlichen Aufbau eines Wechselrichters mit Netztrafo. Im Beispiel wird vom Solargenerator eine Spannung von 100 V geliefert, die in der PWM-Brücke in eine Spitze-Spitze-Spannung von 200 V zerhackt wird. Die dabei entstehende Effektivspannung von rund 70 V wandelt dann schließlich der Netztrafo auf die gewünschten 230 V um.

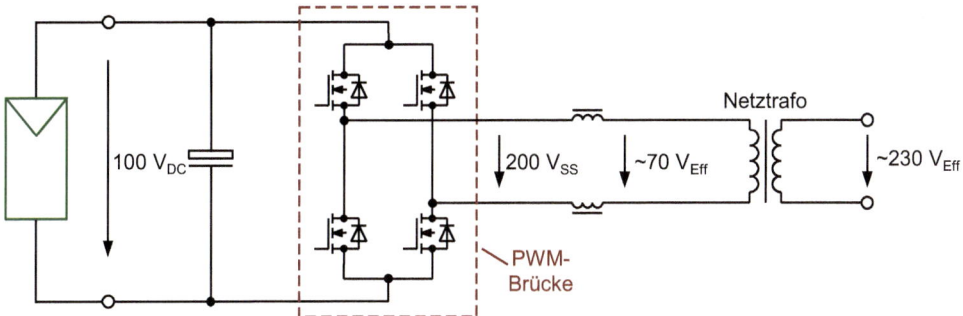

Bild 7.13 Prinzip eines Wechselrichters mit Netztrafo: Das von der PWM-Brücke gelieferte Spannungssignal wird mittels Trafo auf die gewünschte Netzspannung gebracht

7.3.5 Wechselrichter mit HF-Trafo

Es gibt noch einen Wechselrichtertyp, der eine galvanische Trennung von DC- und AC-Seite ermöglicht und trotzdem die Nachteile des Netztrafos vermeidet. Dies ist der Wechselrichter mit Hochfrequenztransformator (HF-Trafo). Bild 7.14 zeigt den Aufbau mit den auftretenden Spannungsverläufen: Die Gleichspannung wird mit einer schnellen PWM-Brücke in eine hochfrequente Wechselspannung umgewandelt. Bei dieser hohen Frequenz ist die benötigte Trafoinduktivität um Größenordnungen kleiner als beim 50 Hz-Trafo. Daher kann man einen kleinen, leichten, verlustarmen und kostengünstigen Hochfrequenztrafo einsetzen, um die galvanische Trennung zu erreichen. Die hochfrequente Wechselspannung wird anschließend gleichgerichtet und gefiltert, so dass eine pulsierende Halbwellenspannung entsteht. Diese muss dann mit einer 50 Hz-Umklappbrücke (eine Brücke, die alle 10 ms die Polarität ändert) in die gewünschte Netzwechselspannung verwandelt werden.

Nachdem die HF-Trafo-Wechselrichter Ende der 1990er Jahre etwas in Vergessenheit gerieten, erleben sie inzwischen aufgrund der beschriebenen Potentialprobleme mit Dünnschichtmodulen eine neue Renaissance. Tabelle 7.1 stellt noch einmal die Vor-und Nachteile der verschiedenen Wechselrichterarten zusammen.

Tabelle 7.1 Vor- und Nachteile der verschiedenen Wechselrichtertypen

Merkmal	Wechselrichter mit Netztrafo	Wechselrichter mit HF-Trafo	Trafoloser Wechselrichter
Galvanische Trennung	ja	ja	nein
Fehlerstromüberwachung notwendig	nein	nein	ja
EMV-Abstrahlung des Solargenerators	gering	gering	ggf. hoch
Einsatz bei $U_{DC} < 150\,V$	gut möglich	möglich	kaum möglich
Einsatz bei Dünnschichtmodulen	ja	ja	ggf.
Baugröße und Gewicht	groß	mittel	gering
Wirkungsgrad	schlecht	mittel	hoch

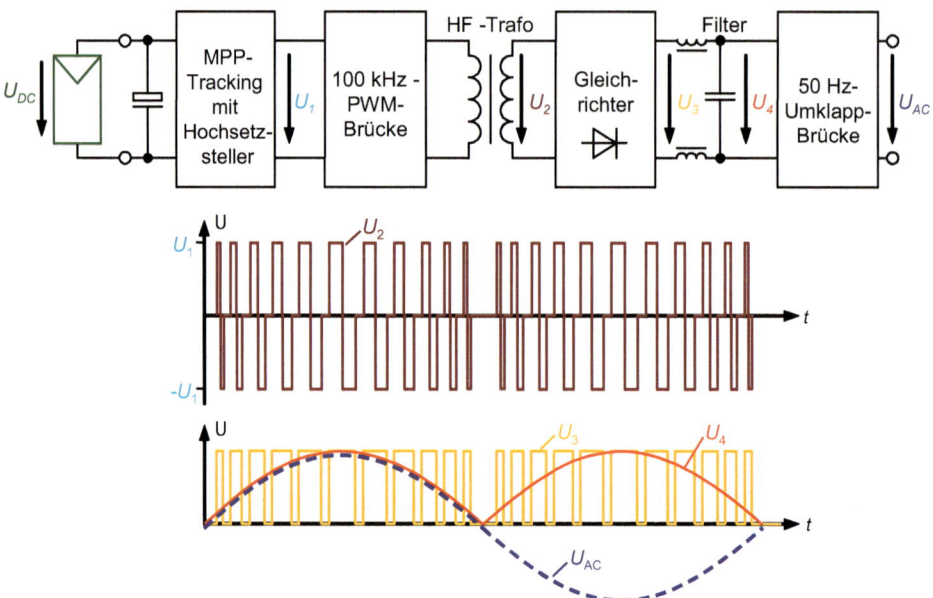

Bild 7.14 Prinzip eines Wechselrichters mit Hochfrequenz-Transformator: Die Gleichspannung wird mit einer HF-Brücke hochfrequent zerhackt und kann so mit einem verlustarmen Trafo niedriger Induktivität galvanisch getrennt werden. Nach Gleichrichtung und Umklapp-Brücke steht schließlich das gewünschte 50 Hz-Signal zur Verfügung (nach [Häb10])

7.3.6 Dreiphasige Einspeisung

In den letzten Jahren ist bei den Aufdachanlagen ein Trend zu größeren Anlagen zu beobachten (z. B. auf Bauernhöfen oder Industriebauten). Aus diesem Grund kommen vermehrt Wechselrichter mit Leistungen über 5 kW auf den Markt, die dreiphasig in das Netz einspeisen. Bild 7.15 zeigt das Prinzip eines solchen Wechselrichters. Es wird eine PWM-Brücke aus 6 Halbleiterschaltern aufgebaut, welche die drei je um 120° verschobenen Spannungen U_1, U_2 und U_3 zwischen den Leitern erzeugt.

Damit eine ausreichende Spannung für das 400 V-Drehstromnetz erzeugt werden kann, muss mindestens eine Gleichspannung von

$$U_{\text{DC\_Min}} = 400\,\text{V} \cdot \sqrt{2} = 567\,\text{V} \tag{7.19}$$

am Eingang des Wechselrichters anliegen. Dreiphasige Wechselrichter ohne Hochsetzsteller weisen daher typischerweise einen Eingangsspannungsbereich zwischen 600 und 800 V auf. Mit dieser Eingangsspannung liegt die in das Drehstromnetz eingespeiste Gesamtleistung bei dem Dreifachen einer einphasigen Einspeisung. Hier zeigt sich einer der Vorteile des dreiphasigen Wechselrichters: Mit zwei zusätzlichen Leistungtransistoren (50 % mehr im Vergleich zu den ursprünglichen vier Transistoren) lässt sich ca. 200 % mehr Leistung umsetzen. Allerdings müssen die Transistoren für den erhöhten Spannungsbereich ausgelegt sein.

Ein weiterer Vorteil des dreiphasigen Wechselrichters besteht darin, dass er auf allen drei Phasen gleichverteilt einspeist; das Netz also symmetrisch versorgt wird. Hinzu kommt die zeitlich

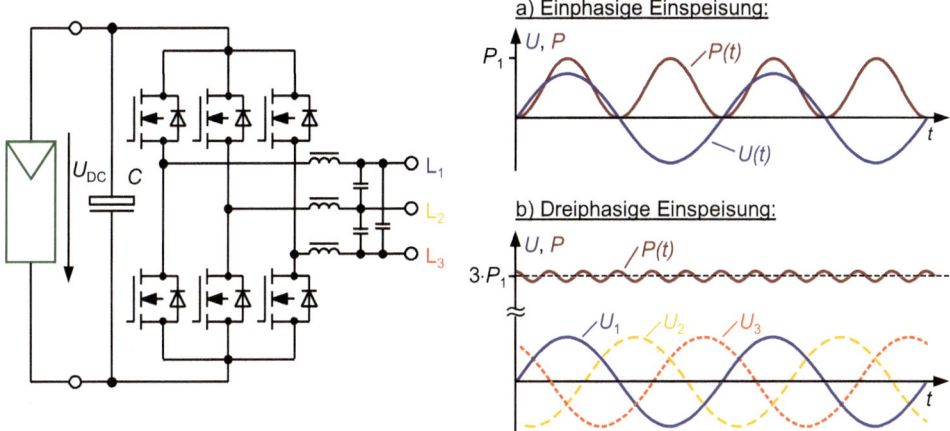

Bild 7.15 Prinzip des dreiphasig einspeisenden Wechselrichters: Mit sechs statt vier Mosfets lässt sich die dreifache Leistung gegenüber dem einphasigen Fall einspeisen

gleichmäßige Einspeisung: Wie die Leistungsverläufe in Bild 7.15 zeigen, pulsiert der Augenblickswert der in das Netz eingespeisten Leistung im Fall der einphasigen Einspeisung jeweils von null auf Maximum. Der Solargenerator liefert aber kontinuierlich seine Gleichstromleistung an den Wechselrichter. Aus diesem Grund muss der Kondensator C eine sehr hohe Kapazität aufweisen, um die Energie des Solargenerators jeweils zwischen zu speichern. Hierzu sind relativ teure und große Elektrolytkondensatoren notwendig. Im Fall der dreiphasigen Einspeisung ist der Augenblickswert der eingespeisten Leistung annähernd konstant, so dass nur ein kleiner Speicherkondensator notwendig ist.

7.3.7 Weitere schlaue Konzepte

Über die dargestellten Wechselrichterkonzepte hinaus gibt es inzwischen eine Vielzahl von Misch- und Sonderformen. Eine schlaue Idee zur Verringerung von Mismatching-Verlusten ist der Multistring-Wechselrichter (Bild 7.16). Dieser enthält zwei oder drei Eingänge, die jeweils einen separaten MPP-Tracker besitzen. Das Gerät eignet sich insbesondere für Anlagen mit Teilverschattungen, bei denen der String mit verschatteten Modulen einzeln MPP-geregelt werden sollte (siehe Kapitel 6). Ein weiterer Anwendungsfall wären z. B. Anlagen mit Modulen sowohl auf einem Süddach als auch einem Westdach. Auch hier ergibt sich die Möglichkeit, beide Anlagenteile separat zu regeln und so Mismatching-Verluste zu vermeiden. Die Alternative wäre der Einsatz von zwei String-Wechselrichtern mit zwei Gehäusen, doppelter Steuerungselektronik etc., was sich in höheren Kosten und einem niedrigeren Wirkungsgrad niederschlagen dürfte. Tabelle 7.2 listet u. a. die Daten von zwei Multistring-Wechselrichtertypen auf.

Eine zweite Idee zur Erhöhung der Erträge von Photovoltaikanlagen ist das Master-Slave-Konzept (Bild 7.17). Dieses wird hauptsächlich bei Großanlagen (> 30 kW) eingesetzt. Anstelle eines Zentralwechselrichters verwendet man mehrere Einzelgeräte, die aber ggf. in einem gemeinsamen Gehäuse untergebracht sind. In Zeiten geringer Einstrahlung (z. B. morgens, abends oder an trüben Tagen) wird die gesamte PV-Leistung auf den Master-Wechselrichter geschaltet. Dieser erreicht damit bereits eine hohe Auslastung mit einem entsprechend gu-

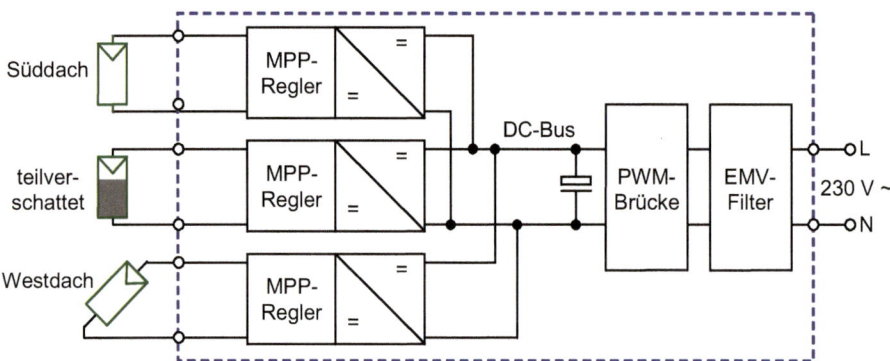

Bild 7.16 Aufbau eines Multistring-Wechselrichters zum Anschluss von unterschiedlichen Teilgeneratoren: Die drei Eingänge werden getrennt MPP-geregelt und speisen dann einen gemeinsamen Gleichspannungs-Bus

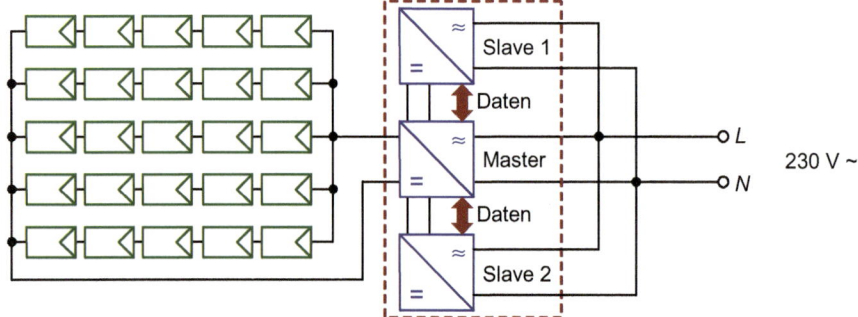

Bild 7.17 Master-Slave-Konzept: Bei geringer Einstrahlung wird die gesamte PV-Leistung auf den Master geschaltet, der so bereits in einem hohen Teillastbetrieb arbeitet. Steigt die Solarleistung weiter an, übernehmen die Slaves sukzessive einen Teil der Arbeit

ten Wirkungsgrad (siehe Abschnitt 7.4). Slave 1 wird erst zugeschaltet, wenn der Master die Solarleistung nicht mehr alleine aufnehmen kann. Bei weiter steigender PV-Leistung muss schließlich auch Slave 2 an die Arbeit. Die Steuerung des gesamten Ablaufs erfolgt durch den Master. Besonders schlau ist es, jeden Tag einem anderen Wechselrichter die Rolle des Masters zuzuteilen. In diesem Fall kommen alle Wechselrichter im Mittel auf die gleichen Betriebsstunden. Auch für Anlagen bis 30 kW werden Master-Slave-ähnliche Konzepte angeboten, die zum Beispiel unter den Namen Team- oder Mix-Konzept vermarktet werden.

■ 7.4 Wirkungsgrad von Wechselrichtern

Die vom Solargenerator gelieferte Energie sollte idealerweise vollständig in das Stromnetz eingespeist werden, was in der Praxis nicht erreichbar ist. Zum einen benötigt jeder Wechselrichter eine zentrale Steuerung mit Microcontroller, die die gesamte Betriebsführung übernimmt. Entscheidender sind allerdings die Verluste im Leistungsteil des Gerätes. Jedes reale Bauteil weist nichtideale Eigenschaften auf. So hat eine Drossel neben der Induktivität auch einen ohmschen Widerstand, der zu Wärmeverlusten führt. Weiterhin entstehen Schaltverluste im Halbleiterschalter, insbesondere beim Ausschaltvorgang.

7.4.1 Umwandlungswirkungsgrad

Um verschiedene Wechselrichter zu vergleichen, definiert man den Umwandlungswirkungsgrad η_{Um}, der angibt, welcher Anteil der vom Solargenerator gelieferten Gleichstromleistung in das Wechselstromnetz eingespeist wird:

$$\eta_{\text{Um}} = \frac{P_{\text{AC}}}{P_{\text{DC}}} \qquad (7.20)$$

mit P_{AC}: Wechselstromleistung am Ausgang des Wechselrichters
  P_{DC}: Gleichstromleistung am Eingang des Wechselrichters

In Bild 7.18 sind die Wirkungsgradkurven verschiedener Wechselrichtertypen dargestellt. Die x-Achse gibt jeweils die aktuelle Eingangsleistung P_{DC} bezogen auf die Eingangsnennleistung $P_{\text{DC\_N}}$ des Wechselrichters an. Bei kleinen Leistungen fällt die Wirkungsgradkurve bei allen Typen wie erwartet ab, im mittleren und oberen Bereich bleibt sie relativ stabil. Die unterste Kurve gehört zum SMA Sunny Boy 1100, der im Jahre 1999 auf den Markt kam und somit schon ein echter Oldie ist. Er erreicht aufgrund seiner geringen Leistung von 1,1 kW, seines Trafos und des betagten Designs lediglich Wirkungsgrade von maximal 92,4 %. Ein aktuelleres Gerät mit Netztrafo ist der SMA SMC 7000HV, der einen maximalen Wirkungsgrad von 95,6 % erreicht. Einen leicht besseren Wirkungsgrad weist der Fronius IG Plus 100 mit 96,2 % auf. Er ist mit Hochfrequenztrafo zur Potentialtrennung ausgestattet. Der etwas unregelmäßige Verlauf der Wirkungsgradkurve liegt an einer schaltungstechnischen Besonderheit: Je nach anliegender Eingangsspannung erfolgt eine Umschaltung zwischen mehreren Primärwicklungen des Transformators. Die nächste Kurve gehört zum Sunny Tripower STP-5000TL, einem dreiphasigen trafolosen Wechselrichter, der es auf einen Spitzenwirkungsgrad von 98 % bringt. Das absolute Spitzengerät in Bild 7.18 ist der STP 20000TL-HE. Der ebenfalls dreiphasige Wechselrichter weist eine Leistung von 20 kW auf. Das Kürzel „HE" steht für High Efficiency und dieser Name ist Programm: Das Gerät weist einen Spitzenwirkungsgrad von 99 % auf.

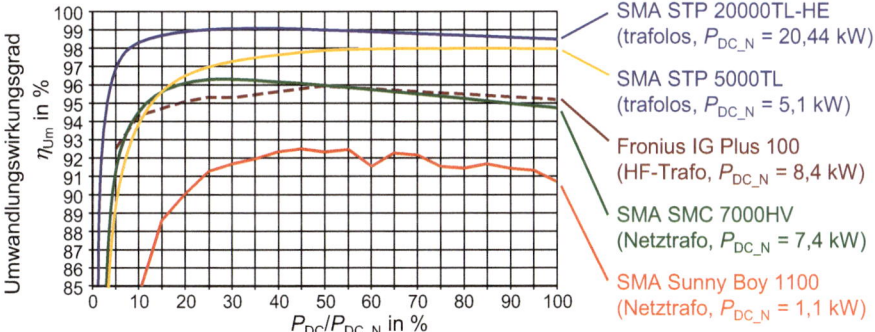

Bild 7.18 Umwandlungswirkungsgrad η_{Um} verschiedener Wechselrichtertypen: Deutlich sichtbar weisen die trafolosen Typen die höchsten Wirkungsgrade auf [Datenblätter, Photon Wechselrichtertests]

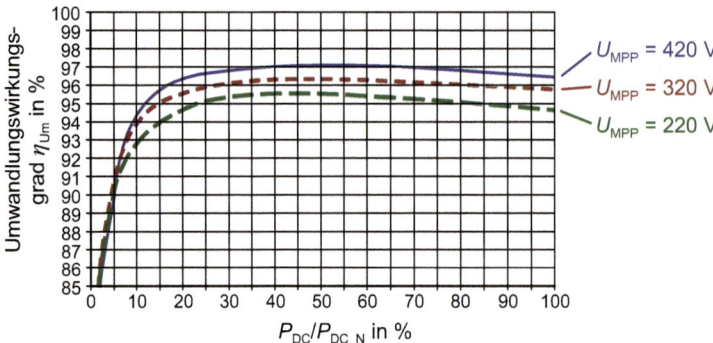

Bild 7.19 Umwandlungswirkungsgrad η_{Um} des Sputnik Solarmax 6000S: Der maximale Wirkungsgrad hängt relativ stark von der anliegenden Eingangsspannung ab [Quelle: Datenblatt]

Die in Bild 7.18 dargestellten Kurven gelten jeweils nur für eine bestimmte anliegende Gleichspannung. Tatsächlich variiert der Wirkungsgrad auch bei unterschiedlichen PV-Generatorspannungen. Bild 7.19 zeigt als Beispiel die Wirkungsgradkurven eines trafolosen Wechselrichters (Sputnik Solarmax 6000S). Nur bei einer Eingangs-MPP-Spannung von 420 V erreicht der Wechselrichter seinen maximalen Wirkungsgrad von 97 %; bei 220 V liegt er schon etwa 1,5 % darunter. Für den Planer bedeutet das, dass er dies bei der Wahl der Modulanzahl berücksichtigen sollte.

7.4.2   Europäischer Wirkungsgrad

Aus Sicht des Betreibers einer Photovoltaikanlage ist der Spitzenwirkungsgrad eines Wechselrichters eigentlich nicht so wichtig. Entscheidend für den Anlagenertrag ist der Wirkungsgrad, der sich im Mittel über das ganze Jahr ergibt. Zum besseren Verständnis zeigt Bild 7.20 am Beispiel des Jahres 2000 die gemessenen Häufigkeiten, mit denen verschiedene Einstrahlungsklassen am Standort Freiburg auftraten (durchgezogene Linie). Gleichzeitig stellen die senkrechten Balken die Energieanteile dar, die die jeweiligen Einstrahlungsklassen für die gesamte solare Jahresenergie beisteuern. Der erste Balken zeigt z. B., dass Einstrahlungen zwischen 0 und 50 W/m² knapp 1,5 % zur Jahresenergie beitragen. Die Einstrahlungen bis 500 W/m² machen über das Jahr gesehen etwa 30 % der Gesamtenergie aus.

Für den Wechselrichter bedeutet dies, dass er sehr oft im unteren Teillastbereich betrieben wird. Aus diesem Grund hat man in der Norm DIN EN 50524 den Europäischen Wirkungsgrad η_{EU} definiert, der die einzelnen Teillastwirkungsgrade entsprechend der Häufigkeit ihres Auftretens in Mitteleuropa wichtet:

$$\eta_{EU} = 0{,}03 \cdot \eta_{5\,\%} + 0{,}06 \cdot \eta_{10\,\%} + 0{,}13 \cdot \eta_{20\,\%} + 0{,}1 \cdot \eta_{30\,\%} + 0{,}48 \cdot \eta_{50\,\%} + 0{,}2 \cdot \eta_{100\,\%} \tag{7.21}$$

mit $\eta_{x\%}$: Umwandlungswirkungsgrad bei der jeweiligen Teillast von x %

Aus der Formel geht z. B. hervor, dass der Wechselrichter in diesem Modell zu 20 % seiner Betriebszeit mit Nennleistung gefahren wird ($P_{DC} = P_{DC\_N}$). Der Wirkungsgrad des Wechselrichters bei halber Nennleistung ($\eta_{50\%}$) wird mit 48 % gewichtet usw. Wendet man die beschriebene Formel auf die Wechselrichter aus den Bildern 7.18 und 7.19 an, so ergeben sich die in Ta-

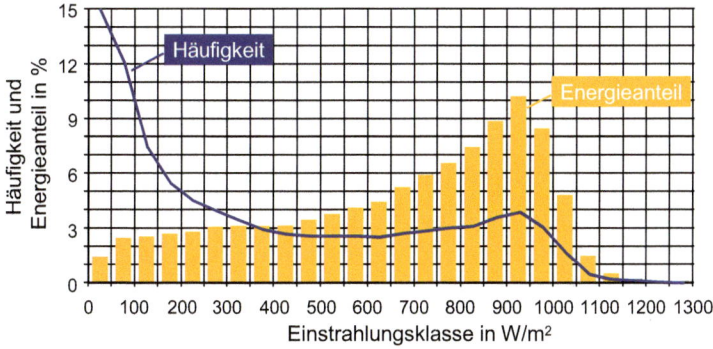

Bild 7.20 Relative Häufigkeiten der im Jahr 2000 aufgetretenen Bestrahlungsstärken sowie Jahres-energieanteile der einzelnen Einstrahlungsklassen in Freiburg: Die niedrigen Einstrahlungsklassen erbringen über das Jahr gesehen relativ hohe Energieanteile (nach [Bur05]). Die Einstrahlungsmessungen wurden zeitlich hoch aufgelöst als „Momentanwerte" (10 Sekunden Mittelung)

Tabelle 7.2 Daten verschiedener Wechselrichtertypen [*www.photon.info*]

Bezeichnung	Sunny Boy 1100	SMC 7000HV	SMC 8000TL	SolarMax 6000S	IG Plus 100	STP 5000TL	STP 20000TL-HE
Hersteller	SMA Solar Techn. AG	SMA Solar Techn. AG	SMA Solar Techn. AG	Sputnik Engin. AG	Fronius Int. GmbH	SMA Solar Techn. AG	SMA Solar Techn. AG
DC-Nennleistung P_{DC_N}	1,1 kW	7,35 kW	8,25 kW	5,3 kW	8,42 kW	5,1 kW	20,5 kW
AC-Nennleistung P_{AC_N}	1 kW	6,65 kW	8 kW	4,6 kW	8 kW	5 kW	20 kW
DC-Nennspannung U_{DC_N}	180 V	340 V	350 V	400 V	390 V	580 V	580 V
MPP-Bereich	139–320 V	335–560 V	333–500 V	100–550 V	230–500 V	245–800 V	580–800 V
DC-Nennstrom I_{DC_N}	6,1 A	21,5 A	25 A	12 A	21,05 A	11 A/10 A	36 A
Max. Wirkungsgrad η_{Max}	93 %	96,2 %	98 %	97 %	96 %	98,0 %	99 %
Europ. Wirkungsgrad η_{EU}	91,6 %	95,5 %	97,7 %	96,2 %	95,5 %	97,2 %	98,7 %
Anzahl Eingänge	2	4	4	3	6	2	6
Anzahl MPP-Tracker	1	1	1	1	1	2	1
Einspeisung	Einphasig	Einphasig	Einphasig	Einphasig	Einphasig	Dreiphasig	Dreiphasig
Bemerkungen	Netztrafo	Netztrafo	trafolos	trafolos	HF-Trafo	trafolos, Multistring	trafolos

belle 7.2 aufgelisteten Werte für den Europäischen Wirkungsgrad. Die modernen Geräte liegen alle über 95 %, teilweise werden mehr als 97 % erreicht. Auffallend ist wieder das trafolose Gerät STP 20000TL-HE: Der Wirkungsgrad η_{EU} liegt hier nur 0,3 % unter η_{Max}, was das sehr gute Teillastverhalten dieses Wechselrichters zeigt. Diese hohe Effizienz wird zum Teil dadurch erreicht, dass der Wechselrichter auf einen Hochsetzsteller verzichtet. Daher liegt die minimale MPP-Spannung bei einem recht hohen Wert von 580 V.

Die Wirkungsgrade der Photovoltaik-Wechselrichter haben sich in den letzten Jahren kontinuierlich gesteigert und weitere Verbesserungen sind zu erwarten. Insbesondere die Verfügbarkeit von neuen Leistungsbauelementen aus Siliziumcarbid (SiC) und Galliumnitrid (GaN) führt dazu, dass die Verluste weiter verringert werden können. Siliziumcarbid hat eine sehr große Bandlücke von 3,2 eV, was sich in einer geringen Eigenleitungsdichte auch bei hohen Temperaturen niederschlägt. Während Transistoren aus Silizium etwa bis 150 °C einsetzbar sind, liegt die kritische Temperatur beim SiC bei etwa dem Doppelten. Somit können deutlich kleinere Kühlkörper verwendet werden. Weitere Vorteile des Materials sind hohe mögliche Sperrspannungen, geringe Durchlasswiderstände und verringerte Schaltverluste. Außerdem erlaubt SiC hohe Schaltfrequenzen, was kleinere Drosselspulen möglich macht.

Der Einsatz von Freilaufdioden aus SiC ist inzwischen schon weit verbreitet. Im Bereich der Halbleiterschalter gibt es bereits eine ganze Palette von SiC-Transistortypen. Diese sind zwar deutlich teurer als Si-Transistoren, können dies aber durch einen höheren Wechselrichterwirkungsgrad wettmachen. Der oben beschriebene Wechselrichter STP 20000TL-HE verwendet ebenfalls Siliziumcarbid-Leistungstransistoren, um seinen Spitzenwirkungsgrad von 99 % zu erreichen.

7.4.3   Gesamtwirkungsgrad

Mittlerweile wurde in den Normungsgremien neben dem Europäischen Wirkungsgrad auch ein „Gesamtwirkungsgrad" definiert (DIN EN 50530). Dieser berücksichtigt neben dem Umwandlungswirkungsgrad η_{Um} auch den MPPT-Anpassungswirkungsgrad η_{MPPT}. Damit soll der Tatsache Rechnung getragen werden, dass ein Wechselrichter nicht zu jedem Zeitpunkt den korrekten MPP findet und somit unnötige Ertragsverluste entstehen. Zur Prüfung des η_{MPPT} werden daher unterschiedliche Solargeneratorkurven vorgegeben und dann jeweils ermittelt, welche Abweichung zwischen dem optimalen MPP und dem tatsächlichen Betriebspunkt besteht.

Das Produkt aus beiden ermittelten Wirkungsgraden beschreibt dann den Gesamtwirkungsgrad (total efficiency) η_T:

$$\eta_T = \eta_{Um} \cdot \eta_{MPPT} \tag{7.22}$$

7.4.4   Schlaues MPP-Tracking

Im Fall von Verschattungen besteht die Möglichkeit, dass sich mehr als ein Leistungsmaximum in der $P = f(U)$-Kurve einstellt. Wir betrachten dazu den in Bild 6.20 dargestellten Fall (1 Modul verschattet). Ein im Leerlaufpunkt startender Wechselrichter würde sich unweigerlich im lokalen MPP bei 270 V und knapp 1 A „festfressen". Der eigentliche Punkt maximaler Leistung (MPP$_2$) wird so gar nicht erst gefunden. Abhilfe schafft hier ein besserer Algorithmus, der ab und zu die gesamte Kennlinie durchfährt, um den globalen MPP zu finden und anschließend um diesen herum regelt. Unter dem Namen OptiTrac Global Peak wird eine solche Regelung beispielsweise auf dem Markt angeboten.

■ 7.5 Dimensionierung von Wechselrichtern

Eine Photovoltaikanlage kann nur dann maximalen Ertrag bringen, wenn PV-Generator und Wechselrichter optimal aufeinander abgestimmt sind. Daher betrachten wir nun die wichtigsten Dimensionierungsvorschriften für Wechselrichter.

7.5.1 Leistungsdimensionierung

Die Wechselrichter aus den 1990er Jahren wiesen relativ schlechte Wirkungsgrade im unteren Teillastbereich auf. Daher wurden sie oftmals um 20 % unterdimensioniert, das heißt, für eine PV-Anlage mit 2 kWp wurde z. B. ein Wechselrichter verwendet, dessen maximale Eingangsleistung bei 1,6 kW lag. Dies entspricht einem Solargenerator-Überdimensionierungsfaktor $k_Ü$ von

$$k_Ü = \frac{P_{STC}}{P_{DC\_N}} = \frac{2\,\text{kWp}}{1,6\,\text{kW}} = 1,25 \tag{7.23}$$

mit P_{STC}:   Nennleistung des PV-Generators (bei STC)
       P_{DC_N}:   Gleichstrom-Nennleistung am Wechselrichter-Eingang

Damit erreichen diese Wechselrichter auch schon bei mäßiger Einstrahlung mittlere Teillastbereiche und somit höhere Wirkungsgrade. Der Nachteil lag natürlich darin, dass es bei Nennleistung des PV-Generators (z. B. an einem sonnigen, kalten Maitag) zu einem Abregeln des Wechselrichters kam und so viel Energie verschenkt wurde. Heutige Wechselrichter weisen ein deutlich besseres Teillastverhalten auf, so dass eine Unterdimensionierung des Wechselrichters kaum noch Sinn macht.

Inzwischen verwendet man mehr und mehr den sogenannten Auslegungsfaktor SR_{AC} (Sizing Ratio). Dieser bezieht sich auf die Ausgangsnennleistung P_{AC_N} des Wechselrichters:

$$SR_{AC} = \frac{P_{STC}}{P_{AC\_N}} \tag{7.24}$$

Der Grund für diesen neuen Bezugswert liegt darin, dass manche Wechselrichterhersteller zu hohe Eingangsleistungen angeben, so dass die Geräte oft im Überlastbetrieb laufen. Was ist nun der richtige Auslegungsfaktor? Bei der Antwort hilft eine Untersuchung, die am Fraunhofer ISE Institut gemacht worden ist. Dort wurden die Einstrahlungsmessungen aus Bild 7.20 verwendet, um einen realistischen mittleren Jahreswirkungsgrad eines trafolosen Wechselrichters zu ermitteln. Bild 7.21 zeigt das Ergebnis: Unter Betrachtung der Stundenmittelwerte kann man sich einen Auslegungsfaktor von 1,1 leisten, ohne Energieverluste zu erreichen. Anders sieht es allerdings bei Nutzung der Momentanwerte (10 Sekunden-Mittelwerte) aus: Hier zeigt sich, dass SR_{AC} maximal 1,0 sein sollte, um die Erträge nicht zu reduzieren.

 Wieso hat denn die zeitliche Auflösung der Wetterdaten einen Einfluss auf die Ergebnisse zur Dimensionierung des Wechselrichters?

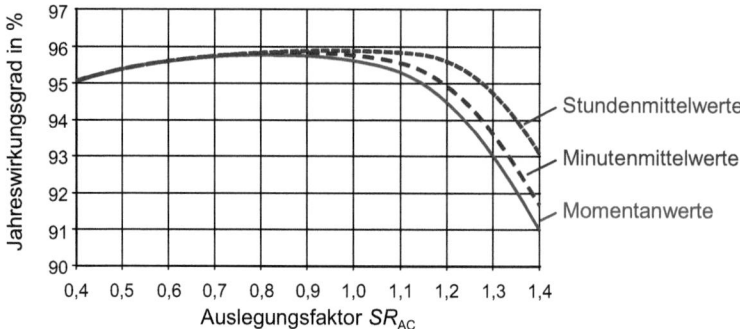

Bild 7.21 Jahreswirkungsgrade eines trafolosen Wechselrichters in Abhängigkeit vom Auslegungsfaktor: Bei Betrachtung der Einstrahlungs-Momentanwerte zeigt sich, dass der Auslegungsfaktor unter 1,0 liegen sollte, um den maximalen Ertrag zu erreichen (nach [Bur05])

 An sonnigen Tagen mit durchziehenden Wolken kommt es immer wieder zu hohen Einstrahlungen von z. B. $1000\,\mathrm{W/m^2}$, die durch Wolken kurzzeitig auf z. B. $500\,\mathrm{W/m^2}$ reduziert werden. Mittelt man die Daten über eine Stunde so kommt z. B. ein Wert von $800\,\mathrm{W/m^2}$ heraus. Aus diesem geht nicht mehr hervor, dass der Wechselrichter zeitweise in Überlast war. Aus diesem Grund ist die Betrachtung der Momentanwerte so wichtig.

7.5.2 Spannungsdimensionierung

Neben der Leistung müssen auch Spannung und Strom des Solargenerators an den Wechselrichter angepasst sein. Bild 7.22 zeigt zur Übersicht der relevanten Parameter den Betriebsbereich des Wechselrichters am Beispiel des SMA SMC 8000TL.

Zunächst betrachten wir die Spannungsdimensionierung: Jeder Wechselrichter hat eine maximal erlaubte Spannung $U_{\mathrm{WR\_Max}}$, bei deren Überschreiten er abschaltet. Die kritischste Situation wäre z. B. ein Neustart des Wechselrichters an einem kalten, sonnigen Wintertag, da die Module dann ihre maximale Leerlaufspannung aufweisen. Nimmt man die Modultemperatur ϑ_{M} zu $-10\,°\mathrm{C}$ an, so ergibt sich die maximale Anzahl der Module n_{Max} pro String zu:

$$n_{\mathrm{Max}} = \frac{U_{\mathrm{WR\_Max}}}{U_{\mathrm{L\_Modul\,(-10\,°C)}}} \tag{7.25}$$

Die minimale Modulanzahl n_{Min} wird durch den MPP-Arbeitsbereich des Wechselrichters bestimmt (Bild 7.22). Wir betrachten dazu einen Sommertag, bei denen die Modultemperatur $70\,°\mathrm{C}$ erreicht. In diesem Fall darf die String-MPP-Spannung nicht unter $U_{\mathrm{MPP\_Min}}$ des Wechselrichters fallen, da er sonst nicht die maximal mögliche Leistung liefert oder sogar abschaltet. Als Formel ergibt sich somit:

$$n_{\mathrm{Min}} = \frac{U_{\mathrm{MPP\_Min}}}{U_{\mathrm{MPP\_Modul\,(70\,°C)}}} \tag{7.26}$$

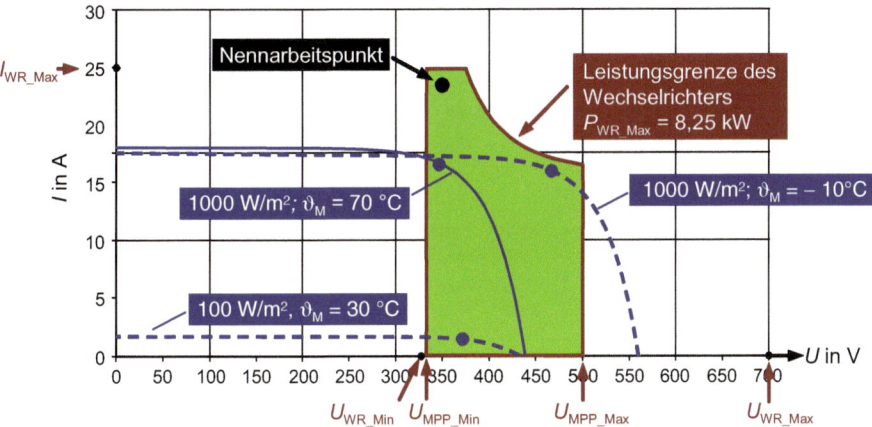

Bild 7.22 Möglicher Betriebsbereich eines Wechselrichters am Beispiel des SMC 8000TL: Er wird nach links und rechts durch die minimale und maximale MPP-Spannung begrenzt, nach oben durch den Maximalstrom und die maximale Wechselrichtereingangsleistung (nach [DGS13])

7.5.3 Stromdimensionierung

Die Anzahl der möglichen Strings n_{String} wird durch den Maximalstrom $I_{\text{WR\_Max}}$ des Wechselrichters und den maximalen Stringstrom $I_{\text{String\_Max}}$ vorgegeben:

$$n_{\text{String}} \leq \frac{I_{\text{WR\_Max}}}{I_{\text{String\_Max}}} \tag{7.27}$$

Vorsichtshalber sollte man wegen gelegentlich höherer Einstrahlungen als $1000\,\text{W/m}^2$ für $I_{\text{String\_Max}}$ den 1,25-fachen MPP-Strom annehmen.

Heutzutage werden meist Simulationstools zur Wechselrichterdimensionierung verwendet (siehe Kapitel 10). Dennoch sind die hier vorgestellten Regeln und Formeln hilfreich, da sie unmittelbar nachvollziehbar sind und so mindestens zur kritischen Überprüfung der Simulationstool-Ergebnisse genutzt werden können.

■ 7.6 Anforderungen der Netzbetreiber

Wechselrichter müssen bestimmte technische Anforderungen erfüllen, um in das Energieversorgungsnetz einspeisen zu dürfen. Neben den Vorgaben an die Qualität des eingespeisten Stroms (geringer Oberschwingungsanteil) sind dies vor allem Maßnahmen, um einen unerwünschten Inselbetrieb des Wechselrichters mit einhergehender Gefährdung von Menschen auszuschließen. Ein denkbarer Fall wäre z. B. das Abkoppeln eines Straßenzuges vom Energieversorgungsnetz, um Wartungsarbeiten durchzuführen. Würden nun die angeschlossenen Wechselrichter weiter einspeisen, wäre das Wartungspersonal extrem gefährdet.

7.6.1 Vermeidung von Inselbetrieb

Für das deutsche Stromnetz (wie in den meisten europäischen Ländern) gibt es enge Toleranzgrenzen für die Netzspannung und Netzfrequenz:

$$90\,\% < \frac{U}{U_\mathrm{N}} < 110\,\% \tag{7.28}$$

mit U_N: Nennspannung des Energieversorgungsnetzes

$$99{,}6\,\% < \frac{f}{f_\mathrm{N}} < 100{,}4\,\% \tag{7.29}$$

mit f_N: Nennfrequenz des Energieversorgungsnetzes

In einem 230 V/50 Hz-Netz muss die Spannung somit zwischen 207 V und 253 V liegen, die Frequenz zwischen 49,8 Hz und 50,2 Hz. Droht die Gefahr, dass diese Grenzen überschritten werden, müssen die Regelkraftwerke eingreifen (siehe dazu auch Abschnitt 11.4 in Kapitel 11).

Damit ein Wechselrichter einen unerwünschten Inselbetrieb sicher erkennt, muss er kontinuierlich alle drei Phasen des Netzes auf die Einhaltung von Spannungs- und Frequenztoleranzen überwachen. Die Norm VDE V 0126-1-1 definierte diese bislang folgendermaßen:

$$80\,\% < \frac{U}{U_\mathrm{N}} < 115\,\% \tag{7.30}$$

$$47{,}5\,\mathrm{Hz} < f < 50{,}2\,\mathrm{Hz} \tag{7.31}$$

Wird eine dieser Vorgaben nicht erfüllt, muss sich der Wechselrichter innerhalb von 0,2 s vom Netz abschalten. Als problematisch hat sich allerdings die 50,2 Hz-Obergrenze herausgestellt. Wird diese überschritten, schalten sich plötzlich alle Photovoltaik-Wechselrichter vom Netz, was wiederum zu Instabilitäten im Versorgungsnetz führen kann. Daher wurde mit der Niederspannungsrichtlinie VDE-AR-N 4105 festgelegt, dass die Wechselrichterleistung zwischen 50,2 Hz und 51,5 Hz immer stärker abgeregelt werden muss, um plötzliche Leistungssprünge zu vermeiden. Erst ab 51,5 Hz schaltet sich der Wechselrichter dann vollständig ab. So konnte das „50,2 Hz-Problem" wirksam entschärft werden.

Theoretisch wäre der Fall denkbar, dass die Verbraucher in einem abgetrennten Netzbereich gerade so viel Strom verbrauchen, wie die angeschlossenen Wechselrichter erzeugen. In diesem Fall würden die Wechselrichter den unerwünschten Inselbetrieb nicht erkennen und ggf. längere Zeit einspeisen. Dieser Fall ist jedoch extrem unwahrscheinlich, da jede kleinste Abweichung zwischen Angebot und Nachfrage eine Unsymmetrie des Drehstromnetzes erzeugen würde, die unmittelbar erkannt wird.

Eine Alternative zur Erkennung des unerwünschten Inselbetriebs ist die Selbsttätige Freischaltstelle (SFS) mit Netzimpedanzmessung. Hierzu erhöht der Wechselrichter kurzzeitig den eingespeisten Strom um einen Betrag ΔI und misst die sich ergebende Spannungserhöhung ΔU (Bild 7.23). Der Quotient aus beiden Größen ergibt dann die Netzimpedanz Z_Netz:

$$Z_\mathrm{Netz} = \frac{\Delta U}{\Delta I} \tag{7.32}$$

Wird ein Wert von $Z_\mathrm{Netz} > 1\,\Omega$ gemessen, muss der Wechselrichter innerhalb von 5 s vom Netz gehen. Ein großer Vorteil dieses Verfahrens gegenüber der Spannungs-/Frequenzmessung

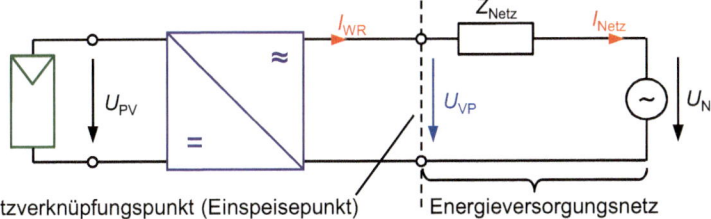

Bild 7.23 Einfaches Ersatzschaltbild des Energieversorgungsnetzes aus idealer Spannungsquelle U_N und Netzimpedanz Z_{Netz}: Je nach Größe des eingespeisten Stromes erhöht sich die Spannung U_{VP} am Netzverknüpfungspunkt gegenüber der Nennspannung U_N

besteht darin, dass hier laut Norm nur die einspeisende Phase überprüft werden muss. Bei einphasigen Wechselrichtern muss somit kein Drehstromkabel bis zum Wechselrichter verlegt werden. Daher wird diese selbsttätige Freischaltstelle oft als ENS (Einphasige Netzfreischaltstelle) bezeichnet.

 Warum erkennt man denn an der Netzimpedanz, ob es sich um ein Inselnetz oder das reguläre Stromnetz handelt?

 Ein ideales Stromnetz sollte unabhängig davon, wie viel Strom entnommen oder eingespeist wird, immer die gleiche Spannung von 230 V aufweisen. Dies bedeutet, ein solches Netz hätte bezogen auf den Einspeisepunkt einen Innenwiderstand von $0\,\Omega$ (siehe Bild 7.23). Reale Netze liegen typischerweise bei Werten unter $0{,}5\,\Omega$, auf dem Land kann er allerdings auch darüber liegen (z. B. alleinstehendes Gehöft). In einem unerwünschten Inselnetz, das nur aus den Verbrauchern eines Straßenzuges gebildet wird, erhöht sich dagegen die Spannung drastisch, wenn der Wechselrichter mehr Strom einspeist. Es hat also einen sehr hohen Innenwiderstand.

7.6.2 Maximale Einspeiseleistung

Um eine Schieflast im Drehstromnetz zu vermeiden, ist die Einspeiseleistung von einphasigen Wechselrichtern auf 4,6 kVA beschränkt. Werden mehrere einphasige Wechselrichter eingesetzt, müssen diese so auf die einzelnen Phasen verteilt werden, dass sich keine Schieflast über 4,6 kVA ergibt [VDE11]. Sinnvoller ist es allerdings, wenn möglich, direkt dreiphasig einspeisende Wechselrichter zu verwenden.

Vor Anschluss einer PV-Anlage am Netz muss geprüft werden, ob dieses die geplante Einspeiseleistung überhaupt aufnehmen kann. Als Bemessungsgrenze gilt hier, dass die Spannung am Verknüpfungspunkt nicht dauerhaft mehr als 3 % über Nennspannung ansteigen darf [VDE11]. Bei Anlagen unterhalb 30 kW ist der Netzbetreiber gefordert, sein Netz wenn nötig entsprechend auszubauen. Bei größeren Anlagen muss der Anlagenbesitzer ggf. eine eigene Leitung bis zu einem geeigneten Verknüpfungspunkt legen.

Seit dem Jahr 2012 schreibt das Erneuerbare-Energien-Gesetz für alle Photovoltaikanlagen die fernsteuerbare Abregelbarkeit vor (sogenanntes Einspeisemanagement). Hintergrund ist die

Tatsache, dass die in Deutschland installierten Solaranlagen inzwischen eine so große Gesamtleistung aufweisen, dass es an bestimmten Tagen zu einem Überangebot an elektrischer Leistung kommen kann. Die Netzbetreiber benötigen daher die Möglichkeit, Photovoltaikanlagen gezielt in ihrer Leistung abzuregeln. Dies geschieht beispielsweise über spezielle Rundsteuerempfänger, die die Abregelungsbefehle an den Wechselrichter geben.

Besitzer von kleineren Anlagen (< 30 kW) haben allerdings eine (nicht unbedingt überzeugende) Alternative. Statt am Einspeisemanagement teilzunehmen, können sie auch von vornherein ihren Wechselrichter um 30 % unterdimensionieren. Hiermit soll die typische Leistungs-Mittagspitze eines sonnigen Tages abgemildert werden.

7.6.3 Blindleistungsbereitstellung

Sobald eine Photovoltaikanlage in das Energieversorgungsnetz einspeist, steigt die Spannung im Netz leicht an. Mit der steigenden Zahl von PV-Anlagen kommt es daher immer öfter zu unzulässigen Spannungsanstiegen im Nieder- und Mittelspannungsnetz. Eine Alternative zum Netzausbau (größerer Kabelquerschnitt, zusätzliche Leitungen etc.) ist die Blindleistungseinspeisung. In diesem Fall speisen die Wechselrichter zusätzlich zur Wirkleistung induktive oder kapazitive Blindleistung ein. Diese kann den durch die Wirkleistungseinspeisung erzeugten Spannungsanstieg teilweise vermeiden.

 Wieso kann man durch Blindleistungseinspeisung die Spannung verringern? Was heißt denn überhaupt Blindleistungseinspeisung?

 Dazu müssen wir etwas weiter ausholen. Wir klären zunächst, was Blindleistung ist und sehen uns dann an, wie diese zur Spannungsstabilisierung in elektrischen Netzen eingesetzt werden kann.

Bild 7.24 zeigt dazu drei unterschiedliche Lasten, die an eine Wechselspannungsquelle angeschlossen sind. Im Fall a) liegt eine ohmsche Last vor. In diesem Fall führt ein Spannungsanstieg an der Quelle unmittelbar zu einer Erhöhung des Stromes durch den Widerstand. Dies soll auch das Zeigerdiagramm unterhalb des Schaltplans verdeutlichen.

Ein Zeigerdiagramm ist so zu verstehen, dass ein nach rechts zeigender Pfeil die Spannung zu einem Zeitpunkt $t = 0$ angibt. Bei einer Wechselspannung mit einer Frequenz von 50 Hz müsste dieser Pfeil eigentlich kontinuierlich mit 50 Hz um seinen Ursprung rotieren. Man stellt sich nun vor, dass wir als Beobachter mit rotieren und so den Pfeil immer in der gleichen Position sehen. Die Unterstriche unter den Strom- und Spannungssymbolen bedeuten, dass es sich hier um komplexe Größen handelt, bei denen sowohl der Betrag (Länge des Zeigers) als auch der Phasenwinkel (Richtung des Zeigers) angegeben werden.

Im Fall der ohmschen Last (Bild 7.24a) zeigt der Strompfeil in die gleiche Richtung wie der Spannungspfeil. Somit ist in diesem Fall ist die Phasenverschiebung φ zwischen Spannung und Strom Null, man sagt auch, „Spannung und Strom sind in Phase".

Fall b) in Bild 7.24 zeigt eine induktive Last. Im Fall der Spule bewirkt ein Spannungsanstieg erst verzögert einen Stromanstieg, da sich in der Spule zunächst ein Magnetfeld aufbauen muss. Bei einer sinusförmigen Spannung führt dies dazu, dass der Spulenstrom immer um

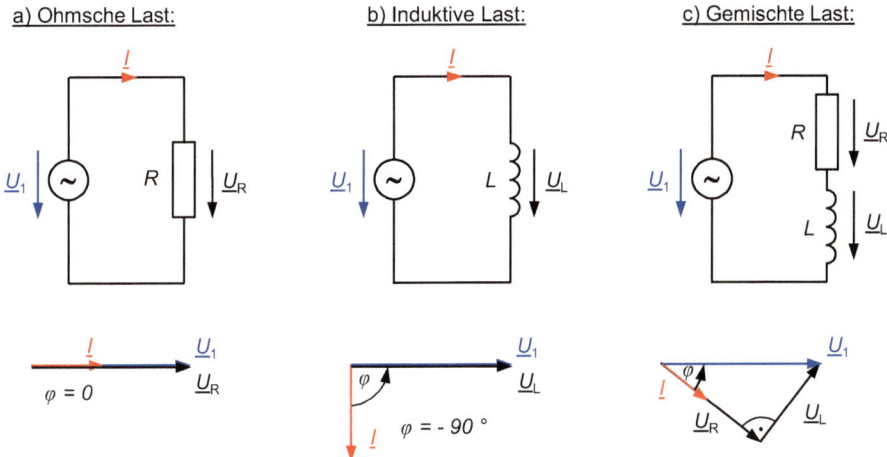

Bild 7.24 Darstellung verschiedener Lastfälle: Während bei der ohmschen Last Spannung und Strom in Phase sind, führt die Induktivität zu einem Nachlaufen des Stromes gegenüber der Spannung

90° verzögert zur Spannung fließt. Der Strom weist somit eine Phasenverschiebung von −90° gegenüber der anliegenden Spannung auf (siehe Zeigerdiagramm).

Eine Mischung aus beiden Fällen zeigt Fall c) in Bild 7.24. Hier sind Widerstand und Spule in Reihe geschaltet. Aufgrund der Reihenschaltung muss der Strom in beiden Bauteilen gleich sein. Er fließt auch hier verzögert gegenüber der Spannung; die Phasenverschiebung liegt nun zwischen 0 und −90°. Die an den beiden Bauteilen anliegenden Spannungen sind ebenfalls dargestellt. Im Fall der ohmschen Last müssen Spannung und Strom in Phase sein, daher liegt der Pfeil $\underline{U}_R$ in Richtung des Stromes $\underline{I}$. Die Spannung an der Spule $\underline{U}_L$ läuft dagegen um 90° vor dem Spulenstrom; folgerichtig liegt diese damit auch im rechten Winkel zu $\underline{U}_R$.

Der Strom in Fall c) hat sich gegenüber den ersten beiden Fällen verringert, da die Spannungsquelle mit der Reihenschaltung aus Widerstand und Spule die Gesamtimpedanz Z sieht:

$$Z = \sqrt{R^2 + X^2} \tag{7.33}$$

Dabei gibt X die Reaktanz der Spule an, die sich aus Induktivität L und Netzfrequenz f ergibt zu:

$$X = 2 \cdot \pi \cdot f \cdot L \tag{7.34}$$

Nicht dargestellt in Bild 7.24 ist der Fall einer kapazitiven Last. In einem Kondensator eilt der Strom der Spannung voraus, die Phasenverschiebung zwischen Spannung und Strom beträgt hier +90°. Als Gedankenstütze kann man sich einen entladenen Kondensator vorstellen. Dieser stellt für eine Spannungsquelle im ersten Moment einen Kurzschluss dar. Erst wenn er Strom aufgenommen hat, kann sich allmählich eine Spannung am Kondensator aufbauen.

Bei einer ohmschen Last (Bild 7.24a) wird am Widerstand eine Leistung $P = U \cdot I$ umgesetzt; die z. B. zur Erwärmung des Widerstands führen kann. In diesem Fall sprechen wir von Wirkleistung. Anders sieht es in Fall b) aus. Hier wird zwar zunächst Energie von der Spannungsquelle zur Spule geliefert, um dort ein Magnetfeld aufzubauen. Dieses Feld wird im weiteren Verlauf der Netzperiode allerdings wieder abgebaut, wobei die freiwerdende Energie in die Spannungsquelle zurückläuft. Die Energie pendelt also periodisch zwischen Quelle und Spule hin

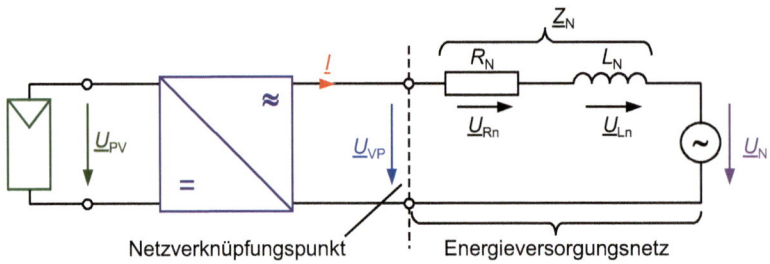

a) Reine Wirkleistungseinspeisung: b) Wirk- und Blindleistungseinspeisung:

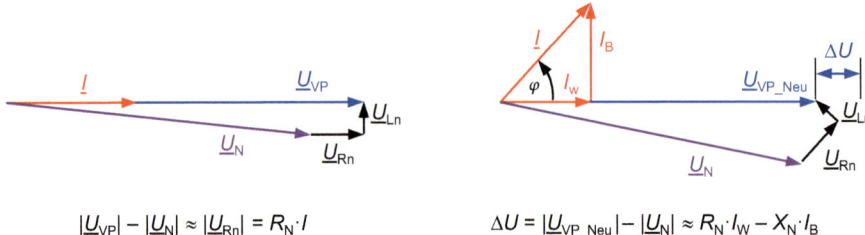

$$\left| \underline{U}_{VP} \right| - \left| \underline{U}_N \right| \approx \left| \underline{U}_{Rn} \right| = R_N \cdot I \qquad\qquad \Delta U = \left| \underline{U}_{VP\_Neu} \right| - \left| \underline{U}_N \right| \approx R_N \cdot I_W - X_N \cdot I_B$$

Bild 7.25 Effekt der Blindleistungseinspeisung: Die Spannungsabfälle $\underline{U}_{Rn}$ und $\underline{U}_{Ln}$ werden phasenmäßig so verdreht, dass sich eine Spannungsverringerung am Netzverknüpfungspunkt ergibt (nach [Häb10])

und her, so dass im zeitlichen Mittel keine Leistung übertragen wird. In diesem Fall sprechen wir von Blindleistung.

Obwohl mit Blindleistung keine „echte Leistung" übertragen wird, kann sie dennoch genutzt werden, um Einfluss auf elektrische Netze zu nehmen. Ein Beispiel dazu zeigt Bild 7.25. Hier wird das Energieversorgungsnetz wieder durch die Reihenschaltung einer idealen Wechselspannungsquelle mit einer Netzimpedanz modelliert. In einem Niederspannungsnetz ist $\underline{U}_N$ z. B. die Leerlaufspannung der Sekundärseite eines Mittelspannungstrafos. Die Netzinduktivität L_N setzt sich zusammen aus der Induktivität der Trafowicklung und der Leitungsinduktivität (z. B. eines Erdkabels). Der Netzwiderstand R_N wird hauptsächlich durch die Leitung verursacht.

Im Fall a) in Bild 7.25 speist der Wechselrichter Wirkleistung ein, da Spannung $\underline{U}_{VP}$ und Strom $\underline{I}$ in Phase sind. Die sich einstellende Spannung $\underline{U}_{VP}$ erhöht sich deutlich gegenüber $\underline{U}_N$ durch die an der Netzimpedanz abfallende Spannung. Aus dem Zeigerdiagramm ist ersichtlich, dass die Spannungserhöhung hauptsächlich durch den Netzwiderstand R_N zustande kommt. Sie kann grob ermittelt werden aus folgender Formel:

$$\left| \underline{U}_{VP} \right| - \left| \underline{U}_N \right| \approx \left| \underline{U}_{Rn} \right| = R_N \cdot I \tag{7.35}$$

Diese Spannungserhöhung kann dazu führen, dass der Wechselrichter abschalten muss, um eine Schädigung der Geräte im Netz zu vermeiden.

Es gibt aber noch eine bessere Lösung. Diese wird aus dem Fall b) in Bild 7.25 deutlich. Hier speist der Wechselrichter neben der eigentlichen Wirkleistung auch kapazitive Blindleistung ein. Als Phasenwinkel ergibt sich ein Wert zwischen 0 und +90°. Der Stromvektor $\underline{I}$ besteht jetzt aus zwei Komponenten: Dem Wirkstrom I_W mit $I_W = I \cdot \cos\varphi$ und dem Blindstrom I_B mit $I_B = I \cdot \sin\varphi$.

Die sich nun ergebende Spannung $\underline{U}_{\text{VP\_Neu}}$ am Netzverknüpfungspunkt ist deutlich kleiner als $\underline{U}_{\text{VP}}$ im Fall der reinen Wirkleistungseinspeisung. Der Trick besteht darin, dass die senkrecht aufeinander stehenden Zeiger $\underline{U}_{\text{Rn}}$ und $\underline{U}_{\text{Ln}}$ so verdreht werden, dass $\underline{U}_{\text{VP}}$ verkleinert wird.

Die Spannungsreduzierung ΔU gegenüber Fall a) kann überschlägig ermittelt werden, indem man nur die Wirkkomponenten (Horizontalkomponenten) der Spannungsabfälle an Netzwiderstand und Netzinduktivität betrachtet:

$$\Delta U = \left| \underline{U}_{\text{VP\_Neu}} \right| - \left| \underline{U}_{\text{N}} \right| \approx R_{\text{N}} \cdot I_{\text{W}} - X_{\text{N}} \cdot I_{\text{B}} \tag{7.36}$$

mit X_N: Netzreaktanz

Die Niederspannungsrichtlinie VDE-AR-N 4105 legt fest, dass der Netzbetreiber einen festen Verschiebungsfaktor ($\cos\varphi$) vorgeben kann. Bei größeren Wechselrichtern ist es auch möglich, eine Verschiebungsfaktor/Wirkleistungs-Kennlinie vorzuschreiben, so dass der $\cos\varphi$ in Abhängigkeit von der aktuell eingespeisten Leistung dynamisch geändert wird. Alle neuen in Deutschland eingesetzten Wechselrichter erfüllen inzwischen diese Anforderungen. Weitere Details zur Blindleistungseinspeisung finden sich z. B. in [Häb10].

■ 7.7 Sicherheitsaspekte

Die wichtigsten Aspekte zur Sicherheit von netzgekoppelten Anlagen sollen hier kurz betrachtet werden.

7.7.1 Erdung des Generators und Blitzschutz

Aus Gründen des Personenschutzes müssen Unterkonstruktion und Modulrahmen geerdet werden, außer wenn die Module Schutzklasse 2 aufweisen oder die Leerlaufspannung des PV-Generators unter 120 V liegt. Bei trafolosen Wechselrichtern sollte diese Erdung allerdings auch im Fall von Schutzklasse 2-Modulen durchgeführt werden. Da zwischen Modulrahmen und Zellenstrings eine hohe Kapazität herrscht, können durch das wechselnde Generatorpotential hohe Spannungen am Modulrahmen entstehen [Häb10].

Auch für den Blitzschutz bringt eine Erdung der Anlage Vorteile, da so eventuelle Blitzströme zur Erde abgeleitet werden können. Die Erdung sollte mit einer massiven Kupfer-Leitung (mindestens 6 mm², besser 16 mm²) auf kürzestem Weg zur Potentialausgleichsschiene erfolgen. Grundsätzlich ist zu sagen, dass ein Blitzschutz bei privaten Wohngebäuden nicht vorgeschrieben ist. Besteht allerdings eine Blitzschutzanlage, so muss die PV-Anlage in diese integriert werden [VDE09]. Eine sehr ausführliche Darstellung zum Blitzschutz von Photovoltaikanlagen ist beispielsweise in [Häb10] zu finden. Entgegen immer wieder geäußerten Gerüchten soll hier noch nebenbei festgehalten werden, dass eine Photovoltaikanlage auf dem Dach eines Hauses das Risiko des Blitzeinschlages nicht erhöht [VDE09]!

7.7.2 Brandschutz

In den vergangenen Jahren ist vermehrt über erhöhte Brandschutz-Gefahren im Zusammen-hang mit Photovoltaikanlagen berichtet worden. Zum einen stellt eine Photovoltaikanlage eine ausgedehnte elektrische Anlage dar, die ebenso wie andere elektrische Anlagen im Fehlerfall Brände auslösen kann. Bekannt wurden z. B. durchschmorende Anschlussdosen an Modulen von BP Solar, die durch schlechte Lötverbindungen hervorgerufen worden waren [Sch06]. Bei derartigen Problemen handelt es sich aber eher um Sonderfälle, die durch ein besseres Quali-tätsmanagement auf Seiten der Hersteller vermieden werden können.

Wesentlich kritischer ist die Tatsache, dass eine Photovoltaikanlage auf einem brennenden Haus eine massive Gefährdung der Feuerwehrleute darstellen kann. Bei üblichen Wechsel-strominstallationen besteht diese zwar auch, sie kann aber relativ einfach durch Abschalten des Hauses vom Stromnetz beseitigt werden. Im Fall einer Solarstromanlage liegen dagegen auch nach Abschalten des Wechselrichters noch Spannungen von mehreren 100 V am Solar-generator. Hinzu kommt die Tatsache, dass sich entstehende Lichtbögen nicht selbsttätig wie-der löschen. Die ersten Lösungsvorschläge, etwa zur Führung der Stringleitungen an der Au-ßenwand des Hauses oder deren Verlegung in Metallrohren innerhalb des Hauses können die Gefahr lediglich leicht verringern. Auf Dauer ist eine Lösung wünschenswert, die jedes Mo-dul im Brandfall sicher kurzschließt oder von der Stringleitung abkoppelt. Denkbar wäre etwa ein selbstleitender Halbleiterschalter (z. B. Mosfet) in der Modulanschlussdose, der den Kurz-schluss nur dann aufhebt, wenn er dazu ein Signal vom Wechselrichter erhält. Sollte im Brand-fall der Wechselrichter abgeschaltet werden, fehlt dieses Signal und sämtliche Module würden kurzgeschlossen.

In Abschnitt 10.4 finden sich konkrete Beispiele von Photovoltaikanlagen. In diesen werden jeweils der Aufbau, die genutzten Komponenten, die Wechselrichterdimensionierung und die Betriebsergebnisse beschrieben.

8

Speicherung von Solarstrom

Die Frage der Speicherung von Strom ist inzwischen ein häufiges Thema auf Konferenzen, in Diskussionsrunden und in Kneipengesprächen. Bei einer vollständigen Umstellung der Energieversorgung auf erneuerbare Energien werden Speicher unabdingbar sein. Dabei ist ein weites Spektrum an Speicherkapazitäten denkbar: Kleine Speicher im Privathaushalt zur Erhöhung des Eigenverbrauchs von Solarstrom, mittelgroße Speicher zur Stützung eines Ortsnetzes sowie große Speicher, um die elektrische Energie über Tage, Wochen oder sogar Monate zwischenzuspeichern.

Wir wollen das Hauptaugenmerk auf den Einsatz von Speichern in unmittelbarer Nähe der Photovoltaikanlage richten. Solar erzeugte elektrische Energie, die am Ort der Herstellung genutzt oder zwischengespeichert wird, muss nicht über lange Stromleitungen transportiert werden. Gleichzeitig führen dezentral verteilte Speicher zu einer hohen Ausfallsicherheit der elektrischen Energieversorgung.

Dazu sehen wir uns zunächst das Prinzip der Solarstromspeicherung bei netzgekoppelten Anlagen an und lernen dann verschiedene Batterietypen samt ihrer Betriebsweisen kennen. Schließlich betrachten wir an konkreten Anlagen, wie man mit Hilfe von Speichern die Eigenverbrauchsquote von Solarstrom erhöhen kann und welche Vorteile dezentrale Speicher aus Netzsicht haben können.

Abgerundet wird das Kapitel mit der Betrachtung von photovoltaischen Inselsystemen. Neben der Beschreibung von Solar-Home-Systems und Hybridanlagen wird die Dimensionierung von Inselanlagen anhand eines konkreten Beispiels durchgeführt.

■ 8.1 Prinzip der Solarstromspeicherung

Den prinzipiellen Aufbau einer netzgekoppelten Photovoltaikanlage mit Solarstromspeicher zeigt Bild 8.1. Der erzeugte Solarstrom kann ins öffentliche Netz eingespeist, im Haus verbraucht oder in der Batterie gespeichert werden. Damit steht er zu einem späteren Zeitpunkt für die Hausverbraucher zur Verfügung.

Im Fall einer DC-Kopplung des Speichers (Bild 8.1a) wird die Batterie über einen Laderegler (siehe Abschnitt 8.2.2) und einen DC/DC-Wandler zur Spannungsanpassung direkt an die Gleichstromleitung des Solargenerators angeschlossen. Die vom Solargenerator gelieferte Energie kann so unmittelbar die Batterie laden. Eine Alternative zeigt Bild 8.1b: Bei der AC-Kopplung erfolgt die Übergabe der Energie erst auf der Wechselstromseite. Zum Laden der Batterie wird zunächst der Gleichstrom in Wechselstrom und schließlich wieder in Gleichstrom gewandelt. Das führt tendenziell zu höheren Verlusten; dies fällt allerdings bei den hohen Wirkungsgraden moderner Wechselrichter kaum ins Gewicht. Wichtiger ist der Hauptvorteil der

a) DC-Kopplung:

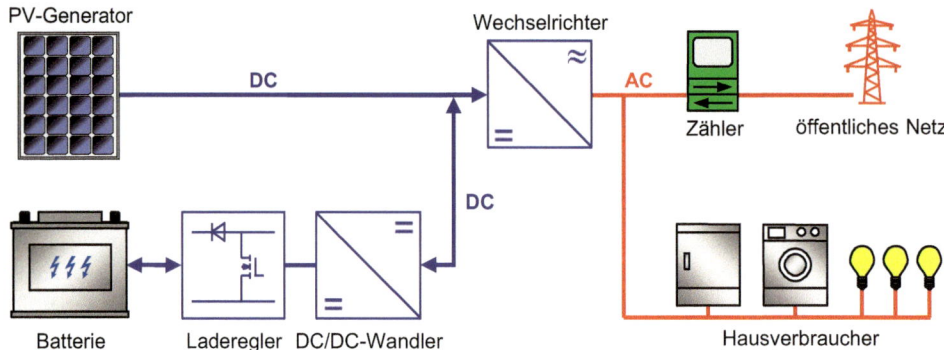

b) AC-Kopplung:

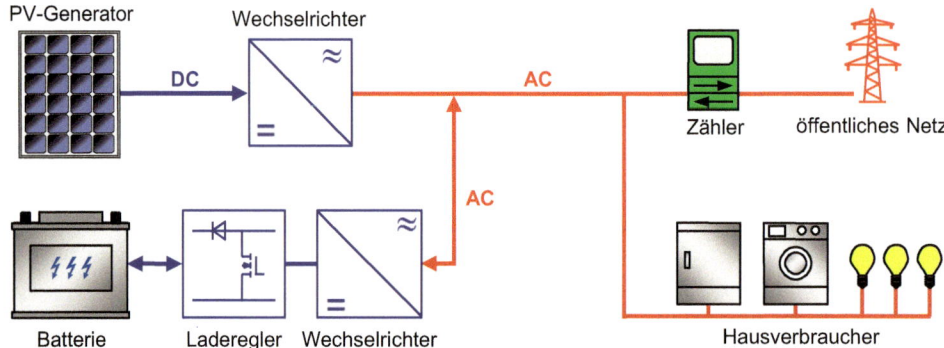

Bild 8.1 Prinzipieller Aufbau einer netzgekoppelten Photovoltaikanlage mit Batteriespeicher: a) DC-Kopplung des Speichers, b) AC-Kopplung des Speichers

AC-Kopplung: Das Speichersystem kann auch bei bestehenden Photovoltaikanlagen jederzeit nachgerüstet und erweitert werden.

■ 8.2 Akkumulatoren

Als Speicher für elektrische Energie werden im niedrigen Leistungsbereich vor allem elektrochemische Speicher verwendet. Im Kleingerätebereich sind dies oft Primärbatterien, die nicht wieder aufladbar sind. Sekundärbatterien sind dagegen wiederholt aufladbar. Der Ausdruck „Akkumulator" (von lat. *accumulare*: anhäufen) wird synonym verwendet. Wir verwenden im Folgenden die drei Ausdrücke Batterie, Akkumulator und Akku gleichermaßen für einen wieder aufladbaren elektrochemischen Speicher.

Ein Akkumulator besteht meist aus der Zusammenschaltung mehrerer elektrochemischer Zellen. In der einzelnen Zelle wird eine chemische Reaktion zur Erzeugung eines elektrischen

Stromes genutzt. Zwei räumlich getrennte Elektroden sind dort über einen ionenleitenden Elektrolyten miteinander verbunden. An den Elektroden findet eine in zwei Halbreaktionen getrennte Redoxreaktion statt. Dabei wird Energie in Form von im äußeren Stromkreis fließenden Elektronen frei, die elektrisch genutzt werden kann. Beim Laden der Zelle findet jeweils die umgekehrte Redoxreaktion statt.

Inzwischen sind verschiedene Akkutypen als Solarstromspeicher auf dem Markt. Wir werden uns die wichtigsten Typen ansehen und deren Besonderheiten sowie Vor- und Nachteile beschreiben. Der Bleiakku nimmt dabei eine Sonderstellung ein: Für ihn liegen umfangreiche Erfahrungen aus einer inzwischen 150 Jahre langen Entwicklungsgeschichte vor; außerdem weist er den günstigsten Preis aller Akkutypen auf.

Wir betrachten daher zunächst am Beispiel des Bleiakkus die wichtigsten Eigenschaften von elektrochemischen Speichern mitsamt ihrer Betriebsweisen und Ladeverfahren. Anschließend werden wir dann die weiteren Akkutypen mit ihren jeweiligen Besonderheiten kennenlernen.

8.2.1 Blei-Säure-Batterie

8.2.1.1 Prinzip und Aufbau

Bild 8.2 zeigt den prinzipiellen Aufbau der Zelle eines Blei-Säure-Akkus (oder kurz: Bleiakkus). Er ist mit einem Elektrolyten aus verdünnter Schwefelsäure (H_2SO_4) gefüllt. Die negative Elektrode besteht aus Blei während die positive Elektrode aus Bleioxid (PbO_2) aufgebaut ist. Be-

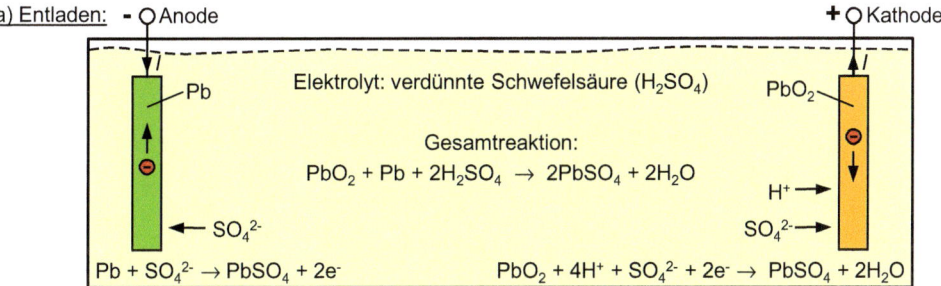

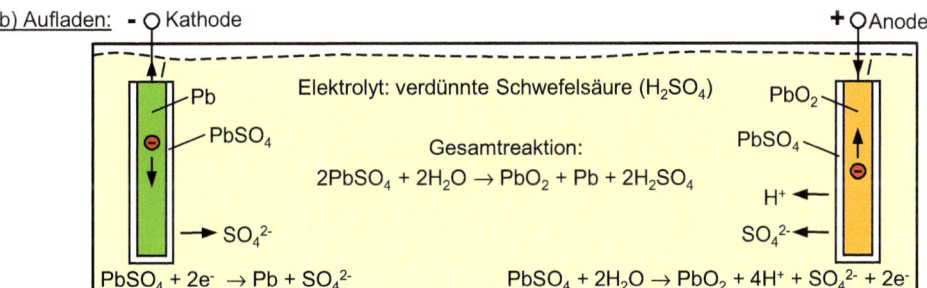

Bild 8.2 Prinzipieller Aufbau eines Blei-Säure-Akkus: Beim Entladen entsteht an beiden Elektroden eine Schicht aus Bleisulfat ($PbSO_4$), die während des Ladevorgangs wieder abgebaut wird (mehr zu den Elektrodenbezeichnungen: siehe Abschnitt 8.2.3.1)

trachten wir zunächst den Entladevorgang: An der negativen Elektrode reagiert das Blei unter Elektronenabgabe (Oxidation) mit dem Elektrolyten zu Bleisulfat (PbSO$_4$):

$$Pb + SO_4^{2-} \rightarrow PbSO_4 + 2e^- \tag{8.1}$$

Gleichzeitig reagiert das Bleioxid der positiven Elektrode mit der Schwefelsäure unter Elektronenaufnahme (Reduktion) zu Bleisulfat und Wasser:

$$PbO_2 + 4H^+ + SO_4^{2-} + 2e^- \rightarrow PbSO_4 + 2H_2O \tag{8.2}$$

An beiden Elektroden wächst hierdurch eine Schicht aus Bleisulfat auf. Als Gesamtreaktion der Akkuzelle ergibt sich:

$$PbO_2 + Pb + 2H_2SO_4 \underset{\text{Entladen}}{\overset{\text{Laden}}{\rightleftharpoons}} PbSO_4 + 2H_2O \tag{8.3}$$

 Warum spricht man von „Reduktion", wenn das Bleioxid ein Elektron aufnimmt? Die Zahl der Elektronen hat sich doch nicht reduziert sondern vergrößert.

 Die Bezeichnungen Reduktion und Oxidation sind historisch begründet. Ursprünglich bezeichnet Oxidation die Reaktion eines Stoffes mit Sauerstoff. Reagiert z. B. Kohlenstoff mit Sauerstoff zu Kohlendioxid (CO$_2$), so gibt das vierwertige Kohlenstoffatom vier Elektronen an die Doppelbindungen mit den zwei Sauerstoffatomen ab („Oxidation"). Heutzutage beschreibt der Ausdruck Oxidation ganz allgemein eine Reaktion, bei der ein Stoff Elektronen an den Reaktionspartner abgibt. Umgekehrt nimmt der Reaktionspartner Elektronen auf (in unserem Beispiel nimmt jedes Sauerstoffatom zwei Elektronen des Kohlenstoffatoms auf, der Sauerstoff wird also reduziert). Da Reduktion und Oxidation stets gekoppelt auftreten, spricht man auch von Redoxreaktionen.

Im Aufladevorgang laufen die Reaktionen genau umgekehrt ab (Bild 8.2b): Nun baut sich das Bleisulfat an der Oberfläche der Elektroden wieder ab und gibt Sulfationen in den Elektrolyten. Die eigentliche Energiespeicherung findet also im Elektrolyten statt. Beim Aufladevorgang erhöht sich seine Dichte, so dass mit einem Dichtemessgerät (Säureheber) der Ladungszustand des Akkus bestimmt werden kann.

Ist der Akku vollgeladen, so kommt es bei Überschreiten der Ladeschlussspannung zur Gasung: An der positiven Elektrode bildet sich Sauerstoff, an der negativen Wasserstoff, die zusammen das explosive Knallgas bilden können. Aus diesem Grund muss für ausreichende Belüftung des Raumes gesorgt werden. Die Gasung führt außerdem dazu, dass allmählich ein Wasserverlust auftritt, der durch regelmäßiges Nachfüllen von destilliertem Wasser (z. B. einmal im Jahr) kompensiert werden muss.

Die Elektroden bestehen meist aus einem Bleikern, der von dem aktiven Material (Blei bzw. Bleioxid) umgeben ist. Dieses hat einen porösen Aufbau, um eine möglichst große Oberfläche für die elektrochemische Reaktion zu bieten. Leider baut sich die Bleisulfat-Schicht im Aufladevorgang nicht vollständig ab; kleine Mengen bleiben an den Elektroden haften. Diese

Sulfatierung bewirkt, dass sich die aktive Masse der Elektroden und damit die Kapazität des Akkus durch den durchgeführten Entlade-/Lade-Zyklus verringert. Diese Kapazitätsschwächung ist umso stärker, je tiefer die Entladung des Akkus war. Häufige Tiefentladungen bewirken also eine extreme Verringerung der Lebensdauer eines Bleiakkus. Als Lebensdauer definiert die DIN-Norm 43539/Teil 4 den Zeitpunkt, bei dem der Akku nur noch 80 % der ursprünglich vorhandenen Nennkapazität aufweist.

 Warum ist das denn schon das Ende der Lebensdauer? Der Akku ist dann doch bestimmt noch benutzbar, oder?

 Genau genommen kann man den Akku auch dann noch weiter verwenden, allerdings nur mit verringerter und weiter sinkender Kapazität. Irgendwann stoßen schließlich die Bleisulfat-Ablagerungen von positiver und negativer Elektrode aneinander und verursachen einen Kurzschluss. Bild 8.3 zeigt für verschiedene Akkutypen den Zusammenhang zwischen Entladetiefe (Depth of Discharge, DoD) und maximal erreichbarer Zyklenzahl.

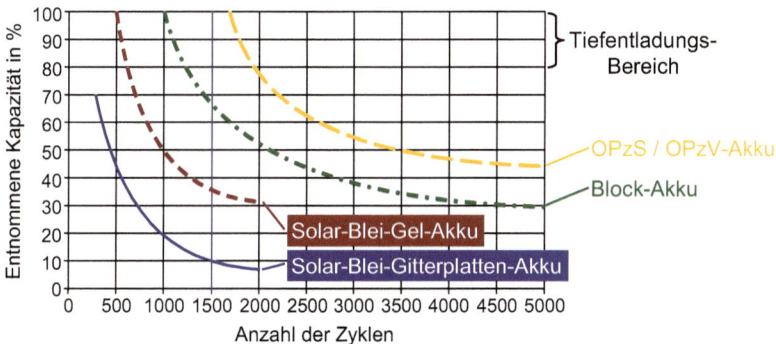

Bild 8.3 Lebensdauer verschiedener Akku-Typen: Je tiefer der Akku jeweils entladen wurde, desto weniger Zyklen kann er bis zum Erreichen seiner Lebensdauer durchführen, nach [DGS13]

8.2.1.2 Typen von Bleiakkus

Welchen Akkutypen man in einem System verwenden sollte, hängt sehr stark von den konkreten Anforderungen ab. Man unterscheidet zunächst einmal die Betriebsweise von Bleibatterien in Pufferbetrieb und in Zyklenbetrieb. Eine normale Autobatterie (Starterakku) wird zum Beispiel im Pufferbetrieb gefahren. Sie ist die meiste Zeit fast vollständig geladen, muss aber ab und zu zum Starten des Motors kurzzeitig hohe Ströme liefern. Anders sieht es bei einer Gabelstapler-Batterie aus: Sie wird über Nacht vollgeladen und am nächsten Tag fast vollständig entladen, durchläuft also ganze Lade-/Entlade-Zyklen. Diese Betriebsweise nennt man Zyklenbetrieb, welche tendenziell auch im Fall von solaren Anlagen (insbesondere Inselanlagen) vorherrschend ist. Die unterschiedlichen Anforderungen wirken sich unmittelbar auf die Bauweise der verschiedenen Akkutypen aus.

Ein Starterakku muss kurzzeitig hohe Ströme liefern, daher werden die Elektroden durch eine Vielzahl von dünnen, dicht beieinander liegenden Gitterplatten ausgeführt, die eine große aktive Oberfläche bieten. Bei einem in Photovoltaikanlagen typischen Zyklenbetrieb würde der Starterakku durch fortschreitende Sulfatierung und Korrosion bereits nach wenigen Monaten unbrauchbar sein.

Eine Autobatterie eignet sich nicht als Speicher in einer Solaranlage, da sie durch den Zyklenbetrieb innerhalb kurzer Zeit defekt wäre.

Solar-Blei-Gitterplatten-Akkus sind modifizierte Starterakkus, bei denen dickere Platten mit größerem Abstand zueinander eingesetzt werden und die Bleigitter durch einen Antimonzusatz verhärtet werden (Bild 8.4). Werden sie maximal bis auf 30 % ihrer Kapazität entladen (Entladetiefe 70 %), so erreichen auch sie nur Lebensdauern von 300 Zyklen (siehe Bild 8.3). Bei einer Entladetiefe von lediglich 20 % werden immerhin schon 1000 Zyklen erreicht. Sie sind somit nur für sporadische Nutzung geeignet, wie sie beispielsweise bei Wochenendhäusern vorkommen kann.

In Solar-Blei-Gel-Akkus wird der Elektrolyt durch Zusätze zu einem Gel verdickt. Hierdurch kann der Akku vollständig geschlossen aufgebaut werden und ist damit auslaufsicher. Weiterhin tritt kein Gas aus, so dass kein destilliertes Wasser nachgefüllt werden muss. Wichtig ist die Verwendung eines speziellen Ladereglers, der für die Einhaltung der Ladeschlussspannung sorgt, da es sonst durch Gasung zu einem Austrocknen des Akkus kommen würde. Im Gegensatz dazu ist bei Standardakkus eine gelegentliche Gasung erwünscht, um den Elektrolyten durchzumischen. Die Lebensdauer von Solar-Blei-Gel-Akkus liegt je nach Betriebsweise fast doppelt so hoch wie die der klassischen Solarakkus (siehe Bild 8.3).

Möchte man einen Dauerbetrieb über 15 oder 20 Jahre erreichen, so sind ortsfeste Panzerplatten-Akkus die beste Wahl. Diese gibt es in den zwei Varianten OPzS (Ortsfeste Panzerplatte mit Sonderseparation und flüssigem Elektrolyten) und OPzV (Ortsfeste Panzerplatte Verschlossen). Sie werden normalerweise für batteriegestützte Notstromanlagen eingesetzt und kosten das Zwei- bis Dreifache von einfachen Solarakkus. Die positive Platte besteht hier aus Bleistäben, die einzeln von Röhrchen umgeben sind. Diese halten das aktive Material zusammen und verhindern einen vorzeitigen Verlust dieser Masse (Bild 8.4) [Häb10].

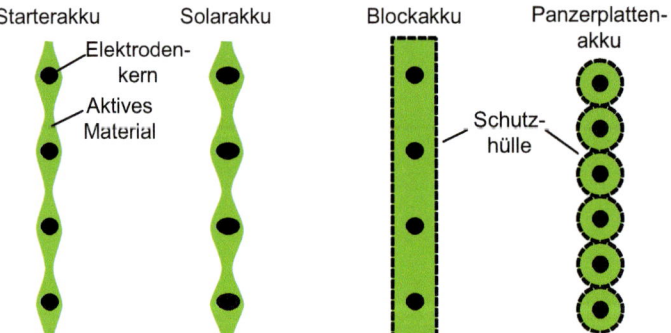

Bild 8.4 Prinzipieller Aufbau der Elektroden von verschiedenen Akkutypen: Block- und Panzerplatten-Akku halten das aktive Material durch eine elektrolytdurchlässige Schutzhülle an Ort und Stelle

Einen Mittelweg gehen schließlich die Block-Akkus (auch OGi-Block: Ortsfeste Gitterplatten). Hier werden mehrere Bleistäbe von einer gemeinsamen Schutzhülle umgeben. Sie sind damit kostengünstiger herzustellen als die Panzerplatten-Akkus und erreichen dennoch relativ hohe Lebensdauern.

Die hier beschriebene Lebensdauer wird auch als Zyklenlebensdauer bezeichnet, da sie die Länge der Nutzbarkeit eines Speichers nicht als Zeitraum sondern als Anzahl der Zyklen angibt. Sie beschreibt gewissermaßen den Anteil der Alterung, der sich durch die tatsächliche Nutzung des Speichers ergibt. Allerdings wird auch ein Akku, der kaum genutzt wird, nicht ewig halten. Ursache können hier chemische Zerfallsprozesse sein, die die Elektrodenmaterialien oder den Elektrolyten im Laufe der Zeit zersetzen. Dieser Einfluss kann durch die kalendarische Lebensdauer angegeben werden. Bei Blei-Akkus liegt diese bei rund 10 Jahren.

8.2.1.3 Akkukapazität

Die Kapazität C eines Akkus ist keine feste Größe, sondern hängt von dem jeweiligen Entladestrom ab. Wird der Akku mit einem kleinen Strom entladen, so können die Sulfationen tief bis in die aktive Masse der Elektroden vordringen und in Bleisulfat umgesetzt werden. Bei hoher Stromentnahme blockieren die zu Beginn eingelagerten Schwefelmoleküle das Eindringen der nachfolgenden Moleküle, so dass die aktive Masse nicht vollständig genutzt werden kann. Aus diesem Grund gibt man die Nennkapazität eines Akkus immer zusammen mit einem bestimmten Nenn-Entladestrom an. Meist wird die Nennkapazität auf einen Nenn-Entladestrom I_{10} bezogen, einen Strom, der den Akku in 10 Stunden entlädt.

Zum besseren Verständnis zeigt dies Bild 8.5 am Beispiel eines OPzS-Akkus der Firma Hoppecke: Entlädt man den Akku innerhalb von 5 h ($I_5 = 26{,}5\,\text{A}$), so ist nur eine Kapazität C_5 von 132 Ah nutzbar. Der andere Extremfall wäre eine Entladung über 100 h, nun ergibt sich eine Kapazität C_{100} von 200 Ah bei einem Strom von $I_{100} = 2\,\text{A}$. Die Typenbezeichnung des Akkus lautet *block solar.power 200*; tatsächlich liegt die Nennkapazität C_{10} nur bei 150 Ah. An diesem Beispiel zeigt sich die Notwendigkeit, immer im Datenblatt nachzuprüfen, welcher Entladestrom für die Angabe der Nennkapazität angenommen wurde! Auch die Temperatur hat Einfluss auf die nutzbare Kapazität eines Bleiakkus. Wer im Winter einmal das Auto nicht starten konnte, ahnt bereits, dass die Kapazität bei tiefen Temperaturen schlechter wird. Sie verringert

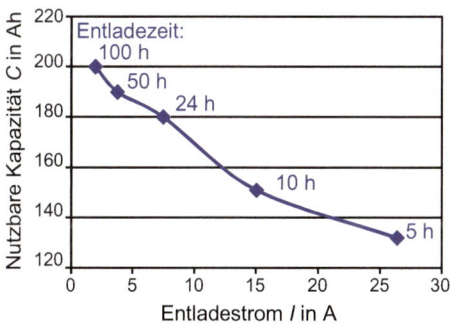

Bild 8.5 Abhängigkeit der Kapazität eines OPzS-Akkus (block solar.power 200) von der Höhe des Entladestroms [Datenblatt]

sich z. B. bei 0 °C auf etwa 80 % der Kapazität von 20 °C. Bei deutlichen Minusgraden friert der Elektrolyt ggf. ein und schränkt die Funktionsfähigkeit des Akkus vollständig ein.

8.2.1.4 Spannungsverlauf

Die Nennspannung einer einzelnen Bleiakku-Zelle liegt bei 2,0 V. Üblich ist die Serienschaltung von 6 Einzelzellen, so dass sich im Leerlauf je nach Ladezustand eine Akkuspannung von 12,0–12,7 V ergibt. Bild 8.6 zeigt links den Spannungsverlauf beim Entladen des Akkus: Ausgehend von der Ruhespannung reduziert sich die Spannung bis auf die Entladeschlussspannung von 10,8 V. Wird weiter dauerhaft Strom entnommen, so kommt es zur Tiefentladung, die den Akku schädigen kann.

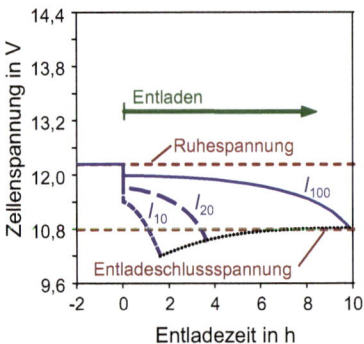 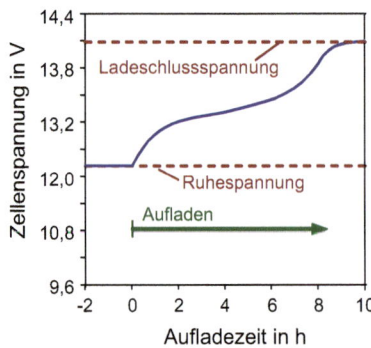

Bild 8.6 Verlauf der Spannung eines 12 Volt-Akkus beim Entladen und Laden: Die untere erlaubte Grenze ist die Entladeschlussspannung; die obere die Ladeschlussspannung, nach [Lad99]

Der Ladevorgang ist in Bild 8.6 rechts zu sehen. Es muss eine Spannung größer als die Ruhespannung angelegt werden, um die Sulfationen wieder in den Elektrolyten zu drücken. Meist wird das sogenannte I/U-Ladeverfahren angewandt: Zunächst lädt man den Akku mit einem konstanten Strom. Bei Erreichen der Ladeschlussspannung geht man dann auf eine konstante Ladespannung über. Die Ladeschlussspannung von 13,8–14,4 V (je nach Temperatur) sollte nicht überschritten werden, um den Akku nicht zu überladen und die Gasung zu vermeiden.

8.2.1.5 Fazit

Bleiakkus sind seit Jahrzehnten im Einsatz und somit eine erprobte Technologie. Für verschiedene Anwendungen stehen jeweils unterschiedliche Varianten zur Verfügung. Die Lebensdauer ist mit rund 10 Jahren und 2000 bis 3000 Zyklen deutlich eingeschränkt. Aufgrund des hohen spezifischen Gewichts von Blei werden nur mäßige Energiedichten von rund 30 bis 40 Wh/kg erreicht [Kor13].

8.2.2 Laderegler

Wir wollen nun die Aufgaben und Funktionsweisen von Ladereglern betrachten. Dabei gehen wir zum besseren Verständnis von einfachen Systemen bestehend aus einem Solarmodul, einer Batterie und einfachen Gleichstromverbrauchern aus. Im Fall von netzgekoppelten Systemen ist das Prinzip immer noch das gleiche. Allerdings liegen in diesem Fall auf der Eingangsseite des Ladereglers hohe DC-Spannungen vor, so dass dann dort ggf. viele Batteriemodule in Reihe geschaltet werden. Statt eines DC-Verbrauchers liegt am Ausgang des Ladereglers wiederum der Gleichstrom-Eingang eines DC/DC-Wandlers oder Wechselrichters an, um die Spannung auf die notwendige Höhe zu transformieren (vgl. Bild 8.1).

Inzwischen haben wir gelernt, dass Akkumulatoren einen recht anspruchsvollen Umgang erfordern, um lange Freude an ihnen zu haben. Daher kommt auf den Laderegler eine Reihe von Aufgaben zu:

- Überladeschutz
- Tiefentladeschutz
- Verhinderung ungewollter Entladung
- Ladezustandsanzeige
- Einstellung auf Akkutechnologie (Elektrolyt/Gel)
- Spannungstransformation (ggf.)
- MPP-Tracking (ggf.)

8.2.2.1 Serienregler

Den Aufbau eines klassischen Serienreglers zeigt Bild 8.7. Die Reglerelektronik misst kontinuierlich die Akkuspannung und schaltet im Fall des Erreichens der Ladeschlussspannung den Schalter S_1 (meist ein Mosfet) aus. Schalter S_2 trennt bei Unterschreiten der Entladeschlussspannung die Verbraucher vom Akku und sorgt somit für den Tiefentladeschutz. Die Diode am Eingang des Ladereglers soll verhindern, dass der Akku bei Nacht über den inaktiven Solargenerator entladen wird. Ein Problem kann sich ergeben, wenn der Akku bei Nacht tiefentladen wurde und nicht mehr genügend Spannung zur Verfügung steht, um die Reglerelektronik zu betreiben. Da Schalter S_1 ggf. geöffnet ist, kann der Akku trotz der Sonnenstrahlung am nächsten Morgen nicht wieder aufgeladen werden.

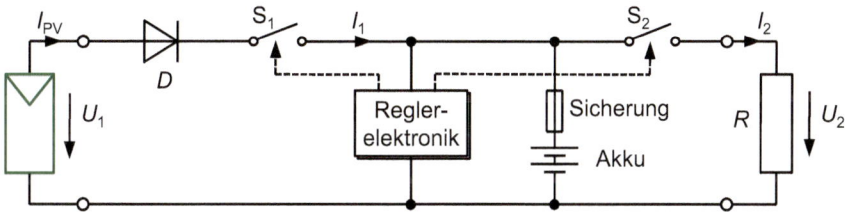

Bild 8.7 Prinzip eines Serien-Ladereglers: Schalter S_1 unterbricht den Ladestrom bei Erreichen der Ladeschlussspannung; Schalter S_2 dient dem Tiefentladeschutz des Akkus

8.2.2.2 Shuntregler

Eine Alternative zum Serienregler stellt der Shuntregler (Parallelregler) dar. Hier schaltet man den Transistor parallel zum Solarmodul (Bild 8.8). Sobald dieser leitet, schließt er den Solargenerator kurz und unterbricht somit das Laden des Akkus. Ein Vorteil dieses Konzeptes gegenüber dem Serienregler ist die Tatsache, dass der (unvermeidliche, aber relativ kleine) Spannungsabfall am durchgeschalteten Mosfet beim Ladevorgang keine Verluste erzeugt. Der zweite Vorteil liegt hier darin, dass der Mosfet ohne Spannungssignal am Gate sperrt und so der

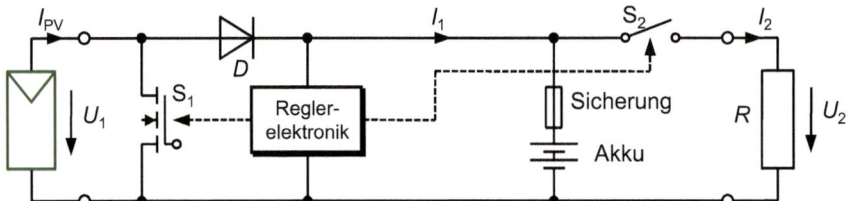

Bild 8.8 Prinzip eines Shunt-Ladereglers: Soll der Ladestrom unterbrochen werden, so schließt der Transistor S_1 den Solargenerator kurz

Akku auch im oben beschriebenen Morgen-nach-Tiefentladungs-Fall geladen werden kann. Diese Vorteile führen dazu, dass der Shuntregler heutzutage hauptsächlich verwendet wird.

8.2.2.3   MPP-Laderegler

Um das Maximum an Energie aus dem Solargenerator zu gewinnen, ist natürlich auch bei batteriegestützten PV-Anlagen das MPP-Tracking sinnvoll. Bild 8.9 zeigt einen Laderegler, der das MPP-Tracking ähnlich wie in Abschnitt 7.1.3 über einen DC/DC-Wandler realisiert. Dieser ist meist ein Tiefsetzsteller, der z. B. eine Eingangsspannung von bis zu 48 V auf eine Systemspannung von 12 oder 24 V bringt.

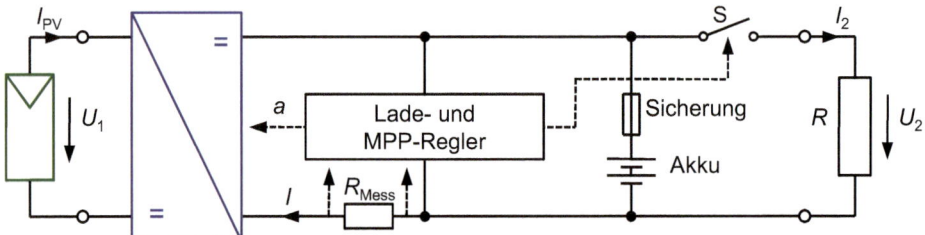

Bild 8.9 Prinzip eines Ladereglers mit MPP-Regler: Durch Variation des Tastverhältnisses a wird die Spannung des DC/DC-Wandler variiert und so der MPP der Solargeneratorkennlinie angefahren

8.2.2.4   Produktbeispiele

Bild 8.10 zeigt zwei Solar-Laderegler der Firma Steca Elektronik für kleine Inselanlagen; die technischen Daten sind in Tabelle 8.1 aufgelistet. Der PR 0505 ist ein einfacher Regler für ein oder zwei Module mit bis zu 75 Wp. Die maximale Eingangsspannung liegt bei 47 V, der maximale Strom bei 5 A. Über einen internen Sensor wird die Raumtemperatur bestimmt, um die korrekte Ladeschluss- und Entladespannung des Akkus zu bestimmen. Der Regler ist als Serienregler aufgebaut und regelt den Strom im PWM-Betrieb mit einer Schaltfrequenz von 30 Hz.

Deutlich leistungsfähiger ist der PR 3030; er eignet sich für Solargeneratoren mit bis zu 900 Wp. Er arbeitet als Shuntregler und bietet verschiedene Zusatzfunktionen. So ist ein externer Temperatursensor vorgesehen, der unmittelbar am Akku angebracht wird. Eine weitere Besonderheit ist die intelligente Ladezustandsermittlung, bei der während des Ladens und Entladens kontinuierlich Strom, Spannung und Temperatur ermittelt werden. Dies ermöglicht die sehr exakte Anzeige der aktuellen Akkuladung auf dem Grafikdisplay.

Bild 8.10 Ansicht zweier Solar-Laderegler der Firma Steca: Der PR 0505 zeigt den aktuellen Zustand des Akkus relativ grob über zwei LEDs an, während der PR 3030 ein Grafikdisplay mit intelligenter Ladezustandsanzeige aufweist

Tabelle 8.1 Daten von zwei verschiedenen Solar-Ladereglern [*www.steca.de*]

Bezeichnung	Steca PR 0505	Steca PR 3030
Systemspannung	12 V	12 V (24 V)
Maximaler Ladestrom	5 A	30 A
Anschließbare PV-Leistung	120 Wp	900 Wp
Reglerprinzip	Serienregler, PWM-Betrieb	Shuntregler, PWM-Betrieb
Temperaturkompensation	Ja, mit internem Sensor	Ja, optional mit externem Sensor
PWM-Regelung	Ja	Ja
Überladeschutz	Ja	Ja
Tiefentladeschutz	Ja	Ja
Verpolschutz	Ja	Ja
Ladezustandsermittlung	Über Spannung u. Temperatur	Über Strom, Spannung und Temperatur
Ladezustandsanzeige	2 LEDs	Grafik-LCD-Display
Besonderheiten	–	Menü geführte Bedienung

Beide Regler verwenden eine Variante des bereits erwähnten I/U-Ladeverfahrens: Bis zum Erreichen der Ladeschlussspannung wird mit dem durch das Solarmodul vorgegebenem Strom geladen. Anschließend steuert die Elektronik den Shunt-Mosfet durch ein PWM-Signal so an, dass die Ladeschlussspannung gehalten wird.

Laderegler für netzgekoppelte Anlagen nutzen ähnliche Lademethoden. Allerdings werden oftmals mehrere Batterien in Reihe geschaltet, um auf höhere Spannungen zu kommen (siehe z. B. Abschnitt 8.3.1.3).

8.2.3 Lithium-Ionen-Batterie

Bereits im Jahr 1909 schlug Thomas Edison vor, Lithium als Elektrodenmaterial für aufladbare Batterien zu verwenden. Es dauerte dann allerdings noch rund 80 Jahre, bis im Jahr 1991 der erste kommerzielle Lithium-Akku von der Firma Sony auf den Markt gebracht wurde: Es handelte sich um einen Lithium-Cobaltdioxid-Akkumulator mit einer Kapazität von 1200 mAh, der in einer Hi8-Videokamera eingesetzt wurde. Seitdem konnte die Technologie kontinuierlich weiterentwickelt werden, so dass Lithium-Akkus heute standardmäßig in vielen tragbaren Geräten (Handys, Laptops, Kameras, etc.) zu finden sind. In größeren Bauformen werden sie in Elektroautos und inzwischen auch in stationären Solarstromspeichern eingesetzt.

8.2.3.1   Prinzip und Aufbau

Die ersten Varianten von Lithium-Akkus waren Lithium-Metall-Akkus. Dies bedeutet, dass sie metallisches Lithium (also ein Gitter aus Lithiumatomen) als Elektroden verwenden. Es traten allerdings massive Sicherheitsprobleme auf. Der Grund liegt darin, dass metallisches Lithium als eines der Alkalimetalle extrem reaktionsfreudig ist; es reagiert nicht nur mit Sauerstoff sondern sogar auch mit dem in der Luft enthaltenen Stickstoff. Kommt Lithium in Kontakt mit Reaktionspartnern wie Wasser, entzündet es sich von selbst! Aus diesem Grund verwenden heutige Lithium-Akkus kein metallisches Lithium mehr. Stattdessen liegt das vorhandene Lithium in Ionenform vor, in der es nicht mehr reaktionsfähig ist. Daher ist die korrekte Bezeichnung des heutige Akkutyps eigentlich: „Lithium-Ionen-Akku". Im Folgenden verwenden wir dennoch zur Vereinfachung ab und zu die kürzere Bezeichnung „Lithium-Akku".

Bild 8.11 zeigt den prinzipiellen Aufbau einer Lithium-Ionen-Zelle. Auf der linken Seite befindet sich die negative Elektrode aus Graphit. Graphit ist eine Modifikation des Kohlenstoffs (neben Diamant und den Fullerenen). Das Kohlenstoffatom ist wie Silizium vierwertig und hat somit 4 Valenzelektronen (vgl. Kapitel 3). Das Atom bildet beim Graphit jeweils mit drei Nachbaratomen eine stabile Bindung. So entsteht eine schichtförmige horizontale Struktur aus lauter Sechsecken. Das jeweils vierte, ungebundene Valenzelektron sorgt dafür, dass in der Schichtebene eine gute elektrische Leitfähigkeit vorhanden ist. Daher ist Graphit im Gegensatz zum Diamant ein guter elektrischer Leiter.

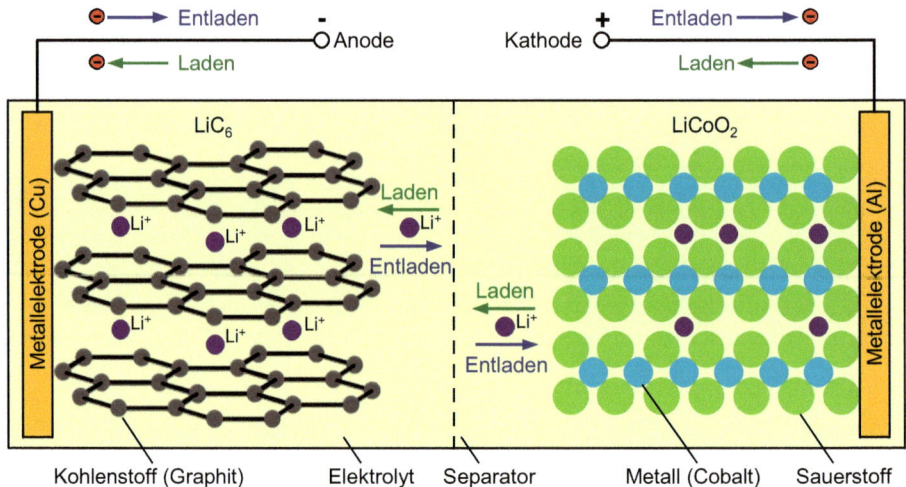

Bild 8.11 Aufbau einer Lithium-Ionen-Zelle: Beim Laden werden die Lithiumionen im Graphitgitter eingelagert, während bei Entladung Ionen aus dem Graphit in das Kathodenmaterial wandern [Ket09]

Die einzelnen Schichten sind untereinander nur schwach gebunden und haben daher einen relativ großen Abstand von rund 335 pm. In diesen Zwischenraum können nun Lithiumionen eingelagert werden, die lediglich einen Durchmesser von 68 pm aufweisen. Pro sechs Kohlenstoffatomen kann jeweils ein Lithiumion eingelagert werden.

Die positive Elektrode der Zelle besteht aus Übergangsmetalloxiden, welche ebenfalls Lithiumionen einlagern können. Ein Standardmaterial im Bereich der Geräteakkus ist z. B. Lithium-Cobalt-Oxid ($LiCoO_2$). Der Separator dient ähnlich wie beim Bleiakku dazu, einen direkten Kontakt der Elektroden zu vermeiden und gleichzeitig einen Stromfluss durch Ionenwanderung zu ermöglichen. Als Material kommen extrem dünne (z. B. 30 µm) poröse Folien aus Kunststoffen, z. B. Polyethylen (PE) oder Polypropylen (PP) zum Einsatz. Als Elektrolyt verwendet man typischerweise organische Lösungsmittel, in denen ein Leitsalz (z. B. $LiPF_6$) gelöst ist.

Der Prozess der Einlagerung von Ionen in die jeweiligen Kristallgitter wird auch als Interkalation (von lat. *intercalare* = einschieben) bezeichnet. Entsprechend nennt sich das Auslagern von Ionen auch Deinterkalation.

8.2.3.2   Reaktionen beim Lade- und Entladevorgang

Beim Ladevorgang werden Elektronen aus dem Kristallgitter der positiven Elektrode abgezogen (Oxidation). Als Ausgleich lagern sich positiv geladene Lithiumionen aus dem Gitter aus, so dass sie in den Elektrolyten übergehen:

$$2\,LiCoO_2 \longrightarrow 2\,Li_{0,5}CoO_2 + Li^+ + e^- \tag{8.4}$$

An der negativen Elektrode werden dem Graphit von außen Elektronen zugeführt (Reduktion). Als Folge werden die im Elektrolyt enthaltenen Li^+-Ionen angezogen und im Graphitgitter eingelagert:

$$Li^+ + e^- + 6\,C \longrightarrow LiC_6 \tag{8.5}$$

An der Summenformel zeigt sich, dass jeweils sechs Kohlenstoffatome benötigt werden, um ein Lithiumion einzulagern.

Beim Entladevorgang laufen die beschriebenen Reaktionen jeweils anders herum ab.

Als Gesamtreaktion am Lithium-Ionen-Akku ergibt sich somit:

$$LiC_6 + 2\,Li_{0,5}CoO_2 \underset{\text{Entladen}}{\overset{\text{Laden}}{=\!=\!=\!=}} C_6 + 2\,LiCoO_2 \tag{8.6}$$

 In Bild 8.11 wird die negative Elektrode als Anode bezeichnet und die positive Elektrode als Kathode. In anderen Büchern ist es genau anders herum. Welche Bezeichnungsweise ist denn nun richtig?

Tatsächlich ändert sich die Bezeichnungsweise, je nachdem ob man gerade die Ladung oder die Entladung der Batterie betrachtet. Die Anode ist jeweils die Elektrode,
bei der eine Oxidation stattfindet, während an der Kathode eine Reduktion auftritt.
Bei der Aufladung ist daher die positive Elektrode die Anode und die negative Elektrode die Kathode, also genau gegenteilig zu der Bezeichnungsweise in Bild 8.11.
Wir gehen bei unserer Bezeichnungsweise immer vom Entladefall aus. Dies ist aber
streng genommen nur für Primärbatterien richtig, die nicht aufgeladen werden können. Am besten spricht man nur von positiver oder negativer Elektrode, dann kann
man nichts falsch machen.

8.2.3.3   Materialkombinationen und Zellspannung

Neben Lithium-Cobalt-Oxid und Graphit als Aktivmaterialien (Interkalationsmaterialien) gibt
es eine Vielzahl von weiteren möglichen Stoffen. Für die Kathode stehen Metalle wie Mangan,
Nickel oder Eisen zur Verfügung, für die Anode anstelle von Graphit z. B. Lithium-Silikat (LiSi).
Je nach der gewählten Materialkombination ergibt sich eine andere Zellspannung aufgrund
der unterschiedlichen chemischen Potentiale der Lithiumatome im jeweiligen Elektrodenmaterial. Um das Elektrodenpotential vergleichbar zu machen, wird es üblicherweise gegenüber
einer Standardelektrode aus metallischem Lithium gemessen, dessen Potential auf den Wert
Null festgelegt wird. Die Zellspannung einer konkreten Akkuzelle ergibt sich dann einfach als
Differenz der Potentiale der beiden beteiligten Elektrodenmaterialien.

Bild 8.12a zeigt dazu die Elektrodenpotentiale verschiedener Interkalationsmaterialien. Verwendet man z. B. die bereits erwähnte Materialkombination $LiCoO_2$ und Graphit, so erhält
man als maximale Spannung der Zelle:

$$U_{Akkuzelle} = U_{Kathode} - U_{Anode} \approx 4,5\,V - 0,4\,V = 4,1\,V \tag{8.7}$$

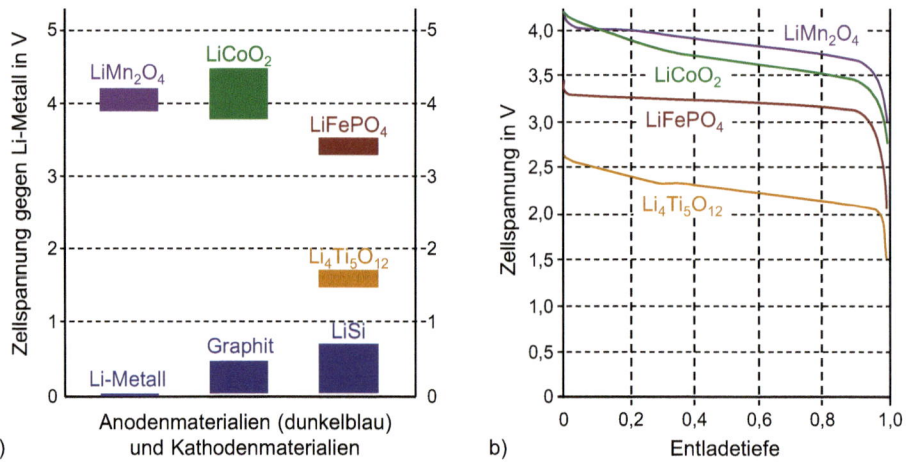

Bild 8.12 Spannungssituation an der Lithium-Ionen-Zelle:
a) Elektrodenpotentiale verschiedener Anoden- und Kathodenmaterialien,
b) Entladekurven in Abhängigkeit von der Entladetiefe [Woh07, Ste14]

Diese Spannung gilt allerdings nur für die vollgeladene Lithium-Ionen-Zelle, da sie ähnlich wie bei der Zelle der Bleibatterie mit sinkendem Ladezustand abfällt. Dies zeigt Bild 8.12 im rechten Diagramm für verschiedene Kathodenmaterialien (jeweils mit Graphit als Anodenmaterial). Für $LiCoO_2$ reduziert sich die Spannung z. B. bei 80-prozentiger Entladung auf rund 3,5 V. Hinzu kommt, dass in den Akkus mit $LiCoO_2$-Kathode nur ein Teil des Lithiums genutzt werden kann, da sonst die Schichtstruktur instabil würde. Weitere Nachteile des Materials sind die Giftigkeit und die begrenzte Verfügbarkeit des Cobalts.

Titanoxide (z. B. $Li_4Ti_5O_{12}$) sind besonders langlebige Anodenmaterialien; die Akkus weisen aber aufgrund ihrer geringen Spannung (siehe Bild 8.12b) nur geringe Energiedichten auf. Dies ist insbesondere ein Nachteil für den Einsatz im Automobilbereich; für stationäre Speicher eignen sie sich dagegen sehr wohl.

Ein relativ neues Material ist Lithium-Eisen-Phosphat ($LiFePO_4$). Es ist günstiger als $LiCoO_2$ und ungiftig. Da bei diesem Interkalationsmaterial praktisch das gesamte Lithium zur Speicherung genutzt werden kann, weisen $LiFePO_4$-Akkus eine besonders hohe Energiedichte auf. Ein weiterer Vorteil ist die sehr konstante Zellspannung bei verschiedenen Ladetiefen (Bild 8.12b).

Eine Sonderform des Lithium-Ionen-Akkus ist der Lithium-Ionen-Polymer-Akku, der oft verkürzt als „LiPo-Akku" bezeichnet wird. Er weist anstelle des flüssigen Elektrolyten eine gelartige oder feste Folie auf Polymerbasis auf. Dies bringt den Vorteil mit sich, dass die Akkus fast in beliebigen Gehäuseformen gebaut werden können und so eine Anpassung an alle möglichen elektronischen Geräte möglich wird (selbst in nur 1 mm Dicke für Chipkarten). Die Akkus weisen eine hohe Leistungsdichte auf und sind daher insbesondere im Modellbau beliebt. Anwendungen in Elektrofahrzeugen und stationären Speichern sind inzwischen ebenfalls üblich.

8.2.3.4 Sicherheitsaspekte

Wiederholt beherrschen Sicherheitsprobleme von Lithium-Batterien die Schlagzeilen. So wurden Brände in Laptops, Autos und sogar Flugzeugen bekannt. Hauptgrund ist die bereits beschriebene hohe Reaktivität des metallischen Lithiums.

Wie beschrieben, werden beim Laden des Akkus Lithiumionen im Graphitgitter der Anode eingelagert (Bild 8.11). Wird der Akku überladen, drängen die Ionen weiter in das Graphitgitter und drücken es auseinander, so dass es irreversibel geschädigt werden kann. Bei weiterer Ladung beginnen die Ionen, auf der Oberfläche der Anode ein unregelmäßiges Gitter aus Lithium aufzubauen. Dieser baumartige Kristall wird auch Dendrit genannt (von griechisch *déndron*: „Baum"). Der in Richtung Kathode wachsende Dendrit kann den Separator durchstoßen und so zu einem Kurzschluss und schließlich zur Zerstörung der Zelle führen.

Als Abhilfe verwendet man spezielle poröse Kunststoff-Separatoren, die ab ca. 130 °C erweichen, was wiederum zu einem Verschließen der Poren der Folie und somit zu einem Unterbinden des Ionenflusses führt (sogenannter Shutdown). So kann die weitere Ladung der Zelle unterbunden und der Akku geschützt werden. Steigt die Temperatur allerdings auf Werte über 150 °C, so kann es zu einem vollständigen Schmelzen des Separators kommen, der zu einem Kurzschluss der Zelle führt (Thermal Runaway) [Ste14].

8.2.3.5 Ladeverfahren

Das Standardladeverfahren für Lithium-Ionen-Akkus ist das bereits von den Bleiakkus bekannte I/U-Laden (siehe Abschnitt 8.2.1.4). Es wird auch CCCV-Verfahren bezeichnet (Constant

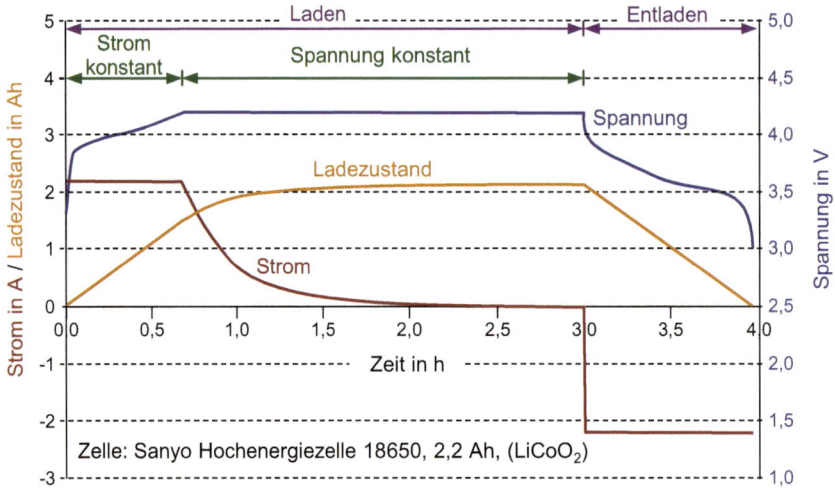

Bild 8.13 Ladecharakteristik eines Lithium-Ionen-Akkus: Wird nach Ladung mit konstantem Strom die Ladeschlussspannung erreicht, legt man eine konstante Spannung zur Vollaufladung an, nach [Ket09]

Current/Constant Voltage). Bild 8.13 zeigt dazu beispielhaft den Verlauf von Strom und Spannung bei Ladung und Entladung einer Lithium-Ionen-Zelle der Kapazität 2,2 Ah.

Ein konstanter Strom der Größenordnung I_1 = 2,2 A lädt die Zelle, bis die Ladeschlussspannung von 4,2 V erreicht ist. Anschließend wird der Akku durch Anlegen einer konstanten Spannung vollständig aufgeladen.

8.2.3.6 Bauformen

Den inneren Aufbau einer Standard-Lithium-Ionen-Zelle zeigt Bild 8.14a. Um eine gute Volumenausnutzung zu erreichen, wird das Sandwich aus Kathode, Separator und Anode aufgewickelt; eine zusätzliche Separatorfolie dient der elektrischen Isolation der einzelnen Sandwiches. Lithium-Zellen enthalten ein Überdruckventil sowie eine Sicherheitseinrichtung zum Abschalten des Stromes (Current Interrupt Device, CID) im Fall eines Kurzschlusses.

Bild 8.14b zeigt verschiedene Bauformen. Am weitesten verbreitet ist die Rundzelle, für größere Kapazitäten wird die prismatische Bauform (eckiger Aufbau) eingesetzt. Diese hat den Vorteil der besseren Wärmeabführung, der allerdings erkauft wird durch eine geringere Energiedichte.

Bild 8.15 zeigt, wie einzelne Zellen zu Batteriemodulen zusammengefasst werden, diese wiederum kombiniert man dann zu einem kompletten Batteriesystem (Battery-Pack). Da die Überladung von Zellen ein hohes Risiko darstellt, ist eine kontinuierliche Überwachung notwendig. Ein mikrocontrollergesteuertes Batteriemanagementsystem (BMS) überwacht daher Temperatur und Ladezustand der einzelnen Zellen. Ungleiche Zell- oder Modulspannungen werden erkannt und ausgeglichen; dies dient sowohl der Vermeidung von Schäden als auch der optimalen Nutzung der Zellkapazität. Durch gezieltes „Bypassing" wird der Ladestrom an bereits geladenen Zellen vorbeigeführt, während schwächere Zellen einen höheren Ladestrom erhalten (Details siehe z. B. [Kor13]).

a) Innerer Aufbau   b) Produktbeispiele

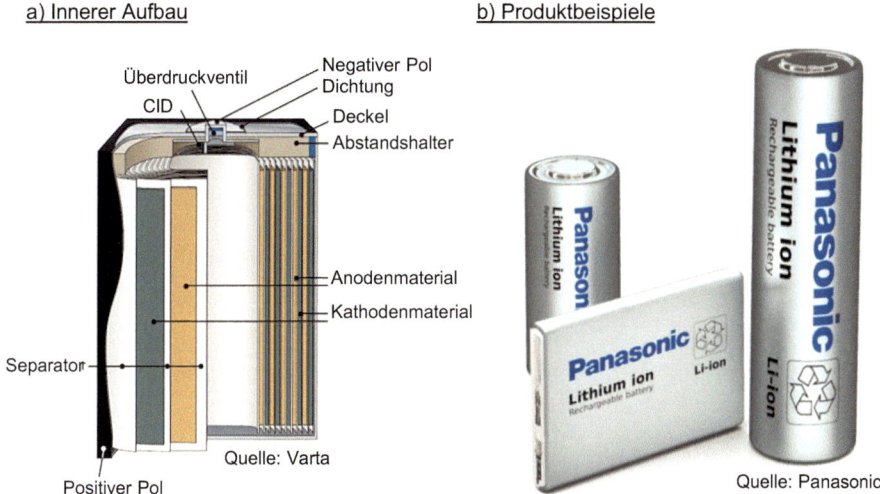

Bild 8.14 Konkrete Bauformen von Lithium-Ionen-Zellen:
a) Innerer Aufbau mit Wicklung einer Sandwichstruktur und Sicherheitseinrichtungen,
b) Beispiele von Rundzellen und prismatischer Zelle

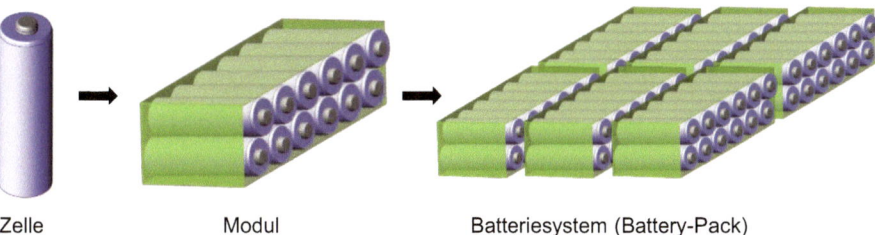

Zelle   Modul   Batteriesystem (Battery-Pack)

Bild 8.15 Von der Einzelzelle über das Batteriemodul bis zum kompletten Batteriesystem (nach [Ket09])

8.2.3.7 Lebensdauer

Wie beim Bleiakku hängt die Lebensdauer eines Lithium-Ionen-Akkus stark von der Betriebsweise ab. Die kalendarische Alterung wird hauptsächlich durch Lagertemperatur und Ladezustand bestimmt, während bei der Zyklenfestigkeit noch die Höhe des Lade- und Entladestroms sowie die Entladetiefe hinzukommen. Bei Tiefentladung ergeben sich starke Volumenänderungen im Interkalationsmaterial durch die Ein- und Auslagerung der Lithiumionen. Dies führt schließlich zu einem Aufbrechen der einzelnen Schichten und damit zu einem Verlust von elektrochemisch aktivem Material.

Grundsätzlich ist die Lebensdauer von Lithiumakkus typischerweise aber deutlich höher als die von Bleiakkus. Manche Hersteller geben z. B. eine Lebensdauer von 20 Jahren und eine erreichbare Zyklenzahl von 5000 Zyklen bei einer maximalen Entladetiefe von 90 % an (siehe auch Abschnitt 8.3.1.3).

8.2.3.8 Einsatzbereiche

Lithium-Ionen-Batterien kommen aufgrund ihrer hohen Leistungsdichte und hohen Lebensdauer inzwischen in elektronischen Geräten, Elektroautos und solaren Hausspeichern zum Einsatz. Sogar einzelne Großspeicher im Megawatt-Bereich wurden schon realisiert. So betreibt z. B. der Schweriner Energieversorger Wemag AG einen 5 MW-Speicher, der aus 25.600 Lithium-Manganoxid-Zellen besteht. Er verfügt über eine Kapazität von 5 MWh und dient dem Ausgleich von kurzfristigen Einspeiseschwankungen von Wind- und Solarstrom, um so die Netzfrequenz zu stabilisieren (siehe auch Kapitel 11).

8.2.3.9 Fazit

Lithium-Ionen-Batterien haben in den letzten Jahren eine bemerkenswerte Entwicklung durchgemacht. Sie weisen inzwischen Lebensdauern auf, die die des Bleiakkus deutlich überragen. Dies gilt ebenfalls für die Energiedichte, die bis zu 250 Wh/kg erreicht. Da die Entwicklung von neuen Materialien für diesen Batterietyp noch nicht abgeschlossen ist, sind weitere Verbesserungen und Einsatzgebiete zu erwarten [Kor13].

8.2.4 Natrium-Schwefel-Batterie

8.2.4.1 Prinzip und Aufbau

Im Vergleich zu den beiden bereits betrachteten Batterietypen ist die Natrium-Schwefel-Batterie (NaS-Batterie) ein echter Exot: Sie funktioniert nur bei hohen Temperaturen, die Elektroden sind aus flüssigem Material und der Elektrolyt ist wiederum ein Festkörper.

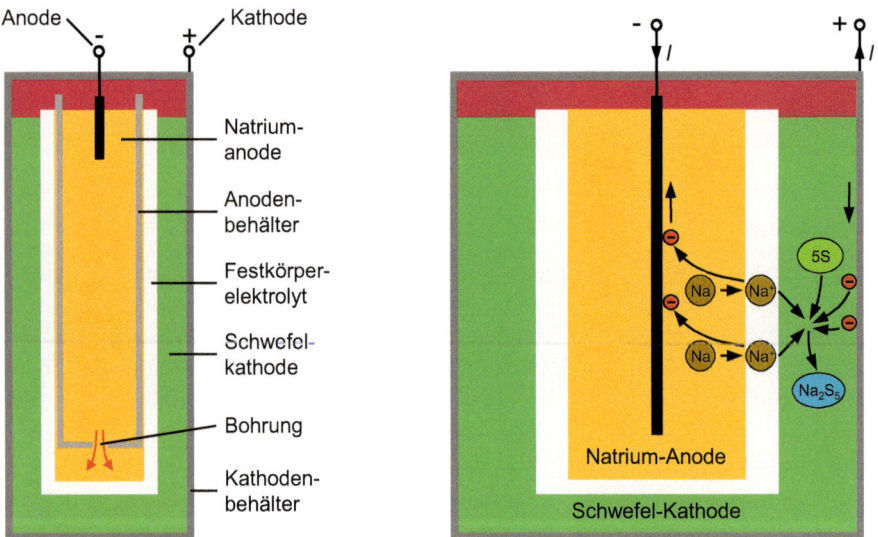

Bild 8.16 Prinzipieller Aufbau des „Exoten": Gesamtbild sowie Detailbild zur Darstellung der elektrochemischen Reaktion während der Entladung, nach [Ste14]

Bild 8.16 zeigt den prinzipiellen Aufbau der NaS-Batterie als Gesamtbild sowie als Detailbild zum Verständnis der elektrochemischen Vorgänge. Im Inneren der Zelle befindet sich die negative Elektrode. Diese ist bei Betriebstemperatur (ca. 300 °C) von geschmolzenem Natrium umgeben, welches das aktive Material der Anode bildet. Im Entladefall wird das flüssige Natrium am Elektrolyten oxidiert:

$$2\,Na \longrightarrow 2\,Na^+ + 2\,e^- \tag{8.8}$$

Der Elektrolyt besteht aus dotiertem Aluminiumoxid („β-Aluminat"), einem keramikartigen, ionenleitenden Festkörper. Die entstandenen Natriumionen wandern nun durch den Elektrolyten zur Kathode, die wiederum durch einen mit flüssigem Schwefel getränkten Graphitfilz gebildet wird. Dort reagieren sie mit dem Schwefel und nehmen dabei dessen Elektronen auf (Reduktion):

$$2\,Na^+ + 5\,S + 2\,e^- \longrightarrow Na_2S_5 \tag{8.9}$$

Als Gesamtreaktion ergibt sich:

$$2\,Na + 5\,S \underset{\text{Entladen}}{\overset{\text{Laden}}{\rightleftharpoons}} Na_2S_5 \tag{8.10}$$

Der leitfähige Graphitfilz in der Kathode ist notwendig, da der Schwefel ein Nichtleiter ist. Außerdem sorgt die Filzstruktur dafür, dass sich das bei Entladung entstandene Na_2S_5 (Natriumpentasulfid) nicht an der Kathodenoberfläche ablagert, so dass weiterhin flüssiger Schwefel zur Reaktionszone geliefert werden kann.

Im geladenen Zustand liegt die Leerlaufspannung der Zelle bei 2,08 V. Sie bleibt auch bei über 50 % Entladung der Batterie auf dieser Höhe. Bei weiterer Entladung sinkt allmählich der Natrium- und Schwefelgehalt im Bereich des Elektrolyten. Dies führt dazu, dass statt Na_2S_5 weniger komplexe Verbindungen wie Na_2S_4 und Na_2S_3 gebildet werden. Dabei sinkt die Spannung allmählich bis auf 1,78 V ab. Eine weitere Entladung sollte vermieden werden, da es ansonsten zu thermischen Verlusten und Schäden der Zelle kommen kann [Ste14].

 In Bild 8.16 ist zu erkennen, dass das flüssige Natrium von einem „Anodenbehälter" umgeben ist. Dieser hat aber unten eine Öffnung, so dass das Natrium trotzdem bis zum Elektrolyten kommt. Kann man also den Behälter nicht genauso gut einfach weglassen?

 Der Anodenbehälter ist aus Sicherheitsgründen notwendig. Angenommen, der Festkörperelektrolyt bricht an einer Stelle. In diesem Fall sind Anode und Kathode praktisch kurzgeschlossen und die beiden Flüssigkeiten reagieren unter heftiger Hitzentwicklung miteinander, was unmittelbar zum Thermal Runaway (siehe Abschnitt 8.2.3.4) führen würde. Dies verhindert der Anodenbehälter, da durch seine Bohrung immer nur eine begrenzte Menge an Natrium austreten kann.

8.2.4.2 Besonderheiten der Hochtemperatur-Batterie

Der Natrium-Schwefel-Akku wird auch als Hochtemperatur-Batterie bezeichnet. Tatsächlich muss für seine Funktionsfähigkeit ständig eine Betriebstemperatur zwischen 270 und 350 °C eingehalten werden. Nur dann liegen Natrium und Schwefel in flüssiger Form vor, außerdem wird der Elektrolyt erst ab 300 °C ionenleitfähig.

Der besondere Vorteil der flüssigen Aktivmaterialien liegt darin, dass sich die Struktur der aktiven Masse während der Lade- und Entladevorgänge praktisch nicht ändert. So gibt es kaum einen Verlust der Menge der tatsächlich nutzbaren Masse wie beim Bleiakku, gleichzeitig ist die Entstehung von Dendriten wie beim Lithium-Ionen-Akku relativ unwahrscheinlich. Die Folge ist eine hohe Lebensdauer von 4500 Zyklen bei einer maximalen Entladetiefe von 90 %; die kalendarische Lebensdauer liegt bei rund 15 Jahren [Mea05].

Damit das Heizsystem möglichst wenig Energie verbraucht, sollte die Batterie gut wärmegedämmt sein. Bei der aktiven Nutzung der Batterie (wiederholtes Laden und Entladen) reicht in diesem Fall die Reaktionswärme normalerweise zur Aufrechterhaltung der notwendigen Betriebstemperatur. Im Fall von langen Stillstandzeiten muss allerdings extern zugeheizt werden.

Es ist klar, dass NaS-Batterien aufgrund ihrer Wärmeverluste nicht als Dauerspeicher geeignet sind. Stattdessen bieten sie sich als hocheffektive Kurzzeitspeicher z. B. zum Ausgleich starker Lastschwankungen im Netz oder zum Puffern von großen Wind und Solaranlagen an.

8.2.4.3 Natrium-Schwefel-Batterien in der Praxis

Ein Pionier in der Entwicklung und im Einsatz der NaS-Batterie ist das japanische Unternehmen NGK Insulators. Dieses bietet inzwischen Batteriemodule mit einer Leistung von 50 kW an (Bild 8.17 links). Jedes Modul enthält 320 zylinderförmige Zellen. Im Vergleich zu den bisher betrachteten Akkuzellen sind die NaS-Zellen mit einer Höhe von 54 cm und einem Durchmesser von 9 cm extrem groß. Die Zellen liefern über 6 Stunden einen Strom von 80 A bei einer Zellenspannung von rund 2 Volt. Zwischen den Zellen befindet sich gepresster, trockener Sand, um die Zellen mechanisch zu stabilisieren und gleichzeitig eine gute Wärmeleitung zu ermöglichen.

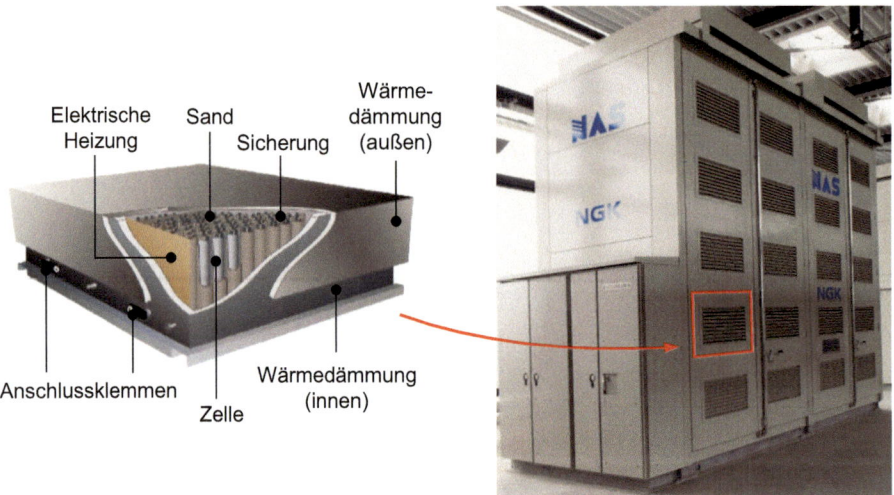

Bild 8.17 Konkreter Einsatz von NaS-Zellen: Das Batteriemodul enthält jeweils 320 Zellen mit einer Gesamtleistung von 50 kW. Insgesamt 20 Batteriemodule bilden den rechts dargestellten 1 MW Speicherblock (Fotos: NGK Insulators, Younicos AG)

Die Batteriemodule lassen sich zu größeren Blöcken zusammenschalten. Bild 8.17 zeigt rechts als Beispiel ein solches Blocksystem, das bei der Berliner Firma Younicos im Einsatz ist. Es umfasst 20 Module mit jeweils 50 kW, so dass eine Gesamtleistung von 1 MW erreicht wird [Mea05].

Ein Vorzeigeprojekt der Firma NGK ist ein 34 MW-System, das zum Ausgleich der Leistungsfluktuationen eines 54 MW Windparks dient. Das Batteriesystem kann eine Gesamtenergie von rund 240 MWh zwischenspeichern.

Im Jahr 2011 kam es bei einer 2 MW Installation von NGK zu einem Feuerausbruch. Aus einer fehlerhaften Zelle war flüssiges Elektrodenmaterial ausgelaufen und hatte einen Kurzschluss im Batteriemodul verursacht. Da keine Sicherungen verbaut waren, entzündete sich das Modul und schließlich der gesamte Speicherblock. Nach diesem Vorfall wurden die Sicherheitseinrichtungen deutlich verstärkt: Sicherungen zwischen den Zellen und Feuerschutzplatten zwischen den Zellblöcken sowie den jeweiligen Modulen sollen dafür sorgen, dass sich ein solches Ereignis nicht wiederholt.

8.2.4.4   Fazit

Natrium-Schwefel-Batterien zeichnen sich durch die Verwendung günstiger Materialien, eine hohe Energiedichte von über 200 Wh/kg und hohe Zyklenzahlen aus. Die hohen Betriebstemperaturen und die damit verbundenen Verluste sprechen für den Einsatz als große stationäre Energiespeicher.

8.2.5   Redox-Flow-Batterie

Die Redox-Flow-Batterie, auch Flüssigbatterie genannt, ist nach der Natrium-Schwefel-Batterie ein weiterer Exot. Die Besonderheit ist hier, dass zwei energiespeichernde Elektrolyte jeweils in getrennten Kreisläufen zirkulieren. Die Verbindung erfolgt dann über den Ionenaustausch in der Membran einer elektrochemischen Zelle (galvanischen Zelle).

Die Grundlagen für Redox-Flow-Zellen wurden bereits in den 1950er Jahren durch Walther Kangro an der TU Braunschweig gelegt. Rund 30 Jahre später erfolgten konkrete Patentanmeldungen und Realisierungen in Australien und den USA auf der Basis des Übergangsmetalls Vanadium. Seit die Patente im Jahr 2006 ausliefen, arbeiten weltweit Forschergruppen und Unternehmen an der Weiterentwicklung und Kommerzialisierung der Technologie.

8.2.5.1   Prinzip und Aufbau

Bild 8.18 zeigt den Aufbau der Redox-Flow-Batterie. In der Mitte befindet sich die galvanische Zelle, welche im Zentrum eine Membran und seitlich jeweils eine Elektrode aufweist. Die Elektroden bestehen meist aus Graphit bzw. Graphitfilz, um eine möglichst große Oberfläche zu bieten. Sie nehmen an der eigentlichen elektrochemischen Reaktion nicht teil, sondern dienen nur als Stromleiter der Elektronen. Die eigentliche Reaktion erfolgt stattdessen an der Membran, wo die Elektrolyten die Reaktionspartner darstellen. Im Fall der Redox-Flow-Batterie sind sie also gewissermaßen das „aktive Material". Als Elektrolyte verwendet man in Lösungsmitteln gelöste organische oder anorganische Salze. Durch die beiden Pumpen werden die Elektrolyte aus den Tanks in die eigentliche Zelle befördert.

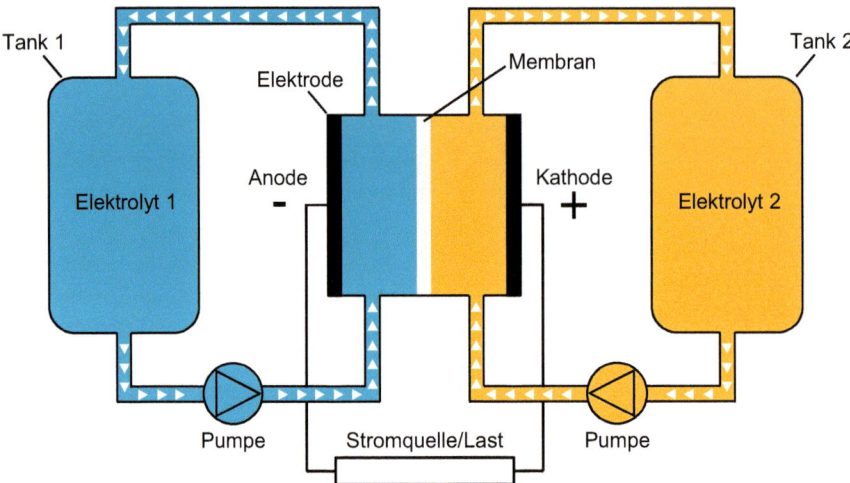

Bild 8.18 Aufbau der Redox-Flow-Batterie: Die Elektrolyte zirkulieren in zwei getrennten Kreisläufen, die nur durch eine ionenleitende Membran verbunden sind

Die am weitesten verbreitete Zellvariante ist die Vanadium-Redox-Flow-Batterie (VRF-Batterie). Dies liegt an einer Besonderheit des Vanadiums: Es kann in Lösung vier verschiedene Oxidationsstufen annehmen. Die Ionen können zwei- bis fünffach geladen sein: V^{2+}, V^{3+}, V^{4+} und V^{5+}. Daher benötigt man in der Batterie statt wie üblich zwei nur ein elektrochemisch aktives Material.

In ein leeres Batterie-System wird zunächst verdünnte Schwefelsäure (H_2SO_4) zusammen mit Vanadium-Sulfat gefüllt. Dies führt zu einem Elektrolyten, in dem V^{3+}- und V^{4+}-Ionen zu gleichen Teilen gelöst sind. Beim elektrischen Ladevorgang sorgt dann ein Durchtritt von Protonen (H^+-Ionen) durch die Membran dazu, dass die Ionen in der linken Zellhälfte zu V^{2+} und V^{3+} reduziert und im rechten Teil zu V^{4+} und V^{5+} oxidiert werden. Ausgehend von diesem geladenen Zustand wollen wir die Vorgänge in der Zelle während der Entladung nun genauer betrachten (Bild 8.19).

Auf der linken Seite der Zelle löst sich die schweflige Säure in der wässrigen Elektrolytlösung auf. Das bedeutet, das Schwefelsäuremolekül (H_2SO_4) zerfällt in seine Ionen und gibt Protonen frei, die durch die Membran auf die Kathodenseite wandern. Zum Ausgleich gibt auf der Anodenseite das zweiwertige Vanadium (V^{2+}) ein Elektron an die Elektrode ab und wird zu einem V^{3+}-Ion:

$$V^{2+} \longrightarrow V^{3+} + e^- \tag{8.11}$$

Auf der Kathodenseite gehen die fünfwertigen Vanadium-Ionen (V^{5+}) eine Verbindung mit dem Sauerstoff ein (VO_2^+). Anschließend nehmen sie ein Elektron auf und bilden dann mit den aus der Membran gelieferten Protonen Wassermoleküle (H_2O) sowie die Sauerstoffverbindung VO^{2+}:

$$VO_2^+ + 2H^+ + e^- \longrightarrow VO^{2+} + H_2O \tag{8.12}$$

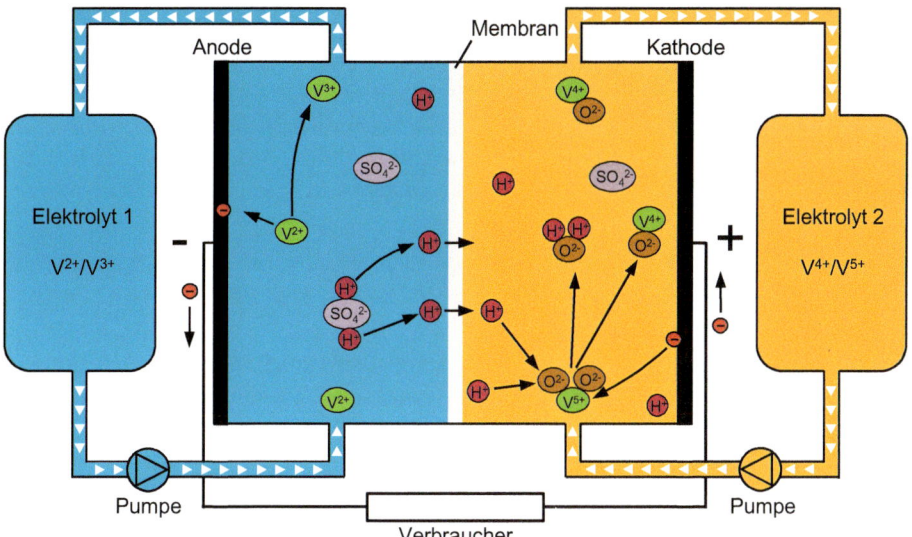

Bild 8.19 Entladevorgang an der Vanadium-Redox-Flow-Batterie: Auf der Anodenseite oxidieren V^{2+}-Ionen zu V^{3+}-Ionen, auf der Kathodenseite werden dagegen (über verschiedene Zwischenschritte) V^{5+}-Ionen zu V^{4+}-Ionen reduziert (nach [Ste14])

Damit wurden wie gewünscht fünfwertige Vanadium-Ionen (V^{5+}) zu vierwertigen Ionen (V^{4+}) reduziert:

$$V^{5+} + e^- \longrightarrow V^{4+} \tag{8.13}$$

Im Aufladefall laufen die Reaktionen entsprechend in entgegengesetzter Richtung ab. Als Gesamtreaktion ergibt sich:

$$V^{2+} + VO_2^+ + 2\,H^+ \underset{\text{Entladen}}{\overset{\text{Laden}}{\rightleftharpoons}} V^{3+} + VO^{2+} + H_2O \tag{8.14}$$

Betrachtet man nur die Vanadium-Ionen, so kann die Gesamtreaktion auch folgendermaßen ausgedrückt werden:

$$V^{5+} + V^{2+} \underset{\text{Entladen}}{\overset{\text{Laden}}{\rightleftharpoons}} V^{4+} + V^{3+} \tag{8.15}$$

Die Entladung geht also so lange weiter, bis alle V^{5+}-Ionen zu V^{4+}-Ionen reduziert und alle V^{2+}-Ionen zu V^{3+}-Ionen oxidiert wurden. Damit ist der Ausgangszustand wieder hergestellt.

 Ist eine Redox-Flow-Batterie eigentlich nicht das Gleiche wie eine Brennstoffzelle? Auch diese besteht doch aus einer Zelle mit zwei mit Flüssigkeiten gefüllten Kammern, die durch eine Membran getrennt sind.

Die Brennstoffzelle und die Redox-Flow-Zelle sind tatsächlich sehr ähnlich aufgebaut. Der entscheidende Unterschied liegt darin, dass die Brennstoffzelle nur eine Umwandlungsrichtung kennt: Die Wandlung von chemischer Energie (z. B. in Form von Wasserstoff und Sauerstoff) in elektrische Energie. Der umgekehrte Fall ist in der Brennstoffzelle nicht möglich. Aus diesem Grund gehört die Brennstoffzelle nicht zu den elektrochemischen Speichern; sie ist stattdessen lediglich ein Wandler von chemischer in elektrische Energie.

8.2.5.2 Verhalten im praktischen Einsatz

Bild 8.20 zeigt die Abhängigkeit der Leerlaufspannung einer Vanadium-Redox-Flow-Batterie vom Ladezustand. Sie steigt kontinuierlich an und kann somit (zusammen mit der Messung der Temperatur) zu einer einfachen Bestimmung des Ladezustands verwendet werden.

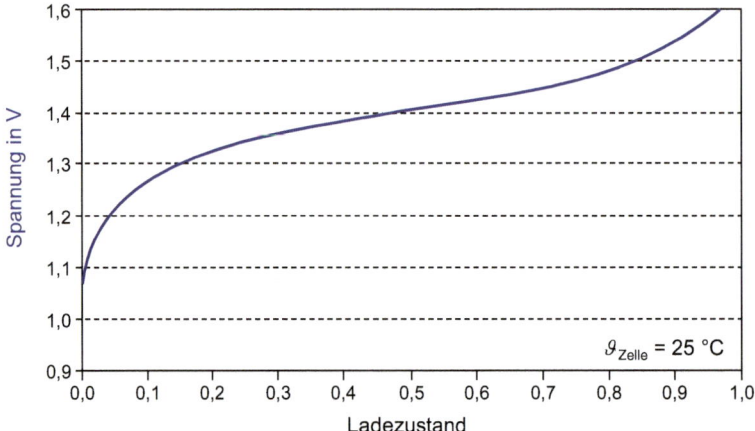

Bild 8.20 Leerlaufspannung der Vanadium-Redox-Flow-Batterie bei verschiedenen Ladezuständen: Diese variiert relativ stark und kann daher für ein einfaches Monitoring des Ladezustands genutzt werden (nach [Hug10])

Der elektrische Wirkungsgrad der Zellen liegt bei ca. 90 %. Nimmt man allerdings die Verluste durch notwendige Peripheriegeräte (insb. die Pumpen) mit hinzu, so reduziert sich der Wirkungsgrad auf rund 70 bis 80 % [Ste14]. Die Betriebstemperatur sollte möglichst zwischen 10 und 35 °C liegen, um eine hohe Lebensdauer zu erreichen.

Die Zelle hat sehr angenehme Eigenschaften, was das Ladeverhalten angeht. Sie ist beliebig tiefentladefähig, da es weder ein Dendritenwachstum noch eine Verringerung der aktiven Masse gibt. Daher kann man von Zyklenzahlen in der Größenordnung von über 10.000 ausgehen. Sie zeigt eine geringe Selbstentladung und ist somit für hohe Standzeiten geeignet.

Eine Besonderheit der Redox-Flow-Batterie gegenüber allen anderen Batteriearten besteht darin, dass die Speicherkapazität nicht von der Zellengröße sondern nur von der Größe der Tanks abhängt. Somit lassen sich Speicherkapazität und Batterieleistung getrennt voneinander dimensionieren. Gleichzeitig ist die Energiedichte der Elektrolyten mit ca. 25 Wh/kg relativ gering. Dies liegt an der begrenzten Löslichkeit der V^{+5}-Ionen in Schwefelsäure. Inzwischen wird an weiteren Zellvarianten geforscht, die höhere Energiedichten versprechen:

Vanadium/Brom-Zelle sowie Zink/Brom-Zelle mit doppelter bzw. rund dreifacher Energiedichte gegenüber der reinen Vanadium-Zelle.

8.2.5.3   Konkrete Anwendungen

Aus den beschriebenen Eigenschaften der Redox-Flow-Batterie ergeben sich naheliegende An-
wendungsgebiete. So wird sie als großer stationärer Speicher zum Lastspitzenausgleich in Ver-
sorgungsnetzen, zur Zwischenspeicherung der Elektrizität von Windparks oder zur Bereitstellung von Regel- und Ausgleichsenergie in elektrischen Netzen eingesetzt.

Das Beispiel eines kommerziellen Produkts zeigt Bild 8.21 mit dem EverFlow Compact Storage
CS 5/15. Es handelt sich um einen Speicher auf Basis der Vanadium-Redox-Flow-Technologie.
Er verfügt über einen eingebauten Dreiphasen-Wechselrichter und liefert eine maximale elek-
trische Leistung von 5 kW. Die Kapazität liegt zwischen 15 und 45 kWh (je nach konkretem
Modell). Der Hersteller bietet sogar ein großes Containermodell mit einer Leistung von 15 bis
60 kW und einer Kapazität von bis zu 200 kWh an. Die weiteren technischen Daten sind in
Bild 8.21 zu finden.

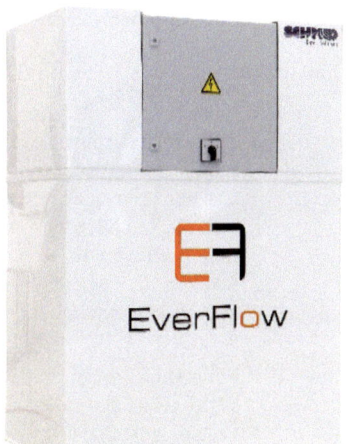

Technische Daten:

Name:	EverFlow Compact Storage
Typ:	CS 5/15
Leistung:	5 kW
Kapazität:	15 kWh
Ausgangsspannung:	230 / 110 V_{AC}
Wirkungsgrad:	DC > 80 %
Entladetiefe:	100 %
Kalendarische Lebensdauer:	bis zu 20 Jahre
Zyklenzahl:	≥ 10 000 Zyklen
Selbstenladung:	< 1 % pro Jahr
Umgebungsbeding.:	5°C - 30°C
Abmessungen:	1,25 m x 0,8 m x 1,74 m
Gewicht (voll):	1500 kg

Bild 8.21 Ansicht und technische Daten des EverFlow Compact Storage: Der Speicher bietet eine
Leistung von 5 kW und weist eine Kapazität von 15 kWh auf (Foto: SCHMID Group)

Gelegentlich wird auch der Einsatz von Redox-Flow-Batterien in Elektroautos diskutiert. Hier
bringt die Redox-Flow-Technik den wichtigen Vorteil mit sich, dass das Aufladen ganz einfach (und schnell!) über das Tanken von zwei jeweils geladenen Elektrolytflüssigkeiten passieren kann. Es muss allerdings bedacht werden, dass die aktuelle Energiedichte der Vanadium-
Redox-Flow-Batterie nur rund 1/350-stel der Energiedichte von Benzin aufweist (vgl. Tabelle 1.2)! Damit würde ein extrem großes Volumen wie auch Gewicht nur für den Speicher benötigt.

8.2.5.4   Fazit

Redox-Flow-Batterien weisen den entscheidenden Vorteil auf, dass Leistung und Energieinhalt unabhängig voneinander skalierbar sind. Außerdem haben sie die größte Lebensdauer al-

ler betrachteten Batterietypen. Die Energiedichte ist mit rund 25 Wh/kg sehr gering und führt dazu, dass das Einsatzgebiet auf stationäre Speicher begrenzt bleibt.

8.2.6 Vergleich der verschiedenen Batterietypen

Nachdem wir uns eingehend mit den wichtigsten Batterietypen befasst haben, stellt Tabelle 8.2 noch einmal ihre jeweiligen Vor- und Nachteile dar und listet die wichtigsten Einsatzge-

Tabelle 8.2 Gegenüberstellung der verschiedenen Batterietechnologien [Hug10, Neu09, Ste14]

Techno-logie	Vorteile	Nachteile	Einsatzgebiet
Blei-Säure/ Blei-Gel	▪ Kostengünstig ▪ Erprobte Technologie ▪ Sicher	▪ Geringe Energiedichte (30–50 Wh/kg) ▪ Geringe Lebensdauer ▪ Keine Schnellladung	▪ Starterbatterie (KFZ) ▪ Notstromsysteme ▪ Unterbrechungsfreie Stromversorgung ▪ Hausspeichersysteme
Lithium-Ionen	▪ Hohe Energiedichte (110–250 Wh/kg) ▪ Hohe Zyklen-Lebensdauern ▪ Hoher Energiewirkungsgrad (> 90 %) ▪ Geringe Selbstentladung ▪ Weiteres Entwicklungspotential	▪ Relativ teuer ▪ Sicherheitsprobleme ▪ Ladeüberwachung notwendig	▪ Elektronische Geräte ▪ Elektroautos ▪ Hausspeichersysteme ▪ Pufferspeicher für Wind- und Solarparks ▪ Lastspitzenausgleich in elektrischen Netzen ▪ Bereitstellung von Regel- und Ausgleichsenergie in elektrischen Netzen
Natrium-Schwefel	▪ Hohe Energiedichte (100–200 Wh/kg) ▪ Sehr hohe Zyklenzahl ▪ Keine Selbstentladung ▪ Relativ sicher	▪ Gefahrenpotential bei Bruch der Zelle ▪ Aufwändiges thermisches Management ▪ Dauerhafter Energieaufwand für Temperaturhaltung	▪ Pufferspeicher für Wind- und Solarparks ▪ Lastspitzenausgleich in elektrischen Netzen ▪ Bereitstellung von Regel- und Ausgleichsenergie in elektrischen Netzen
Redox-Flow	▪ Für sehr große Speicherkapazitäten geeignet ▪ Wartungsarm ▪ Einfacher Zellaufbau ▪ Tiefentladefest ▪ Sicher	▪ Geringe Energiedichte (10–50 Wh/kg) ▪ Hilfsaggregate (Pumpen) erforderlich ▪ Eingeschränkter Temperaturbereich	▪ Pufferspeicher für Wind- und Solarparks ▪ Lastspitzenausgleich in elektrischen Netzen ▪ Bereitstellung von Regel- und Ausgleichsenergie in elektrischen Netzen

biete auf. Die weiten Schwankungen der angegebenen Energiedichten liegen vor allem daran, dass manche Literaturquellen lediglich die Energiedichte der aktiven Materialien betrachten, andere dagegen die weiteren Bestandteile der Batterie (Elektroden, Gehäuse etc.) mit in die Rechnung einbeziehen.

■ 8.3 Speichereinsatz zur Erhöhung des Eigenverbrauchs

Inzwischen liegen die Einspeisevergütungen für Solarstrom unter dem Strombezugspreis von normalen Tarifkunden (sogenannte Grid Parity, siehe Abschnitt 10.3). Daher liegt es nahe, die Rendite einer Solarstromanlage zu verbessern, indem ein möglichst großer Anteil des produzierten Stroms selbst verbraucht wird. Wir sehen uns daher zunächst die Möglichkeiten eines Privathaushalts an, den Eigenverbrauch von Solarstrom zu erhöhen. Da die Rahmenbedingungen bei Gewerbebetrieben etwas anders aussehen, betrachten wir diese anschließend in einem eigenen Unterkapitel.

8.3.1 Eigenverbrauch in Privathaushalten

Stellen wir uns das Beispiel der vierköpfigen Familie Sommer vor, die eine 5 kWp Photovoltaikanlage auf ihrem Dach errichtet hat. Diese Anlage erbringt im Jahr rund 4500 kWh und könnte damit rein rechnerisch den gesamten Strombedarf der Familie decken.

Allerdings ist das Solarstromangebot über das Jahr und auch den jeweiligen Tag sehr ungleich verteilt, so dass immer nur ein Teil direkt genutzt werden kann. Für einen sonnigen Tag zeigt dies Bild 8.22 im oberen Diagramm. Offensichtlich wird deutlich mehr Energie erzeugt, als die Familie Sommer verbrauchen kann. Gleichzeitig gibt es morgens und abends Zeiten, an denen der Verbrauch höher ist als die erzeugte Solarenergie. Über das Jahr gesehen geht man bei einer derartigen Dimensionierung der Anlage von einem Solarstrom-Eigenverbrauchsanteil (siehe Abschnitt 7.2.1) von etwa 30 % aus [Rot12].

8.3.1.1 Lösung ohne Speicher

Wie kann dieser Eigenverbrauchsanteil erhöht werden? Im einfachsten Fall werden Geräte wie Waschmaschine oder Geschirrspüler nur noch tagsüber gestartet. Inzwischen gibt es verschiedene Anbieter von Energiemanagement-Systemen, die den Eigenverbrauch durch das automatisierte Ein- und Ausschalten von Haushaltsgeräten (z. B. über Funksteckdosen) optimieren. So können auch Geräte, die nicht ständig Energie benötigen (z. B. eine Kühltruhe), in Abhängigkeit des Solarstromangebots eingeschaltet werden.

Bild 8.22 zeigt dazu im unteren Diagramm ein Beispiel. Hier wurde die Waschmaschine vom Energiemanagement-System statt um 19 Uhr schon um 16 Uhr gestartet und somit vollständig mit Solarstrom betrieben. Simulationen und erste Erfahrungen mit Testhaushalten zeigen, dass sich die Eigenverbrauchsquote mit derartigen Systemen auf ca. 45 % erhöhen lässt [Rot12].

Lastprofil ohne Energiemanagement-System

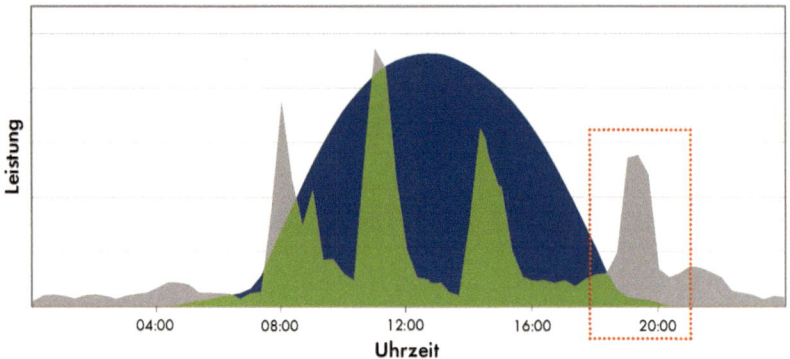

Lastprofil mit Energiemanagement-System

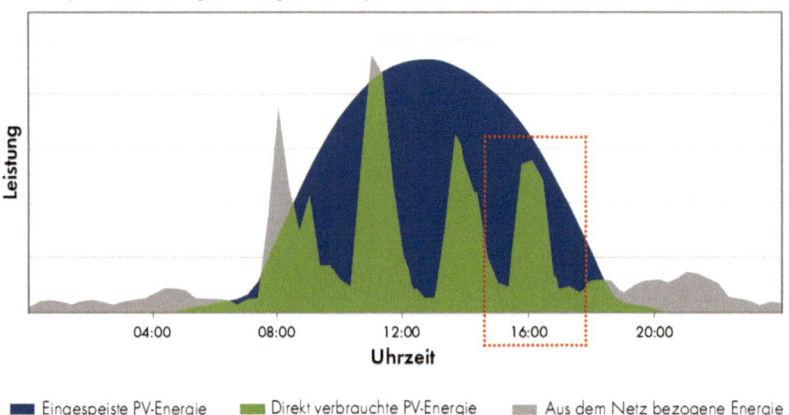

■ Eingespeiste PV-Energie   ■ Direkt verbrauchte PV-Energie   ■ Aus dem Netz bezogene Energie

Bild 8.22 Eigenverbrauchserhöhung durch Lastverschiebung mittels eines intelligenten Lastmanagementsystems: Durch früheres Einschalten eines Haushaltsgeräts kann mehr Solarstrom direkt genutzt werden (Quelle: SMA Solar Technology AG)

8.3.1.2 Lösung mit Speicher

Will man zu höheren Eigenverbrauchsquoten kommen, so bietet sich der Einsatz von Batteriespeichern an. Bei der Dimensionierung des Speichers ist zunächst die Frage zu stellen, ob man einen hohen Autarkiegrad (siehe Abschnitt 7.2.1) erreichen will oder das Ziel lediglich eine möglichst wirtschaftliche Lösung sein soll. Grundsätzlich ist es bei Einsatz eines großen Speichers möglich, den Autarkiegrad auf 100 % zu erhöhen. Dies steht allerdings in keinem Verhältnis zu den Kosten des in diesem Fall notwendigen „Mehrwochenspeichers". Wirtschaftlicher ist der Einsatz kleiner Speicher bei gleichzeitiger intelligenter Verbrauchersteuerung.

Eine Möglichkeit dazu bietet z. B. der Sunny Boy 5000 Smart Energy, ein 5 kW-Wechselrichter mit integrierter Lithium-Ionen-Batterie, welche rund 2 Kilowattstunden zwischenspeichern kann. Dieser wird kombiniert mit einem Energiemanagement der Haushaltsverbraucher („Sunny Home Manager"). Das Energiemanagement-System kennt einerseits den typischen Tageslastgang des Haushalts als auch (über das Internet) die Wettervorhersage für den nächs-

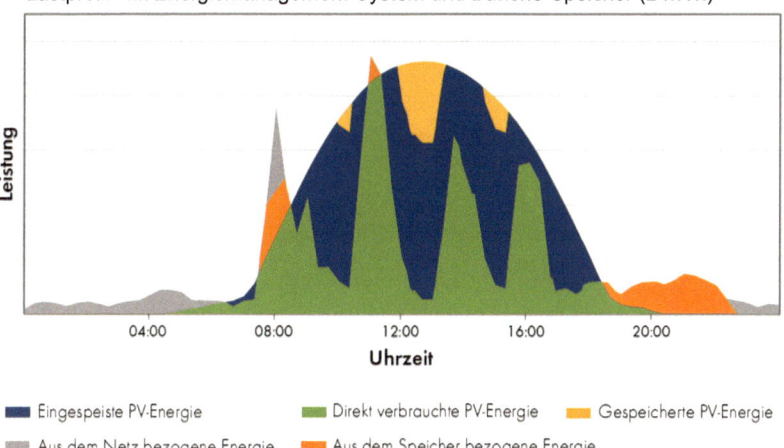

Bild 8.23 Weitere Eigenverbrauchserhöhung durch Einsatz eines Speichers von 2 kWh: Die überschüssige Solarenergie wird tagsüber in der Batterie gespeichert und abends und morgens für den Eigenbedarf genutzt (Quelle: SMA Solar Technology AG)

ten Tag. Auf dieser Grundlage steuert es einen Teil der Verbraucher sowie das Be- und Entladen des Speichers. Das Resultat zeigt beispielhaft Bild 8.23. Es wird wiederum der Lastgang der Familie Sommer angenommen. Tagsüber wird der überschüssige Solarstrom in den Speicher geladen (gelb dargestellt). Diese gespeicherte Solarenergie steht dann abends und morgens für den Eigenbedarf zur Verfügung (orange). Durch geschickte Kombination von Energiemanagementsystem und Speicher lässt sich so die Eigenverbrauchsquote auf ca. 55 bis 60 % erhöhen.

8.3.1.3 Beispiele von Speichersystemen

Tabelle 8.3 zeigt konkrete Beispiele von auf dem Markt angebotenen Hausspeichersystemen. Die Systeme 1 bis 4 verfügen jeweils über einen Wechselrichter, der unabhängig vom eigentlichen Solarwechselrichter auf der AC-Seite einspeist (siehe Bild 8.1b). System 5 ist der oben schon erwähnte Sunny Boy 5000 SE. Er weist einen normalen 5 kW-Solarwechselrichter auf, an den DC-seitig der Speicher angeschlossen ist (Bild 8.1a).

Grob gesagt, hat man die Wahl zwischen Produkten mit Bleiakkus und solchen mit Lithium-Ionen-Akkus. Letztere sind deutlich teurer, weisen aber eine höhere Lebensdauer auf. Insbesondere muss auf die angegebene Entladetiefe geachtet werden, diese reicht von 50 % bei Bleiakkus bis zu 100 % bei Lithium-Akkus. So hat z. B. das Bleiakku-System 2 eine deutlich höhere Bruttokapazität als System 3, gleichzeitig liegen die Nettokapazitäten beider Akkus fast gleichauf.

An Tabelle 8.3 fällt auf, dass viele Felder leer geblieben sind. Tatsächlich sind die meisten Speicherhersteller sehr zurückhaltend, was die Herausgabe von realen Messdaten angeht. So sind z. B. Angaben zum Gesamtwirkungsgrad (insbesondere auch im Teillastbereich) kaum zu finden. Immerhin geben inzwischen einige Hersteller die Leerlauf- und Standby-Verluste ihrer Geräte an. Ein hier nicht aufgeführtes System zeigte z. B. einen Dauer-Standby-Verlust

Tabelle 8.3 Technische Daten einiger aktueller Solarspeichersysteme für Haushalte

	1	2	3	4	5
Anbieter	**Powerball Systems AG**	**SMA, Hoppecke**	**IBC**	**Sonnen**	**SMA**
Produktname	Powerball RO1-2000-8	SMA SI6.0H-11 Set - Hoppecke 11,0 kWh Pb	Set IBC SolStore M1 mit SolStore 6.5 Li	sonnenBatterie eco 8.0	Sunny Boy 5000 Smart Energy
Technologie	Blei-Kalzium / Blei-Gel	Blei-Gel	Lithium-Ionen (NMC)	Lithium-Ionen (LFP)	Lithium-Ionen
Kopplungsart	AC	AC	AC	AC	DC
Kapazität (brutto)	13,44 kWh	11 kWh	6,5 kWh	6 kWh	2 kWh
Kapazität (netto)	8 kWh	5,5 kWh	4,7 kWh	6 kWh	2 kWh
Maximale Ladeleistung	2 kW	4,6 kW	3,3 kW	3 kW	2 kW
Maximale Entlade-leistung	1,44 kW	4,6 kW	3,3 kW	3 kW	2 kW
Entladetiefe (DoD)	40 %	50 %	72 %	100 %	100 %
Zyklenlebensdauer bei DoD		2.500	5.000	10.000	> 5.000
Selbstentladerate	< 3 %/Monat				1 %/Monat
Kalendarische Lebens-dauer	10 a	10 a	15 a	20 a	15 a
Wirkungsgrad AC→ Batt. bei max. Ladeleistung			95,3 %	96,3 %	
Wirkungsgrad Batt. → AC bei max. Entladeleistung		93,3 %	95,3 %		95,4 %
Eigenverbrauch im Leerlauf		26 W	12 W	9,6 W	18 W
Eigenverbrauch im Standby	12,5 W	7 W		9,6 W	5 W
Batteriespannung	48 V	48 V	55,5 V	51 V	150 V
Leistung Solarwechsel-richter	–	–	–	–	5 kW
Notstromfunktion	Optional	Optional	Optional	Ja	Nein
Einspeisung	1-phasig	1-phasig	1-phasig	3-phasig	1-phasig
Preis (netto)	4.100 €	5.000 €	6.644 €	7.400 €	3.100 €
Spezifischer Preis (netto)	512 €/kWh	909 €/kWh	1413 €/kWh	1.233 €/kWh	1.550 €/kWh

von über 70 W. Ein solches Speichersystem dient offensichtlich in erster Linie zur Vernichtung von elektrischer Energie. Die unbefriedigende Datenlage soll ein Effizienzleitfaden für PV-Speichersysteme beseitigen, der vom Bundesverband Energiespeicher und dem Bundesverband Solarwirtschaft herausgegeben wurde. Dort werden konkrete Messmethoden beschrieben, die die relevanten Speicherdaten vergleichbar ermitteln lassen. Zum einfachen Vergleich verschiedener Speicher wurde dazu von der HTW Berlin ein System Performance Index (SPI) entwickelt. Dieser wichtet die einzelnen Messdaten so, dass am Ende eine einzige Zahl herauskommt, die dann die Güte des jeweiligen Speichersystems angibt.

Bislang haben sich leider nur wenige Hersteller diesem Prüfprozess unterworfen. Die bisher vermessenen Systeme weisen einen SPI von rund 90 % auf.

8.3.1.4 Was kostet die Speicherung einer Kilowattstunde?

Ob sich ein Speichersystem für die oben beschriebene Familie Sommer lohnt, hängt stark von den Anschaffungskosten des Systems ab. Weitere Einflussgrößen sind Lebensdauer und Kapazität des Akkus. Mit einer überschlägigen Rechnung können daraus die Kosten pro gespeicherter Kilowattstunde bestimmt werden.

Wie beschrieben, hängt die tatsächliche Nettokapazität (auch „nutzbare Kapazität" genannt) von der erlaubten Entladetiefe (DoD) ab. Außerdem gibt die maximale Zyklenzahl N_{Zyklen} an, wie oft der Akku be- und entladen werden kann. Schließlich wollen wir Verluste im Speicher pauschal mit einem Speichergesamtwirkungsgrad η_{Speicher} berücksichtigen, den wir für alle Systeme optimistisch mit 90 % annehmen.

Die über die Lebensdauer ein und ausspeicherbare Gesamtenergie W_{Gesamt} kann nun mit der folgenden Formel berechnet werden:

$$W_{\mathrm{Gesamt}} = C_{\mathrm{Brutto}} \cdot DoD \cdot N_{\mathrm{Zyklen}} \cdot \eta_{\mathrm{Speicher}} \tag{8.16}$$

Betrachten wir dazu als Beispiel das System 2 aus Tabelle 8.3, den Blei-Speicher von SMA/Hoppecke:

Beispiel 8.1 Kosten des Speichersystems 2

Kosten des Speichersystems: K_{Speicher}: 5.000 €
Bruttokapazität des Speichers: C_{Brutto}: 11 kWh
Entladetiefe (Depth of Discharge): DoD: 90 %
Speicherwirkungsgrad: η_{Speicher}: 50 %
Maximale Zyklenzahl: N_{Zyklen}: 2.500
Kalendarische Lebensdauer: $T_{\mathrm{Lebensdauer}}$: 10 a

Im Laufe der Lebensdauer kann das System folgende Energiemenge speichern und wieder abgeben:

$$W_{\mathrm{Nutzbar}} = 11\,\mathrm{kWh} \cdot 0{,}5 \cdot 0{,}9 \cdot 2.500 = 12.375\,\mathrm{kWh}$$

Bei oben angegebenen Investitionskosten ergeben sich so spezifische Kosten k_{Speicher} für eine Kilowattstunde von:

$$k_{\mathrm{Speicher}} = \frac{K_{\mathrm{Speicher}}}{W_{\mathrm{Gesamt}}} = \frac{5.000\,\mathrm{Euro}}{12.375\,\mathrm{kWh}} = 40{,}4\,\mathrm{Cent/kWh}$$

Jede vom Speicher innerhalb der Lebensdauer umgesetzte Kilowattstunde kostet den Besitzer also ca. 40 Cent! Dies ist deutlich mehr als die Differenz aus der aktuellen Einspeisevergütung und dem Tarifstrompreis und rechnet sich daher für den Betreiber nicht.

Wendet man die Rechnung aus Beispiel 8.1 auf das System 1 an, so erhält man schon deutlich bessere Zahlen von rund 23 Cent/kWh. System 4 landet sogar rein rechnerisch bei deutlich unter 20 Cent/kWh (siehe Übung 8.5 am Ende dieses Buches). Hier muss man allerdings auf die Angaben des Herstellers über eine Zyklenlebensdauer von 10.000 vertrauen.

Die aufgeführten Kalkulationen stellen tatsächlich nur eine Überschlagsrechnung dar. Strenggenommen müsste auch die Verzinsung des eingesetzten Kapitals beachtet werden (siehe Abschnitt 10.2). Hinzu kommt, dass auch die kalendarische Lebensdauer mit berücksichtigt werden sollte. So ist z. B. die Lebensdauer der Lithium-Ionen-Batterie von System 5 mit 15 Jahren angegeben ist. Nimmt man für eine typische Solaranlage mit Speicher eine Vollzyklenzahl von 250 pro Jahr an, so werden in 15 Jahren nur 3750 Zyklen genutzt. Die maximale Zyklenzahl von 5000 Zyklen kann also ggf. gar nicht erreicht werden, da bereits vorher die kalendarische Lebensdauer des Akkus abgelaufen ist.

Übrigens sollte bei der Kostenberechnung des DC-gekoppelten Systems 5 berücksichtigt werden, dass im Preis bereits der Solarwechselrichter (Größenordnung 1300 €) mit enthalten ist.

8.3.1.5 Das Smart Home

Will man zu höheren Eigenverbrauchsanteilen kommen, bietet es sich an, weitere Verbraucher mit in das Energiemanagementsystem einzubinden. Bild 8.24 zeigt das Beispiel eines solchen

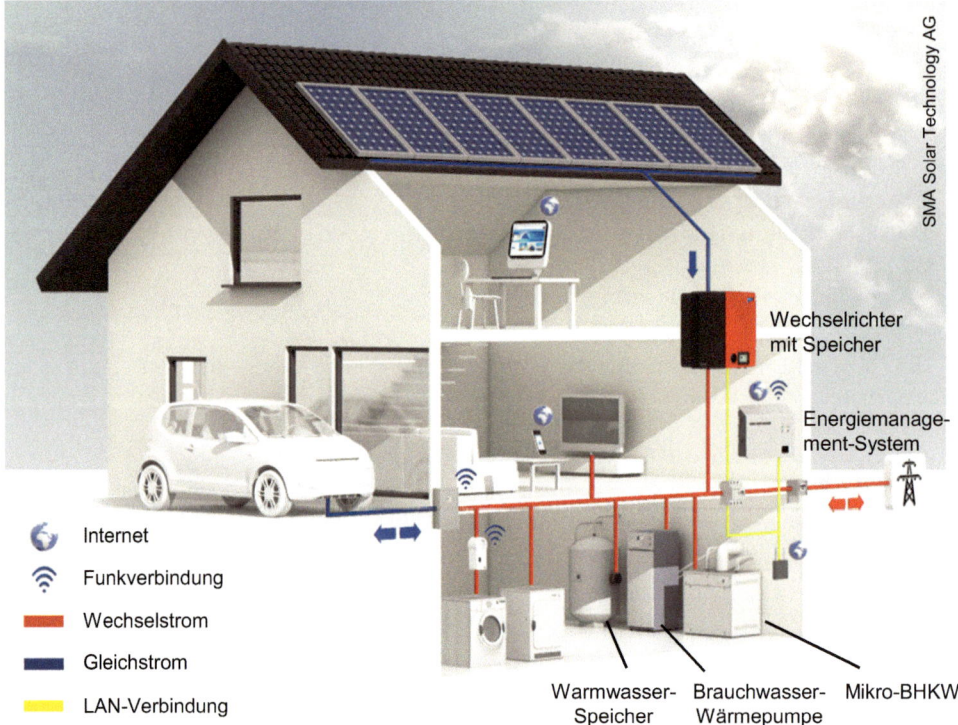

Bild 8.24 Beispiel eines Energiemanagementsystems mit Einsatz eines Speichers: Die Verbraucher werden automatisiert ein- und ausgeschaltet, um möglichst viel Solarstrom selbst verbrauchen zu können

„Smart Homes": Hier wird zusätzlich eine Brauchwasserwärmepumpe mit dem Strom der PV-Anlage versorgt. Ein Mikro-Blockheizkraftwerk (BHKW) erzeugt im Winter die Wärme zur Gebäudeheizung und lädt gleichzeitig den Batteriespeicher auf.

Wird im Haushalt ein Elektroauto angeschafft, so steht ein zusätzlicher Batteriespeicher zur Verfügung, der den Eigenverbrauchsanteil (ggf. sogar bis auf 100 %) weiter erhöhen kann.

Die Wirtschaftlichkeit derartiger Lösungen wird sich mit fallenden Speicherpreisen verbessern. Gleichzeitig sind immer mehr Menschen bereit, für eine weitgehende Selbstversorgung mit umweltfreundlicher erneuerbarer Energie zusätzliches Geld auszugeben. Hinzu kommt, dass Speichersysteme oftmals eine Notstromfunktion aufweisen, die das Haus im Fall eines Stromausfalls mit Energie versorgen kann.

8.3.2 Eigenverbrauch in Gewerbebetrieben

8.3.2.1 Beispiel Produktionsbetrieb

Gewerbebetriebe eignen sich besonders für die Photovoltaiknutzung. Meist bieten die Gebäude große Dachflächen für die Solarmodule bei gleichzeitig hohem Strombedarf des Betriebes. Hinzu kommt, dass der Strombedarf typischerweise tagsüber anfällt. Als Beispiel zeigt Bild 8.25 den Lastverlauf eines Produktionsbetriebs. Zusätzlich ist die Einspeiseleistung einer 200 kWp – Photovoltaikanlage für einen sonnigen (gelb) sowie einen bedeckten Tag (hellblau) dargestellt. An den Wochentagen wird sogar an einem sonnigen Tag sämtliche erzeugte Energie selbst verbraucht. Lediglich am Wochenende ist wegen der ruhenden Produktion der Verbrauch deutlich geringer als das solare Angebot. Über das Jahr gesehen kann man hier von rund 80 % Eigenverbrauchsanteil ausgehen.

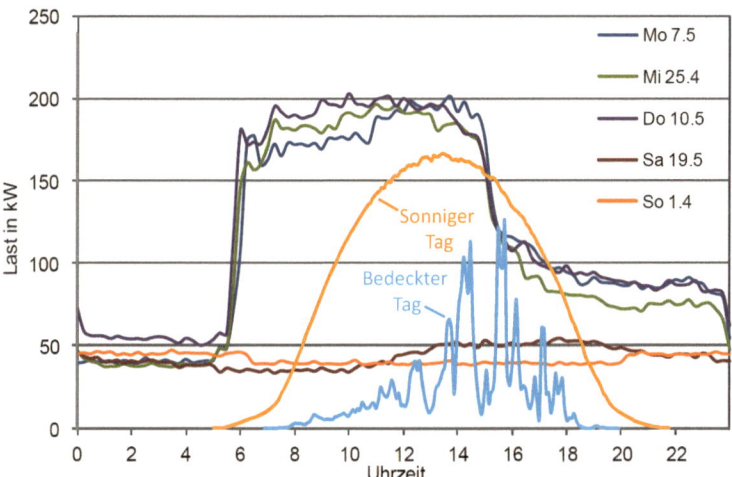

Bild 8.25 Solarenergienutzung in einem Produktionsbetrieb: Aufgrund der guten zeitlichen Übereinstimmung von solarem Angebot und Verbrauch ergeben sich hohe Eigenverbrauchsanteile. Lediglich am Wochenende überwiegt die Solarstromerzeugung (Quelle des Lastgangs: Solarpraxis AG)

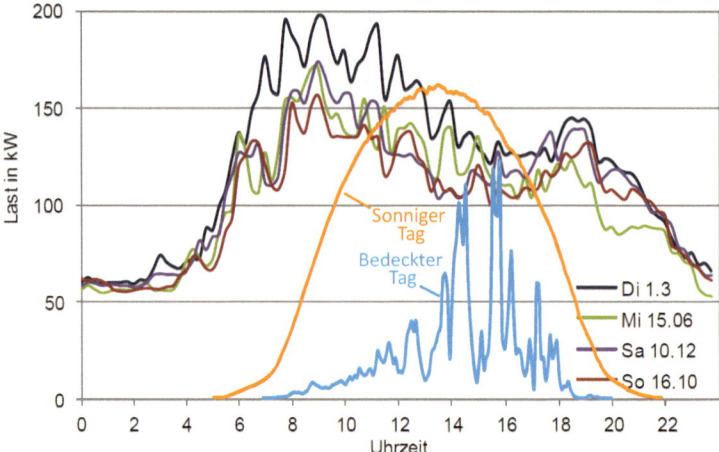

Bild 8.26 Solarenergienutzung in einem Krankenhaus: Da an jedem Wochentag ein hoher Strombedarf existiert, wird praktisch der gesamte erzeugte Solarstrom selbst verbraucht (Quelle des Lastgangs: Solarpraxis AG)

8.3.2.2   Beispiel Krankenhaus

Ein zweites Beispiel zeigt Bild 8.26. Hier sind die Lastgangkurven eines Krankenhauses zu sehen. Auch in diesem Fall tritt der höchste Energiebedarf tagsüber auf, allerdings an allen Tagen der Woche. Aufgrund der sehr guten zeitlichen Entsprechung von solarem Angebot und Verbrauch kann hier praktisch der gesamte erzeugte Solarstrom der 200 kWp Photovoltaikanlage selbst verbraucht werden.

In den beiden Beispielen ist davon auszugehen, dass sich die Investition in eine Photovoltaikanlage in wenigen Jahren amortisieren wird. Ein Speicher ist in beiden Fällen nicht notwendig.

Im Zusammenhang mit Gewerbebetrieben gibt es aktuell lediglich eine Anwendung, in der schon heute ein Speicher lohnend sein kann: Zur Begrenzung der maximalen aus dem Netz aufgenommenen Leistung. Viele Betriebe haben Stromtarife, in denen neben dem Energiepreis (Preis pro Kilowattstunde) auch ein Leistungspreis bezahlt werden muss. Dieser hängt von der in einem Monat (oder Jahr) abgenommenen Spitzenleistung ab. Hier kann ein Energiemanagement-System eingesetzt werden, das den Leistungsbezug ab einem bestimmten Wert begrenzt und die Verbraucher stattdessen aus einem Batteriespeicher versorgt. Allerdings sollte immer zunächst geklärt werden, ob nicht das temporäre Abschalten einzelner Verbraucher möglich ist. Erst wenn dieses Potential ausgeschöpft ist, sollte die (relativ teure) Lösung Speicher in Betracht gezogen werden.

■ 8.4   Speichereinsatz aus Sicht des Netzes

Die oben beschriebenen Lösungen haben alle das Ziel, den Eigenverbrauchsanteil des Betreibers der Anlage zu erhöhen. Der Einsatz eines Speichers führt dabei allerdings nicht automatisch zu einer Netzentlastung. So ist denkbar, dass an einem sonnigen Tag morgens zunächst alle Anlagen den Speicher mit dem Solarstrom aufladen. Anschließend könnte es passieren, dass z. B. um 12 Uhr alle Speicher voll sind und plötzlich der gesamte erzeugte Solarstrom ins Netz eingespeist würde. Dies wäre nicht im Sinne des Netzbetreibers.

Nun kann entgegengehalten werden, dass dieser Fall etwas theoretisch ist, da die Anlagen unterschiedliche Standorte, Ausrichtungen und Speichergrößen haben. Somit mitteln sich die beschriebenen Effekte ggf. größtenteils aus. Dennoch wäre es aus Netzsicht sinnvoll, dass die Speicher in Zukunft auch Netzdienstleistungen übernehmen.

8.4.1 Peak-Shaving durch Speicher

Als Beispiel zeigt Bild 8.27a den Fall einer 5,6 kWp – Anlage ohne Speicher an einem sonnigen Tag. Die rote Kurve stellt die Netzaustauschleistung dar (positiv: Netzeinspeisung, negativ: Netzbezug). Deutlich sichtbar treten große Einspeise- und Bezugsspitzen von knapp 5 kW auf. Diese werden in erster Linie durch das Ein- und Ausschalten starker Verbraucher (z. B. E-Herd) im Haushalt verursacht.

Eine bessere Lösung im Hinblick auf die Netzanforderungen zeigt Bild 8.27b. Hier wurde die Anlage durch einen 5,5 kWh-Speicher ergänzt, der neben der Eigenverbrauchserhöhung auch eine Begrenzung der maximalen Netzaustauschleistung erreichen soll. Hierzu wird der Speicher erst bei einer Überschreitung der Einspeiseleistung von 1,9 kW geladen und kann so über den gesamten Tag Erzeugungsspitzen zwischenspeichern.

Im umgekehrten Fall begrenzt der „intelligente Speicher" den Leistungsbezug aus dem Netz, indem er bei hohen Verbrauchsspitzen zusätzliche Leistung aus der Batterie zur Verfügung stellt. In Folge ergibt sich ein deutlich gleichmäßigerer Verlauf der Netzaustauschleistung; die maximale Bezugsspitze liegt nun bei nur noch ca. 2,4 kW, der Hälfte der Bezugsspitze aus dem Fall ohne Speicher. Dieses *„Peak-Shaving"* führt somit zu einer Vergleichmäßigung der Netzaustauschleistung und damit zu einer Netzentlastung.

8.4.2 Marktanreizprogramm für Solarspeicher

Zur beschleunigten Verbreitung von Solarstromspeichern wurde von der deutschen Regierung ein Marktanreizprogramm ins Leben gerufen. Die Förderung bestand aus einem Kredit mit Tilgungszuschüssen. Erklärtes Ziel war eine Unterstützung nur solcher Systeme, die langfristig eine Entlastung der Netze ermöglichen. Dies wurde in erster Linie durch folgende Vorgabe erreicht:

Die maximal zulässige Leistungsabgabe der Photovoltaikanlage am Netzanschlusspunkt ist auf 50 % der Anlagen-Nennleistung beschränkt.

Wie wirkt sich diese Regelung nun auf das Verhalten der Anlage in Richtung Netz aus? Bild 8.28 zeigt dazu im oberen Diagramm zunächst das Beispiel einer „konventionellen Speicherung" an einem sonnigen Tag. Deutlich sichtbar wird morgens zunächst vor allem der Speicher geladen. Gegen 11 Uhr ist der Speicher voll und die Photovoltaikleistung wird plötzlich vollständig in das Netz eingespeist. Dies führt wie oben bereits beschrieben zu stärkeren

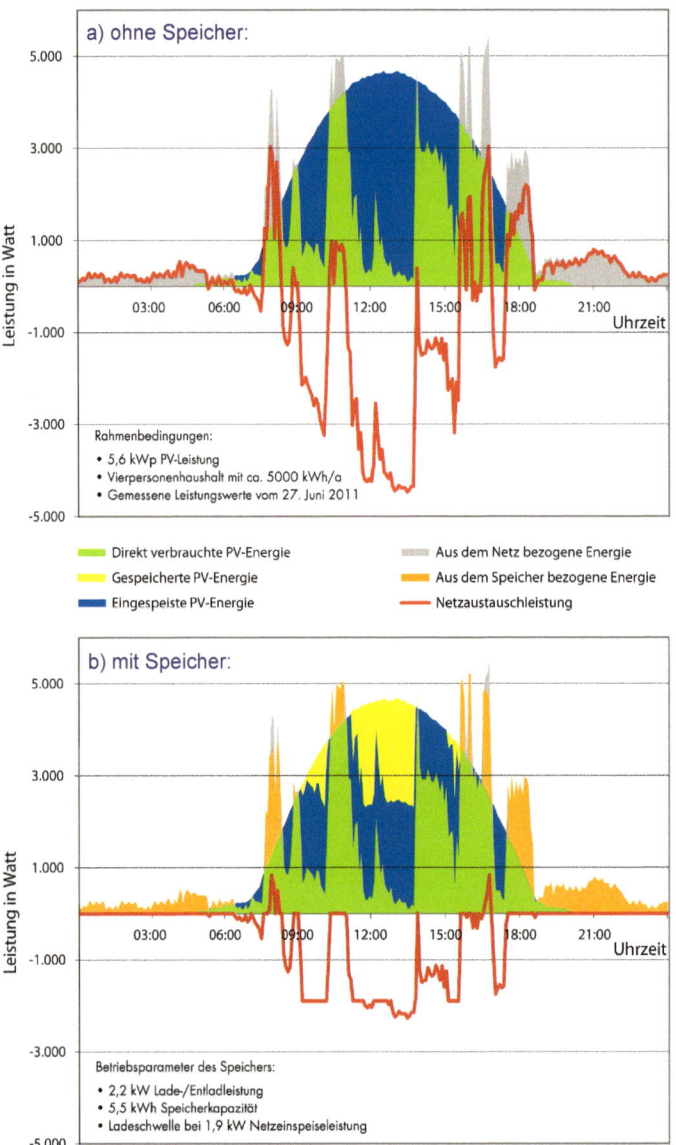

Bild 8.27 Peak-Shaving durch Einsatz eines intelligenten Speichers: Die Netzaustauschleistungsspitzen im oberen Diagramm werden durch das Energiemanagementsystem mitsamt Speicher im unteren Diagramm deutlich reduziert (Quelle: SMA Solar Technology AG)

Leistungsschwankungen, als es im Fall einer Photovoltaikanlage ohne Speicher der Fall wäre und kann daher kein Modell für die Zukunft sein.

Anders sieht der Fall für eine „netzoptimierte Speicherung" aus (unteres Diagramm in Bild 8.28). Hier wurde die maximale Einspeiseleistung auf 50 % der Anlagennennleistung begrenzt. Daraus resultiert (bei geeigneter Lademethode) eine am Morgen langsam ansteigende Einspeiseleistung. Sobald 50 % der Nennleistung erreicht ist, wird diese Einspeiseleistung konstant ge-

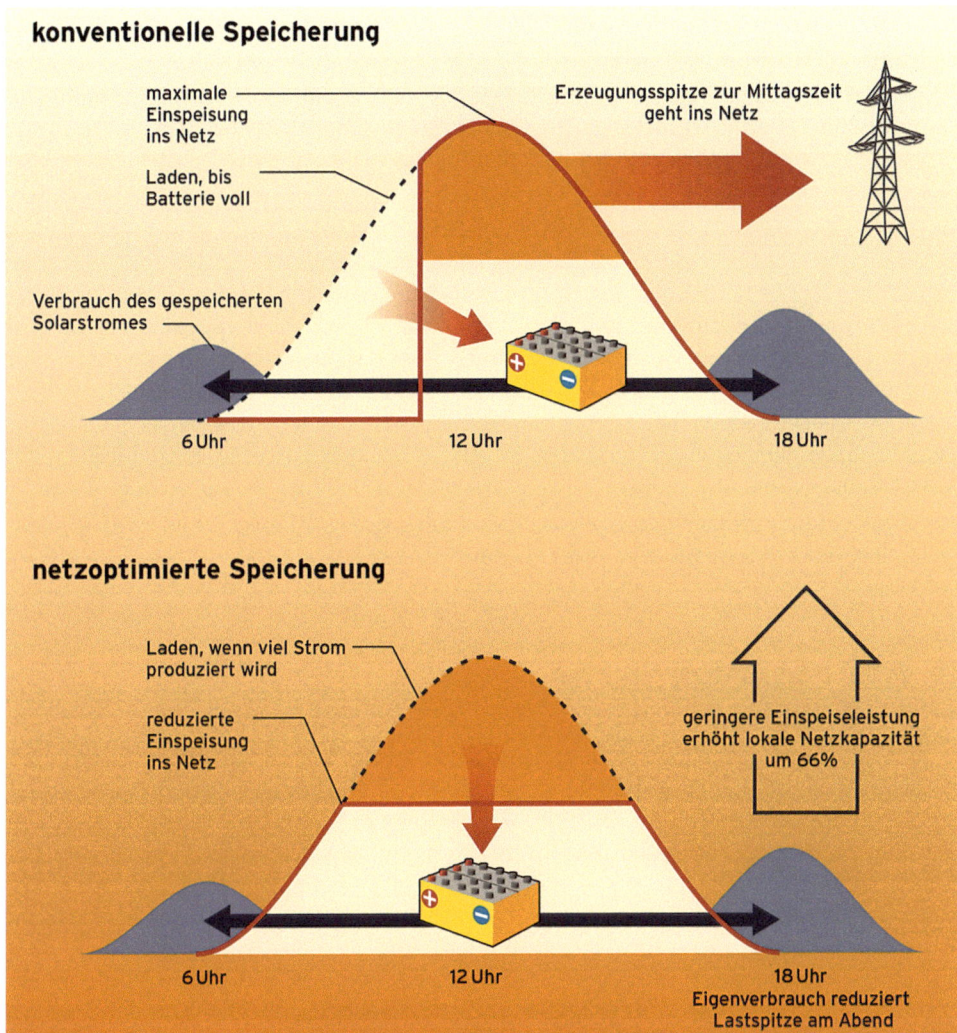

Bild 8.28 Gegenüberstellung verschiedener Speicherbetriebsvarianten: Während die konventionelle Technik zu stark schwankenden Einspeiseleistungen führt, können diese mit der netzoptimierten Speicherung deutlich verstetigt werden (Quelle: BSW-Solar, *www.solarwirtschaft.de*)

halten und die überschüssige Energie in den Speicher geladen oder durch schaltbare Verbraucher konsumiert. Gegenüber der Peak-Shaving-Lösung im vorigen Abschnitt werden hier zwar nicht durchgängig Last- und Erzeugungsspitzen unterdrückt. Dennoch führt die sehr einfache „50 %-Methode" immerhin zu einer deutlichen Verstetigung der Einspeisung mit positiven Effekten auf die Netzbelastung und -stabilität.

Eine weitere Bedingung des Marktanreizprogramms war die Installation einer Schnittstelle am Wechselrichter, durch die die PV-Anlage samt Speicher vom Netzbetreiber ferngesteuert werden kann. Diese Fernsteuerung wird zwar gegenwärtig kaum genutzt, sie ist aber schon eine

Vorbereitung auf ein Netz der Zukunft (Smart Grid), das durch dezentrale Speicher eine hohe Stabilität trotz schwankender Einspeisung aus erneuerbaren Quellen erhält.

Inzwischen ist das Marktanreizprogramm ausgelaufen und es gibt keine „50 %-Vorgabe" mehr. Damit gibt der Gesetzgeber leider ein Instrument aus der Hand, das eigentlich ein gleichmäßigeres Photovoltaikangebot und eine höhere installierte PV-Leistung in Deutschland ermöglichen würde, als ohne Vorgabe.

Als Fazit können wir festhalten, dass Batteriespeicher eine interessante Ergänzung zu Photovoltaikanlagen bieten. Aufgrund der derzeitigen Preise rechnen sie sich bislang jedoch nur in Ausnahmefällen. Zur Erhöhung des Eigenverbrauchsanteils sollte daher zunächst ein Energiemanagementsystem eingesetzt werden. Der nächste Schritt stellt aus Renditesicht die Nutzung des Solarstroms zum Betrieb einer Wärmepumpe dar, um das erzeugte warme Wasser als Brauch- und Heizungswasser direkt zu nutzen oder in einem Warmwasserspeicher zu speichern. Durch die fallenden Preise der Batteriespeicher werden allerdings auch diese immer attraktiver. Außerdem können sie Zusatznutzen wie Notstromfunktion oder Netzentlastung mit sich bringen.

Die hier nicht betrachteten Großspeicher (Druckluftspeicher, Pumpspeicher, Power-to-Gas-Technologie etc.) werden wir in Kapitel 11 behandeln.

■ 8.5   Inselsysteme

Photovoltaische Inselsysteme kommen typischerweise zum Einsatz, wenn kein elektrisches Netz vorhanden ist oder die Kosten für einen Netzanschluss zu hoch wären. Beispiele für Inselanwendungen haben wir im geschichtlichen Rückblick in Kapitel 1 mit der Betrachtung von Satellitenstromversorgungen und Telefonverstärkern bereits kennengelernt. Auch heute gibt es viele netzferne Einsatzmöglichkeiten der Photovoltaik. Neben den relativ begrenzten Anwendungen wie Berghütten in den Alpen o. ä. gehören dazu insbesondere Photovoltaikanlagen in den Entwicklungsländern.

8.5.1   Prinzipieller Aufbau

Bild 8.29 zeigt den prinzipiellen Aufbau eines einfachen photovoltaisch versorgten Inselsystems. Wesentliches Element ist der Speicher, der in den meisten Fällen aus einem Bleiakku oder Lithium-Ionen-Akku besteht. Der Akku wird mittels eines Ladereglers vor Überladung geschützt. In diesen ist der zuvor bereits erwähnte Tiefentladeschutz eingebaut, der die Verbraucher bei Unterschreiten einer kritischen Spannung abkoppelt. Als DC-Verbraucher kommen beispielsweise energiesparende LED-Lampen, Radios oder auch Wasserpumpen zum Einsatz. Sollen neben den Gleichstromverbrauchern auch Wechselstromverbraucher genutzt werden, ist ein zusätzlicher spezieller Inselwechselrichter vorzusehen.

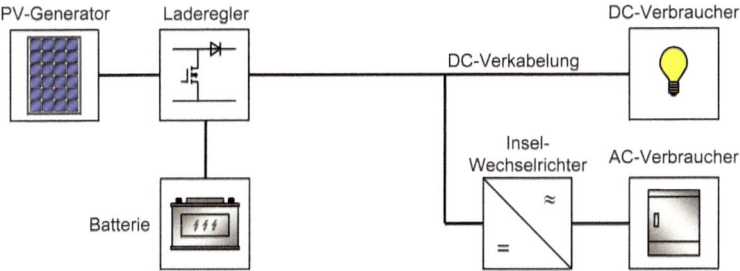

Bild 8.29 Prinzipieller Aufbau eines photovoltaischen Inselsystems: Der über einen Laderegler vom Solarmodul gespeiste Akkumulator stellt die Energie für die DC-Verbraucher zur Verfügung. Im Fall von AC-Verbrauchern (z. B. Kühlschrank) wird ein zusätzlicher Inselwechselrichter eingesetzt.

8.5.2 Beispiele von Inselsystemen

8.5.2.1 Solar Home Systems

Auf der Erde leben Milliarden Menschen ohne Anschluss an ein elektrisches Versorgungsnetz. Stattdessen werden zur Lichterzeugung oftmals ineffiziente Kerosinlampen eingesetzt, deren Brennstoff über weite Entfernungen transportiert werden muss. Zum Betrieb von Radios etc. sind oft Batterien die einzige Energiequelle. Hier ist die Photovoltaik eine ideale Alternative, um einen deutlichen Beitrag zur Verbesserung der Lebensqualität und zum Umweltschutz zu leisten.

Als Solar Home System (SHS) bezeichnet man gemeinhin eine Mini-Solaranlage aus ein oder zwei Modulen, die den benötigten Strom für ein Haus in der dritten Welt bereitstellt. Typische Verbraucher sind DC-betriebene Energiesparlampen, Radio und Fernseher (Bild 8.30).

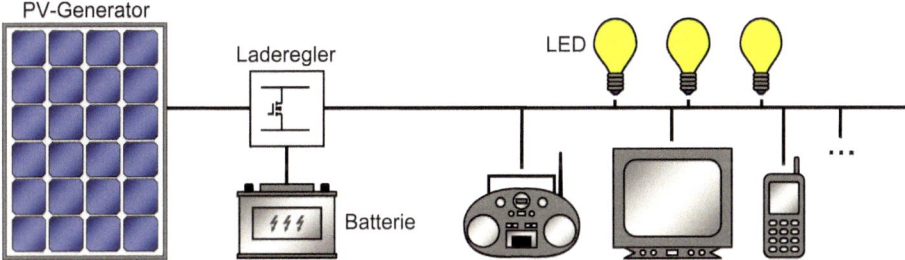

Bild 8.30 Typischer Aufbau eines Solar Home Systems: Als Verbraucher kommen insbesondere DC-betriebene Lampen, Radio und Fernseher in Frage

Hauptproblem bei der Verbreitung von Solar Home Systems sind die hohen Anschaffungskosten der Anlagen. Hier helfen z. B. Mikrokredit-Modelle, bei denen der Käufer lediglich eine Anzahlung und dann monatliche Raten für sein SHS zu leisten hat. Eine Vorreiterrolle hat in diesem Bereich das Unternehmen Grameen Shakti (übersetzt: Dorfenergie), eine Tochtergesellschaft der für Mikrokredite bekannt gewordenen Grameen Bank. Durch das Unternehmen wurden bereits über 500.000 Solar Home Systems in Bangladesch aufgebaut und über Mikrokredite finanziert (Bild 8.31). Da die Anlagen durch speziell geschulte Techniker errichtet werden und eine Betreuung der Kunden in Servicebüros erfolgt, erreicht man eine hohe Qualität

Bild 8.31 Fotos zu Solar Home Systems in Bangladesch: Anfahrt der Komponenten auf dem Wasserweg und Installation der Anlage in einer Hütte (Fotos: Grameen Shakti, Microenergy International)

und Lebensdauer der Anlagen. Falls doch einmal ein System ausfällt, liegt es häufig an der Überbrückung des Ladereglers durch den Anlagenbesitzer ([Wie10], *www.gshakti.org*).

Das von Grameen Shakti verfolgte Konzept hat inzwischen viele Nachahmer gefunden. In Ecuador gibt es beispielsweise ein ähnliches Projekt, das durch die Regierung über einen Fonds zur ländlichen Elektrifizierung (FERUM – Rural and Marginal Urban Electrification Fund) gefördert wird. Die PV Systeme bestehen aus einem 100 W-Modul, Laderegler und einem 105 Ah-Akku samt drei DC-Energiesparlampen. Darüber hinaus werden inzwischen auch Systeme mit Wechselrichter und PV-Leistungen von bis zu 800 Wp installiert [Str09].

Seit einigen Jahren entwickelt auch das Berliner Unternehmen Mobisol Solaranlagen für Entwicklungsländer. Unter anderem bieten sie Inselanlagen für Haushalte und kleine Unternehmen an und versorgen so bereits 500.000 Menschen in Ostafrika mit sauberem Solarstrom. Für die Finanzierung der Anlagen bietet die Firma einen „Three year payment plan" an, bei dem die Investition über drei Jahre verteilt abgezahlt werden kann. Erklärtes Ziel von Mobisol ist es, in den nächsten fünf Jahren Insellösungen für weitere 20 Millionen Menschen zu schaffen.

8.5.2.2   Hybridsysteme

Wenn eine ganzjährige kontinuierliche Versorgung mit elektrischem Strom sichergestellt werden soll, stoßen reine Solarsysteme schnell an ihre Grenzen. Um Schlechtwetterperioden und erst recht saisonale Schwankungen auszugleichen, müssen hohe PV-Leistungen und große Speicherkapazitäten aufgebaut werden, die in unvertretbaren Kosten resultieren. In diesem Fall sind Hybridsysteme, also die Kombination verschiedener Energieerzeugungsarten die Lösung. Naheliegend ist zunächst die Kombination mit anderen erneuerbaren Energiequellen wie Wasserkraft, Windkraft und Biomasse. Darüber hinaus kann der Einsatz einen Dieselgenerators Sinn machen, um Angebotslücken zu überbrücken.

Aus wirtschaftlicher Sicht sind Hybridsysteme mit PV- und Diesel-Generator und großem Batteriespeicher sogar oftmals günstiger als Anlagen, bei denen ausschließlich Dieselgeneratoren eingesetzt werden. Gründe dafür sind der hohe Wartungsaufwand, die kurze Lebensdauer und der sehr schlechte Teillastwirkungsgrad von Dieselgeneratoren [Str09].

Hybridsysteme können als reine DC-Systeme, gemischte DC/AC-Systeme oder auch reine AC-Systeme aufgebaut werden. Bei größeren Anlagen geht der Trend eindeutig zu reinen AC-Systemen, da sie sehr flexibel sind und leicht erweitert werden können. Als Beispiel zeigt Bild 8.32 ein solches System, das mit Wechselrichtern von SMA ausgestattet ist. Kernstück ist der Batteriewechselrichter Sunny Island, der ein stabiles Wechselstromnetz erzeugt. Als Energiebasis dienen dafür die Batterien, welche wiederum durch einen PV-Generator geladen werden. In das AC-Netz speisen andere Anlagen ein, z. B. ein weiterer PV-Generator über einen normalen Netz-Wechselrichter (Sunny Boy) oder eine Windkraftanlage über einen speziellen Windkraft-Wechselrichter (Windy Boy).

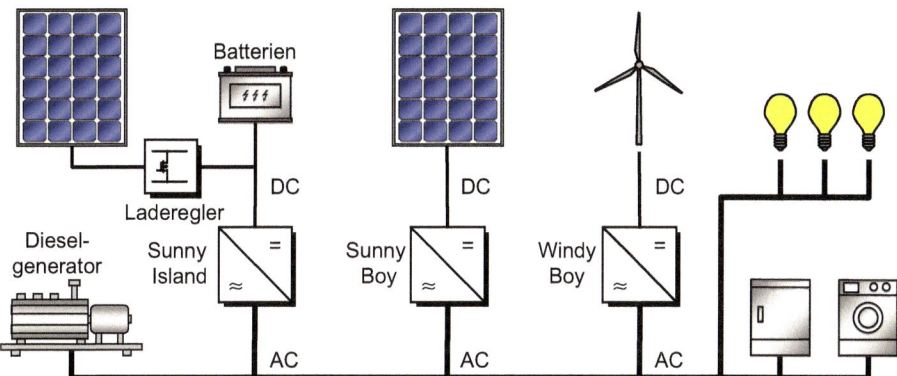

Bild 8.32 Aufbau eines Hybridsystems mit reiner AC-Kopplung der Erzeuger und Verbraucher: Der Sunny Island erzeugt ein stabiles Wechselstrom-Netz und kann bei Versorgungsengpässen den Dieselgenerator starten oder Verbraucher abschalten, nach [SMA10]

Wird im AC-Netz weniger verbraucht als erzeugt, so speist der Sunny Island die überschüssige Energie in die Batterien. Sollten diese bereits voll sein, müssen die anderen Einspeiser abgeregelt werden. Dazu verwendet SMA das Verfahren SelfSync®, welches ähnlich der Leistungssteuerung von Großkraftwerken im Energieversorgungsnetz funktioniert. Verringert der Sunny Island die Frequenz des AC-Netzes, so ist dies für die anderen Wechselrichter der Befehl zum Abregeln der eingespeisten Wirkleistung. Gleichzeitig bestimmt die Spannungshöhe des AC-Netzes die Menge der eingespeisten Blindleistung.

Wird dagegen mehr Energie verbraucht, als aktuell erzeugt werden kann, so greift der Sunny Island zunächst auf die Batterien zu. Reicht auch dies nicht, kann das Gerät automatisch den Dieselgenerator starten oder ggf. Verbraucher gezielt abschalten.

Es wird deutlich, dass dieses System sehr flexibel ist, da einfach weitere Erzeuger und Verbraucher an das Wechselstromnetz angeschlossen werden können. Neben SMA bieten inzwischen weitere Hersteller (z. B. Kaco) ähnliche Systeme an.

Ist ein ganzes Dorf an das Hybridsystem angeschlossen, so nennt man das entstandene Gebilde auch Micro-Grid. Werden wiederum mehrere Micro-Grids miteinander verbunden, spricht man von Mini-Grid. Es wird damit deutlich, dass diese Technologien für Entwicklungsländer die große Chance bieten, auf evolutionärem Wege die ländlichen Gebiete zunächst dezentral zu elektrifizieren und dann zu immer größeren Netzeinheiten zusammenschließen zu können.

Eines der weltweit größten PV-Diesel-Hybridsysteme mit Batteriespeicher ging Ende 2014 in der bolivianischen Provinz Pando in Betrieb. Der Dieselgenerator weist eine Leistung von

15,2 MVA auf. Dieser wird kombiniert mit einer 5,2 MW Photovoltaikanlage mit Lithium-Ionen-Speicher (2,2 MW, 1160 kWh). Der Batteriespeicher dient dazu, den Dieselgenerator kleiner dimensionieren zu können und ihn seltener starten zu müssen. Die Anlage versorgt rund 55.000 Einwohner mit Elektrizität. Durch die Kombination des Dieselgenerators mit der PV-Anlage werden pro Tag rund 5200 Liter an Diesel eingespart [SMA15].

8.5.3 Dimensionierung von Inselanlagen

Im Fall von netzgekoppelten Anlagen ist die Dimensionierung relativ einfach, da man davon ausgeht, dass das Stromnetz die erzeugte Energie zu allen Zeiten aufnehmen kann. Dies ist bei Inselanlagen deutlich anders: Hier muss zunächst möglichst genau der voraussichtliche Verbrauch ermittelt werden und dann PV-Generator und Speicher in Abhängigkeit von den Einstrahlungsbedingungen am Aufbaustandort dimensioniert werden.

Im Folgenden lernen wir ein einfaches Schema zur Planung von Inselanlagen kennen, das mit Tabellen arbeitet. Das Schema wurde hauptsächlich aus dem Leitfaden Photovoltaische Anlagen der Deutschen Gesellschaft für Sonnenenergie e. V. übernommen [DGS13]. Diese Berechnungsmethode ist natürlich bei weitem nicht so genau wie die Analyse mit einem Inselanlagen-Auslegungsprogramm. Sie kann aber eine gute erste Einschätzung vermitteln.

8.5.3.1 Erfassung des Stromverbrauchs

Zur Erfassung des Stromverbrauchs verwendet man am besten eine Tabelle, in der Nennleistungen der einzelnen Verbraucher und die tägliche Betriebszeit aufgelistet sind. Als Beispiel betrachten wir ein kleines Ferienhaus bei München, das ganzjährig genutzt werden soll (siehe Tabelle 8.4). Es ist ratsam, die Verbräuche für die Sommersaison (Mai bis September) und die Wintersaison (Oktober bis April) getrennt aufzulisten. Ein Sonderfall ist der Kühlschrank: Um speziell im Winter Strom zu sparen, wird angenommen, dass der Kühlschrank im Winter außer Betrieb genommen wird. Bei einem Kühlschrank kennt man außerdem normalerweise nicht die tägliche Betriebszeit, im Datenblatt ist aber meist der tägliche Energieverbrauch (hier 0,3 kWh) angegeben.

Tabelle 8.4 Verbrauchsbilanz eines kleinen Ferienhauses

Verbraucher	Nennleistung P_N in W	Tägliche Betriebszeit t in h		Täglicher Verbrauch W in Wh	
		Sommer	Winter	Sommer	Winter
3 Lampen im Wohnzimmer	3 x 12 = 36	1	3	36	108
2 Leselampen im Schlafzimmer	2 x 7 = 14	1	2	14	28
1 Außenlampe mit Bewegungsmelder	10	0,1	0,5	1	5
1 Fernseher	50	2	3	100	150
1 Kühlschrank	50	unbekannt	ausgeschaltet	200	ausgeschaltet
Summen	160			351	291

Nach der Erfassung des Energieverbrauchs können wir uns nun der Dimensionierung des PV-Generators zuwenden.

8.5.3.2 Dimensionierung des PV-Generators

Zunächst müssen wir herausfinden, welchen Ertrag ein Solarmodul in den jeweiligen Monaten erbringt. Als Datengrundlage dient uns Tabelle 2.2 aus Kapitel 2, in der für verschiedene Orte die Tagesstrahlungssumme H auf eine horizontale Fläche angegeben ist. Nun schauen wir nach, welcher Monat in der Sommersaison der strahlungsärmste ist. Im Fall von München ist das der September mit einer Strahlungssumme von 3,53 kWh/(m$^2\cdot$d).

Statt der Strahlungssumme wollen wir zur Vereinfachung wieder von Sonnen-Volllaststunden (siehe Kapitel 2) ausgehen. Die Sonne benötigt 3,53 Volllaststunden, um die Strahlungssumme eines Septembertages zu erzeugen. Ein flach auf dem Boden liegendes 100 W-Modul würde an besagtem Tag also eine Energie von 3,53 h · 100 W = 353 Wh erbringen. Stellen wir es schräg auf, so erhöht sich der Ertrag; diesen können wir grob mit einem Korrekturfaktor $K_{\text{Schräg}}$ nach Tabelle 8.5 ermitteln. Im Fall der Ausrichtung nach Süden und einem Anstellwinkel von 30° ergibt sich der Tagesertrag zu 353 Wh · 1,25 = 441,3 Wh.

Schließlich sollte noch der Temperatureinfluss auf den Modulertrag berücksichtigt werden; dies erfolgt über einen weiteren Korrekturfaktor K_{Temp}, der in Tabelle 8.6 aufgelistet ist. Wie zu

Tabelle 8.5 Korrekturfaktor $K_{\text{Schräg}}$ für die Abweichung von der Horizontalen in Deutschland und an weiteren Orten [DGS13, Häb10]

Ort	Aus-rich-tung	Nei-gungs-win-kel	Jan	Feb	Mär	Apr	Mai	Jun	Jul	Aug	Sep	Okt	Nov	Dez
Deutschland	Süd	30°	1,67	1.54	1.31	1,16	1,07	1,01	1,02	1,10	1,25	1,38	1,58	1,68
		45°	1,88	1.70	1.37	1,15	1,02	0,95	0,96	1,08	1,28	1,46	1.76	1,93
		60°	2,02	1,77	1,36	1,09	0,93	0,84	0,86	1,00	1,25	1,48	1,85	2.07
	Süd-west	30°	1,55	1,36	1,21	1,08	1.02	0,97	0,96	1,05	1,16	1,29	1.42	1.48
		45°	1,73	1,46	1,24	1,06	0,98	0,91	0,90	1,02	1,17	1,35	1.54	1.61
		60°	1,83	1,49	1,22	0,99	0,89	0,82	0,81	0,94	1,13	1,34	1,56	1,68
	West	30°	1,10	0,98	0,98	0,93	0,92	0,90	0,88	0,93	0,96	1,02	1,01	0,95
		45°	1,12	0,97	0,95	0,87	0,86	0,83	0,81	0,87	0,92	1.00	0,99	0,93
		60°	1,10	0,93	0,90	0,80	0,78	0,76	0,74	0,79	0,86	0,95	0,96	0.91
	Süd-ost	30°	1.35	1,36	1.19	1,12	1,05	1.02	1,05	1,08	1,16	1,20	1,35	1,45
		45°	1,43	1,46	1,21	1,11	1,01	0,97	1,01	1,05	1,17	1,22	1,45	1,61
		60°	1,47	1,48	1,18	1,05	0,93	0,89	0,94	0,98	1,12	1,18	1,46	1,68
	Ost	30°	0,87	0,98	0,95	0,97	0,96	0,98	1,00	0,96	0,95	0,90	0,94	0,95
		45°	0,83	0,98	0,91	0,93	0,90	0,93	0,96	0,91	0,91	0,86	0,92	0.93
		60°	0,80	0,94	0,85	0,86	0,83	0,85	0,90	0,84	0,84	0,80	0,86	0,89
Mar-seille	Süd	60°	1,80	1,43	1,20	0,97	0,82	0,76	0,79	0,91	1,11	1,35	1,65	1,89
Kairo	Süd	60°	1,39	1,21	1,00	0,82	0,68	0,62	0,65	0,75	0,93	1,15	1,34	1,44

Tabelle 8.6 Korrekturfaktor K_{Temp} für verschiedene Standorte im Fall von Aufdachanlagen [Häb10]

Ort	Jan	Feb	Mär	Apr	Mai	Jun	Jul	Aug	Sep	Okt	Nov	Dez
Berlin	1,06	1,05	1,02	0,98	0,94	0,93	0,92	0,93	0,96	1,00	1,04	1,06
Marseille	0,98	0,98	0,95	0,93	0,91	0,89	0,87	0,88	0,91	0,93	0,97	0,98
Kairo	0,93	0,92	0,90	0,88	0,86	0,84	0,84	0,84	0,86	0,87	0,90	0,93

erwarten, macht sich das warme Klima der südlich gelegenen Standorte deutlich beim Ertrag bemerkbar. Die angegebenen Werte für Berlin können wir übrigens ohne allzu großen Fehler für ganz Deutschland verwenden.

Zu den angegebenen Korrekturfaktoren kommen nun noch Verlustfaktoren hinzu. Zunächst nehmen wir pauschal an, dass sich die elektrischen Verluste in den Gleichstromleitungen auf bis zu 6 % addieren. Dies berücksichtigen wir mit dem Leitungsverlustfaktor $V_{Leitung} = 0{,}94$. Außerdem kann ein Akku niemals die beim Laden hineingesteckte Energie vollständig wieder abgeben, da die elektrochemischen Umwandlungsprozesse mit Verlusten verbunden sind. Erfahrungswerte liegen für gemäßigte Regionen bei 10 %, in heißerem Klima etwa bei dem Doppelten. Für unser Haus bei München rechnen wir daher mit einem Umwandlungsverlustfaktor $V_{Umwandlung}$ von 0,9. Schließlich werden kleinere Inselanlagen bis 500 Wp meist ohne MPP-Regler aufgebaut. Dies berücksichtigen wir mit dem Anpassungsverlustfaktor $V_{Anpassung}$ von ebenfalls 0,9.

Damit können wir endlich die benötigte Modulleistung nach folgender Formel ausrechnen:

$$P_{PV} = \frac{W}{N_{Sonne} \cdot K_{Schräg} \cdot K_{Temp} \cdot V_{Leitung} \cdot V_{Umwandlung} \cdot V_{Anpassung}} \tag{8.17}$$

mit $\quad W$: $\qquad$ Pro Tag verbrauchte Energie

$\qquad N_{Sonne}$: $\quad$ Sonnen-Volllaststunden

Für den Sommerbetrieb ergibt sich im Fall eines nach Süden um 30° aufgestellten PV-Generators:

$$P_{PV} = \frac{351\,\text{Wh}}{3{,}53\,\text{h} \cdot 1{,}25 \cdot 0{,}96 \cdot 0{,}94 \cdot 0{,}9 \cdot 0{,}9} = 108{,}8\,\text{Wp} \tag{8.18}$$

Ein 110 W-Modul würde also gerade reichen, um den täglichen Bedarf zu decken.

Macht man die gleiche Rechnung für das Winterhalbjahr (mit dem Dezember als kritischstem Monat), ergibt sich eine notwendige Generatorgröße von

$$P_{PV} = \frac{291\,\text{Wh}}{0{,}79\,\text{h} \cdot 1{,}68 \cdot 1{,}06 \cdot 0{,}94 \cdot 0{,}9 \cdot 0{,}9} = 271{,}7\,\text{Wp} \tag{8.19}$$

Der Winter dominiert damit deutlich die Anzahl der benötigten Module.

 Der Dezember ist bezüglich der Solarstrahlung doch der ungünstigste Monat. Könnte man die Neigung des Moduls nicht auf diesen Monat optimieren?

 Das ist tatsächlich eine gute Idee! Laut Tabelle 8.5 ist eine Neigung von 60° im Dezember am günstigsten. Damit ergibt sich eine benötigte PV-Leistung von nur noch 220,5 Wp.

Als Solargenerator können wir somit z. B. zwei parallel geschaltete 120 W-Module verwenden, die dann immerhin noch zu 10 % überdimensioniert wären.

8.5.3.3   Auswahl des Akkus

Bei der Dimensionierung des Akkus sind zwei Aspekte besonders wesentlich:

1. Die Zahl der gewünschten Autonomietage
2. Die Erhöhung der Akkulebensdauer bei geringer Entladungstiefe

Unter dem Ausdruck Autonomietage N_A versteht man die Anzahl an Tagen, an denen man die Verbraucher auch bei schlechtem Wetter weiterbetreiben kann.

Als Daumenwerte für die Anzahl der Autonomietage gelten in Deutschland:
Sommer: 3,5 Tage; Winter: 5,5 Tage

Letzten Endes muss allerdings der Nutzer entscheiden, welche Versorgungssicherheit er mit dem Inselsystem erreichen möchte.

Um eine hohe Akkulebensdauer zu erreichen, legen wir fest, dass der Akku niemals unter einen Ladestand von 30 % fallen darf.

Die Beachtung beider Bedingungen führt auf die folgende Formel:

$$C_N = \frac{W \cdot N_A}{0,7 \cdot U_N} \tag{8.20}$$

mit U_N: Systemspannung, hier angenommen: $U_N = 12\,\text{V}$

In unserem Fall ergibt sich für den Sommer:

$$C_N = \frac{351\,\text{Wh} \cdot 3,5}{0,7 \cdot 12\,\text{V}} = 146,3\,\text{Ah} \tag{8.21}$$

Höher sind die Anforderungen natürlich im Winter:

$$C_N = \frac{291\,\text{Wh} \cdot 5,5}{0,7 \cdot 12\,\text{V}} = 190,5\,\text{Ah} \tag{8.22}$$

Hier wäre z. B. ein 12 V-Akku mit 200 Ah Kapazität eine gute Wahl.

Als Ergebnis unserer Dimensionierung wählen wir somit zwei Solarmodule mit je 120 Wp und einen Akku mit einer Kapazität von 200 Ah.

Auf der Homepage der DGS *www.dgs-berlin.de* ist ein Excel-Tool zu finden, mit dem sich die Berechnung nach dem vorgestellten Schema für eine Reihe von weltweiten Standorten sehr bequem durchführen lässt. Außerdem hilft das Tool bei der Dimensionierung der DC-Leitungsquerschnitte. Darüber hinaus gibt es natürlich viele weitere Simulationsprogramme, mit denen sich Inselanlagen berechnen lassen (siehe auch Übersicht in Kapitel 10).

Das vorgestellte Beispiel zeigt, dass sich im Sommer ein großer Energieüberschuss ergeben wird, der normalerweise nicht sinnvoll genutzt werden kann. Trotzdem ist es bei der gewählten Dimensionierung denkbar, dass durch eine Schlechtwetterperiode keine Vollversorgung mehr sicher zu stellen ist. Simuliert man das vorgestellte Ferienhaus z. B. mit dem Simulationstool PV-Sol, so erreicht es tatsächlich über das Jahr einen solaren Deckungsgrad von 98 % (Bild 8.33). Um allerdings auch die letzen 2 kWh noch solar zu decken, müsste man die Akkukapazität um 50 % vergrößern. Dies steht in keinem Verhältnis zu den zusätzlichen Kosten.

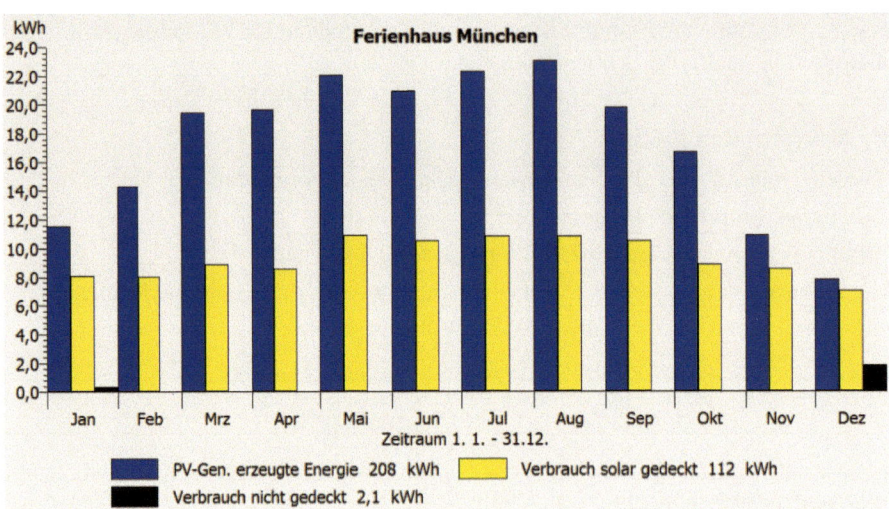

Bild 8.33 Simulation des Ferienhauses bei München: Durch die Auslegung der Anlage für das Winterhalbjahr kann nur etwa die Hälfte der erzeugten Energie genutzt werden (Simulation mit PV-Sol)

Stattdessen wäre ein kleines Notstromaggregat zu empfehlen, das im Winter gelegentlich den Akku nachlädt. In diesem Fall könnte man sogar die Akkukapazität auf z. B. 100 Ah halbieren und erreicht immer noch einen solaren Deckungsgrad von 93 %.

Photovoltaische Messtechnik

Vertrauen ist gut – Kontrolle ist besser. Dieser Wahlspruch gilt auch für die Photovoltaik. Daher werden in diesem Kapitel die wichtigsten Prinzipien zur Erfassung von Solarstrahlung und zur Leistungs- und Qualitätsanalyse von Photovoltaikanlagen vorgestellt.

■ 9.1 Messung solarer Strahlung

Um die Einstrahlungsverhältnisse an verschiedenen Standorten möglichst genau zu bestimmen, werden Strahlungssensoren benötigt. Dabei geht es meist um die Ermittlung der Globalstrahlung, manchmal aber auch um die getrennte Aufnahme von Direkt- und Diffusstrahlung (vgl. Kapitel 2). Wir sehen uns dazu die verschiedenen Sensortypen an und diskutieren die besonderen Eigenschaften.

9.1.1 Globalstrahlungssensoren

9.1.1.1 Pyranometer

Der genaueste Sensor zur Aufnahme der Globalstrahlung ist das Pyranometer. Der Name leitet sich aus dem Altgriechischen ab von *pyr*: *Feuer* und *ouranós*: *Himmel*; das Gerät misst gewissermaßen die Stärke des vom Himmel kommenden Sonnenfeuers. Der Aufbau eines Pyranometers ist in Bild 9.1 dargestellt: Entscheidendes Element ist die schwarze Absorberfläche. Diese heizt sich durch die Solarstrahlung allmählich gegenüber der Umgebungstemperatur auf, so dass die Temperaturdifferenz $\Delta\vartheta$ ein Maß für die auftreffende Bestrahlungsstärke E darstellt:

$$\Delta\vartheta = \vartheta_1 - \vartheta_U = \text{const}\cdot E \tag{9.1}$$

mit ϑ_1:   Temperatur des Absorbers
        ϑ_U: Umgebungstemperatur

Die Temperaturdifferenz wird sehr exakt durch eine Thermosäule bestimmt, darunter versteht man eine Reihenschaltung von mehreren Thermoelementen.

Die beiden Glasdome haben zwei Aufgaben: Zum einen sorgen sie dafür, dass die aufgeheizte Absorberfläche möglichst wenig von der aufgenommenen Wärme wieder abstrahlt. Zum anderen bewirkt die Kugelform, dass die Empfindlichkeit vom Kosinus des Einfallswinkels abhängt (sogenannte Cosine Response). Eine senkrechte Einstrahlung wirkt somit maximal auf die Absorberfläche, während die horizontale keinen Einfluss haben sollte.

Um zu vermeiden, dass die Glasabdeckung beschlägt, enthalten viele Pyranometer eine Trocknungspatrone mit Silicagel, die die Feuchtigkeit aufnimmt. Die Patrone muss nach etwa

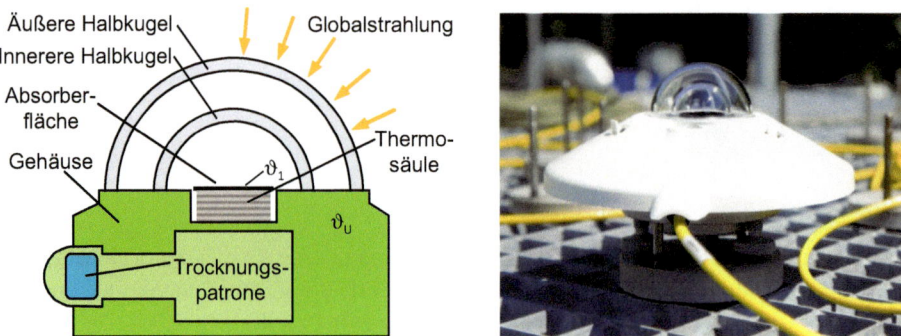

Bild 9.1 Aufbau und Ansicht eines Pyranometers: Die Absorberfläche wird von der Sonnenstrahlung erwärmt, so dass über die Temperatur auf die Bestrahlungsstärke geschlossen werden kann (Foto: Kipp & Zonen)

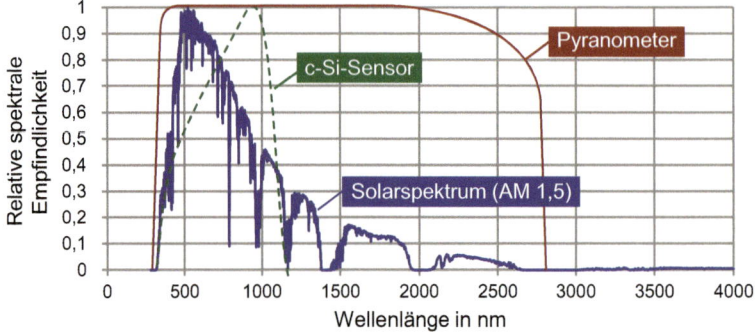

Bild 9.2 Spektrale Empfindlichkeit von Pyranometer und Solarzellensensor: Das Pyranometer nimmt faktisch das gesamte Solarspektrum auf, während die Solarzelle nur einen eingeschränkten Anteil detektiert

6 Monaten getauscht werden. Das in Bild 9.1 dargestellte Foto zeigt ein Pyranometer mit der üblichen weißen Kunststoffabdeckung; dieser Sonnenschirm soll verhindern, dass sich das Pyranometergehäuse durch Sonnenstrahlung aufwärmt. Die schwarze Absorberfläche detektiert praktisch das gesamte Sonnenspektrum mit einer konstanten Empfindlichkeit. Durch die Glasdome wird das messbare Spektrum jedoch auf den Bereich von 300 bis 2800 nm eingeschränkt. Dieses ist allerdings kein Problem, da so nur ein geringer Solarstrahlungsanteil nicht erfasst wird (siehe Bild 9.2).

Das von der Thermosäule abgegebene Spannungssignal ist sehr klein, typisch sind z. B. 10 mV bei voller Sonneneinstrahlung (1000 W/m²). Daher wird das Signal am besten mit einem externen Verstärker auf handhabbare Spannungswerte von z. B. 0–10 V vergrößert.

Pyranometer werden immer dann eingesetzt, wenn man möglichst genaue Messdaten der Globalstrahlung benötigt. Dazu sind in der ISO-Norm 9060 verschiedene Genauigkeitsklassen festgelegt (siehe Tabelle 9.1).

Die Tabelle zeigt, dass es große Unterschiede zwischen den einzelnen Klassen gibt. Besonders beachten sollte man die merkwürdige Bezeichnungsweise: Beste Klasse ist nicht etwa die „First Class" sondern der Secondary Standard!

Tabelle 9.1 Genauigkeitsklassen von Pyranometern nach ISO 9060

Eigenschaft	Second Class	First Class	Secondary Standard
Qualität	Mäßig	Gut	Exzellent
Genauigkeit (Tagessumme)	±10%	±5%	±2%
Auflösung	±10 W/m^2	±5 W/m^2	±1 W/m^2
Langzeitstabilität	±3%	±1,5%	±0,8%
Ansprechzeit	< 60 s	< 30 s	< 15 s

9.1.1.2 Strahlungssensoren aus Solarzellen

Ein Pyranometer kostet je nach Klasse zwischen 600 und 2000 Euro. Daher sind Strahlungssensoren aus Solarzellen eine kostengünstige Alternative. Es handelt sich meist um kleinflächige c-Si-Zellen, die speziell verkapselt wurden. Um die Einstrahlung zu messen, wird die Solarzelle mit einem niederohmigen Shunt-Widerstand kurzgeschlossen und die am Shunt abfallende Spannung gemessen. Da der Kurzschlussstrom einer Solarzelle proportional zur Einstrahlung ist, ist eine einfache Zuordnung möglich. Die Temperaturabhängigkeit von I_K kann durch den Einbau eines Temperaturfühlers mitsamt nachfolgendem temperaturabhängigem Spannungsverstärker kompensiert werden.

Bei Preisspannen zwischen 100 und 500 Euro erhält man Sensoren mit angegebenen Genauigkeiten von ±5 bis ±10 %. Allerdings muss beachtet werden, dass die c-Si-Solarzelle immer nur einen kleinen Teil des Sonnenspektrums vermisst (siehe Bild 9.2). Falls der Sensor auf ein AM 1,5 Spektrum kalibriert ist, so wird er bei tief stehender Sonne (z. B. AM 4) eine Abweichung aufweisen. Hinzu kommt, dass die flache Abdeckscheibe eine vom Einfallswinkel abhängige Reflexion aufweist.

Solarzellen-Strahlungssensoren werden daher hauptsächlich verwendet, um die Performance einer PV-Anlage kontinuierlich zu überwachen. Man montiert sie hierzu in Modulebene, so dass sie exakt die Strahlung aufnehmen, die auch der PV-Anlage zur Verfügung steht (Bild 9.3). Dabei sollte der Strahlungssensor möglichst die gleiche Technologie (c-Si, a-Si, CdTe etc.) aufweisen wie die in der Anlage verbauten Module. In diesem Fall ist die eingeschränkte spek-

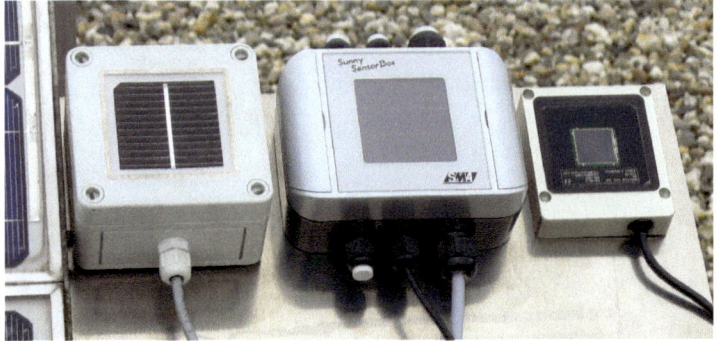

Bild 9.3 Verschiedene Referenzsensoren aus c-Si-Solarzellen am Versuchsstand der FH Münster: Die Sensoren werden in Modulebene montiert, um die auf die Solarmodule einfallende Strahlung zu messen

Tabelle 9.2 Gegenüberstellung von Pyranometern und Solarzellen-Sensoren

Pyranometer	Solarzellen-Sensor
+ Sehr hohe Genauigkeit	+ Preisgünstig
+ Empfindlichkeit unabhängig von λ	+ Verhält sich wie Solarmodul
+ Kaum richtungsabhängig	+ Kleine Ansprechzeit (< 1 s)
− Teuer	− Starke spektrale Abhängigkeit
− Träge	− Stark richtungsabhängig
Einsatz: Messung der Globalstrahlung zum Vergleich verschiedener Standorte	Einsatz: Messung der Einstrahlung in Modulebene zur Anlagenüberprüfung

trale Empfindlichkeit der Sensoren ein Vorteil, da sie genau der der überwachten Module entspricht. Tabelle 9.2 fasst die Vor- und Nachteile der beiden Sensorarten noch einmal zusammen.

Inzwischen gibt es auf dem Markt auch Sensoren, die als Pyranometer mit Siliziumphotodiode verkauft werden. Dies sind in Wirklichkeit c-Si-Sensoren, die einen Glasdom mit Streuscheibe verwenden, um die Richtungsabhängigkeit des Sensors zu verringern.

9.1.2 Messung von Direkt- und Diffusstrahlung

In Kapitel 2 haben wir gesehen, dass zur möglichst genauen Ertragsabschätzung die Trennung der Globalstrahlung in Direkt- und Diffusstrahlung notwendig ist. Hierzu gibt es spezielle Sensoren. Zur Ermittlung der Direktstrahlung verwendet man ein Pyrheliometer (*Helios*: griechischer Sonnengott). Ein typisches Modell ist in Bild 9.4 zu sehen: Am unteren Ende des Rohres befindet sich der eigentliche Sensor. Auf diesen fällt nur dann Licht, wenn es genau von vorn durch eine Blende am Rohranfang kommt. Aus diesem Grund muss das Pyrheliometer kontinuierlich der Sonne nachgeführt werden.

Bild 9.4 Pyrheliometer zur Aufnahme direkter Strahlung: Das Gerät muss kontinuierlich der Sonne nachgeführt werden (Fotos: Kipp & Zonen)

Bild 9.5 Sensoren zur Aufnahme diffuser Strahlung: Während die Schattenball-Variante ständig nachgeführt wird, reicht beim Schattenring ein gelegentliches Nachstellen des Anstellwinkels (Fotos: Kipp & Zonen)

Im Fall der Diffusstrahlung verwendet man ein normales Pyranometer, bei dem die Direktstrahlung durch einen nachgeführten Schattenball abgedeckt wird (Bild 9.5). Die deutlich kostengünstigere Variante ist ein feststehender Schattenring, dessen Höhe allerdings alle 10 Tage nachgestellt werden sollte.

■ 9.2 Leistungsmessung von Solarmodulen

Beim Kauf einer im Allgemeinen recht kostspieligen Solaranlage erwartet der Kunde, dass die Modulleistung genau dem entspricht, was beim Kauf vereinbart wurde. Wie wir in Kapitel 6 beim Thema Mismatching gesehen haben, reicht es auch nicht, wenn die Summe aller Modulleistungen der vereinbarten Nennleistung entspricht; statt dessen sollen die Leistungen der einzelnen Module eine möglichst geringe Toleranz aufweisen. Um dies sicherzustellen, müssen die Module beim Hersteller sehr genau vermessen werden. Hierzu kommen praktisch ausschließlich Modulflasher zum Einsatz.

9.2.1 Aufbau eines Solarmodul-Leistungsprüfstands

Wesentliches Element eines Modulprüfstands ist der Modulflasher (auch Solarsimulator). Dies bezeichnet eine Strahlungsquelle, die einen Lichtblitz entsprechend dem Sonnenspektrum erzeugt. Es handelt sich meist um eine Xenon-Blitzlampe mit einem vorgeschalteten Filter, um dem AM 1,5-Spektrum möglichst nahe zu kommen. Während der Dauer des Blitzes (z. B. 10 ms) wird die I/U-Kennlinie elektrisch vermessen. Dazu variiert man den Widerstand der angeschlossenen elektronischen Last und misst gleichzeitig computergesteuert Spannung und Strom des Moduls (Bild 9.6).

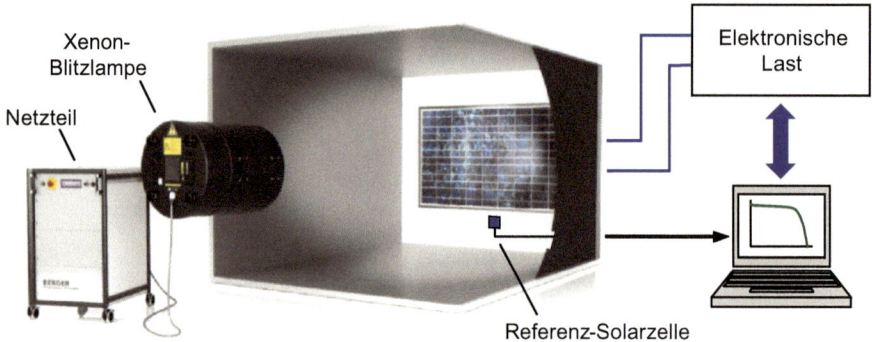

Bild 9.6 Prinzipieller Aufbau eines Solarmodul-Leistungsmesssystems: Die Xenon-Lampe erzeugt einen Lichtblitz mit AM 1,5-Spektrum. Während des Blitzes wird die I/U-Kennlinie des Solarmoduls mithilfe einer elektronischen Last vermessen (Quelle: Berger Lichttechnik)

Grund für die Verwendung eines Lichtblitzes ist die Tatsache, dass sich das Modul in der kurzen Zeitspanne kaum aufheizt. Somit kann von einer konstanten Temperatur ausgegangen werden. Damit das Solarmodul möglichst homogen beleuchtet wird, sollte die Blitzlampe einen großen Abstand (z. B. 5 m) zum Modul haben. Als Ausrichtungshilfe dient ein Laserpointer, der mittig auf das Modul treffen muss.

Die Bestrahlungsstärke sollte während der Messung möglichst exakt $1000 \, \text{W/m}^2$ betragen, daher wird sie jeweils durch einen Referenz-Solarzellensensor kontrolliert. Um eine hohe Messgenauigkeit zu erreichen, muss dieser wiederum kalibriert werden. Dies geschieht über ein Referenzmodul („goldenes Modul"). Darunter versteht man ein Modul, das von einem akkreditierten Prüflabor (z. B. TÜV Rheinland oder Fraunhofer ISE) mit einem Fehler von maximal $\pm 2\,\%$ vermessen wurde. Nach der Kalibrierung des Referenzsensors muss die Vermessung des goldenen Moduls die gleiche Leistung ergeben wie der im Zertifikat des Prüflabors angegebene Wert.

9.2.2 Güteklassen von Modulflashern

Die Norm EN 60904-9 gibt vor, welche Anforderungen ein Solarsimulator in Bezug auf Spektrum sowie Homogenität und zeitliche Stabilität der Bestrahlungsstärke zu erfüllen hat [VDE07]. Dabei definiert man verschiedene Klassen, aus denen sich die Güte eines Flashers ablesen lässt. Tabelle 9.3 zeigt die jeweiligen Bedingungen, die zur Einteilung in Klasse A, B oder C führen:

Tabelle 9.3 Klasseneinteilung von Solarsimulatoren [VDE07]

Klassifikation	Spektrale Anpassung an AM 1,5	Ungleichmäßigkeit der Bestrahlungsstärke	Langzeitinstabilität der Bestrahlungsstärke
A	$\pm 25\,\%$	2 %	2 %
B	$\pm 40\,\%$	5 %	5 %
C	$-60\,\%$ bis $+100\,\%$	10 %	10 %

Zur Bewertung der spektralen Anpassung wird in 6 festgelegten Spektralbereichen zwischen 400 und 1100 nm untersucht, wie gut der Flasher das AM 1,5-Spektrum nachbildet. Um beispielsweise die Klasse A zu erlangen, darf in keinem der Bereiche eine Abweichung von mehr als $\pm 25\%$ auftreten. Deutlich schwieriger zu erreichen ist eine homogene Beleuchtung der Modulfläche. Die für Klasse A geforderte maximale Abweichung von 2 % zwischen minimaler und maximaler Bestrahlungsstärke ist bei den großen Messflächen von z. B. 2 m × 2 m nur mit hohem Aufwand zu erreichen. Aus diesem Grund wird auf dem Markt eine Reihe von ABA-Flashern angeboten. Aus Kapitel 6 wissen wir aber, dass auch eine nur punktuell verringerte Bestrahlung einen großen Einfluss auf die Leistung des Solarmoduls haben kann. Daher sollte man nur Messungen akzeptieren, die mit Flashern der Klasse AAA durchgeführt wurden. In diesem Fall sollten die Modulleistungen mit einer Genauigkeit von $\pm 3\%$ bestimmbar sein.

9.2.3 Bestimmung der Modulparameter

Aus der aufgenommenen I/U-Kurve des Moduls unter Standardtestbedingungen lassen sich die wichtigsten Parameter U_L, I_K und P_{MPP} unmittelbar entnehmen. Außerdem kann man wie in Abschnitt 4.5 beschrieben den Parallelwiderstand R_P und Serienwiderstand R_S des Moduls aus den Steigungen im Kurzschluss- und Leerlaufpunkt bestimmen.

Im Fall des Serienwiderstands ist mit dem Flasher allerdings eine genauere Ermittlung möglich. Hierzu müssen zwei Kennlinien bei unterschiedlicher Bestrahlungsstärke (z. B. 1000 und 800 W/m^2) aufgenommen werden (siehe Bild 9.7). Nun legt man einen Arbeitspunkt Q_1 auf der oberen Kennlinie etwas rechts vom MPP fest und bestimmt die Stromdifferenz ΔI zwischen I_{K1} und dem Strom im Punkt Q_1. Anschließend ermittelt man den Arbeitspunkt Q_2 auf der unteren Kennlinie, bei dem der Strom $I_{K2} - \Delta I$ beträgt. R_S berechnet sich nun mit folgender Formel:

$$R_S = -\frac{U_2 - U_1}{I_{K2} - I_{K1}} \tag{9.2}$$

Das beschriebene Verfahren wurde in der Norm DIN EN 60891 aus dem Jahre 1994 festgelegt und ist inzwischen etwas überholt [VDE94]. Seit dem Jahr 2010 gibt es eine Nachfolgenorm, die die Aufnahme von mindestens drei Kennlinien bei unterschiedlichen Bestrahlungsstärken vorschreibt. Der Serienwiderstand wird nun durch ein numerisches Verfahren ermittelt; Details finden sich in [VDE10].

Um die Güte eines Solarmoduls einschätzen zu können, sollte auch immer das Schwachlichtverhalten untersucht werden. Hierzu bestrahlt man das Modul z. B. nacheinander mit 100, 200,

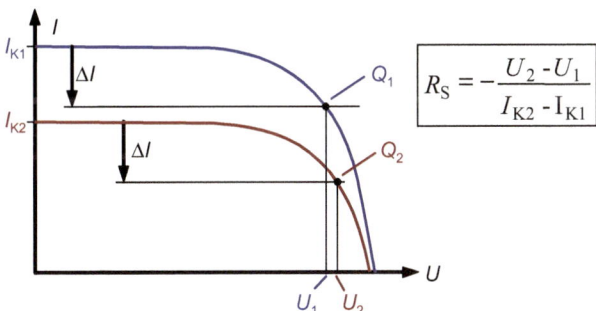

Bild 9.7 Ermittlung des Serienwiderstands R_S: Nach Skizzierung der horizontalen Hilfslinien ergeben sich die beiden Arbeitspunkte Q_1 und Q_2, die zur Ermittlung von R_S führen [VDE94]

400 und 700 W/m^2 und bestimmt jeweils den Abfall des Wirkungsgrads gegenüber 1000 W/m^2 (vgl. Abschnitt 6.1.5). Die unterschiedlichen Bestrahlungsstärken erhält man, indem jeweils ein optischer Abschwächer („Fliegengitter") vor die Lampe geklappt wird.

 Könnte man nicht einfach den Lampenstrom verringern, um eine kleinere Bestrahlungsstärke einzustellen?

 Bei Verkleinerung des Lampenstroms ändert sich leider auch die Lampentemperatur und damit das Lampenspektrum. Mittels des Stromes sollte man maximal auf 900 W/m^2 reduzieren; dabei ist die Veränderung des Spektrums noch akzeptabel.

■ 9.3   Peakleistungsmessung vor Ort

Normalerweise geht man beim Aufbau einer Photovoltaikanlage davon aus, dass die Leistung der eingekauften Module den Datenblattwerten entspricht. Eine vorsorgliche Überprüfung aller Module mit dem Flasher würde außerdem aufgrund der hohen Kosten zu aufwändig sein. Als kostengünstige Alternative zur Labormessung bietet sich dagegen die Peakleistungsmessung der gesamten Anlage vor Ort an.

9.3.1   Prinzip der Peakleistungsmessung

Bei der Peakleistungsmessung vor Ort misst man einen ganzen String oder sogar den gesamten Solargenerator auf einmal. Als Lichtquelle wird die Sonne verwendet; die aktuelle Bestrahlungsstärke muss daher mit einem Strahlungssensor gemessen werden, der die gleiche Ausrichtung wie die Solarmodule aufweist. Gleichzeitig wird die Modultemperatur erfasst; z. B. mittels Kontaktfühler oder Infrarot-Thermometer.

Die eigentliche Messung läuft folgendermaßen ab: Zum Zeitpunkt $t = 0$ schaltet man den Solargenerator auf einen großen Kondensator (siehe Bild 9.8). Der Solargenerator lädt den Kondensator hierdurch z. B. innerhalb einer Sekunde auf. Dabei durchläuft er die gesamte I/U-Kennlinie ausgehend vom Kurzschlusspunkt (leerer Kondensator) bis zum Leerlaufpunkt (geladener Kondensator). Während des Ladevorgangs misst der Microcontroller kontinuierlich Spannung und Strom und kann somit die gesamte Kennlinie erfassen. Mit der gleichzeitig aufgenommenen Einstrahlung und Modultemperatur kann die ermittelte MPP-Leistung anschließend auf den Wert bei STC-Bedingungen umgerechnet werden (daher die Bezeichnung Peakleistungsmessung).

 Im Fall des Modulflashers wurde doch ein veränderbarer Widerstand benutzt, um die Kennlinie zu durchlaufen. Wieso benutzt man hier einen Kondensator?

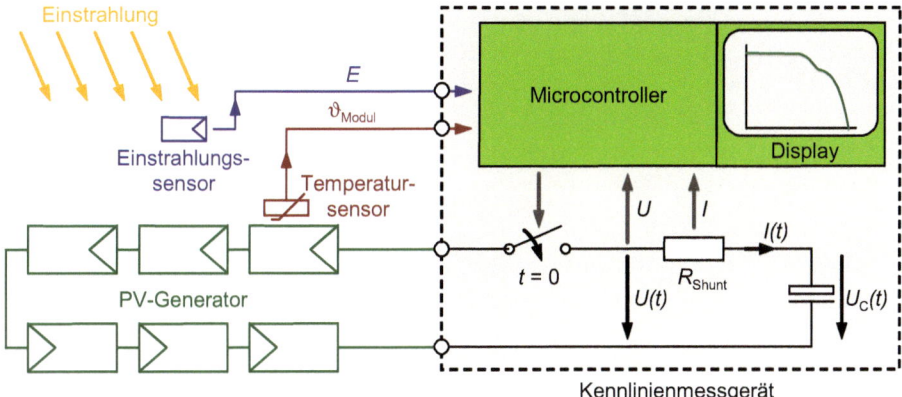

Bild 9.8 Aufbau eines Kennlinienmessgerätes: Nachdem der Schalter geschlossen ist, lädt der Solargenerator den Kondensator auf. Dabei durchläuft er ausgehend vom Kurzschluss- bis zum Leerlaufpunkt die gesamte I/U-Kennlinie

 Bei Vermessung eines ganzen Solargenerators treten leicht hohe Leistungen von z. B. 10 kW auf. Die elektronische Last müsste daher sehr groß sein und gut gekühlt werden. Im Fall des Kondensators tritt dagegen fast keine Verlustleistung auf, so dass das Gerät relativ klein aufgebaut werden kann.

9.3.2 Möglichkeiten und Grenzen des Messprinzips

Ein großer Nachteil der Messung vor Ort ist die Abhängigkeit vom Wetter. Die meisten Hersteller von Kennlinienmessgeräten geben an, dass nur bei Einstrahlungen über $500\,\text{W/m}^2$ genaue Messungen möglich sind. Eine an der FH Münster durchgeführte Studie zeigte allerdings, dass selbst in diesem Fall die ermittelten Peakleistungen noch deutlich von der Einstrahlung und Modultemperatur abhängen [Mer08]. Die von manchen Herstellern angegebenen Fehlertoleranzen von $\pm5\,\%$ sind sicherlich sehr optimistisch, zumal alleine schon die mitgelieferten Strahlungssensoren Toleranzen von $\pm5\,\%$ aufweisen.

Neben der Peakleistungsbestimmung ist allerdings auch die aufgenommene Kennlinie sehr aufschlussreich. Sie kann unmittelbar Hinweise auf Verdrahtungsfehler oder defekte Module geben. Bild 9.9 zeigt zwei Beispielkennlinien.

Im linken Bild ist die Kurve einer Stringmessung dargestellt, bei der ein schräger Abfall im oberen Bereich auffällt. Dies könnte ein Hinweis auf teilverschattete Module sein. Im konkreten Fall lag allerdings keine Verschattung vor, stattdessen wurden Module unterschiedlicher Qualität verbaut. Aufgrund dieser „Beweiskurve" wurden sämtliche Module des Strings vom Hersteller ausgetauscht. Das rechte Bild zeigt die Auswirkung von Fehlern in der Stringverkabelung. Hier wurde ein String aus 8 Modulen parallel geschaltet mit einem String aus 7 Modulen, was sich an der Ausbuchtung im rechten Teil der Kennlinie zeigt.

Aus der aufgenommenen Kennlinie lässt sich auch der Serienwiderstand des gesamten gemessenen Strings ermitteln [Wag15]. Ist dieser deutlich größer als die Summe der Serienwiderstän-

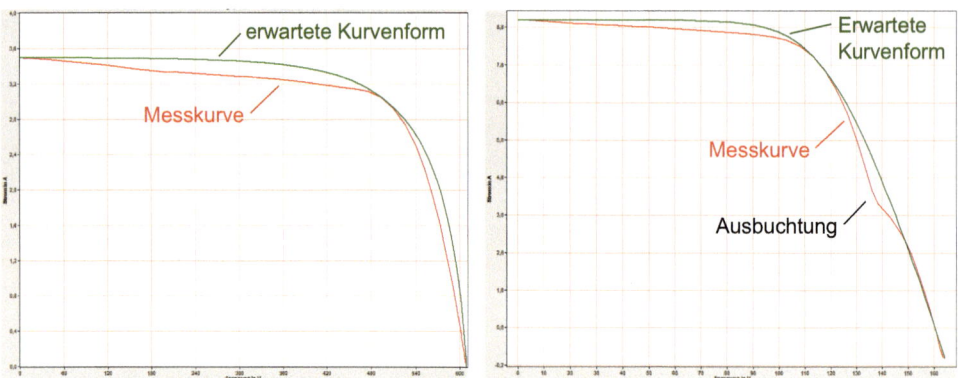

Bild 9.9 Aufgenommene Messkurven: Das linke Bild zeigt einen String mit Modulen unterschiedlicher Qualität, das rechte die Auswirkungen von falscher Stringverkabelung

de der einzelnen Module, deutet dies auf hohe Übergangswiderstände an den Kontakten der Stringverkabelung hin.

Zusammenfassend ist die Kennlinienmessung vor Ort ein sehr informatives Verfahren, das Aufschluss über die Qualität von Modulen und Verkabelung gibt. Zur umfassenden Qualitätskontrolle sollte sie daher standardmäßig im Rahmen der Anlagenabnahme durchgeführt werden.

■ 9.4   Thermographie-Messtechnik

Die Infrarot-Thermographie bietet die Möglichkeit, sehr zeitsparend eine Qualitätsüberprüfung von Solarmodulen durchzuführen. Wir behandeln zunächst kurz das Funktionsprinzip der Thermographie und betrachten dann die zwei wichtigsten Verfahren Hell- und Dunkel-Thermographie.

9.4.1   Prinzip der Infrarot-Temperaturmessung

In Kapitel 2 haben wir bereits die Sonne als einen schwarzen Strahler kennengelernt. Ein idealer schwarzer Strahler gibt je nach Oberflächentemperatur ein charakteristisches Lichtspektrum ab (plancksches Strahlungsgesetz, siehe Bild 2.2). Integriert man dieses Spektrum über den gesamten Wellenlängenbereich, so ergibt sich das Stefan-Boltzmann-Gesetz:

$$P_S = \sigma \cdot T^4 \tag{9.3}$$

mit P_S: Optische Leistung des schwarzen Strahlers
   σ: Stefan-Boltzmann-Konstante: $\sigma = 5{,}67051 \cdot 10^{-8}\,\mathrm{W/(m^2 \cdot K^4)}$
   T: Oberflächentemperatur des schwarzen Strahlers

Die optische Leistung des idealen schwarzen Strahlers hängt also nur von einer Konstanten und der Oberflächentemperatur des Strahlers ab! Ist die Oberfläche eines Strahlers nicht ideal schwarz, so wird nur ein Teil der möglichen Leistung nach außen abgestrahlt. Dies berücksichtigt man in Gleichung (9.3) durch Einführung eines Emissionsgrads ε:

$$P = \varepsilon \cdot \sigma \cdot T^4 \tag{9.4}$$

    mit ε: Emissionsgrad (auch „Emissionsfaktor" genannt)

Kennt man den Emissionsgrad eines Strahlers, so kann man über eine Messung der Strahlungsleistung die Oberflächentemperatur bestimmen. Tabelle 9.4 gibt für einige Materialien den Emissionsgrad an. Am Beispiel des Stahls wird dort deutlich, dass nicht das Material an sich sondern die Oberflächenbeschaffenheit entscheidend für den Emissionsgrad ist. Grundsätzlich kann man sagen, dass der Emissionsgrad einer Oberfläche umso kleiner ist, je stärker sie reflektierend wirkt.

Tabelle 9.4 Emissionsgrade verschiedener Materialien [Ome18]

Material	Emissionsgrad	Material	Emissionsgrad
schwarzer Strahler	1	Aluminium, poliert	0,18
Stahl, schwarz lackiert	0,96	Aluminium, oxidiert	0,19
Stahl, poliert	0,07	Glasscheibe	0,8–0,9

In einfachen IR-Thermometern wird die von einer Oberfläche ausgehende Strahlung über ein Objektiv auf einen Sensor gelenkt, der die Stärke der Strahlung detektiert. Daraus kann bei bekanntem Emissionsgrad die Oberflächentemperatur bestimmt werden. Thermographiekameras nutzen das gleiche Prinzip, hier verwendet man allerdings ein ganzes Array von Detektoren, so dass ein zweidimensionales Temperaturbild erzeugt werden kann.

9.4.2 Hell-Thermographie von Solarmodulen

Unter Hell-Thermographie versteht man die Temperaturanalyse von Solarmodulen unter Sonnenlicht. Im einfachsten Fall blickt man mit der Thermographiekamera auf einen Solargenerator und sucht nach auffälligen Temperaturspitzen. Bild 9.10 zeigt dazu ein Beispiel, bei dem

Bild 9.10 Beispiel der Thermographiemessung einer Aufdachanlage: Deutlich sichtbar weisen zwei Zellen des Moduls rechts unten Auffälligkeiten auf (Fotos: T. Stegemann, FH Münster)

eine Aufdachanlage untersucht wurde. Deutlich auffällig sind zwei Zellen des Moduls rechts unten, deren Temperatur ca. 20 K über der der anderen Zellen liegt. Offensichtlich liefern sie zu wenig Strom und heizen sich dadurch auf (Verbraucherbetrieb, vgl. Kapitel 6). Gleichzeitig ist der Bereich der Modulanschlussdose deutlich erwärmt, dies deutet auf eine aktive Bypassdiode hin. Eine Kennlinienmessung des Moduls erbrachte hier die Bestätigung, dass das Modul etwa 30 % Minderleistung aufwies. Aufgrund dieses Fehlerbildes wurden vom Hersteller sämtliche Module der Anlage innerhalb der Gewährleistungszeit ausgetauscht.

Das Temperaturbild eines Solarmoduls hängt stark von dem aktuellen Betriebszustand ab. In Bild 9.11 sind vier Module zu sehen, von denen sich eines im Leerlauf, eines im Kurzschluss und zwei im MPP-Betrieb befinden. Das Thermographiebild des Moduls im Leerlauf ist relativ homogen, da hier die Lichtabsorption zu einer gleichmäßigen Erwärmung führt.

Im Fall des kurzgeschlossenen Moduls ergeben sich deutliche Temperaturunterschiede zwischen den einzelnen Zellen. Ist z. B. eine einzelne Zelle des Moduls etwas schlechter als die anderen (leicht kleinerer Kurzschlussstrom), so versuchen alle anderen Zellen, ihren (höheren) Kurzschlussstrom durch diese Zelle zu treiben. Diese wird dabei vom zum Verbraucher und heizt sich auf (Betrieb im II. Quadranten, siehe Bild 6.1). Kleine Qualitätsunterschiede zwischen den einzelnen Zellen führen bei Kurzschluss eines Moduls also schon zu extremen Schachbrettmustern im Thermographiebild. Dies zeigt Bild 9.11 sehr deutlich: Die Zelle rechts oben im kurzgeschlossenen Modul hat eine Temperatur von 75 °C; sie liegt damit ca. 30 K über der Temperatur der übrigen Zellen!

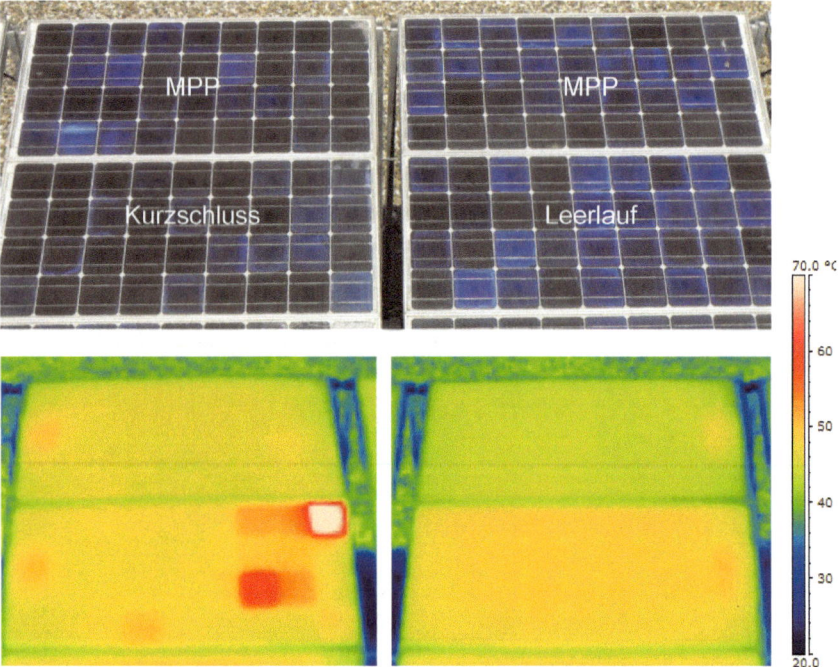

Bild 9.11 Thermographiebild von Modulen in unterschiedlichen Betriebszuständen: Das Modul im Leerlauf zeigt eine homogene Erwärmung, während der Kurzschlussbetrieb zur unterschiedlichen Aufheizung der Zellen führt (Foto: FH Münster)

Wie an den oberen beiden Modulen zu sehen ist, sind die beschriebenen Temperaturunterschiede im MPP-Betrieb eines Moduls bei weitem nicht so ausgeprägt. In diesem Fall gibt der Wechselrichter durch das MPP-Tracking eine hohe Spannung vor; bei nicht zu großen Abweichungen der einzelnen Zellqualitäten kommt es hier nicht zwangsläufig zum Verbraucherbetrieb einzelner Zellen. Dies ist im oben beschriebenen Kurzschlussfall deutlich anders, in dem die Gesamtspannung des Moduls durch den Kurzschluss auf 0 Volt gezwungen wird und es so immer Zellen geben wird, die als Verbraucher arbeiten werden.

Das Modul links unten wurde übrigens nach dem Kurzschlussbetrieb auf MPP-Betrieb umgestellt und nochmals per Thermographie vermessen (in Bild 9.11 nicht dargestellt). In diesem Fall zeigte die schwache Zelle nur noch eine Temperaturerhöhung von 3 K gegenüber den anderen Zellen.

Im Kurzschlussbetrieb eines Solarmoduls treten unterschiedliche Zellqualitäten deutlich stärker im Thermographiebild hervor als im MPP-Betrieb.

 In Bild 9.11 haben die MPP-Module anscheinend die niedrigste Temperatur, während Leerlauf- und Kurzschlussmodul etwas wärmer sind. Ist das ein Zufall?

 Das ist tatsächlich kein Zufall! Die MPP-Module geben einen Teil der aufgenommenen optischen Leistung als elektrische Leistung an den Wechselrichter ab. Dieser Teil führt daher nicht zu einer Erwärmung des Moduls. Bei den beiden anderen Modulen (Leerlauf bzw. Kurzschluss) wird keine elektrische Leistung nach außen gefördert, sie heizen sich deshalb stärker auf. Im konkreten Fall liegt die Temperaturdifferenz bei 2 bis 4 K.

Ein Modul im Leerlauf- oder Kurzschlussbetrieb heizt sich etwas stärker auf als im MPP-Betrieb.

Das Wissen um die charakteristischen Thermobilder der unterschiedlichen Betriebszustände macht die Thermographie zu einem sehr effektiven Mittel der Qualitätskontrolle von Photovoltaikanlagen. Es können sehr einfach falsch verschaltete und defekte Module erkannt werden.

Nebenbei bemerkt: Wem eine Thermographiekamera zu teuer ist, kann zur Not auch ohne sie auskommen. Bild 9.12 zeigt das Modul aus Bild 9.10, aufgenommen an einem kalten Novembertag mit Raureif auf den Modulen.

9.4.3 Dunkel-Thermographie

Neben der Thermographie unter Beleuchtung kann auch eine Messung im dunklen Labor Informationen über das Modul liefern. Dazu betreibt man das Modul im IV. Quadranten (siehe Bild 6.1) mit einem hohen Rückstrom von z. B. dem doppelten Kurzschlussstrom. Dieser Strom führt zu einer Aufheizung der Fingerkontakte an der Zelloberseite. Fehlerstellen mit hohen Übergangswiderständen zeigen sich dann deutlich durch Temperaturspitzen (Bild 9.13). Gleichzeitig sorgt der Rückstrom zu einer relativ gleichmäßigen Erwärmung der Zellen. Etwaige inaktive Zellbereiche können somit ebenfalls erkannt werden. Die Messung im Labor bietet

Bild 9.12 „Thermographiemessung für Arme" an einem kalten Novembertag: Deutlich sichtbar haben sich die beiden Zellen des Moduls aus Bild 9.10 vom Raureif befreit (Foto: T. Stegemann, FH Münster)

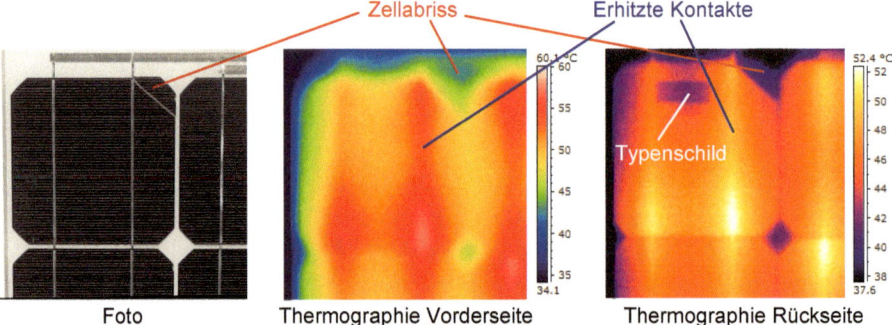

Foto   Thermographie Vorderseite   Thermographie Rückseite

Bild 9.13 Dunkel-Thermographie an Vorder- und Rückseite eines Moduls: Die inaktive Zellfläche oben rechts kann bei Betrachtung von der Modulrückseite deutlich besser erkannt werden (Foto: FH Münster)

außerdem den Vorteil, dass man die Module von der Unterseite betrachten kann. Die dünne Rückseitenfolie bietet eine deutlich bessere „Bildschärfe" als die dicke Frontscheibe, welche das Temperaturbild stark ausmittelt.

■ 9.5   Elektrolumineszenz-Messtechnik

Als letzte Messmethode betrachten wir die Elektrolumineszenz-Messtechnik (EL-Messung).

9.5.1   Messprinzip

Hier besteht die Idee darin, ein Solarmodul wie eine großflächige LED zum Leuchten zu bringen. Dazu wird das Modul im Durchlassbereich, also im IV. Quadranten (siehe Bild 6.1) betrieben. Mit einem leistungsfähigen Netzgerät treibt man z. B. einen Rückstrom in der Höhe des Kurzschlussstroms durch das Modul. Damit wird der pn-Übergang in Durchlassrichtung

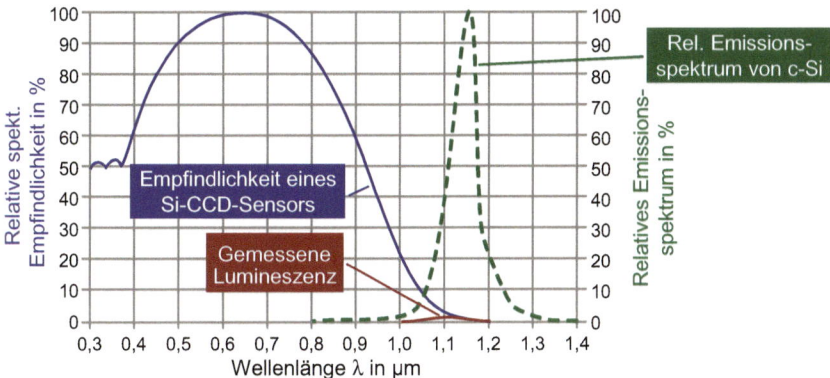

Bild 9.14 Problematik der Elektrolumineszenz-Messungen: Das Emissionsspektrum von c-Si liegt an der Grenze des Empfangsbereichs von CCD-Kameras und kann daher nur schwach detektiert werden (nach [Kön08])

betrieben und eine Lichtemission möglich. Allerdings wissen wir aus Abschnitt 3.6, dass c-Si ein indirekter Halbleiter ist. Da hier ein Phonon für die Wechselwirkung zwischen Photon und Elektron-Loch-Paar benötigt wird, ist nicht nur die Absorption von Licht relativ schwach ausgeprägt sondern im umgekehrten Fall auch die Emission. Hinzu kommt die Tatsache, dass die Bandlücke von Silizium zu einem Spektrum im Bereich um 1150 nm führt. Diese Wellenlänge kann eine normale CCD-Kamera (CCD – Charged Coupled Device) kaum noch detektieren.

Bild 9.14 zeigt die Problematik: Die spektrale Empfindlichkeit des aus Silizium bestehenden CCD-Sensors sackt im Bereich der Bandlücke von Silizium drastisch ab. Die ohnehin geringe Lichtemission des Solarmoduls kann daher nur an der Rauschgrenze aufgenommen werden. Inzwischen gibt es eine Reihe von speziellen (und teuren) CCD-Kameras, die dennoch brauchbare Bilder erzeugen können. Um die Qualität der aufgenommenen Bilder zu verbessern, verwendet man außerdem einen Trick: Es wird zusätzlich ein Bild des unbestromten Solarmoduls aufgenommen, welches dann von dem Elektrolumineszenzbild „subtrahiert" wird. Damit kann man das Eigenrauschen der Kamera und ggf. einfallendes Fremdlicht recht gut kompensieren.

9.5.2 Beispiele von Aufnahmen

Wie sehen nun typische Elektrolumineszenzbilder aus? Bild 9.15 zeigt links die mit einer Spezialkamera erstellte Detailaufnahme einer einzelnen Zelle. Es sind deutlich spinnennetzartige Mikrorisse erkennbar, die wahrscheinlich durch eine punktförmige mechanische Belastung entstanden sind. Dennoch leuchtet die gesamte Zelle hell, da der Strom nach wie vor über die beiden Busbars und die Kontaktfinger zu allen Bereichen der Zelle geführt werden kann.

Anders sieht dies bei Zelle 2 aus: Hier ist rechts unten ein inaktiver Bereich sichtbar, da der Strom den Mikroriss nicht überwinden kann. Oben links zeigt sich ebenfalls eine dunklere Fläche; diese deutet darauf hin, dass der Mikroriss hier parallel zum linken Busbar weiter verläuft. Der dunkle waagerechte Streifen oben rechts lässt auf ein fehlendes Kontaktfingerstück schließen, was durch eine verstopfte Siebdruckmaske verursacht werden kann (vgl. Abschnitt 5.1.3).

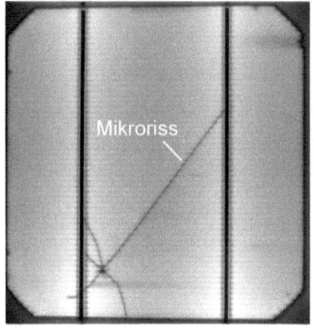 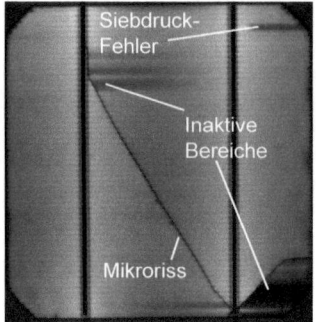 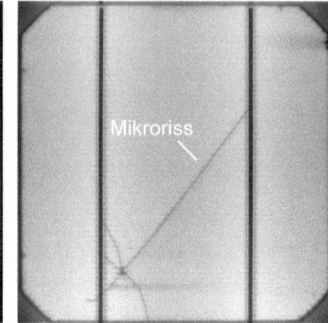

Zelle 1 (Spezialkamera)   Zelle 2   Zelle 1 (Einfachkamera)

Bild 9.15 Aufgenommene Elektrolumineszenz-Bilder zweier Solarzellen: Beide Zellen weisen einen Mikroriss auf, der bei Zelle 1 zu keiner Leistungsverringerung führt. Im Fall von Zelle 2 sind allerdings dunkle Flächen erkennbar; diese können nicht mehr zum Photostrom beitragen. Das rechte Foto zeigt wiederum Zelle 1, hier allerdings aufgenommen mit einer umgebauten preisgünstigen Spiegelreflexkamera (Quelle: FH Münster)

Für die Zellperformance sind insbesondere die dunklen Bereiche kritisch. Beim normalen Betrieb der Solarzelle werden zwar auch hier Elektron-/Lochpaare gebildet, diese können aber nicht bis zum Busbar gelangen und rekombinieren daher ungenutzt. Damit sinkt der Kurzschlussstrom der Zelle und damit auch der des im Modul verbauten Zellstrings.

Eine Untersuchung der Fachhochschule Münster ergab, dass auch kostengünstige Spiegelreflexkameras nach einem Umbau gut für Elektrolumineszenzaufnahmen genutzt werden können [Mer12a, Mer12b]. Dazu zeigt Bild 9.15 die gleiche Zelle wie zuvor, nun als Aufnahme einer „LowCost-Kamera". Das Bild ist etwas unschärfer und hat einen geringeren Kontrast. Dennoch können die relevanten Details gut erkannt werden.

In Bild 9.16 ist ein Modul zu sehen, das äußerlich völlig unversehrt erscheint. Die EL-Aufnahme macht allerdings eine Vielzahl von Mikrorissen und elektrisch inaktiven Bereichen sichtbar. In diesem Fall sind die Mikrorisse durch einen unsachgemäßen Transport des Moduls verursacht worden. Besonders unangenehm wirken sich natürlich die dunklen Bereiche in den roten Kreisen aus.

Im Fall der Zellen mit den blauen Kreisen haben die Mikrorisse noch keine Auswirkungen auf die Modulleistung. Ist aber erst einmal ein Mikroriss vorhanden, kann er sich im Laufe der Zeit durch Wind, Temperaturwechsel und Schneelast weiter vergrößern und so ebenfalls zu einer Leistungsdegradation führen [Kön10]! Man kann somit durch eine EL-Aufnahme Informationen über Vorschädigungen eines Moduls gewinnen, noch bevor sie sich elektrisch auswirken.

Die grünen Kreise in Bild 9.16 weisen auf Siebdruckfehler hin. Für den Käufer eines Solarmoduls sind diese nicht unbedingt dramatisch, da sie bereits bei der Herstellung aufgetreten sind und sich normalerweise nicht weiter verschlimmern. Das Problem hat eher der Hersteller, da er die Module mit einer geringeren Nennleistung als eigentlich möglich verkaufen muss.

Auch Dünnschichtmodule können mittels Elektrolumineszenz-Technik untersucht werden, wie Bild 9.17 zeigt. Es handelt sich um ein mikromorphes Modul, auf dem zwei dunkle Bereiche auffallen. Diese werden durch lokale Shunts (Kurzschlüsse) verursacht, die bereits wäh-

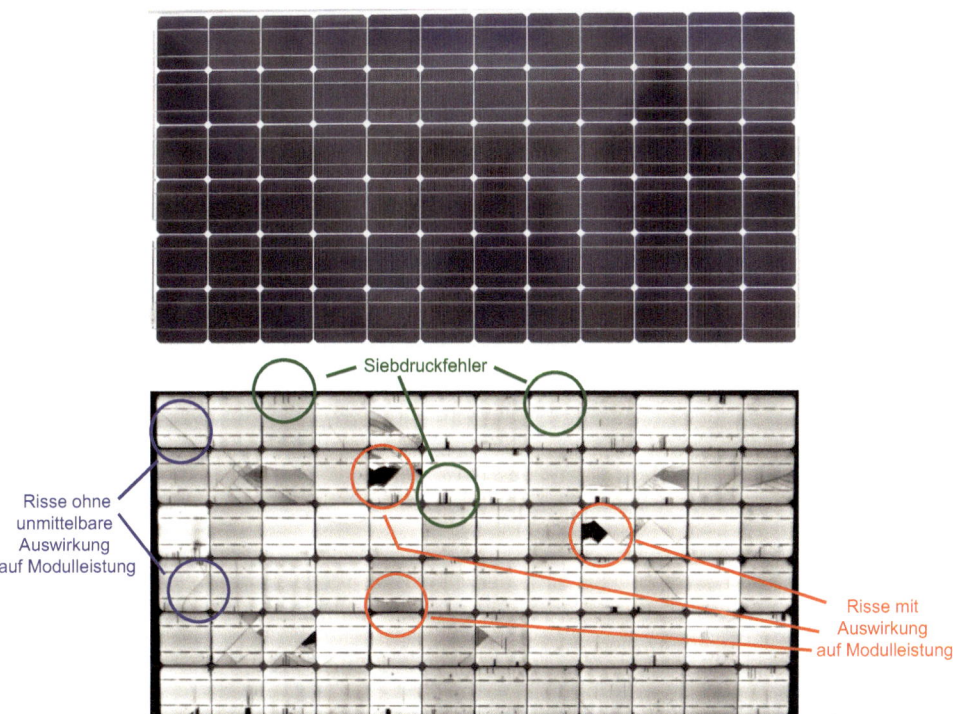

Bild 9.16 Ansicht und EL-Aufnahme eines Solarmoduls, das unsachgemäß transportiert wurde

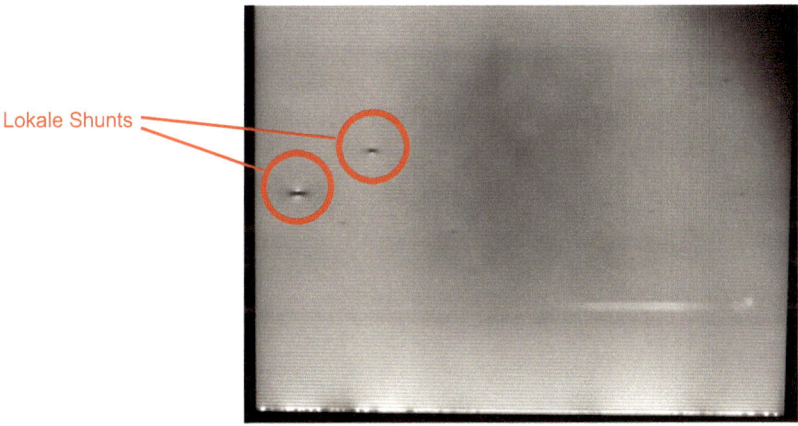

Bild 9.17 EL-Aufnahme eines mikromorphen Dünnschichtmoduls: Die zwei dunklen Flecken werden durch lokale Shunts verursacht, welche schon bei der Modulherstellung oder auch erst im Betrieb entstehen können

rend der Modulherstellung bei der integrierten Serienverschaltung (vgl. Abschnitt 5.2.7) auftreten können. Noch wahrscheinlicher ist das Auftreten der Shunts im Betrieb, wie bereits in Abschnitt 6.1.6 erläutert.

9.5.3   LowCost-Outdoor-Elektrolumineszenz-Untersuchungen

Die EL-Messtechnik bietet im besonderen Maße die Möglichkeit, detaillierte Informationen über den Zustand eines Moduls zu bekommen. Daher liegt es nahe, diese Technik auch bei bereits installierten PV-Anlagen zur Fehlersuche einzusetzen. Durch den in Abschnitt 9.5.2 beschriebenen Umbau von normalen Spiegelreflexkameras stehen zudem kostengünstige „Messgeräte" zur Verfügung. In vielen Fällen kann man so vor Ort Fehler aufspüren, ohne aufwändig Module abzubauen und zum Prüflabor zu transportieren.

Das Prinzip einer solchen Outdoor-Messung zeigt Bild 9.18. Mit einem Hochvoltnetzteil wird ein ganzer String von Modulen bestromt, um so gleichzeitig mehrere Module untersuchen zu können. Das Netzteil sollte zur Abdeckung der typischen Einsatzfälle mindestens 600 V und 5 A leisten. Sowohl Kamera als auch Netzteil können vom Laptop aus ferngesteuert werden. Dies ermöglicht z. B. die aufeinander folgende Aufnahme von bestromtem und unbestromtem String mit anschließender Differenzbildung, um den störenden Einfluss von Fremdlicht zu vermindern. Das Fremdlicht sollte außerdem durch spezielle Infrarotfilter zusätzlich unterdrückt werden [Mer15a, Mer15b].

Ein erstes Messbeispiel zeigt Bild 9.19. Hier wurden nacheinander zwei Strings einer Dachanlage bestromt. Dies dient zunächst einmal der Klärung, ob alle Module verkabelt sind und welche Module zu welchem String gehören. Darüber hinaus wird deutlich, dass es keine gravierenden Modulschäden gibt. Falls genauer auf Mikrorisse untersucht werden soll, so müssen weitere Aufnahmen aus der Nähe gemacht werden.

Ein weiteres Beispiel ist in Bild 9.20 zu sehen. Das mittlere Modul enthält zwei defekte Bypassdioden. Diese bilden jeweils einen Kurzschluss, so dass die beiden rechten Zellstrings bezüglich des Rückstroms überbrückt werden und somit dunkel bleiben. Derartige Fehler bleiben oftmals jahrelang unerkannt und führen zu Ertragsausfällen.

Selbst durchgebrannte, nicht vorhandene oder nicht kontaktierte Bypassdioden können mit trickreicher Herangehensweise detektiert werden. Hierzu legt man eine niedrige Gegenspannung an den zu untersuchenden String an (Bild 9.21 links). Sind alle Bypassdioden funktionsfähig, so werden sie in Durchlassrichtung betrieben und somit leitend. Pro Bypassdiode ergibt

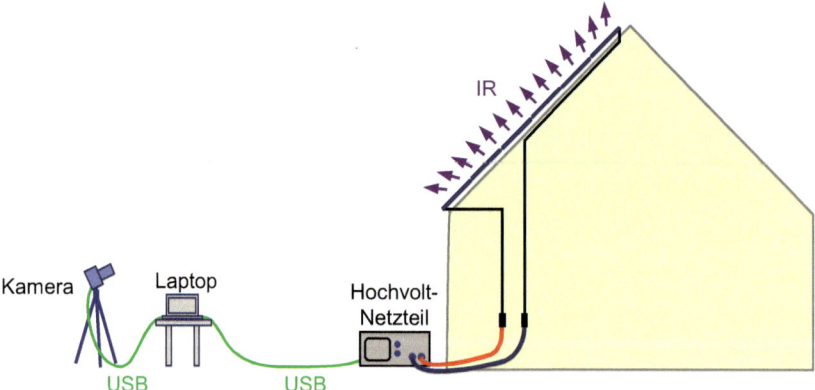

Bild 9.18 Messaufbau zur Vorort-Elektrolumineszenz-Messung von PV-Anlagen: Ein gesamter String wird bestromt, um gleichzeitig mehrere Module untersuchen zu können

Bild 9.19 Vorort-Untersuchung einer Schrägdachanlage: Nacheinander werden String 1 und String 2 bestromt, um die Module auf Schäden zu untersuchen (Fotos: M. Diehl)

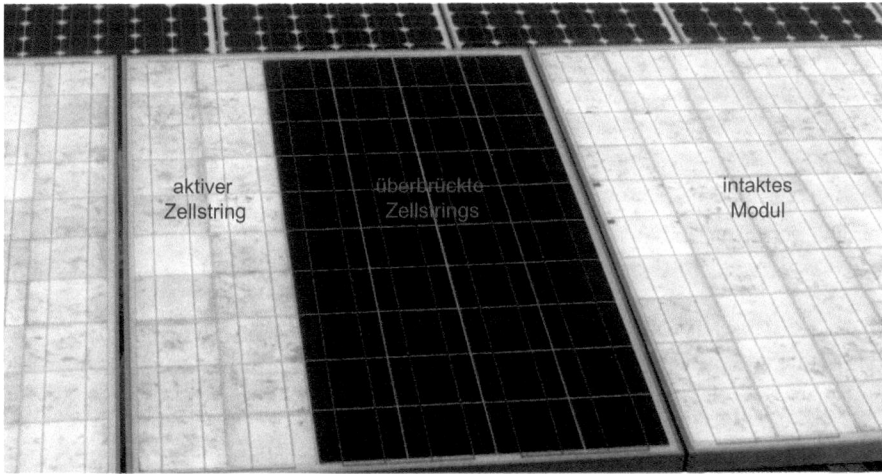

Bild 9.20 Fehlerfall defekte Bypassdioden: Im mittleren Modul bleiben zwei Zellstrings dunkel, da sie durch defekte Bypassdioden überbrückt werden (Foto: M. Diehl)

sich etwa eine Durchlassspannung von 0,4 V. Enthält der String z. B. 15 Module, so entsteht eine abfallende Gesamtspannung U_{Ges} von ca.

$$U_{Ges} = U_{BPD\_komplett} \approx 15 \cdot 3 \cdot 0,4\,V = 18\,V \tag{9.5}$$

Fließt nun trotz einer angelegten Spannung in der Größenordnung von $U_{BPD\_Komplett}$ kein Strom, so ist mindestens eine Bypassdiode nicht vorhanden bzw. nicht funktionsfähig. Um herauszufinden, welche Bypassdiode der Übeltäter ist, wird die angelegte Spannung weiter erhöht, bis z. B. der halbe Modulnennstrom erreicht ist. Dieser hohe Strom wird durch den beginnenden Lawinendurchbruch der Zellen im betroffenen Zellstring ermöglicht (siehe Abschnitt 6.1.1). Da die Zellen durch die umgesetzte elektrische Leistung erwärmt werden, kann man das betroffene Solarmodul mittels Thermographie leicht ermitteln. Bild 9.21 zeigt rechts die deutliche Erwärmung der im Durchbruch betriebenen Zellen.

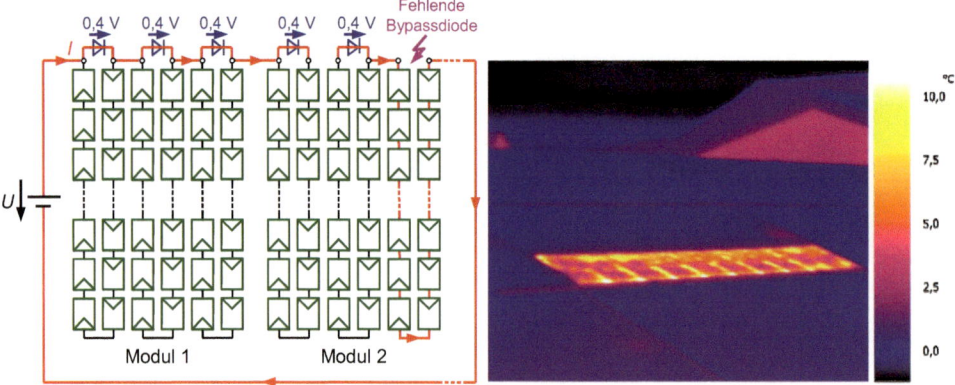

Bild 9.21 Fehlerfall durchgebrannte, fehlende oder nicht kontaktierte Bypassdiode: Erst bei deutlich erhöhter Spannung fließt ein nennenswerter Strom. Dieser erwärmt den betroffenen Zellstring, der durch eine Thermographieaufnahme leicht lokalisiert werden kann (Foto: M. Diehl)

Die Outdoor-EL-Technik bietet eine Reihe von Vorteilen gegenüber der Thermographie. Im Vergleich zur Thermographie bietet die Outdoor-EL deutlich höhere Auflösungen und gibt oftmals direkten Aufschluss über die Art des vorliegenden Defekts. Außerdem lassen sich die Aufnahmen auch unter einem schrägen Winkel zu den Modulen gut durchführen. Nachteilig ist natürlich, dass die zu untersuchenden Module extern bestromt werden müssen.

Ein Nachteil der LowCost-EL-Technik besteht darin, dass immer nur einzelne Fotos mit relativ langer Belichtungszeit gemacht werden können. So ist z. B. das manuelle Scharfstellen des Bildes bei Dunkelheit oftmals eine langwierige Angelegenheit. Aber auch hier konnte eine Abhilfe gefunden werden: Durch Hacken des Betriebssystems der Kamera kann gezielt Einfluss auf die Bildwiederholrate genommen werden. Bei einer Bildwiederholrate von z. B. 7 fps (frames per second) anstelle der sonst üblichen 25 oder 50 fps sind die Einzelbilder auch im Videomodus der Kamera ausreichend hell. So lässt sich ein PV-Generator schnell auf Modulfehler absuchen, die dann zu Dokumentationszwecken als EL-Foto aufgenommen werden [Mer16a, Mer16b].

Durch die erreichten Verbesserungen hat sich die LowCost-Outdoor-EL-Messtechnik neben der Thermographie und der Peakleistungsmessung inzwischen als Standardmesstechnik für Photovoltaikanlagen etabliert.

■ 9.6 Untersuchungen zur spannungs- induzierten Degradation (PID)

Bereits in Kapitel 7 haben wir kurz das Phänomen der spannungsinduzierten Degradation (Potential Induced Degradation – PID) kennengelernt. Unter diesem Begriff fasst man alle Mechanismen zusammen, bei denen Solarmodule aufgrund von hohen Spannungen zwischen Modulkabel und Erdpotential einer Leistungsverminderung unterliegen. Im Fall von Dünnschichtmodulen kann es neben der Leistungsreduzierung sogar zu einer dauerhaften Schädigung des Moduls kommen, indem die transparente Elektrode korrodiert. Dies ist von Modulen

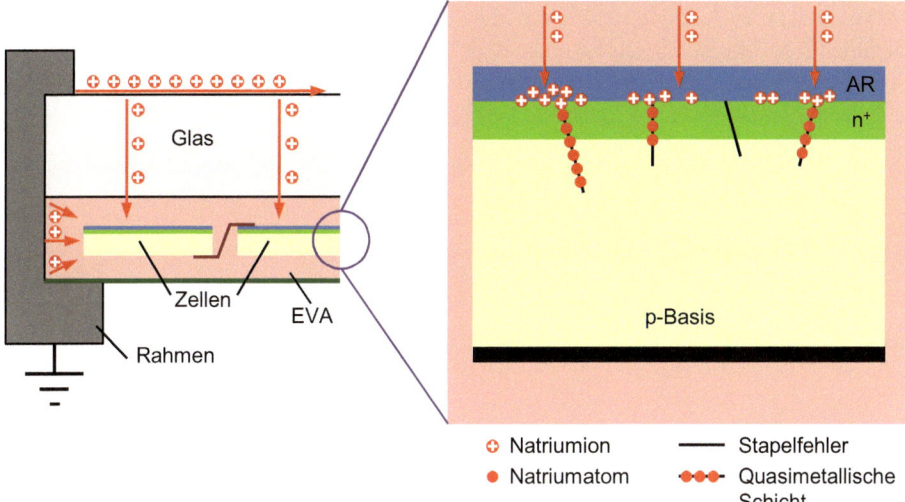

Bild 9.22 Entstehung des PID-Effektes: Natriumionen wandern durch das Deckglas und das EVA zur Zelle, wo sie in vorhandene Kristallfehler eindringen und einen lokalen Kurzschluss des pn-Übergangs verursachen (nach [Lau14])

aus c-Si-Zellen bislang nicht bekannt geworden; hier ist der Degradationseffekt (zumindest größtenteils) reversibel.

9.6.1 Erklärung des PID-Effektes

Wodurch entsteht nun die Leistungsabnahme? Dazu zeigt Bild 9.22 die Situation am Rand eines Solarmoduls mit p-Typ-Zellen. Ist der Rahmen geerdet und liegt gleichzeitig eine hohe negative Spannung an den Modulanschlusskabeln an, so kann der Potentialunterschied zu einer Wanderung von Natriumionen durch das Deckglas des Moduls führen. Sie wandern weiter durch das EVA und die Siliziumnitrid-Antireflexschicht bis zum n^+-Emitter. Eigentlich könnten sie dort kaum weiterkommen. Es gibt jedoch im Siliziumkristall an manchen Stellen sogenannte Stapelfehler. Dies sind zweidimensionale Kristallfehler, welche sich einige Mikrometer in den Kristall erstrecken können und normalerweise wenig Schaden anrichten. Allerdings dienen sie den Natriumatomen als Einfallstor in das Silizium. Die Na^+-Ionen nehmen Elektronen aus dem Emitter auf und bilden so eine hauchdünne Schicht aus Natriumatomen, die bis in die Basis reicht. Diese quasimetallische Schicht schließt dann lokal begrenzt den pn-Übergang kurz (PID-Shunting) [Lau14]. In der Kennlinie des Solarmodules zeigt sich dies durch eine drastische Verringerung des Parallelwiderstands R_P (siehe Bild 9.25). Hinzu kommt, dass die Natrium-Schichten für die durch Sonnenlicht erzeugten Elektron-Loch-Paare als Rekombinationszentren wirken, wodurch der Wirkungsgrad des Moduls weiter verschlechtert wird.

Die Wanderung der Natriumionen vom Rand zu den Zellen bewirkt umgekehrt einen Leckstrom von Elektronen aus den Zellen zum Modulrahmen. Dieser Leckstrom ist in Bild 9.22 aus Gründen der Übersichtlichkeit nicht dargestellt.

Untersuchungen an PV-Anlagen zeigen, dass die PID besonders bei feuchter Witterung auftritt. Offensichtlich führt der elektrisch leitende Wasserfilm auf der Glasoberseite dazu, dass dort überall Erdpotential herrscht und es so nicht nur am Modulrand sondern auf der gesamten Modulfläche zur Wanderung der Natriumionen kommt.

 Offensichtlich kommt die PID ja bei manchen Modulen mit p-Typ-Zellen vor. Wäre es da nicht schlauer, stattdessen Module mit n-Typ-Zellen zu verwenden?

 Leider sind auch n-Typ-Zellen (wir erinnern uns: n-Basis mit p^+-Emitter) nicht gegen PID gefeit. Konkret waren es sogar n-Typ-Zellen, bei denen erstmalig das PID-Problem auftrat. Es handelte sich um die Rückseitenkontaktzellen der Firma Sun-Power (siehe Abschnitt 4.7.2). Im Fall von n-Typ-Zellen ist es allerdings eine positive Spannung zwischen Zellen und Rahmen, die den Effekt hervorrufen kann.

9.6.2 Prüfung von Modulen auf PID

Die oben beschriebenen Effekte treten nur bei manchen Modulen auf. Offensichtlich spielt das Wechselspiel aus EVA, Antireflexschicht und Siliziumkristall die entscheidende Rolle. Inzwischen wurde der Effekt selbst schon bei solchen Modulen beobachtet, die vom Hersteller als „PID-Free" bezeichnet wurden. Daher wird bei neuen Modultypen inzwischen auch die PID-Anfälligkeit des jeweiligen Moduls untersucht. Eine einfache Prüfmethode dazu ist in Bild 9.23 zu sehen. Das Modul wird auf der Vorderseite ganzflächig mit einer leitfähigen Aluminiumfolie bedeckt, um den „Worst Case" zu simulieren. Dann wird für 168 Stunden (7 Tage) eine Spannung von $U = -1000\,V$ an die kurzgeschlossenen Modulkabel gegenüber Erdpotential angelegt und die Leistung des Moduls unter STC bestimmt. Hier darf sich praktisch keine Leistungsdegradation zeigen.

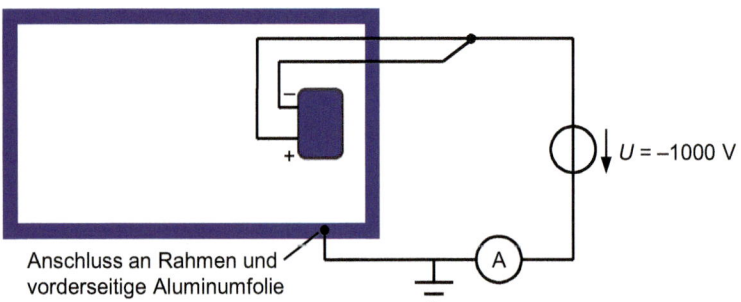

Bild 9.23 Aufbau zur Vermessung des PID-Effektes: Zwischen den Zellen und der Alu-Folie samt Rahmen wird eine Spannung von $U = -1000\,V$ angelegt. Der Strommesser dient zur Ermittlung des Leckstroms

Als Beispiel zeigt Bild 9.24 die Untersuchungsergebnisse für zwei konkrete Module. Diese stammen aus einer Photovoltaikanlage mit Mindererträgen. Die Prüfung zeigt ein dramatisches Verhalten: Modul A hat bereits zu Beginn eine Minderleistung von rund 6 % gegenüber der Modulnennleistung P_N. Bei Beaufschlagung des Moduls mit einer Spannung von $-1000\,V$

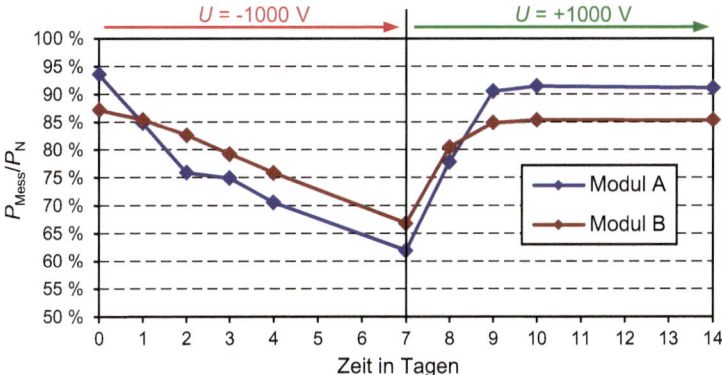

Bild 9.24 Ergebnis einer PID-Untersuchung: Die Module verlieren bei negativer Spannung deutlich an Leistung. Nach dem Umpolen der Spannungsquelle stellt sich fast wieder die Originalleistung ein

reduziert sich die Modulleistung dann innerhalb von 7 Tagen auf nur noch 62 % der Nennleistung. Bei Modul B liegt die Degradation bereits zu Beginn bei 13 % und erhöht sich dann innerhalb von 7 Tagen auf rund 33 %. Nach dem anschließenden Umpolen der Spannungsquelle erfolgt allerdings ein „Ausheilen" des Effekts: Die Leistungen nähern sich innerhalb von drei Tagen fast wieder dem Anfangswert an.

Interessant ist auch die Veränderung der Strom-/Spannungs-Kennlinie durch den Einfluss der potentialinduzierten Degradation. Bild 9.25 zeigt dazu die Kennlinie von Modul A aus Bild 9.24 vor und nach der Beaufschlagung mit −1000 V. Die Vorschädigung des Moduls ist bereits an der unregelmäßigen Kennlinie von Tag 0 zu erkennen. Innerhalb von drei Tagen sinkt der Füllfaktor dann von rund 70 % auf 60 % ab und erreicht am siebten Tag schließlich rund 50 %. Hauptursache ist auch hier das Shunting der Zellen, das sich in einer Reduzierung des Parallelwiderstands R_P niederschlägt (vergleiche Bild 4.14).

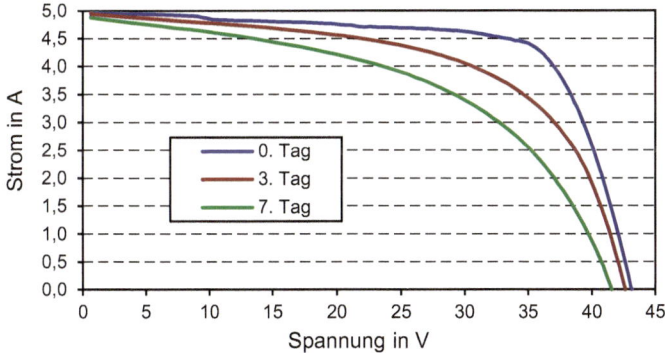

Bild 9.25 Wirkung des PID-Effekts auf die Strom-/Spannungskennlinie: Der Füllfaktor sinkt massiv ab, was hauptsächlich auf eine Verringerung des Parallelwiderstands zurückzuführen ist

9.6.3   EL-Untersuchungen zu PID

Auch im Fall der PID ist die Elektroluminenzmessung sehr hilfreich. Das Shunting der betroffenen Zellen schlägt sich im EL-Bild in einer geringeren Helligkeit nieder. Diesen Effekt zeigt Bild 9.26. Nach PID-Beaufschlagung werden eine Reihe von Zellen ganzflächig fast schwarz, hinzu kommen dunkle Streifen und Flecken. Nachdem über mehrere Tage eine positive Spannung angelegt wurde, zeigt sich praktisch wieder das ursprüngliche EL-Bild.

Noch relevanter für die Praxis ist die PID-Vorort-Untersuchung von Modulen mittels Outdoor-EL-Messtechnik. Als Beispiel zeigt Bild 9.27 EL-Aufnahmen von zwei bestromten Strings einer installierten Anlage. Die hell leuchtenden Module befinden sich am positiven Ende des Strings. Diese sind nicht von PID-betroffen, da im Normalbetrieb kaum ein negatives Potential gegenüber Erde auftritt. Anders sieht es bei den Modulen auf der negativen Seite des Strings aus. Deren Potential gegenüber Erde ist (im normalen Stromerzeugungsbetrieb) umso negativer, je näher sie am negativen Ende des Strings angeschlossen sind. Dies zeigt sich deutlich an den zum Ende hin immer dunkler werdenden Modulen.

Zusammenfassend ist zu sagen, dass die Probleme mit der potentialinduzierten Degradation von Solarmodulen noch nicht behoben sind. Trotz der Fortschritte in der Erklärung des PID-Effekts werden auch heute noch PID-anfällige Module verkauft. Hier kann nur eine durchgängige PID-Prüfung von neu angebotenen Modultypen Abhilfe schaffen. Gleichzeitig steht mit der Outdoor-EL-Messtechnik eine aussagekräftige Detektionsmethode vor Ort zur Verfügung.

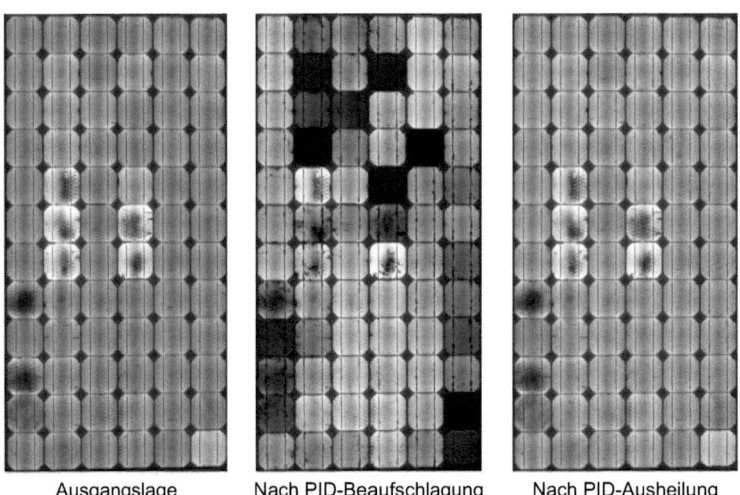

Ausgangslage   Nach PID-Beaufschlagung   Nach PID-Ausheilung

Bild 9.26 Die EL-Aufnahmen offenbaren den PID-Effekt durch deutliche Abdunkelung der Zellen, die nach Ausheilung der PID wieder aufgehoben wird

Bild 9.27 EL-Aufnahmen von zwei von PID-betroffenen Modulstrings: Die Module auf der positiven Seite des Strings zeigen keine Auffälligkeiten, während die Module mit stärker negativem Potential das typische PID-Muster zeigen (Fotos: M. Diehl)

■ 9.7 String-Dunkelkennlinien-Technik

9.7.1 Motivation

Die in den vorangegangenen Abschnitten beschriebenen Outdoor-EL-Messtechniken stellen eine deutliche Ergänzung und Verbesserung der herkömmlichen Vorort-Messmethoden dar. Ein Nachteil ist allerdings die Notwendigkeit, die Messungen bei Nacht durchzuführen. Das nächtliche Aufnehmen von EL-Aufnahmen erfordert oftmals spezielle Vorbereitungen und besondere Sicherheitsmaßnahmen. Andererseits könnte man sich fragen, ob die Nutzung der Nachtzeit nicht auch Vorteile mit sich bringt. Tatsächlich herrschen bei Nacht ganz besondere Bedingungen:

- Auf alle Module fällt die gleiche Bestrahlungsstärke (nämlich $0\,\mathrm{W/m^2}$).

- Alle Module haben die gleiche Temperatur.

- Die Bestrahlungsstärke und die Modultemperatur sind über längere Zeit (z. B. 15 min) sehr konstant.

Dies steht im Gegensatz zu Messungen bei Tag: So sind konstante Bestrahlungsstärken oberhalb von $500\,\mathrm{W/m^2}$ sehr selten, so dass eine aussagekräftige Peakleistungsbestimmung kaum möglich ist. Oftmals haben die verschiedenen Module eines Solargenerators auch sehr unterschiedliche Temperaturen; Module am Dachrand können z. B. durch Wind abgekühlt werden. Als Folge zeigt die gemessene Kennlinie Unregelmäßigkeiten, deren Interpretation schwierig ist.

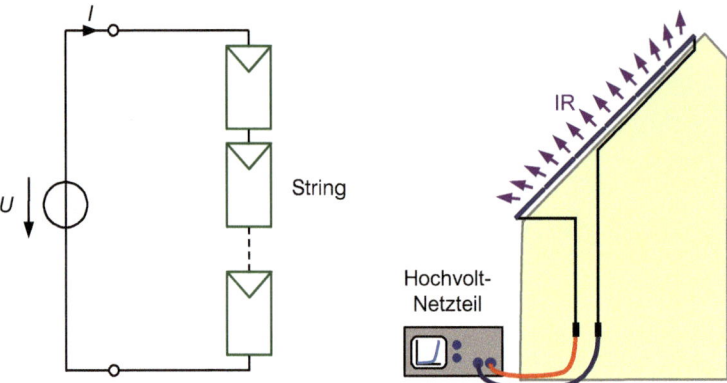

Bild 9.28 Prinzip der String-Dunkelkennlinien-Technik: Die Dunkelkennlinie des Strings wird durch Variation der Spannung ermittelt; die Zellen sind dabei im Rückstrombetrieb

9.7.2 Messmethode

Die oben beschriebenen Vorteile einer Messung bei Nacht können mit der String-Dunkelkennlinien-Technik ausgenutzt werden. Grundsätzlich sind Dunkelkennlinien im Bereich der Photovoltaik nichts Neues, sie wurden bislang allerdings nur für einzelne Zellen oder Module in der Fertigung eingesetzt [Abe93, Kin97]. Dabei wird die Zelle im Rückstrombereich betrieben, also im IV. Quadranten (siehe Bild 6.1).

Die Idee der hier beschriebenen Methode besteht nun darin, die Dunkelkennlinie von vollständigen Modulstrings aufzunehmen. Dazu wird ähnlich wie in Bild 9.18 ein Hochvoltnetzteil (0–1000 V, 0–5 A) eingesetzt. In diesem Fall ist es allerdings programmierbar, das heißt, Spannung und Strom können automatisiert variiert und die Messwerte gespeichert werden. Das Durchfahren dieser Kennlinie ist innerhalb von 1 bis 2 Sekunden möglich (Bild 9.28).

Bild 9.29 zeigt typische nacheinander aufgenommene Kurven verschiedener Strings. Offensichtlich weisen alle gemessenen Strings ein nahezu gleiches Verhalten auf. Dies lässt darauf schließen, dass sämtliche Module in Ordnung sind. Eine Besonderheit ist die grüne Kurve oben links im Diagramm. Hier wurde eine Spannung in Gegenrichtung an den String 1 angelegt. In diesem Fall ergibt sich die Kennlinie der in sämtlichen Modulen des Strings in Reihe geschalteten Bypassdioden. Die Kennlinie zeigt, dass keine Bypassdiode fehlt, im anderen Fall würde bei moderaten angelegten Spannungen kein Strom fließen (vgl. auch Bild 9.21).

9.7.3 Detektion von PID

Wie in Abschnitt 9.6 beschrieben, kann spannungsinduzierte Degradation (PID) gut mittels Outdoor-EL erkannt werden. Allerdings sind EL-Messungen bei Nacht extrem zeitaufwändig, da man einen optimalen Standort für die Aufnahmen benötigt, um eine hohe Bildqualität sicherzustellen. Dieser Aufwand kann drastisch reduziert werden, indem die „verdächtigen Strings" vorab identifiziert und dann nur noch EL-Aufnahmen dieser Strings gemacht werden.

Bekanntermaßen führt spannungsinduzierte Degradation (PID) zur Bildung lokaler Kurzschlüsse und damit zu einer Reduzierung des Parallelwiderstands im Ersatzschaltbild der Zel-

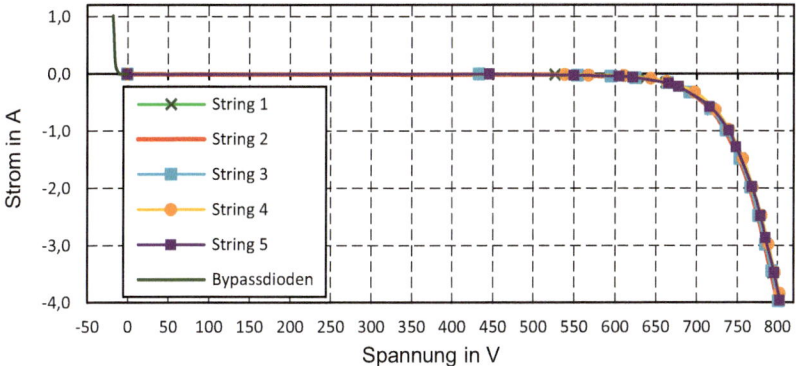

Bild 9.29 Dunkelkennlinien verschiedener Strings: Die Gleichförmigkeit aller Kennlinien lässt auf defektfreie Module schließen

Tabelle 9.5 Dunkelkennlinien-Füllfaktoren der verschiedenen Strings aus Bild 9.30: Die von PID betroffenen Strings E und F zeigen deutlich verringerte Werte

Bezeichnung	String A	String B	String C	String D	String E	String F
FF_D	79,7 %	79,8 %	79,9 %	79,8 %	76,1 %	73,6 %

len. Diese schlägt sich wiederum in einer Verringerung des Füllfaktors der Strom-/Spannungs-Kennlinie nieder (siehe Bild 4.15b). Genau das können wir uns bei der Dunkelkennlinien-Technik zu Nutze machen. Als Beispiel zeigt Bild 9.30 die aufgenommenen Dunkelkennlinien verschiedener Strings einer PV-Dachanlage. Die Strings A bis D haben annähernd gleiche Kurvenverläufe, dagegen sind String E und F „verdächtig" aufgrund der abgeflachten Kurvenform. Dies bestätigen wiederum die EL-Aufnahmen: Nur diese beiden Strings weisen das typische PID-Muster auf.

In Analogie zum Füllfaktor einer I/U-Hellkennlinie können wir einen Dunkelkennlinien-Füllfaktor FF_D definieren:

$$FF_D = \frac{U_{MPP} \cdot (|I_{Max}| - |I_{MPP}|)}{U_{Max} \cdot |I_{Max}|} \tag{9.6}$$

Dabei ist U_{Max} die maximale angelegte Spannung und I_{Max} der bei dieser Spannung fließende Strom (jeweils auf den absoluten Betrag bezogen). Der „MPP" wird ermittelt, indem man die Dunkelkennlinie um I_{Max} in den ersten Quadranten verschiebt und dann wie üblich den Punkt maximaler Leistung ermittelt.

Wendet man Formel (9.6) auf die Kurven in Bild 9.30 an, so ergibt sich ein eindeutiges Bild: Die „guten Strings" zeigen Füllfaktoren um 79,8 % während die PID-Problemfälle merkbar darunterbleiben (siehe Tabelle 9.5).

9.7.4 Detektion von defekten Bypassdioden und Zellverbindern

Auch defekte Bypassdioden können mit der Dunkelkennlinien-Methode schnell erkannt werden. Bild 9.31 zeigt für String D eine deutliche Spannungsreduzierung. Die Spannungsdiffe-

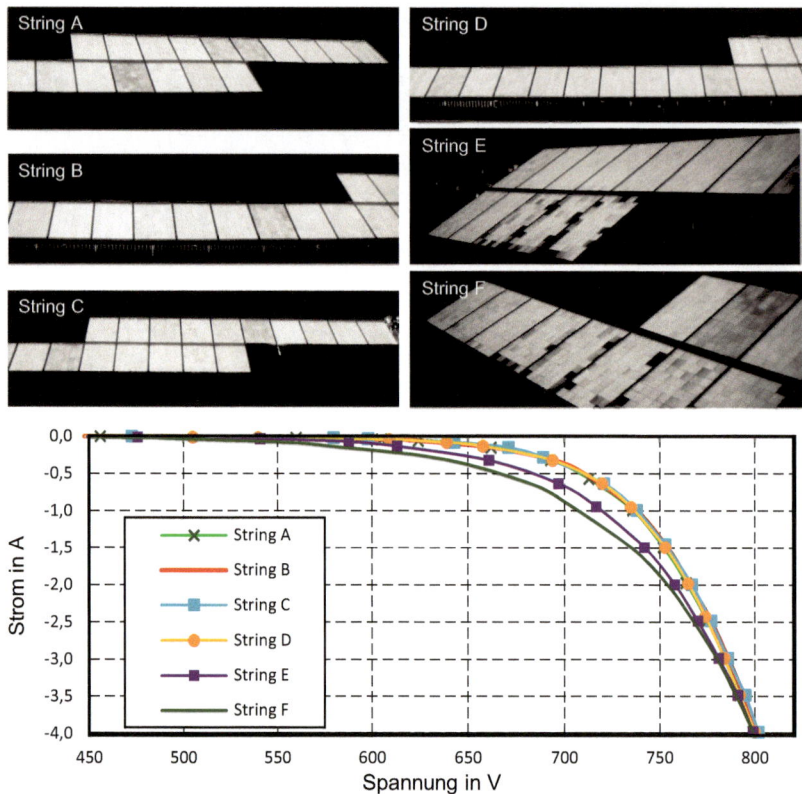

Bild 9.30 Dunkelkennlinien einer PV-Dachanlage: Deutlich sichtbar weisen die von PID betroffenen Strings einen abgeflachten Kurvenverlauf auf (Fotos: M. Diehl)

renz ΔU von ca. 22 V kann auf zwei kurzgeschlossene Bypassdioden zurückgeführt werden, die zwei Zellstrings mit je 20 Zellen überbrücken (ca. 0,55 V/Zelle), wie das EL-Bild zeigt.

In Bild 9.32 fallen deutlich unterschiedliche Kennliniensteigungen im Bereich der Leerlaufspannung auf. Diese weisen auf stark unterschiedliche Serienwiderstände der einzelnen Strings hin. Die Ursache sind hier defekte Zellverbinder in den einzelnen Modulen, erkennbar im EL-Bild an den unterschiedlich hellen Zellhälften. Im Fall von defekten DC-Steckverbindern (mit deutlich erhöhten Übergangswiderständen) würde sich ein ähnliches Kennlinienfeld ergeben.

Eine Besonderheit zeigt String 1 in Bild 9.32: Die Ausbuchtung der Kennlinie bei 550 V rührt von einem zunächst nicht leitenden Zellverbinder her, bei dem bei steigender Spannung schließlich ein Lichtbogen gezündet wurde.

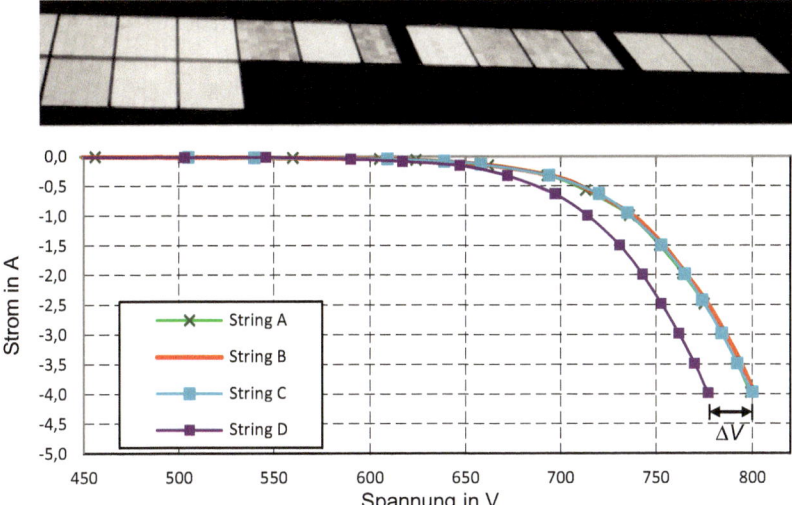

Bild 9.31 Spannungsverlust von rund 22 V in der Kennlinie von String D: Das EL-Bild zeigt, dass zwei kurzgeschlossene Bypassdioden die Ursache sind (Foto: M. Diehl)

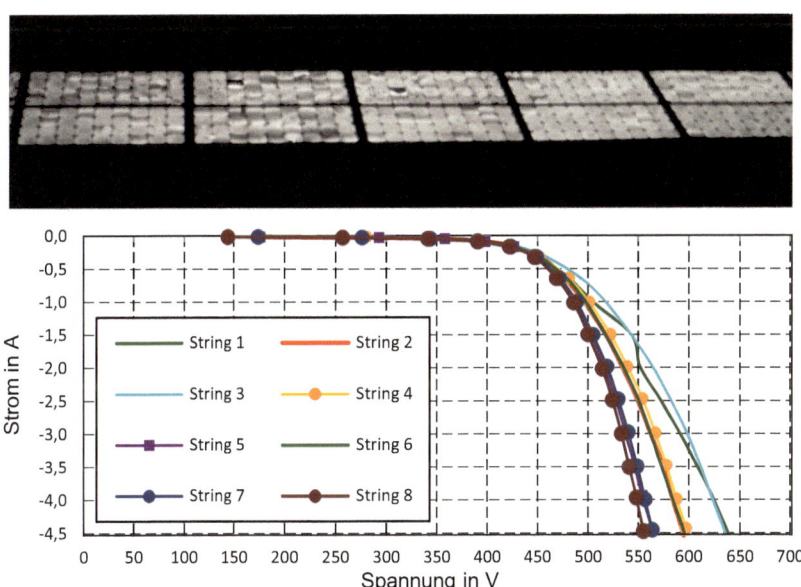

Bild 9.32 Die Kennlinien zeigen stark unterschiedlich Serienwiderstände: Diese werden durch defekte Zellverbinder in den Modulen hervorgerufen (Foto: M. Diehl)

Es ist ja schön, dass sich mit der Dunkelkennlinien-Technik eine Reihe von Fehlern aufspüren lassen. Aber angenommen, ein Modul ist verkratzt oder das EVA ist getrübt. Das würde ich mit der Dunkelkennlinien-Technik doch gar nicht erkennen, oder?

 Optische Beeinträchtigungen sind mit dieser Methode natürlich nicht detektierbar. Allerdings können sie ohnehin mit bloßem Auge erkannt werden und sind zudem relativ selten.

Schön wäre es natürlich, wenn man aus einer gemessenen Dunkelkennlinie unmittelbar auf die Hellkennlinie und somit die Peakleistung des ganzen Strings schließen könnte (von optischen Trübungen einmal abgesehen). Dazu gibt es erste Untersuchungen [Mer18]. So kann man die Ersatzschaltbildelemente der Dunkelkennlinie bestimmen und versuchen, daraus die Elemente der Hellkennlinie zu berechnen. Allerdings hat das Verfahren Tücken: So ist z. B. der Serienwiderstand eines Moduls im Rückstrombetrieb deutlich verschieden von dem der Hellkennlinie, da die Stromverteilungen in der Zelle völlig unterschiedlich sind. Hier sind noch weitere Untersuchungen notwendig.

9.7.5 Fazit

Die String-Dunkelkennlinien-Technik ist ein mächtiges Werkzeug in der Fehleranalyse von Photovoltaikanlagen. Da die Messungen bei Nacht durchgeführt werden, sind die Umgebungsbedingungen sehr stabil. Daraus resultiert eine hohe Wiederholgenauigkeit und Exaktheit der Messungen. Eine Vielzahl unterschiedlicher Defekte kann einfach und schnell detektiert werden.

Die String-Dunkelkennlinien-Technik hat das Potential, eine Standardmessmethode zur Evaluation von Solarstromanlagen zu werden.

10

Planung und Betrieb netzgekoppelter Anlagen

In diesem Kapitel sehen wir uns die notwendigen Schritte zur Realisierung einer Photovoltaikanlage an. Angefangen bei der Standortwahl und Eignung des Daches über Ertragsschätzungen bis hin zur Komponentenauswahl und Anlageninstallation sollen die wesentlichen Aspekte betrachtet werden. Ein weiteres wichtiges Thema sind Wirtschaftlichkeitsberechnungen zu Photovoltaikanlagen. Schließlich lernen wir Methoden zur Überwachung und zum Monitoring von Anlagen kennen und sehen uns Betriebsergebnisse von konkreten Anlagen an.

■ 10.1 Planung und Dimensionierung

In diesem Abschnitt stehen die Standortwahl sowie die Auswirkungen von Verschattungen im Mittelpunkt des Interesses. Außerdem werden Software-Tools zur Anlagendimensionierung und Ertragsschätzung vorgestellt.

10.1.1 Standortwahl

Bevor die Investitionsentscheidung für eine Photovoltaikanlage getroffen wird, sollten die Randbedingungen am geplanten Standort genau unter die Lupe genommen werden. Ein wesentliches Kriterium für die Wirtschaftlichkeit der Anlage ist die jährliche Einstrahlung am Installationsort. Wie wir in Kapitel 2 gesehen haben, variiert diese in Deutschland zwischen 900 und 1150 kWh/(m²· a). Als zweiter wichtiger Faktor kommt bei Dachanlagen die Dachausrichtung und -neigung hinzu. Hier hatten wir festgehalten, dass das Optimum ein nach Süden ausgerichtetes Dach darstellt, das eine Neigung von etwa 35 Grad aufweist. Eine Ausrichtung dieses Daches nach Südwest verringert den Ertrag nur um etwa 5 %, im Fall einer Ausrichtung nach Westen liegen die Verluste allerdings schon bei knapp 20 % (siehe Tabelle 2.4). Zusätzlich muss geprüft werden, ob Verschattungen auftreten und wie stark sich diese auf den Ertrag der Anlage auswirken werden.

Als eine weitere Verlustursache ist die Modulverschmutzung zu nennen. Bei einer Modulneigung ab 30 Grad tritt diese kaum auf, da durch Regenwasser eine ausreichende Selbstreinigung auftritt. Typische Verluste liegen dann bei 2 bis 3 %. Für flachere Anstellwinkel kann es allerdings durch Vogelkot, Staub etc. durchaus zu Verlusten von bis zu 10 % kommen. Bei landwirtschaftlichen Betrieben können die Beeinträchtigungen z. B. durch den Schmutz aus Stall-Lüftungsschächten noch stärker sein. In derartigen Fällen empfiehlt sich eine regelmäßige Reinigung.

10.1.2 Verschattungen

Um mögliche Verschattungen zu erkennen und ihre Auswirkungen abschätzen zu können, sollte eine Verschattungsanalyse durchgeführt werden.

10.1.2.1 Verschattungsanalyse

Die einfachste Verschattungsanalyse besteht darin, sich an den Standort (auf das Dach) der geplanten Anlage zu stellen und mit Blick nach Osten, Süden und Westen mögliche Verschattungen zu erkennen. Handelt es sich nur um ein einzelnes Objekt (z. B. einen hohen Baum), so kann man dessen seitliche Position leicht mit dem Kompass bestimmen. Der Höhenwinkel γ_V des Verschattungsobjektes berechnet sich aus dem Abstand d und der Höhendifferenz Δh zum Dachmittelpunkt (siehe Bild 10.1):

$$\gamma_V = \arctan\left(\frac{h_2 - h_1}{d}\right) = \arctan\left(\frac{\Delta h}{d}\right) \tag{10.1}$$

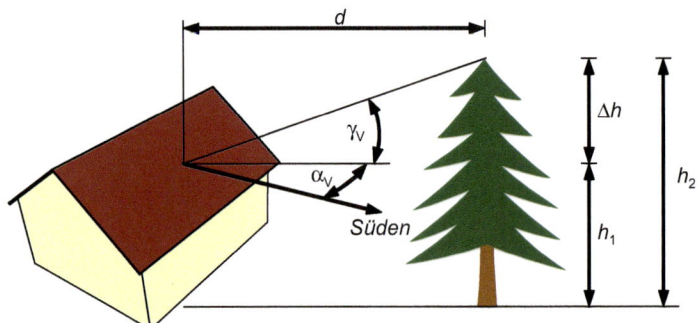

Bild 10.1 Bestimmung des Höhenwinkels eines Verschattungsobjektes (nach [DGS13])

Im Fall von mehreren Verschattungsobjekten ist diese Methode recht zeitaufwändig. Ein angenehmes Hilfsmittel stellt dann ein Sonnenbahnindikator mit transparenter Folie dar (Bild 10.2 links). Dieser enthält einen Kompass samt Libelle zur Ausrichtung des Gerätes sowie ein Weitwinkelobjektiv, durch das man die Umgebung betrachtet. Mittels eines Stiftes wird dann der Schattenriss der Umgebung auf die Folie gezeichnet. Da die Folie außerdem die im Laufe des Jahres auftretenden Sonnenwinkel darstellt, kann grob abgeschätzt werden, zu welchen Zeiträumen sich Verschattungen ergeben werden. Die ermittelten Koordinaten der Verschattungsobjekte lassen sich außerdem in ein Simulationsprogramm übernehmen, das dann eine relativ genaue Bestimmung der Auswirkungen auf den Energieertrag durchführt (siehe Abschnitt 10.1.3.2).

Noch eleganter als das manuelle Einzeichnen des Schattenhorizonts ist die automatische Aufnahme. Bild 10.2 zeigt dazu im rechten Bild das Gerät SunEye, welches über eine Fischaugenlinse die Umgebung aufnimmt. Anschließend wird halbautomatisch der Schattenhorizont bestimmt. Gleichzeitig kennt das Gerät über einen GPS-Empfänger den genauen Standort und kann so direkt vor Ort eine Ertragsberechnung durchführen.

Bild 10.3 zeigt das aus Bild 2.13 bekannte Sonnenbahndiagramm mit einem beispielhaften Schattenhorizont. Offensichtlich hat das rechts zu sehende Haus lediglich einen geringen Ein-

Bild 10.2 Zwei Varianten der Verschattungsanalyse: Das linke Bild zeigt den manuell zu bedienenden Sonnenbahnindikator, das rechte Bild stellt das Gerät SunEye dar, das eine automatische Erfassung des Schattenhorizonts ermöglicht

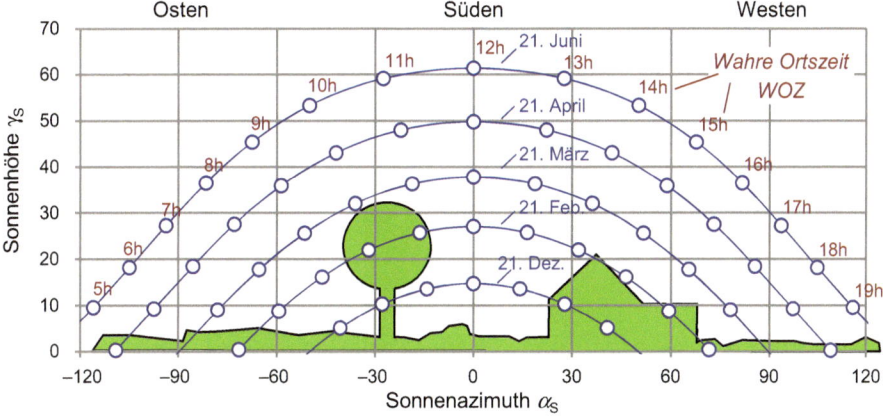

Bild 10.3 Beispiel eines Sonnenbahndiagramms mit Schattenhorizont: Während das Haus kaum Auswirkungen hat, sorgt der Baum von September bis März für tägliche morgendliche Verschattungen

fluss, da es nur in den Wintermonaten ab 14 Uhr eine Verschattung hervorruft. Dagegen erzeugt der links stehende Baum von September bis März eine morgendliche Verschattung von fast zwei Stunden.

10.1.2.2 Nahverschattungen

Der Schattenhorizont wird meist durch weit entfernte Objekte gebildet, die oft nur einen diffusen Schatten erzeugen und somit nicht zu einer völligen Abschattung der betroffenen Module führen. Anders sieht dies bei nahen Objekten wie z. B. Dachgauben oder Schornsteinen aus, die einen harten Kernschatten werfen. Einen Sonderfall stellen schmale Objekte wie z. B. Antennenrohre, Blitzschutzstangen oder Freileitungen dar. Ob diese einen Kernschatten erzeugen, hängt vom jeweiligen Abstand ab. Bild 10.4 erklärt den Zusammenhang anhand einer Skizze.

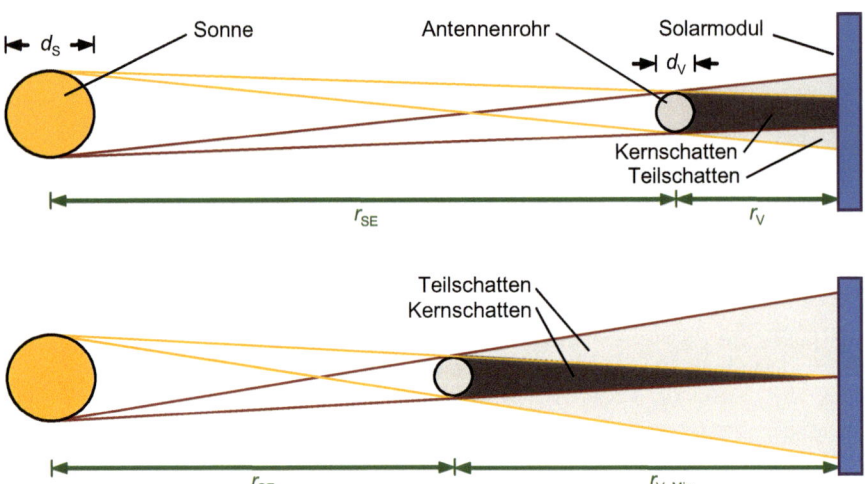

Bild 10.4 Problematik der Nahverschattung: Bei geringem Abstand des Verschattungsobjektes vom Solarmodul entsteht ein ungünstiger Kernschatten. Das untere Bild zeigt den minimalen Abstand r_{V_Min}, bei dem gerade kein Kernschatten mehr entsteht (nach [DGS13])

Im oberen Bild ist ein Antennenrohr relativ nah vor dem Solarmodul positioniert. Es ergibt sich ein breiter Kernschatten, der zu deutlichen Ertragseinbußen führen kann. Ist das Antennenrohr weiter entfernt, so verkleinert sich die Breite des Kernschattens auf dem Modul. Im unteren Bild ist das Antennenrohr gerade so weit entfernt, dass sich kein Kernschatten mehr ergibt. Diesen minimalen Abstand r_{V_Min} sollte man daher möglichst einhalten. Er lässt sich einfach mithilfe des Strahlensatzes ausrechnen:

$$\frac{r_{V\_Min}}{d_V} = \frac{r_{SE} + r_{V\_Min}}{d_S} \approx \frac{r_{SE}}{d_S} \tag{10.2}$$

Mit den Angaben für r_{SE} und d_S aus Tabelle 2.1 lässt sich schließlich eine Näherungsformel für den minimalen Abstand r_{V_Min} des Verschattungsobjektes vom Solarmodul angeben:

$$r_{V\_Min} = \frac{r_{SE}}{d_S} \cdot d_V = \frac{149{,}6\,\text{Mio km}}{1{,}393\,\text{Mio km}} \cdot d_V \approx 107 \cdot d_V \tag{10.3}$$

Beispiel 10.1 Vermeidung von Kernschatten

Sie wollen Blitzschutzstangen einer Dicke von 1 cm vor Ihrer Anlage anbringen. Als minimaler Abstand zur Vermeidung von Kernschatten ergibt sich:

$$r_{V\_Min} = 107 \cdot d_V = 107\,\text{cm}$$

Der Abstand von 1,07 m sollte also möglichst nicht unterschritten werden.

■

Der Abstand eines verschattenden Objekts vom Modul sollte möglichst das 110-Fache seiner Dicke betragen, um keinen Kernschatten zu erzeugen.

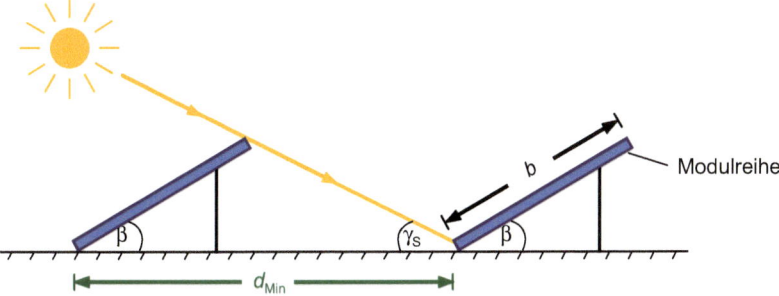

Bild 10.5 Vermeidung von Eigenverschattungen: Der Abstand d_{Min} ergibt sich aus der Forderung, dass auch am kürzesten Tag im Jahr (mittags) keine Verschattung auftreten sollte

10.1.2.3 Eigenverschattungen

Bei Flachdach- oder Freiflächenanlagen mit aufgeständerten Modulen kann es vorkommen, dass sich die Modulreihen gegenseitig verschatten. Um dies zu vermeiden, müssen bestimmte Mindestabstände eingehalten werden. Als Faustregel gilt hier, dass zur Mittagszeit am 21. Dezember gerade keine Verschattung auftreten sollte. Aus Bild 10.3 entnehmen wir dazu einen Sonnenwinkel γ_S von 15 Grad. In Bild 10.5 ist der Fall dargestellt, für den die Module bei gegebenem Sonnenwinkel und festgelegter Modulneigung den minimalen Abstand aufweisen.

Der Modulabstand d_{Min} ermittelt sich in diesem Fall mit einer ähnlichen Rechnung wie sie in Kapitel 2 für Bild 2.15 gemacht wurde:

$$d_{Min} = b \cdot \frac{\sin(\gamma_S + \beta)}{\sin\gamma_S} \tag{10.4}$$

mit b: Modulbreite

Leider kann durch diese Bedingung nur ein Teil der zur Verfügung stehenden Fläche genutzt werden. Man definiert dazu den Flächennutzungsgrad f_{Nutz}, der das Verhältnis aus Modulbreite b und Modulabstand d angibt:

$$f_{Nutz} = \frac{b}{d} \tag{10.5}$$

Um möglichst viel Photovoltaikleistung auf einer Flachdachfläche unterzubringen, wird oftmals von der optimalen Modulneigung von 35 Grad abgewichen; z. B. auf 20 Grad.

Beispiel 10.2 Flächennutzungsgrade bei unterschiedlichen Anstellwinkeln

Sie planen zwei Varianten einer Flachdachanlage: Bei einer Modulbreite von 1 m soll im ersten Fall der Anstellwinkel 35°, im zweiten Fall 20° sein. Welche Flächennutzungsgrade ergeben sich jeweils bei einem Sonnenwinkel von 15°?

Im ersten Fall erhält man aus Formel (10.4) einen minimalen Modulabstand von 2,96 m, im zweiten ergibt sich d_{Min} = 2,26 m. Hieraus resultieren Flächennutzungsgrade von 34 % bzw. 44 %. Somit kann im zweiten Fall ca. 29 % Prozent mehr Photovoltaikleistung installiert werden. Der erzielbare Energieertrag reduzierte sich dabei pro Modulfläche lediglich um 2 % (siehe Tabelle 2.4).

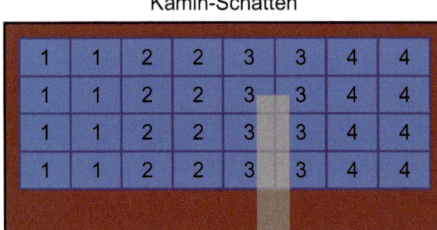

Bild 10.6 Optimierte Stringverschaltung für zwei Verschattungsfälle: Während der senkrechte Kaminschatten eine vertikale Modulverschaltung erfordert, wird diese im Fall der schrägen Verschattung durch eine Dachgaube besser diagonal ausgeführt (nach [Ant09])

10.1.2.4   Optimierte Stringverschaltung

Bereits in Abschnitt 6.2 wurde deutlich, dass die Auswirkungen von Verschattungen durch geeignete Stringverschaltung verringert werden können. Wir hatten dort festgehalten, dass man gleichzeitig verschattete Module möglichst in einem String zusammenschalten sollte. Bild 10.6 zeigt die Anwendung dieser Regel für zwei Fälle. Im linken Bild ist der Schatten eines schmalen Kamins zu sehen, der im Laufe des Tages von links nach rechts über die Anlage wandert. Durch die vertikale Verschaltung der Module ist meist nur ein String von der Verschattung betroffen. Im rechten Bild betrachten wir den schrägen Schattenwurf einer Dachgaube, der sich am späten Nachmittag bei tief stehender Sonne zeigt. Hier werden die Module möglichst diagonal miteinander verschaltet, um die Auswirkungen zu begrenzen.

10.1.3   Anlagendimensionierung mit Simulationsprogrammen

10.1.3.1   Wechselrichter-Auslegungstools

In Abschnitt 7.2 haben wir uns mit der Dimensionierung von Wechselrichtern befasst und verschiedene Regeln zur Anlagenauslegung kennengelernt. Inzwischen bieten praktisch alle Wechselrichterhersteller Auslegungstools zur optimalen Kombination von Solargenerator und Wechselrichter an. Tabelle 10.1 listet die jeweiligen Tools von fünf großen Herstellern auf.

Neben der eigentlichen Wechselrichterdimensionierung enthalten manche der Programme auch Hilfen zur Kabelverlustberechnung. Außerdem bieten einige Tools einfache Ertragsschätzungen, deren Qualität allerdings sehr unterschiedlich ist. Zur genauen Ertragsprognose sollte man besser auf professionelle Zeitschrittprogramme zurückgreifen, wie sie im Folgenden beschrieben werden.

10.1.3.2   Simulationsprogramme für Photovoltaikanlagen

Will man eine möglichst genaue Ertragsprognose für eine konkrete Anlage an einem bestimmten Standort, so ist diese am ehesten mit einem professionellen Simulationsprogramm zu erreichen. Die Programme arbeiten typischerweise im Zeitschrittverfahren, bei der die Einstrahlung (z. B. im Dreikomponentenmodell, siehe Kapitel 2) für das gesamte Jahr im Minuten- oder Stundenraster berechnet wird. Gleichzeitig gehen die Temperaturkoeffizienten und das Schwachlichtverhalten der Solarmodule in die Strom- und Spannungsberechnung auf der DC-Seite ein. Um die in das öffentliche Netz eingespeiste Jahresenergie zu simulieren, werden au-

Tabelle 10.1 Zusammenstellung der Dimensionierungstools verschiedener Wechselrichterhersteller

Name	String Sizing Tool	PV-Size	Solar Configurator	Sunny Design
Hersteller	Kaco new energy GmbH	ABB Group	Fronius International GmbH	SMA AG
WR-Dimensionierung	Ja	Ja	Ja	Ja
Ertragsschätzung	Nein	Nur grob	Nein	Ja
Kabelverlust-berechnung	Nein	Nur grob	Nein	Ja
Eigenverbrauchs-Berücksichtigung	Nein	Nein	Nur grob	Ja
Speichereinsatz-Berücksichtigung	Nein	Nein	Nur grob	Ja
Erhältlich als	Online-Tool	Download	Online-Tool	Download und Online-Tool
Web-Adresse	www.kaco-newenergy.de	www.abb.com	www.solarweb.com	www.sma.de
Bemerkungen	–	Veraltete Modul-datenbank	–	Gute Benutzer-führung

ßerdem die Wirkungsgradkurve des Wechselrichters sowie Kabelverluste mit berücksichtigt. Tabelle 10.2 zeigt die Eigenschaften einer Auswahl der am Markt verfügbaren Simulationsprogramme. Sie enthält neben zwei kommerziellen Programmen auch kostenlose Varianten.

Wichtig für möglichst genaue Simulationsergebnisse ist eine hohe Anzahl von Wetterdatensätzen, um die Situation am geplanten Standort möglichst exakt abbilden zu können. Einige Programme bieten neben den vorhandenen Datensätzen die Möglichkeit zur manuellen Eingabe weiterer Standorte.

Die Berücksichtigung von Verschattungen wird sehr unterschiedlich gehandhabt. Besonders elegant ist die dreidimensionale Anlagen-Darstellung im Programm PV-Sol, mit der Verschattungen sehr anschaulich visualisiert werden können. Bild 10.7 zeigt links die 3D-Ansicht einer Aufdachanlage, welche durch einen Kamin und einen Baum verschattet wird. Beispielhaft dargestellt ist der Schattenwurf am 15. März um 12:30 Uhr; durch die im März tief stehende Sonne kommt es hier zu massiven Verschattungen. Die Auswirkung auf den Ertrag ist im rechten Screenshot zu beobachten: Hier wird für jedes Modul angegeben, wie groß die Verschattungshäufigkeit über das Jahr ist. Am stärksten betroffen sind die beiden Module oberhalb des Kamins mit Häufigkeiten von 9,6 und 14,1 %. Diese Darstellung kann wiederum genutzt werden, um eine verschattungsoptimierte Stringverschaltung zu entwerfen und anschließend den Ertrag zu berechnen. Zur möglichst wirklichkeitsnahen Simulation der Verschattungsverluste kann für jeden Modultyp außerdem angegeben werden, wie viele Bypassdioden das Modul enthält.

Will man den Ertrag einer geplanten Anlage möglichst genau vorhersagen, bieten sich neben den Simulationsprogrammen auch die Photovoltaik-Online-Datenbanken an. So sind z. B. unter *www.pv-ertraege.de* die Ertragsdaten von ca. 17.000 Photovoltaikanlagen frei verfügbar. Dort kann man sich beispielsweise den durchschnittlichen Ertrag von Anlagen aus der eigenen Region darstellen lassen, was eine gute Abschätzung der erreichbaren Einspeisung ermöglicht.

Tabelle 10.2 Zusammenstellung von Simulationsprogrammen zur Ertragsprognose

Name	PV-Sol premium	PVscout premium	Greenius Free	RETScreen	PVGIS 5
Anzahl Wetter-datensätze	über 8.000 weltweit	900	11	6.700	Aus Satelliten-bildern
Anzahl Modul-datensätze	14.500	8.000	70 (editierbar)	500	–
Zeitauflösung der Simulation	1 h, 1 min	1 min	1 h	–	–
Verschattungs-Simulation	Horizont und Nahobjekte, 3D-Visualisier.	Nahobjekte (nur Visualisie-rung)	Horizont	Nein	Horizont
Eigenverbrauchs-Berücksichtigung	Ja	Ja	Nein	Ja	Bedingt
Speichereinsatz-Berücksichtigung	Ja, incl. Elek-troautos	Ja	Nein	Nein	Bedingt
Für Inselanlagen geeignet	Ja	Nein	Nein	Ja	Bedingt
Wirtschaftlichkeits-Berechnung	Ja	Ja	Ja	Ja	Bedingt
Preis	1.300 Euro	475 Euro	Kostenlos	Kostenlos	Kostenlos
Web-Adresse	www.valentin.de	www.solarschmiede.de	freegreenius.dlr.de	www.retscreen.net	re.jrc.ec.europa.eu/pvgis.html
Bemerkungen	Sehr umfang-reich, 3D-Simulaton	Stücklisten- und Anschlussplan-Export	Auch für Wind und Solarther-mie	Excel-basiert, auch für Wind, Wasser, etc.	Online-Tool, viele Strah-lungskarten

3D-Gesamtansicht   Verschattunghäufigkeiten

 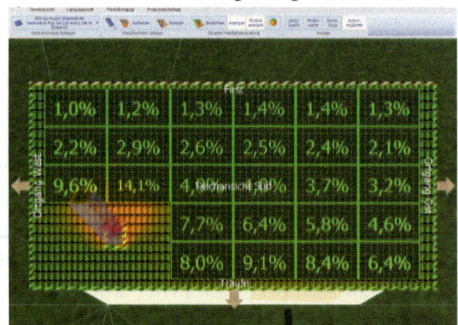

Bild 10.7 Verschattungssimulation mit PV-Sol: Die 3D-Darstellung ermöglicht eine Visualisierung des Schattenwurfs für jeden Zeitpunkt des Jahres. Im rechten Bild sind die Verschattungshäufigkeiten der einzelnen Module zu sehen

Im Anhang sind weitere Onlinedatenbanken sowie Links zu Solarstrahlungskarten und Er-
tragsberechnungsprogrammen aufgelistet. Außerdem findet sich dort eine Checkliste, die angibt, was vor und bei dem Bau einer Photovoltaikanlage zu beachten ist.

■ 10.2 Wirtschaftlichkeit von Photovoltaikanlagen

Der wirtschaftliche Betrieb von Photovoltaikanlagen ist in Deutschland erst durch das Erneuerbare-Energien-Gesetz (EEG) möglich geworden. Aus diesem Grund werden wir zunächst die
Rahmenbedingungen dieses Gesetzes genauer betrachten. Anschließend lernen wir ein Verfahren zur Renditeberechnung kennen, mit dem sich die Wirtschaftlichkeit der Investition in
eine Photovoltaikanlage bestimmen lässt.

10.2.1 Das Erneuerbare-Energien-Gesetz

Das EEG wurde im Jahr 2000 vom deutschen Bundestag beschlossen. Es sah erstmals eine
bundesweite Regelung zur kostendeckenden Vergütung von Strom aus Photovoltaikanlagen
vor. Ziel des EEG ist die Schaffung einer kontinuierlichen Nachfrage nach Photovoltaikanlagen, um durch Massenproduktion eine Kostenreduzierung zu erreichen. Dieses Ziel ist sehr
eindrucksvoll erreicht worden: Innerhalb der ersten 10 Jahre haben sich die Preise für Photovoltaikanlagen um etwa 70 % reduziert!

Die Höhe der Stromvergütung hängt vom Baujahr der Anlage ab und bleibt über 20 Jahre konstant. Eine Anlage, die im Folgejahr gebaut wird, erhält eine geringere Vergütung, die dann
wiederum über 20 Jahre konstant bleibt. Nachdem diese Vergütungsdegression in den ersten
Jahren des EEG bei nur 5 % pro Jahr lag, wurde sie inzwischen deutlich erhöht, da die Anlagenpreise überproportional sanken.

10.2.2 Renditeberechnung

Fragt man verschiedene Anbieter von Photovoltaikanlagen, welche Rendite diese erbringen,
so erhält man sehr unterschiedliche Zahlen als Antwort. Dies liegt zum einen daran, dass unterschiedliche Jahreserträge angenommen werden. Zum anderen besteht die Ursache in der
Vielzahl der Definitionen für die „Rendite". So wird in manchen Rechnungen eine mögliche
Steuerersparnis mit berücksichtigt. Oft geht man auch davon aus, dass die Anlage zum großen
Teil über einen Kredit finanziert wird und gibt dann nur die Eigenkapitalrendite an, bei der
man den gesamten Gewinn nur auf das eingesetzte Eigenkapital bezieht. Wir wollen es uns
hier einfacher machen, dafür aber eine hohe Transparenz und Nachvollziehbarkeit erreichen.

10.2.2.1 Eingangsgrößen

Die Eingangsgrößen jeder Wirtschaftlichkeitsberechnung sind die Investitionskosten K_0 zum Bau der Photovoltaikanlage, die jährlichen Betriebskosten K_{Betrieb} und die erwarteten jährlichen Einnahmen K_{Ein}. Bei den Investitionskosten und allen anderen Beträgen verwendet man jeweils die Nettowerte, da die Umsatzsteuer nur ein durchlaufender Posten ist, der im Folgejahr mit dem Finanzamt verrechnet wird.

Für die jährlichen Betriebskosten gilt Folgendes:

Die jährlichen Betriebskosten (inklusive Wartungskosten) werden typischerweise zu 1,5 % der Investitionskosten einer Photovoltaikanlage angesetzt.

Die Betriebskosten umfassen Ausgaben für Versicherungen, Zählermiete, Stromkosten eines Dataloggers etc. Außerdem muss im Laufe der Lebensdauer einer Anlage mit Defekten insbesondere des Wechselrichters gerechnet werden. Die kalkulierten Betriebskosten sind somit auch als Rücklage für Reparaturen zu sehen und sollten keinesfalls niedriger als oben beschrieben für die Wirtschaftlichkeitsberechnung angesetzt werden.

Die jährlichen Einnahmen hängen von der Höhe der Einspeisevergütung k_{EEG} und dem erzielten Jahresenergieertrag W_{Jahr} ab:

$$K_{\text{Ein}} = k_{\text{EEG}} \cdot W_{\text{Jahr}} \tag{10.6}$$

10.2.2.2 Amortisationszeit

Das einfachste Rechenmodell ist die Betrachtung der Amortisationszeit. Damit meint man die Zeit, die vergeht, bis man das eingesetzte Kapital wieder eingenommen hat. In den Jahren danach liegt man somit in der Gewinnzone. Die Amortisationszeit $T_{\text{Amortisation}}$ erhält man durch Division der Investitionssumme K_0 durch den jährlichen Überschuss $K_{\text{Überschuss}}$; darunter versteht man die Differenz aus jährlichen Einnahmen und Betriebskosten:

$$T_{\text{Amortisation}} = \frac{K_0}{K_{\text{Ein}} - K_{\text{Betrieb}}} = \frac{K_0}{K_{\text{Überschuss}}} \tag{10.7}$$

Beispiel 10.3 Amortisationszeit einer 5 kW-Anlage

Susi Sonnig kauft eine 5 kW-Anlage zum Preis von 7000 Euro. Sie kalkuliert relativ vorsichtig mit einem spezifischen Ertrag w_{Jahr} von 850 kWh/(kWp·a). Als Einspeisevergütung erhält sie 12 Cent/kWh.

Die jährlichen Einnahmen ergeben sich zu:

$$K_{\text{Ein}} = w_{\text{Jahr}} \cdot P_{\text{STC}} \cdot k_{\text{EEG}} = \frac{850\,\text{kWh}}{\text{kWp} \cdot \text{a}} \cdot 5\,\text{kWp} \cdot 12\,\text{ct/kWh} = 510\,\text{Euro/a}$$

Sie führen mit den Betriebskosten von 105 Euro zu einem jährlichen Überschuss von 405 Euro. Somit ergibt sich für die Amortisationszeit:

$$T_{\text{Amortisation}} = \frac{K_0}{K_{\text{Überschuss}}} = \frac{7000\,\text{Euro}}{405\,\text{Euro/a}} = 17,3\,\text{a}$$

Rechnet man das obige Beispiel mit einem jährlichen spezifischen Ertrag von 900 kWh/kWp so ergibt sich eine günstigere Amortisationszeit von 16,1 Jahren. Bei einer Laufzeit der Einspeisevergütung von 20 Jahren verbleiben Frau Sonnig somit nur noch 4 Jahre, um Gewinne zu erwirtschaften.

10.2.2.3 Objektrendite

Die Amortisationszeit ist zwar ein sehr anschauliches Maß, berücksichtigt aber nicht die Verzinsung des eingesetzten Kapitals. Für Frau Sonnig sind die 510 Euro, die sie nach dem ersten Jahr bekommt, gewissermaßen wertvoller als die aus dem zweiten Jahr, da sie das Geld bei der Bank wieder anlegen kann und Zinsen daraus erhält.

Zur Veranschaulichung stellen wir uns zwei Investoren vor: Karl Cash und Susi Sonnig. Herr Cash hat 7000 Euro zur Verfügung, die er bei seiner Bank zu einem festen Zinssatz p über 20 Jahre anlegt. Am Ende jeden Jahres erhält er Zinsen, die gleich wieder mit angelegt werden. Mit der Zinseszinsformel lässt sich nun ausrechnen, wieviel Geld K_n er nach den n Jahren auf seinem Konto hat:

$$K_n = K_0 \cdot (1+p)^n = K_0 \cdot q^n \tag{10.8}$$

$$\text{mit} \quad q: \text{ Zinsfaktor: } q = 1 + p$$

Nehmen wir z. B. einen Zinssatz von 3 % an, so besitzt Herr Cash nach 20 Jahren eine Summe von:

$$K_{20} = K_0 \cdot (1+p)^{20} = 7000\,\text{Euro} \cdot 1{,}03^{20} = 12.643\,\text{Euro} \tag{10.9}$$

Frau Sonnig hat ebenfalls 7000 Euro zur Verfügung und investiert das Geld in eine Photovoltaikanlage. Sie erhält jedes Jahr Einnahmen aus der Stromeinspeisung und legt dieses Geld unter Abzug der Betriebskosten ebenfalls zu dem Zinssatz p bei der Bank an. Auch hier lässt sich ausrechnen, wie viel Geld sie nach 20 Jahren erwirtschaftet hat:

$$K_{20} = K_{\text{Überschuss}} \cdot \left(q^{19} + q^{18} + q^{17} + \ldots + q^1 + q^0 \right) \tag{10.10}$$

Die Summe in obiger Formel lässt sich mithilfe der aus der Mathematik bekannten geometrischen Reihe vereinfachen, so dass wir schließlich die sogenannte Sparkassenformel erhalten:

$$K_{20} = K_{\text{Überschuss}} \cdot \frac{q^{20} - 1}{q - 1} \tag{10.11}$$

Nehmen wir für Frau Sonnigs Anlage wieder einen jährlichen Überschuss von 405 Euro an, so addieren sich ihre Einnahmen am Ende der 20 Jahre auf:

$$K_{20} = 405\,\text{Euro} \cdot \frac{1{,}03^{20} - 1}{1{,}03 - 1} = 10.883\,\text{Euro} \tag{10.12}$$

Frau Sonnig hat in den 20 Jahren also weniger Geld als Herr Cash verdient.

Die Objektrendite ist der Zinssatz, den man in die Gleichungen (10.8) und (10.11) einsetzen muss, damit sich in beiden Fällen der gleiche Geldbetrag ergibt. Mit anderen Worten:

Wir vergleichen die Investition in eine Photovoltaikanlage mit der Geldanlage bei einer Bank und definieren den passenden Zinssatz, der uns auf den gleichen Endbetrag kommen lässt, als Objektrendite der Photovoltaikinvestition.

Führen wir diesen Vergleich für die Anlage von Frau Sonnig durch, so kommen wir auf eine Objektrendite von 1,4 %. In Bild 10.8 sind für diesen Fall die Kapitalentwicklungen von Karl Cash und Susi Sonnig gegenübergestellt. Nach 20 Jahren besitzen beide ca. 9.300 Euro.

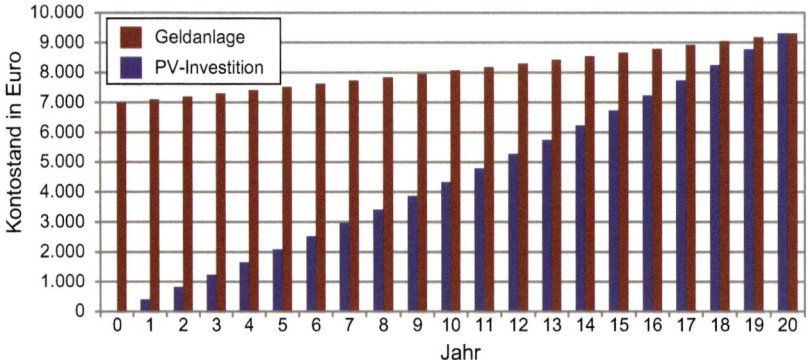

Bild 10.8 Veranschaulichung der Objektrendite: Die Investition in eine Photovoltaikanlage wird mit einer Geldanlage verglichen, bei der ein Betrag mit Zinseszins über 20 Jahre angelegt wird (nach [Kre06])

Die im Beispiel angegebene Rendite von 1,4 % ist recht niedrig.

Im EEG orientierte man sich ursprünglich an den aktuellen Preisen von Photovoltaikanlagen und ging bei der Festlegung der Vergütungssätze von einer Rendite von 7,4 % aus. Derartige Renditen sind heute allenfalls noch bei einer hohen Eigenverbrauchsquote zu erreichen (siehe Abschnitt 10.2.2.4).

 Ein Installateur hat mir erzählt, dass man mit einer Photovoltaikanlage auf eine Eigenkapitalrendite von über 10 % kommen kann. Was meint er damit? Steht das nicht im Widerspruch zu den oben genannten Renditen?

 Der Begriff Eigenkapitalrendite bezieht den Gewinn einer Anlage auf das eingesetzte Eigenkapital. Nehmen wir einmal an, Frau Sonnig hat einen Topstandort in Süddeutschland und erreicht so eine Objektrendite von 5 %. Zur Finanzierung nimmt sie 6000 Euro bei einer Bank zu einem Zinssatz von 3 % auf, die restlichen 1000 Euro zahlt sie aus Eigenmitteln. Mit den geliehenen 6000 Euro erreicht sie eine Rendite von etwa 2 %. Die Eigenkapitalrendite bezieht nun diesen Gewinn auf die 1000 Euro an Eigenkapital und erreicht so z. B. einen Wert von 12 %.

Die Ergebnisse der vorstehenden Rechnung hängen sehr stark von den Annahmen ab. Würde Frau Sonnig die gesamte Investitionssumme als Kredit aufnehmen, stiege die Eigenkapitalrendite ins Unendliche. Das zeigt, dass diese Eigenkapitalrendite keine sinnvolle Maßzahl ist, auf deren Grundlage man eine Investitionsentscheidung treffen kann.

10.2.2.4 Renditeerhöhung durch Eigenverbrauch des Solarstroms

Wie bereits in Abschnitt 8.3 beschrieben, kann die Rendite einer Photovoltaikanlage erhöht werden, indem ein möglichst großer Anteil des produzierten Stroms selbst verbraucht wird. Falls Susi Sonnig mit ihrer Familie einen üblichen Strombedarf von 4500 kWh pro Jahr hat, so kann sie von einem Eigenverbrauchsanteil a_{Eigen} von rund 30 % ausgehen [Rot12]. Den Preis für aus dem Netz bezogenen Strom nehmen wir zu $k_{\mathrm{Bezug}} = 28\,\mathrm{ct/kWh}$ an. Damit kann die Rechnung aus Beispiel 10.3 nun modifiziert werden:

Beispiel 10.4 Amortisationszeit einer 5 kW-Anlage mit 30 % Eigenverbrauch

Wir bilden zunächst eine „mittlere Vergütung" k_{Mittel} aus den beiden Stromanteilen:

$$k_{\mathrm{Mittel}} = a_{\mathrm{Eigen}} \cdot k_{\mathrm{Bezug}} + (1 - a_{\mathrm{Eigen}}) \cdot k_{\mathrm{EEG}} = 0{,}3 \cdot 28\,\mathrm{ct/kWh} + 0{,}7 \cdot 12\,\mathrm{ct/kWh}$$
$$= 16{,}8\,\mathrm{ct/kWh}$$

Rechnet man Beispiel 10.3 mit dieser Vergütungshöhe, so reduziert sich die Amortisationszeit durch den Eigenverbrauch von 17,3 auf 9,6 Jahre. Die Rendite erhöht sich von 1,4 % auf 6 %.

Mit weiter fallenden Einspeisevergütungen und gleichzeitig steigenden Strombezugspreisen spielt der Solarstrom-Eigenverbrauch eine immer größere Rolle für die Rentabilität einer Photovoltaikanlage.

10.2.2.5 Weitere Einflussgrößen

Die obige Rechnung lässt sich noch beliebig verfeinern. So kann man z. B. die allgemeine Preissteigerung in die Betriebskosten einrechnen, indem man sie jährlich um knapp 2 % ansteigend annimmt.

Außerdem stellt sich die Frage, ob die Module auch in 20 Jahren noch ihre volle Leistung abgeben. Die Modulhersteller geben meist eine Leistungsgarantie von 90 % innerhalb der ersten 10 Betriebsjahre und von 80 % der Modulnennleistung innerhalb von 20 Jahren. Somit kann man zur Vorsicht eine jährliche Leistungsdegradation von 1 % in die erwartete Vergütung einrechnen. Andererseits zeigen bisherige Erfahrungen mit c-Si-Standardmodulen, dass die Degradation eher bei 0,5 % pro Jahr liegt, so dass dieser Wert ausreichen sollte.

Zuletzt soll nicht vergessen werden, dass eine Photovoltaikanlage nach 20 Jahren nicht wertlos ist. Die Komponenten können noch viele Jahre ihren Dienst tun. Wenn die Anlage weiterhin am Netz bleibt, kann sie die eigenen Strombezugskosten reduzieren. Außerdem ist nicht ausgeschlossen, dass auch nach 20 Jahren noch eine gewisse Vergütung gezahlt wird, da dies volkswirtschaftlich immer noch günstiger sein sollte, als z. B. neue Kohlekraftwerke zu bauen. Unter *www.lehrbuch-photovoltaik.de* ist ein Excel-Programm als Download verfügbar, mit dem einfache Renditeberechnungen nachvollziehbar durchgeführt werden können.

■ 10.3 Überwachung, Monitoring und Visualisierung

Was bedeuten die drei in der Überschrift aufgeworfenen Begriffe? Unter einer Anlagenüberwachung versteht man ein Alarmierungssystem, das frühzeitig Ausfälle oder deutliche Mindererträge meldet. Ein Anlagenmonitoring geht über dieses Ziel hinaus; dieses soll die Performance einer konkreten Anlage im Vergleich zu anderen Anlagen darstellen und im besten Fall Hinweise geben, wie der Anlagenertrag weiter gesteigert werden kann. Eine Anlagenvisualisierung ist dagegen eher als anschauliche Information über den aktuellen Status der Anlage gedacht. Wir sehen uns im Folgenden die jeweiligen Aspekte der drei Maßnahmen an.

10.3.1 Methoden zur Anlagenüberwachung

Die einfachste Art der Anlagenüberwachung besteht darin, ab und zu auf das Display des Wechselrichters zu schauen. Dieser sollte anzeigen, dass der Wechselrichter ins Netz einspeist und die Anlage im MPP-Betrieb läuft. Genauere Informationen erreicht man, wenn am Ende eines Monats oder einer Woche die erzeugte Energie abgelesen wird und mit den Erträgen anderer Anlagen verglichen wird. Liegt der Ertrag der eigenen Anlage deutlich darunter, muss der Ursache genauer auf den Grund gegangen werden. Inzwischen gibt es eine Reihe von Onlinedatenbanken, in denen die Erträge von Tausenden von Anlagen tagesgenau als Vergleich zur Verfügung stehen. Deutlich eleganter als der manuelle Vergleich ist die Nutzung eines Datenloggers, der den eigenen Tagesertrag mit dem ähnlich ausgerichteter Anlagen vergleicht. Ergibt sich ein deutlicher Unterschied, so wird z. B. per SMS eine Alarmmeldung ausgegeben. Die Internetanbindung des Datenloggers hat darüber hinaus den Vorteil, dass die Daten des Loggers regelmäßig auf einem zentralen Server gesichert werden und so auch nach Jahren noch abgerufen werden können. Beispiele für derartige Onlinedatenbanken sind *home.solarlog-web.de* sowie *www.sunnyportal.de*.

Eine Alternative zur Überprüfung der Anlage anhand von Referenzanlagen ist der unmittelbare Vergleich der aktuellen Anlagenleistung mit der momentanen Einstrahlung. Dazu wird wie in Abschnitt 9.1 beschrieben ein Solarzellen-Strahlungssensor in Generatorebene montiert. Außerdem ist die Messung der Modultemperatur sinnvoll, um damit eine möglichst gute Schätzung der zu erwartenden Anlagenleistung geben zu können. Verschiedene kommerzielle Datenlogger bieten diese Sonderfunktionen und können z. B. eine Alarmierung per Email, SMS oder auch Signalhorn auslösen.

10.3.2 Monitoring von PV-Anlagen

10.3.2.1 Spezifische Erträge

Der Ertrag einer Photovoltaikanlage hängt in erster Linie von der auf den Generator auftreffenden Strahlungsenergie H_G ab. Als Betrachtungszeitraum wird meist ein Jahr gewählt, gele-

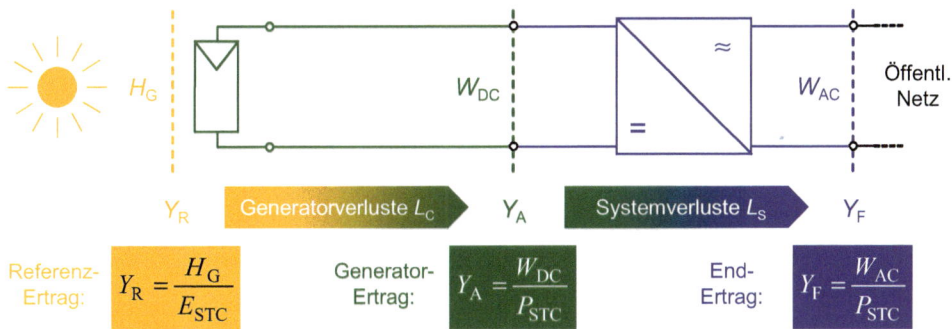

Bild 10.9 Spezifische Erträge einer Photovoltaikanlage: Der Generator-Ertrag Y_A liegt um die Generatorverluste niedriger als der Referenz-Ertrag Y_R; der End-Ertrag Y_F wiederum entspricht dem um die Systemverluste verringerten Generator-Ertrag

gentlich auch ein Monat oder ein Tag. Man definiert nun den Referenz-Ertrag Y_R (Bild 10.9):

$$Y_R = \frac{H_G}{E_{STC}} \tag{10.13}$$

Damit bezieht man die Strahlungsenergie auf die volle Bestrahlungsstärke der Sonne unter STC-Bedingungen. Die Strahlungsenergie H_G wird in kWh/m² angegeben; teilt man diese durch 1000 W/m², so ergibt sich als Einheit h (Stunden). Der Referenzertrag Y_R gibt also die Anzahl der Stunden an, die die Sonne mit voller Sonnenstrahlung auf den Solargenerator scheinen müsste, um die Strahlungsenergie H_G zu erzeugen. Ähnlich wie in Kapitel 2 schon beschrieben nennen wir dies die Sonnen-Vollaststunden:

Der Referenz-Ertrag Y_R gibt die Anzahl der Sonnen-Vollaststunden in Generatorebene pro Jahr an.

Leider treten in einer realen Photovoltaikanlage Verluste auf, so dass der Referenz-Ertrag nicht vollständig zur Stromproduktion genutzt werden kann. Bild 10.9 verdeutlicht dies.

Die Generatorverluste L_C (Capture Losses, Einfangverluste) führen dazu, dass am Ausgang des Solargenerators nur noch der Generator-Ertrag Y_A (Array Yield) übrig bleibt.

$$Y_A = \frac{W_{DC}}{P_{STC}} \tag{10.14}$$

Im nachfolgenden Wechselrichter samt Leitungen treten außerdem Systemverluste L_S auf, die letztendlich zum End-Ertrag Y_F (Final Yield) führen:

$$Y_F = \frac{W_{AC}}{P_{STC}} \tag{10.15}$$

Sowohl der Generator-Ertrag als auch der End-Ertrag sind jeweils auf die STC-Leistung der Anlage bezogen, so dass sich auch hier die Einheit h ergibt.

Der End-Ertrag Y_F gibt die Anzahl der Anlagen-Vollaststunden pro Jahr an.

Für den Besitzer einer Photovoltaikanlage ist diese Maßzahl natürlich die wichtigste Größe, da mit ihr ermittelt wird, wie viel Energie pro Jahr ins öffentliche Netz eingespeist wird. Wir haben sie bislang auch als spezifischen Jahresertrag w_{Jahr} bezeichnet.

10.3.2.2 Verluste

Wodurch entstehen die angesprochenen Verluste? Für die Generatorverluste L_C gibt es eine Vielzahl von Ursachen:

- Die Module haben weniger Leistung als im Datenblatt angegeben
- Die Modultemperatur ist größer als 25 °C
- Die Module sind verschmutzt oder teilverschattet
- Es tritt Mismatching zwischen Modulen eines Strings auf
- Die Module werden nicht im MPP betrieben
- Es entstehen ohmsche Verluste in den DC-Leitungen

Die Systemverluste L_S werden in erster Linie durch den Wechselrichter hervorgerufen:

- Der Wirkungsgrad des Wechselrichters ist kleiner als 100 %
- Der Wechselrichters ist unterdimensioniert und regelt bei hohen Eingangsleistungen ab
- Es entstehen ohmsche Verluste in den AC-Leitungen

10.3.2.3 Performance Ratio

Will man bestimmen, wie effizient eine Photovoltaikanlage mit der zur Verfügung stehenden Strahlungsenergie umgeht, so bietet sich als Maßzahl die Performance Ratio PR (Ertragsverhältnis) an. Diese vergleicht den End-Ertrag mit dem Referenz-Ertrag:

$$PR = \frac{Y_F}{Y_R} \tag{10.16}$$

Die Performance Ratio liegt typischerweise bei 75 bis 85 %, bei sehr guten Anlagen erreicht sie ggf. noch höhere Werte.

Beispiel 10.5 Ertrag und Performance Ratio einer 5 kWp-Anlage

Die Jahreseinstrahlung auf ein nach Süden ausgerichtetes Dach mit einer Neigung von 25° betrug in einem Jahr 1100 kWh/m². Die dort errichtete Anlage speiste im gleichen Jahr 4500 kWh ein.

Als Referenzertrag ergibt sich:

$$Y_R = \frac{H_G}{E_{STC}} = \frac{1100\,\text{kWh}/(\text{m}^2 \cdot \text{a})}{1000\,\text{W}/\text{m}^2} = 1100\,\text{h}/\text{a}$$

Der Endertrag beträgt:

$$Y_F = \frac{W_{AC}}{P_{STC}} = \frac{4500\,\text{kWh}/\text{a}}{5\,\text{kWp}} = 900\,\text{h}/\text{a}$$

Die Performance Ratio ergibt sich aus dem Quotienten beider Ergebnisse:

$$PR = \frac{Y_F}{Y_R} = \frac{900\,\text{h/a}}{1100\,\text{h/a}} = 81,8\,\% \approx 82\,\%$$

■

10.3.2.4 Konkrete Maßnahmen zum Monitoring

Die Minimalanforderung an ein Anlagenmonitoring ist die Erfassung der Einstrahlung sowie der ins Netz eingespeisten Energie. Damit kennt man Y_R und Y_F und kann die Performance Ratio sowie die Gesamtverluste $L_{Ges} = L_C + L_S$ ermitteln. Konkrete Hinweise zur Verbesserung der Performance liefert allerdings nur eine genauere Analyse. Dazu sollte der eingesetzte Datenlogger zusätzlich die vom Generator erzeugte Energie W_{DC} aufnehmen. Diese dient zur Bestimmung der Generator- und Systemverluste und kann so Hinweise geben, ob Verbesserungspotential eher auf der DC- oder der Wechselrichterseite zu finden ist. Darüber hinaus kann im Fall von Störungen sehr schnell die Fehlerquelle eingegrenzt werden. Eine Erfassung der Modultemperatur bietet schließlich die Möglichkeit, die Generatorverluste in temperaturbedingte und sonstige Verluste aufzuspalten. In Abschnitt 10.4 werden wir uns einfache Monitoring-Ergebnisse ansehen.

10.3.3 Visualisierung

Eine auf dem Dach installierte Photovoltaikanlage ist relativ unspektakulär und insbesondere bei Bürobauten oftmals gar nicht zu sehen. Manche Unternehmen und insbesondere öffentliche Einrichtungen wollen ihr Engagement für die Photovoltaik aber nach außen sichtbar machen. Hier bietet sich eine Visualisierung der Daten an. Die Standarddarstellung ist eine Digitalanzeige mit den erzeugten Kilowattstunden sowie der aktuellen Anlagenleistung. Deutlich informativer ist die Verwendung eines grafikfähigen Displays, das den Tages- oder Monatsertrag als Balkendiagramm darstellt.

Besonders Schulen und Kindergärten möchten den Kindern die Stromproduktion durch Photovoltaik anschaulich darstellen. Leider sind die üblichen Darstellungen von Leistung und Energie für die Kinder (und die meisten Eltern...) nicht wirklich verständlich. Dies führte an der Fachhochschule Münster zur Entwicklung der Visualisierungsanlage VisiKid [Mer05]. Bild 10.10 zeigt den inneren Aufbau des Prototyps sowie die Ansicht des inzwischen in Lizenz hergestellten Seriengerätes. Die Leistung der Photovoltaikanlage wird hier kindgerecht durch die Anzahl an leuchtenden Glühlampen angezeigt, welche tatsächlich aus hocheffizienten LEDs bestehen. Gleichzeitig erfolgt die Darstellung der erzeugten Energie durch Kugeln, welche über ein Kugelrad bewegt werden. Jede in den unteren Behälter beförderte Kugel bedeutet z. B. eine eingespeiste Kilowattstunde. Am Ende eines Kalendermonats werden die Kugeln zurück in den oberen Behälter geschüttet und die Kugelrnte geht wieder von neuem los. Die Anzahl der bislang verkauften Geräte zeigt, dass für eine derartige Visualisierung offensichtlich eine beachtliche Nachfrage besteht.

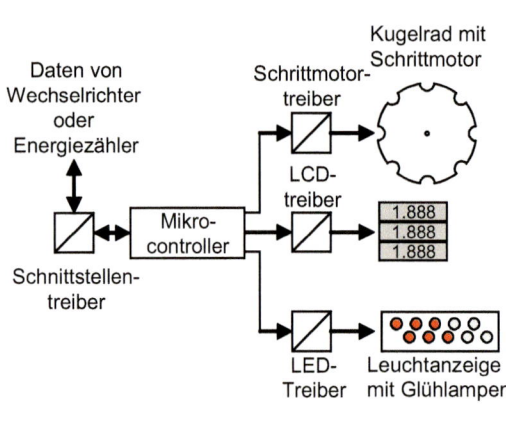

Bild 10.10 Kindgerechte Visualisierung von Photovoltaikanlagen durch VisiKid: Links ist der innere Aufbau des an der Fachhochschule Münster entwickelten Prototypen zu sehen, rechts die Ansicht des kommerziellen Seriengerätes (Foto: IKS Photovoltaik GmbH)

■ 10.4 Betriebsergebnisse von konkreten Anlagen

Wir sehen uns nun exemplarisch Betriebserfahrungen von einigen Photovoltaikanlagen an.

10.4.1 Schrägdachanlage aus dem Jahre 1996

Als erstes Beispiel betrachten wir eine 2 kW-Anlage, die 1996 am Standort Aachen errichtet wurde. Aachen war eine der ersten Städte in Deutschland, die eine kostendeckende Vergütung für Photovoltaikanlagen zahlte. Diese Vergütung betrug damals 2 DM pro kWh. In Tabelle 10.3 sind die wichtigsten Daten der Anlage aufgelistet:

Tabelle 10.3 Daten der 2 kW-Anlage in Aachen

Standort, Baujahr	Aachen, 1996	Leistung	1,98 kWp
Ausrichtung	Süd	Solarmodule	36× Siemens SM 55
Modulneigung	45 Grad	Wechselrichter	2× SMA Sunny Boy 700
Anzahl Strings	4	Überdimensionierungsfaktor $k_{\ddot{U}}$	1,24
Länge der Stringkabel	12 m	Querschnitt der Stringkabel	2,5 mm²
Kosten	15.000 DM/kWp	Vergütung	2 DM/kWh

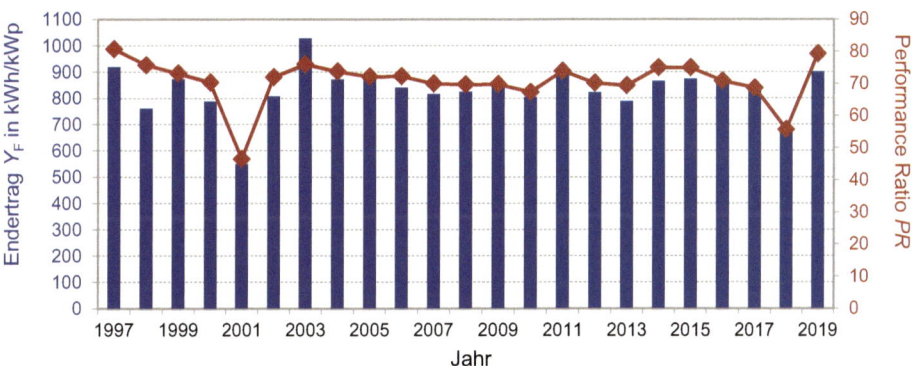

Bild 10.11 Ansicht und Betriebsergebnisse einer 2 kW-Anlage am Standort Aachen: Deutlich auffallend ist der schlechte Ertrag im Jahr 2001, der durch eine durchgebrannte Sicherung verursacht wurde (Foto: M. Pankert)

Bild 10.11 zeigt den Endertrag und die Performance Ratio der Anlage im Laufe der Jahre. Es fällt auf, dass es in den ersten Jahren relativ starke Schwankungen des Ertrages gab. Diese lagen hauptsächlich an unterschiedlich guten Sonnenjahren. Eine Besonderheit war das Jahr 2003, das am Standort Aachen eine Jahresglobalstrahlung von 1200 kWh/(m²·a) erbrachte. Dies entsprach für die betrachtete Anlagenausrichtung einem Referenzertrag Y_R von 1350 Sonnen-Volllaststunden. Außerdem auffallend ist das Jahr 2001: In diesem Jahr brannte im Sommer eine Schmelzsicherung in der Wechselstromzuleitung eines Wechselrichters durch. Da der Schaden ca. zwei Monate lang nicht entdeckt wurde, kam es zu einer drastischen Ertragsminderung.

Wesentlich informativer als der Endertrag ist der Verlauf der Performance Ratio, welche im Mittel bei nur 71 % lag. Offensichtlich haben wir es hier mit einer nur mäßigen Anlagenperformance zu tun. Als Gründe können hier insbesondere zwei Aspekte genannt werden. Zum einen kam mit dem Sunny Boy 700 ein Wechselrichtertyp zum Einsatz, der nach heutigen Maßstäben als überholt gilt. Sein Spitzenwirkungsgrad beträgt lediglich 93,4 %, der europäische Wirkungsgrad liegt bei mageren 92 %. Zum anderen wurde der PV-Generator – wie damals üblich – deutlich überdimensioniert: Jeweils 18 Module à 55 Wp wurden an einen Wechselrichter mit einer maximalen DC-Eingangsleistung von 800 W angeschlossen. Dies entspricht einem Überdimensionierungsfaktor $k_{\text{Ü}}$ von 1,24 (siehe Abschnitt 7.5).

Im Jahr 2018 fielen beide Wechselrichter aus (nach immerhin 22 Jahren Betriebszeit). Stattdessen wurde ein relativ effizienter, trafoloser Wechselrichter Sunny Boy 2100TL angeschlossen. Wie das Jahr 2019 zeigt, ist hat sich die Performance Ratio hierdurch deutlich erhöht.

10.4.2   Schrägdachanlage aus dem Jahre 2002

Zum Vergleich betrachten wir eine 3,2 kWp-Anlage, die 2002 in Steinfurt/Münsterland errichtet wurde (obere Module in Bild 6.33).

Bild 10.12 zeigt den Endertrag und die Performance Ratio der Anlage im Laufe der Jahre. Sie erreicht im Vergleich zur Anlage in Aachen etwas bessere Erträge. Die Performance Ratio lag in den ersten Jahren um durchschnittlich 4 % über denen der anderen Anlage, in den letzten Jahren hat sich diese Differenz auf etwa 8 % erhöht. Der Grund liegt darin, dass die Anlage Ende 2007 um zwei Module verkleinert wurde und sich somit der Überdimensionierungsfaktor von 1,18 auf 1,06 verringerte.

Tabelle 10.4 Daten der 3.2 kW-Anlage in Steinfurt

Standort, Baujahr	Steinfurt, 2002	Leistung	3,2 kWp
Ausrichtung	Süd	Solarmodule	20 × Isofoton I-159
Modulneigung	48 Grad	Wechselrichter	1 × SMA Sunny Boy 2500
Anzahl Strings	1	Überdimensionierungsfaktor $k_{\text{Ü}}$	erst 1,18; seit 2007: 1,06
Länge der Stringkabel	14 m	Querschnitt der Stringkabel	6 mm^2
Kosten	5.200 Euro/kWp	Vergütung	52,1 Cent/kWh

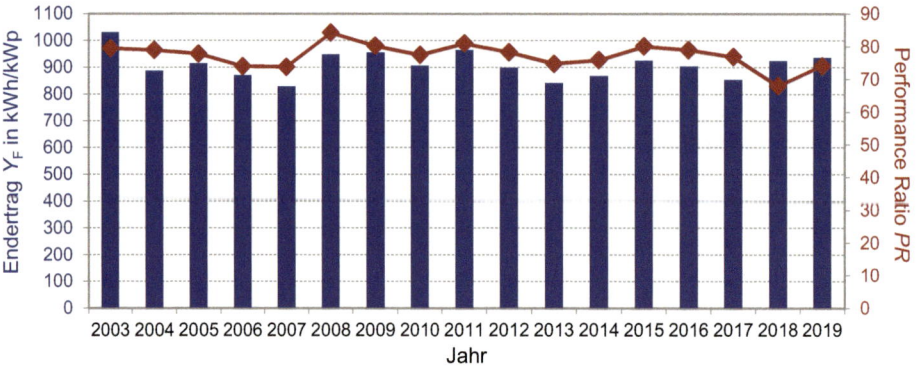

Bild 10.12 Betriebsergebnisse der Schrägdachanlage in Steinfurt: Insgesamt ergeben sich etwas höhere PR-Werte im Vergleich zu Bild 10.11. Die Anlage wurde Ende 2007 leicht optimiert, so dass sich die Performance leicht verbesserte

10.4.3   Flachdachanlage aus dem Jahre 2008

Zuletzt soll noch eine moderne 25 kWp-Anlage betrachtet werden, die 2008 auf dem Flachdach der Fachhochschule Münster installiert wurde (siehe Bild 6.31).

Tabelle 10.5 Daten der 25 kWp-Flachdachanlage auf der Fachhochschule Münster

Standort, Baujahr	Steinfurt, 2008	Leistung	24,84 kWp
Ausrichtung	Süd	Solarmodule	138× Schüco S180-SP4
Modulneigung	25 Grad	Wechselrichter	2× SMA Sunny Boy 9000 TL 1× SMA Sunny Boy 6000 TL
Anzahl Strings	8	Überdimensionie-rungsfaktor $k_{\ddot{U}}$	0,99 und 1,05
Länge der Stringkabel	6 bis 28 m	Querschnitt der Stringkabel	6 mm^2
Kosten	4.496 Euro/kWp	Vergütung	46,75 Cent/kWh

Bild 10.13 zeigt die Resultate der Anlage. Sie erzielte bislang im Schnitt einen spezifischen Ertrag von 1017 kWh/kWp. Die zugehörige durchschnittliche Performance Ratio betrug 85 %. Es zeigt sich, dass der Einsatz moderner, trafoloser Wechselrichter und ein niedriger Überdimensionierungsfaktor ($k_{\ddot{U}} \approx 1$) deutlich positive Auswirkungen haben!

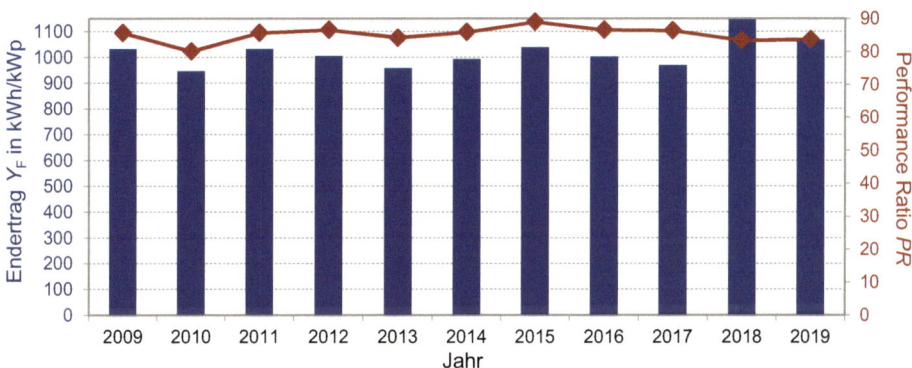

Bild 10.13 Ergebnisse einer modernen Flachdachanlage in Steinfurt: Durch trafolose Wechselrichter und einen niedrigen Überdimensionierungsfaktor ergab sich eine durchschnittliche Performance Ratio von 85 %

Bei allen drei Anlagen fällt auf, dass die Performance Ratio z. B. vom Jahr 2009 auf das Jahr 2010 abgesackt und im Jahr 2011 wieder angestiegen ist. Wie kann das sein, bei der Berechnung der PR wird doch der Einfluss der Jahreseinstrahlung heraus gerechnet?

 Zusätzlich zur Jahreseinstrahlung kommen noch weitere Einflussgrößen hinzu. So spielt die Temperatur an den sonnigen Tagen eine große Rolle. Gegebenenfalls lag diese im Jahr 2010 höher als im Jahr 2009. Das Jahr 2011 hatte wiederum ein sonnenreiches, relativ kühles Frühjahr.

11 Zukünftige Entwicklung

In diesem Kapitel wollen wir uns mit der möglichen zukünftigen Entwicklung der Photovoltaik beschäftigen. Dazu sehen wir uns zunächst das technische Potential der Photovoltaik an und betrachten die bisherige Markt- und Preisentwicklung. Anschließend lernen wir die heutige Stromversorgungsstruktur und das Zusammenspiel der verschiedenen Kraftwerke kennen.

Zum Abschluss soll überlegt werden, wie die zukünftige Energieversorgung mit maßgeblicher Beteiligung der Photovoltaik aussehen kann. Dazu werden verschiedene Zukunftsszenarien vorgestellt und die technischen Lösungen zu einer vollständigen Umstellung der Stromerzeugung auf erneuerbare Energien diskutiert.

■ 11.1 Potential der Photovoltaik

In Kapitel 2 hatten wir bereits eine Abschätzung zur notwendigen Fläche gemacht, um den gesamten Primärenergiebedarf der Menschheit durch Photovoltaik zu decken. Das Ergebnis war das Sahara-Wunder: Es wäre lediglich eine Fläche von 800 km × 800 km notwendig! Wie schon erwähnt macht es keinen Sinn, die gesamte Energieproduktion an einem Ort zu konzentrieren. Daher wollen wir die Potentialabschätzung auf Deutschland beschränken.

11.1.1 Theoretisches Potential

Unter dem theoretischen Potential der Solarenergie verstehen wir die gesamte Strahlungsenergie, die innerhalb eines Jahres auf Deutschland fällt. In Kapitel 2 gingen wir bereits von einer jährlichen Einstrahlungsmenge von ca. 1000 kWh/m^2 aus. Mit einer Fläche der Bundesrepublik Deutschland von 357.000 km^2 erhalten wir somit ein theoretisches Potential von $375 \cdot 10^{12}$ kWh. Dies entspricht fast dem 100-Fachen des gesamten Primärenergiebedarfs der Bundesrepublik Deutschland!

11.1.2 Technisch nutzbare Strahlungsenergie

Tatsächlich nutzbar ist von diesem großen Angebot natürlich nur ein kleiner Teil. Zum einen soll nicht ganz Deutschland unter Solarmodulen verschwinden, zum anderen wandeln Solarmodule nur einen Teil der Strahlungsenergie in elektrische Energie um. Als mögliche Standorte für Solaranlagen kommen insbesondere Dachflächen, Fassaden und Freiflächen in Betracht, deren Potentiale wir der Reihe nach untersuchen.

Dachflächen

Die gesamten Dachflächen in Deutschland betragen laut [Qua00] etwa 4345 Mio. m^2, von denen etwa 70 % Schrägdächer und 30 % Flachdächer sind. Von diesen können ca. 40 % aufgrund von baulichen Restriktionen (Fenster, Kamine, Abschattungen) als nicht geeignet für die Solarnutzung angesehen werden [Qua00].

Bei den Schrägdächern sollen alle die berücksichtigt werden, die maximal 90° aus der Südrichtung verdreht sind, also alle Dächer von Ost über Süd bis West. Somit bleibt hier nur die Hälfte der Dachflächen übrig. Schließlich wollen wir für die Solarthermie ein Drittel der verbleibenden Flächen reservieren, so dass sich eine mit Solarmodulen belegbare Schrägdachfläche $A_{\text{Schräg}}$ ergibt:

$$A_{\text{Schräg}} = 4345\,\text{Mio. m}^2 \cdot 0{,}7 \cdot 0{,}6 \cdot 0{,}5 \cdot 2/3 = 608\,\text{Mio. m}^2 \tag{11.1}$$

Im Fall der Flachdächer muss eine Abschattung der einzelnen Modulreihen verhindert werden. Wir setzen den Flächennutzungsgrad daher entsprechend Beispiel 10.2 zu rund 45 % an. Mit obigem Abschlag für die Solarthermie erhalten wir schließlich als nutzbare Modulfläche A_{Flach} auf Flachdächern:

$$A_{\text{Flach}} = 4345\,\text{Mio. m}^2 \cdot 0{,}3 \cdot 0{,}6 \cdot 0{,}45 \cdot 2/3 = 235\,\text{Mio. m}^2 \tag{11.2}$$

In Kapitel 2 hatten wir festgehalten, dass die jährliche Strahlungsmenge auf eine horizontale Fläche in Deutschland im Mittel etwa 1000 kWh/(m^2·a) beträgt. Im Fall der optimalen Ausrichtung (Azimuthwinkel $\alpha = 0°$, Neigungswinkel $\beta = 35°$) liegt die Globalstrahlung bei ca. 1200 kWh/(m^2·a). Die betrachteten Schrägdächer liegen von $\alpha = -90°$ bis +90°; außerdem nehmen wir einen maximalen Neigungswinkel von $\beta = 60°$ an. Nach Tabelle 2.4 ergeben sich hierfür Neigungsverluste von 0 bis knapp 30 %, so dass wir im Mittel 15 % ansetzen wollen. Schließlich erhalten wir mit Tabelle 11.1 eine gesamte nutzbare Strahlungsenergie von 809 TWh/a.

Tabelle 11.1 Auf geeigneten Dachflächen nutzbare Strahlungsenergie

Art der Flächen	Nutzbare Flächen	Mittlere Neigungs-verluste	Mittlere Global-strahlung (Referenzertrag)	Gesamte nutzbare Strahlungsenergie
Schrägdach	608 Mio. m^2	15 %	1020 kWh/(m^2·a)	527 TWh/a
Flachdach	235 Mio. m^2	0 %	1200 kWh/(m^2·a)	282 TWh/a
Summe	842 Mio. m^2	–	–	809 TWh/a

Fassaden

Die in Deutschland vorhandene Fassadenfläche von 6660 Mio. m^2 übersteigt die der Dachflächen deutlich. Es fallen allerdings relativ viele Flächen aufgrund von baulichen Restriktionen (Anbauten, Türen, Fenster, Abschattungen etc.) weg, außerdem wollen wir nur Fassaden mit Südost- bis Südwest-Richtung berücksichtigen. Reserviert man schließlich die Hälfte der verbleibenden Flächen für solarthermische Nutzungen, so bleiben nur etwa 200 Mio. m^2 (3 % aller Fassadenflächen) für die Photovoltaik übrig. Die senkrechten Fassaden erhalten im Mittel etwa 850 kWh/(m^2·a) an Strahlungsenergie, so dass sich eine Gesamtenergie von 170 TWh/a ergibt.

Verkehrswege

In Deutschland gibt es etwa 275.000 km an überörtlichen Straßen und Schienenwegen. Daher liegt es nahe, auch diese für die Photovoltaik zu nutzen. In [Qua00] wird vorgeschlagen, an knapp 4 % dieser Verkehrswege beidseitig Photovoltaikanlagen zu errichten. Die Idee ist, 2 m hohe Glas-Glas-Module zu verwenden, die den Lichteinfall von beiden Seiten zulassen. Über alle Himmelsrichtungen gemittelt kann man so von etwa 1250 kWh/(m^2·a) ausgehen. Bei durchschnittlichen Verlusten (Verschattung und Verschmutzung) von 15 % ergibt sich als nutzbare Strahlungsenergie ein Wert von etwa 42 TWh/a.

Freiflächen

Das größte Potential ergibt sich bei der Nutzung von Freiflächen. In [Kal14] wird z. B. angenommen, dass man hierzu die landwirtschaftlichen Stilllegungsflächen nutzt. Diese werden allerdings seit 2008 weitgehend für den Anbau von Biomasse verwendet und stehen für die Photovoltaik nicht mehr zur Verfügung. Aktuell werden in Deutschland etwa 21 % aller Ackerflächen für nachwachsende Rohstoffe genutzt, dies entspricht einer Fläche von 24.000 Mio. m^2 [DBV17]. Wir nehmen einmal an, dass für die Photovoltaik 1 % aller Ackerflächen bereitgestellt wird. Dies wäre eine Fläche von ca. 1200 Mio. m^2. Mit einem Flächennutzungsgrad von 45 % ergibt sich eine Modulfläche von 540 Mio. m^2. Dies entspricht einer nutzbaren Strahlungsenergie von 648 TWh/a.

11.1.3 Technisches Stromerzeugungspotential

Welche elektrische Energie aus den im vorigen Abschnitt erhaltenen Modulflächen zu erzielen ist, hängt stark vom Wirkungsgrad der eingesetzten Module ab. Wie wir in Kapitel 5 gesehen haben, gibt es bereits heute Standard-Solarmodule, die einen Wirkungsgrad von 20 % aufweisen. Dieser Wirkungsgrad wird sich in den kommenden zehn Jahren noch weiter nach oben bewegen. Somit können wir ohne Weiteres von einem Systemwirkungsgrad (inkl. der Verluste von Wechselrichtern, Verkabelung und Abweichung der Modultemperatur von STC-Bedingungen) von 18 % ausgehen. Tabelle 11.2 zeigt das Ergebnis.

Tabelle 11.2 Photovoltaik-Stromerzeugungspotential in Deutschland bei einem Modulwirkungsgrad von 20 % und einem Systemwirkungsgrad von 18 %

Art der Flächen	Nutzbare Modulflächen	Nutzbare Strahlungsenergie	Installierte Leistung ($\eta_{Modul} = 20\%$)	Elektrische Energie ($\eta_{System} = 18\%$)	Anteil am Strombedarf von 600 TWh/a
Schrägdach	608 Mio. m^2	527 TWh/a	122 GWp	95 TWh/a	16 %
Flachdach	235 Mio. m^2	282 TWh/a	47 GWp	51 TWh/a	9 %
Fassaden	200 Mio. m^2	170 TWh/a	40 GWp	31 TWh/a	5 %
Verkehrswege	38 Mio. m^2	42 TWh/a	8 GWp	8 TWh/a	1 %
Zwischensumme ohne Freiflächen	1081 Mio. m^2	1021 TWh/a	217 GWp	183 TWh/a	31 %
Freiflächen	540 Mio. m^2	648 TWh/a	108 GWp	117 TWh/a	19 %
Summe	1621 Mio. m^2	1669 TWh/a	325 GWp	302 TWh/a	50 %

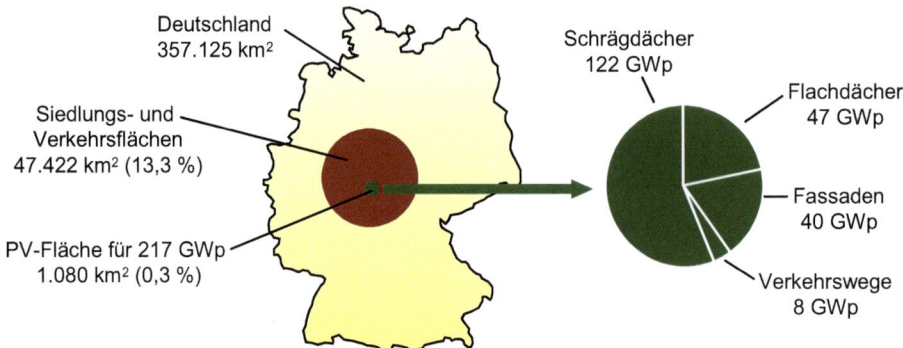

Bild 11.1 Flächenbedarf für die Photovoltaik in Deutschland: Selbst ohne Nutzung von Freiflächen ist eine Kapazität von über 200 GWp realisierbar. Die dazu benötigte Fläche tritt hier nicht in Konkurrenz zu anderen Nutzungsarten (z. B. Biomasse) (nach [Qua11])

Wir erhalten eine installierbare Leistung von 325 GWp und 302 TWh/a an elektrischer Energie aus Photovoltaik. Dies entspricht der Hälfte des aktuellen deutschen Stromverbrauchs von ca. 600 TWh/a! Selbst ohne Berücksichtigung der Freiflächen kommen wir auf einen Anteil von 31 %. Bild 11.1 zeigt die dazu notwendige Modulfläche in Höhe von 0,3 % der Gesamtfläche Deutschlands. Die in Anspruch genommenen Flächen liegen dabei hauptsächlich auf ohnehin vorhandenen Dächern und Fassaden, so dass sich keine Nutzungskonkurrenz ergibt.

11.1.4 Photovoltaik versus Biomasse

Will man in Zukunft deutlich mehr elektrische Energie bereitstellen (z. B. für Elektroautos oder Geothermie-Wärmepumpen zur Hausheizung), so sollten auch Freiflächen für die Photovoltaik genutzt werden. Dabei entsteht eine Flächenkonkurrenz zur Biomasse. Daher ist ein Vergleich der Wirkungsgrade beider Technologien angebracht:

Ein Hektar Energiemais erbringt jährlich etwa 45 t Biomasse (Frischmasse), die wiederum einen Biogasertrag von 8000 m^3 an Biogas ergibt. Dieses entspricht bei einem Methananteil von 52 % einer Energie von 41.600 kWh. Wird das Biogas in einem Blockheizkraftwerk ($\eta_{\text{Elektrisch}}$ = 40 %) eingesetzt, so liefert dieses eine elektrische Energie von knapp 17.000 kWh/a [FNR10]. Pro Quadratmeter Ackerfläche erhalten wir also einen Stromertrag von $w_{\text{Elektrisch\_Biomasse}}$ = 1,7 kWh/(m^2·a). Verglichen mit der auf einen Quadratmeter einfallenden Solarstrahlung von 1000 kWh/(m^2·a) beträgt der Ertragswirkungsgrad somit lediglich 0,17 %!

Betrachten wir die Photovoltaik, so können wir als Referenzanlage z. B. die relativ moderne Flachdachanlage aus Bild 10.13 verwenden. Sie erreicht mit einer Modulneigung von 25° einen spezifischen Ertrag von 1000 kWh/(kWp · a). Bei dieser Neigung ergibt sich analog zu Beispiel 10.2 ein Flächennutzungsgrad von 0,4.

Für eine Freiflächenanlage mit gleicher Neigung und Ausrichtung und einem Modulwirkungsgrad von 20 % folgt somit für den flächenbezogenen Jahresertrag:

$$w_{\text{Elektrisch\_PV}} = f_{\text{Nutz}} \cdot \eta_{\text{Modul}} \cdot E_{\text{STC}} \cdot Y_{\text{F}} = 0,4 \cdot 0,2 \cdot \frac{1\,\text{kW}}{\text{m}^2} \cdot \frac{1000\,\text{kWh}}{\text{kWp} \cdot \text{a}} = 80\,\frac{\text{kWh}}{\text{m}^2 \cdot \text{a}} \tag{11.3}$$

Der Ertragswirkungsgrad der Photovoltaik liegt somit bei 8 %; damit ergibt sich ein Verhältnis zur Biomassenutzung von etwa 47 : 1. In einem BHKW wird neben dem Strom allerdings noch Wärme produziert, die ggf. genutzt werden kann. Andererseits benötigt der Maisanbau weitere Energie für Bodenbearbeitung, Transport, Düngemittel, etc., der hier nicht berücksichtigt wurde.

Biomasse benötigt im Vergleich zur Photovoltaik etwa das 50-Fache an Fläche zur Erzeugung von elektrischer Energie.

 Würde sich die obige Gegenüberstellung nicht noch weiter zu Gunsten der Photovoltaik verbessern, wenn man die Freiflächen mit Ost-West-Anlagen belegt?

 Das sollten wir einmal durchrechnen. Nehmen wir z. B. an, dass wir die Module mit einer Neigung von 15° nach Ost bzw. West ausrichten. In diesem Fall können wir die jeweils von Nord nach Süd verlaufenden Modulreihen direkt nebeneinander aufstellen, ohne dass sich eine relevante Eigenverschattung ergibt. Der Flächennutzungsfaktor erreicht somit über 100 %. Allerdings erhalten wir laut Tabelle 2.4 Neigungsverluste von 16 %. Wenn noch 20 % der Fläche für Zuwegung etc. abgezogen wird, ergibt die Abschätzung einen Ertragswirkungsgrad von rund 14 %! Ein Vergleich mit dem Ertragswirkungsgrad der Biomasse zeigt, dass somit Photovoltaik sogar um einen Faktor 80 flächeneffizienter ist!

Bislang haben wir lediglich das technische Potential der Photovoltaik betrachtet. Ob dieses Potential auch tatsächlich durch den Bau von PV-Anlagen realisiert wird, hängt sehr stark von den gesetzlichen und finanziellen Rahmenbedingungen ab. Dies wollen wir nun genauer untersuchen.

■ 11.2 Effiziente Förderinstrumente

Deutschland hat bereits eine Reihe von Erfahrungen mit Förderprogrammen für die Photovoltaik. Anfang der 1990er Jahre wurde das 1000-Dächer-Programm unter Federführung des Bundesforschungsministeriums gestartet. Dieses sah eine Investitionsförderung für den Bau von netzgekoppelten Anlagen in Höhe von 70 % der Investitionssumme vor. Erklärtes Ziel war die „Bewertung des bereits erreichten Stands der Technik"; außerdem sollte der „noch erforderliche Entwicklungsbedarf" ermittelt werden [Hof08]. Zwischen 1991 bis 1995 wurden knapp 2000 PV-Anlagen im Rahmen des Programms installiert. Durch ein paralleles Mess- und Auswerteprogramm konnten tatsächlich wertvolle Betriebserfahrungen gesammelt werden. Insbesondere das Zusammenwirken der Wechselrichter mit dem Stromnetz wurde untersucht, da seitens der EVU zunächst große Sicherheitsbedenken vorlagen. Nachdem der Fördertopf ausgeschöpft war, brach der kurzzeitig entstandene Markt wieder zusammen.

Die Bereitstellung der hohen Investitionsförderung von 70 % führte zu einer Antragsflut. Offensichtlich ist die Aussicht auf Staatsgeld „auf die Kralle" eine hohe Motivation. Gleichzeitig wurde von den Anlagenbetreibern kaum auf die Höhe der Installationskosten geachtet, die Anlagenpreise lagen meist nah an der vorgegebenen Obergrenze von 28.000 DM/kWp. Die Auswertung des Programms zeigte außerdem, dass viele Anlagen nach 1–2 Jahren Defekte (insbesondere an den Wechselrichtern) zeigten. Oftmals wurden diese Anlagen aber nicht repariert, da man für die Reparatur keine finanzielle Unterstützung erhielt. In den Folgejahren gab es in einigen Bundesländern weitere Förderprogramme auf der Basis von Investitionszuschüssen. Da diese aber je nach Kassenlage schnell überzeichnet waren, konnte sich kein stetiger Markt ausbilden.

Erst die Einführung der kostendeckenden Vergütung durch verschiedene Stadtwerke (Aachener Modell) und schließlich der Start des EEG im Jahr 2000 änderte die Situation. Das EEG war von vornherein als Markteinführungsprogramm konzipiert und sollte durch Massenproduktion von PV-Anlagen zu einer Preisreduktion führen. Was sind die wesentlichen Vorteile dieses Modells im Vergleich zur Förderung über Investitionszuschüsse?

1. Da das Geld für die Einspeisevergütung über die EEG-Umlage von den Stromkunden aufgebracht wird, gibt es keine zyklisch leeren Fördertöpfe, wie sie für öffentliche Investitionsprogramme typisch sind. Damit wird der Markt verstetigt und die Investitionsbereitschaft der Hersteller steigt.

2. Der Anlagenbetreiber erhält nur dann eine Rendite auf sein eingesetztes Kapital, wenn er wirtschaftlich arbeitet. Damit ist er selbst in der Pflicht, technisch ausgereifte und gleichzeitig kostengünstige Technik einzukaufen. Außerdem wird er die Anlage in eigenem Interesse bei einem Defekt reparieren und möglichst lange betreiben.

3. Über die Festlegung einer Absenkung der Einspeisevergütung je nach Zeitpunkt der Inbetriebnahme der Anlage kann der Preis und auch der Marktumfang in gewissen Grenzen gesteuert werden.

Aktuell wird die Einspeisevergütung quartalsweise neu festgelegt; jeweils abhängig vom Anlagenzubau der letzten Monate. Als Zielkorridor wurde von der Bundesregierung ein Zubau von 2,4 bis 2,6 GWp pro Jahr vorgegeben. Bei Freiflächenanlagen werden die Vergütungssätze über ein Ausschreibungssystem ermittelt.

Das im EEG festgelegte Prinzip der kostendeckenden Vergütung von in das Netz eingespeistem Solarstrom ist inzwischen von einer Reihe von Ländern übernommen worden.

Durch das EEG wurde eine Massenproduktion von Solarmodulen angeregt. Diese führte wie geplant zu einer eindrucksvollen Kostensenkung, wie wir im nächsten Abschnitt sehen werden.

■ 11.3 Preis- und Vergütungsentwicklung

11.3.1 Preisentwicklung von Solarmodulen

In Bild 11.2 ist die Preisentwicklung für Solarmodule seit 1980 dargestellt. Die Preise haben sich in dieser Zeit von rund 28 Euro auf 24 Cent/Wp reduziert; also auf weniger als 1/100-tel des ursprünglichen Wertes! In der Kurve sind über die Jahre einige Wellen erkennbar; diese wurden hauptsächlich hervorgerufen durch die zeitweise Verknappung von Solarsilizium. Das

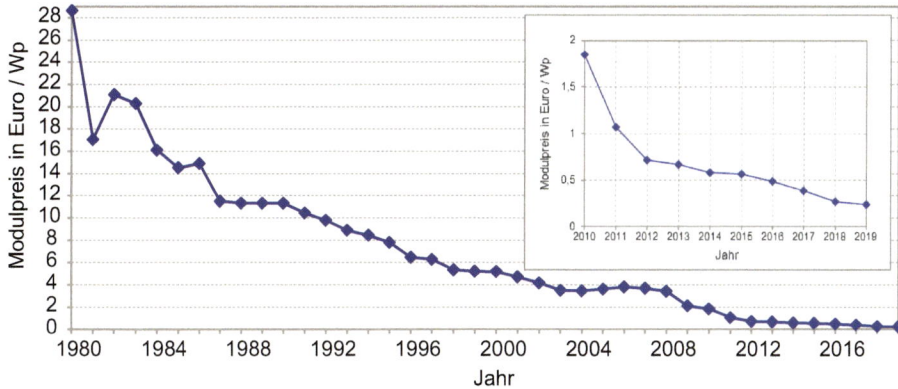

Bild 11.2 Preisentwicklung von Photovoltaikmodulen (inflationsbereinigte Großhandelspreise): Seit 1980 hat sich der Preis auf weniger als 1/100-tel reduziert [Web09, PVX]

eingeschobene Diagramm in Bild 11.2 zeigt, dass insbesondere in den letzten Jahren nochmals deutliche Preisreduzierungen erreicht wurden.

Tiefere Einsichten in die Preisentwicklung gibt uns die Lernkurventheorie. Diese geht davon aus, dass sich die Herstellungskosten eines Produkts (z. B. Computer oder Solarmodule) bei Massenproduktion immer weiter reduzieren. Dies liegt daran, dass durch den Konkurrenzdruck der Hersteller immer effizientere Produktionsverfahren und neue Technologien entwickelt werden. Die Stärke der Kostenreduzierung wird durch die Lernrate angegeben:

Die Lernrate gibt den Prozentsatz an, um den sich die Kosten eines Produktes bei einer Verdopplung der insgesamt hergestellten (kumulierten) Menge verringern.

Eine Lernrate von 10 % besagt beispielsweise, dass sich die Kosten des Produkts bei einer Verdoppelung der kumulierten hergestellten Menge um 10 % reduzieren. In Bild 11.3 ist die Preisentwicklung aus Bild 11.2 in einer doppelt logarithmischen Form dargestellt. Die x-Achse beschreibt die kumulierte installierte Solarmodulleistung, die y-Achse den Preis pro Wp. Offensichtlich kann man die Preisentwicklung in dieser Art der Darstellung durch eine Gerade annähern. Die Steigung der dunkelroten Geraden zeigt, dass die Lernrate der Solarmodule lange Zeit bei etwa 20 % lag.

Wie wird der Preis wohl im Jahr 2030 aussehen? Dies hängt davon ab, wie sich das weitere Wachstum entwickelt. Nehmen wir einmal an, dass der Weltmarkt in den kommenden Jahren jährlich um 25 % wächst. In diesem Fall wird sich bis zum Jahr 2030 eine installierte PV-Kapazität von etwa 5.800 GWp ergeben. Als Preis wäre laut Lernkurvensteigung dann ein Wert von rund 29 Cent/Wp zu erwarten. Sollte das Wachstum dagegen 50 % betragen, so landen wir im Jahr 2030 bei nur noch 18 Cent/Wp.

Wichtig ist die Einsicht, dass die x-Achse in Bild 11.3 keine Zeitachse ist. Die Lernkurve wird nur dann weiter durchlaufen, wenn der Markt (z. B. durch geeignete Rahmenbedingungen) weiterwächst.

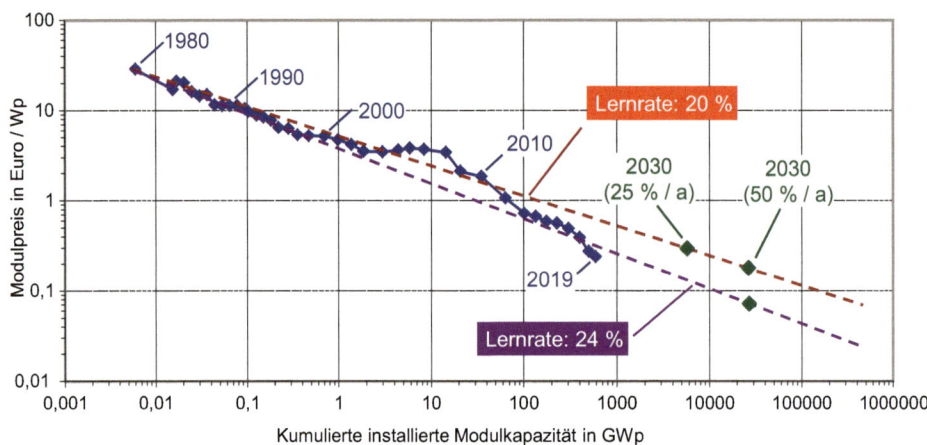

Bild 11.3 Modulpreisentwicklung in doppelt logarithmischer Darstellung: Bei einer Verdopplung der kumulierten installierten PV-Leistung ergibt sich jeweils eine Preisreduzierung um etwa 20 % [Web09, PVX]

[?] Die Punkte in Bild 11.3 scheinen ja seit einigen Jahren ständig unter der gestrichelten Gerade zu verlaufen. Ist die Lernrate von 20 % nicht vielleicht viel zu pessimistisch?

[!] Tatsächlich haben sich die Preise für Solarmodule in den letzten Jahren drastisch nach unten entwickelt. Zunächst wurde angenommen, dass es sich bei den günstigen Preisen der asiatischen Firmen um Dumpingpreise handelt, die auf Dauer nicht durchzuhalten sind. Inzwischen setzt sich aber die Ansicht durch, dass die Lernrate tatsächlich eher bei rund 24 % liegt (siehe violette Gerade in Bild 11.3). Dies würde z. B. bedeuten, dass im Jahr 2030 (bei einem Wachstum von 50 % pro Jahr) ein Preis von nur noch 7 Cent/Wp erreicht würde. Ein zu starker Preisdruck könnte sich allerdings negativ auf die Qualität der Module auswirken.

Die nächsten Jahre werden zeigen, ob sich die Preiskurve wieder abflacht.

11.3.2 Entwicklung der Einspeisevergütung

Ausgehend von 58 Cent/kWh ging die Vergütung für kleine Dachanlagen über die Jahre auf unter 10 Cent/kWh zurück, eine Reduzierung auf ein Sechstel des ursprünglichen Wertes. Größere Dachanlagen erhalten zwischen 7 und 9 Cent/kWh. Seit einigen Jahren werden die Vergütungssätze für sehr große Freiflächenanlagen (über 750 kWp) über Ausschreibungen festgelegt. Hier macht sich die Kostendegression in der Photovoltaik bemerkbar, die Vergütungssätze liegen inzwischen bei 4 bis 6 Cent pro Kilowattstunde! Ähnliche Vergütungswerte gelten bei großen Windkraftanlagen, die über Ausschreibungen ermittelt wurden.

Die Photovoltaik liegt bei kleinen Anlagen unter den Kosten von Biomasse und Windkraft-Offshore. PV-Freiflächenanlagen und große Binnenland-Windkraftanlagen erreichen inzwischen die günstigsten Kosten aller erneuerbaren Energien!

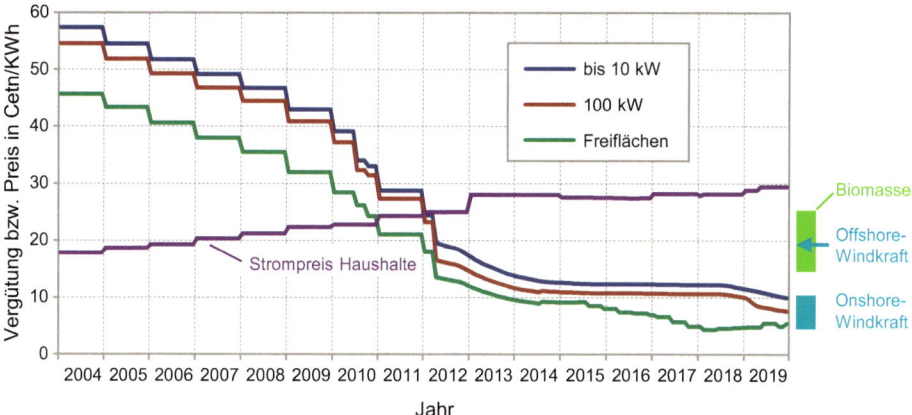

Bild 11.4 Entwicklung der Einspeisevergütung für Photovoltaikanlagen sowie der Haushaltsstrompreise: Inzwischen liegt die PV-Vergütung deutlich unter der von Offshore-Windkraft und Biomasse

Bild 11.4 zeigt zusätzlich die Entwicklung der Haushaltsstrompreise in Deutschland. Etwa im Jahr 2012 wurde die Grid Parity (Netzparität) erreicht. Damit bezeichnet man den Zeitpunkt, ab dem der Strom aus PV-Anlagen billiger ist als der Strompreis für die normalen Tarifkunden. Gelegentlich wird die Meinung geäußert, dass ab diesem Zeitpunkt keine Einspeisevergütung mehr notwendig sei. Hierbei wird allerdings nicht beachtet, dass sich ohne Einspeisevergütung der Bau einer Anlage für den Kunden nur dann lohnt, wenn er den gesamten Strom seiner PV-Anlage auch selbst verbrauchen kann. Das ist (gerade bei größeren Anlagen) aber selten der Fall. Daher wird es eine gewisse Art von Einspeisevergütung auch weiterhin geben müssen. Nur so wird ein stabiler Markt erreicht, der für weitere Kostenreduzierungen und die Erreichung der Ausbauziele der erneuerbaren Energien notwendig ist.

■ 11.4 Erneuerbare Energien im heutigen Stromversorgungssystem

Die beeindruckende Entwicklung der erneuerbaren Energien im deutschen Stromsystem konnten wir bereits anhand von Bild 1.8 in Kapitel 1 betrachten. Wir wollen nun untersuchen, wie die Struktur der Stromerzeugung insgesamt aussieht. Darüber hinaus betrachten wir das Zusammenspiel aus erneuerbaren und konventionellen Energien.

11.4.1   Struktur der Stromerzeugung

In Bild 11.5 ist die Bruttostromerzeugung seit dem Jahr 2000 inklusive der verwendeten Energieträger dargestellt. Sie liegt inzwischen bei rund 650 TWh pro Jahr. Im Jahr 2000 betrug der Anteil der erneuerbaren Energien lediglich 10 %; dieser erhöhte sich dann relativ kontinuierlich auf inzwischen 33 %. Damit sind sie inzwischen der wichtigste Energieträger. Die Kernenergie liegt aufgrund des Ausstiegsbeschlusses inzwischen bei unter 12 %. Größter fossiler Energieträger ist mit Abstand die Braunkohle, sie erbringt einen Anteil von unter 23 % der Stromversorgung, gefolgt von der Steinkohle mit 18 % und dem Erdgas mit 13 %. In Summe dominieren die konventionellen Energien mit einem Anteil von rund 65 % nach wie vor die Stromerzeugung.

 In Bild 11.5 ist ja die Bruttostromerzeugung dargestellt. Was unterscheidet die denn von der Nettostromerzeugung? Und welche von beiden ist für uns relevanter?

 Die Bruttostromerzeugung umfasst die gesamte Stromproduktion inklusive der Kraftwerkseigenverbräuche. Konventionelle Kraftwerke benötigen relativ viel Strom für Pumpen, Kohlemühlen, Abgasreinigungen etc., die sich auf knapp 10 % addieren können. Bei der Nettostromerzeugung werden dagegen die Eigenverbräuche nicht mitgerechnet.

Für uns relevanter ist tatsächlich eher die Nettostromerzeugung; sie beschreibt im Prinzip der Strom, der aus der Steckdose kommt. Die Kraftwerke für erneuerbare Energien haben im Allgemeinen keine oder geringe Eigenverbräuche. Hier gilt gewissermaßen „Brutto gleich Netto".

Bezogen auf die Nettostromerzeugung liegt der Anteil der erneuerbaren Energien aktuell übrigens bei rund 45 %.

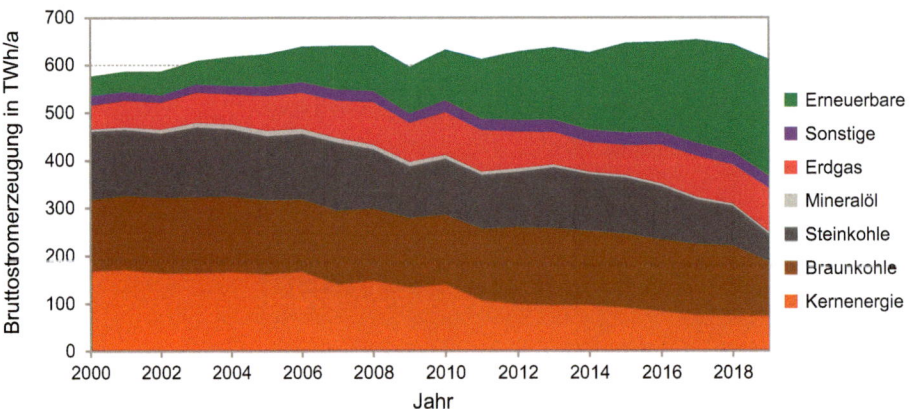

Bild 11.5 Entwicklung der Stromversorgungsstruktur: Die erneuerbaren Energien haben ihren Beitrag von 10 % im Jahr 2000 auf rund 40 % im Jahr 2019 erhöht [Daten: *www.ag-energiebilanzen.de*]

11.4.2 Kraftwerksarten und Regelenergie

In einem klassischen elektrischen Versorgungsnetz muss beständig so viel Energie erzeugt werden, wie gerade von den angeschlossen Verbrauchern benötigt wird. Um diese Anforderung zu erfüllen, stehen verschiedene Kraftwerkstypen zur Verfügung.

Zunächst gibt es Grundlastkraftwerke, die einen gewissen Sockel an Energie bereitstellen, indem sie annähernd ununterbrochen und mit nahezu gleicher Leistung laufen. Hierzu bieten sich Kraftwerkstypen an, die entweder besonders unflexibel sind oder relativ niedrige Brennstoffkosten aufweisen. In Deutschland sind dies Atom- und Braunkohlekraftwerke sowie Laufwasserkraftwerke.

Mittellastkraftwerke decken die normalen periodischen Schwankungen (Tag/Nacht-Wechsel, vorhersehbare Laständerungen) ab. Dazu müssen sie in der Leistung regelbar sein. Typischerweise kommen hier Steinkohle- und Gaskraftwerke (Gas-und-Dampf-Kombikraftwerke) zum Einsatz.

Spitzenlastkraftwerke kümmern sich um kurzfristige Veränderungen des Lastgangs. Hierzu gehören Pumpspeicher- und Gasturbinenkraftwerke. Diese haben Anfahrzeiten von nur wenigen Minuten und können die abgegebene Leistung in weiten Bereichen variieren.

Der Übertragungsnetzbetreiber ist für den Ausgleich zwischen Angebot und Nachfrage innerhalb seiner Regelzone zuständig. Die dazu notwendige Regelenergie wird vorab von den Kraftwerksbetreibern eingekauft. Man unterscheidet dabei Primärregelung, Sekundärregelung und Minutenreserve.

Im Fall der Primärregelung muss die notwendige Regelleistung innerhalb von 30 Sekunden vollständig bereitgestellt und dann für mindestens 15 Minuten aufrechterhalten werden. Um das zu erreichen, halten die betreffenden Kraftwerke einige Prozent ihrer Erzeugungsleistung als Reserve frei. Die Leistungsbereitstellung erfolgt automatisch durch die kontinuierliche Messung der Netzfrequenz. Sobald diese vom Richtwert 50 Hz um mehr als $\pm 10\,\text{mHz}$ abweicht, wird die Primärregelleistung aktiviert.

Gleichzeitig mit der Primärregelung startet die Sekundärregelung. Sie muss innerhalb von 5 Minuten ihre volle Leistung zur Verfügung stellen und kann dann nach spätestens 15 Minuten die Primärregelung ablösen. Für die Sekundärreglung kommen typischerweise Pumpspeicher- oder Gasturbinenkraftwerke zum Einsatz.

Insbesondere nach Kraftwerksausfällen wird die Minutenreserve (Tertiärregelung) eingesetzt, um die Sekundärregelung abzulösen und wieder für neue Regelvorgänge freizumachen. Sie wird klassischerweise fernmündlich in Auftrag gegeben, inzwischen setzt sich aber immer mehr die Anforderung über einen speziellen Server durch. Die Minutenreserve muss innerhalb von 15 Minuten vollständig aktivierbar sein.

Die benötigte Regelenergie kann durchaus auch negativ sein. In diesem Fall ist das Stromangebot zu groß. Neben dem Herunterregeln von Kraftwerken werden auch regelbare Lasten eingesetzt, so z. B. elektrische Lichtbogenöfen in Stahlwerken oder Speicherheizungen.

Die Einspeisung der erneuerbaren Energien führt dazu, dass die konventionellen Kraftwerke sowohl auf den variierenden Verbrauch als auch auf die unregelmäßige Einspeisung reagieren müssen. Das führt uns zu der Frage, wie sich dies aktuell im Stromversorgungssystem darstellt.

11.4.3   Zusammenspiel aus Sonne und Wind

Wie gut passen Photovoltaik und Windkraft eigentlich zusammen? Zur Beantwortung dieser Frage zeigt Bild 11.6 die wöchentliche Stromproduktion des Jahres 2019 der deutschen Solar- und Windkraftanlagen. Man erkennt, dass sich beide recht gut ergänzen. Im Sommer weht relativ wenig Wind und die Photovoltaik bringt hohe Erträge; im Winter ist es genau umgekehrt.

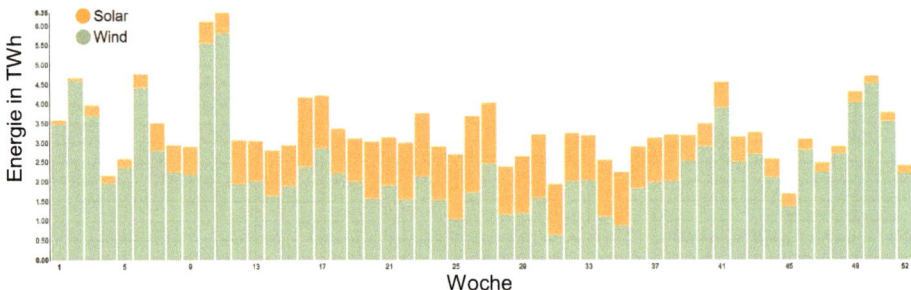

Bild 11.6 Wöchentliche Stromproduktion in Deutschland für das Jahr 2019: Photovoltaik und Wind ergänzen sich relativ gut (Grafik: [Bur19])

Um das Zusammenspiel aus Sonne und Wind noch genauer zu verdeutlichen, ist in Bild 11.7 eine Übersicht der im Jahr 2019 aufgetretenen Leistungen von Windkraft und Photovoltaik (Viertelstunden-Mittelwerte) zu sehen. Die installierte Leistung der Windkraft lag bei rund 59 GW, die der Photovoltaik bei 47 GW. Deutlich erkennbar treten die beiden Höchstleistungen nie gleichzeitig auf. Stattdessen liefern beide Erzeugungsarten in Summe maximal eine Leistung von 55,5 GW, also gut die Hälfte der installierten Leistungen. Dies zeigt das hohe Ausgleichspotential zwischen Sonne und Wind.

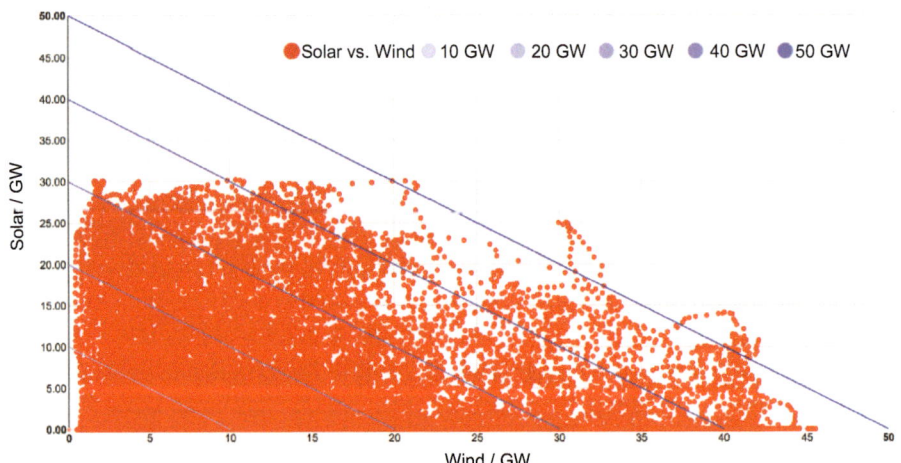

Bild 11.7 Aufgetretene Leistungen (Viertelstunden-Mittelwerte) von Windkraft und Photovoltaik im Jahr 2019: Obwohl die installierten Leistungen der beiden Energiearten 59 GW bzw. 47 GW betrugen, lag die reale maximale Gesamtleistung lediglich bei 55,5 GW (Grafik: [Bur19])

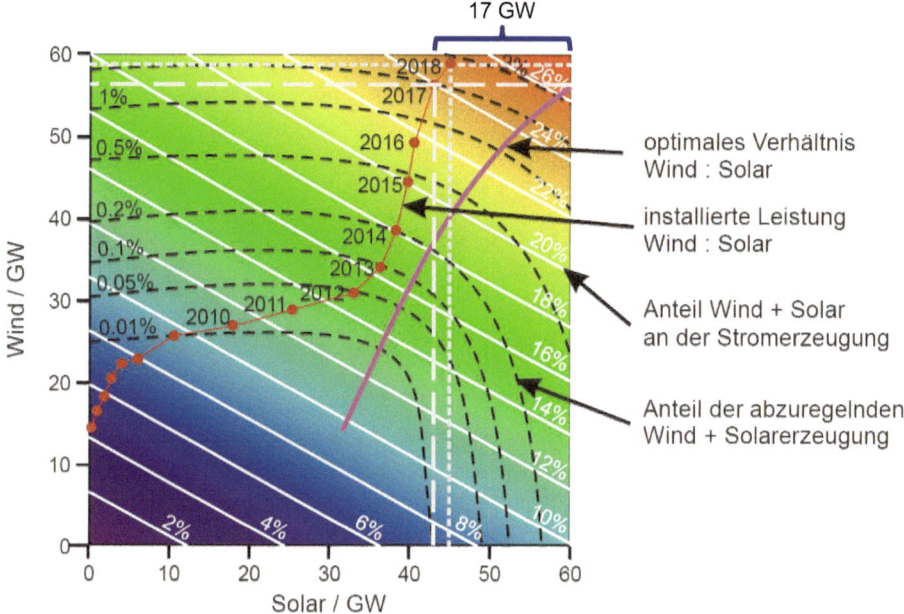

Bild 11.8 Verhältnis der installierten Leistungen von Wind und Solar über die Jahre: Für eine über das ganze Jahr möglichst gleichmäßige Stromerzeugung bei moderaten Abregelverlusten wäre eine Erhöhung der installierten Photovoltaikleistung um rund 17 GW optimal (Grafik: [Bur19])

In Bild 11.6 fällt allerdings auf, dass die Gesamtleistung aus Sonne und Wind in den Sommermonaten niedriger liegt als im Winter. Dies zeigt, dass das aktuelle Verhältnis der installierten Leistungen von Windkraft und PV nicht optimal ist. Sinnvoll wäre ein stärkerer Ausbau der Solarenergie. Bild 11.8 zeigt dazu die installierten Leistungen von Wind und Solar über die vergangenen Jahre. Die Leistung der Photovoltaik stieg zwar im Laufe der Zeit deutlich an, blieb aber immer deutlich unter der Leistung der Windkraft. Im Laufe eines Jahres führt dies bei zeitweiser Überproduktion zu Abregelverlusten, die zum Teil vermeidbar wären. In Bild 11.8 ist zum Beispiel zu erkennen, dass im Jahr 2017 ein Anteil von Wind und Solar von 24 % an der Stromerzeugung erreicht wurde. Die dabei auftretenden Abregelverluste lagen bei 1,5 %. Wäre stattdessen mit einem Zubau von rund 16 GW an PV ein optimales Verhältnis von Wind- zu Solarleistung installiert worden (violette Kurve), so wäre ein Anteil von über 26 % an der Stromerzeugung erreicht worden. In diesem Fall hätten sich die Abregelverluste dennoch nur leicht auf gut 2 % erhöht.

11.4.4 Exemplarische Stromproduktionsverläufe

In Bild 11.9 ist die monatliche fossile und erneuerbare Stromproduktion für das Jahr 2019 dargestellt. Deutlich sichtbar ist, dass die erneuerbaren Energien in den meisten Monaten mehr Energie erzeugt haben als die fossilen Quellen. Dies wurde hauptsächlich getragen von der

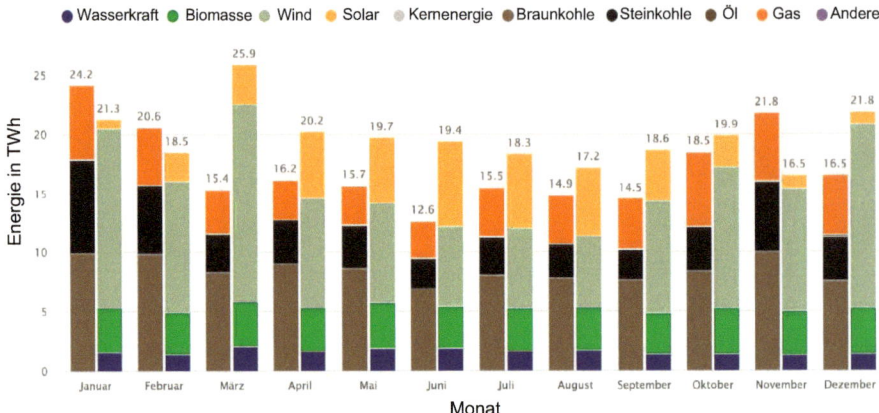

Bild 11.9 4 Monatliche fossile und erneuerbare Stromerzeugung im Jahr 2019: In neun Monaten war die Nettostromerzeugung aus erneuerbaren Energien höher als aus fossilen Energien. Die Erneuerbaren erreichten damit einen Anteil von über 46 % (Grafik: [Bur19])

Windenergie, die mit insgesamt 127 TWh einen Anteil von 25 % an der Nettostromerzeugung hatte. Damit erzeugte sie 17 TWh mehr als im Vorjahr.

Die Photovoltaik erreichte mit 46,5 TWh erstmalig einen Anteil von 9 % an der Stromerzeugung. Windenergie und Photovoltaik lagen damit zusammen vor der Summe aus Braunkohle und Steinkohle mit 151 TWh.

In Summe produzierten die erneuerbaren Energiequellen Solar, Wind, Wasser und Biomasse im Jahr 2019 ca. 237 TWh. Sie lagen damit 7 % über dem Niveau des Vorjahres mit 221 TWh. Der Anteil der Erneuerbaren an der öffentlichen Nettostromerzeugung, d. h. dem Strommix, der tatsächlich aus der Steckdose kommt, lag bei über 46 %.

In Bild 11.10 ist die Stromerzeugung in der Karwoche vom 15. bis zum 21.04.2019 zu sehen. Hier gab es an den ersten Tagen der Woche durchgängig hohe Solar- und Windkrafteinspeisungen. Die maximale Solarleistung von 33,5 GW wurde am Karfreitag, 19.04. um 13 Uhr erreicht. Zu diesem Zeitpunkt kamen 48 % der gesamten Stromerzeugung aus Photovoltaik.

Analog zum besten Solartag gab es im Jahr 2019 natürlich auch einen Rekord-Windtag. Dies war der 15.03.2019. Gegen 19 Uhr produzierten die Windkraftanlagen eine Gesamtleistung von 46,7 GW, was einem momentanen Stromanteil von 56 % entsprach. Offensichtlich handelte es sich bei der betrachteten Woche um eine „echte Windwoche", es wurden insgesamt 5,6 TWh produziert (Bild 11.11). Dies entsprach immerhin gut einem Prozent der gesamten Nettostromerzeugung des Jahres 2019.

Grundsätzlich zeigen die beispielhaften Stromproduktionsverläufe, dass der weitere Ausbau der erneuerbaren Energien begleitet sein muss von Maßnahmen zum Ausgleich der stark schwankenden Einspeiseleistungen (siehe Abschnitt 11.5).

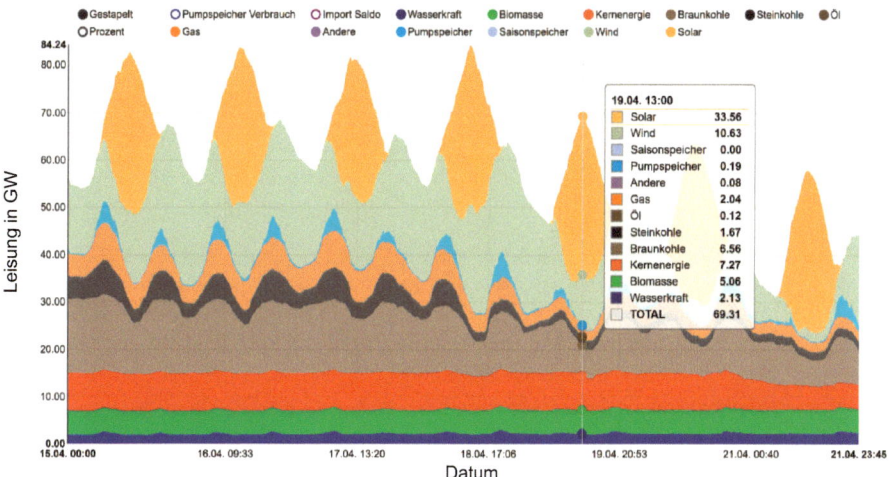

Bild 11.10 Stromerzeugung in der 16. Woche des Jahres 2019: Am 19.4 um 13 Uhr wurde die maximale Solarleistung von 33,5 GW erreicht, was sich in einem momentanen Leistungsanteil der Photovoltaik von 48 % niederschlug (Grafik: [Bur19])

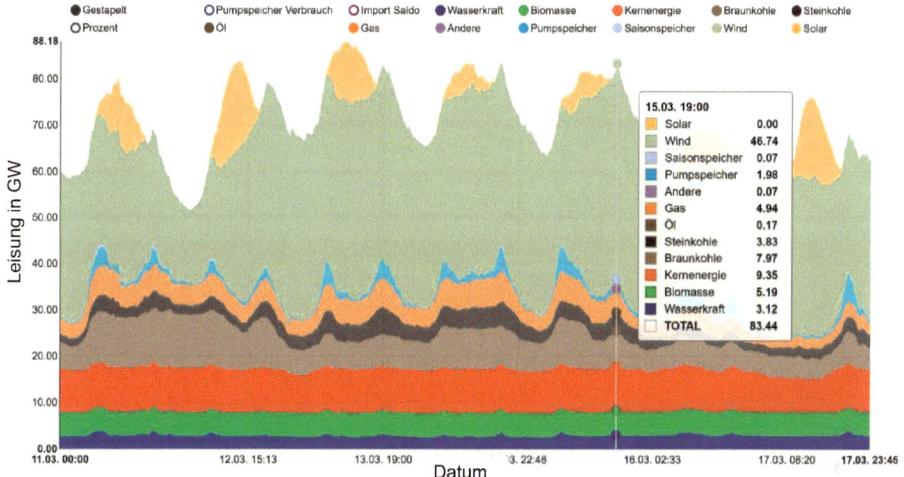

Bild 11.11 Stromerzeugung in der 10. Woche des Jahres 2019: Am 15.03. um 19 Uhr wurde die maximale Windkraftleistung von 46,7 GW erreicht; der Leistungsanteil der Windkraft betrug in diesem Moment 56 % (Grafik: [Bur19])

■ 11.5 Überlegungen zur zukünftigen Energieversorgung

Was werden die erneuerbaren Energien in Zukunft zur Energieversorgung beitragen und welchen Part übernimmt die Photovoltaik? Welche Technologien garantieren ein weiterhin zuverlässiges Stromversorgungssystem? Dieses wollen wir im Weiteren genauer beleuchten.

11.5.1   Betrachtung unterschiedlicher Zukunftsszenarien

„Prognosen sind schwierig, besonders wenn sie die Zukunft betreffen" – dieser schöne Satz, der u. a. Mark Twain zugeschrieben wird, gilt auch für die genaue Vorhersage des Energiemixes der Zukunft. Es gibt eine Fülle von Prognosen, die die Umstellung der aktuellen Energieversorgung betreffen. Je nach den gemachten Annahmen, der politischen Überzeugung und der eigenen wirtschaftlichen Beziehung zum Thema Energiewirtschaft können dabei sehr unterschiedliche Ergebnisse herauskommen.

Wir betrachten zunächst eine Studie, die im Auftrag des Bundesumweltministeriums (BMU) erstellt wurde [BMU12]. Sie soll konkrete Wege aufzeigen, wie die beschlossene Energiewende technisch realisiert werden kann. Als Randbedingung gelten die beiden Hauptziele der Energiewende:

1. Umstellung der Stromversorgung auf mindestens 80 % erneuerbare Energien bis zum Jahr 2050

2. Reduktion der Treibhausgasemissionen Deutschlands um mindestens 80 % bis zum Jahr 2050

Bild 11.12 zeigt die angenommene Entwicklung des Szenarios „2011 A": Die fossilen Energien werden bis zum Jahr 2050 weitgehend verdrängt, rund 15 % des Strombedarfs wird noch durch Gas oder Kohle gedeckt. Hierbei geht man davon aus, dass diese deutlich stärker als heute in Kraft-Wärme-Kopplungs-Anlagen (KWK) zur gleichzeitigen Produktion von Strom und Wärme eingesetzt werden.

Es fällt auf, dass der Strombedarf zunächst sinkt und ab 2030 wieder ansteigt. Hier nimmt man einerseits an, dass der Strombedarf durch Effizienzmaßnahmen auf unter 400 TWh/a reduziert wird. Allerdings kommen neue Stromverbraucher durch die Elektromobilität und Wärmeanwendungen (Power to Heat) hinzu. So geht das Szenario z. B. davon aus, dass bis 2050 die Hälfte des Straßenverkehrs durch Elektrofahrzeuge geleistet wird.

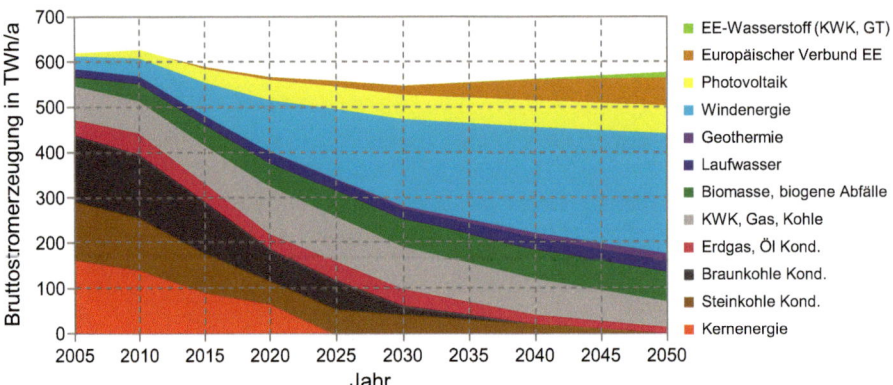

Bild 11.12 Weitgehende Umstellung der Stromversorgung auf erneuerbare Energien bis zum Jahr 2050: Fossile Energieträger nehmen nur noch einen Anteil von 15 % ein (Szenario „2011 A" aus [BMU12])

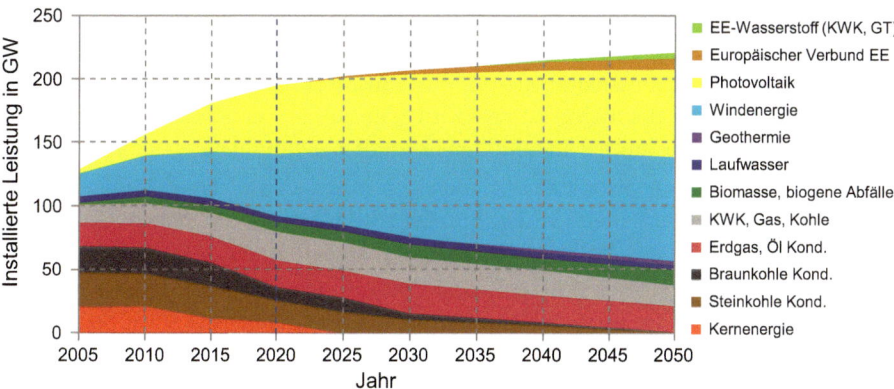

Bild 11.13 Installierte Leistung der Kraftwerke bis zum Jahr 2050: Windkraft und Photovoltaik weisen mit Abstand die höchsten Leistungen auf (Szenario „2011 A" aus [BMU12])

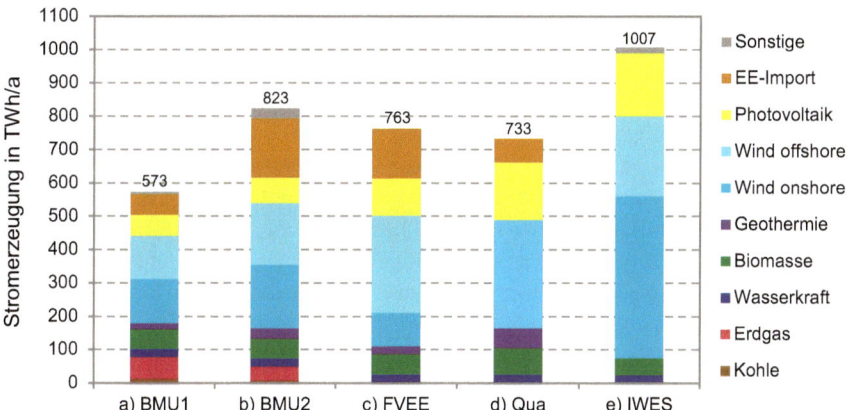

Bild 11.14 Ergebnisse verschiedener Studien zum Energiemix im Jahr 2050: Der Anteil der Photovoltaik wird sehr unterschiedlich eingeschätzt [BMU12, FVEE10, Qua13]

Der mit Abstand größte Anteil der Stromerzeugung wird im Jahr 2050 von Windkraftanlagen mit einem Anteil von 45 % getragen. Der Photovoltaik wird in diesem Szenario nur ein Anteil von 11 % zugetraut, die Biomasse kommt auf 10 %.

In Bild 11.13 ist die installierte Leistung der Erzeugungsanlagen bis zum Jahr 2050 dargestellt. Die Windenergie erreicht 83 GW, die sich laut dem Szenario auf 51 GW onshore und 32 GW offshore verteilen. Für die Photovoltaik wird eine installierte Leistung von 67 GWp angenommen. Damit erreicht sie nur rund ein Viertel der erzeugten Strommenge der Windkraft, wie aus Bild 11.12 deutlich wird. Grund ist die relativ niedrige Jahresvolllaststundenzahl von 1000 h, die bei der Windkraft im Bereich 2000 (Onshore) bis 4500 h (Offshore) liegen kann.

Bild 11.14 enthält eine Übersicht von verschiedenen Studien, die die mögliche Situation im Jahr 2050 betrachten. Variante a) zeigt das bereits vorgestellte Szenario „2011 A" der BMU-Studie.

Variante b) stellt das Ergebnis des Szenarios „THG95" aus der BMU-Studie dar. Hier ist das erklärte Ziel, die Treibhausgasemissionen bis zum Jahr 2060 um 95 % zu reduzieren. Der hohe

Strombedarf von 823 TWh/a erklärt sich daraus, dass die Umstellung aller PKWs auf Elektro-antrieb bis zum Jahr 2050 angenommen wird. Außerdem werden in diesem Fall große Anteile der Wärmeversorgung durch Elektrizität übernommen (insbes. mit Hilfe von Wärmepumpen). Für die zusätzlich benötigte elektrische Energie wird in erster Linie ein Import von Strom aus erneuerbaren Energien („EE-Strom") aus anderen Ländern angenommen.

Vergleichbare Annahmen zum Strombedarf finden sich in Variante c), einer Studie des For-schungsverbunds Erneuerbare Energien (FVEE). Hier wird allerdings ein höherer Anteil des Strombedarfs (15 %) mit „heimischer Photovoltaik" gedeckt.

Auf den höchsten prozentualen PV-Beitrag kommt Variante d), das Klimaschutzszenario von Quaschning [Qua13]. Hier übernimmt die Photovoltaik knapp ein Viertel des Strombedarfs mit einer installierten Leistung von rund 175 GWp.

Gewissermaßen das Maximalszenario enthält die Studie Geschäftsmodell Energiewende des Fraunhofer IWES-Instituts [IWES14]. Diese hat das erklärte Ziel, eine vollständige Deckung der Bedarfe der Energiesektoren Strom, Wärme und Verkehr durch eine gesteigerte Energie-effizienz und den Einsatz erneuerbarer Energien zu erzielen. Der Strombereich soll dabei die zentrale Rolle spielen. Folgerichtig kommt man auf einen sehr hohen Strombedarf von rund 1000 TWh/a, zu dem die Photovoltaik mit einer installierten Leistung von 200 GWp rund ein Fünftel beiträgt.

Der in manchen Szenarien angenommene Import von „erneuerbarem Strom" geht davon aus, dass in Nordafrika Solarkraftwerke (Solarthermie und Photovoltaik) sowie Windkraft-werke errichtet werden. Der erzeugte Strom wird dann durch verlustarme HGÜ-Leitungen (Hochspannungs-Gleichstrom-Übertragung) nach Mitteleuropa transportiert. Dies ist grund-sätzlich eine machbare Option, allerdings ist bislang nicht klar, ob sie insgesamt kostengünsti-ger sein wird als eine Erzeugung auf heimischen Boden. Aus Gründen der Versorgungssicher-heit sollte dieser Importstrom außerdem auf einen Anteil von 15 % beschränkt bleiben.

Es ist wichtig zu betonen, dass alle Studien eine vollständige Umstellung der Stromversorgung auf erneuerbare Energien als realisierbar ansehen. Unterschiedlich ist lediglich das angenom-mene Ausmaß der Einbeziehung von Verkehr und Wärmeversorgung in das Stromsystem.

 Welche Studie wird denn wohl am ehesten die zukünftige Entwicklung richtig vor-hersagen?

 Das ist natürlich nicht allgemein zu beantworten. Die zukünftige Entwicklung wird sehr stark von den politischen und wirtschaftlichen Rahmenbedingungen abhän-gen. Bezogen auf die Photovoltaik kann man sagen, dass diese nach der Windkraft die wichtigste erneuerbare Energie sein wird. Dafür spricht, dass sie durch das wei-tere Durchlaufen der Lernkurve noch günstiger wird und gleichzeitig die geringsten negativen Umweltauswirkungen (hoher Flächenwirkungsgrad, Nutzung von ohne-hin versiegelten Flächen, keine Lärmentwicklung, kein Schlagschatten etc.) mit sich bringt.

Ein Beispiel für eine jahrzehntelange kontinuierliche Unterschätzung der Photovoltaik ist die Internationale Energie Agentur (IEA). In ihrem jährlichen World Energy Outlook (WEO) gibt sie ein Bild der aktuellen Lage der weltweiten Energiewirtschaft und erstellt Prognosen für deren Zukunft.

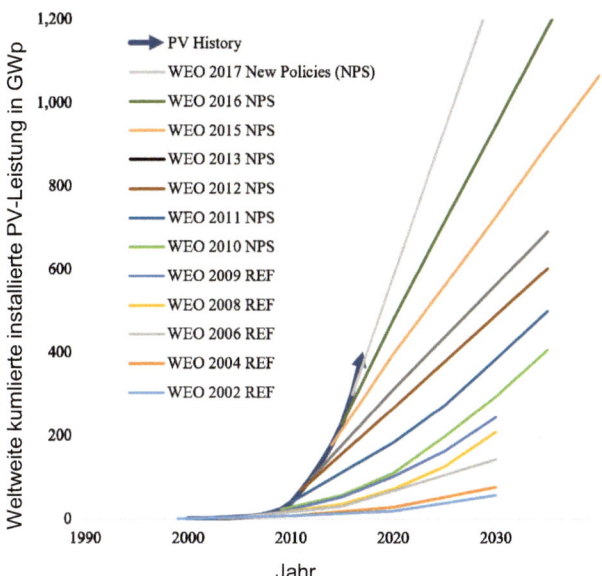

Bild 11.15 Vorhersagen der Internationalen Energie Agentur (IEA) über das zukünftige Marktwachstum der Photovoltaik: Die tatsächliche Entwicklung wurde geradezu mutwillig und konsequent von Jahr zu Jahr unterschätzt (Quelle: [Hoe17])

Klassischerweise eher den konventionellen Energien zugewandt, traute die IEA der Photovoltaik auch für die Zukunft immer nur gerade das Wachstum zu, das aktuell bereits eingetreten war.

So wurde z. B. im Jahr 2004 prognostiziert, dass die weltweit kumulierte installierte PV-Leistung im Jahr 2030 bei 80 GWp liegen werde. Tatsächlich wurde diese Leistung bereits im Jahr 2012 erreicht. Im WEO 2008 wurden dann 200 GWp für 2030 erwartet; ein Wert der bereits im Jahr 2017 um das Doppelte überschritten wurde. Die späteren Prognosen waren dann praktisch nur noch Tangenten an die tatsächliche Kurve, so als wären der Internationalen Energie Agentur exponentielle Verläufe völlig fremd! Noch seltsamer sieht es bei den Vorhersagen der IEA zur Preisentwicklung der Photovoltaik aus. Im Jahr 2017 veröffentlichte die Organisation die Studie „Perspectives for the Energy Transition". Hier wird prognostiziert, dass die Preise für große Solarstromanlagen bis zum Jahr 2030 auf 1000 USD/Wp sinken werden. Tatsächlich wurde dieser Preis bereits im Jahr 2018 erreicht [Hoe17].

11.5.2 Optionen zur Speicherung von elektrischer Energie

Wie wir weiter oben gesehen haben, zeigen insbesondere Windkraft und Photovoltaik ein sehr schwankendes Energieangebot. Eine Möglichkeit, diese Schwankungen auszugleichen, ist die Speicherung von elektrischer Energie. Wir schauen uns daher einmal an, welche Technologien sich dafür anbieten.

11.5.2.1   Pumpspeicherwerke

Pumpspeicherwerke nutzen überschüssige Energie, um Wasser in einen hochgelegenen Stausee zu pumpen. Dieses kann anschließend zur Deckung von Bedarfslücken genutzt werden. Der Speicherwirkungsgrad ist mit rund 80 % relativ hoch. In Deutschland gibt es rund 40 Pumpspeicherwerke, die zusammen eine Speicherleistung von ca. 7 GW und eine Kapazität von rund 40 GWh aufweisen. Das größte davon ist das Kraftwerk Goldisthal in Thüringen mit einer Leistung von 1 GW. Ist der Speicher gefüllt, kann das Kraftwerk diese Leistung für rund 8 Stunden liefern [Ste14].

Bis zum Jahr 2020 soll die Kapazität der deutschen Pumpspeicherwerke durch Neu- und Ausbau deutlich erhöht werden. Bei Realisierung aller Projekte wird sich eine Gesamtkapazität von rund 80 GWh ergeben [Har12]. Ein darüber hinaus gehender Ausbau von Pumpspeicherwerken ist in Deutschland nur sehr eingeschränkt möglich, da kaum noch geeignete Standorte vorhanden sind.

Pumpspeicherwerke sind sehr hilfreich bei der Ausregelung von Last- und Einspeiseschwankungen. Allerdings ist selbst die zukünftige Kapazität von 80 GWh noch immer sehr beschränkt. Die geringe Speicherwirkung zeigt folgendes Gedankenexperiment: Wollte man den gesamten Stromverbrauch (mittlere Last: 70 GW) damit decken, so wäre dies lediglich für den Zeitraum von gut einer Stunde möglich.

Neben dem Ausbau der Pumpspeicher in Deutschland besteht eine weitere wichtige Option darin, in Skandinavien vorhandene Wasserkraftwerke zu Pumpspeicherwerken auszubauen.

11.5.2.2   Druckluftspeicher

In Druckluftspeicherkraftwerken (CAES – Compressed Air Energy Storage) wird mittels elektrisch betriebener Pumpen Luft in unterirdische Kavernen gepresst. Diese komprimierte Luft kann anschließend in Gasturbinen zur Stromerzeugung genutzt werden. Konkret wird mit der komprimierten Luft die Verdichterstufe ersetzt, in der normalerweise zwei Drittel der Verluste einer Gasturbine anfallen. Allerdings entstehen bei der Speicherung der Luft deutliche Verluste: Beim Komprimieren in der unterirdischen Kaverne heizt sich die Luft stark auf und muss abgekühlt werden. Daher liegen die Gesamtwirkungsgrade maximal bei 55 %. Aktuell sind neue Verfahren in der Erprobung (AA-CAES – Advanced Adiabatic Compressed Air Energy Storage), in denen die bei der Kompression entstehende Wärme in einem separaten Wärmespeicher zwischengespeichert wird. Bei Entnahme der Luft heizt dieser die Luft wieder auf, so dass Gesamtwirkungsgrade von 70 % möglich werden [Neu09].

In Deutschland gibt es bislang nur das Druckluftspeicherkraftwerk Huntorf in Niedersachsen mit cincr Kapazität von 560 MWh. Hierzulande stehen rund 200 Mio. m^3 an Salzkavernen zur Verfügung, die grundsätzlich für Druckluftspeicherkraftwerke genutzt werden könnten. Dies ergibt je nach Anlagenwirkungsgrad eine Speicherkapazität von 600 bis 900 GWh [Ste14].

11.5.2.3   Batteriespeicherung

In Kapitel 8 haben wir uns ja bereits eingehend mit Batteriespeichern beschäftigt. Neben den Hausspeichersystemen werden immer häufiger auch Batterie-Großspeicher zur Netzstützung oder zur Sicherstellung von Netzdienstleistungen (z. B. im Primärregelbereich) eingesetzt.

Ein Beispiel ist der in Kapitel 8 schon erwähnte 5 MW-Lithium-Ionen-Speicher der WEMAG in Schwerin. Dieser nimmt am Primärregelleistungsmarkt teil und stabilisiert mit einer Kapazität von 5 MWh die Netzfrequenz im windreichen West-Mecklenburg. Dazu werden die Akkus des Batteriespeichers etwa nur zur Hälfte gefüllt. Bei Abfall der Netzfrequenz (siehe Abschnitt 11.4.2) speist die Anlage Strom in das Netz. Umgekehrt werden die Batterien bei einer Netzfrequenz oberhalb von 50,1 Hz durch das Netz aufgeladen.

Auch die Versorgungsbetriebe Bordesholm (VBB) in Schleswig-Holstein verwenden einen Batterie-Großspeicher zur Netzstabilisierung. Der Speicher hat eine Leistung von 10 MW mit einer Kapazität von 15 MWh. Die Kommune deckt bereits 75 Prozent ihres jährlichen Strombedarfs aus erneuerbaren Energien. Im Fall von Störungen in der Stromversorgung oder bei einem kompletten Ausfall des vorgelagerten Netzes soll der Speicher ein regional begrenztes Gebiet weiter mit Energie versorgen – ohne Unterbrechung der Stromversorgung für die Kunden.

Den weltweit größten Batteriespeicher hat die chinesische Firma BYD (Build Your Dream) in der Nähe von Hongkong zur Stabilisierung des Netzes installiert. Er besteht aus rund 60.000 Lithium-Eisenphosphat-Zellen und weist eine Leistung von 20 MW bei einer Kapazität von 40 MWh auf. Die Firma will sich noch einen weiteren Traum erfüllen und plant nach eigenen Angaben ein noch größeres Speicherkraftwerk mit 1 GW/200 MWh.

11.5.2.4 Elektromobilität

Ein in Zukunft zusätzlich zur Verfügung stehender Batteriespeicher sind die Akkus von Elektrofahrzeugen. Da Autos die meiste Zeit stehen, können die Batterien in gewissem Maße als dezentrale Speicher in das Stromnetz eingebunden werden. So nimmt eine Studie des Umweltbundesamts an, dass im Jahr 2050 die Hälfte aller Autos elektrisch betrieben wird. Diese weisen insgesamt eine Speicherkapazität von 550 GWh auf. Die Studie geht davon aus, dass rund ein Drittel (180 GWh) dieser Kapazität als externer Speicher für das Stromnetz genutzt werden kann. Die zeitgleich verfügbare Ladeleistung liegt bei 100 GW [UBA10].

11.5.2.5 Wasserstoff als Speicher

Wasserstoff wird seit Langem als möglicher Speicherträger einer erneuerbaren Energiewirtschaft genannt. Tatsächlich kann er durch Elektrolyse relativ einfach aus elektrischer Energie gewonnen und anschließend mittels Brennstoffzelle wieder verstromt werden. Der Gesamtwirkungsgrad liegt bei 44 % [SRU11]. Allerdings existiert keine Wasserstoff-Infrastruktur (Leitungen, Speicher, Brennstoffzellen, etc.); diese müsste noch komplett aufgebaut werden.

Daher ist damit zu rechnen, dass der regenerativ erzeugte Wasserstoff in den nächsten Jahren lediglich additiv in das Erdgasnetz einspeist wird. Erfahrungen zeigen, dass Gaskraftwerke ohne weiteres mit einem Wasserstoffanteil von bis zu 1–2 Prozent klarkommen. In diesem Fall liegt der Gesamtwirkungsgrad von Strom zu Wasserstoff zu Strom bei 33 bis 48 % [Ste14].

11.5.2.6 Power-to-Gas: Methanisierung

Eine relativ neue Technik ist die Methanisierung von elektrischer Energie. Hierzu nutzt man z. B. überschüssigen Wind- oder Photovoltaikstrom, um mittels Elektrolyse Wasserstoff zu erzeugen. Dieser wird in einem zweiten Schritt im sogenannten Sabatier-Prozess unter Zugabe von Kohlendioxid zu Methan umgewandelt (siehe Bild 11.16). Das entstandene EE-Methan (Erneuerbare Energien – Methan) kann dann in das normale Erdgasnetz eingespeist werden.

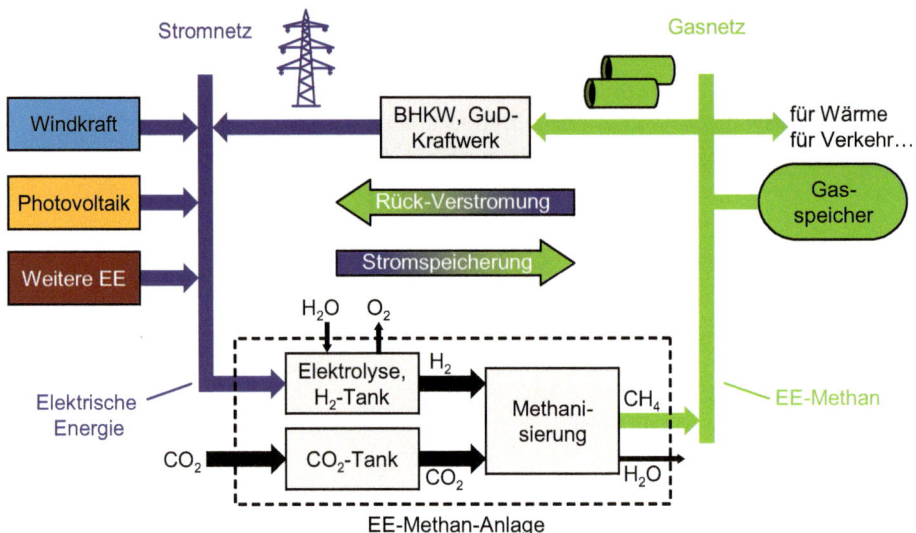

Bild 11.16 Prinzipbild der Stromspeicherung mittels Power-to-Gas: Überschüssiger Wind- und PV-Strom wird methanisiert und in das Gasnetz eingespeist. Anschließend kann das EE-Methan in Gasturbinen wieder verstromt oder auch für Wärme- und Verkehrsanwendungen genutzt werden, nach [Ste14].

Um das Methan wieder in Strom zu wandeln, wird es einer Gasturbine (Blockheizkraftwerk, Gaskraftwerk oder GuD-Kraftwerk) zugeführt. Entscheidender Vorteil ist das vorhandene Gasnetz, das als riesiger Speicher angesehen werden kann. Die Speicherkapazität der elektrischen Energie wird auf etwa 120 TWh geschätzt, so dass sich bei einer typischen Last des deutschen Stromnetzes von 70 GW sogar ein Saisonalspeicher realisieren ließe.

Der Gesamtwirkungsgrad vom EE-Strom über das erzeugte Methan bis zur Rückverstromung liegt je nach eingesetzter Elektrolyse- und Rückverstromungstechnologie zwischen 30 und 38 % [Ste14]. Hauptgrund für den schlechteren Wirkungsgrad im Vergleich zur reinen Wasserstofftechnologie ist der stark exotherme Sabatier-Prozess.

Inzwischen existieren in Deutschland mehrere Power-to-Gas-Pilotanlagen mit einer Gesamtleistung von rund 25 MW.

Die größte Anlage zur Methanisierung von Strom mit 6 MW betreibt die Audi AG in Niedersachsen. Sie produziert rund 1000 Tonnen EE-Methan pro Jahr und bindet dabei zirka 2800 Tonnen CO_2. Das erzeugte EE-Gas wird für gasbetriebene Autos eingesetzt.

Ein weiteres Power-to-Gas-Projekt wurde im Energiepark Mainz realisiert. Hier wird überschüssiger Windstrom durch drei Elektrolyseure mit jeweils 2 MW an elektrischer Eingangsleistung in Wasserstoff umgewandelt. Der Durchsatz liegt bei maximal 1000 m^3/h.

Eine Übersicht der in Deutschland realisierten und geplanten Power-to-Gas-Projekte findet sich unter *www.powertogas.info*.

11.5.3 Alternativen zur Speicherung

Speicher werden im zukünftigen Stromnetz immer wichtiger werden. Sie sind allerdings relativ teuer. Daher ist es sinnvoll, vor einem massiven Speicherausbau weitere Optionen (sogenannte Flexibilitätsoptionen) zum Ausgleich der starken Einspeise- und Verbrauchsschwankungen zu nutzen.

11.5.3.1 Aktives Lastmanagement durch Smart Grids

Gelingt es, eine Kilowattstunde geeignet zeitlich verschoben zu verbrauchen, so erfüllt dies den gleichen Zweck wie ein Energiespeicher. Aus diesem Grund ist die Flexibilitätsoption Lastmanagement (Demand-Side-Management, DSM) eine attraktive Lösung.

Genau dies ist der Ansatz von Smart Grids, die Einfluss auf die Lastkurve nehmen. So können manche Verbraucher (z. B. Kühlanlagen, Elektrospeicherheizungen, Wärmepumpen etc.) für eine gewisse Zeit vom Netz genommen werden, ohne dass dies zu einer Beeinträchtigung der Nutzer führt. Andere Ansätze verwenden Smart Meter mit unterschiedlichen Stromtarifen, um z. B. die Wasch- oder Spülmaschine dann laufen zu lassen, wenn gerade ein Stromüberschuss besteht. Somit helfen die Smart Grids, den Lastgang an das Energieangebot anzupassen und die Größe der benötigten Energiespeicher zu reduzieren.

Am schnellsten umsetzbar ist das Lastmanagement im Bereich der Industrie, da dort durch die Fernsteuerung von wenigen großen Verbrauchern bereits ein hohes Potential genutzt werden kann. Typische Anwendungen sind dort z. B. die Stahl-, Kupfer- und Aluminiumproduktion und die Grundstoffindustrie. Die durch DSM verlagerbare Kapazität wird in Summe auf rund 900 GWh geschätzt [Ste14].

11.5.3.2 Ausbau des Stromnetzes

Bislang liegen die Engpässe im Netz hauptsächlich im Verteilnetz aufgrund von lokalen Erzeugungsspitzen von Photovoltaik und Windkraft. Hinzu kommen in den nächsten Jahren Engpässe im Übertragungsnetz aufgrund des geplanten starken Ausbaus der Offshore-Windkraft. Daher ist ein weiterer Ausbau des Netzes unabdinglich. Allerdings muss die Frage gestellt werden, ob die Offshore-Energieproduktion weitab von den Orten des Energieverbrauchs im geplanten Umfang sinnvoll ist. Hinzu kommt, dass ein elektrisches Netz nur einen räumlichen Ausgleich von Überschüssen und Defiziten leistet. Speicher sorgen dagegen auch für einen zeitlichen Ausgleich.

11.5.3.3 Begrenzung der Einspeiseleistung

Die Stromproduktionsverläufe in Abschnitt 11.4 haben deutlich gemacht, dass Photovoltaik und Windkraft große Leistungsschwankungen aufweisen. Daher besteht eine Option darin, die maximale Einspeiseleistung zu begrenzen, z. B. im Fall der Photovoltaik auf 50 oder 70 % der Nennleistung (Peak-Shaving, siehe auch Abschnitt 8.4). Dies führt zu einer Verstetigung der Einspeisung und macht es leichter, hohe PV-Kapazitäten im Netz zu integrieren.

Simulationen eines 100 %-Szenarios im Jahr 2050 zeigen, dass eine geringfügige Abregelung der erneuerbaren Energien (z. B. um 1 Prozent pro Jahr) die benötigte Speicherleistung um 30 bis 40 % reduziert [Ste14].

11.5.3.4 Einsatz flexibler Kraftwerke

Anstelle der heutigen schlecht regelbaren konventionellen Kohlekraftwerke müssen vermehrt flexible Kraftwerke eingesetzt werden. Hier eignen sich insbesondere Gaskraftwerke, die im Idealfall mit Biogas oder EE-Methan betrieben werden. Um das Gas möglichst effizient zu nutzen, ist die parallele Nutzung der Wärme in Kraft-Wärme-Kopplungsanlagen sinnvoll. Gerade im Winter besteht ein hoher Wärmebedarf bei gleichzeitig niedrigen Photovoltaikerträgen. Um dennoch flexibel auf den Strombedarf reagieren zu können, sollten die KWK-Anlagen mit Wärmespeichern ausgestattet werden.

■ 11.6   Fazit

Als Fazit können wir festhalten, dass die vollständige Umstellung der elektrischen Energieversorgung in Deutschland technisch und ökonomisch machbar ist. Die notwendigen Technologien sind bekannt und größtenteils bereits heute verfügbar.

Die Photovoltaik hat in Deutschland grundsätzlich ein ausreichendes Potential, um den gesamten Stromenergiebedarf zu decken. Schon heute ist sie zusammen mit der Onshore-Windkraft die mit Abstand günstigste erneuerbare Energiequelle. Gleichzeitig reduziert die Massenproduktion der Photovoltaikkomponenten weiter die Kosten.

Es ist daher davon auszugehen, dass die Photovoltaik eine der wesentlichen Säulen der zukünftigen nachhaltigen Energieversorgung sein wird.

Der Aufbau dieses neuen Energiesystems ist eine gewaltige Herausforderung, der wir uns mit Sachverstand, Phantasie und Ausdauer stellen sollten. Wenn dieses Buch dazu eine Hilfestellung gibt, so hat es seine Aufgabe erfüllt.

12 Übungsaufgaben

Aufgaben zu Kapitel 1

Aufgabe 1.1 Energieinhalte

Sie haben ein Kilogramm Steinkohle zur Verfügung.

a) Welchen Energieinhalt in J und in kWh hat es?

b) Wie hoch können Sie damit theoretisch ein Liter Wasser heben?

c) Auf welche Geschwindigkeit (in km/h) können Sie damit theoretisch ein Auto bringen (Masse: 1 t)?

Aufgabe 1.2 Umweltauswirkungen der bisherigen Energieversorgung

a) Was sind die drei Hauptprobleme der bisherigen Energieversorgung?

b) Welche mittlere Temperatur herrscht heute auf der Erde und welche würde sich ohne den Treibhauseffekt einstellen?

c) Erläutern Sie anhand einer Skizze und in Stichworten den Treibhauseffekt.

Aufgabe 1.3 Endlichkeit der Ressourcen

a) Angenommen, jeder Mensch hätte den heutigen Primärenergiebedarf eines Deutschen. Für wie viele Menschen würde dann der heutige Weltprimärenergieverbrauch reichen?

b) Auf der Grundlage von Tabelle 1.3 sollen die Reichweiten von Erdöl, Erdgas und Kohle bei unterschiedlichem jährlichem Wachstum p ausgehend vom Jahr 2016 abgeschätzt werden. Stellen Sie dazu zunächst allgemein eine Formel *Reichweite = f (Jahresförderung, Reserven, p)* auf. Verwenden Sie dazu die Formel der geometrischen Reihe (siehe Kapitel 10, Formeln (10.10) und (10.11)).

c) Berechnen Sie die Reichweiten von Erdöl, Erdgas und Kohle bei einem jährlichen Wachstum p von 2,2 %.

d) Berechnen Sie die Reichweiten von Erdöl, Erdgas und Kohle bei einem jährlichen Wachstum p von 4,4 %.

Aufgabe 1.4 Eigenschaften der erneuerbaren Energien

a) Was sind die drei Primärenergiequellen der erneuerbaren Energien?

b) Nennen Sie drei Vorteile und drei Nachteile der erneuerbaren Energien.

Aufgabe 1.5 Ertrag einer Photovoltaikanlage

a) Was versteht man unter STC und welche Randbedingungen sind damit verknüpft?

b) Familie Meier verbraucht im Jahr 3500 kWh an Strom. Welche Leistung sollte ihre Photovoltaikanlage mindestens aufweisen, um diese Menge an Strom zu erzeugen?

c) Welche Modulfläche wird benötigt, wenn die Module einen Wirkungsgrad von 15 % haben?

Aufgaben zu Kapitel 2

Aufgabe 2.1 Solarkonstante

a) Die Erde umkreist die Sonne nicht auf einer idealen Kreisbahn, sondern auf einer Ellipse ($r_{SE\_Max} = 152$ Mio. km, $r_{SE\_Min} = 147$ Mio. km). Zwischen welchen Werten schwankt die Solarkonstante daher im Lauf des Jahres?

b) Welche Solarkonstante erwarten Sie für den Merkur, der ca. 58 Mio. km von der Sonne entfernt ist?

Aufgabe 2.2 Solares Spektrum

a) Was bedeutet AM 0?

b) Was bedeutet AM 1,5, welcher Sonnenhöhenwinkel ist damit verknüpft?

c) Warum ist der Himmel blau?

d) Wodurch entsteht Abendrot?

Aufgabe 2.3 Globalstrahlung

a) Welche Effekte führen zum Entstehen der Diffusstrahlung?

b) Welchen Anteil hat die Diffusstrahlung in Deutschland in etwa an der Globalstrahlung?

c) Was versteht man unter „Sonnen-Volllaststunden" und welchen Daumenwert kann man für Deutschland angeben?

d) Wie ändert sich der Wert des vorigen Unterpunktes für eine Fläche, die nach Süden ausgerichtet und um 35° angestellt ist?

Aufgabe 2.4 Strahlung auf schräge Flächen

An einem wolkenlosen Sommertag messen Sie eine Globalstrahlung $E_{G\_Hor} = 850$ W/m^2. Die Sonne steht unter einem Winkel von 50° zum Horizont. Nehmen Sie an, dass keine Diffusstrahlung vorhanden ist.

a) Was ist die optimale Ausrichtung des Solarmoduls und wie groß ist dann die Bestrahlungsstärke E_{Gen}?

b) Welche Bestrahlungsstärke ergibt sich bei einer Anstellung des Solarmoduls von 15° zum Horizont?

Jetzt soll ein Wintertag betrachtet werden: $E_{Direkt\_H} = E_{Diffus\_H} = 300\,W/m^2$. Die Sonne steht unter einem Winkel von 25° zum Horizont.

c) Was ist nun die optimale Ausrichtung des Solarmoduls und wie groß ist in diesem Fall die Bestrahlungsstärke? Ermitteln Sie den passenden Winkel über Probieren.

d) Lösen Sie den vorigen Unterpunkt nicht durch Probieren sondern durch eine Extremwertbetrachtung der Formel $E_{Gen} = f(\beta)$. Nutzen Sie dazu das folgende Additionstheorem:

$$\cos(x_1 + x_2) = \cos(x_1) \cdot \cos(x_2) - \sin(x_1) \cdot \sin(x_2)$$

Aufgaben zu Kapitel 3

Aufgabe 3.1 Ladungsträger in Halbleitern

a) Berechnen Sie die Eigenleitungsdichte von Silizium bei 100 °C.

b) Erläutern Sie den Unterschied zwischen Feldstrom und Diffusionsstrom.

Aufgabe 3.2 pn-Übergang

a) Beschreiben Sie die Entstehung der Raumladungszone beim pn-Übergang.

b) Skizzieren Sie qualitativ das Banddiagramm eines pn-Übergangs.

c) Berechnen Sie die Diffusionsspannung eines pn-Übergangs aus Silizium bei folgenden Dotierdichten: $N_A = 5 \cdot 10^{16}/cm^3$, $N_D = 10^{18}/cm^3$.

Aufgabe 3.3 Lichtabsorption in Halbleitern

a) Beweisen Sie den Zusammenhang zwischen dem Absorptionskoeffizient und der Eindringtiefe von Licht in einen Halbleiter (Gleichung (3.21)). Setzen Sie dazu in Gleichung (3.20) geeignete Werte ein.

b) Welche Photonenenergie hat Licht der Wellenlänge $\lambda = 560\,nm$?

c) Welche Eindringtiefe hat Licht der Wellenlänge $\lambda = 560\,nm$ in c-Si und a-Si?

Aufgabe 3.4 Antireflexschichten

Licht der Wellenlänge 600 nm und der Bestrahlungstärke $E_0 = 500\,W/m^2$ fällt senkrecht auf einen Halbleiter aus amorphem Silizium. Bei dieser Wellenlänge hat das Material einen Brechungsindex von 4,6.

a) Welcher Anteil des Lichts wird an der Halbleiteroberfläche reflektiert?

b) Welche Dicke und welchen Brechungsindex sollte eine Antireflexschicht im Idealfall aufweisen?

c) Im konkreten Fall wird Siliziumnitrid (Si_3N_4) als Antireflexschicht eingesetzt. Welche Dicke sollte die Schicht in diesem Fall aufweisen und wie groß ist der verbleibende Reflexionsfaktor?

Aufgaben zu Kapitel 4

Aufgabe 4.1 Rekombination in der c-Si-Solarzelle

a) Welche Rekombinationsarten kennen Sie?

b) Was versteht man unter dem Dead Layer einer Solarzelle?

c) Ein Lichtphoton wird in einer Tiefe von $140\,\mu m$ absorbiert und erzeugt ein Elektron-Loch-Paar. Die mittlere Trägerlebensdauer liegt bei $7\,\mu s$. Wird das erzeugte Elektron voraussichtlich zum Photostrom beitragen?

Aufgabe 4.2 Absorptionswirkungsgrad einer c-Si-Zelle

Gegeben sei eine c-Si-Zelle der Dicke $d = 140\,\mu m$, die mit Licht der Stärke $E_0 = 1000\,W/m^2$ beleuchtet wird ($\alpha = 100/cm$; $n = 3{,}3$; $\lambda = 1000\,nm$).

a) Wie groß ist die Eindringtiefe des Lichtes?

b) Wie viel Licht wird reflektiert?

c) Wie viel Licht wird absorbiert (Annahme: Rückseite entspiegelt)?

d) Wie viel Licht wird absorbiert, wenn die Rückseite verspiegelt und die Vorderseite entspiegelt ist?

e) Wie groß ist im vorigen Unterpunkt der Absorptionswirkungsgrad und die spektrale Empfindlichkeit, wenn man davon ausgeht, dass jedes erzeugte Elektron-Loch-Paar zum Photostrom beiträgt?

Aufgabe 4.3 Eindioden-Ersatzschaltbild

a) Skizzieren Sie das Eindioden-Ersatzschaltbild und leiten Sie die Kennliniengleichung her.

b) Welche Verluste werden durch den Serienwiderstand R_S ausgedrückt, welche durch den Parallelwiderstand R_P?

c) Skizzieren Sie die Kennlinie einer Solarzelle bei steigendem Serienwiderstand R_S und erklären Sie den Verlauf bei U_L und I_K.

d) Skizzieren Sie die Kennlinie einer Solarzelle bei fallendem Parallelwiderstand R_P und erklären Sie den Verlauf bei U_L und I_K.

Aufgabe 4.4 Spektraler und theoretischer Wirkungsgrad

a) Was bedeutet der Ausdruck „spektraler Wirkungsgrad" und welche Effekte führen dazu, dass er nicht 100 % beträgt?

b) Welche weiteren Verluste berücksichtigt der „theoretische Wirkungsgrad"?

c) Wie groß ist der theoretische Wirkungsgrad von c-Si-Zellen und wie nah ist man diesem Optimum bereits gekommen?

Aufgabe 4.5 Spektraler Wirkungsgrad bei monochromatischem Licht

Angenommen, wir wollen monochromatisches Laserlicht möglichst effizient in elektrische Energie umwandeln. Als Laserwellenlänge wählen wir $\lambda = 1000\,nm$, die weiteren Daten sind: $E = 1000\,W/m^2$, $A_{Zelle} = 10\,cm^2$, $m = 1$).

a) Wie groß ist die Anzahl N_{Ph} der pro Sekunde auf die Zelle auftreffenden Photonen und die maximale Stromdichte j_{Max}?

b) Ermitteln Sie die Leerlaufspannung der Zelle.

c) Geben Sie den idealisierten Füllfaktor der Zelle an.

d) Wie groß ist der theoretische Wirkungsgrad der Zelle?

e) Beantworten Sie die vorige Frage für einen Konzentrationsfaktor von $X = 1000$.

Aufgaben zu Kapitel 5

Aufgabe 5.1 Herstellung von c-Si-Solarzellen

a) Was bedeuten die folgenden Abkürzungen: SoG-Si, MG-Si, UMG-Si, CZ-Si, FZ-Si, EFG?

b) Geben Sie die sieben Hauptschritte zur Herstellung einer c-Si-Standardzelle an ausgehend vom p-dotierten Wafer.

Aufgabe 5.2 a-Si-Dünnschichtzellen

a) Was ist der grundsätzliche Unterschied zwischen einer Driftzelle und einer Diffusionszelle?

b) Skizzieren Sie den Aufbau einer a-Si-Tandemzelle mit Angabe der Materialien und beschreiben Sie die Funktionsweise.

c) Was ist der Staebler-Wronski-Effekt und wie kann man ihn abmildern?

Aufgabe 5.3 CIS-Zellen

a) Skizzieren Sie den Aufbau einer klassischen CIS-Zelle

b) Welche zwei Funktionen hat die CdS-Schicht?

c) Erklären Sie den Unterschied zwischen Superstratkonfiguration und Substratkonfiguration bei einer Dünnschichtzelle.

Aufgabe 5.4 Konzentrator-Systeme

a) Skizzieren Sie die zwei wichtigsten Prinzipien von Konzentratorsystemen.

b) Erläutern Sie: Warum führt eine höhere Bestrahlungsstärke zu einer Vergrößerung des Wirkungsgrads einer Solarzelle?

c) Gegeben sei eine Solarzelle mit folgenden Daten: $U_L = 600\,mV$; $m = 1{,}5$; $\eta = 18\,\%$. Welcher Wirkungsgrad ergibt sich bei folgenden Konzentrationsfaktoren:
   i) $X_1 = 100$,
   ii) $X_2 = 400$

d) Warum steigt der Wirkungsgrad in der Realität nicht beliebig weiter mit steigendem Faktor X?

Aufgabe 5.5 Ökologische Fragestellungen

a) Wie schätzen Sie die Verfügbarkeit für Zellen aus c-Si, CdTe und CIS ein?

b) Für die Herstellung einer kompletten PV-Anlage wurde ein Energieaufwand von 5500 kWh/kWp benötigt. Berechnen Sie die Energierücklaufzeit und den Erntefaktor

    i)   auf einem Süddach (35° Neigung) in Deutschland

    ii) auf einem Westdach (35° Neigung) in Deutschland

Aufgaben zu Kapitel 6

Aufgabe 6.1 Kurzschlussstrom und Leerlaufspannung bei Variation der Bestrahlungsstärke

Ein Solarmodul hat die Daten $U_L = 43{,}2$ V, $I_K = 10$ A. Die einzelnen verbauten Zellen haben einen Idealitätsfaktor von $m = 1{,}5$.

a) Wie viele Zellen sind voraussichtlich im Modul verbaut?

b) Welcher Kurzschlussstrom wird sich bei einer Bestrahlungsstärke E' von 500 W/m^2 einstellen?

c) Welche Leerlaufspannung wird sich bei einer Bestrahlungsstärke E' von 500 W/m^2 einstellen?

Aufgabe 6.2 Reihenschaltung von Modulen

a) Geben Sie zwei Gründe für den Einsatz von Bypassdioden an.

b) Nun werden zwei Module des Typs aus Aufgabe 6.1 in Reihe geschaltet. Modul A wird mit 1000 W/m^2 bestrahlt, Modul B mit 500 W/m^2. Skizzieren Sie die Einzelkurven und die Gesamtkurve für die Fälle:

    i)   Die Module haben keine Bypassdioden

    ii) Beide Module haben mindestens eine Bypassdiode

Aufgabe 6.3 NOCT

a) Was bedeutet der Ausdruck NOCT und welche Randbedingungen sind damit verknüpft?

b) Welche Temperatur und Modulleistung wird das Modul FS-102A von First Solar (siehe Tabelle 6.1) bei 900 W/m^2 und einer Umgebungstemperatur von 30 °C aufweisen?

Aufgabe 6.4 Mismatching

a) Was versteht man unter Mismatching?

b) Erläutern Sie anhand der Generator-I/U-Kurven: Warum wirkt sich die Verschattung eines Moduls bei Verschaltung der Module in zwei statt in einem String besonders nachteilig aus?

Aufgaben zu Kapitel 7

Aufgabe 7.1 Tiefsetzsteller

a) Skizzieren Sie die Schaltung eines Tiefsetzstellers und erläutern Sie die Funktionen der einzelnen Bauteile.

b) Welchen Vorteil bringt eine hohe Taktfrequenz mit sich?

c) Was könnte ggf. gegen eine hohe Taktfrequenz sprechen?

Aufgabe 7.2 Einspeisevarianten

Skizzieren Sie die beiden Einspeisevarianten *Volleinspeisung* und *Überschusseinspeisung* einer Photovoltaikanlage.

Aufgabe 7.3 Wechselrichtervarianten

a) Geben Sie die Vor- und Nachteile der Anlagenvarianten mit Zentralwechselrichter, Stringwechselrichter und modulintegriertem Wechselrichter an.

b) Was ist der Vorteil einer PWM-Brücke gegenüber eine klassischen 50 Hz-Brücke?

c) In welchen Fällen sollten trafolose Wechselrichter nicht ohne weiteres eingesetzt werden?

d) Warum verwendet man den Wechselrichter mit Hochfrequenztransformator?

e) Geben Sie drei Vorteile des dreiphasigen Wechselrichters an.

Aufgabe 7.4 Wechselrichter-Dimensionierung

Sie haben den Wechselrichter SMC 8000 TL von SMA zur Verfügung und wollen möglichst viele Module des Typs SW-280 von Solarworld damit betreiben.

a) Ermitteln Sie die maximal mögliche Anzahl von Modulen pro String.

b) Ermitteln Sie die minimal mögliche Anzahl von Modulen pro String.

c) Ermitteln Sie die maximal mögliche Anzahl von Strings.

d) Ermitteln Sie die optimale Anlagenkonfiguration.

Aufgaben zu Kapitel 8

Aufgabe 8.1 Batteriesysteme

a) Warum verringert eine Tiefentladung die Lebensdauer des Bleiakkus?

b) Warum ist ein KFZ-Akku nicht für eine solare Inselanlage geeignet?

c) Im Datenblatt eines Akkus wird eine Kapazität von $C_{10} = 150\,Ah$ angeben. Was bedeutet dies und wie lange können Sie geschätzt den Akku bei einem Strom von 20 A entladen?

d) Wofür steht die Abkürzung „CCCV" und was bedeutet dies in der Anwendung?

e) Geben Sie zwei Vorteile des Shunt-Ladereglers gegenüber dem Serienregler an.

Aufgabe 8.2 Lithium-Ionen-Batterien

a) Nennen Sie zwei Vorteile und zwei Nachteile von Lithium-Ionen-Batterien gegenüber Bleibatterien.

b) Was kann beim Überladen eines Lithium-Ionen-Akkus im Inneren passieren?

c) Nennen Sie Vorteile von Lithium-Eisen-Phosphat als Kathodenmaterial.

Aufgabe 8.3 Natrium-Schwefel-Batterien

a) Warum eignen sich Natrium-Schwefel-Batterien nicht als Langzeitspeicher?

b) Wozu dient der Anodenbehälter?

c) Warum erreichen sie höhere Zyklenzahlen als Bleibatterien?

Aufgabe 8.4 Redox-Flow-Batterien

a) Skizzieren Sie den Aufbau einer Redox-Flow-Batterie mit Bezeichnung aller relevanten Komponenten.

b) Wodurch wird die Leistung der Batterie, wodurch die Kapazität bestimmt?

c) Nennen Sie zwei Vorteile dieses Batterietyps in Bezug auf das Ladeverhalten.

Aufgabe 8.5 Hausspeichersysteme

a) Ermitteln Sie überschlägig die Kosten zum Speichern einer Kilowattstunde beim System 2 aus Tabelle 8.3.

b) Was versteht man unter „Peak-Shaving"?

c) Welche zwei technischen Bedingungen mussten beim Speicher-Marktanzreizprogramm eingehalten werden?

Aufgabe 8.6 Inselsysteme

a) Wie sieht ein typisches Solar Home System aus?

b) Was versteht man unter einem Hybridsystem und was sind die Vorteile gegenüber reinen solaren Inselsystemen?

Aufgaben zu Kapitel 9

Aufgabe 9.1 Strahlungssensoren

a) Wie nennt man die beste Klasse von Pyranometern und welche Genauigkeit weisen diese auf?

b) Welche zwei Möglichkeiten kennen Sie, um ausschließlich diffuse Strahlung zu messen?

c) Ist ein Pyranometer als Referenzsensor in einem Modulflasher einsetzbar?

Aufgabe 9.2 Peakleistungsmessung vor Ort

Skizzieren Sie den Aufbau eines Kennlinienmessgerätes zur Peakleistungsbestimmung mit allen relevanten Komponenten.

Aufgabe 9.3 Thermographie-Messtechnik

a) Wozu eignet sich im Bereich der Modulüberprüfung die Hell-Thermographie; wozu die Dunkelthermographie?

b) Bei der Temperaturmessung eines Solarmoduls zeigt die Thermographiekamera einen Wert von 51 °C an. Sie haben den Emissionsgrad in der Kamera allerdings fälschlicherweise auf 0,8 statt 0,9 eingestellt. Welche Temperatur hat das Modul tatsächlich?

c) Schlagen Sie eine Methode vor, mit der Sie den korrekten Emissionsgrad eines Solarmoduls ermitteln können.

Aufgabe 9.4 Elektrolumineszenz-Messtechnik

a) Warum ist eine normale CCD-Kamera ungeeignet zur EL-Messung von c-Si-Modulen?

b) Welche Art von Zellfehlern kann bei der Thermographie-Messung kaum, bei der EL-Messung dagegen schon erkannt werden?

c) Geben Sie zwei Vorteile und zwei Nachteile der Outdoor-EL-Technik gegenüber der Thermographie an.

Aufgabe 9.5 PID-Effekt

a) Was ist der Hauptgrund für die bei PID-betroffenen Modulen auftretende drastische Verringerung der Modulleistung?

b) Wie können Module im Labor auf PID-Anfälligkeit überprüft werden?

c) Wie erkennt man mittels Outdoor-EL, ob ein Modulstring von PID betroffen ist?

Aufgabe 9.6 String-Dunkelkennlinien-Technik

a) Geben Sie drei Vorteile der String-Dunkelkennlinien-Technik an.

b) Worauf weist ein geringer Dunkelkennlinien-Füllfaktor hin?

c) Sie messen die Dunkelkennlinien von zwei Strings mit der gleichen Modulanzahl. In der Nähe der Leerlaufspannung weist String 1 eine konstante Spannungsdifferenz von rund -33 V zu String 2 auf. Welcher Fehler ist hier zur vermuten und wie viele Zellen sind davon wohl betroffen?

Aufgaben zu Kapitel 10

Aufgabe 10.1 Verschattungen

Ein Antennenrohr der Dicke 5 cm steht in 2 m Entfernung von einer PV-Anlage.

a) Wirft das Rohr einen Kernschatten auf die Anlage?

b) Wie breit ist der Kernschatten?

c) Angenommen, der Kernschatten ist unvermeidbar. Würden Sie die Module eher senkrecht oder waagerecht aufstellen?

Aufgabe 10.2 Ertragsschätzung

Landwirt Juppes möchte eine 30 kWp-Anlage auf sein neues Scheunendach in Attendorn, Sauerland bauen. Das Dach hat eine Ausrichtung von 45° und eine Dachneigung von 12°. Ermitteln Sie jeweils den erwarteten spezifischen Jahresertrag (Endertrag Y_F) nach den folgenden Methoden:

a) Verwendung des im Mittel für Deutschland passenden Pauschalwertes von 900 kWh/(kWp · a) für optimale Ausrichtung und anschließender Neigungsverlustabschlag über Tabelle 2.4.

b) Obiger Pauschalwert gilt für eine Globalstrahlungssumme H von 1000 kWh/(m^2 · a). Berücksichtigen Sie daher den ungefähren Wert für H' am Standort Attendorn laut Abbildung 2.7 (etwa mittig zwischen Dortmund und Siegen), um Y'_F zu ermitteln.

c) Ermitteln Sie H'' am Standort Attendorn über das Internettool PVGIS (siehe Tabelle 10.2) und berechnen Sie dann analog zum vorigen Unterpunkt Y''_F.

   Vorgehensweise: Internetadresse *re.jrc.ec.europa.eu/pvgis.html* aufrufen, Eingabe des Standorts *„Attendorn"* und *„Go!"* drücken, Neigung (*„Slope"*) und Azimuth auf *„0"* setzen und *Visualize Results* drücken.

   Der Parameter *„Yearly in-plane irradiation"* gibt dann H'' an.

d) Ermitteln Sie Y_F am Standort Attendorn über PVGIS, indem Sie wie unter Punkt c) vorgehen, dort aber Dachneigung und Azimuth entsprechend der Aufgabenstellung eingeben. Nach Drücken von *Visualize Results* zeigt der Parameter *„Yearly PV energy production"* den gesuchten spezifischen Ertrag Y'''_F an.

Aufgabe 10.3 Renditeberechnung

Landwirt Juppes aus Aufgabe 10.2 kauft seine Anlage für 42.000 Euro netto. Die Einspeisevergütung liegt bei 12 Cent pro Kilowattstunde, sein Stromtarif ist 22 Cent/kWh. Er erreicht einen Eigenverbrauchsanteil von 40 Prozent. Als voraussichtlichen Jahresertrag verwenden wir das Ergebnis aus Aufgabe 10.2d).

a) Berechnen Sie die Amortisationszeit.

b) Berechnen Sie die Objektrendite.

Aufgabe 10.4 Anlagenmonitoring

a) Was ist der Unterschied zwischen dem Referenzertrag und den Sonnenvolllaststunden?

b) Hat eine nach Südwesten ausgerichtete Anlage eine schlechtere Performance Ratio als eine nach Süden ausgerichtete?

c) Welche Werte für die Performance Ratio kann man bei aktuellen Anlagen erwarten?

Aufgaben zu Kapitel 11

Aufgabe 11.1 Potentialschätzung bei Schrägdächern

Das Saarland hat eine Fläche von 2570 km^2.

a) Welches theoretische Potential hat diese Fläche?

b) Angenommen, etwa 0,3 % dieser Fläche steht als für die Photovoltaik geeignete Dachflächen (Ost über Süd bis West) zur Verfügung. Welche Strahlungsenergie fällt darauf?

c) Welche PV-Leistung kann auf dieser Fläche installiert werden (η_{Modul} = 20 %) und welches Stromerzeugungspotential besteht (η_{System} = 18 %)?

Aufgabe 11.2 Potentialschätzung bei Freiflächen

Angenommen, Sie haben einen Hektar Freifläche im Saarland zur Verfügung.

a) Welcher Flächennutzungsgrad ergibt sich, wenn es zu keiner Eigenverschattung kommen soll (Breitengrad φ = 49°, Modulneigung β = 20°)?

b) Welche PV-Leistung kann auf dieser Fläche installiert werden und welches Stromerzeugungspotential besteht?

c) Welche elektrische Energie würde auf dem Hektar erzeugbar sein, wenn statt der Photovoltaiknutzung Energiemais angebaut würde?

Aufgabe 11.3 Markt- und Preisentwicklung

a) Was versteht man unter der Lernrate?

b) Was versteht man unter Grid Parity?

Aufgabe 11.4 Heutiges Stromversorgungssystem

a) Was versteht man unter Regelenergie?

b) Welche Bedingungen gelten für die Primärregelung?

c) Wie wird die Primärregelung technisch möglich gemacht?

d) Inwiefern ergänzen sich Photovoltaik und Windkraft gut?

Aufgabe 11.5 Zukünftige Energieversorgung

a) Warum nehmen die meisten Zukunftsszenarien an, dass der Stromverbrauch ansteigen wird?

b) Wie viele Stunden könnten die laut Studie des Umweltbundesamtes im Jahr 2050 vorhandenen Elektroauto-Batterien die heutige Netzlast im Prinzip übernehmen?

c) Welche Technologie ermöglicht einen „Saisonspeicher für Strom" und welcher Wirkungsgrad ist dort zu erwarten?

13 Anhang

■ 13.1 Einfluss von Ausrichtung und Neigung auf die Jahresstrahlungssumme an verschiedenen Standorten

Ähnlich wie in Tabelle 2.4 wird hier für weitere Standorte der Einfluss von Ausrichtung und Neigung eines Daches auf die im Laufe eines Jahres einfallende Strahlungssumme angegeben. Die Strahlungssumme wurde jeweils auf den Maximalwert (optimale Kombination von Dachneigung und -ausrichtung) normiert.

13.1.1 Standort Hamburg

Richtung	Azimuth α	β=0°	5°	10°	15°	20°	25°	30°	35°	40°	45°	50°	55°	60°	65°	70°	75°	80°	85°	90°
Nord	-180°	87,1	83,3	79,2	74,9	70,6	66,2	62,0	57,9	53,8	50,0	46,6	43,3	40,7	38,7	37,1	35,6	34,2	32,9	31,5
	-175°	87,1	83,3	79,2	74,9	70,6	66,2	62,0	57,8	53,7	50,0	46,5	43,2	40,6	38,7	37,1	35,6	34,1	32,8	31,5
	-170°	87,1	83,4	79,2	74,9	70,7	66,3	62,1	57,9	53,9	50,1	46,6	43,4	40,9	39,0	37,4	35,9	34,5	33,0	31,7
	-165°	87,1	83,4	79,3	75,1	70,8	66,6	62,4	58,2	54,2	50,5	47,0	43,9	41,5	39,6	38,0	36,5	35,0	33,6	32,2
	-160°	87,1	83,5	79,5	75,4	71,1	67,0	62,8	58,8	54,8	51,1	47,7	44,7	42,5	40,6	39,0	37,4	35,8	34,3	32,9
Nordost	-155°	87,1	83,6	79,7	75,6	71,5	67,4	63,4	59,4	55,5	51,9	48,6	45,9	43,8	41,9	40,2	38,4	36,9	35,3	33,8
	-150°	87,1	83,8	80,0	76,1	72,0	68,1	64,1	60,2	56,5	53,0	49,9	47,5	45,3	43,3	41,5	39,8	38,1	36,5	34,8
	-145°	87,1	83,8	80,3	76,5	72,7	68,8	64,9	61,2	57,6	54,3	51,5	49,2	47,0	45,0	43,1	41,2	39,5	37,7	36,0
	-140°	87,1	84,0	80,7	77,1	73,4	69,6	66,0	62,4	59,0	56,0	53,3	51,0	48,8	46,8	44,8	42,9	41,1	39,2	37,4
	-135°	87,1	84,2	81,0	77,6	74,1	70,6	67,1	63,7	60,6	57,8	55,2	52,9	50,7	48,6	46,6	44,6	42,6	40,7	38,8
	-130°	87,1	84,5	81,5	78,3	75,0	71,7	68,4	65,3	62,4	59,7	57,2	55,0	52,7	50,6	48,5	46,5	44,4	42,3	40,3
	-125°	87,1	84,7	81,9	79,1	76,0	72,8	69,9	67,0	64,3	61,6	59,3	57,0	54,8	52,6	50,5	48,4	46,2	44,0	41,9
	-120°	87,1	84,9	82,5	79,8	77,0	74,2	71,4	68,7	66,2	63,7	61,5	59,2	56,9	54,8	52,6	50,4	48,1	45,8	43,6
	-115°	87,1	85,2	83,0	80,6	78,1	75,5	72,9	70,5	68,1	65,8	63,6	61,4	59,2	56,9	54,7	52,4	50,1	47,7	45,3
	-110°	87,1	85,5	83,6	81,4	79,2	76,9	74,5	72,4	70,1	68,0	65,8	63,6	61,5	59,2	56,9	54,5	52,1	49,7	47,2
	-105°	87,1	85,7	84,1	82,3	80,3	78,3	76,3	74,2	72,1	70,0	68,0	65,9	63,7	61,5	59,1	56,7	54,2	51,6	49,1
Ost	-100°	87,1	86,1	84,7	83,1	81,5	79,7	77,9	76,1	74,2	72,2	70,2	68,1	66,0	63,7	61,3	58,8	56,3	53,5	50,9
	-95°	87,1	86,4	85,3	84,0	82,7	81,1	79,6	77,9	76,2	74,3	72,4	70,3	68,1	65,9	63,4	61,0	58,4	55,6	52,7
	-90°	87,1	86,6	85,9	84,9	83,8	82,6	81,2	79,7	78,2	76,4	74,5	72,6	70,3	68,1	65,6	63,1	60,4	57,6	54,6
	-85°	87,1	87,0	86,6	85,8	85,0	84,0	82,9	81,5	80,1	78,4	76,6	74,6	72,5	70,2	67,8	65,1	62,3	59,5	56,5
	-80°	87,1	87,3	87,1	86,7	86,2	85,4	84,5	83,3	81,9	80,4	78,7	76,8	74,6	72,3	69,9	67,1	64,3	61,3	58,2
	-75°	87,1	87,5	87,7	87,6	87,3	86,7	86,0	85,0	83,8	82,4	80,7	78,8	76,7	74,3	71,8	69,1	66,2	63,0	59,7
	-70°	87,1	87,9	88,4	88,4	88,4	88,1	87,5	86,7	85,6	84,3	82,6	80,7	78,7	76,3	73,6	70,8	67,7	64,7	61,3
Südost	-65°	87,1	88,2	88,9	89,4	89,4	89,4	88,9	88,3	87,3	86,0	84,5	82,6	80,5	78,2	75,5	72,5	69,5	66,3	62,8
	-60°	87,1	88,4	89,4	90,2	90,4	90,6	90,3	89,8	88,9	87,7	86,3	84,5	82,2	79,9	77,3	74,3	71,0	67,7	64,2
	-55°	87,1	88,7	90,0	90,9	91,4	91,8	91,7	91,2	90,5	89,4	87,9	86,2	84,0	81,5	78,8	75,9	72,6	69,0	65,4
	-50°	87,1	89,0	90,4	91,6	92,4	92,9	92,9	92,6	92,0	90,9	89,4	87,7	85,6	83,1	80,2	77,3	74,0	70,3	66,5
	-45°	87,1	89,2	90,9	92,3	93,2	93,9	94,0	93,9	93,3	92,3	90,9	89,2	87,1	84,7	81,8	78,5	75,2	71,5	67,6
	-40°	87,1	89,4	91,3	92,9	94,0	94,8	95,1	95,0	94,6	93,7	92,3	90,5	88,4	85,9	83,0	79,8	76,3	72,6	68,5
	-35°	87,1	89,6	91,8	93,5	94,8	95,7	96,1	96,1	95,7	94,9	93,6	91,8	89,6	87,0	84,2	81,0	77,3	73,4	69,3
	-30°	87,1	89,8	92,1	94,0	95,4	96,4	96,9	97,0	96,7	95,8	94,6	93,0	90,8	88,1	85,1	81,9	78,2	74,2	69,9
	-25°	87,1	90,0	92,4	94,4	95,9	97,1	97,7	97,9	97,6	96,8	95,4	93,8	91,7	89,1	86,0	82,6	78,9	74,9	70,5
	-20°	87,1	90,1	92,7	94,8	96,5	97,7	98,3	98,6	98,3	97,6	96,3	94,5	92,3	89,8	86,8	83,3	79,5	75,4	71,0
Süd	-15°	87,1	90,2	92,9	95,0	96,8	98,1	98,8	99,1	98,9	98,2	97,0	95,2	93,1	90,3	87,3	83,8	80,0	75,7	71,3
	-10°	87,1	90,3	93,1	95,3	97,1	98,5	99,3	99,5	99,4	98,6	97,5	95,8	93,6	90,9	87,7	84,2	80,3	76,1	71,6
	-5°	87,1	90,3	93,1	95,5	97,3	98,6	99,5	99,8	99,6	98,9	97,7	96,0	93,9	91,2	88,1	84,6	80,6	76,4	71,8
	0°	87,1	90,3	93,2	95,6	97,4	98,7	99,6	100,0	99,8	99,1	97,9	96,2	94,0	91,3	88,3	84,7	80,8	76,4	71,8
	5°	87,1	90,3	93,1	95,5	97,3	98,6	99,5	99,8	99,6	98,9	97,7	96,0	93,9	91,2	88,1	84,6	80,6	76,4	71,8
	10°	87,1	90,3	93,1	95,3	97,1	98,5	99,3	99,5	99,4	98,6	97,5	95,8	93,6	90,9	87,7	84,2	80,3	76,1	71,6
	15°	87,1	90,2	92,9	95,0	96,8	98,1	98,8	99,1	98,9	98,2	97,0	95,2	93,1	90,3	87,3	83,8	80,0	75,7	71,3
	20°	87,1	90,1	92,7	94,8	96,5	97,7	98,3	98,6	98,3	97,6	96,3	94,5	92,3	89,8	86,8	83,3	79,5	75,4	71,0
Südwest	25°	87,1	90,0	92,4	94,4	95,9	97,1	97,7	97,9	97,6	96,8	95,4	93,8	91,7	89,1	86,0	82,6	78,9	74,9	70,5
	30°	87,1	89,8	92,1	94,0	95,4	96,4	96,9	97,0	96,7	95,8	94,6	93,0	90,8	88,1	85,1	81,9	78,2	74,2	69,9
	35°	87,1	89,6	91,8	93,5	94,8	95,7	96,1	96,1	95,7	94,9	93,6	91,8	89,6	87,0	84,2	81,0	77,3	73,4	69,3
	40°	87,1	89,4	91,3	92,9	94,0	94,8	95,1	95,0	94,6	93,7	92,3	90,5	88,4	85,9	83,0	79,8	76,3	72,6	68,5
	45°	87,1	89,2	90,9	92,3	93,2	93,9	94,0	93,9	93,3	92,3	90,9	89,2	87,1	84,7	81,8	78,5	75,2	71,5	67,6
	50°	87,1	89,0	90,4	91,6	92,4	92,9	92,9	92,6	92,0	90,9	89,4	87,7	85,6	83,1	80,2	77,3	74,0	70,3	66,5
	55°	87,1	88,7	90,0	90,9	91,4	91,8	91,7	91,2	90,5	89,4	87,9	86,2	84,0	81,5	78,8	75,9	72,6	69,0	65,4
	60°	87,1	88,4	89,4	90,2	90,4	90,6	90,3	89,8	88,9	87,7	86,3	84,5	82,2	79,9	77,3	74,3	71,0	67,7	64,2
	65°	87,1	88,2	88,9	89,4	89,4	89,4	88,9	88,3	87,3	86,0	84,5	82,6	80,5	78,2	75,5	72,5	69,5	66,3	62,8
West	70°	87,1	87,9	88,4	88,4	88,4	88,1	87,5	86,7	85,6	84,3	82,6	80,7	78,7	76,3	73,6	70,8	67,9	64,7	61,3
	75°	87,1	87,5	87,7	87,6	87,3	86,7	86,0	85,0	83,8	82,4	80,7	78,8	76,7	74,3	71,8	69,1	66,2	63,0	59,7
	80°	87,1	87,3	87,1	86,7	86,2	85,4	84,5	83,3	81,9	80,4	78,7	76,8	74,6	72,3	69,9	67,1	64,3	61,3	58,2
	85°	87,1	87,0	86,6	85,8	85,0	84,0	82,9	81,5	80,1	78,4	76,6	74,6	72,5	70,2	67,8	65,1	62,3	59,5	56,5
	90°	87,1	86,6	85,9	84,9	83,8	82,6	81,2	79,7	78,2	76,4	74,5	72,6	70,3	68,1	65,6	63,1	60,4	57,6	54,6
	95°	87,1	86,4	85,3	84,0	82,7	81,1	79,6	77,9	76,2	74,3	72,4	70,3	68,1	65,9	63,4	61,0	58,4	55,6	52,7
	100°	87,1	86,1	84,7	83,1	81,5	79,7	77,9	76,1	74,2	72,2	70,2	68,1	66,0	63,7	61,3	58,8	56,3	53,5	50,9
	105°	87,1	85,7	84,1	82,3	80,3	78,3	76,3	74,2	72,1	70,0	68,0	65,9	63,7	61,5	59,1	56,7	54,2	51,6	49,1
	110°	87,1	85,5	83,6	81,4	79,2	76,9	74,5	72,4	70,1	68,0	65,8	63,6	61,5	59,2	56,9	54,5	52,1	49,7	47,2
	115°	87,1	85,2	83,0	80,6	78,1	75,5	72,9	70,5	68,1	65,8	63,6	61,4	59,2	56,9	54,7	52,4	50,1	47,7	45,3
	120°	87,1	84,9	82,5	79,8	77,0	74,2	71,4	68,7	66,2	63,7	61,5	59,2	56,9	54,8	52,6	50,4	48,1	45,8	43,6
	125°	87,1	84,7	81,9	79,1	76,0	72,8	69,9	67,0	64,3	61,6	59,3	57,0	54,8	52,6	50,5	48,4	46,2	44,0	41,9
	130°	87,1	84,5	81,5	78,3	75,0	71,7	68,4	65,3	62,4	59,7	57,2	55,0	52,7	50,6	48,5	46,5	44,4	42,3	40,3
Nordwest	135°	87,1	84,2	81,0	77,6	74,1	70,6	67,1	63,7	60,6	57,8	55,2	52,9	50,7	48,6	46,6	44,6	42,6	40,7	38,8
	140°	87,1	84,0	80,7	77,1	73,4	69,6	66,0	62,4	59,0	56,0	53,3	51,0	48,8	46,8	44,8	42,9	41,1	39,2	37,4
	145°	87,1	83,8	80,3	76,5	72,7	68,8	64,9	61,2	57,6	54,3	51,5	49,2	47,0	45,0	43,1	41,2	39,5	37,7	36,0
	150°	87,1	83,8	80,0	76,1	72,0	68,1	64,1	60,2	56,5	53,0	49,9	47,5	45,3	43,3	41,5	39,8	38,1	36,5	34,8
	155°	87,1	83,6	79,7	75,6	71,5	67,4	63,4	59,4	55,5	51,9	48,6	45,9	43,8	41,9	40,2	38,4	36,9	35,3	33,8
	160°	87,1	83,5	79,5	75,4	71,1	67,0	62,8	58,8	54,8	51,1	47,7	44,7	42,5	40,6	39,0	37,4	35,8	34,3	32,9
	165°	87,1	83,4	79,3	75,1	70,8	66,6	62,4	58,2	54,2	50,5	47,0	43,9	41,5	39,6	38,0	36,5	35,0	33,6	32,2
Nord	170°	87,1	83,4	79,2	74,9	70,7	66,3	62,1	57,9	53,9	50,1	46,6	43,4	40,9	39,0	37,4	35,9	34,5	33,0	31,7
	175°	87,1	83,3	79,2	74,9	70,6	66,2	62,0	57,8	53,7	50,0	46,5	43,2	40,6	38,7	37,1	35,6	34,1	32,8	31,5
	180°	87,1	83,3	79,2	74,9	70,6	66,2	62,0	57,9	53,8	50,0	46,6	43,3	40,7	38,7	37,1	35,6	34,2	32,9	31,5

Neigungswinkel β — Azimuth α

13.1.2 Standort München

Richtung	Azimuth α	0°	5°	10°	15°	20°	25°	30°	35°	40°	45°	50°	55°	60°	65°	70°	75°	80°	85°	90°
Nord	-180°	86,5	82,7	78,4	73,8	69,2	64,8	60,5	56,3	52,1	48,1	44,4	41,0	37,9	35,5	33,7	32,3	31,0	29,8	28,7
Nord	-175°	86,5	82,7	78,4	73,9	69,3	64,9	60,6	56,4	52,2	48,3	44,5	41,1	38,1	35,6	33,9	32,4	31,2	29,9	28,8
Nord	-170°	86,5	82,7	78,5	74,0	69,4	65,0	60,8	56,6	52,5	48,6	44,9	41,5	38,5	36,1	34,4	33,0	31,6	30,4	29,3
Nord	-165°	86,5	82,8	78,7	74,3	69,7	65,4	61,2	57,0	53,0	49,1	45,5	42,1	39,3	37,0	35,3	33,9	32,4	31,2	29,9
Nord	-160°	86,5	83,0	78,9	74,6	70,1	65,9	61,7	57,6	53,6	49,9	46,3	43,1	40,4	38,3	36,5	35,0	33,5	32,1	30,8
Nordost	-155°	86,5	83,0	79,2	75,0	70,7	66,4	62,4	58,4	54,5	50,8	47,4	44,4	41,9	39,9	38,0	36,4	34,8	33,3	31,9
Nordost	-150°	86,5	83,3	79,5	75,5	71,4	67,3	63,3	59,3	55,6	52,1	48,8	46,1	43,6	41,6	39,6	37,9	36,3	34,7	33,1
Nordost	-145°	86,5	83,4	79,9	76,1	72,1	68,1	64,2	60,5	56,9	53,6	50,6	47,9	45,6	43,4	41,5	39,6	37,9	36,1	34,5
Nordost	-140°	86,5	83,6	80,3	76,7	73,0	69,2	65,5	61,9	58,5	55,3	52,5	49,9	47,6	45,4	43,4	41,5	39,6	37,8	36,0
Nordost	-135°	86,5	83,9	80,7	77,4	73,9	70,4	66,9	63,5	60,3	57,3	54,6	52,1	49,8	47,6	45,5	43,4	41,4	39,5	37,6
Nordost	-130°	86,5	84,1	81,2	78,1	74,9	71,6	68,4	65,3	62,2	59,5	56,8	54,4	52,0	49,8	47,6	45,5	43,5	41,4	39,4
Nordost	-125°	86,5	84,4	81,8	79,0	76,0	73,0	70,0	67,0	64,3	61,6	59,1	56,7	54,4	52,1	49,9	47,7	45,5	43,3	41,3
Nordost	-120°	86,5	84,6	82,3	79,8	77,1	74,4	71,6	69,0	66,4	63,9	61,5	59,1	56,8	54,5	52,2	50,0	47,7	45,5	43,1
Ost	-115°	86,5	84,9	82,9	80,7	78,3	75,9	73,3	71,0	68,5	66,2	63,9	61,6	59,3	57,0	54,6	52,3	49,9	47,6	45,2
Ost	-110°	86,5	85,2	83,5	81,6	79,5	77,3	75,1	72,9	70,7	68,5	66,3	64,0	61,8	59,5	57,0	54,7	52,1	49,7	47,3
Ost	-105°	86,5	85,5	84,1	82,4	80,7	78,8	76,9	74,9	72,8	70,8	68,7	66,5	64,2	61,9	59,5	57,0	54,5	51,9	49,3
Ost	-100°	86,5	85,9	84,7	83,4	81,9	80,3	78,6	76,8	75,0	73,0	71,0	68,9	66,7	64,4	61,9	59,3	56,8	54,1	51,3
Ost	-95°	86,5	86,1	85,3	84,4	83,1	81,9	80,4	78,8	77,1	75,3	73,3	71,3	69,0	66,7	64,3	61,6	59,0	56,2	53,3
Ost	-90°	86,5	86,4	86,0	85,3	84,4	83,3	82,1	80,7	79,2	77,5	75,6	73,6	71,4	69,0	66,6	63,9	61,2	58,4	55,3
Ost	-85°	86,5	86,7	86,6	86,2	85,6	84,7	83,8	82,6	81,2	79,6	77,9	75,9	73,7	71,3	68,8	66,1	63,2	60,3	57,3
Ost	-80°	86,5	87,1	87,3	87,1	86,7	86,2	85,4	84,4	83,1	81,7	79,9	78,1	75,9	73,5	71,0	68,2	65,3	62,1	59,0
Südost	-75°	86,5	87,4	87,9	88,0	87,9	87,6	87,0	86,1	85,0	83,7	82,0	80,1	78,0	75,6	72,9	70,2	67,3	63,9	60,6
Südost	-70°	86,5	87,7	88,4	88,9	89,0	88,9	88,4	87,9	86,8	85,6	84,0	82,1	80,0	77,6	74,9	72,0	69,0	65,7	62,1
Südost	-65°	86,5	88,0	89,0	89,7	90,1	90,2	89,9	89,4	88,5	87,3	85,9	84,0	81,9	79,6	76,8	73,7	70,6	67,3	63,6
Südost	-60°	86,5	88,3	89,6	90,5	91,1	91,4	91,3	91,0	90,1	89,0	87,6	85,9	83,6	81,2	78,5	75,5	72,1	68,7	65,0
Südost	-55°	86,5	88,5	90,1	91,3	92,1	92,6	92,7	92,4	91,7	90,7	89,3	87,6	85,3	82,7	80,1	77,0	73,6	69,9	66,2
Südost	-50°	86,5	88,7	90,5	92,0	93,0	93,6	93,9	93,7	93,2	92,1	90,7	89,0	87,0	84,4	81,4	78,4	74,9	71,2	67,3
Südost	-45°	86,5	89,0	91,0	92,6	93,8	94,6	95,0	94,9	94,4	93,6	92,1	90,4	88,3	85,8	82,8	79,6	76,1	72,2	68,1
Südost	-40°	86,5	89,2	91,4	93,2	94,5	95,5	96,0	96,0	95,6	94,7	93,5	91,6	89,4	87,0	84,0	80,7	77,0	73,1	69,0
Süd	-35°	86,5	89,4	91,8	93,7	95,3	96,2	96,9	97,0	96,6	95,8	94,6	92,8	90,6	87,9	85,0	81,6	77,9	73,9	69,6
Süd	-30°	86,5	89,6	92,1	94,1	95,8	97,0	97,6	97,9	97,5	96,7	95,5	93,8	91,6	88,9	85,8	82,4	78,6	74,4	70,1
Süd	-25°	86,5	89,7	92,4	94,6	96,3	97,6	98,3	98,6	98,3	97,5	96,1	94,4	92,3	89,6	86,5	83,0	79,1	74,9	70,4
Süd	-20°	86,5	89,8	92,6	94,9	96,7	98,0	98,8	99,1	98,9	98,1	96,9	95,0	92,8	90,1	87,0	83,5	79,5	75,2	70,6
Süd	-15°	86,5	89,9	92,7	95,1	97,0	98,4	99,2	99,5	99,3	98,7	97,4	95,6	93,3	90,5	87,3	83,7	79,7	75,3	70,7
Süd	-10°	86,5	89,9	92,8	95,3	97,2	98,6	99,5	99,8	99,6	98,9	97,6	95,9	93,6	90,8	87,6	83,9	79,9	75,5	70,7
Süd	-5°	86,5	90,0	92,9	95,3	97,3	98,7	99,6	100,0	99,8	99,0	97,7	96,0	93,7	91,0	87,7	84,0	79,9	75,5	70,7
Süd	0°	86,5	90,0	92,9	95,3	97,3	98,7	99,6	100,0	100,0	99,0	97,8	96,0	93,7	90,9	87,6	83,9	79,9	75,3	70,6
Süd	5°	86,5	90,0	92,9	95,3	97,3	98,7	99,6	100,0	100,0	99,0	97,7	96,0	93,7	91,0	87,7	84,0	79,9	75,5	70,7
Süd	10°	86,5	89,9	92,8	95,3	97,2	98,6	99,5	99,8	99,6	98,9	97,6	95,9	93,6	90,8	87,6	83,9	79,9	75,5	70,7
Süd	15°	86,5	89,9	92,7	95,1	97,0	98,4	99,2	99,5	99,3	98,7	97,4	95,6	93,3	90,5	87,3	83,7	79,7	75,3	70,7
Süd	20°	86,5	89,8	92,6	94,9	96,7	98,0	98,8	99,1	98,9	98,1	96,9	95,0	92,8	90,1	87,0	83,5	79,5	75,2	70,6
Südwest	25°	86,5	89,7	92,4	94,6	96,3	97,6	98,3	98,6	98,3	97,5	96,1	94,4	92,3	89,6	86,5	83,0	79,1	74,9	70,4
Südwest	30°	86,5	89,6	92,1	94,1	95,8	97,0	97,6	97,9	97,5	96,7	95,5	93,8	91,6	88,9	85,8	82,4	78,6	74,4	70,1
Südwest	35°	86,5	89,4	91,8	93,7	95,3	96,2	96,9	97,0	96,6	95,8	94,6	92,8	90,6	87,9	85,0	81,6	77,9	73,9	69,6
Südwest	40°	86,5	89,2	91,4	93,2	94,5	95,5	96,0	96,0	95,6	94,7	93,5	91,6	89,4	87,0	84,0	80,7	77,0	73,1	69,0
Südwest	45°	86,5	89,0	91,0	92,6	93,8	94,6	95,0	94,9	94,4	93,6	92,1	90,4	88,3	85,8	82,8	79,6	76,1	72,2	68,1
Südwest	50°	86,5	88,7	90,5	92,0	93,0	93,6	93,9	93,7	93,2	92,1	90,7	89,0	87,0	84,4	81,4	78,4	74,9	71,2	67,3
Südwest	55°	86,5	88,5	90,1	91,3	92,1	92,6	92,7	92,4	91,7	90,7	89,3	87,6	85,3	82,7	80,1	77,0	73,6	69,9	66,2
Südwest	60°	86,5	88,3	89,6	90,5	91,1	91,4	91,3	91,0	90,1	89,0	87,6	85,9	83,6	81,2	78,5	75,5	72,1	68,7	65,0
Südwest	65°	86,5	88,0	89,0	89,7	90,1	90,2	89,9	89,4	88,5	87,3	85,9	84,0	81,9	79,6	76,8	73,7	70,6	67,3	63,6
West	70°	86,5	87,7	88,4	88,9	89,0	88,9	88,4	87,9	86,8	85,6	84,0	82,1	80,0	77,6	74,9	72,0	69,0	65,7	62,1
West	75°	86,5	87,4	87,9	88,0	87,9	87,6	87,0	86,1	85,0	83,7	82,0	80,1	78,0	75,6	72,9	70,2	67,3	63,9	60,6
West	80°	86,5	87,1	87,3	87,1	86,7	86,2	85,4	84,4	83,1	81,7	79,9	78,1	75,9	73,5	71,0	68,2	65,3	62,1	59,0
West	85°	86,5	86,7	86,6	86,2	85,6	84,7	83,8	82,6	81,2	79,6	77,9	75,9	73,7	71,3	68,8	66,1	63,2	60,3	57,3
West	90°	86,5	86,4	86,0	85,3	84,4	83,3	82,1	80,7	79,2	77,5	75,6	73,6	71,4	69,0	66,6	63,9	61,2	58,4	55,3
West	95°	86,5	86,1	85,3	84,4	83,1	81,9	80,4	78,8	77,1	75,3	73,3	71,3	69,0	66,7	64,3	61,6	59,0	56,2	53,3
West	100°	86,5	85,9	84,7	83,4	81,9	80,3	78,6	76,8	75,0	73,0	71,0	68,9	66,7	64,4	61,9	59,3	56,8	54,1	51,3
West	105°	86,5	85,5	84,1	82,4	80,7	78,8	76,9	74,9	72,8	70,8	68,7	66,5	64,2	61,9	59,5	57,0	54,5	51,9	49,3
West	110°	86,5	85,2	83,5	81,6	79,5	77,3	75,1	72,9	70,7	68,5	66,3	64,0	61,8	59,5	57,0	54,7	52,1	49,7	47,3
Nordwest	115°	86,5	84,9	82,9	80,7	78,3	75,9	73,3	71,0	68,5	66,2	63,9	61,6	59,3	57,0	54,6	52,3	49,9	47,6	45,2
Nordwest	120°	80,5	04,0	02,3	79,8	77,1	74,4	71,6	69,0	66,4	63,9	61,5	59,1	56,8	54,5	52,2	50,0	47,7	45,5	43,1
Nordwest	125°	86,5	84,4	81,8	79,0	76,0	73,0	70,0	67,0	64,3	61,6	59,1	56,7	54,4	52,1	49,9	47,7	45,5	43,3	41,3
Nordwest	130°	86,5	84,1	81,2	78,1	74,9	71,6	68,4	65,3	62,2	59,5	56,8	54,4	52,0	49,8	47,6	45,5	43,5	41,4	39,4
Nordwest	135°	86,5	83,9	80,7	77,4	73,9	70,4	66,9	63,5	60,3	57,3	54,6	52,1	49,8	47,6	45,5	43,4	41,4	39,5	37,6
Nordwest	140°	86,5	83,6	80,3	76,7	73,0	69,2	65,5	61,9	58,5	55,3	52,5	49,9	47,6	45,4	43,4	41,5	39,6	37,8	36,0
Nordwest	145°	86,5	83,4	79,9	76,1	72,1	68,1	64,2	60,5	56,9	53,6	50,6	47,9	45,6	43,4	41,5	39,6	37,9	36,1	34,5
Nordwest	150°	86,5	83,3	79,5	75,5	71,4	67,3	63,3	59,3	55,6	52,1	48,8	46,1	43,6	41,6	39,6	37,9	36,3	34,7	33,1
Nordwest	155°	86,5	83,0	79,2	75,0	70,7	66,4	62,4	58,4	54,5	50,8	47,4	44,4	41,9	39,9	38,0	36,4	34,8	33,3	31,9
Nord	160°	86,5	83,0	78,9	74,6	70,1	65,9	61,7	57,6	53,6	49,9	46,3	43,1	40,4	38,3	36,5	35,0	33,5	32,1	30,8
Nord	165°	86,5	82,8	78,7	74,3	69,7	65,4	61,2	57,0	53,0	49,1	45,5	42,1	39,3	37,0	35,3	33,9	32,4	31,2	29,9
Nord	170°	86,5	82,7	78,5	74,0	69,4	65,0	60,8	56,6	52,5	48,6	44,9	41,5	38,5	36,1	34,4	33,0	31,6	30,4	29,3
Nord	175°	86,5	82,7	78,4	73,9	69,3	64,9	60,6	56,4	52,2	48,3	44,5	41,1	38,1	35,6	33,9	32,4	31,2	29,9	28,8
Nord	180°	86,5	82,7	78,4	73,8	69,2	64,8	60,5	56,3	52,1	48,1	44,4	41,0	37,9	35,5	33,7	32,3	31,0	29,8	28,7

Neigungswinkel β — Azimuth α

13.1.3　Standort Bern

	Azimuth α	Neigungswinkel β																		
		0°	5°	10°	15°	20°	25°	30°	35°	40°	45°	50°	55°	60°	65°	70°	75°	80°	85°	90°
Nord	-180°	89,0	85,5	81,5	77,2	72,7	68,3	64,0	59,8	55,6	51,5	47,6	44,1	40,7	37,9	35,8	34,1	32,7	31,4	30,2
	-175°	89,0	85,5	81,5	77,2	72,7	68,4	64,0	59,8	55,6	51,6	47,8	44,1	40,8	38,0	35,9	34,3	32,9	31,5	30,3
	-170°	89,0	85,5	81,6	77,4	72,9	68,5	64,2	60,0	55,9	51,9	48,1	44,5	41,2	38,5	36,4	34,8	33,3	31,9	30,7
	-165°	89,0	85,6	81,8	77,5	73,1	68,8	64,5	60,3	56,2	52,3	48,6	45,0	41,9	39,3	37,3	35,7	34,1	32,7	31,3
	-160°	89,0	85,7	81,9	77,8	73,5	69,2	65,0	60,9	56,9	53,0	49,4	46,0	42,9	40,6	38,6	36,8	35,2	33,7	32,2
	-155°	89,0	85,8	82,1	78,2	74,0	69,7	65,6	61,6	57,7	53,9	50,3	47,1	44,4	42,1	40,0	38,2	36,5	34,9	33,3
Nordost	-150°	89,0	85,9	82,4	78,6	74,6	70,5	66,4	62,5	58,7	55,0	51,6	48,6	46,1	43,8	41,7	39,8	38,0	36,3	34,6
	-145°	89,0	86,1	82,7	79,1	75,2	71,2	67,4	63,5	59,9	56,4	53,3	50,5	47,9	45,6	43,5	41,5	39,6	37,8	36,0
	-140°	89,0	86,3	83,1	79,6	75,9	72,2	68,4	64,8	61,3	58,1	55,1	52,4	49,9	47,6	45,4	43,3	41,3	39,4	37,5
	-135°	89,0	86,4	83,5	80,2	76,8	73,3	69,7	66,2	63,0	60,0	57,1	54,4	52,0	49,6	47,4	45,2	43,1	41,0	39,1
	-130°	89,0	86,7	84,0	80,8	77,7	74,3	71,1	67,8	64,8	61,9	59,1	56,5	54,1	51,8	49,4	47,2	45,0	42,8	40,7
	-125°	89,0	86,9	84,4	81,6	78,7	75,5	72,5	69,6	66,7	63,9	61,3	58,7	56,3	53,9	51,6	49,3	47,0	44,7	42,5
	-120°	89,0	87,1	84,9	82,4	79,6	76,8	74,0	71,3	68,6	66,0	63,4	61,0	58,6	56,2	53,8	51,4	49,0	46,6	44,2
	-115°	89,0	87,4	85,4	83,1	80,7	78,2	75,6	73,1	70,6	68,1	65,7	63,2	60,9	58,4	56,0	53,6	51,1	48,6	46,1
	-110°	89,0	87,7	85,9	84,0	81,8	79,5	77,2	74,9	72,5	70,2	67,9	65,5	63,1	60,7	58,3	55,7	53,1	50,6	48,0
	-105°	89,0	88,0	86,4	84,8	82,9	80,8	78,8	76,7	74,5	72,3	70,1	67,8	65,4	63,0	60,5	57,9	55,3	52,6	49,9
	-100°	89,0	88,3	87,1	85,6	84,0	82,2	80,4	78,5	76,5	74,4	72,2	69,9	67,6	65,2	62,7	60,1	57,3	54,5	51,8
Ost	-95°	89,0	88,5	87,6	86,4	85,1	83,6	82,0	80,2	78,4	76,4	74,3	72,1	69,8	67,4	64,8	62,1	59,3	56,4	53,5
	-90°	89,0	88,8	88,2	87,3	86,2	84,9	83,6	82,0	80,3	78,4	76,4	74,3	71,9	69,5	66,8	64,1	61,3	58,3	55,2
	-85°	89,0	89,1	88,8	88,2	87,4	86,3	85,2	83,7	82,1	80,4	78,4	76,3	74,0	71,5	68,9	66,0	63,1	60,1	56,9
	-80°	89,0	89,4	89,3	89,0	88,4	87,6	86,6	85,4	84,0	82,3	80,4	78,3	75,9	73,4	70,9	67,9	64,8	61,8	58,5
	-75°	89,0	89,6	89,9	89,8	89,5	88,9	88,1	87,0	85,7	84,1	82,2	80,2	77,9	75,2	72,7	69,7	66,5	63,3	60,0
	-70°	89,0	89,9	90,5	90,6	90,5	90,1	89,5	88,6	87,3	85,8	84,0	82,0	79,7	77,1	74,3	71,4	68,2	64,7	61,3
	-65°	89,0	90,2	91,0	91,4	91,5	91,3	90,8	90,0	88,9	87,5	85,7	83,6	81,5	78,8	75,9	72,9	69,6	66,2	62,5
	-60°	89,0	90,5	91,4	92,1	92,4	92,4	92,1	91,4	90,4	89,0	87,4	85,2	83,0	80,5	77,5	74,3	71,0	67,4	63,7
Südost	-55°	89,0	90,7	92,0	92,8	93,3	93,5	93,3	92,7	91,7	90,5	88,9	86,8	84,4	81,8	79,0	75,6	72,1	68,5	64,7
	-50°	89,0	90,9	92,4	93,5	94,2	94,5	94,4	93,9	93,0	91,7	90,2	88,3	85,8	83,1	80,2	76,9	73,3	69,5	65,6
	-45°	89,0	91,1	92,8	94,1	94,9	95,4	95,4	95,1	94,3	93,0	91,4	89,6	87,1	84,3	81,2	78,0	74,3	70,4	66,3
	-40°	89,0	91,4	93,2	94,6	95,6	96,2	96,4	96,1	95,4	94,2	92,5	90,6	88,3	85,5	82,3	78,9	75,2	71,2	66,9
	-35°	89,0	91,5	93,6	95,2	96,3	97,0	97,2	97,0	96,4	95,2	93,6	91,5	89,2	86,4	83,3	79,6	75,9	71,8	67,4
	-30°	89,0	91,7	93,9	95,5	96,8	97,7	98,0	97,7	97,1	96,1	94,5	92,5	90,0	87,1	84,0	80,4	76,4	72,2	67,8
	-25°	89,0	91,8	94,1	95,9	97,3	98,2	98,6	98,5	97,8	96,7	95,2	93,3	90,8	87,8	84,6	80,8	76,8	72,5	68,1
	-20°	89,0	91,9	94,3	96,3	97,7	98,6	99,1	99,0	98,5	97,4	95,8	93,8	91,4	88,4	85,0	81,3	77,2	72,8	68,1
	-15°	89,0	92,0	94,5	96,5	98,0	99,0	99,5	99,5	98,9	97,9	96,3	94,2	91,7	88,8	85,4	81,6	77,4	73,0	68,2
	-10°	89,0	92,1	94,6	96,7	98,2	99,2	99,8	99,8	99,3	98,3	96,7	94,6	92,0	89,0	85,5	81,8	77,5	73,0	68,2
	-5°	89,0	92,1	94,7	96,7	98,3	99,4	99,9	99,9	99,4	98,4	96,8	94,8	92,2	89,2	85,7	81,8	77,6	73,1	68,1
Süd	0°	89,0	92,1	94,7	96,8	98,4	99,5	100,0	100,0	99,5	98,3	96,8	94,8	92,3	89,3	85,8	81,9	77,6	73,1	68,1
	5°	89,0	92,1	94,7	96,7	98,3	99,4	99,9	99,9	99,4	98,4	96,8	94,8	92,2	89,2	85,7	81,8	77,6	73,1	68,1
	10°	89,0	92,1	94,6	96,7	98,2	99,2	99,8	99,8	99,3	98,3	96,7	94,6	92,0	89,0	85,5	81,8	77,5	73,0	68,2
	15°	89,0	92,0	94,5	96,5	98,0	99,0	99,5	99,5	98,9	97,9	96,3	94,2	91,7	88,8	85,4	81,6	77,4	73,0	68,2
	20°	89,0	91,9	94,3	96,3	97,7	98,6	99,1	99,0	98,5	97,4	95,8	93,8	91,4	88,4	85,0	81,3	77,2	72,8	68,1
	25°	89,0	91,8	94,1	95,9	97,3	98,2	98,6	98,5	97,8	96,7	95,2	93,3	90,8	87,8	84,6	80,8	76,8	72,5	68,1
	30°	89,0	91,7	93,9	95,5	96,8	97,7	98,0	97,7	97,1	96,1	94,5	92,5	90,0	87,1	84,0	80,4	76,4	72,2	67,8
Südwest	35°	89,0	91,5	93,6	95,2	96,3	97,0	97,2	97,0	96,4	95,2	93,6	91,5	89,2	86,4	83,3	79,6	75,9	71,8	67,4
	40°	89,0	91,4	93,2	94,6	95,6	96,2	96,4	96,1	95,4	94,2	92,5	90,6	88,3	85,5	82,3	78,9	75,2	71,2	66,9
	45°	89,0	91,1	92,8	94,1	94,9	95,4	95,4	95,1	94,3	93,0	91,4	89,6	87,1	84,3	81,2	78,0	74,3	70,4	66,3
	50°	89,0	90,9	92,4	93,5	94,2	94,5	94,4	93,9	93,0	91,7	90,2	88,3	85,8	83,1	80,2	76,9	73,3	69,5	65,6
	55°	89,0	90,7	92,0	92,8	93,3	93,5	93,3	92,7	91,7	90,5	88,9	86,8	84,4	81,8	79,0	75,6	72,1	68,5	64,7
	60°	89,0	90,5	91,4	92,1	92,4	92,4	92,1	91,4	90,4	89,0	87,4	85,2	83,0	80,5	77,5	74,3	71,0	67,4	63,7
	65°	89,0	90,2	91,0	91,4	91,5	91,3	90,8	90,0	88,9	87,5	85,7	83,6	81,5	78,8	75,9	72,9	69,6	66,2	62,5
	70°	89,0	89,9	90,5	90,6	90,5	90,1	89,5	88,6	87,3	85,8	84,0	82,0	79,7	77,1	74,3	71,4	68,2	64,7	61,3
	75°	89,0	89,6	89,9	89,8	89,5	88,9	88,1	87,0	85,7	84,1	82,2	80,2	77,9	75,2	72,7	69,7	66,5	63,3	60,0
	80°	89,0	89,4	89,3	89,0	88,4	87,6	86,6	85,4	84,0	82,3	80,4	78,3	75,9	73,4	70,9	67,9	64,8	61,8	58,5
West	85°	89,0	89,1	88,8	88,2	87,4	86,3	85,2	83,7	82,1	80,4	78,4	76,3	74,0	71,5	68,9	66,0	63,1	60,1	56,9
	90°	89,0	88,8	88,2	87,3	86,2	84,9	83,6	82,0	80,3	78,4	76,4	74,3	71,9	69,5	66,8	64,1	61,3	58,3	55,2
	95°	89,0	88,5	87,6	86,4	85,1	83,6	82,0	80,2	78,4	76,4	74,3	72,1	69,8	67,4	64,8	62,1	59,3	56,4	53,5
	100°	89,0	88,3	87,1	85,6	84,0	82,2	80,4	78,5	76,5	74,4	72,2	69,9	67,6	65,2	62,7	60,1	57,3	54,5	51,8
	105°	89,0	88,0	86,4	84,8	82,9	80,8	78,8	76,7	74,5	72,3	70,1	67,8	65,4	63,0	60,5	57,9	55,3	52,6	49,9
	110°	89,0	87,7	85,9	84,0	81,8	79,5	77,2	74,9	72,5	70,2	67,9	65,5	63,1	60,7	58,3	55,7	53,1	50,6	48,0
	115°	89,0	87,4	85,4	83,1	80,7	78,2	75,6	73,1	70,6	68,1	65,7	63,2	60,9	58,4	56,0	53,6	51,1	48,6	46,1
	120°	89,0	87,1	84,9	82,4	79,6	76,8	74,0	71,3	68,6	66,0	63,4	61,0	58,6	56,2	53,8	51,4	49,0	46,6	44,2
	125°	89,0	86,9	84,4	81,6	78,7	75,5	72,5	69,6	66,7	63,9	61,3	58,7	56,3	53,9	51,6	49,3	47,0	44,7	42,5
	130°	89,0	86,7	84,0	80,8	77,7	74,3	71,1	67,8	64,8	61,9	59,1	56,5	54,1	51,8	49,4	47,2	45,0	42,8	40,7
Nordwest	135°	89,0	86,4	83,5	80,2	76,8	73,3	69,7	66,2	63,0	60,0	57,1	54,4	52,0	49,6	47,4	45,2	43,1	41,0	39,1
	140°	89,0	86,3	83,1	79,6	75,9	72,2	68,4	64,8	61,3	58,1	55,1	52,4	49,9	47,6	45,4	43,3	41,3	39,4	37,5
	145°	89,0	86,1	82,7	79,1	75,2	71,2	67,4	63,5	59,9	56,4	53,3	50,5	47,9	45,6	43,5	41,5	39,6	37,8	36,0
	150°	89,0	85,9	82,4	78,6	74,6	70,5	66,4	62,5	58,7	55,0	51,6	48,6	46,1	43,8	41,7	39,8	38,0	36,3	34,6
	155°	89,0	85,8	82,1	78,2	74,0	69,7	65,6	61,6	57,7	53,9	50,3	47,1	44,4	42,1	40,0	38,2	36,5	34,9	33,3
	160°	89,0	85,7	81,9	77,8	73,5	69,2	65,0	60,9	56,9	53,0	49,4	46,0	42,9	40,6	38,6	36,8	35,2	33,7	32,2
	165°	89,0	85,6	81,8	77,5	73,1	68,8	64,5	60,3	56,2	52,3	48,6	45,0	41,9	39,3	37,3	35,7	34,1	32,7	31,3
Nord	170°	89,0	85,5	81,6	77,4	72,9	68,5	64,2	60,0	55,9	51,9	48,1	44,5	41,2	38,5	36,4	34,8	33,3	31,9	30,7
	175°	89,0	85,5	81,5	77,2	72,7	68,4	64,0	59,8	55,6	51,6	47,8	44,1	40,8	38,0	35,9	34,3	32,9	31,5	30,3
	180°	89,0	85,5	81,5	77,2	72,7	68,3	64,0	59,8	55,6	51,5	47,6	44,1	40,7	37,9	35,8	34,1	32,7	31,4	30,2

13.1.4 Standort Wien

Richtung	Azimuth α \ β	0°	5°	10°	15°	20°	25°	30°	35°	40°	45°	50°	55°	60°	65°	70°	75°	80°	85°	90°
Nord	-180°	93,7	90,8	87,3	83,4	79,1	74,3	69,3	64,1	59,1	54,4	49,9	45,6	41,5	37,7	34,2	31,0	28,3	26,3	25,1
	-175°	93,7	90,8	87,4	83,4	79,1	74,4	69,4	64,2	59,3	54,6	50,0	45,7	41,6	37,8	34,3	31,1	28,4	26,5	25,2
	-170°	93,7	90,8	87,4	83,6	79,3	74,6	69,7	64,6	59,6	54,9	50,4	46,1	42,0	38,2	34,6	31,5	28,9	27,0	25,8
	-165°	93,7	90,9	87,5	83,7	79,6	75,0	70,1	65,1	60,1	55,4	50,9	46,7	42,6	38,8	35,3	32,3	29,8	28,0	26,6
	-160°	93,7	91,0	87,7	84,0	79,9	75,4	70,7	65,8	60,9	56,2	51,7	47,5	43,4	39,7	36,3	33,3	31,1	29,2	27,7
Nordost	-155°	93,7	91,1	87,9	84,3	80,3	76,0	71,4	66,7	61,9	57,2	52,7	48,5	44,6	40,9	37,6	34,9	32,6	30,7	29,0
	-150°	93,7	91,2	88,1	84,6	80,8	76,6	72,2	67,6	63,0	58,4	54,0	49,9	46,0	42,5	39,4	36,6	34,3	32,3	30,5
	-145°	93,7	91,3	88,4	85,0	81,4	77,3	73,1	68,7	64,3	59,9	55,6	51,6	47,8	44,4	41,3	38,5	36,1	33,9	32,0
	-140°	93,7	91,4	88,7	85,5	82,0	78,1	74,1	69,9	65,7	61,5	57,4	53,5	49,9	46,5	43,4	40,6	38,0	35,7	33,6
	-135°	93,7	91,6	89,0	86,0	82,7	79,0	75,2	71,2	67,1	63,2	59,3	55,5	52,0	48,7	45,6	42,7	40,0	37,6	35,4
	-130°	93,7	91,8	89,4	86,5	83,4	80,0	76,3	72,5	68,7	65,0	61,2	57,6	54,1	50,9	47,8	44,9	42,1	39,6	37,2
	-125°	93,7	92,0	89,7	87,1	84,1	81,0	77,5	74,0	70,4	66,8	63,2	59,7	56,3	53,1	50,0	47,1	44,3	41,6	39,1
	-120°	93,7	92,2	90,1	87,7	85,0	82,0	78,8	75,5	72,1	68,6	65,2	61,9	58,6	55,3	52,2	49,3	46,4	43,6	41,0
	-115°	93,7	92,4	90,6	88,4	85,8	83,1	80,1	77,0	73,8	70,5	67,2	64,0	60,8	57,6	54,4	51,4	48,5	45,6	42,8
	-110°	93,7	92,6	91,0	89,0	86,7	84,1	81,4	78,5	75,5	72,3	69,2	66,1	62,9	59,7	56,6	53,5	50,5	47,6	44,7
Ost	-105°	93,7	92,8	91,5	89,7	87,6	84,8	82,7	80,0	77,2	74,2	71,2	68,1	65,0	61,8	58,7	55,6	52,4	49,5	46,4
	-100°	93,7	93,0	91,9	90,4	88,5	86,4	84,0	81,5	78,8	76,0	73,0	70,0	67,0	63,8	60,7	57,5	54,3	51,2	48,1
	-95°	93,7	93,3	92,4	91,1	89,4	87,5	84,8	83,0	80,4	77,7	74,9	71,9	68,9	65,8	62,5	59,4	56,1	52,9	49,8
	-90°	93,7	93,5	92,8	91,7	90,3	88,6	86,6	84,4	82,0	79,4	76,6	73,7	70,7	67,5	64,3	61,1	57,8	54,3	51,2
	-85°	93,7	93,7	93,3	92,4	91,2	89,7	87,8	85,8	83,4	81,0	78,3	75,4	72,4	69,3	65,9	62,8	59,3	55,7	52,4
	-80°	93,7	94,0	93,7	93,1	92,1	90,7	89,0	87,1	84,9	82,5	79,9	77,0	74,0	70,9	67,4	64,2	60,8	57,1	53,6
	-75°	93,7	94,2	94,2	93,7	92,9	91,7	90,2	88,4	86,3	83,9	81,4	78,5	75,5	72,4	68,9	65,5	62,0	58,3	54,6
	-70°	93,7	94,4	94,6	94,4	93,7	92,7	91,3	89,7	87,6	85,2	82,8	79,9	76,8	73,7	70,3	66,6	63,1	59,3	55,5
Südost	-65°	93,7	94,6	95,0	95,0	94,5	93,7	92,4	90,8	88,9	86,5	84,1	81,3	78,1	74,9	71,4	67,7	64,0	60,2	56,2
	-60°	93,7	94,8	95,4	95,6	95,3	94,6	93,4	91,9	90,0	87,7	85,2	82,5	79,3	75,9	72,4	68,6	64,8	60,9	56,8
	-55°	93,7	95,0	95,8	96,1	96,0	95,4	94,3	92,9	91,2	88,9	86,3	83,5	80,4	76,9	73,3	69,4	65,5	61,4	57,2
	-50°	93,7	95,2	96,2	96,6	96,6	96,2	95,2	93,8	92,1	90,0	87,3	84,5	81,3	77,8	74,0	70,1	66,0	61,8	57,5
	-45°	93,7	95,4	96,5	97,1	97,2	96,9	96,0	94,7	93,0	90,9	88,3	85,3	82,2	78,6	74,7	70,7	66,4	62,1	57,7
	-40°	93,7	95,5	96,8	97,5	97,8	97,5	96,8	95,5	93,8	91,7	89,1	86,1	82,9	79,2	75,3	71,1	66,7	62,3	57,7
	-35°	93,7	95,7	97,1	97,9	98,3	98,1	97,5	96,2	94,5	92,4	89,9	86,8	83,4	79,8	75,7	71,4	66,9	62,3	57,6
	-30°	93,7	95,8	97,3	98,3	98,7	98,6	98,0	96,9	95,2	93,0	90,5	87,5	84,0	80,2	76,1	71,7	67,1	62,3	57,5
	-25°	93,7	95,9	97,5	98,6	99,1	99,0	98,5	97,4	95,8	93,6	91,0	87,9	84,4	80,6	76,4	71,9	67,1	62,2	57,2
	-20°	93,7	96,0	97,7	98,8	99,4	99,4	98,8	97,8	96,2	94,1	91,4	88,3	84,8	80,9	76,5	71,9	67,0	62,0	56,8
Süd	-15°	93,7	96,0	97,8	99,0	99,6	99,7	99,2	98,1	96,5	94,4	91,7	88,6	85,0	81,0	76,6	71,9	66,9	61,7	56,4
	-10°	93,7	96,1	97,9	99,1	99,8	99,9	99,4	98,3	96,7	94,6	91,9	88,8	85,1	81,1	76,6	71,8	66,7	61,4	56,0
	-5°	93,7	96,1	97,9	99,2	99,9	100,0	99,5	98,5	96,8	94,7	92,0	88,8	85,1	81,1	76,6	71,7	66,6	61,2	55,7
	0°	93,7	96,1	97,9	99,2	99,9	100,0	99,5	98,5	96,8	94,6	91,9	88,8	85,1	81,0	76,5	71,6	66,5	61,0	55,5
	5°	93,7	96,1	97,9	99,2	99,9	100,0	99,5	98,5	96,8	94,7	92,0	88,8	85,1	81,1	76,6	71,7	66,6	61,2	55,7
	10°	93,7	96,1	97,9	99,1	99,8	99,9	99,4	98,3	96,7	94,6	91,9	88,8	85,1	81,1	76,6	71,8	66,7	61,4	56,0
	15°	93,7	96,0	97,8	99,0	99,6	99,7	99,2	98,1	96,5	94,4	91,7	88,6	85,0	81,0	76,6	71,9	66,9	61,7	56,4
	20°	93,7	96,0	97,7	98,8	99,4	99,4	98,8	97,8	96,2	94,1	91,4	88,3	84,8	80,9	76,5	71,9	67,0	62,0	56,8
	25°	93,7	95,9	97,5	98,6	99,1	99,0	98,5	97,4	95,8	93,6	91,0	87,9	84,4	80,6	76,4	71,9	67,1	62,2	57,2
Südwest	30°	93,7	95,8	97,3	98,3	98,7	98,6	98,0	96,9	95,2	93,0	90,5	87,5	84,0	80,2	76,1	71,7	67,1	62,3	57,5
	35°	93,7	95,7	97,1	97,9	98,3	98,1	97,5	96,2	94,5	92,4	89,9	86,8	83,4	79,8	75,7	71,4	66,9	62,3	57,6
	40°	93,7	95,5	96,8	97,5	97,8	97,5	96,8	95,5	93,8	91,7	89,1	86,1	82,9	79,2	75,3	71,1	66,7	62,3	57,7
	45°	93,7	95,4	96,5	97,1	97,2	96,9	96,0	94,7	93,0	90,9	88,3	85,3	82,2	78,6	74,7	70,7	66,4	62,1	57,7
	50°	93,7	95,2	96,2	96,6	96,6	96,2	95,2	93,8	92,1	90,0	87,3	84,5	81,3	77,8	74,0	70,1	66,0	61,8	57,5
	55°	93,7	95,0	95,8	96,1	96,0	95,4	94,3	92,9	91,2	88,9	86,3	83,5	80,4	76,9	73,3	69,4	65,5	61,4	57,2
	60°	93,7	94,8	95,4	95,6	95,3	94,6	93,4	91,9	90,0	87,7	85,2	82,5	79,3	75,9	72,4	68,6	64,8	60,9	56,8
	65°	93,7	94,6	95,0	95,0	94,5	93,7	92,4	90,8	88,9	86,5	84,1	81,3	78,1	74,9	71,4	67,7	64,0	60,2	56,2
	70°	93,7	94,4	94,6	94,4	93,7	92,7	91,3	89,7	87,6	85,2	82,8	79,9	76,8	73,7	70,3	66,6	63,1	59,3	55,5
West	75°	93,7	94,2	94,2	93,7	92,9	91,7	90,2	88,4	86,3	83,9	81,4	78,5	75,5	72,4	68,9	65,5	62,0	58,3	54,6
	80°	93,7	94,0	93,7	93,1	92,1	90,7	89,0	87,1	84,9	82,5	79,9	77,0	74,0	70,9	67,4	64,2	60,8	57,1	53,6
	85°	93,7	93,7	93,3	92,4	91,2	89,7	87,8	85,8	83,4	81,0	78,3	75,4	72,4	69,3	65,9	62,8	59,3	55,7	52,4
	90°	93,7	93,5	92,8	91,7	90,3	88,6	86,6	84,4	82,0	79,4	76,6	73,7	70,7	67,5	64,3	61,1	57,8	54,3	51,2
	95°	93,7	93,3	92,4	91,1	89,4	87,5	84,8	83,0	80,4	77,7	74,9	71,9	68,9	65,8	62,5	59,4	56,1	52,9	49,8
	100°	93,7	93,0	91,9	90,4	88,5	86,4	84,0	81,5	78,8	76,0	73,0	70,0	67,0	63,8	60,7	57,5	54,3	51,2	48,1
	105°	93,7	92,8	91,5	89,7	87,6	84,8	82,7	80,0	77,2	74,2	71,2	68,1	65,0	61,8	58,7	55,6	52,4	49,5	46,4
	110°	93,7	92,6	91,0	89,0	86,7	84,1	81,4	78,5	75,5	72,3	69,2	66,1	62,9	59,7	56,6	53,5	50,5	47,6	44,7
	115°	93,7	92,4	90,6	88,4	85,8	83,1	80,1	77,0	73,8	70,5	67,2	64,0	60,8	57,6	54,4	51,4	48,5	45,6	42,8
	120°	93,7	92,2	90,1	87,7	85,0	02,0	70,0	75,5	72,1	68,6	65,2	61,9	58,6	55,3	52,2	49,3	46,4	43,6	41,0
Nordwest	125°	93,7	92,0	89,7	87,1	84,1	81,0	77,5	74,0	70,4	66,8	63,2	59,7	56,3	53,1	50,0	47,1	44,3	41,6	39,1
	130°	93,7	91,8	89,4	86,5	83,4	80,0	76,3	72,5	68,7	65,0	61,2	57,6	54,1	50,9	47,8	44,9	42,1	39,6	37,2
	135°	93,7	91,6	89,0	86,0	82,7	79,0	75,2	71,2	67,1	63,2	59,3	55,5	52,0	48,7	45,6	42,7	40,0	37,6	35,4
	140°	93,7	91,4	88,7	85,5	82,0	78,1	74,1	69,9	65,7	61,5	57,4	53,5	49,9	46,5	43,4	40,6	38,0	35,7	33,6
	145°	93,7	91,3	88,4	85,0	81,4	77,3	73,1	68,7	64,3	59,9	55,6	51,6	47,8	44,4	41,3	38,5	36,1	33,9	32,0
	150°	93,7	91,2	88,1	84,6	80,8	76,6	72,2	67,6	63,0	58,4	54,0	49,9	46,0	42,5	39,4	36,6	34,3	32,3	30,5
	155°	93,7	91,1	87,9	84,3	80,3	76,0	71,4	66,7	61,9	57,2	52,7	48,5	44,6	40,9	37,6	34,9	32,6	30,7	29,0
	160°	93,7	91,0	87,7	84,0	79,9	75,4	70,7	65,8	60,9	56,2	51,7	47,5	43,4	39,7	36,3	33,3	31,1	29,2	27,7
	165°	93,7	90,9	87,5	83,7	79,6	75,0	70,1	65,1	60,1	55,4	50,9	46,7	42,6	38,8	35,3	32,3	29,8	28,0	26,6
Nord	170°	93,7	90,8	87,4	83,6	79,3	74,6	69,7	64,6	59,6	54,9	50,4	46,1	42,0	38,2	34,6	31,5	28,9	27,0	25,8
	175°	93,7	90,8	87,4	83,4	79,1	74,4	69,4	64,2	59,3	54,6	50,0	45,7	41,6	37,8	34,3	31,1	28,4	26,5	25,2
	180°	93,7	90,8	87,3	83,4	79,1	74,3	69,3	64,1	59,1	54,4	49,9	45,6	41,5	37,7	34,2	31,0	28,3	26,3	25,1

Neigungswinkel β

13.1.5 Standort Marseille

Azimuth α		0°	5°	10°	15°	20°	25°	30°	35°	40°	45°	50°	55°	60°	65°	70°	75°	80°	85°	90°
Nord	-180°	86,1	82,0	77,4	72,4	67,2	62,1	57,2	52,6	48,1	43,8	39,7	36,0	32,6	29,5	27,1	25,6	24,6	23,7	23,0
	-175°	86,1	82,0	77,4	72,4	67,3	62,1	57,3	52,6	48,2	43,9	39,8	36,0	32,6	29,6	27,2	25,8	24,7	23,9	23,1
	-170°	86,1	82,1	77,5	72,6	67,4	62,3	57,5	52,9	48,4	44,1	40,1	36,3	32,9	30,0	27,8	26,4	25,3	24,3	23,5
Nordost	-165°	86,1	82,1	77,7	72,8	67,8	62,7	57,9	53,3	48,9	44,6	40,7	37,0	33,6	30,8	28,8	27,3	26,1	25,2	24,3
	-160°	86,1	82,2	77,9	73,2	68,2	63,2	58,5	54,0	49,6	45,4	41,5	37,9	34,7	32,1	30,2	28,6	27,4	26,3	25,3
	-155°	86,1	82,3	78,1	73,6	68,8	64,0	59,2	54,8	50,5	46,4	42,6	39,1	36,1	33,8	31,8	30,2	28,9	27,6	26,5
	-150°	86,1	82,5	78,4	74,1	69,5	64,8	60,2	55,8	51,6	47,7	44,0	40,8	38,0	35,7	33,7	32,0	30,5	29,1	27,9
	-145°	86,1	82,7	78,8	74,6	70,2	65,8	61,4	57,1	53,0	49,2	45,8	42,8	40,1	37,8	35,7	33,9	32,3	30,8	29,3
	-140°	86,1	82,9	79,2	75,3	71,1	66,9	62,7	58,6	54,8	51,1	47,9	44,9	42,3	40,0	37,9	36,0	34,2	32,6	31,0
	-135°	86,1	83,1	79,7	76,0	72,1	68,1	64,1	60,3	56,7	53,3	50,1	47,3	44,7	42,3	40,2	38,2	36,3	34,5	32,8
	-130°	86,1	83,4	80,2	76,7	73,1	69,3	65,7	62,1	58,7	55,5	52,5	49,7	47,2	44,8	42,6	40,5	38,5	36,5	34,7
	-125°	86,1	83,6	80,7	77,6	74,2	70,8	67,3	64,0	60,9	57,8	55,0	52,3	49,8	47,3	45,1	42,9	40,8	38,7	36,7
	-120°	86,1	83,9	81,3	78,4	75,3	72,2	69,1	66,0	63,0	60,2	57,5	54,9	52,4	49,9	47,7	45,3	43,1	40,9	38,8
Ost	-115°	86,1	84,2	81,9	79,3	76,5	73,7	70,9	68,0	65,3	62,6	60,1	57,5	55,1	52,6	50,2	47,9	45,5	43,3	40,9
	-110°	86,1	84,5	82,5	80,2	77,8	75,3	72,7	70,1	67,6	65,1	62,6	60,1	57,7	55,3	52,8	50,4	47,9	45,5	43,1
	-105°	86,1	84,8	83,2	81,2	79,1	76,8	74,6	72,2	69,8	67,4	65,1	62,7	60,3	57,9	55,4	52,9	50,3	47,8	45,3
	-100°	86,1	85,2	83,8	82,2	80,4	78,4	76,4	74,2	72,1	69,8	67,6	65,3	62,9	60,4	57,9	55,4	52,7	50,1	47,4
	-95°	86,1	85,5	84,5	83,2	81,7	80,0	78,2	76,3	74,3	72,2	70,1	67,8	65,5	63,0	60,4	57,8	55,1	52,2	49,6
Südost	-90°	86,1	85,9	85,2	84,1	82,9	81,6	80,0	78,3	76,6	74,6	72,5	70,3	67,9	65,5	62,8	60,2	57,4	54,4	51,5
	-85°	86,1	86,2	85,8	85,2	84,2	83,1	81,8	80,3	78,7	76,8	74,9	72,7	70,3	67,9	65,2	62,4	59,6	56,6	53,3
	-80°	86,1	86,5	86,5	86,1	85,5	84,6	83,6	82,3	80,8	79,0	77,1	75,0	72,6	70,2	67,5	64,5	61,6	58,6	55,3
	-75°	86,1	86,8	87,1	87,1	86,7	86,1	85,3	84,1	82,8	81,1	79,3	77,2	74,8	72,3	69,7	66,7	63,5	60,4	57,0
	-70°	86,1	87,2	87,8	88,0	87,9	87,6	87,0	86,0	84,8	83,2	81,4	79,3	77,0	74,3	71,7	68,7	65,4	62,1	58,6
	-65°	86,1	87,5	88,4	88,9	89,1	89,0	88,5	87,7	86,6	85,2	83,4	81,4	79,1	76,4	73,5	70,5	67,2	63,6	60,1
	-60°	86,1	87,8	89,0	89,8	90,2	90,3	90,1	89,3	88,4	87,1	85,3	83,2	81,0	78,4	75,3	72,2	68,8	65,1	61,4
	-55°	86,1	88,1	89,6	90,6	91,3	91,5	91,5	90,9	90,0	88,8	87,2	85,0	82,7	80,1	77,1	73,7	70,3	66,5	62,6
	-50°	86,1	88,4	90,1	91,4	92,3	92,7	92,8	92,4	91,6	90,4	88,9	86,8	84,3	81,7	78,6	75,2	71,6	67,7	63,6
Süd	-45°	86,1	88,6	90,6	92,1	93,2	93,8	94,0	93,8	93,0	91,8	90,4	88,4	85,9	83,1	80,1	76,6	72,8	68,8	64,6
	-40°	86,1	88,8	91,0	92,8	94,0	94,8	95,2	95,1	94,5	93,3	91,7	89,8	87,4	84,5	81,3	77,8	73,9	69,8	65,4
	-35°	86,1	89,0	91,5	93,4	94,8	95,8	96,1	96,1	95,7	94,6	92,9	91,0	88,6	85,8	82,4	78,8	74,9	70,6	66,1
	-30°	86,1	89,2	91,8	93,9	95,5	96,5	97,1	97,1	96,7	95,7	94,2	92,1	89,7	86,8	83,5	79,7	75,7	71,3	66,6
	-25°	86,1	89,3	92,1	94,3	96,0	97,2	97,9	97,9	97,5	96,6	95,2	93,2	90,6	87,6	84,2	80,4	76,3	71,8	67,0
	-20°	86,1	89,5	92,4	94,7	96,5	97,8	98,5	98,7	98,2	97,3	95,9	93,9	91,4	88,3	84,9	81,0	76,7	72,1	67,3
	-15°	86,1	89,6	92,6	95,0	96,9	98,3	99,0	99,2	98,9	97,9	96,4	94,5	92,0	89,0	85,4	81,5	77,1	72,4	67,4
	-10°	86,1	89,7	92,7	95,2	97,2	98,5	99,4	99,7	99,3	98,4	97,0	94,9	92,3	89,3	85,8	81,7	77,3	72,6	67,4
	-5°	86,1	89,7	92,8	95,4	97,3	98,8	99,6	99,9	99,6	98,8	97,3	95,2	92,6	89,5	86,0	82,0	77,5	72,6	67,5
	0°	86,1	89,7	92,8	95,4	97,4	98,9	99,7	100,0	99,7	98,8	97,3	95,3	92,8	89,7	86,0	82,0	77,5	72,7	67,5
	5°	86,1	89,7	92,8	95,4	97,3	98,8	99,6	99,9	99,6	98,8	97,3	95,2	92,6	89,5	86,0	82,0	77,5	72,6	67,5
	10°	86,1	89,7	92,7	95,2	97,2	98,5	99,4	99,7	99,3	98,4	97,0	94,9	92,3	89,3	85,8	81,7	77,3	72,6	67,4
	15°	86,1	89,6	92,6	95,0	96,9	98,3	99,0	99,2	98,9	97,9	96,4	94,5	92,0	89,0	85,4	81,5	77,1	72,4	67,4
	20°	86,1	89,5	92,4	94,7	96,5	97,8	98,5	98,7	98,2	97,3	95,9	93,9	91,4	88,3	84,9	81,0	76,7	72,1	67,3
	25°	86,1	89,3	92,1	94,3	96,0	97,2	97,9	97,9	97,5	96,6	95,2	93,2	90,6	87,6	84,2	80,4	76,3	71,8	67,0
	30°	86,1	89,2	91,8	93,9	95,5	96,5	97,1	97,1	96,7	95,7	94,2	92,1	89,7	86,8	83,5	79,7	75,7	71,3	66,6
	35°	86,1	89,0	91,5	93,4	94,8	95,8	96,1	96,1	95,7	94,6	92,9	91,0	88,6	85,8	82,4	78,8	74,9	70,6	66,1
	40°	86,1	88,8	91,0	92,8	94,0	94,8	95,2	95,1	94,5	93,3	91,7	89,8	87,4	84,5	81,3	77,8	73,9	69,8	65,4
	45°	86,1	88,6	90,6	92,1	93,2	93,8	94,0	93,8	93,0	91,8	90,4	88,4	85,9	83,1	80,1	76,6	72,8	68,8	64,6
Südwest	50°	86,1	88,4	90,1	91,4	92,3	92,7	92,8	92,4	91,6	90,4	88,9	86,8	84,3	81,7	78,6	75,2	71,6	67,7	63,6
	55°	86,1	88,1	89,6	90,6	91,3	91,5	91,5	90,9	90,0	88,8	87,2	85,0	82,7	80,1	77,1	73,7	70,3	66,5	62,6
	60°	86,1	87,8	89,0	89,8	90,2	90,3	90,1	89,3	88,4	87,1	85,3	83,2	81,0	78,4	75,3	72,2	68,8	65,1	61,4
	65°	86,1	87,5	88,4	88,9	89,1	89,0	88,5	87,7	86,6	85,2	83,4	81,4	79,1	76,4	73,5	70,5	67,2	63,6	60,1
	70°	86,1	87,2	87,8	88,0	87,9	87,6	87,0	86,0	84,8	83,2	81,4	79,3	77,0	74,3	71,7	68,7	65,4	62,1	58,6
	75°	86,1	86,8	87,1	87,1	86,7	86,1	85,3	84,1	82,8	81,1	79,3	77,2	74,8	72,3	69,7	66,7	63,5	60,4	57,0
	80°	86,1	86,5	86,5	86,1	85,5	84,6	83,6	82,3	80,8	79,0	77,1	75,0	72,6	70,2	67,5	64,5	61,6	58,6	55,3
	85°	86,1	86,2	85,8	85,2	84,2	83,1	81,8	80,3	78,7	76,8	74,9	72,7	70,3	67,9	65,2	62,4	59,6	56,6	53,3
	90°	86,1	85,9	85,2	84,1	82,9	81,6	80,0	78,3	76,6	74,6	72,5	70,3	67,9	65,5	62,8	60,2	57,4	54,4	51,5
West	95°	86,1	85,5	84,5	83,2	81,7	80,0	78,2	76,3	74,3	72,2	70,1	67,8	65,5	63,0	60,4	57,8	55,1	52,2	49,6
	100°	86,1	85,2	83,8	82,2	80,4	78,4	76,4	74,2	72,1	69,8	67,6	65,3	62,9	60,4	57,9	55,4	52,7	50,1	47,4
	105°	86,1	84,8	83,2	81,2	79,1	76,8	74,6	72,2	69,8	67,4	65,1	62,7	60,3	57,9	55,4	52,9	50,3	47,8	45,3
	110°	86,1	84,5	82,5	80,2	77,8	75,3	72,7	70,1	67,6	65,1	62,6	60,1	57,7	55,3	52,8	50,4	47,9	45,5	43,1
	115°	86,1	84,2	81,9	79,3	76,5	73,7	70,9	68,0	65,3	62,6	60,1	57,5	55,1	52,6	50,2	47,9	45,5	43,3	40,9
	120°	86,1	83,9	81,3	78,4	75,3	72,2	69,1	66,0	63,0	60,2	57,5	54,9	52,4	49,9	47,7	45,3	43,1	40,9	38,8
	125°	86,1	83,6	80,7	77,6	74,2	70,8	67,3	64,0	60,9	57,8	55,0	52,3	49,8	47,3	45,1	42,9	40,8	38,7	36,7
	130°	86,1	83,4	80,2	76,7	73,1	69,3	65,7	62,1	58,7	55,5	52,5	49,7	47,2	44,8	42,6	40,5	38,5	36,5	34,7
	135°	86,1	83,1	79,7	76,0	72,1	68,1	64,1	60,3	56,7	53,3	50,1	47,3	44,7	42,3	40,2	38,2	36,3	34,5	32,8
Nordwest	140°	86,1	82,9	79,2	75,3	71,1	66,9	62,7	58,6	54,8	51,1	47,9	44,9	42,3	40,0	37,9	36,0	34,2	32,6	31,0
	145°	86,1	82,7	78,8	74,6	70,2	65,8	61,4	57,1	53,0	49,2	45,8	42,8	40,1	37,8	35,7	33,9	32,3	30,8	29,3
	150°	86,1	82,5	78,4	74,1	69,5	64,8	60,2	55,8	51,6	47,7	44,0	40,8	38,0	35,7	33,7	32,0	30,5	29,1	27,9
	155°	86,1	82,3	78,1	73,6	68,8	64,0	59,2	54,8	50,5	46,4	42,6	39,1	36,1	33,8	31,8	30,2	28,9	27,6	26,5
	160°	86,1	82,2	77,9	73,2	68,2	63,2	58,5	54,0	49,6	45,4	41,5	37,9	34,7	32,1	30,2	28,6	27,4	26,3	25,3
	165°	86,1	82,1	77,7	72,8	67,8	62,7	57,9	53,3	48,9	44,6	40,7	37,0	33,6	30,8	28,8	27,3	26,1	25,2	24,3
	170°	86,1	82,1	77,5	72,6	67,4	62,3	57,5	52,9	48,4	44,1	40,1	36,3	32,9	30,0	27,8	26,4	25,3	24,3	23,5
Nord	175°	86,1	82,0	77,4	72,4	67,3	62,1	57,3	52,6	48,2	43,9	39,8	36,0	32,6	29,6	27,2	25,8	24,7	23,9	23,1
	180°	86,1	82,0	77,4	72,4	67,2	62,1	57,2	52,6	48,1	43,8	39,7	36,0	32,6	29,5	27,1	25,6	24,6	23,7	23,0

Neigungswinkel β

13.1.6 Standort Kairo

Tabelle: Azimuth α / Neigungswinkel β

Himmelsrichtung	α	0°	5°	10°	15°	20°	25°	30°	35°	40°	45°	50°	55°	60°	65°	70°	75°	80°	85°	90°
Nord	-180°	93,7	90,8	87,3	83,4	79,1	74,3	69,3	64,1	59,1	54,4	49,9	45,6	41,5	37,7	34,2	31,0	28,3	26,3	25,1
	-175°	93,7	90,8	87,4	83,4	79,1	74,4	69,4	64,2	59,3	54,6	50,0	45,7	41,6	37,8	34,3	31,1	28,4	26,5	25,2
	-170°	93,7	90,8	87,4	83,6	79,3	74,6	69,7	64,6	59,6	54,9	50,4	46,1	42,0	38,2	34,6	31,5	28,9	27,0	25,8
	-165°	93,7	90,9	87,5	83,7	79,6	75,0	70,1	65,1	60,1	55,4	50,9	46,7	42,6	38,8	35,3	32,3	29,8	28,0	26,6
	-160°	93,7	91,0	87,7	84,0	79,9	75,4	70,7	65,8	60,9	56,2	51,7	47,5	43,4	39,7	36,3	33,3	31,1	29,2	27,7
Nordost	-155°	93,7	91,1	87,9	84,3	80,3	76,0	71,4	66,7	61,9	57,2	52,7	48,5	44,6	40,9	37,6	34,9	32,6	30,7	29,0
	-150°	93,7	91,2	88,1	84,6	80,8	76,6	72,2	67,6	63,0	58,4	54,0	49,9	46,0	42,5	39,4	36,6	34,3	32,3	30,5
	-145°	93,7	91,3	88,4	85,0	81,4	77,3	73,1	68,7	64,3	59,9	55,6	51,6	47,8	44,4	41,3	38,5	36,1	33,9	32,0
	-140°	93,7	91,4	88,7	85,5	82,0	78,1	74,1	69,9	65,7	61,5	57,4	53,5	49,9	46,5	43,4	40,6	38,0	35,7	33,6
	-135°	93,7	91,6	89,0	86,0	82,7	79,0	75,2	71,2	67,1	63,2	59,3	55,5	52,0	48,7	45,6	42,7	40,0	37,6	35,4
	-130°	93,7	91,8	89,4	86,5	83,4	80,0	76,3	72,5	68,7	65,0	61,2	57,6	54,1	50,9	47,8	44,9	42,1	39,6	37,2
	-125°	93,7	92,0	89,7	87,1	84,1	81,0	77,5	74,0	70,4	66,8	63,2	59,7	56,3	53,1	50,0	47,1	44,3	41,6	39,1
	-120°	93,7	92,2	90,1	87,7	85,0	82,0	78,8	75,5	72,1	68,6	65,2	61,9	58,6	55,3	52,2	49,3	46,4	43,6	41,0
Ost	-115°	93,7	92,4	90,6	88,4	85,8	83,1	80,1	77,0	73,8	70,5	67,2	64,0	60,8	57,6	54,4	51,4	48,5	45,6	42,8
	-110°	93,7	92,6	91,0	89,0	86,7	84,1	81,4	78,5	75,5	72,3	69,2	66,1	62,9	59,7	56,6	53,5	50,5	47,6	44,7
	-105°	93,7	92,8	91,5	89,7	87,6	84,8	82,7	80,0	77,2	74,2	71,2	68,1	65,0	61,8	58,7	55,6	52,4	49,5	46,4
	-100°	93,7	93,0	91,9	90,4	88,5	86,4	84,0	81,5	78,8	76,0	73,0	70,0	67,0	63,8	60,7	57,5	54,3	51,2	48,1
	-95°	93,7	93,3	92,4	91,1	89,4	87,5	85,3	83,0	80,4	77,7	74,9	71,9	68,9	65,8	62,5	59,4	56,1	52,9	49,8
	-90°	93,7	93,5	92,8	91,7	90,3	88,6	86,6	84,4	82,0	79,4	76,6	73,7	70,7	67,5	64,3	61,1	57,8	54,3	51,2
	-85°	93,7	93,7	93,3	92,4	91,2	89,7	87,8	85,8	83,4	81,0	78,3	75,4	72,4	69,3	65,9	62,8	59,3	55,7	52,4
	-80°	93,7	94,0	93,7	93,1	92,1	90,7	89,0	87,1	84,9	82,5	79,9	77,0	74,0	70,9	67,4	64,2	60,8	57,1	53,6
Südost	-75°	93,7	94,2	94,2	93,7	92,9	91,7	90,2	88,4	86,3	83,9	81,4	78,5	75,5	72,4	68,9	65,5	62,0	58,3	54,6
	-70°	93,7	94,4	94,6	94,4	93,7	92,7	91,3	89,7	87,6	85,2	82,8	79,9	76,8	73,7	70,3	66,6	63,1	59,3	55,5
	-65°	93,7	94,6	95,0	95,0	94,5	93,7	92,4	90,8	88,9	86,5	84,1	81,3	78,1	74,9	71,4	67,7	64,0	60,2	56,2
	-60°	93,7	94,8	95,4	95,6	95,3	94,6	93,4	91,9	90,0	87,7	85,2	82,5	79,3	75,9	72,4	68,6	64,8	60,9	56,8
	-55°	93,7	95,0	95,8	96,1	96,0	95,4	94,3	92,9	91,2	88,9	86,3	83,5	80,4	76,9	73,3	69,4	65,5	61,4	57,2
	-50°	93,7	95,2	96,2	96,6	96,6	96,2	95,2	93,8	92,1	90,0	87,3	84,5	81,3	77,8	74,0	70,1	66,0	61,8	57,5
	-45°	93,7	95,4	96,5	97,1	97,2	96,9	96,0	94,7	93,0	90,9	88,3	85,3	82,2	78,6	74,7	70,7	66,4	62,1	57,7
	-40°	93,7	95,5	96,8	97,5	97,8	97,5	96,8	95,5	93,8	91,7	89,1	86,1	82,9	79,2	75,3	71,1	66,7	62,3	57,7
Süd	-35°	93,7	95,7	97,1	97,9	98,3	98,1	97,5	96,2	94,5	92,4	89,9	86,8	83,4	79,8	75,7	71,4	66,9	62,3	57,6
	-30°	93,7	95,8	97,3	98,3	98,7	98,6	98,0	96,9	95,2	93,0	90,5	87,5	84,0	80,2	76,1	71,7	67,1	62,3	57,5
	-25°	93,7	95,9	97,5	98,6	99,1	99,0	98,5	97,4	95,8	93,6	91,0	87,9	84,4	80,6	76,4	71,9	67,1	62,2	57,2
	-20°	93,7	96,0	97,7	98,8	99,4	99,4	98,8	97,8	96,2	94,1	91,4	88,3	84,8	80,9	76,5	71,9	67,0	62,0	56,8
	-15°	93,7	96,0	97,8	99,0	99,6	99,7	99,2	98,1	96,5	94,4	91,7	88,6	85,0	81,0	76,6	71,9	66,9	61,7	56,4
	-10°	93,7	96,1	97,9	99,1	99,8	99,9	99,4	98,3	96,7	94,6	91,9	88,8	85,1	81,1	76,6	71,8	66,7	61,4	56,0
	-5°	93,7	96,1	97,9	99,2	99,9	100,0	99,5	98,5	96,8	94,7	92,0	88,8	85,1	81,1	76,6	71,7	66,6	61,2	55,7
	0°	93,7	96,1	97,9	99,2	99,9	100,0	99,5	98,5	96,8	94,6	91,9	88,8	85,1	81,0	76,5	71,6	66,5	61,0	55,5
	5°	93,7	96,1	97,9	99,2	99,9	100,0	99,5	98,5	96,8	94,7	92,0	88,8	85,1	81,1	76,6	71,7	66,6	61,2	55,7
	10°	93,7	96,1	97,9	99,1	99,8	99,9	99,4	98,3	96,7	94,6	91,9	88,8	85,1	81,1	76,6	71,8	66,7	61,4	56,0
	15°	93,7	96,0	97,8	99,0	99,6	99,7	99,2	98,1	96,5	94,4	91,7	88,6	85,0	81,0	76,6	71,9	66,9	61,7	56,4
	20°	93,7	96,0	97,7	98,8	99,4	99,4	98,8	97,8	96,2	94,1	91,4	88,3	84,8	80,9	76,5	71,9	67,0	62,0	56,8
	25°	93,7	95,9	97,5	98,6	99,1	99,0	98,5	97,4	95,8	93,6	91,0	87,9	84,4	80,6	76,4	71,9	67,1	62,2	57,2
	30°	93,7	95,8	97,3	98,3	98,7	98,6	98,0	96,9	95,2	93,0	90,5	87,5	84,0	80,2	76,1	71,7	67,1	62,3	57,5
	35°	93,7	95,7	97,1	97,9	98,3	98,1	97,5	96,2	94,5	92,4	89,9	86,8	83,4	79,8	75,7	71,4	66,9	62,3	57,6
Südwest	40°	93,7	95,5	96,8	97,5	97,8	97,5	96,8	95,5	93,8	91,7	89,1	86,1	82,9	79,2	75,3	71,1	66,7	62,3	57,7
	45°	93,7	95,4	96,5	97,1	97,2	96,9	96,0	94,7	93,0	90,9	88,3	85,3	82,2	78,6	74,7	70,7	66,4	62,1	57,7
	50°	93,7	95,2	96,2	96,6	96,6	96,2	95,2	93,8	92,1	90,0	87,3	84,5	81,3	77,8	74,0	70,0	66,0	61,8	57,5
	55°	93,7	95,0	95,8	96,1	96,0	95,4	94,3	92,9	91,2	88,9	86,3	83,5	80,4	76,9	73,3	69,4	65,5	61,4	57,2
	60°	93,7	94,8	95,4	95,6	95,3	94,6	93,4	91,9	90,0	87,7	85,2	82,5	79,3	75,9	72,4	68,6	64,8	60,9	56,8
	65°	93,7	94,6	95,0	95,0	94,5	93,7	92,4	90,8	88,9	86,5	84,1	81,3	78,1	74,9	71,4	67,7	64,0	60,2	56,2
	70°	93,7	94,4	94,6	94,4	93,7	92,7	91,3	89,7	87,6	85,2	82,8	79,9	76,8	73,7	70,3	66,6	63,1	59,3	55,5
	75°	93,7	94,2	94,2	93,7	92,9	91,7	90,2	88,4	86,3	83,9	81,4	78,5	75,5	72,4	68,9	65,5	62,0	58,3	54,6
West	80°	93,7	94,0	93,7	93,1	92,1	90,7	89,0	87,1	84,9	82,5	79,9	77,0	74,0	70,9	67,4	64,2	60,8	57,1	53,6
	85°	93,7	93,7	93,3	92,4	91,2	89,7	87,8	85,8	83,4	81,0	78,3	75,4	72,4	69,3	65,9	62,8	59,3	55,7	52,4
	90°	93,7	93,5	92,8	91,7	90,3	88,6	86,6	84,4	82,0	79,4	76,6	73,7	70,7	67,5	64,3	61,1	57,8	54,3	51,2
	95°	93,7	93,3	92,4	91,1	89,4	87,5	85,3	83,0	80,4	77,7	74,9	71,9	68,9	65,8	62,5	59,4	56,1	52,9	49,8
	100°	93,7	93,0	91,9	90,4	88,5	86,4	84,0	81,5	78,8	76,0	73,0	70,0	67,0	63,8	60,7	57,5	54,3	51,2	48,1
	105°	93,7	92,8	91,5	89,7	87,6	84,8	82,7	80,0	77,2	74,2	71,2	68,1	65,0	61,8	58,7	55,6	52,4	49,5	46,4
	110°	93,7	92,6	91,0	89,0	86,7	84,1	81,4	78,5	75,5	72,3	69,2	66,1	62,9	59,7	56,6	53,5	50,5	47,6	44,7
	115°	93,7	92,4	90,6	88,4	85,8	83,1	80,1	77,0	73,8	70,5	67,2	64,0	60,8	57,6	54,4	51,4	48,5	45,6	42,8
Nordwest	120°	93,7	92,2	90,1	87,7	85,0	82,0	78,8	75,5	72,1	68,6	65,2	61,9	58,6	55,3	52,2	49,3	46,4	43,6	41,0
	125°	93,7	92,0	89,7	87,1	84,1	81,0	77,5	74,0	70,4	66,8	63,2	59,7	56,3	53,1	50,0	47,1	44,3	41,6	39,1
	130°	93,7	91,8	89,4	86,5	83,4	80,0	76,3	72,5	68,7	65,0	61,2	57,6	54,1	50,9	47,8	44,9	42,1	39,6	37,2
	135°	93,7	91,6	89,0	86,0	82,7	79,0	75,2	71,2	67,1	63,2	59,3	55,5	52,0	48,7	45,6	42,7	40,0	37,6	35,4
	140°	93,7	91,4	88,7	85,5	82,0	78,1	74,1	69,9	65,7	61,5	57,4	53,5	49,9	46,5	43,4	40,6	38,0	35,7	33,6
	145°	93,7	91,3	88,4	85,0	81,4	77,3	73,1	68,7	64,3	59,9	55,6	51,6	47,8	44,4	41,3	38,5	36,1	33,9	32,0
	150°	93,7	91,2	88,1	84,6	80,8	76,6	72,2	67,6	63,0	58,4	54,0	49,9	46,0	42,5	39,4	36,6	34,3	32,3	30,5
	155°	93,7	91,1	87,9	84,3	80,3	76,0	71,4	66,7	61,9	57,2	52,7	48,5	44,6	40,9	37,6	34,9	32,6	30,7	29,0
	160°	93,7	91,0	87,7	84,0	79,9	75,4	70,7	65,8	60,9	56,2	51,7	47,5	43,4	39,7	36,3	33,3	31,1	29,2	27,7
Nord	165°	93,7	90,9	87,5	83,7	79,6	75,0	70,1	65,1	60,1	55,4	50,9	46,7	42,6	38,8	35,3	32,3	29,8	28,0	26,6
	170°	93,7	90,8	87,4	83,6	79,3	74,6	69,7	64,6	59,6	54,9	50,4	46,1	42,0	38,2	34,6	31,5	28,9	27,0	25,8
	175°	93,7	90,8	87,4	83,4	79,1	74,4	69,4	64,2	59,3	54,6	50,0	45,7	41,6	37,8	34,3	31,1	28,4	26,5	25,2
	180°	93,7	90,8	87,3	83,4	79,1	74,3	69,3	64,1	59,1	54,4	49,9	45,6	41,5	37,7	34,2	31,0	28,3	26,3	25,1

■ 13.2 Checkliste zu Planung, Installation und Betrieb einer Photovoltaikanlage

1. Eignung des Daches:

- Dachausrichtung: Welcher Ertrag ist zu erwarten?
  - Vergleich mit bestehenden Anlagen (z. B. mit *www.pv-ertraege.de*)
  - Ertragsprognose wie in Übungsaufgabe 10.2
- Verschattungen: Gibt es gravierende Verschattungen jetzt oder in Zukunft?
- Alter des Daches: Gibt es in den kommenden 20 Jahren Sanierungsbedarf?
- Dachstatik: Ist das Dach ausreichend tragfähig für die geplante Photovoltaikanlage?

2. Genehmigungen:

- Baugenehmigung: Ist diese (z. B. wegen Denkmalschutz) notwendig?
- Bei gemietetem Dach: Dachnutzungsvertrag mit Eigentümer abschließen
- Netzanschluss: Netzvoranfrage beim Energieversorgungsunternehmen stellen

3. Angebote von Solarinstallateuren einholen und prüfen:

- Modulhersteller: Es sollte ein etablierter, bekannter Hersteller sein
- Leistungstoleranz der Module: Akzeptabel ist maximal eine Toleranz von $\pm 3\,\%$
- Garantiebedingungen: Der Gerichtsstand sollte Deutschland sein
- Wechselrichter:
  - Produktgarantie sollte länger als 5 Jahre gelten
  - Europäischer Wirkungsgrad sollte größer als 96 % sein (siehe Abschnitt 7.4)
  - Auslegungsfaktor sollte maximal 1 sein (siehe Abschnitt 7.5)
- Eigenverbrauchserhöhung (siehe Abschnitt 8.3):
  - Energiemanagementsystem zum Steuern von Hausverbrauchern sollte enthalten sein
  - Ist ein Elektroheizstab oder eine Wärmepumpe sinnvoll?
  - Wird ein Batterie-Speichersystem mit angeboten?
  - Ist in Zukunft der Kauf eines Elektroautos geplant? Falls ja: PV-Anlage so groß wie möglich machen!
- Kabeldimensionierung:
  - Leitungsverluste sollten maximal 1 % betragen (siehe Abschnitt 6.3.2)

4. Finanzierung, Versicherung:

- Wirtschaftlichkeitsrechnung:
  - Objektrendite entsprechend Abschnitt 10.2.2 ermitteln

- Finanzierung: Kreditvertrag mit Bank abschließen
- Versicherungen:
  - Betreiber-Haftpflichtversicherung abschließen
  - Elementarschäden- oder Allgefahren-Versicherung abschließen

5. Während der Installation:

- Vorsortierung der Module (falls gewünscht, siehe Abschnitt 6.2.3)
- Sorgfalt der Monteure bei der Installation:
  - Wird die Rückseitenfolie der Module beschädigt?
  - Wird auf die Module getreten (Mikrorisse!)?
  - Wird das Dach beschädigt?
  - Werden die Stringkabel eindeutig gekennzeichnet (Nummerierung)?

6. Nach der Installation:

- Erstellung eines Inbetriebnahmeprotokolls
- Entgegennahme der Anlagendokumentation; dazu gehören mindestens:
  - Dachskizze mit eingezeichneten Modulen und Stringzuordnungsplan
  - Stromlaufplan der gesamten Anlage
  - Datenblätter der Module und Wechselrichter
  - Angaben zum Montagesystem
  - Angaben zur Gewährleistungsdauer für Module und Wechselrichter
- Anlagenüberprüfung (ggf.)
  - Peakleistungsmessung (siehe Abschnitt 9.3)
  - Thermographie-Hellmessung (siehe Abschnitt 9.4)
  - Dunkel-Kennlinienmessung; ggf. mit Outdoor-EL-Messung

7. Im Betrieb:

- Funktionskontrolle (alle 2 Wochen)
  - Prüfen, ob Wechselrichter Einspeisebetrieb (Status MPP) anzeigt
- Ertragskontrolle (alle 4–8 Wochen)
  - Ablesen des Zählerstands
  - Vergleich mit Onlinedatenbanken
- Verschmutzungskontrolle (jährlich)
  - Prüfen, ob sich feste Schmutzablagerungen an den Modulrändern gebildet haben
- Mechanische Kontrolle (jährlich oder nach starkem Sturm)
  - Prüfen, ob die Anlage bei Bewegung klappert

■ 13.3   Im Buch verwendete Abkürzungen

AC	Alternating Current (Wechselstrom)
ALB	Albedo
AM	Air Mass
a-Si	Amorphes Silizium
CCCV	Constant Current / Constant Voltage
CdTe	Cadmium-Tellurid
CID	Current Interrupt Device (Überstromsicherung)
CIGS	Kupfer-Indium-Gallium-Selenid
CIS	Kupfer-Indium-Selenid bzw. Kupfer-Indium-Sulfid
c-Si	Kristallines Silizium
DC	Direct Current (Gleichstrom)
DoD	Depth of Discharge (Entladetiefe)
DSM	Demand Side Management
EEG	Erneuerbare-Energien-Gesetz
EMV	Elektromagnetische Verträglichkeit
EVA	Ethyl-Vinyl-Acetat
EVU	Energie-Versorgungsunternehmen
FF	Füllfaktor
GaAs	Gallium-Arsenid
GAK	Generatoranschlusskasten
GaN	Gallium-Nitrid
HIT	Heterojunction with Intrinsic Thin Layer
IBC	Interdigitated Back Contact
ITO	Indium Tin Oxide
MEZ	Mitteleuropäische Zeit
MPP	Maximum Power Point
NaS	Natrium-Schwefel
NOCT	Nominal Operating Cell Temperature
PECVD	Plasma Enhanced Chemical Vapour Deposition
PERC	Passivated Emitter and Rear Cell
PERL	Passivated Emitter Rear locally diffused
PID	Potential Induced Degradation (Potential bedingte Degradation)
PR	Performance Ratio
PWM	Pulsweitenmodulation
RCD	Residual Current Device

SiC	Silizium-Carbid
SoC	State of Charge (Ladezustand)
SR	Sizing Ratio
STC	Standard Test Conditions
TCO	Transparent Conducting Oxide
TK	Temperaturkoeffizient
VRF	Vanadium-Redox-Flow
WOZ	Wahre Ortszeit

■ 13.4 Physikalische Konstanten/ Materialparameter

Wichtige physikalische Konstanten

Boltzmannkonstante	$k = 1{,}3807 \cdot 10^{-23}\,\mathrm{J/K} = 8{,}6175 \cdot 10^{-5}\,\mathrm{eV/K}$
Elementarladung	$q = 1{,}6022 \cdot 10^{-19}\,\mathrm{As}$
Erdbeschleunigung	$g = 9{,}81\,\mathrm{m/s^2}$
Plancksches Wirkungsquantum	$h = 6{,}6261 \cdot 10^{-34}\,\mathrm{Ws^2}$
Solarkonstante	$E_\mathrm{S} = 1367\,\mathrm{W/m^2}$
Stefan-Boltzmann-Konstante	$\sigma = 5{,}6705 \cdot 10^{-8}\,\mathrm{W/(m^2 \cdot K^4)}$
Vakuum-Lichtgeschwindigkeit	$c_0 = 2{,}9979 \cdot 10^{8}\,\mathrm{m/s}$

Materialparameter von Silizium

Bandlücke	$\Delta W_\mathrm{G} = 1{,}12\,\mathrm{eV}$ (bei $T = 300\,\mathrm{K}$)
	$\Delta W_\mathrm{G} = 1{,}17\,\mathrm{eV}$ (bei $0\,\mathrm{K}$)
Beweglichkeit der Elektronen	$\mu_\mathrm{N} = 1400\,\mathrm{cm^2/Vs}$
Beweglichkeit der Löcher	$\mu_\mathrm{P} = 450\,\mathrm{cm^2/Vs}$
Brechungsindex bei 600 nm	$n = 3{,}9$
Diffusionskonstante der Elektronen	$D_\mathrm{N} = 35\,\mathrm{cm^2/s}$
Diffusionskonstante der Löcher	$D_\mathrm{P} = 12\,\mathrm{cm^2/s}$
Effektive Zustandsdichte	$N_0 = 3 \cdot 10^{19}/\mathrm{cm^3}$
Schmelzpunkt	$\vartheta_\mathrm{Schmelzpunkt} = 1414\,°\mathrm{C}$

Literatur

[Abe93] *Aberle, A.* et al.: New Method for Accurate Measurement of the Lumped Series Resistance of Solar Cells, 2nd IEEE PVSC, 1993, pp. 133–139

[Ada77] *Adams, W.; Day, R.*: The action of light on Selenium, Proc. Roy. Soc. London, Vol. 25, pp. 113–117, 1877

[Als06] *Alsema, E.* et al.: Environmental impacts of PV electricity generation – a critical comparison of energy supply options, 21st European Photovoltaic Solar Energy Conference and Exhibition, Dresden, Germany, 4–8 September, 2006

[Ant09] *Antony, E. A.* et al.: Photovoltaik für Profis, Solarpraxis AG, 2009

[ASTM] Reference Solar Spectral Irradiance: ASTM G-173, Online: http://rredc.nrel.gov/solar/spectra/am1.5/ASTMG173/ASTMG173.html

[Bas94] *Basore, P.*: Defining terms for crystalline silicon solar cells, Progress in Photovoltaics: Research and Applications, Vol. 2, Issue 2, S. 177–179, 1994

[Bec39] *Becquerel, A. E.*: Mémoire sur les effets électriques produits sous l'influence des rayons solaires, C. R. Acad. Sci. 9, S. 561, 1839

[Ben12] *Beneking, A.*: Neuer Kontakt, Photon, Heft 2/2012, S. 58–61

[Ber17] *Bernreuter, J.*: The Polysilicon Market Outlook 2020 – Technology, Capacities, Supply, Demand, Prices, Würzburg, 2017

[Bin10] *BINE Informationsservice*: Recycling von Photovoltaikmodulen, Projektinfo 02/2010, www.bine.info

[BGR17] *Bundesanstalt für Geowissenschaften und Rohstoffe (BGR)*: BGR Energiestudie – Daten und Entwicklungen der deutschen und globalen Energieversorgung, Hannover, 2017

[BMU12] BMU-Schlussbericht, Langfristszenarien und Strategien für den Ausbau der erneuerbaren Energien in Deutschland bei Berücksichtigung der Entwicklung in Europa und global, 29. März 2012

[Boc10] *Bosch Solar*: Datenblatt der Bosch Solar Zelle M-3BB, Stand Mai 2010

[Bun02] *Bunk, O.*: Positive Umweltbilanz – Anlagen amortisieren sich nach wenigen Monaten, Windblatt – Das Enercon Magazin, Ausgabe 03/2002, S. 12–13

[Bur05] *Burger, B.*: Auslegung und Dimensionierung von Wechselrichtern für netzgekoppelte PV-Anlagen, 20. Symposium Photovoltaische Solarenergie, Staffelstein, 2005

[Bur06] *Burgelman, M.*: Cadmium telluride thin film solar cells – characterization, fabrication and modeling, in: J. Poortmans and V. Arkhipov, Thin film solar cells – fabrication, characterization and applications, John Wiley & Sons, 2006

[Bur19] *Burger, B.*, Fraunhofer ISE: „Öffentliche Nettostromerzeugung in Deutschland im Jahr 2019" www.ise.fraunhofer.de, www.energy-charts.de

[Can03]   *McCandless, B.; Sites, J.*: Cadmium telluride solar cells, in: Handbook of Photovoltaics Science and Engineering, John Wiley & Sons Ltd., 2010

[Car98]   *Carlson, D.; Rajan, K.*: Evidence for proton motion in the recovery of light-induced degradation in amorphous silicon solar cells, J. Appl. Phys. 83, S. 1726–1729, 1998

[Cha54]   *Chapin, D.* et al.: A new silicon p-n junction photocell for converting solar radiation into electrical power, Journal of Applied Physics 25 (5), S. 676–677, 1954

[Chu12]   *Chu, S. K.; Siemer, J.*: Zinn statt Silber für die Rückseite, Photon, Heft 9/2012, S. 58

[DBV17]   *Deutscher Bauernverband*: Situationsbericht 2017/18 – Trends und Fakten zur Landwirtschaft, www.bauernverband.de/situationsbericht-2017

[DGS13]   *Deutsche Gesellschaft für Sonnenenergie*: Leitfaden Photovoltaische Anlagen, 5. Auflage, DGS Berlin, 2013

[Dul14]   *Dullweber, Th.* et al.: Fine line printed 5 busbar PERC solar cells with conversion efficiencies beyond 21 %, 29th European Photovoltaic Solar Energy Conference and Exhibition, S. 621–626, 2014

[DWD]   *Deutscher Wetterdienst*: Strahlungskarten der Mittelwerte für Deutschland: Jahr – flächendeckende mittlere Jahressumme (1981–2010), www.dwd.de/Solarenergie

[Fat05]   *Fatemi, N.*: Performance of high-efficiency advanced triple junction solar panels for the LILT mission DAWN, 31 Photovoltaic Specialists Conference and Exhibition, Lake Buena Vista, Florida, January 3–7, 2005

[Fem05]   *Femia, N.*: Optimization of perturb and observe maximum power point tracking method, IEEE Transactions on Power Electronics, Vol. 20, No. 4, July 2005

[Feu17]   *Feurer, T.* et al.: Progress in thin film CIGS photovoltaics – Research and development, manufacturing, and applications, Prog. Photovolt: Res. Appl. 2017, Vol 25, pp. 645–667

[Fir15]   *Exclusive*: First Solar's CTO Discusses Record 18.6 % Efficient Thin-Film Module: http://www.greentechmedia.com/articles/read/exclusive-first-solars-cto-discusses-record-18-6-efficient-thin-film-mod, 2015

[Fla06]   *Flamand, G.* et al.: Towards highly efficient 4-terminal mechanical photovoltaic stacks, III–Vs Review, Vol. 19, No. 7, Sept.–Oct., 2006

[FNR10]   *Fachagentur nachwachsende Rohstoffe e. V.*: Biogas – Basisdaten Deutschland, Infoflyer, Stand Juni 2010

[Fri17]   *Friedlmeier, T. M.* et al.: High-efficiency Cu(In,Ga)Se2 solar cells, Thin Solid Films 633 (2017), pp. 13–17

[FVEE10]   *FVEE – Forschungsverbund Erneuerbare Energien*: Energiekonzept 2050, Köln, 2010, www.fvee.de/publikationen

[Gao02]   *Gao, M.* et al.: Optical band gap and electrical properties of a-Si:H, Workshop University of Lanzhou, China, 04.02.2002

[Gel06]   *Gellings, R.* et al: Vom Regen in die Traufe, Photon, Heft 6/2006, S. 52–62

[Glu10]   *Glunz, S.* et al.: n-type silicon – enabling efficiencies > 20 % in industrial production, 35th PVSC, Honolulu, Hawaii, June 20–25, 2010

[Goe98]   *Goetzberger, A.* et al.: Crystalline silicon solar cells, John Wiley & Sons, 1998

[Gra06]   *Grätzel, M.*: Nanocrystalline injection solar cells, in: J. Poortmans and V. Arkhipov, Thin film solar cells – fabrication, characterization and applications, John Wiley & Sons, 2006

[Gre01]   *Green, M.*: Crystalline silicon solar cells, in: Clean electricity from photovoltaics, ed. by M. D. Archer & R. Hill; Imperial College Press, 2001

[Gre02]   *Green, M.*: Photovoltaic principles, Physica E 14, S. 11–17, 2002

[Gre09]   *Green, M.*: The path to 25% silicon solar cell efficiency: History of silicon cell evolution, Progress in Photovoltaics – Research and Applications, Volume 17, Issue 3, S. 183–189, 2009

[Gre14]   *Green, M. A.* et al.: The emergence of perovskite solar cells, Nature Photonics 8, S. 506–514 (July 2014)

[Gre17]   *Green, M. A.; Ho-Baillie, A.*: Perovskite Solar Cells: The Birth of a New Era, ACS Energy Lett., 2017, 2 (4), pp. 822–830

[Gre19]   *Green, M.*: Solar cell efficiency tables (version 54), Progress in Photovoltaics: Research and Applications, Vol. 27, S. 565–575, 2019

[Gre82]   *Green, M.*: Silicon solar cells – operating principles, technology and system applications, Prentice-Hall Inc., 1982

[Gre95]   *Green, M.*: Silicon solar cells – advanced principles & practice, University of New South Wales, Sidney, 1995

[Gro97]   *Grochowski, J.* et al.: Minderertragsanalysen und Optimierungspotentiale an netzgekoppelten Photovoltaikanlagen des 1000-Dächer-Programms, Themen 96/97, Forschungsverbund Sonnenenergie, Köln, 1997

[Häb10]   *Häberlin, H.*: Photovoltaik – Strom aus Sonnenlicht für Verbundnetz und Inselanlagen, VDE Verlag, 2010

[Hag09]   *Hagmann, G.*: Leistungselektronik, AULA-Verlag, 2015

[Har12]   *Hartmann, N.* et al.: Stromspeicherpotenziale für Deutschland, Universität Stuttgart, Juli 2012

[Hec18]   *Hecht, E.*: Optik, de Gruyter Studium, 2018

[Her12]   *Hering, G.*: Das Jahr des Drachens, Photon, Heft 4/2012, S. 42–72

[Hoe17]   *Hoekstra, A.E.*: Creating Agent-Based Energy Transition Management Models That Can Uncover Profitable Pathways to Climate Change Mitigation, Hindawi Complexity, Volume 2017, Article ID 1967645, doi:10.1155/2017/1967645
            Abbildungsquelle: https://steinbuch.wordpress.com/2017/06/12/photovoltaic-growth-reality-versus-projections-of-the-international-energy-agency/

[Hof08]   *Hoffmann, V.*: Damals war's – Ein Rückblick auf die Entwicklung der Photovoltaik in Deutschland, Sonnenenergie, Nov.–Dez. 2008, S. 38–39

[Hov94]   *Hovinen, A.*: Fitting of the solar cell I/V-curve to the two diode model, Physica Scripta, Vol. T54, S. 175–176, 1994

[Hug10]   *Huggins, R. A.*: Energy Storage, Springer, New York, 2015

[Hyu10]   *Hyung Lee, J.* et al.: Analysis of series resistance of crystalline silicon solar cell with two-layer front metallization based on light-induced plating, Sol. Energy Mate. Sol. Cells (2010), doi:10.1016/j.solmat.2010.04.065

[Ike10]   *Iken, J.*: Abhängigkeiten und Alternativen, Sonne Wind & Wärme, Heft 2/2010, S. 42–49

[ISE19]   *Fraunhofer Institute for Solar Energy Systems, ISE*: Photovoltaics Report, Freiburg, 14. November 2019, www.ise.fraunhofer.de

[IWES14]   *Gerhardt, N.* et al.: Geschäftsmodell Energiewende – Eine Antwort auf das „Die-Kosten-der-Energiewende"-Argument, Fraunhofer-Institut für Windenergie und Energiesystemtechnik, IWES; Kassel, Januar 2014

[Jac16]   Effects of heavy alkali elements in Cu(In,Ga)Se2 solar cells with efficiencies up to 22.6 %

[Kal14]   *Kaltschmitt, M.* et al.: Erneuerbare Energien – Systemtechnik, Wirtschaftlichkeit, Umweltaspekte, Springer, 2014

[Kar01]   *Karam, N.* et al.: Recent developments in high-effiency Ga0.5In0.5P/GaAs/Ge dual- and triple-junction solar cells – steps to next-generation PV cells, Solar Energy Materials & Solar Cells, Vol. 66, S. 453–466, 2001

[Kep16]   *Kephart, J. M.* et al.: Band alignment of front contact layers for high-efficiency CdTe solar cells, Solar Energy Materials and Solar Cells, Volume 157, December 2016, pp. 266–275

[Ket09]   *Ketterer, B.* et al.: Lithium-Ionen Batterien: Stand der Technik und Anwendungspotenzial in Hybrid-, Plug-In Hybrid- und Elektrofahrzeugen, Wissenschaftliche Berichte, FZKA 7503, Forschungszentrum Karlsruhe, 2009

[Kha16]   *Khatib, T.; Elmenreich, W.*: Modeling of photovoltaic systems using MATLAB, John Wiley & Sons, Inc., Hoboken, New Jersey, 2016

[Kin03]   *King, R.*: Lattice matched and metamorphic GaInP/GaInAs/Ge concentrator solar cells, 3rd World Conference on Photovoltaic Energy Conversion, Osaka, 2003

[Kin97]   *King, D. L.* et al.: Dark current-voltage measurements on photovoltaic modules as a diagnostic or manufacturing tool, Photovoltaic Specialists Conference, 1997

[Kit13]   *Kittel, Ch.*: Einführung in die Festkörperphysik, 15. Auflage, Oldenbourg, 2013

[Kön08]   *Köntges, M. et al.*: Elektrolumineszenzmessung an PV-Modulen, ep Photovoltaik aktuell, Heft 7–8/2008, S. 36–40

[Kön10]   *Köntges, M.* et al.: Quantifying the risk of power loss in PV modules due to micro cracks, 25th European Photovoltaic Solar Energy Conference, Valencia, Spain, 6–10 September 2010, S. 3745–3752

[Kor13]   *Korthauer, R.*: Handbuch Lithium-Ionen-Batterien, Springer Vieweg, 2013

[Kre01]   *Kreß, A.*: Emitterverbund-Rückkontaktsolarzellen für die industrielle Fertigung, Dissertation, Uni Konstanz, 2001

[Kre06]   *Kreutzmann, A.*: Dünnschicht als Preisbrecher, Photon, Heft 12/2006, S. 100–108

[Kre08]   *Kreutzmann, A.*: Vorteil Wacker, Photon, Heft 5/2008, S. 30–35

[Lad99]   *Ladener, H.*: Solare Stromversorgung, 3. Auflage, Ökobuch Verlag, 1999

[Las08]   *Laschinski, J.*: Systemspannung, TCO-Korrosion und Generatorerdung bei Dünnschichtmodulen, IHKS Fach.Journal 2008, S. 129–131

[Lau14]   *Lausch, D.* et al.: Explanation of potential-induced degradation of the shunting type by Na decoration of stacking faults in Si solar cells, Solar Energy Materials and Solar Cells, 120 (2014), Part A, S. 383–389

[Lew95]   *Lewerenz, H.-J.* et al.: Photovoltaik – Grundlagen und Anwendungen, Springer, 1995

[Lia06]   *Liang, J.* et al.: Hole-mobility limit of amorphous silicon solar cells, Appl. Phys. Lett. 88, 063512, 2006

[Lüb06]   *Lübbert, D.* et al.: Uran als Kernbrennstoff – Vorräte und Reichweite, Infobrief WF VIII G – 069/06, Wissenschaftlicher Dienst des Bundestages, 2006

[Man13]   *Mann, S.* et al.: The energy payback time of advanced crystalline silicon PV modules in 2020: a prospective study. Progress in Photovoltaics: Research and Applications, 2013; doi: 10.1002/pip.2363

[Mea05]   *Mears, D.:* Overview of NAS Battery for Load Management, CEC Energy Storage Workshop, February 2005

[Mer05]   *Mertens, K.:* Kindgerechte Visualisierung von Photovoltaikerträgen, 20. Symposium Photovoltaische Solarenergie, Staffelstein, 2005

[Mer08]   *Mertens, K.:* Feldstudie zur tatsächlichen Leistung von Photovoltaikanlagen mittels Peakleistungsmessgerät, 23. Symposium Photovoltaische Solarenergie, Staffelstein, 2008

[Mer12a]   *Mertens, K.; Stegemann, Th.; Stöppel, T.:* LowCost EL: Erstellung von Elektrolumineszenzbildern mit einer modifizierten Standard-Spiegelreflexkamera, 27. Symposium Photovoltaische Solarenergie, Staffelstein, 2012

[Mer12b]   *Mertens, K.; Stegemann, Th.; Stöppel, T.:* LowCost-EL – Preisgünstige Erstellung von Elektrolumineszenzbildern mit einer Spiegelreflexkamera, Der Bausachverständige, Jahrgang 8, Heft 4 (August), 2012, S. 38–39

[Mer15a]   *Mertens, K., Pascual Gonzales, D., Diehl, M.:* LowCost-Outdoor-EL: Kostengünstige umfassende Vorort-Qualitätsanalyse von Solarmodulen, 30. Symposium Photovoltaische Solarenergie, Staffelstein, März 2015

[Mer15b]   *Mertens, K., Kösters, H., Diehl, M.:* Low-Cost-Outdoor-EL: Cost-Efficient Extensive on-Site Quality Analysis of Solar Modules, Proceedings of 31st European Photovoltaic Solar Energy Conference and Exhibition, Hamburg, 2015

[Mer16a]   *Mertens, K., Arnds, A., Behrens, G., Domnik, A., Diehl, M., Fladung, A.:* LowCost-Outdoor-EL: Die Bilder lernen Laufen…, 31. Symposium Photovoltaische Solarenergie, Staffelstein, März 2016

[Mer16b]   *Mertens K., Arnds, A., Behrens, G., Domnik, A.:* LowCost-Outdoor-EL: Significant Improvements of the method, Proceedings of 32st European Photovoltaic Solar Energy Conference, München, 2016

[Mer17a]   *Mertens K., Arnds, A., Diehl, M.:* Quick and Effective Plant Evaluation Using Dark-IV String Curves, Proceedings of 33st European Photovoltaic Solar Energy Conference, Amsterdam, 2017

[Mer18]   *Mertens, K., Arnds, A., Diehl, M.:* „String-Dunkelkennlinien: Eine neue effiziente Methode zur Anlagenevaluation", 33. Symposium Photovoltaische Solarenergie, Staffelstein, 2018

[Mis10]   *Mishima, T.* et al.: Development status of high-efficiency HIT solar cells, Solar Energy Materials & Solar Cells (2010), doi:10.1016/j.solmat.2010.04.030

[Mit88]   *Mitchell, K.* et al.: Single and tandem junction CuInSe2 cell and module technology, 20th IEEE Photovoltaic Specialists Conference, Las Vegas, Conference Record, Volume 2, S. 1384–1389, 1988

[Mon04]   *Monnin, E.* et al.: EPICA dome C ice core high resolution holocene and transition CO_2 Data, 2004, ftp.ncdc.noaa.gov/pub/data/paleo/icecore/antarctica/epica_domec/edc-co2.txt

[Moz06]   *Mozer, A.* et al.: Charge transport and recombination in donor-acceptor bulk heterojunction solar cells, in: J. Poortmans and V. Arkhipov, Thin film solar cells – fabrication, characterization and applications, John Wiley & Sons, 2006

[Mue09]   *Müller, A.*: Das zweite Leben, Sonne Wind und Wärme, Heft 08/2009, S. 182–187

[Mül95]   *Müller, R.*: Grundlagen der Halbleiter-Elektronik, Springer, 1995

[Mun16]   *Munshi, A.; Sampath, W.*: CdTe Photovoltaics for Sustainable Electricity Generation, Journal of Electronic Materials, Vol. 45, No. 9, 2016

[Nef94]   *Neftel, A.* et al.: Historical carbon dioxide record from the Siple station ice core, 1994, cdiac.ornl.gov/trends/co2/siple.html

[Neu09]   *Neupert, U.* et al.: Energiespeicher – Technische Grundlagen und energiewirtschaftliches Potenzial, Fraunhofer IRB Verlag, 2009

[Ome18]   *Omega Newport Electronics GmbH*: Emissionsfaktoren – Technische Hintergrundinformationen, www.omega.de, 2018

[Pal98]   *Palz, W.* et al.: European Solar Radiation Atlas, Springer, 1998

[Pod09]   *Podewils, Ch.*: Diamantdraht zum Sägen, Photon, Heft 4/2009, S. 77

[Poo06]   *Poortmans, J.* et al.: Thin film solar cells – fabrication, characterization and applications, John Wiley & Sons, 2006, S. 239, Fig. 6.2

[Pow17]   *Powalla, M.* et al.: Advances in Cost-Efficient Thin-Film Photovoltaics based on Cu(In,Ga)Se2, Engineering, Volume 3, Issue 4, August 2017, pp. 445–451

[PVE18]   www.pveducation.org/pvcdrom/appendicies/optical-properties-of-silicon, 2018

[PVX]   pvXchange – Your PV Marketplace, Preisbarometer Photovoltaikmodule, www.pvxchange.com

[Qua96]   *Quaschning, V.*: Simulation der Abschattungsverluste bei solarelektrischen Systemen, Verlag Dr. Köster, 1996

[Qua00]   *Quaschning, V.*: Systemtechnik einer klimaverträglichen Elektrizitätsversorgung in Deutschland für das 21. Jahrhundert, Fortschritt-Berichte, VDI Reihe 6, Nr. 437, VDI Verlag, 2000

[Qua11]   *Quaschning, V.*: Bewertung von Methoden zur Bestimmung des PV-Anteils sowie von Ausbauszenarien und Einflüssen auf die Elektrizitätswirtschaft, 26. Symposium Photovoltaische Solarenergie, Staffelstein, 2011

[Qua13]   *Quaschning, V.*: Erneuerbare Energien und Klimaschutz, Hanser, 2013

[Qua15]   *Quaschning, V.*: Regenerative Energiesysteme, Hanser, 2015

[Ran04]   *Ransome, S.* et al.: Quantifying PV losses from equivalent circuit models, cells, modules and arrays, Preprint of poster to be presented at 19th PVSEC, Paris, 2004

[Rep03]   *Repmann, T.*: Stapelsolarzellen aus amorphem und mikrokristallinem Silizium, Dissertation, Berichte des Forschungszentrums Jülich, 2003

[Ris01]   *Ristow, A.* et al.: Screen-printed back surface reflector for light trapping in crystalline silicon solar cells, Proceedings of the 17th European Photovoltaic Solar Energy Conference, S. 1335–1338, München, 2001

[Roo78]   *v. Roos, O.*: A simple theory of back surface fields (BSF) solar cells, J. Appl. Phys. 49(6), June 1978, S. 3503–3511

[Rot12]   *Rothert, M.* et al.: Ein Jahr Felderfahrung: PV-Anlagen mit Speicherlösung zur Eigenverbrauchserhöhung, 27. Symposium Photovoltaische Solarenergie, Staffelstein, 2012

[Rox83]   *Roxlo, C.* et al.: Comment on the optical absorption edge in a-Si:H, Solid State Communications, Vol. 47, Issue 12, September 1983, S. 985–987

[Rut08]   *Rutschmann, I.*: Der Ruf nach Qualität, Photon, Heft 03/2008, S. 52–56

[RWE14]   *RWE*: RWE Bau-Handbuch, 15. Ausgabe, EW Medien und Kongresse GmbH, Frankfurt, 2014

[Sah10]   *Sahan, B.*: Wechselrichtersysteme mit Stromzwischenkreis zur Netzanbindung von Photovoltaikgeneratoren, kassel university press GmbH, 2010

[San17]   *Sankir, N. D.; Sankir, M.*: Prinable Solar Cells, Advances in Solar Cell Materials and Storage, Scrivener Publishing, Beverly, 2017

[Sch06]   *Schlumberger, A.*: Der Tanker bewegt sich – ein Stück, Photon, Heft 10/2006, S. 106–109

[Sch10]   *Schwarzburger, H.*: Kein Persilschein für Silizium, photovoltaic, Heft 02/2010, S. 58–64

[Sil17]   *Silverman, T. J.; Repins, I.*: Shadows from people and tools can cause permanent damage in monolithic thin-film photovoltaic modules, 33rd EU PVSEC, Amsterdam, 2017

[Sin85]   *Sinton, R.* et al.: Silicon point contact concentrator solar cells, IEEE Electron Device Letters, Vol. EDL-6, No. 8, August 1985, S. 405–407

[Sit17]   *Sites, J.* et al: Enhancements to Cadmium Telluride Cell Efficiency, 33rd European Photovoltaic Solar Energy Conference and Exhibition, pp. 998–1000, doi:10.4229/EUPVSEC20172017-3CP.1.3

[SMA10]   *SMA AG*: Produktkatalog Sunny Family 2010/2011 – the future of solar technology, SMA AG, Kassel, 2010

[SMA15]   SMA Corporate Blog, PV-Diesel-Hybridanlage in Bolivien versorgt abgelegene Region mit Energie, www.sma-sunny.com/2015/02/11/

[Sol09b]   *Sollmann, D.*: Sechs Neuner sind das Ziel, Photon, Heft 4/2009, S. 42–45

[SRU11]   *Sachverständigenrat für Umweltfragen*: Wege zur 100 % erneuerbaren Stromversorgung, Sondergutachten, Januar 2011

[Sta77]   *Staebler, D.; Wronski, C.*: Reversible conductivity changes in dischargeproduced amorphous Si, Appl. Phys. Lett. 31, S. 292, 1977

[Ste14]   *Sterner, M.; Stadler, I.*: Energiespeicher – Bedarf, Technologien, Integration, 1. Auflage, Springer Vieweg, 2014

[Str00]   *Street, R.*: Technology and applications of amorphous silicon, Springer Series in Materials Science, Vol. 37, Springer, 2000

[Str09]   *Strauß, P.* et al.: Netzferne Stromversorgung und weltweite Elektrifizierung, Themen 2009, ForschungsVerbund Erneuerbare Energien, S. 94–101, 2009

[Swa05]   *Swanson, R.*: Approaching the 29 % limit efficiency of silicon solar cell, Photovoltaic Specialists Conference, Conference Record of the Thirty-first IEEE, S. 889–894, 2005

[UBA10]   *Umweltbundesamt*: Energieziel 2050 – 100 % Strom aus erneuerbaren Quellen, Juli 2010

[VDE07]   Photovoltaische Einrichtungen – Teil 9: Leistungsanforderungen an Sonnensimulatoren, Deutsche Fassung der IEC 60904-9:2007, VDE 0126-4-9

[VDE09]   Blitzschutz – Teil 3: Schutz von baulichen Anlagen und Personen – Beiblatt 5: Blitz- und Überspannungsschutz für PV-Stromversorgungssysteme, VDE 0185-305-3 Beiblatt 5, Oktober 2009

[VDE11]   Erzeugungsanlagen am Niederspannungsnetz – Technische Mindestanforderungen für Anschluss und Parallelbetrieb von Erzeugungsanlagen am Niederspannungsnetz, VDE-AR-N 4105, August 2011

[VDE10]   Photovoltaische Einrichtungen: Verfahren zur Umrechnung von gemessenen Strom-Spannungs-Kennlinien auf andere Temperaturen und Bestrahlungsstärken, Deutsche Fassung der EN 60891:2010, VDE 0126-6

[VDE94]   Verfahren zur Umrechnung von gemessenen Strom-Spannungs-Kennlinien von photovoltaischen Bauelementen aus kristallinem Silizium auf andere Temperaturen und Einstrahlungen, Deutsche Fassung der EN 60891:1994

[Wag10]   *Wagemann, H.-G.* et al.: Photovoltaik – Solarstrahlung und Halbleitereigenschaften, Solarzellenkonzepte und Aufgaben, Vieweg Teubner, 2010

[Wag15]   *Wagner, A.*: Photovoltaik Engineering – Handbuch, Entwicklung und Anwendung, Springer, 2015

[Web09]   *Weber, E.*: Entwicklung des PV-Marktes aus Sicht der Forschung, 24. Symposium Photovoltaische Solarenergie, Staffelstein, 2009

[Wie10]   *Wiese, R.*: Empowering a rural revolution, Renewable Energy World Magazine, 15. April 2010

[Wik18]   *Wikipedia*: de.wikipedia.org/wiki/Brennholz#Heizwert, Zugriff am 20.02.2018

[Woh07]   *Wohlfahrt-Mehrens, M.*: Materialien für zukünftige Lithium-Ionen Batterien – Entwicklungen und Perspektiven, IMF Seminar, Forschungszentrum Karlsruhe, Dezember 2007

[Yan97]   *Yang, J.* et al.: Triple-junction amorphous silicon alloy solar cell with 14.6% initial and 13.0% stable conversion efficiencies, Applied Physics Letters 70 (22), S. 2975–2977, 1997

[Zem06]   *Zeman, M.*: Advanced amorphous silicon solar cell technologies, in: J. Poortmans and V. Arkhipov, Thin film solar cells – fabrication, characterization and applications, John Wiley & Sons, 2006

■ Weiterführende Informationen zur Photovoltaik

Informationen im Internet

home.solarlog-web.de	Ertragsdatenbank für Datenlogger der Firma Solare Datensysteme GmbH
pvspeicher.htw-berlin.de/unabhaengigkeitsrechner	Online-Tool zur überschlägigen Bestimmung von Eigenverbrauchsanteil und Autarkiegrad bei netzgekoppelten Anlagen mit Speicher
re.jrc.ec.europa.eu/pvgis.html	Interaktive Solarstrahlungskarten mit Ertragsschätzung (Version 5)
www.dgs.de	Seite der Deutschen Gesellschaft für Solarenergie e. V.
www.lehrbuch-photovoltaik.de/links	Weitere interessante Links, Animationen etc. zur Photovoltaik
http://www.lehrbuch-photovoltaik.de/links.html	Links zu weiteren interessanten Seiten rund um die Photovoltaik
www.photon.info	Modul- und Wechselrichterdatenbank (über *Verlag / Datenbanken* zu erreichen)
www.photovoltaikforum.com	Forum zum Thema Photovoltaik mit Modul-, Wechselrichter- und Firmendatenbank
www.pveducation.org/pvcdrom	Lehrreiche Informationen und Applets zur Photovoltaik
www.pv-ertraege.de	Ertragsdatenbank des Solarenergie-Fördervereins Deutschland e. V. (SFV)
www.satel-light.com	Individuell erstellbare Strahlungskarten von ganz Europa
www.sfv.de	Informationen des Solarenergie-Fördervereins Deutschland e. V. (SFV)
www.solarserver.de	Vielfältige Informationen aus dem Bereich Solarenergie
www.sonnenertrag.eu	Ertragsdatenbank, anbieterunabhängig
www.sunnyportal.de	Ertragsdatenbank für Wechselrichter der Firma SMA AG
www.volker-quaschning.de	Umfangreiche Informationen zum Thema Erneuerbare Energien

Fachzeitschriften

Photon	www.photon.info
Photovoltaik	www.photovoltaik.eu
Solarthemen	www.solarthemen.de
Sonne Wind & Wärme	www.sonnewindwaerme.de
Sonnenenergie	www.sonnenenergie.de
www.pv-magazine.de	Informativer Onlineauftritt mit Marktübersichten und Newsletter

Empfehlenswerte Bücher

Quaschning, V.: Regenerative Energiesysteme, 10. Auflage 2019, 468 Seiten, Hanser Verlag
Gute und umfassende Einführung in das Thema Erneuerbare Energien

Häberlin, H.: Photovoltaik – Strom aus Sonnenlicht für Verbundnetz und Inselanlagen, 2. Auflage 2010, 710 Seiten, VDE-Verlag
Detaillierte Beschreibung der Systemtechnik von Photovoltaikanlagen (Wechselrichter, Blitzschutz etc.)

Haselhuhn, R.; Hartmann, U.: Leitfaden Photovoltaische Anlagen, 5. Auflage 2013, 750 Seiten, DGS Deutsche Gesellschaft für Sonnenenergie, Landesverband Berlin Brandenburg e. V.
Umfangreiches Werk für den Praktiker mit anschaulichen Illustrationen

Index

1000-Dächer-Programm   38

A

Aachener Modell   39
Absorption   65, 81
Absorptionskoeffizient   82, 84, 85, 94, 133
Absorptionswirkungsgrad   97
Air Mass   42, 43
Albedo   56
Amortisationszeit   310
Anlagenmonitoring   314
Anlagenvisualisierung   314
Anode   237
Antireflexbeschichtung   86, 92, 115, 117
Arbeit   22
a-Si   133
Auslegungsfaktor   215
Autarkiegrad   201, 252

B

Back-Surface-Field   96, 119, 121, 130
Bändermodell   68
Bandabstand   68, 78, 81, 106, 110, 142
Banddiagramm   77
Bandlücke   68, 70
Bandlückenwellenlänge   110, 111
Basis   92, 95, 130, 131
Bestrahlungsstärke   42, 90, 101
Betonfundament   185
Betriebskosten   310
Beweglichkeit   71, 136
Biomasse   326
Bleiakku   227, 353
Blei-Säure-Akku   227
Blindleistung   220
Blindleistungsbereitstellung   220
Bohrsches Atommodell   64
Bohrsches Postulat   64

Boost Converter   197
Brechungsindex   85
Brick   126
Buck Converter   195
Buried-Contact   117–119
Busbar   93, 117
Bypassdioden   167, 176, 282
Bypassing   240

C

Cadmium-Tellurid (CdTe)   67, 155
CCCV   239, 353
CdTe   67, 84, 155, 156, 174
CID   240, 367
Cloud Enhancements   45
c-Si   82
Current Interrupt Device   240
Current Matching   138
Czochralski-Verfahren   36, 125

D

Dangling Bonds   133, 137
DC/DC-Wandler   194
Dead Layer   94, 122
Degradation   131, 137, 139, 205, 313
Depth of Discharge   229
Diffusionslänge   80, 93, 94, 120
Diffusionsspannung   76, 77, 79, 81
Diffusionsstrom   73, 77, 107
Diffusionszelle   136
Diffusstrahlung   44, 55, 154, 275
Dioden-Kennlinie   80
direkter Halbleiter   83
Direktstrahlung   44, 45, 54, 274
DoD   229, 254, 255
Dotierung   33, 74, 77, 94, 118
Dreikomponentenmodell   53, 306
Driftgeschwindigkeit   71

Driftstrom   71
Driftzelle   136
DSM   345
Dünnschichtmodule   140, 174
Dünnschichtzelle   133, 135, 136, 142
Dunkelkennlinien   295
Dunkelstrom   91

E

EEG   33, 39, 309, 312
effektive Zustandsdichte   71, 78
EFG   128
Eigenleitungsdichte   70, 103, 114, 214
Eigenverbrauch   225
Eigenverbrauchsanteil   251
Eigenverbrauchsquote   200, 225, 251, 312
Eigenverschattungen   305
Einspeisemanagement   219, 220
Einspeisevarianten   200
Einspeisevergütung   200, 310
Electronic Grade   124
Elektrolumineszenz-Messtechnik   284
Emissionsfaktor   281
Emissionsgrad   281
Emitter   92, 94, 118, 130, 131
– lokaler   120
Empfindlichkeit, spektrale   98, 122
Endenergie   23
End-Ertrag   315
Energie   21
Energiebänder   68
Energiemanagementsystem   253, 256, 260, 262
Energierücklaufzeit   158
Entladetiefe   229, 238, 241, 244, 253
Erneuerbare-Energien-Gesetz (EEG)   33, 39, 309
Erntefaktor   159
Ersatzschaltbild   91, 100
Ertrag, spezifischer   35, 310
Ertragswirkungsgrad   326
Erzeugerzählpfeilsystem   99, 164
europäischer Wirkungsgrad   212
EVA   131, 140, 156, 168

F

Farbstoffsolarzelle   150
Fassadenanlagen   190
Feldstrom   71, 136
Fermidifferenzen   78
Flachdachanlagen   187
Flächennutzungsgrad   305
Float-Zone-Verfahren   126
Flussbettreaktor   124, 160
Foliensilizium   128
Freilandanlagen   185
Freilaufdiode   196
Fresnel-Linsen   151
Fresnelsche Formeln   88
Füllfaktor   102, 114, 174

G

GaAs   37, 67, 84, 149
GaN   213
Generatoranschlusskasten   181, 183, 202
Generatorverluste   315
Gesamtwirkungsgrad   214
Globalstrahlung   44, 60, 154, 271
Globalstrahlungssensoren   271
Grätzel-Zelle   150

H

Halbleiter   64, 69
– direkter   83
– indirekter   83
HIT-Zelle   148
Hocheffizienzzellen   119
Hochsetzsteller   197
Hotspots   169, 176
hybride Waferzellen   147

I

IBC-Zelle   120
Idealitätsfaktor   100, 107
indirekter Halbleiter   83
Ingot   125, 156
integrierte Serienverschaltung   140
Interdigitated Back Contact   120

Interkalation   237
Interkalationsmaterial   238
Investitionskosten   310
Isolationsüberwachung   204
Isolator   69
ITO   135

J

Jahreswirkungsgrad   215

K

Kabelverluste   184, 307
Kathode   237
Kernschatten   303
Klimawandel   27
Konzentratorsystem   151, 158
Kurzschlussstrom   101

L

Lawinendurchbruch   81, 165
Leerlaufspannung   101
Leistungsoptimierer   203
Leiter   69
Leitungsband   68
Lichtabsorption   81
Light Trapping   118, 119, 121, 137, 139
lokaler Emitter   120
Lückbetrieb   197

M

Maxeon-Zelle   120
Maximum Power Point   101
metallurgisches Silizium   123
mikromorph   139
Minutenreserve   333
Mismatching   178, 202, 209, 275, 316
Modul-Wechselrichter   203
Monitoring   314
monokristallin   115, 125, 126
MOSFET   195
MPP-Tracker   199, 209
multikristallin   126, 127

N

Nachführung   59, 154, 186
NaS   242
Natrium-Schwefel   242, 354
Netzbetreiber   220, 223
Netzkopplung   301
Niederspannungsrichtlinie   223
NOCT   174, 177

O

Objektrendite   311
Ortszeit, wahre   51, 52

P

Parallelschaltung   165
Parallelwiderstand   105, 108, 173, 277
Peakleistungsmessung   278
PECVD   134
PERC-Zelle   121, 122
Performance Ratio   316
PERL-Zelle   121
Personenschutz   204
Photodiode   90, 92, 274
Photostrom   90, 96
Photovoltaik   32
PID   205, 290, 355
pin-Zelle   135, 140
pn-Übergang   33, 75, 76, 78, 79, 90
polykristallin   127
Polysilizium   123, 156, 158
Potentialstufe   78
Powerline-Protokoll   203
Power-to-Gas   343, 344
Primärenergie   23, 24, 30, 158, 159
Primärenergiebedarf   26, 61, 323
Primärenergiefaktor   158
Primärregelung   333
Punktkontakt-Zelle   120, 131, 153
Pyranometer   271

Q

Quantenwirkungsgrad   98, 122, 138

R

Rammfundament   185
Raumladungszone   77, 90, 92, 94, 95, 106, 135
Rayleigh-Streuung   43
Recycling   155, 156, 161
Redox-Flow   245, 354
Redoxreaktion   227, 228
Referenz-Ertrag   315
Reflexionsfaktor   56, 85, 88, 97, 116–118, 121
Regelenergie   333
Reihenschaltung   166
Rekombination   70, 93
Rückseitenfolie   284
Runaway   239

S

Sabatier-Prozess   343
Sättigungsstrom   80, 92, 103, 114
Sahara-Wunder   61
Schleusenspannung   81, 167
Schrägdachanlagen   188
Schraubfundament   185
Schwachlichtverhalten   172, 277, 306
Sekundärenergie   23
Sekundärregelung   333
Serienverschaltung, integrierte   140
Serienwiderstand   105, 109, 129, 277
Shockley-Gleichung   80, 91, 106
Shutdown   239
SiC   213
Siebdruck   129
Siemens-Reaktor   124
Silizium   33, 66, 67, 123
– metallurgisches   123
Simulationsprogramme   306
Sizing Ratio   215
Smart Meter   345
SoC   379
Solar-Grade   124
Solarkonstante   41, 42

Solarmodul   33, 107, 131, 132, 164
Solarzelle   33, 36, 92, 94
Solarzellensymbol   100
Sonnenazimuth   52
Sonnenbahndiagramm   52, 303
Sonnenbahnindikator   302
Sonnendeklination   48, 51, 53
Sonnenhöhe   52
Sonnenhöhenwinkel   43
Sonnenstandsnachführung   154
spektrale Empfindlichkeit   98, 122
spektraler Wirkungsgrad   110, 114
spezifischer Ertrag   35, 310
Staebler-Wronski-Effekt   137
Standard-Ersatzschaltbild   105
Standardtestbedingungen   34, 44
Stapelfehler   291
Stapelzelle   138, 149
State of Charge   379
STC   34
Strahlungsbündelung   151
Strang   33, 131
String   33, 131, 177
Stringdioden   177, 181, 182
String-Dunkelkennlinien   295
String-Ribbon   129
Stringsicherungen   177
String-Wechselrichter   202
Stromerzeugungspotential   325
Substrat-Zelle   138
Superstrat   135, 206
Superstrat-Zelle   135, 206
Systemverluste   316
Systemwirkungsgrad   62, 325

T

Tandemzelle   138
Tastgrad   196
TCO   135
Tedlar-Folie   131
Temperaturabhängigkeit   103, 104
Temperaturkoeffizient   103, 104, 141, 173
Temperaturverhalten   173
Texturierung   115, 117, 118, 121, 129, 137
theoretischer Wirkungsgrad   114, 115
Thermal Runaway   239, 243

Thermalisierungsverluste   111
Thermographie-Messtechnik   280
Tiefsetzsteller   195
Transmissionsverluste   110, 136
Treibhauseffekt   28, 29
Trichlorsilan   123
Tripelzelle   138

U

Umwandlungswirkungsgrad   211

V

Valenzband   68
Vanadium-Redox-Flow   246
Verbindungshalbleiter   67
Verbraucherzählpfeilsystem   91, 171, 178
Verschattungsanalyse   302
Verschattungsverluste   117, 167, 179, 307
VisiKid   317
Volllaststunden   47, 315
VRF   246

 W

Wafer   127, 129, 131, 155, 160
Waferzellen, hybride   147
wahre Ortszeit   51, 52
Watt-Peak   34
Wechselrichter   34, 203
Wechselrichterwirkungsgrad   214
Wirkungsgrad   34, 102, 110, 126, 152, 161, 207, 210
– europäischer   212
– spektraler   110, 114
– theoretischer   114, 115

Z

Zentral-Wechselrichter   201
Zustandsdichte, effektive   71, 78
Zwei-Dioden-Ersatzschaltbild   109
Zwei-Dioden-Modell   106